发电厂热工自动化技术丛书

电厂热控系统
故障分析与可靠性控制

丛书主编／孙长生　主编／尹峰　主审／侯子良

中国电力出版社
CHINA ELECTRIC POWER PRESS

内容提要

本丛书由中国自动化学会发电自动化专业委员会、电力行业热工自动化技术委员会组织编写，共11册，内容包括燃煤、燃气、核电机组的整个热力系统、热工过程控制设备与系统、设计与安装调试、运行维护与检修、热工技术与监督管理、故障分析处理与过程可靠性控制等多方面。

本书为《电厂热控系统故障分析与可靠性控制》分册，由国内长期从事火力发电机组热控专业调试、生产、监督、科研的技术工作者精心编撰而成。它以近10年来全国各发电企业基建与生产过程中发生的控制系统典型故障案例为基础，系统介绍了故障分析处理过程与防范措施，并从提高控制系统可靠性的角度，提出控制系统的可靠性配置要求和故障的预防与控制措施，以帮助读者快速了解各类典型控制系统故障的现象、成因与预控，并学会针对性的故障分析方法，以指导发电生产实际中的控制系统设计、检修、运行、维护与管理等全过程的可靠性提升工作。

本书可供从事火力发电厂设计、安装调试、运行维护技术人员使用，也可作为大专院校的热能和动力自动化专业的教科书及热工自动化行业的培训教材。

图书在版编目（CIP）数据

电厂热控系统故障分析与可靠性控制/尹峰主编. —北京：中国电力出版社，2016.9（2023.3重印）
（发电厂热工自动化技术丛书）
ISBN 978-7-5123-9509-1

Ⅰ.①电… Ⅱ.①尹… Ⅲ.①火电厂-热控制-控制系统-故障诊断②火电厂-热控制-控制系统-可靠性 Ⅳ.①TM621.4

中国版本图书馆CIP数据核字（2016）第149400号

中国电力出版社出版、发行
（北京市东城区北京站西街19号 100005 http://www.cepp.sgcc.com.cn）
三河市航远印刷有限公司印刷
各地新华书店经售
*
2016年9月第一版 2023年3月北京第三次印刷
787毫米×1092毫米 16开本 27印张 643千字
印数3001—3500册 定价**85.00**元

《发电厂热工自动化技术丛书》

主　编　单　位

丛书组织单位　中国自动化学会发电自动化专业委员会、
电力行业热工自动化技术委员会

丛书主编单位　国网浙江省电力公司电力科学研究院、
中国电力企业联合会科技发展服务中心

分册主编单位

第一册　《热工自动化系统及设备基础技术》
——华北电力科学研究院有限责任公司

第二册　《汽机热力过程控制系统》
——神华国华(北京)电力研究院有限公司

第三册　《锅炉热力过程控制系统》
——国网湖南省电力公司电力科学研究院

第四册　《单元机组及厂级控制系统》
——广东电网公司电力科学研究院

第五册　《脱硫、脱硝、公用及辅助控制系统》
——广东电网公司电力科学研究院

第六册　《燃气轮机发电机组控制系统》
——中国华电集团电气热控技术研究中心、
国网浙江省电力公司电力科学研究院、
江苏华电戚墅堰发电有限公司等

第七册　《压水堆核电站过程控制系统》
——大亚湾核电运营管理有限责任公司、
中广核运营有限公司

第八册　《热工自动化设备安装调试技术》
——浙江省火电建设公司、
国网浙江省电力公司电力科学研究院、
浙江省电力建设有限公司等

第九册　《热工自动化系统检修维护技术》
——国网浙江省电力公司电力科学研究院等

第十册　《热工过程技术管理与监督》
——国网浙江省电力公司电力科学研究院等

第十一册　《电厂热控系统故障分析与可靠性控制》
——国网浙江省电力公司电力科学研究院等

《电厂热控系统故障分析与可靠性控制》
编 审 人 员

主　编　尹　峰

副主编　孙长生　朱北恒　王会勤　刘舟平

参　编　孙　耘　王　翔　刘玉成　何育生　杨明花
　　　　李式利　包建汉　翁献进　项　谨　郑渭建
　　　　胡伯勇　丁俊宏　王　蕙　罗兴宇　冯　博
　　　　罗志浩　陈小强　曹　阳

主　审　侯子良

序

热工自动化系统在发电厂机组安全稳定运行中的地位已不言而喻。热工自动化专业技术从主体上涉及热控系统设计、安装、调试、运行维护、检修和技术管理方方面面。因此，不断提高发电厂热工专业人员的技术素质与管理水平，是发电企业的一项重要工作。

热工专业人员既要有扎实的专业理论基础，又要有丰富的专业实践经验，同时还要求有一定的热力系统知识。因此，热工专业知识的掌握，应该是基础理论联系实际经验、热力过程结合控制系统设备的渐近过程。随着技术的发展和新建机组的不断增加，新、老电厂的热工专业人员都面临着专业知识和技术素质再提升的需求。

为给热工专业人员提供系统、完整、实用、可操作、案例丰富的教材，推动热工专业培训工作的深化，造就业务精湛娴熟的专业人才队伍，电力行业热工自动化技术委员会根据专业知识的要求，组织编写了本套《发电厂热工自动化技术丛书》。丛书汇集了一批热爱自己的事业、立足岗位、善于吸取前人经验、勤于钻研、勇于实践的行业资深前辈、热工专家和现场技术人员的集体智慧。尤其可贵的是，在专业技术竞争激烈的今天，他们将自己长期用心血与汗水换来的宝贵经验，无私地奉献给了广大读者，相信本套丛书一定会给广大电力工作者和读者带来启发和收益。

希望本套丛书的出版，能推动热工专业运行、维护、检修及管理人员学习专业知识、深入技能培训进而提升专业人员技术水平和解决生产过程实际问题的能力，涌现出更多的热工专业技术人才，强健我国热工自动化人才队伍，在保证发电机组安全、稳定、经济、节能、环保运行中发挥作用，为国民经济的增长与繁荣作出贡献。

中国大唐集团公司副总经理
电力行业热工自动化技术委员会主任委员

2016年6月

前　言

随着科学技术的发展、机组容量不断增大，热工技术日新月异，热工自动化系统已覆盖到发电厂的各个角落，其技术应用水平和可靠性决定着机组运行的安全经济性。同时，热工自动化技术及设备的复杂程度不断提高，新工艺、新需求、新型自动化装置系统层出不穷，对热工专业人员掌握测量和控制技术提出了更高要求。新建机组数量的不断增加伴随着对热工人员的需求的不断增加，又对热工专业人员的专业知识和运行维护能力提出了更高层次的要求。因此，提高热工自动化系统的技术水平与运行可靠性，以人为本，通过加强热工人员的技术培训，提高热工人员的技术素质，是热工管理工作中急需的，也是一项长期的重要工作。

为了推动热工培训和技能竞赛工作的开展，协助各集团做好热工专业的技术培训工作，提供切合实际的系统培训教材，根据金耀华主任委员的意见，由当时的电力行业热工自动化技术委员会，后转为中国自动化学会发电自动化专业委员会主持、浙江省电力公司电力科学研究院、华北电力科学研究院有限公司、神华国华（北京）电力研究院有限公司、湖南省电力公司科学研究院、广东电网公司电力科学研究院、中国华电集团电气热控技术研究中心、大亚湾核电运营有限公司、浙江省火电建设公司、华电杭州半山发电有限公司、江苏华电戚墅堰发电有限公司、浙江浙能嘉兴发电有限公司、浙江萧山发电厂、浙江浙能金华燃机发电有限责任公司等单位参加，编写了本套丛书，这套丛书主要有以下特点：

（1）热工自动化系统及设备与热力系统融为一体，便于不同专业人员的学习，加深学习过程中的理解。

（2）由浅入深，内容全面，包含了燃煤、燃气、核电机组，概括了火力发电厂的整个热力系统、热工过程控制设备与系统、安装调试与检修运行维护、热工监督与管理和故障分析处理技术。

（3）按主设备的划分进行编写，适合发电厂热工专业因分工不同而开展的培训需要。

本丛书主要从应用的角度进行编写，作者均长期工作在电力建设和电力生产的第一线，不仅总结、提炼和奉献了自己多年来积累的工作经验，还从已发表的大量著作、论文和互联网文献中获得许多宝贵资料和信息进行整理并编入本丛书，从而提升了丛书的科学性、系统性、完整性、实用性和先进性。我们希望丛书的出版，有助于读者专业知识的系统性提高。

在丛书编写工作的启动与丛书编写过程中，参编单位领导给予了大力支持，众多专家在研讨会与审查会中提出了宝贵的修改意见，使编写组受益良多，在此一并表示衷心感谢。

最后，特别感谢浙江省电力试验研究院和中国自动化学会发电自动化专业委员会，没有他们的支持，也就没有本套丛书的成功出版。

《发电厂热工自动化技术丛书》编委会

2016 年 6 月

编 者 的 话

国网浙江省电力公司电力科学研究院是国内最早系统性开展故障分析与案例汇编工作的电力科研院所，2000 年左右即结合机组基建调试过程中的故障案例开展分析报告的规范化编写与内部交流，并将这一模式逐步推广至生产机组技术监督服务工作中，后于 2003 年中国电力建设企业协会（简称“中电建协”）全国电力试验分会中倡议成立了全国电力安全生产信息网，在全国范围内开展电力安全生产信息的共享与交流。

在中国自动化学会发电自动化专业委员会的组织下，国网浙江省电力公司电力科学研究院承接了本书的编写重任，成立了《电厂热控系统故障分析与可靠性控制》编写组。编写组经过仔细斟酌、多次讨论，决定将写作重点放在全国范围内的火力发电机组热控故障案例收集分析、控制系统可靠性配置及故障的预防与控制方面。另外，考虑到当前数据利用领域的快速发展，利用机组在线运行数据对机组控制系统进行故障诊断与预警将是一个重要的发展方向，本书中对部分案例也做了简要介绍，供电力行业热控同行参考借鉴。

本书在收集整理中国自动化学会发电自动化专业委员会和电力行业热工自动化技术委员会组织的历次热控故障分析研讨会资料及全国各发电企业热控故障典型案例分析材料的基础上，结合近年来编写组成员开展的相关科研与技术工作成果，组织编撰完成。为了帮助读者更好地理解火力发电机组控制系统可靠性提升与故障预控技术措施，本书的第一章简要介绍了可靠性的基础知识、电站热控系统可靠性的分析与管理，以及火力发电厂控制系统故障的分类与分级；第二章至第六章根据电站热控系统典型故障的成因，从电源系统故障、控制系统硬件与软件故障、系统干扰故障、就地设备异常故障，以及运行、检修、维护不当引发的机组故障 5 个大的方面对控制系统的典型故障案例进行了系统全面的分析，并对故障处理与预防控制的技术措施做了针对性的介绍；第七章主要从系统配置与技术管理角度介绍了提高控制系统可靠性的重点配置要求、控制系统故障应急预案的编制要求，以及基本控制功能与性能的可靠性评估方法；鉴于数据利用技术的快速发展，第八章介绍了基于数据驱动的控制系统故障在线诊断的方法，案例比较简单，但希望可以起到抛砖引玉的作用，给电力行业同行提供参考和借鉴。

本书介绍的各类典型故障案例均是自 DCS 控制系统普及应用以来，各类型进口与国产 DCS 产品在各等级与类型火力发电机组上应用实践的第一手资料，在编写整理中，除对一些案例经实际核对发现错误而进行修改外，尽量对故障分析查找的过程描述保持原汁原味，尽可能多地保留故障处理过程的原始信息，以供读者更好地还原与借鉴，因此在文字表达上可能会不够统一或不尽完美，且限于编者水平，书中尚有表达不当之处，请读者见谅。

本书由尹峰、孙长生、朱北恒、王会勤、刘舟平总体统筹协调参编单位与人员的编写任务，负责书稿的组织编排、裁剪完善、拾遗补阙，以及书稿的技术把关。全书共分八章，第一章由尹峰、孙长生、丁俊宏编写；第二章由何育生、王翔、包建汉编写；第三章由朱北恒、王蕙、郑渭建编写；第四章由刘玉成、罗兴宇、冯博编写；第五章由孙耘、包建汉、项谨、曹阳编写；第六章由王会勤、杨明花、李式利、翁献进编写，第七章由孙长生、丁俊宏、胡伯勇编写；第八章由尹峰、罗志浩、陈小强编写；此外，尹峰、朱北恒负责了全书技术内容的平衡和修改完善；孙长生主持了全书结构框架、各章节内容的讨论、审查和确认。本书由侯子良教授级高级工程师主审。

本书编写过程，得到了各参编单位领导的大力支持，参考了全国电力同行们大量的技术资料、学术论文、研究成果、规程规范和网上素材，中国自动化学会发电自动化专业委员会专家们在审查中提出了许多宝贵意见，在此一并表示感谢。

最后，鸣谢参与本书策划和幕后工作人员。若有不足之处，恳请广大读者不吝赐教。

《电厂热控系统故障分析与可靠性控制》编写组

2016年5月于杭州

目录

第一章 电厂热控系统可靠性管理与故障分类

第一节 可靠性管理的理论基础

一、基本概念

（一）故障

故障（fault）是指产品或产品的一部分不能或将不能完成预定功能的事件或状态。产品按终止规定功能后是否可以通过维修恢复到规定功能状态，可分为可修复产品和不可修复产品。例如，控制系统属于可修复产品，电子元器件属于不可修复产品。习惯上对可修复产品称为故障，对不可修复产品称为失效。

产品的故障按其发生的规律可分为偶然故障与渐变故障（或损耗故障）两类。前者是由于偶然因素引起的故障，其重复出现的风险可以忽略不计，只能通过概率统计方法来预测；后者是通过事前的检测或监测可预测到的故障，它是由于产品的规定性能随时间增加而逐渐衰退引起的。渐变故障可以通过预防维修来防止故障的发生，延长产品的使用寿命。

产品的故障按其引起的后果可分为致命性故障和非致命性故障。前者会使产品不能完成规定任务或者可能导致人或物的重大损失，最终使任务失败；后者不影响任务完成，但会导致非计划的维修。

产品的故障按其统计特性又可分为独立故障和从属故障。前者是指不是由于另一个产品故障引起的故障；后者是由另一产品故障引起的故障。在评价产品可靠性时只统计独立故障。

（二）可靠性

可靠性（reliability）是指元件或系统在规定的条件下和规定的时间区间内能完成规定功能的能力。可靠性的概率度量称为可靠度。

可靠性定义中的“三个规定”是理解可靠性概念的核心。“规定条件”包括使用时的环境条件和工作条件。产品的可靠性和它所处的条件关系极为密切，同一产品在不同条件下工作将表现出不同的可靠性水平。一台带稳定负荷运行的发电机组与一台频繁调峰的机组相比，显然后者故障会多于前者，也就是说工作条件越恶劣，产品可靠性越低。“规定时间”也和产品可靠性关系密切，可靠性定义中的时间是广义的，除时间外，还可以是里程、次数等。同一个继电器反复动作1万次时发生故障的可能性肯定比动作1千次时发生故障的可能性大。也就是说，工作时间越长，可靠性越低，产品的可靠性和时间的关系呈递减函数关系。“规定功能”指的是产品规格书中给出的正常工作的性能指标。衡量一个产品可靠性水平时一定要给出故障（失效）判据，比如，一台压力变送器的测量精度低于多少就判为故障，做这种判断时要明确定义，否则会引起争议。因此，在规定产品可靠性指标要求时一定要对规定条件、规定时间和规定功能给予详细具体的说明。如果这些规定不明确，仅给出产品可靠度要求是无法验证的。

产品的可靠性可分为固有可靠性和使用可靠性。固有可靠性是产品在设计、制造中赋予的，是产品的一种固有特性，也是产品的开发者可以控制的；使用可靠性则是产品在实际使用过程中表现出的一种性能的保持能力的特性，它除了考虑固有可靠性的影响因素之外，还要考虑产品安装、操作使用和维修保障等方面因素的影响。

产品的可靠性还可分为基本可靠性和任务可靠性。基本可靠性是产品在规定条件下无故障的持续时间或概率，它反映了产品对维修人力的要求。因此在评定产品基本可靠性时应统计产品的所有寿命单位和所有故障，而不局限于发生在任务期间的故障，也不局限于是否危及任务成功的故障。任务可靠性是产品在规定的任务剖面（产品在完成规定任务这段时间内所经历的事件和环境的时序描述）内完成规定功能的能力。评定产品任务可靠性时仅考虑在任务期间发生的影响完成任务的故障，因此要明确任务故障的判据。提高任务可靠性可采用冗余或代替工作模式，不过这将增加产品的复杂性，从而降低基本可靠性。因此设计时要在两者之间进行权衡。

（三）可维修性

可维修性（maintainability）是指产品在规定的条件下和规定的维修时间内，按规定的程序和方法进行维修时，保持或恢复其规定状态的能力。规定的条件指维修的机构和场所及相应的人员、技能与设备、设施、工具、备件、技术资料等。规定的程序和方法指的是按技术文件规定采用的维修工作类型、步骤、方法等。能否完成维修工作当然还与规定时间有关。可维修性中的“维修”包含修复性维修、预防性维修等内容。各种设备、系统都有可维修性要求。除硬件外，软件也有可维修性问题。可维修性的概率度量称为可维修度。

可维修性是产品质量的一种特性，即由产品设计赋予的使其维修简便、迅速和经济的固有特性。产品不可能无限期地可靠工作，随着使用时间的延长，总会出现故障。此时，如果能通过迅速而经济地维修恢复产品的性能，产品又能继续工作。

由于产品的可靠性与可维修性密切相关，都是产品的重要设计特性，因此产品可靠性与可维修性工作应从产品论证时开始，提出可靠性与可维修性的要求，并在开发中开展可靠性与可维修性设计、分析、试验、评定等活动，把可靠性与可维修性要求落实到产品的设计中。

（四）维修保障性

维修保障性（maintenance supportability）是指维修机构在规定的条件下，按照规定的维修方针提供维修元件或系统所需资源的能力。维修保障性是产品的固有属性，它包括两方面含义，即与设备维修保障有关的设计特性、保障资源的充足和适用程度。设计特性可以通过设计直接影响产品的硬件和软件，例如，使设计的产品具备便于操作、检测、维修、装卸、运输、消耗品补给等设计特性。保障资源是保证系统完成维修操作的人力和物力，从保障性的角度看，充足的、与装备匹配完善的保障资源将说明装备是能得到维修保障的。

产品的开发过程中应使所设计开发的产品具有可保障的特性和能保障的特性，使产品在顾客的使用中操作简便、装卸方便、出现故障有显示、故障产品能及时修复、维修有备件、消耗品有供应等，产品只有具备这种良好的保障性才能使产品的各种功能和性能得到充分的发挥，顾客才会满意，其中，维修保障性是与产品可靠性及可维修性密切相关的重要特性。

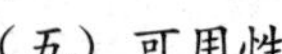

（五）可用性

可用性（availability）是指在要求的外部资源得到保证的前提下，元件或系统在规定的条件下和规定的考察时刻或时间区间内处于可执行规定功能状态的能力。考察时间为指定瞬间，则称瞬时可用性；考察时间为指定时段，则称时段可用性；考察时间为连续使用期间的任一时刻，则称固有可用性。它是衡量设备在投入使用后实际使用的效能，是设备或系统可靠性、可维修性和维修保障性的综合反映。用概率量度表示可执行规定功能状态的能力时通常称为可用度。

可用性包括产品在特定使用环境下为特定用户用于特定用途时所具有的有效性、效率和用户主观满意度。其中，有效性是指用户完成特定任务和达到特定目标时所具有的正确和完整程度；效率是指用户完成任务的正确和完整程度与所使用资源（如时间）之间的比率；满意度是指用户在使用产品过程中所感受到的主观满意和接受程度。

二、衡量系统可靠性的指标及其数学关系

（一）故障率 λ

工作到某一时刻尚未故障的产品，在该时刻后单位时间内发生故障的概率，称为产品的故障率或失效率。一般记为 λ，它也是时间 t 的函数，故也记为 $\lambda(t)$，称为故障率函数，也称为失效率函数或风险函数。用数学符号表示为

$$\lambda(t)=\frac{\mathrm{d}r(t)}{N_{\mathrm{s}}(t)\mathrm{d}t} \tag{1-1}$$

式中　$\lambda(t)$——故障率；

$\mathrm{d}r(t)$——t 时刻后，$\mathrm{d}t$ 时间内故障的产品数；

$N_{\mathrm{s}}(t)$——残存产品数，即到 t 时刻尚未故障的产品数。

工程上，采用近似式。如果在一定时间间隔 Δt 内，试验开始后的正常工作的样品数为 N_{s} 个，而经过 Δt 后出现的故障样品数为 Δr 个，则这一批样品中对于每一个正常样品的故障率 λ 为

$$\lambda=\frac{\Delta r}{N_{\mathrm{s}}\Delta t} \tag{1-2}$$

故障率 λ 的数值越小，则表示可靠性越高。λ 可作为电子系统和整机的可靠性特征量，更经常作为元器件和接点等的可靠性特征量。其量纲为 [1/h]，国际上常用 [10^{-9}/h]，称为菲特（fit），作为 λ 的量纲。

（二）平均无故障工作时间 $MTBF$

平均无故障工作时间就是指在规定的条件下和规定的时间内，产品的寿命单位总数与故障总数之比。或者说，平均无故障工作时间是可修复产品在相邻两次故障之间工作时间的数学期望值，即在每两次相邻故障之间的工作时间的平均值，用 $MTBF$ 表示，它相当于产品的工作时间与这段时间内产品故障数之比。

$MTBF$ 是衡量一个产品的可靠性指标，单位为“小时（h）”。它反映了产品的时间质量，是体现产品在规定时间内保持功能的一种能力。具体来说，它仅适用于可维修产品。工程上，如果一个产品整机在试验时总的试验时间为 T，出现了 n 次故障。出现故障进行修复，然后再进行试验（维修的时间不包括在总试验时间 T 内）。则

$$MTBF = T/n \tag{1-3}$$

$MTBF$ 数值越大，则表示该产品可靠性越高。对于一批 N 个产品组成的系统而言：

$$MTBF = \sum_{i=1}^{N} t_i / N \tag{1-4}$$

式中 t_i ——第 i 个产品的平均无故障工作时间（h）；

N ——产品的数量。

平均无故障工作时间 $MTBF$ 是衡量设备或元器件可靠性的“概率”性的指标，有其特殊的计算方法。假设一台计算机的 $MTBF$ 为 3 万 h，并不是把这台计算机连续运行 3 万 h 检测出来的。关于 $MTBF$ 值的计算方法，目前最通用的权威性标准是 MIL-HDBK-217、GJB/Z299B 和 Bellcore，分别用于军工产品和民用产品。其中，MIL-HDBK-217 是由美国国防部可靠性分析中心及 Rome 实验室提出并成为行业标准的，专门用于军工产品 $MTBF$ 值计算，GJB/Z299B 是我国军用标准，而 Bellcore 是由 AT&T Bell 实验室提出并成为商用电子产品 $MTBF$ 值计算的行业标准。

（三）有效度（可用度）A

有效度是可修复产品的一个重要的可靠性指标，是指产品使用过程中（尤其在不间断连续使用条件下）可以正常使用的时间和总时间的比例（通常以百分比表示）。即

$$A = MTBF/(MTBF + MTTR) \tag{1-5}$$

式中 $MTBF$ ——产品的平均无故障工作时间（h）；

$MTTR$ ——产品的平均维护时间（h）。

A 值越接近于 100%，表示电子系统有效工作的程度越高。

实际上，设备 $MTBF$ 受到系统复杂程度、成本等多方面因素的限制，不易达到很高的数值。尽量缩短 $MTTR$ 也同样可以达到增加 A 的目的。对于高失效率单元，采用快速由备份单元代替失效单元的冗余式设计，可以在 $MTBF$ 不很高的情况，使 $MTTR$ 接近于 0，这样，也可以使 A 接近于 100%。

（四）可靠度 $R(t)$

产品在规定的条件下和规定的时间内，完成规定功能的概率称为可靠度。可靠度是衡量电子系统可靠性的最基本的指标。依定义可知，可靠度函数 $R(t)$ 为

$$R(t) = \frac{N_0 - r(t)}{N_0} \tag{1-6}$$

式中 N_0 —— $t=0$ 时，在规定条件下进行工作的产品数；

$r(t)$ ——在 0 到 t 时刻的工作时间内，累计的故障产品数。

从式（1-6）中可看出，对 $R(t)$ 来讲，其值均为时间量 t 的函数。极端地讲，$t=0$ 时，任何系统的 $R(t)=1$；$t=\infty$ 时，任何系统的 $R(t)=0$。$R(t)$ 只有在指定的时间范围内才有具体的意义。在实际使用中常用年可靠度 P 来表示。

年可靠度 P 的定义为电子系统在规定的环境条件下，在 1 年的时间内，完成规定功能的概率。例如，$P=0$ 就说明系统在一年内有 90% 的可能不出现故障。如果在一个地点有 10 台同类设备，则平均 1 年会有 1 台设备可能需要进行维修。

三、可靠性管理

可靠性管理是指为确定和达到要求的产品可靠性特性所需的各项管理活动的总称。可靠

性管理是在一定的时间和费用条件基础上，根据用户要求，利用系统工程观点对产品的可靠性进行控制，即对产品全寿命周期中各项可靠性工程技术活动进行规划、组织、协调、控制、监督，以保证内在的可靠性目标，使其全寿命周期费用最低。可靠性管理是对设备和系统全过程的质量管理，它可以揭示出影响生产工作质量链条上的任何一个环节的缺陷，并通过分析缺陷，为提出改进措施提供决策依据。

可靠性管理是一项复杂的系统工程，从产品构成来看，包括原材料、元器件、零部件、设备、系统各个环节；从产品全寿命周期来看，包括研究、设计、制造、运输、储存、安装、使用、调试、运行、维护、检修等各个阶段；从工作内容来看，包括理论、标准、技术、管理及教育培训等各个方面。

可靠性管理不仅是单纯的保证技术，而且是企业中一项重要的经营决策，它有利于大大增强企业的素质，提高企业的可靠性水平，企业中一整套以可靠性为重点的质量管理制度的形成将大大改善人员的可靠性素质、厂风、厂貌，是企业长期生产可靠性产品的强大力量。

可靠性管理分为宏观和微观两个方面。可靠性宏观管理从全社会的角度出发，对社会各方面可靠性工作进行统筹安排，对基层单位的产品可靠性进行规划、协调和监督。可靠性宏观管理由政府主管部门实施，行业协会、专业学会协助进行。可靠性宏观管理包括政策法规、行政条例、国家与专业标准、管理体制、中期和长期规划、指标考核、基础研究、计量、检查监督、国家与行业情报的收集与交换、国家与行业可靠性数据的收集与交换、质量认证、安全性认证、生产许可证、评审、创优评比、技术交流及教育培训等。可靠性微观管理是从企业、研究单位的角度出发，在可靠性宏观管理的指导下，对本单位的产品可靠性进行组织、协调和保证。可靠性微观管理包括方针目标、规章制度、企业标准、组织机构、可靠性计划、指标考核、应用研究、设计与评审、质量认定、工序控制、试验监督、质量跟踪、计量、维修服务、全寿命周期费用分析、情报收集与交换、数据收集与交换、技术交流、教育培训等。

可靠性管理系统各组成部门有明确的任务分工。领导机构与管理部门负责制订可靠性工作的方针、计划、组织和规章制度；发布标准规范；检查、督促可靠性工作的进展情况；协调整个系统的可靠性工作（包括协作单位在内）；组织可靠性工作的教育和情报交流；指导所属部门的可靠性工作。设计部门负责根据所要求的可靠性指标确定环境条件；制订本系统的可靠性任务书；确定对所用元件、器件、材料、工艺的可靠性要求；进行可靠性分配和预测；进行故障树分析和故障模式、效应及致命度分析；寻找产品的薄弱环节，在设计上采取措施，以提高薄弱环节的可靠性；对产品的零件、部件进行应力-强度分析，采取环境保护（如减振、恒温）措施；对材料和加工精度提出恰当的要求，保证零件、部件和产品结构可靠；确定元件、器件的降负荷因子；进行热设计，使整机的局部温升不致过高；进行边缘设计，保证产品的性能可靠性；查明所用元件、器件、材料的保险期，制订恰当的维修、更新方案；在各个设计阶段结束时进行设计评审。生产部门负责严格选用可靠性保证部门推荐使用的元件、器件、材料、工艺；对外购件进行严格的质量检查；制订严格的工装设备、量具、计量测试设备的维修计划，保证它们始终处于合格状态；对产品的生产过程进行严格的质量管理，保证一致性和稳定性。维修部门尽力为用户维修好产品；搜集和整理出现的故障情况，及时通过故障反馈系统上报。使用部门负责提供使用条件；根据要求进行维护、修理、保管和使用；备有合理的备品备件；对现场故障进行收集、分析，并提供给有关部门。

四、提高可靠性的一般方法

电子系统的可靠性和使用环境有着极为密切的关系。元器件的故障率在不同的使用环境中和其基本故障率差别很大，通常应以环境系数进行修正。

简化电路，减少逻辑也就减少了元器件的数量，选用高可靠性的元器件，是提高可靠性的最基本思路，在保证相同功能和使用环境的条件下，越简化的电路，越少的元器件，系统就越可靠。

元器件、设备、系统的故障率在整个使用寿命中并非是恒定不变的常数，通常存在着如图 1-1 所示的“浴盆曲线”。

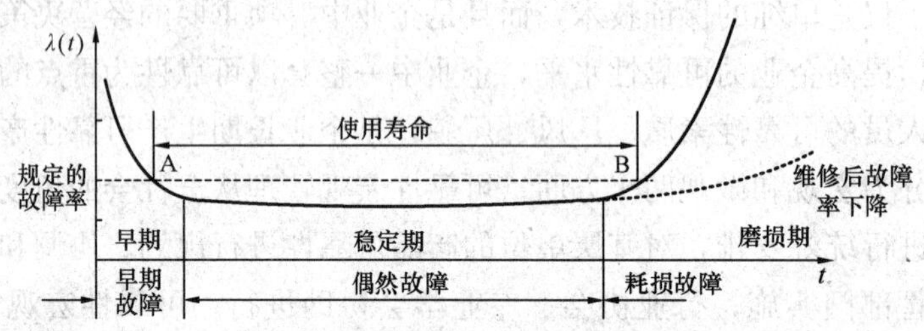

图 1-1　失效率与时间的关系曲线

早期：通常早期故障率会比稳定期的故障率高得多。造成故障的原因可能是元器件制造过程中的缺陷和装机的差错、不完善的连接点、元器件出厂时漏检的不合格产品混入。因而一定要先使设备运行一个时期，进行老化，使早期故障问题暴露在生产厂老化期间，给用户提供的是已进入稳定期的可靠产品。

老化的时间，日本的民用产品（如电视机）一般不小于 8h，而美国宇宙飞船规定每个元器件装上飞船之前老化 50h，装上飞船以后，又老化 250h，共 300h，以淘汰有隐患的元器件，保证工作可靠性。实际工作中，对可靠性要求较高的设备老化时间确定在 20～50h 较为合适。

稳定期：此时故障率 λ 近于常数，用作正常使用期。也可根据故障率 λ 来预算设备的其他可靠性指标。通常，在较好的使用环境中，如果出现故障后能得到及时和正确的维修，则电子系统的稳定期应不短于 6～8 年。

磨损期设备使用的寿命末期：由于元器件的材料老化变质或设备的氧化腐蚀、机械磨损、疲劳等原因。故障率 λ 将逐步增加，进入不可靠的使用期。磨损期出现的具体时间，受各种因素影响，很不一致。设计合理、元器件质量选择较严、环境条件不太恶劣的设备磨损期出现的时间会晚得多。

保证设备的可靠性是一个复杂的涉及广泛知识领域的系统工程。只有给予充分的重视和认真采取各种技术措施，才会有满意的成果。其基本方法包括：

（1）高可靠度的复杂系统，一定要采用并联系统的可靠性模型。系统内保证有足够冗余度的备份单元，可以进行自动或手动切换。如果功能上允许，冷备份单元切换相较于热备份单元切换，更能保证长期工作的可靠性。

（2）任何电子系统都不可能 100％的可靠。设计中应尽量采用便于离机维修的模块式结

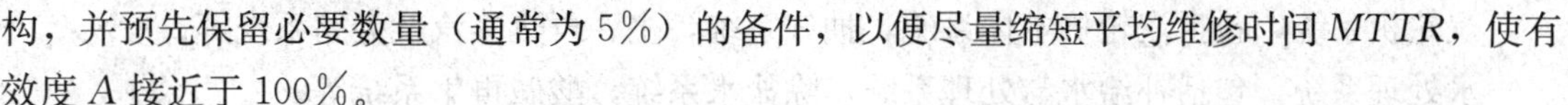

构，并预先保留必要数量（通常为5%）的备件，以便尽量缩短平均维修时间 $MTTR$，使有效度 A 接近于100%。

(3) 加强通风冷却，改善使用环境，是成倍提高可靠性的最简便和最经济的方法。

(4) 简化电路，减少元器件的数量，减轻元器件的负荷率，选用高可靠性的元器件是保证系统高可靠性的基础。

(5) 重视设备老化工作，减少系统早期失效率。

通过精心设计、认真生产、严格质检、及时维修，完全可以使电子系统（含电源设备）达到十分接近于100%的可靠度，以满足国防，科研，工业等各方面的需求。

第二节　电厂热控系统的可靠性分析

一、电厂组成

电力生产系统是由锅炉、汽轮机、发电机和相应的辅助设备，按规定的技术经济要求组成的一个统一体，它将一次能源转换为电能后输送给电网，其基本结构如图1-2所示。

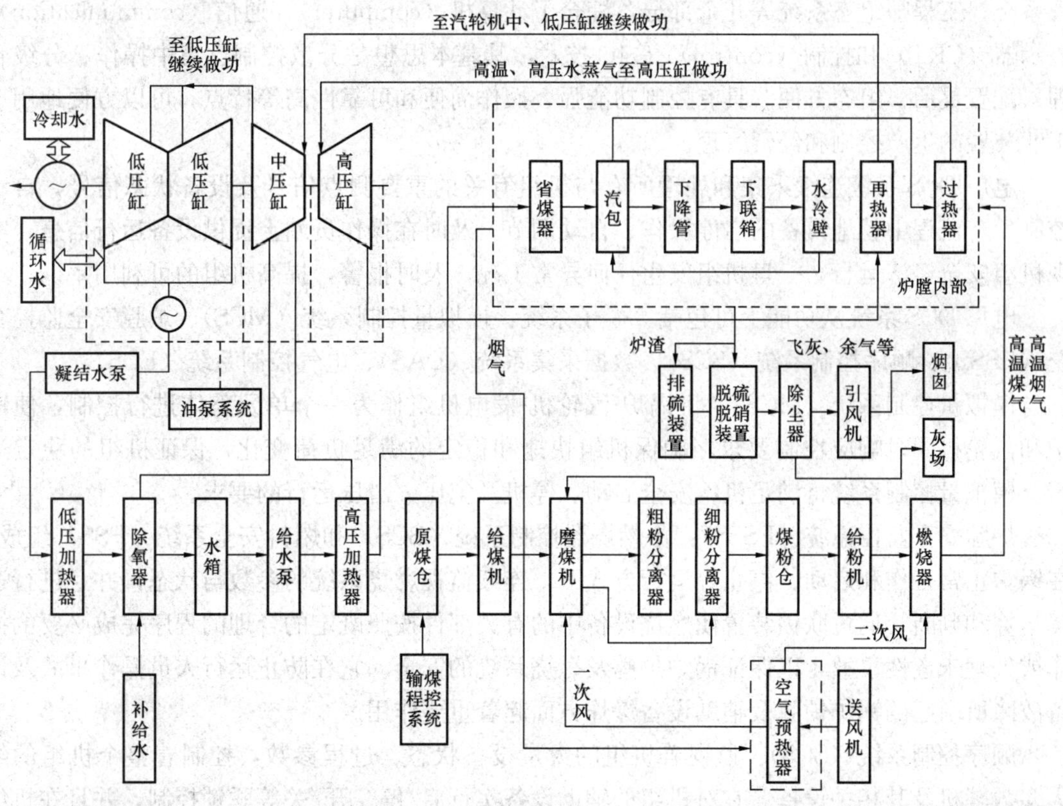

图1-2　电力生产系统基本结构示意

由图1-2可知，电力生产过程涉及到的设备种类和数目繁多，涉及热工自动监控的对象概括起来可分为以下六大系统：

锅炉系统，包括锅炉本体，汽水循环系统，主、再热蒸汽系统等；

汽轮机系统，包括汽轮机本体系统，抽气系统，主、再热蒸汽及旁路系统等；

水处理系统，包括补给水与处理系统，除盐水系统，酸碱再生系统等；

冷却水系统，包括循环水系统、定冷水系统；

燃料系统，包括输煤系统、制粉系统、燃油系统等；

残余物处理系统，包括冲灰水系统，出渣系统，除尘系统、脱硫脱硝脱重金属系统等。

通常把这六大系统包含的设备直接简化为锅炉本体、汽轮机本体以及其他附属设备。从可靠性逻辑来说，上述电力生产过程是一个串联关系，过程中的任何一个环节发生故障，都会导致电力生产的中断，而要提高电力生产的可靠性，需要对上述生产的各个环节进行控制，保障其可靠性水平，这其中热工自动化控制系统（简称“热控系统”）可靠性则是提高机组运行可靠性的首选环节。热控系统的任务，就是对这六大系统设备自身的状态与内容介质参数进行测量、监视、控制与保护，它包括机组分散控制系统（DCS）、数字电液控制系统（DEH）、汽轮机监视系统（TSI）、汽轮机紧急跳闸系统（ETS）等。

其中，分散控制系统是电厂热控系统的核心，它是一个由过程控制级和过程监控级组成的以通信网络为纽带的多级计算机系统，从结构上可以分为现场控制站、网络系统、操作监视系统、工程师组态系统等几个部分，综合了计算机（computer）、通信（communication）、显示器（CRT）和控制（control）等 4C 技术，其基本思想是分散控制、集中操作、分级管理、配置灵活、组态方便。具有控制功能强、操作简便和可靠性高等特点，可以方便地用于工业装置的生产控制和经营管理。

电厂 DCS 系统连续采集和处理所有与机组有关的重要测点信号及设备状态信号，自动控制生产流程中就地设备的启停操作、自动调节。及时在操作员站上提供设备运行信息，实现机组安全经济运行。一旦机组发生任何异常工况，及时报警，提高机组的可利用率。

电厂 DCS 系统从功能上可包括 5 个子系统：模拟量控制系统（MCS）、炉膛安全监控系统（FSSS）、顺序控制系统（SCS）、数据采集系统（DAS）、电气控制系统（ECS）。

模拟量控制系统（MCS）：将锅炉-汽轮机-发电机组作为一个单元整体进行控制，使锅炉和汽轮机同时响应控制要求，确保机组快速和稳定的满足负荷变化，保证机组的稳定运行。模拟量控制系统将满足机组安全启动、停机及定压、滑压运行的要求。

炉膛安全监控系统（FSSS）：由燃烧器控制系统（BCS）和燃料安全系统（FSS）组成。在锅炉正常工作和启动、停止等运行方式下，连续监视燃烧系统的参数与状态，并且进行逻辑运算和判断，通过联锁装置使燃烧设备中的有关部件按照既定的合理的程序完成必要的操作或处理未遂性事故，以保证锅炉炉膛及燃烧系统的安全。它在防止运行人员操作事故及设备故障所引起的锅炉炉膛及辅助设备爆炸方面起着重要作用。

顺序控制系统（SCS）：监视着机组的大量设备状态、过程参数，控制着整个机组的绝大多数辅机及其相关设备。它对机组的辅助设备实行启/停、开/关等联锁控制，并且在机组运行过程中，子功能组内的各个设备可以按指定的顺序进行程序启/停、开/关控制。SCS 系统主要控制的设备类型有泵、风机、关断挡板、电动门和电磁阀等。

数据采集系统（DAS）：连续采集和处理进入 DCS 的全部信息。这些信息包括变量、过程状态等来自现场的信息，还包括 DCS 系统内部产生的控制决策，操作员的操作，以及 DCS 系统本身的状态信息等。DAS 将这些信息有条理地组织起来，供操作员监视，提示操作员有关的报警，记录必要的内容。DAS的作用相当于过程控制的信息中心，是管理、运行、维护系统的窗口。

电气控制系统（ECS）：按照机组程序启停的步序要求，实现发电机-变压器组系统自动程序控制或软手操控制，使发电机由零起升压至同期并网带初始负荷，以及使发电机组安全解列停机。对厂用电系统，按启动/停止阶段和正常运行阶段的要求实行程序控制或软手操控制，实现由工作到备用或由备用到工作电源的程序切换或软手操切换，保证机组安全运行或正常启、停机。

二、影响电厂热控系统可靠性的因素

机组安全运行，必须对现场设备和DCS的设计、运行、检修进行全过程、全方位的管理。这需要从设计开始，贯穿基建、安装、调试、运行、检修、维护和管理的整个过程，包括控制系统软、硬件的合理配置，采集信号的可靠性、干扰信号的抑制、控制逻辑的优化、控制系统故障应急预案的完善等。为保证热工自动化设备和系统的安全、可靠运行，可靠的设备（现场设备和DCS设备）与控制逻辑是先决条件，正常的检修和维护是基础，有效的技术管理、监督是保证。只有对所有涉及热控系统安全的外部设备及设备的环境和条件进行全方位监督，并确保控制系统各种故障下的处理措施切实可行，才能保证热控系统的安全稳定运行。

热控系统的可靠性不高最直接的体现就是保护误动与拒动。保护误动指实际工艺流程未发生危险工况，但由于测量控制设备故障或软、硬件系统原因，造成保护动作，影响机组正常运行；保护拒动则是工艺流程确实发生危险工况，但由于设备或系统的原因，保护未能正常动作，造成设备损坏或人身伤亡事故。从目前已运行机组保护实际情况来看，保护拒动很少发生，但保护误动却频繁出现，除了工作人员对设备特性没有完全掌握的原因外，主要原因是工作人员未按系统的自身规律进行合理管理，这主要体现在DCS与热控现场设备运行、维护及设备管理等方面。

DCS的可靠性是确保机组整体安全运行的基础，应高于机组的可靠性等级。系统的设计、制造、安装、维护等环节都应严格按照各自的技术规范进行，并对系统组态、纠错能力、自诊断技术，以及应用阶段的参数运行、指标测试、系统验收予以重视。随着热控系统监控功能不断增强，范围迅速扩大，故障的离散性也显著增加，使得DCS的控制逻辑、自动水平、保护配置、系统设备、电源与接地系统、外部环境，以及为其工作的设计、安装、运行、维护以及检修人员素质等环节中的任何一个环节出现问题，都会引发热工保护系统不必要的误动或机组跳闸，影响机组的经济安全运行。

热控现场设备包括温度、压力、流量、液位开关和变送器，以及阀门、挡板、执行机构、行程开关及电缆等。由于其本身质量问题，所处环境经常受到雨、水、蒸汽或粉尘等的影响，加之现场振动较大经常造成短路或接触不良，引起机组主、辅设备热控保护系统动作，因此现场设备的可靠运行是机组安全运行的前提。

由于各种原因，热控系统设计的科学性与可靠性、控制逻辑的条件合理性和系统完善性，保护信号的取样方式和配置，保护联锁信号定值和延时时间的设置，系统的安装调试和检修维护质量，热工技术监督力度和管理水平，都还存在着不尽人意之处，由此引发热工保护系统不必要的误动时有发生。随着电力建设的快速发展，发电成本的提高，电力生产企业面临的安全考核风险将增加，市场竞争环境将加剧。因此如何提高机组设备运行的安全性、可靠性和经济性，尤其是热控设备的可靠性是电厂经营管理工作的重中之重。

第三节　电厂热控系统的可靠性管理

一、电厂热控系统可靠性相关标准

与电厂热控系统可靠性相关设计、安装、调试、验收、运行、维护与监督的技术标准是热控系统可靠性管理的主要依据，在此对现行的有效标准中相关性较大的做了简要汇总。

（一）与电厂热控系统可靠性相关的设计标准

DL/T 435—2004 电站煤粉锅炉膛防爆规程

DL/T 589—2010 火力发电厂燃煤锅炉的检测与控制技术条件

DL/T 590—2010 火力发电厂凝汽式汽轮机的检测与控制技术条件

DL/T 591—2010 火力发电厂汽轮发电机的检测与控制技术条件

DL/T 592—2010 火力发电厂锅炉给水泵的检测与控制技术条件

DL/T 775—2012 火力发电厂除灰除渣控制系统技术规程

DL/T 861—2004 电力可靠性基本名词术语

DL/T 996—2006 火力发电厂汽轮机电液控制系统技术条件

DL/T 1073—2007 电厂厂用电源快速切换装置通用技术条件

DL/T 1083—2008 火力发电厂分散控制系统技术条件

DL/T 1091—2008 火力发电厂锅炉炉膛安全监控系统技术规程

DL/T 1492.1—2016 火力发电厂优化控制系统技术导则　第 1 部分：基本要求

DL/T 5004—2010 火力发电厂试验、修配设备及建筑面积配置导则

DL/T 5174—2003 燃气-蒸汽联合循环电厂设计规定

DL/T 5175—2003 火力发电厂热工控制系统设计技术规定

DL/T 5182—2004 火力发电厂热工自动化就地设备安装、管路、电缆设计技术规定

DL 5190.4—2012 电力建设施工技术规范　第 4 部分：热工仪表及控制装置

DL/T 5210.4—2009 电力建设施工质量验收及评价规程　第 4 部分：热工仪表及控制装置

DL/T 5227—2005 火力发电厂辅助系统（车间）热工自动化设计技术规定

DL/T 5428—2009 火力发电厂热工保护系统设计技术规定

DL/T 5455—2012 火力发电厂热工电源及气源系统设计技术规程

（二）与电厂热控系统可靠性相关的安装、调试与验收标准

DL/T 475—2006 接地装置特性参数测量导则

DL/T 655—2006 火力发电厂锅炉炉膛安全监控系统验收测试规程

DL/T 656—2006 火力发电厂汽轮机控制系统验收测试规程

DL/T 657—2015 火力发电厂模拟量控制系统验收测试规程

DL/T 658—2006 火力发电厂开关量控制系统验收测试规程

DL/T 659—2006 火力发电厂分散控制系统验收测试规程

DL/T 711—1999 汽轮机调节控制系统试验导则

DL/T 824—2002 汽轮机电液调节系统性能验收导则

DL/T 1012—2006 火力发电厂汽轮机监视和保护系统验收测试规程

DL/T 1210—2013 火力发电厂自动发电控制性能测试验收规程

DL/T 1213—2013 火力发电机组辅机故障减负荷技术规程

DL/T 1492.2—2016 火力发电厂优化控制系统技术导则　第 2 部分：协调及汽温优化控制系统验收测试

DL/T 5437—2009 火力发电建设工程启动试运及验收规程

（三）与电厂热控系统可靠性相关的运行、维护与监督标准

DL/T 261—2012 火力发电厂热工自动化系统可靠性评估技术导则

DL/T 774—2015 火力发电厂热工自动化系统检修运行维护规程

DL/T 838—2003 发电企业设备检修导则

DL/T 1056—2007 发电厂热工仪表及控制系统技术监督导则

DL/Z 870 —2004 火力发电企业设备点检定修管理导则

作为对热控可靠性技术指标和技术措施的完整约束规范，仅仅依靠以上提及的几个规程规定是不够的，还需要认真执行国家、行业已正式颁发的相关专业的规程、规定和标准，并结合设备和系统的具体情况，制订相应的技术与管理细则予以补充。特别是由独立装置或分散表计构成的热工保护设备和系统更应强调从技术指标和管理措施方面严格规范。

二、电厂热控系统与设备可靠性管理

电厂热控系统与设备一般根据其重要性、质量等级、检修维护工作的复杂性等性质与特点分类进行可靠性管理。从新建机组设计、生产准备阶段开始，根据系统与设备的重要性，按 A、B、C 三类进行分类与配置，编制清册和台账，基建调试阶段进行完善，机组运行过程中实施管理；热控系统的设备质量与维护质量，从机组移交生产运行开始，按一、二、三级进行可靠性评级、编制清册台账、统计、管理与评估；对因热控系统的设备隐患、故障引起或可能引起的运行机组和辅机跳闸故障，进行分类、分级统计与管理。电厂热控专业按照国家和行业标准规定，结合系统与设备的重要性分类和可靠性级别、在线运行质量和实际可操作性，制订热控系统与设备的维修周期并实施管理。在控制系统故障应急处理领导机构的领导下，根据控制系统的实际配置，辨识可能发生的故障风险，分析故障风险可能对系统产生的影响，制订切实可操作的故障应急处理预案，并定期进行反事故演习和故障应急处理能力的评估。

热控系统与设备的重要性分类和可靠性评级，由电厂设备管理部门负责提出，生产技术部门的技术负责人组织设备管理、运行检修维护等部门的技术人员审核，企业技术负责人批准发布，热控专业部门负责实施。进行热控系统与设备的重要性分类和可靠性评级的专业人员，需要熟悉该热控系统及其覆盖的范围、各热控设备的功能，以及发生故障后可能引起的后果。热控系统的技术监督工作符合 DL/T 1056 的规定，贯穿于初步审查、设备选型、设计、安装、调试、运行、检修、维护工作的全过程，确保监控参数准确、保护联锁动作可靠、控制策略合理、系统运行稳定。

进行热控系统的设备配置与检修维护更换时，对于 A 类设备，应根据其技术发展和配置可靠性等级，经论证选用已通过运行证明是高可靠性的一级设备，并根据需要冗余配置；

对于B类设备，则选用已通过运行证明是可靠的二级及以上设备。除强制性检定显示仪表外，测量仪表配置时，模拟量信号的测量精度按A类设备不低于0.5%、B类设备不低于1%、C类设备不低于1.5%的要求进行设备配置。开关量信号的设定值动作误差，A类设备不低于量程的1%，B类设备不低于量程的1.5%。用于保护联锁和主要控制系统时，开关量信号采集设备选用一级设备。

新（改、扩）建机组启动前或运行机组检修过程中，根据DL/T 655、DL/T 656、DL/T 658、DL/T 659、DL/T 774和DL/T 996等规程要求，进行控制系统基本性能与应用功能的全面检查、试验和调整，确保各项指标达到规程要求。检查、试验和调整的总时间按以下要求安排，并列入机组的工程进度或检修计划。

(1) 新（改、扩）建机组或A级检修后机组整套启动前，整个控制系统的检查、试验和调整时间不少于72h，启动后，对所有自动控制参数的调节品质，进行检查和整定试验。

(2) B级检修后机组整套启动前，控制系统的检查、试验和调整时间不少于36h，启动后，对重要的自动控制参数或修改后的自动控制系统调节品质，进行检查和整定试验。

(3) C级检修后机组整套启动前，控制系统的检查、试验和调整时间不少于24h，启动后，对修改后的自动控制系统调节品质和协调、炉膛压力、汽包水位等控制系统参数，进行整定试验和检查。

三、电厂热控系统可靠性管理的意义

机组配备的热控系统，由热工监视、调整、越限报警和联动跳闸三部分组成。它的主要作用是在机组启停和持续运行过程中，对热力设备的工作状态、参数进行连续监视和控制，一旦发生异常或危及设备和人身安全的故障时，及时发出声光报警信号，以引起运行人员的注意；必要时自动采取保护和联锁措施，去启、停和控制某些设备或系统，使机组维持原负荷运行或减负荷运行，非常时紧急停止机组运行，避免事故进一步扩大。

随着机组容量的增加，热控系统的可靠性在机组安全经济运行中越来越占据主导地位。但从可靠性来说，随着热控系统监控功能不断增强，范围迅速扩大，故障的离散性也增大，使得组成热控系统的控制逻辑，保护信号取样及配置方式，控制系统、测量和执行设备、电缆、电源、热控设备的外部环境以及为其工作的设计、安装、调试、运行、维护，检修人员的素质等中的任何一个环节出现问题，都会引发热控保护系统不必要的误动或机组跳闸，影响机组的经济安全运行。因此要提高热控系统的可靠性，就需要重视热控系统各个环节的故障处置与预控。

对运行机组来说，在正常情况下，机组通过热控监测和自动调节使各种热控参数保持在定值内或按一定规律变化，保护装置长期不会动作。而异常情况一旦出现，保护系统又必须能迅速可靠的立即动作，因此为了确保热控系统本身动作的可靠性，除了保护系统应有的监视和试验手段外，还要加强对热控系统设备的运行维护，通过定期检查，及时发现和处理热控系统运行中出现的问题，运行中不能处理的问题及时做好防范措施，安排机组停运时处理和进行必要的试验。

热控保护的发展与机组的容量、工作参数和自动化程度密切相关。随着机组容量不断增大，其功能越来越强，重要性越来越突出，由该系统产生的控制指令在各种自动装置的所有控制指令中，其优先权也最高，它可以闭锁其他自动装置的指令，尤其是在全自动化方向发

展的大容量机组，监视和保护系统构成了机组自动化的基础，没有完善和可靠的监视保护系统，机组就无法正常运行。因此，只有在所有保护系统按规程要求经过试验验证，可随机组投入正常运行时，才可以启动整套机组，且在运行中不能擅自切除任何保护装置。

现代大型发电机组分散控制系统（DCS）已是一种标准模式，是监视、控制机组启停和运行的中枢系统，其安全、可靠与否对于能否保证机组的安全、稳定运行至关重要，若发生问题将有可能造成机组设备的严重损坏。因此，必须引起有关单位领导和专业技术人员的高度重视，防止任何违规和盲目行为的发生。

随着计算机技术和现代控制技术的飞速发展，DCS 对机组监控覆盖面日趋全面，其渗透深度也随之增加。近年来，无论是新建的大型机组还是老机组进行热工自动化改造，其所设计的 DCS 控制功能已不仅仅局限于热机系统的监视、控制及大联锁等，发电机-变压器组、厂用电系统乃至开关场的控制也纳入 DCS 中，甚至像自动同期、励磁等指标，可靠性要求很高的专用设备，也有人尝试用 DCS（设计专用智能板件）来实现其功能。而且目前机组控制室人机界面的设计也已经发生深刻变化，常规仪表加硬手操的监控模式已基本取消，取而代之的是大屏幕、CRT 操作员站加软手操。因此，机组安全、经济运行对 DCS 的依赖性也越来越大。

鉴于目前已经投运的 DCS 一般还不能保证十分完善，特别是在选型和设计时，由于受设计思路和投资等因素的影响，在系统配置上可能不尽合理，并且已投入使用的 DCS 可靠性也不尽相同，有可能会因为 DCS 设备、系统本身问题或由于使用维护不当等原因而造成机组停运或设备损坏事故，因此，制订 DCS 及热工保护反事故措施是提高系统可靠性的必要管理手段。

同时，良好的热控设备管理是电力企业安全生产的保证。1985 年大同发电厂和 1988 年秦岭发电厂 200MW 汽轮机发电机组分别发生超速飞车毁机事故；1990 年河南新乡电厂 2 号锅炉满水事故造成汽缸等静止部件变形，汽轮机大轴弯曲，轴系断裂；1997 年，秦皇岛热电厂 4 号锅炉断水，低水位保护和后备保护失效的情况下致使锅炉较长时间在断水状态下运行，导致水冷壁多处爆管，大面积过热损坏，构成重大事故；2002 年大同二电厂 5 号机组在小修后启机过程中，发生烧瓦恶性事故；2006 年甘肃天水市甘谷电厂发生安全事故，3 人死亡；2008 年，准格尔发电公司在卸灰设备消除缺陷（简称“消缺”）时，发生人身死亡事故，死亡 1 人。一直以来由于锅炉、汽轮机和其他热工附属设备异常运转造成重大人员伤亡与设备损坏事故接连发生，根据有关电厂安全事故的统计，除去个别人为因素，80%以上的安全事故是设备不安全因素造成的，特别是一些压力容器、动力运转设备等管理不好则更是事故的隐患。所以要确保电厂安全生产，必须有运转良好的热控设备，而良好的热控设备管理又是设备良好运转的保证。

良好的热控设备管理还是电力企业提高效益的基础。近些年来受“厂网分开，竞价上网”政策的影响，电力系统通过竞价上网等手段调节电力市场。因此提高设备的生产效率、减少设备故障、实现节能降耗将是热控设备管理要考虑的核心问题。通过对热控设备参数在线监测和计算以及在此基础上对设备效能进行评价为状态检修提供依据，并且根据评价结果能够进一步优化机组运行参数，对于降低发电成本，提高电力企业的竞价能力至关重要。据相关计算，2×600MW 的机组一年之内 0.5%厂级可利用率的提高将意味着 1.051 2 亿元的节余。

四、热控系统故障诊断方法

火力发电厂热控设备的故障诊断消除必须做到快速准确，避免拖延处理时间扩大故障，在勤学专业知识，不断提高检修技能的同时，运用专业消缺的快捷方法，能大大提高消缺的效率和质量。根据工作中的经验总结，可归纳为 10 种常用的热控故障诊断方法。恰当应用这些方法，能使热控设备故障排查处理过程达到事半功倍的效果，避免在处理过程中循规蹈矩检查复杂的热工控制回路而耽误时间，或者因处理过程不当导致故障扩大或损坏设备的事件发生。

热控故障包括逻辑故障、电源故障、模件故障、接线故障、就地设备故障等，典型的方法可概括为观察法、复位法、测量法、分割排除法、置换法、数据分析法、比对法、参照法、模拟法、回路分析法等。

(1) 观察法：首先观察设备的参数显示、仪表指示都是否正常，检查接地绝缘故障时，检查高压回路是否有打火痕迹等，听取运行设备有无异常声音，询问运行人员故障发生现象和过程，在确保安全的前提下排除有无泄漏，接线是否紧固等。观察法是故障排查的首要方法。

(2) 复位法：对故障控制器或计算机设备使用“复位按钮”或者重新上电，利用系统自身的重置功能，恢复正常功能。在热工控制回路中有电子元器件、可编程控制器（PLC）、集成电路等，通过复位按钮或者断电方式复位设备故障能有立竿见影的效果。

(3) 测量法：使用专用仪表测量热控回路元件参数，从而判断元件是否正常。譬如使用万用表测量温度元件参数、压力开关通断、电磁阀线圈、电缆接地等。使用此法一定要严格按照测量仪表的操作规程，避免引起信号误发甚至损坏设备。

(4) 分割排除法：将控制回路合理分为几段或者几个相对独立的部分，高效快速锁定故障的部位，大大节省排查时间，此法常用在液压控制系统、电气控制回路、接线回路、绝缘接地等类型故障的排查。

(5) 置换法：使用同型号的备品备件或者同型号停运设备的良好元件替换疑似故障元件，来试验是否是故障点。此法使用过程中必须清楚更换过程中是否需要断电，在置换元件前，也要做好在替换过程中信号误发的事故预想。

(6) 数据分析法：包括调用历史趋势和查阅首出记录、检修记录、巡检记录等，分析故障的根源。通常查看信号历史趋势，能判断故障的类型和因素，相互关联影响因素多的故障判断中更能见效，根据检修笔记和巡检记录对处理频发缺陷或同类型设备故障会有启发和借鉴的作用。

(7) 比对法：此法常用于通过对与故障回路同步运行的冗余元件或备用设备输出的分析比对，判断故障性质。在双支热电阻热电偶温度元件检查的过程中多用此法，通常测量备用支电压或者电阻值，计算温度值，与使用支做比对；也可测量双支电压或电阻进行比对，从而判断元件是否使用良好。在测量过程中要注意万用表的正确使用，避免走错间隔，造成信号误发，一定先用电压挡测量，测量电阻前要做好监护工作、做好保护解除手续和事故预想。

(8) 参照法：参照法是指参照近期此类故障现象的处理方法，参照此类设备从前相同故障现象的处理方法，参照检修参数或者参数备份，从而判断故障的问题症结，结合其他诊断方法快速做出判断处理。由于同批次设备在制造上有某些考虑不周的薄弱部位，在实际使用中不能适应生产现场复杂恶劣的环境，造成同类型运行故障，通常此法诊断处理也会很奏效。

(9) 模拟法：模拟法就是模拟复杂的现场工作环境，观察是否出现雷同的故障现象，从而断定问题症结所在。简单的做法就是拽拽线、摁摁模块、包括轻轻敲击振动，当然也包括使用信号发生器、信号干扰仪、振动器、操作设备等模拟相对复杂的工况。使用该方法时一定要注意周围设备是否受到影响，要做好事故预想。

(10) 回路分析法：就是查看控制回路逻辑图、电气原理图、液压系统图等资料，综合分析、顺藤摸瓜查找故障的根源。此法是热控故障诊断的常用方法，以逻辑分析与时序判断为基础，可以循序渐进地直达问题的关键。

上述介绍的10种热控故障诊断方法，在实际使用中需要灵活使用，相互配合才能发挥好的效果，总的原则是先表后里、先简后繁，以便提高故障消缺安全性和节省故障排查时间。

热控故障的诊断要求热控人员能在极短的时间里做出正确的判断，安全快速地处理缺陷，采用科学高效的诊断方法可以帮助我们快速诊断故障根源，为消除缺陷赢得时间，同时正确灵活使用这些快捷方法，能使问题简单化，思路更加简捷清晰，避免处理故障过程中盲目、零乱、复杂，扩大诊断范围，增加安全隐患，甚至造成不必要的人为扩大。

五、提高DCS控制系统可靠性的技术措施

(一) 采用可靠元件与冗余设计方法

随着热控自动化程度的提高，对热控元件的可靠性要求也越来越高，所以，采用技术成熟、可靠的热控元件对提高DCS系统整体的可靠性有着十分重要的作用；而自动化水平的提高，就使热控设备的投资也在不断地增加，切不可为了节省投资而“因小失大”。在合理投资的情况下，一定要选用品质、运行业绩较好的就地热控设备，以提高DCS系统的整体可靠性和保护系统的可靠性、安全性。

分散处理单元（DPU）的1∶1冗余设计已成为普遍，对一些重要热工信号也应进行冗余设置，并对来自同一取样的测点信号进行有效的监控和判断，重要测点的测量通道应布置在不同的卡件上以分散危险，提高其可靠性。重要测点就地取样孔应该尽量采用多点并相互独立的方法取样，以提高其可靠性，并方便故障处理，一个取样、多点并列的方法有待考虑改进。

(二) 提高热工接地系统可靠性和抗干扰能力

火力发电厂的热控系统工作环境存在大量复杂的干扰，其表现轻则影响测量的准确性和系统工作的稳定性，严重时会造成设备故障或控制系统误发信号而造成机组跳闸，因此热控系统最重要的问题之一，就是如何有效地抑制干扰，提高所采集信号的可靠性。接地是抑制干扰、提高DCS系统可靠性的有效办法之一，DCS的接地是有严格要求的。DCS接地包括两个部分，一是交流地（安全地），它为故障和高频噪声提供一个低阻抗的排泄通道，并使设备外壳保持与地等电位，保护人员不受电气伤害。二是系统直流地（公共地），它为数字式过程控制系统建立一个零参考电位，同时能有效消除高频噪声。接地极使用厂内的地网电极，它是与大地良好的接触导体，通常使用埋入地下的一根或一组铜棒。DCS一般要求接地极的对地电阻小于5Ω。在DCS电源分配盘的进线处，接地线与中性线必须可靠短接，接地线与火线、中性线同时布线至DCS用电设备的接线端子。对于没有电源输入的设备，如

输入/输出（I/O）端子柜，应采用绝缘铜导线将机柜接地螺栓与其供电的相邻模件柜的接地螺栓相连。机柜安装底座应与机柜等电位。在机柜底部有直流公共排以供连接直流地，此直流公共排在机柜内与交流地和机柜是隔离的。以与直流接地极相连的接地排为中心，星形连接各个模件柜的直流公共排。各端子柜与其相应的模件柜也用星形接法连接。系统外部信号接线和屏蔽线与接地有关。屏蔽线应该只在单端接地，在机柜侧接地时接至机柜两侧的屏蔽棒上，该屏蔽应该与交流安全地连接在一起。不接地的一端应做绝缘处理。屏蔽层应该一进入机柜即剥出并接在屏蔽棒上，外露的屏蔽线越短越好，屏蔽线之间、屏蔽线与其他金属导体之间应绝缘。

（三）提高热工电源系统可靠性

DCS系统宜采用双路冗余方式供电，进线分别接在不同供电母线上，热工保护电源应采用不停电电源（UPS）供电。进线电源经过DCS电源配置柜后应分两路接入DCS模件控制柜，这两路冗余电源应进行切换试验。所有的电源切换试验可分为静态和动态，静态试验可在DCS上电复原初期进行，主要考验在电源切换过程中机柜、卡件及端子板等的供电是否正常，是否有短时失电现象等；而动态试验则是在机组调试进入一定阶段后，DCS已与就地信号采集元件和执行机构等建立连接，即DCS开始进入工作状态后进行，主要考验在电源切换时，DCS的采集和控制功能是否正常进行，例如，信号是否出现短时坏值，执行器（尤其是模拟量控制）是否有异常动作。只有可靠的供电系统，才能在根本上保证DCS的功能正常实现。另外对DPU的电源和一些保护执行设备（如跳闸电磁阀）的动作电源也应该监控起来。

（四）热工控制逻辑优化完善

热工控制逻辑，仅根据被控设备的工艺要求设计，往往经不起实际运行的考验。一台新建机组（甚至运行多年的机组）的控制逻辑往往会发生许多问题，除了设计单位套用典型设计，未很好总结改进前者设计控制逻辑的优劣外，还因为构成热控系统的测量部件（测温元件、导压管、阀门、逻辑开关、变送器）、过程部件（继电器触点、模件等）、执行部件（执行机构、电磁阀、气动阀等）和连接电缆等，由于产品质量、环境影响、运行时间延伸和管理维护等因素的变化，容易出现故障。经统计，不少故障仅仅是因为某一个位置开关接触不良或某一个挡板卡涩而造成机组跳闸，若逻辑设计时考虑周全就应该可以避免。

（五）完善故障应急处理预案

目前国内大中型火力发电机组热力系统的监控，普遍采用分散控制系统，电气系统的部分控制也正在逐渐纳入其中。由于分散控制系统形式多样，各厂家产品质量不一，分散控制系统各种故障，例如，供电电源失电、全部操作员站“黑屏”或“死机”、部分操作员站故障、控制系统主从控制器或相应电源故障、通信中断、模件损坏等故障仍时有发生。有些因处理不当，造成故障扩大，甚至发生炉爆管、机大轴烧损的事故。因此防止分散控制系统失灵、热控保护拒动造成事故的发生也就成为机组安全经济运行的重要任务。各个电厂都应制定详尽可行的分散控制系统故障时的应急处理预案，并对运行和检修人员进行事故演练。

（六）加强DCS系统的维护

系统的日常维护是DCS系统稳定高效运行的基础，主要的维护工作有：完善DCS系统管理制度，电子间和工程师室加装门禁系统，自动记录人员进出情况；保证电子间空调设备稳定运行，保证室温变化小于±5℃/h，避免由于温度、湿度急剧变化导致在系统设备上的凝露；尽量避免电磁场对系统的干扰，避免移动运行中的操作站、显示器等，避免拉动或碰伤设备连接电缆和通信电缆等；注意防尘，现场与控制室合理隔离，并定时清扫，保持清洁，防止粉尘对元件运行及散热产生不良影响；严禁使用非正版软件和安装与系统无关软件；做好控制子目录文件的备份，各自控回路的比例积分微分控制器（PID）参数、调节器正反作用等系统数据记录工作；检查控制主机、显示器、鼠标、键盘等硬件是否完好，实时监控工作是否正常；避免乱拉电缆或碰伤电缆和网线尤其是电缆的连接处，避免引起虚接和接触不良；经常查看故障诊断画面，看是否有故障提示；系统上电后，通信接头不能与机柜等导电体相碰，互为冗余的通信线、通信接头不能碰在一起，以免烧坏通信网卡。

有计划地进行主动性维护，保证系统及元件运行稳定可靠、运行环境良好，及时检测更换元器件，消除隐患。每年应利用大修进行一次预防性的维护，以掌握系统运行状态，消除故障隐患。大修期间对 DCS 系统应进行彻底的维护，内容包括对冗余电源、服务器、控制器、通信网络进行冗余测试；操作站、控制站停电检修，对计算机内部、控制站机笼、电源箱等部件的灰尘清理，清理控制柜防尘网，对系统供电线路，接线端子，安全栅等进行检查，确保线路正常接线可靠；对信号报警和信号联锁全面检查，确保满足工艺要求，对设置参数进行检查记录，对联锁逻辑进行模拟试验；更换正常运行不能更换的卡件，处理运行时发现的当时无法处理的缺陷和不足并恢复各种标志；系统供电线路检修，并对 UPS 进行供电能力测试和实施放电操作；接地系统检修，包括端子检查、对地电阻测试；现场设备检修，大修后系统维护负责人应确认条件具备方可上电，并严格遵照上电步骤进行。

严格控制电子间的环境条件。温度、湿度、灰尘及振动对热控电子设备有十分大的影响，严格控制电子间的环境条件，可以延长热控设备的使用寿命，也可以提高系统工作的可靠性。特别是电子通信设备一定禁止使用，防止误发信号。

（七）提高就地热控设备可靠性

就地热控设备的可靠性区别很大，有的设备运行多年无异常，有的设备一投运问题就层出不穷，其原因除设计外，与设备选型也有很大关联。为保证经济效益的最大化，不同系统的设备应根据可靠性要求，选用可靠性级别不同的设备，但尽量采用技术成熟、可靠的热控设备。

就地热控设备工作环境普遍十分恶劣，提高和改善就地热控设备的工作环境条件，对提高整个系统的可靠性有着十分重要的作用。例如，就地热控设备接线盒尽量密封防雨、防潮、防腐蚀；就地热控设备尽量远离热源、辐射、干扰；就地热控设备（例如，变送器、过程开关等）尽量安装在仪表柜内，必要时对取样管和柜内采取防冻伴热等措施。

对主重要设备，特别是保护用元器件、装置，一定要按规程要求进行周期性测试，建立设备故障、测试数据库。并将测试数据同规程定值、出厂测试数据、历史测试数据、同类设备测试数据进行比对，从中了解数据的变化趋势，做出正确的综合分析、判断。做好机组的大、小修设备检修管理，及时发现设备隐患，使设备处于良好的工作状态，并做好日常维护和试验。

标志标识对就地热控设备的可靠性起着重要的作用，要保证就地的热工控制柜、仪表柜等都应设有 KKS 码和中文双重标示的标志牌，柜门密封要严，柜内没有灰尘，柜内照明正常；所有的电动执行机构标志、手轮方向标示正确、电缆金属套管两头固定部分完好，养成良好的检修习惯。

（八）提高热工技术监督工作有效性

热工技术监督是促进安全经济运行、文明生产和提高劳动生产率的不可缺少的手段，它的重要性体现在它所监督的热控系统及设备，在保障机组安全启停、正常运行和故障处理过程中不可替代的作用，它所制定的规章制度被严格执行，是热控设备可靠运行，减少事故发生的保证。随着电力行业的快速发展和热工自动化设备的日新月异，提高热控系统可靠性技术研究工作，还应包括拓展热工技术监督内涵，确保所监控的参数准确和系统运行可靠，以对机组的安全经济运行真正起到实有成效的作用。

为提高在线运行仪表的质量，应开展热控设备可靠性分类与测量仪表合理校验周期及方法的专题研究，通过对仪表调前合格率和设备故障损坏更换台账的统计分析，结合设备使用场合、可靠性和厂家服务质量，进行热控设备可靠性的分类研究，其结果供电厂设备选型参考，并以此作为电厂热控测量仪表校验周期制订的依据，实现电厂仪表校验周期的规范性。

建立电厂设备检修运行维护管理一体化的热工技术监督信息平台，通过与全厂信息监视系统（SIS）系统接口，将DCS控制系统界面以标准化格式引入平台，对热工在线运行参数综合分析判断，将同参数间显示偏差、倒挂，不符合运行实际的参数点等及时自动生成报表，发出处理请求，生成缺陷处理单，并对处理响应的速度和结果进行跟踪统计，使检修校验工作有的放矢。

对自动调节参数的品质进行判断，分别统计出稳态和动态时设定点偏离值（值大小和频次）和越限值（时间和频次），进行时间段内调节阀门特性、静态和动态调节品质，阀门切换等曲线和指标的自动生成。对运行中出现的越限报警信号进行归类、智能分析（滤出不需要的报警、频繁出现的报警、速率动作报警），为提高运行人员的预控能力发挥作用。

（九）加强专业技术培训

随着技术发展和新建机组增加，新老电厂都面临人员技术素质跟不上需求的局面。加强技术培训、实现远程或网上技术教育，提高热工人员技术素质，是做好热工监督工作的基础。行业委员会发挥技术平台作用，组织编写培训教材，建立岗位证书制度，指导集团公司和各发电企业培训工作的进行；定期开展行业技术操作竞赛，调动热工专业人员自觉学习和一专多能的积极性。提高专业人员积极主动的工作责任感、科学严谨的工作态度、功底扎实的专业和管理技能。

第四节　电厂热控系统故障分类与分级

电厂运行对热工自动化系统的要求是不发生或减少发生自身原因引起的机组故障次数，保证机组经济可靠地按需求发出并送出所需电量。因此对其可靠性的评价是电厂热工自动化系统性能的关键指标之一。对热控系统的故障科学分类与合理分级，是可靠性工作开展的基础。根据不同的性质与用途，可分别定义不同的电厂热控系统故障类别。

一、按故障性质与后果分类

在电厂设备事故调查中，对因热控系统原因引起的设备故障按常规统计方法一般分为事故、一类障碍、二类障碍、异常、未遂。其中：

事故一般是指一次造成发电生产设备损坏直接经济损失达到一定数额，升压站一定电压等级以上母线全停，多台发电机组非计划停运，发电机组强迫停运超过规定时间的设备故障事件，以及其他经认定为一般设备事故的情况。

一类障碍一般是指未构成一般设备事故，但造成发电生产设备损坏直接经济损失达到一定数额，发电机组或一定电压等级以上输变电设备强迫停运超过一定时间，发电机组或一定电压等级以上输变电设备非计划停运，监控过失、人员误动、误操作使主设备强迫停运，主要发供电设备异常运行达到规程规定的紧急停止运行条件而未停止运行，以及其他经认定为一类障碍的设备故障或损坏情况。

二类障碍一般是指未构成设备一类障碍，但造成发电生产设备损坏直接经济损失达到一定数额，机组异常运行或主要辅机设备故障引起全厂有功出力降低达一定幅值，主要热机保护装置误动或拒动未造成严重后果，主要辅助设备异常运行达到停运条件但未执行，全部或部分 DCS 操作站故障但及时恢复等，以及其他经认定为二类障碍的设备故障或损坏情况。

异常一般是指因人员过失等发生的设备损坏或异常情况，情节较轻，未构成事故、一类障碍、二类障碍的故障。

未遂是指存在安全隐患，可能造成人身伤害和设备停运、损坏，可能构成一类障碍及以上事故，或可能造成人身受伤或构成设备故障，但没有产生后果的异常情况。

二、按故障起因与故障点分类

因电厂热控系统原因引起的设备故障按起因与故障点分类，可分为电源系统故障、控制系统硬件故障、控制系统软件故障、现场设备故障、现场干扰故障、检修维护不当故障等，分别是指以下设备或因素引起的控制系统非正常运行情况：

电源系统故障：指因电源模件、不间断电源、热控柜电源、电源切换或变换装置等引起的故障。

控制系统硬件故障：指因控制器、I/O 模件、网卡、操作员站、工程师站、交换器、服务器等异常引起的机组运行故障。

控制系统软件故障：指因操作系统软件、组态软件、控制逻辑、时序、故障诊断等错误引起的机组运行故障。

现场设备故障：指因取样装置、敏感元件、隔离阀、仪表阀、测量仪表、控制仪表、执行设备、位置反馈装置、电磁阀等异常引起的机组运行故障。

现场干扰故障：指因雷电、接地、电缆绝缘与屏蔽、电焊与电气工具作业、电气设备启停、对讲机等原因引起的机组运行故障。

检修维护不当故障：因人员对设备或部件操作失误，安装调试、检修维护、试验方法不当等原因而引发的故障，这类故障通过完善操作管理和人员素质培训可以减少发生。

三、按故障隐患生成时间分类

电厂热控系统与设备的故障隐患按其产生时间分类可以分为设计隐患、制造隐患、基建隐患、检修维护隐患等，分别表示：

设计隐患：因元件、设备、逻辑、线路等设计不当而遗留的隐性缺陷形成的故障隐患。

制造隐患：因设备未按照设计或规定的工艺制造而遗留的隐性缺陷形成的故障隐患。

基建隐患：安装调试过程不满足相关规程、规范要求而遗留的隐性缺陷形成的故障隐患。

检修维护隐患：维护、检修及管理过程不满足相关运行、检修、维护规程要求而遗留的隐性缺陷形成的故障隐患。

四、按故障可控性分类

电厂热控系统与设备的故障按故障的可控性可以分为突发性故障、渐发性故障、人为因素故障等，分别表示：

突发性故障：在发生之前无明显的可察征兆，事前的检查、监测或检修不能预测，因此难以有针对性地采取预防措施的故障。

渐发性故障：某些设备的元器件、连接介质因老化或连接点环境变化等原因，造成技术指标逐渐下降，最终超出工作允许范围（或极限）而引发的故障，其特征表现为故障概率随设备运转时间的推移而增大，有一定的规律性，通过针对性的预防措施可以降低故障发生概率。

人为因素故障：因人为因素引起的设备操作失误，以及安装、调试、检修、维护及试验方法不当等引发的热控系统故障，这类故障通过完善操作管理和人员素质培训可以减少发生。

五、热控系统分类与故障分级

（一）控制系统分类

按电厂热控系统的可靠性管理要求，根据控制系统的重要性将控制系统分为 A、B、C 三类，进行分类管理与评价。其中：

A 类控制系统：机组从启动、并网、正常运行至停运整个过程中，涉及安全、经济、环保且需要连续投入运行的控制系统。A 类控制系统一般至少包括以下系统：

（1）机组分散控制系统（DCS）。

（2）数字电液控制系统（DEH）、炉膛安全监控系统（FSSS）、汽轮机紧急跳闸系统（ETS）、汽轮机监视系统（TSI）、给水泵汽轮机电液控制系统（MEH）、旁路控制系统（BPC）、电除尘和循环水等专用保护与控制系统。

（3）机组协调控制、汽轮机转速与负荷控制所涉及的控制子系统。

（4）主要辅机设备开关量控制系统（OCS）。

（5）烟气脱硫控制系统（FGD）及脱硝控制系统（SCR）。

（6）对外供热控制系统。

B 类控制系统：机组在连续运行过程中，可根据控制对象要求，做间断式（间断时间不超过 12h）连续运行的控制系统。B 类控制系统一般至少包括以下系统：

（1）除机组协调控制、汽轮机转速与负荷控制所涉及的控制系统以外的模拟量控制子系统。

（2）吹灰、空气压缩机、渣灰程序控制系统。

（3）化学水处理、精处理程序控制系统。

（4）输煤程序控制系统。

（5）制氧、制氢储氢、制氨、制浆控制系统。

（6）全厂辅助系统集中监控系统。

C类控制系统：未列入A、B类的控制系统，列入C类控制系统。当该系统故障时，通过手动能完成其相应的功能，不影响机组的安全运行。

（二）控制设备分类

根据电厂热控系统中控制设备的重要性，同样可以将其分为A、B、C三类，进行分类管理与评价。其中：

A类设备：该设备故障时（包括冗余功能及电源、接地设备），将对该控制系统（以及所包含的重要设备）的安全运行构成严重威胁，可能导致该控制系统控制对象失控、机组中断运行、环境保护监控功能失去或环境严重污染，影响机组运行的安全性和经济性。A类设备（含装置）一般至少包括以下设备：

（1）用于主重要回路的电源、气源、防护装置及过程部件。

（2）压力管道、容器上的强制性检定仪表、装置及过程部件。

（3）热网供汽、供水母管及贸易结算用的温度、压力、流量、称重仪表、装置及过程部件。

（4）经济成本核算用的温度、压力、流量、称重仪表、装置及过程部件。

（5）涉及机组安全和经济运行的重要保护、联锁和控制用仪表、装置及过程控制部件。

（6）主参数监视与环保监测仪表、装置及过程部件。

B类设备：该设备故障时将导致该类控制系统部分功能失控，短时间内不会直接影响但处理不当会间接影响控制对象连续运行，导致控制对象出力下降、控制范围内主要辅助设备跳闸、控制范围内主要自动系统无法正常投自动、主要设备联锁无法投入，或控制范围内的热控设备失去主要监视信号。热控系统B类设备一般至少包括以下设备：

（1）机组启动、停运和正常运行中，需监视或控制的参数所涉及的仪表、装置及过程部件。

（2）一般保护、联锁和控制用仪表、装置及过程部件。

（3）B类控制系统所涉及的主要监视和控制用仪表、装置及过程部件。

C类设备：未列入A、B类设备的所有设备，列入C类设备。

（三）热控系统故障分级

电厂中因热控系统原因引起或可能引发的故障按其严重性可分为一级故障、二级故障、三级故障，分别表示：

一级故障：将会直接导致系统不能完成规定功能，引起机组中断运行、系统重要设备不可控或损坏、环境保护监控功能失去或其他不可挽回的后果。一级故障一般包括以下故障：

（1）A类控制系统任一对冗余电源全部失去。

（2）DCS或DEH的操作员站全部失去监控。

（3）A类控制系统任一对冗余控制器全部故障。

（4）A类控制系统任一对冗余网络全部瘫痪。

（5）涉及机组跳闸的冗余信号中，任二个信号失去。

（6）服务器均故障（根据网络结构确定）。

二级故障：如果不及时处理或处理不当，可能发展为一级故障或导致设备损坏，影响机组安全和经济运行的可能性增大。二级故障一般包括以下故障：

（1）A类控制系统的任一对控制器失去冗余。

（2）A类控制系统的任一电源失去冗余。

（3）A类控制系统的任一网络失去冗余。

（4）A类控制系统监控画面失去监控。

（5）涉及机组跳闸的冗余信号任一个失去。

（6）影响机组和热网安全经济运行或环境保护监控功能的设备、部件故障或隐患。

（7）主要辅机保护回路误动或拒动。

（8）冗余信号中，任二个信号失去。

（9）服务器失去冗余（根据网络结构确定）。

三级故障：对设备和系统完成规定功能有一定影响，虽暂时不影响机组继续运行，但有可能发展为二级故障或一级故障，影响重要参数的监控。三级故障一般包括以下故障：

（1）控制系统部分操作员站失去监控。

（2）B类控制系统的控制器全部故障。

（3）B类控制冗余信号中，任一个信号失去。

第二章

电源系统故障案例分析与预控

随着自动化程度的日益提高，大型火力发电机组对控制系统的依赖性也越来越高。电源系统是控制系统长期、稳定地保持正常工作能力的基础。电源系统不但需要日夜不停地连续运行，还要经受环境条件变化，供电和负载冲击等考验。运行中往往不允许检修，或只能从事简单的维护，这一切都使得电源系统的可靠性变得十分重要。如果控制系统电源及与机组安全相关的设备配置不合理，则一旦控制系统发生失电故障，就可能引发主、辅设备损坏的严重事故。近年来，火力发电机组由于控制系统失电故障引起机组运行异常的案例虽有所减少，但仍有发生，有些机组甚至由于电源以及与机组安全相关的设备配置不合理，而造成机组非计划停运或设备损坏。通过对火力发电厂进行的电源系统普查，其结果表明，在控制系统失电的故障情况下，火力发电机组均存在或多或少的安全隐患，因此要提高控制系统的运行可靠性，首先要通过一系列技术改进措施，消除电源系统存在的隐患，提高电源系统的运行可靠性。

热工电源系统按供电性质，可划分为供电电源、动力电源、控制电源、检修电源。其中，控制电源包括 DCS、DEH、火焰检测装置、TSI、ETS 等电源；供电电源通常有 UPS 电源、保安电源、厂用段电源等。热控系统供电，要求有独立的二路电源，目前在线运行的供电方式有以下几种组合：①一路 UPS 电源，一路厂用保安电源；②二台机组各一路 UPS 电源，另一路 UPS 电源作为二台机组间的备用；③二路 UPS 电源。

影响电源系统可靠性的因素来自多方面，如电源系统供电、电源系统设计、电源装置硬件和检修维护等，都可能引起电源系统工作异常而导致控制系统运行故障。制造厂往往将对电源系统可靠性的关注点放在重视元器件的可靠性和制造装配的工艺上，但对起着决定性作用的电源系统回路可靠性设计的重视不足，对于运行中不同电厂发现的缺陷和隐患不及时通报使用该产品的其他用户。而现场使用人员又往往对规范检修维护的重要性认识不足，在技术管理方面存在漏洞，没有深入研究逻辑图，及早发现隐患和排除；设备巡检流于形式，在较长的时间内，没有发现电源系统的隐患。这些缺陷和隐患，在一定的条件下，显露出来，直接导致机组跳闸事件的发生或威胁热控系统安全运行。

电源可靠性是热控系统可靠性的基础，电源故障引起的机组非计划停运事件时有发生，作为热控系统的一个重要组成部分，其可靠性及故障的预防和处理，直接影响机组的安全经济稳定运行，若有不慎，就有可能引起机组控制系统瘫痪，甚至主设备损坏事故。本章结合机组已发生的热控系统电源故障暴露出来的问题，以案例为基础开展专题分析研究，提出针对性的建议。

第一节　设计配置不当引起电源系统故障案例分析

任何控制系统，电源的可靠性配置是首当其冲需要考虑的，尤其是控制和保护系统的电源设计都必须非常可靠，厂家设计时也考虑了电源冗余，而实际应用中可能由于设计上的某一细微环节忽视使得整个电源的可靠性降低，甚至造成保护误动，所以需从电源的起始端到用户的现场侧系统地考虑整个电源系统的设计。

【案例 1】干除灰系统控制系统 UPS 配置不当隐患分析

某电厂机组干除灰系统控制系统的 UPS 电源配置如图 2-1 所示。

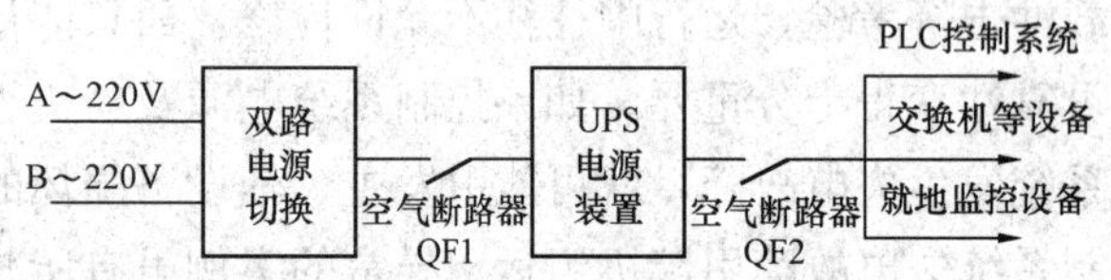

图 2-1　热工干除灰系统控制系统的 UPS 电源配置

通过图 2-1 可以看出，该系统采用双路电源供电，但有两个明显的不足之处：

（1）双路电源切换后经 UPS 向负载供电，因此 UPS 集中了该电源系统的主要风险，一旦 UPS 发生故障输出不稳或不能输出，将给包括 PLC 控制系统、交换机等设备、就地监控设备的正常运行带来威胁。

（2）因该系统为公用控制系统，不能轻易停止运行，而 UPS 电源没有外旁路切换装置，不便于 UPS 电源的日常维护、定期试验及故障处理。

如果将电源改成图 2-2 所示，增加一路空气断路器 QF3，通过 QF1、QF2、QF3 的配合，就可以在保证 PLC 等负载不断电的情况下，实现 UPS 的定期清扫、试验及故障处理。

【案例 2】电源模件 PFI 信号电压保护功能配置不当故障分析

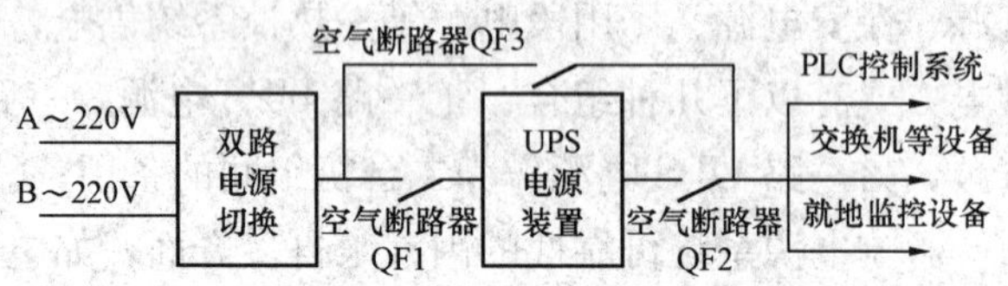

图 2-2　改为带外旁路切换的 UPS 电源

某电厂机组在检修期间，发现操作员站大部分画面参数变紫显示为坏质量，仅远程 I/O 数据正常显示，3～4min 内操作员站无法对任何设备进行操作，继而画面又显示正常，之后这种情况反复多次出现。经检查，该机组负责操作员站接口功能的模件均装在 23 号模件柜内。检查机柜内的电源系统，发现电源连接线紧固螺钉无松动现象，测量＋5V、＋15V、－15V、＋24V 电源电压值均正常，机柜后面母线排电压正常，测量电源故障中断（PFI）电压时发现电压值略有摆动，ABB Symphony 系统Ⅲ型电源的 PFI 信号可以检测母线排电压或 48V 电压，但是由于模件和 BRC 的工作电压都是＋5V，因此一般默认设置为检测＋5V电压。经分析确认，故障原因是 PFI 信号误发造成的通信中断。正常情况下，这个信号对地电压应该是在＋5V，与电源提供的＋5V 电压一致，当＋5V电源电压下降到＋4.75V 左右时，PFI 信号产生，PFI 对地电压降为 0，机柜模件随即停止工作，PFI 信号恢复时，模件自动启动，这就造成了模件柜的反复故障和操作员站反复通信中断的原因。由于 PFI 的检测回路问题使得 PFI 信号不稳定。分析认为，当模件工作电压低于＋4.75V 时，不会损坏模件及控制设备，最多是控制运算出错，误发信号，其最坏结果是引起机组跳闸，为此经讨论决定，取消了 PFI 信号的电压保护功能。并将电源检测装置的引线“+5V”“+15V”“−15V”“+24V”“PFI”及“MCOM”电源线拆下，用一个1kΩ电阻在母线上连接+5V电源和“PFI”端子。同时将各过程控制单元（PCU）柜的电源系统报警信号引入光字牌，即使用NPM模件的S3功能参数通过例外报告引入环路，用来诊断电源故障。

经过对模件功能的重新配置后，消除了因电源故障引发控制系统功能异常的情况。

【案例3】双电源切换继电器切换时间配置不匹配隐患分析

某电厂300MW机组的ETS危急遮断保护系统，内部逻辑采用ABB贝利公司Symphony系统实现，与机组控制系统一体化。其热工电源部分原设计双重双回路联切方式如图2-3所示，ETS保护柜内4只危急遮断（AST）电磁阀的电源回路220V AC供电采用UPS 220V AC电源柜内开关送至汽轮机电源柜，再经过四路开关分别送至AST1、AST2、AST3和AST4电磁阀。UPS 220V AC电源由电气UPS 220V AC馈线柜和电气保安电源供给。正常运行中UPS 220V AC电源柜内保安电源与电气UPS 220V AC馈线柜来的两路电源通过双电源切换继电器进行冗余供电。

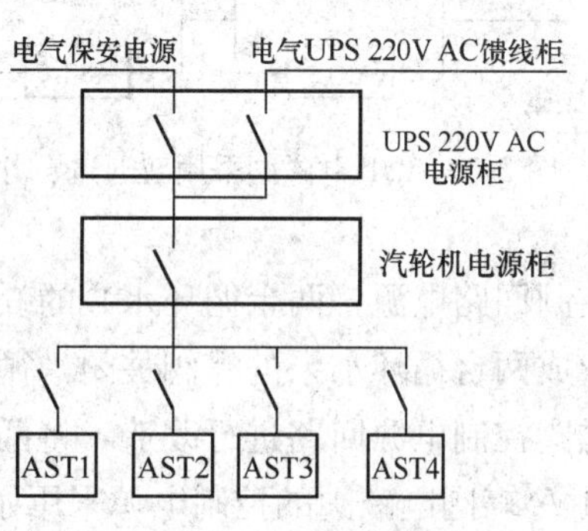

图2-3　AST电磁阀改造前电源回路

但图2-3的设计存在严重的安全隐患，一般切换继电器的切换时间均超过50ms，如果对汽轮机危急遮断电磁阀的电源回路进行切换试验，当UPS 220V AC电源柜内将主电源电气保安电源断开时，备用电源UPS可以正常切换，但AST电磁阀在切换瞬间有“失电—带电”的状态变化，从而可能造成汽轮机主汽门和调节汽门的瞬间泄压关闭，导致机组跳闸（跳闸信号由高压主汽门和中压主汽门的关信号相“与”形成）。在机组检修中，热控人员对危急遮断（AST）电磁阀的电源回路进行试验：启动抗燃油系统，挂闸手动开启汽轮机主汽门，发现：

（1）将危急遮断（AST）系统由保安段电源供电，UPS备用，在UPS 220V AC电源柜内手动断开保安段电源开关，汽轮机发跳闸信号。

（2）将危急遮断（AST）系统由UPS供电，保安段电源备用，在UPS 220V AC电源柜内手动断开UPS电源开关，汽轮机发跳闸信号。

试验证明，当保安电源跳闸失电后，由于UPS 220V AC电源柜内的双电源切换继电器切换时间超过50ms，躲不过AST电磁阀动作切换时间。因此图2-3设计的供电电源在切换可靠性上不能满足机组运行要求，存在着因一路电源失电，AST电磁阀误动作从而直接导致跳机的重大故障隐患。

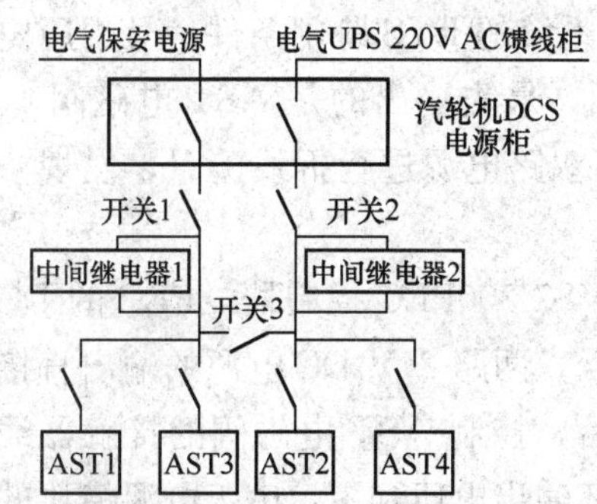

图2-4　AST电磁阀改造后电源回路

图2-4的设计不同点，首先是减少了供电电源的中间环节，其次在开关1和开关2后的线路上分别加装电源监视继电器，信号送DCS用以监视AST电磁阀的供电状态。最重要的是机组AST电磁阀供电电源由汽轮机DCS电源柜供电，一路由汽轮机DCS电源柜电气保安电源下口经开关1接至AST1和AST3电磁阀；一路

由汽轮机DCS电源柜电气UPS 220V AC馈线柜经开关2接至AST2和AST4电磁阀。在开关1和开关2之间加联络开关3，保证在只有一路电源的情况下四个电磁阀能同时带电，正常运行时联络开关3处于断开位置，并有禁止合闸措施。另外，AST电磁阀采用双通道、并串联结构，如图2-5所示。当电气保安电源或UPS电源任意一路丢失时，仅通道1或通道2电源消失，不会造成AST母管油压泄压停机。失电状态经报警继电器DCS进行声光报警，通知相关人员进行处理。消除了图2-3设计因工作电源消失切换为备用电源时，切换时间差而导致四个电磁阀门同时失电泄压停机事件的发生。

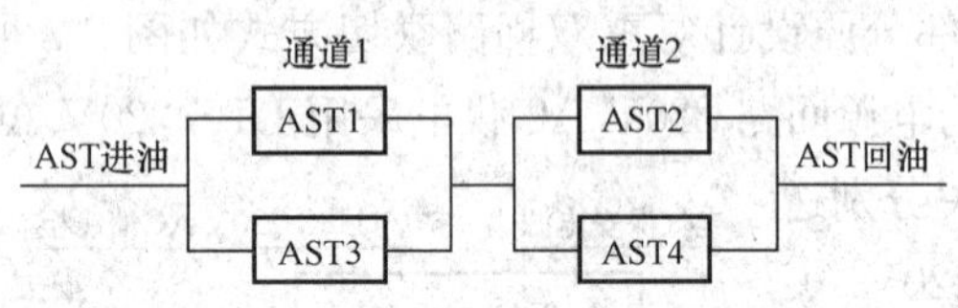

图2-5　AST电磁阀采用双通道、并串联结构

【案例4】两台循环水泵的蝶阀控制柜电源冗余功能设计隐患分析

某电厂二期每台机组的两台循环水泵的蝶阀控制柜设计只有一个，送至蝶阀控制柜的电源有一路380V AC和一路24V DC（110V DC转换而成），其中24V DC是用于蝶阀电磁阀控制回路电源，两台循环水泵的蝶阀电磁阀控制回路共用了此路电源，若这路电源故障就会造成两台循环水泵的蝶阀关闭，循环水泵跳闸，该电厂利用机组检修机会将循环水泵蝶阀电磁阀控制电源回路进行改造，将两台循环水泵蝶阀电磁阀控制回路分开，电源分开，循环水泵A蝶阀电磁阀的控制电源采用了电气110V DC转换而成的24V DC，循环水泵B蝶阀电磁阀的控制电源采用了380V AC转换而成的24V DC，避免了同时跳闸的情况发生。

【案例5】电源冗余设计不当导致机组跳闸

【事件过程】某电厂5号机组ETS系统采用的是西门子S7-300双PLC冗余保护系统，I/O卡件采用24V DC外供电方式，数字量输出（DO）输出通过24V DC扩展继电器，24V DC扩展继电器输出接点控制4个AST电磁阀，1、3和2、4AST电磁阀采用先并联再串联的油路结构，采用UPS和保安段两路冗余电源供电，正常运行时为常带电，当PLC接收到有跳闸信号满足时，PLC输出继电器动作，AST电磁阀失电打开，卸掉AST油压，汽轮机所有进汽阀门关闭，机组跳闸。11月28日10：00，5号机组带供热系统调试，负荷51.71MW，主蒸汽压力6.39MPa，主蒸汽流量209.37t/h，各项参数正常，无重大操作，10：04：40，5号机组ETS系统1～4号AST电磁阀突然动作，甲、乙主汽门关闭，机组跳闸。

【原因分析】ETS首出跳闸原因显示为发电机主油开关跳闸，电气继电保护装置记录电气跳闸原因为汽轮机跳闸，二者互相矛盾。调阅送至DCS系统的ETS跳闸条件信号的历史趋势及事故追忆记录（SOE）显示，ETS跳闸无跳闸原因，最先输出的是AST电磁阀1、2、3、4动作跳闸。对AST电磁阀控制接触器的24V DC双路电源进行拆线测量，发现一路24V DC电源模块输出电压为零。

经分析，故障原因为：5号机组ETS系统采用西门子S7-300PLC控制器，PLC的DO卡件采用两路冗余配置的24V DC模块供电，由于设计失误，两路24V DC电源的输出直接并联后接至24V DC电源母排，向下串联PLC跳闸接点后，控制AST电磁阀的接触器线圈，机组运行中，其中一路24V DC电源模块突然老化损坏输出电压到零，由于电源模块的内阻很小，使另一路24V DC电源瞬间短路，使处于带电吸合状态的AST电磁阀接触器线圈失电，接触器动断接点断开，1～4号AST电磁阀失电，造成机组跳闸。

【防范措施】

（1）对 ETS 系统 PLC 的 24V DC 电源供电回路进行改造：将 24V DC 电源模块更换为带失电报警功能的魏德米勒直流 24V DC 模块，增加魏德米勒 24V DC 高选模块，两路直流 24V DC 分别送至高选模块的输入端，经过高选后输出，当被高选输出的一路 24V DC 电源模块故障失电时，其电压一旦降低到低于另一路 24V DC 电源模块的输出电压，高选模块立即切换至另一路 24V DC 电源输出，确保接触器在电源模块故障时不失电。

（2）利用机组停机的机会，对所有热工电源系统增加交流、直流电源失电报警，对直流电源供电回路全面排查，消除直流电源不经高选直接并联的隐患。

【案例 6】电源接线不合理引起机组燃料 RB 动作

【事件过程】某电厂 1 号机组满负荷运行，机组出力 600MW，A、B、C、E、F 磨煤机运行，D 磨煤机备用。某日 9：31，运行许可“1F 给煤机就地控制柜内闸门全开指示灯不亮，而显示画面上为全开状态检修”的工作票。热控人员去检查就地指示灯，9：42，给煤机就地跳闸引起 1 号机组燃料辅机故障减负荷（RB），RB 动作正常，负荷 600MW 降至 540MW。9：47，1F 给煤机重新启动。

【原因分析】热控人员按规程检查指示灯时，发现电源零线有松动，在紧固接线时，1F 给煤机跳闸。通过对不在运行状态的 1D 给煤机接线回路检查，发现给煤机控制器的零线是与多个指示灯的零线为一线制串接并联状态，图纸上为接线端子排上共零线，存在安装接线未按图纸施工。由于在紧固接线过程中出现瞬时零线脱开现象，引起给煤机控制器失电跳给煤机，从而引起机组 RB。

【防范措施】

（1）现阶段出现类似缺陷时，联系运行停运设备后消缺。

（2）在给煤机停运时，给煤机控制器的零线与多个指示灯的零线改为头尾两线制串接并联。

（3）在机组停运时整改给煤机控制柜接线，给煤机控制器改为独立零线。

【案例 7】DEH 伺服阀控制电源保险容量设计不足导致跳机

【事件过程】某电厂 3 号机组负荷 240MW，协调投入，炉侧烟风系统、空气预热器、送风机、引风机、一次风机双套正常运行，1、2、3、5 号磨煤机运行，脱硫系统及电除尘系统正常运行。机侧主机运行正常，高、低压加热器正常投入，汽动给水泵并列正常运行，汽源为低压五段抽汽。其他系统均正常运行。某日 23：17，3 号机组发主汽门（MSV1），中压调节汽门（ICV），高压调节汽门（CV）伺服板故障报警，发电机负荷降低至 0；汽轮机转速下降，1、2 号汽动给水泵转速下降，主蒸汽压力升高，手动启动电动给水泵。23：18，手动锅炉主燃料跳闸（MFT）和汽轮机打闸，发电机 2203 开关断开，厂用电切换正常，其余辅机动作正常。

【原因分析】热控人员接到通知后立即对机组设备进行检查。首先检查伺服卡，显示灯全部熄灭，通过 SOE 记录进行分析查找，发现最先报警是 DEH 多个伺服卡件故障。对 DEH 伺服阀控制器电源进行检查，测量伺服卡两路 24V DC 供电电源保险阻值全部为断路状态，更换保险恢复伺服卡 24V DC 供电电源，所有卡件显示正常。

然后判断输出回路可能存在接地点，解开所有输出回路端子进行绝缘检查，绝缘检查结果正常且没有松动现象；对就地电缆、接线进行检查，无破损、松动现象，接线正常；检查屏蔽线，正常。随后对DEH伺服卡24V DC供电电源回路进行检查，测量第一路DEH伺服卡件供电回路电流为1.6A，第二路显示2.14A；断开第二路供电电源，第一路供电电源回路电流显示为3.8A。检查供电回路配置的保险管，发现容量为3A、250V。DEH伺服卡件供电电源设计为2路冗余备用，单路电源应具备为DEH伺服卡件提供足够电源的能力，电源回路保险容量配置应大于3.8A，并应有一定的容量；通过综合分析认为DEH伺服卡24V DC供电电源保险设计容量小。

随即联系国电智深厂家技术人员到现场对电液伺服控制器控制电源进行检查，整个供电装置没有问题，技术人员通过对伺服卡进行测量、计算，按照DEH实际配置情况，确认保险管总容量应为5A，为进一步保证设备安全运行，将DEH伺服卡24V DC供电电源保险更换为6A。恢复电液伺服控制器24V DC电源，再一次检查确认供电电源系统没有问题。次日15：15，3号炉点火；17：15，3号机组冲转；17：32，3号机组3000r/min定速；17：41，3号发电机并网。

【分析结论】

（1）故障直接原因是由于DEH伺服卡24V DC供电电源2路保险断路，伺服阀控制器电源消失，所有伺服卡件失电，高压主汽门和中压调节汽门关闭，造成机组停机。

（2）故障间接原因是DEH伺服卡24V DC供电电源保险容量设计不合理，一路供电电源电流长期运行在保险额定电流下导致过热熔断，另一路也随即过流断路，造成电液伺服控制器失去24V DC工作电源导致汽门关闭，机组停机。

（3）存在的管理问题是DCS系统24V DC电源设计不完善，机组调试期间技术把关不严格。热控专业技术培训不到位，设备管理人员对设备和系统掌握程度不够，不能迅速发现设备深层次隐患。

【案例8】汽包水位三冗余变送器同一电源供电导致机组跳闸

【事件过程】7月7日10：47，某电厂2号锅炉突发MFT。经检查首发原因为“汽包水位高”。经热控人员检查确认三台汽包水位变送器失去电源。对电源回路的检查发现：2号机组DCS（WDPFⅡ）系统7DPU柜内的24V DC电源总保险熔断。因三台汽包水位变送器设计在同一个电源回路上，当电源故障时，导致全部汽包水位变送器失电，炉膛安全监控系统（FSSS）判断汽包水位高，引发锅炉MFT。热工人员检查7DPU发现接线端子柜内24V DC电源第一路总保险越级熔断，测试供电回路无接地，所有支路分保险未熔断。更换新保险后未再发生熔断，于12：24恢复并网。

【原因分析】该电厂所有压力、流量、差压参数测量均采用ROSEMOUNT1151SMART（两线制）变送器。变送器所需24V DC电源由DPU内部两个冗余变压器提供，并分三路向接线柜内的端子排供电。由变压器输出端到接线端子排的连线为厂家设置的预制电缆。按照DCS系统危险分散的基本原则，接线柜内任一端子排应由冗余的两路甚至三路同时供电，或者重要的测点（两冗余或三冗余）应分别接入到不同的两个或三个端子排，且这两个或三个端子排应分别由不同的两路或三路电源供电。而实际上检查发现7DPU柜内的24V DC冗余配置并不合理。7DPU柜内的24V DC电源经过两个5A保险后分两路送至现场变送器，而三台汽包水位变送器被分配在同一路电源供电；保险熔断后，三台汽包水位测点全部变为坏点，导致FSSS判断汽包水位异常，发锅炉MFT。这种接法只能保证两个冗余的变压器其中的一个故障，另一个可接替供电；而一旦像7DPU这样第一路24V DC电源保险熔断则所有该端子排上24V DC电源消失，另一路所谓冗余供电电源失去意义。整个供电回路设置并未实现真正意义上的危险分散。如图2-6所示。

在进行试验验证系统电源的安全性时，往往也被厂家承诺的所谓“冗余”误导，只将两个变压器输出端分别解掉测量端子排有电就认为系统是安全的，而没有仔细检查DPU内部的预制电缆实际接线方式。

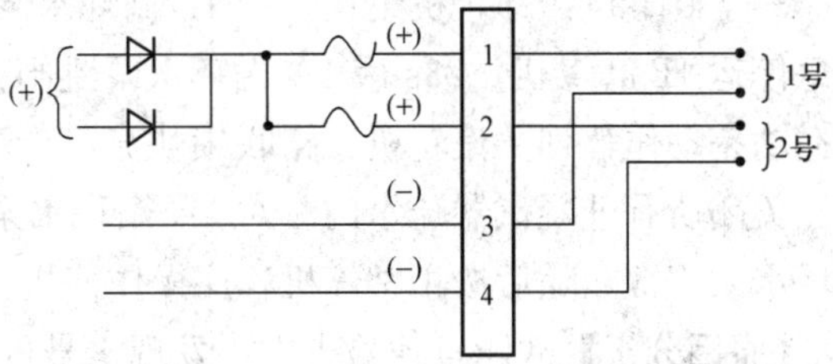

图2-6　7DPU柜内24V DC电源分配示意

【防范措施】

(1) 为防止类似情况再次发生，提高系统安全性，首先对7DPU柜内的24V DC电源供电方式进行改造，三台汽包水位变送器改由三路电源供电。

(2) 对其他DPU内部24V DC电源回路进行全面检查，重要的冗余测点均分散接入至不同的24V DC供电电源，以实现真正意义上的危险分散。

【案例9】高压遮断电磁阀供电回路设计不合理引起机组跳闸

【事件过程】某发电厂220MW机组满负荷正常运行时，“DEH跳闸电源故障”突然报警，接着主汽门关闭，发电机跳闸，引起非计划停运。

【原因分析】经检查，导致这次非计划停机的直接原因是高压遮断电磁阀质量不合格，4只遮断电磁阀中的1个电磁阀出现线圈匝间短路，造成电磁阀供电回路过流，使DEH跳机电源回路过流保护动作，遮断电磁阀失电跳机；该电磁阀为美国PARKER公司产品，问题出现后，电磁阀生产厂家解释说这种电磁阀只能用在油动机上，而不能用作高压遮断电磁阀，需要更换型号；但进一步分析发现，4只高压遮断电磁阀的供电回路设计得不合理是主要原因之一，如图2-7所示。为防止保护拒动，原设计高压遮断电磁阀为长期带电工作元件。供电回路中一旦有1只电磁阀短路过流引起过流断路器保护动作，就会造成4只电磁阀同时失电。这样的设计，失去了冗余作用，使控制回路的可靠性降低。

【防范措施】事件后将电磁阀的供电回路修改成具有4个分路的控制回路，如图2-8所示，这样，当某1只电磁阀因故障动作后，不会引起其他3只电磁阀的同时失电，4只电磁阀同时动作的情况，同时修改遮断电磁阀供电回路总路电源熔丝容量为分路电源熔丝容量之和，以减少机组因热工原因引起的误动作。此外电磁阀更换成美国力士乐公司产品。

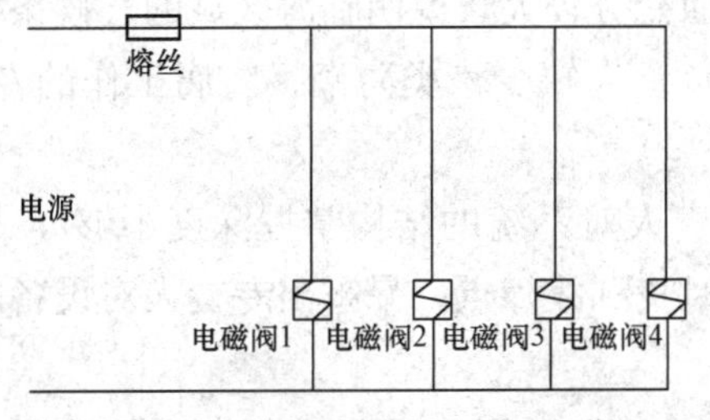

图2-7　故障前电磁阀电源接线

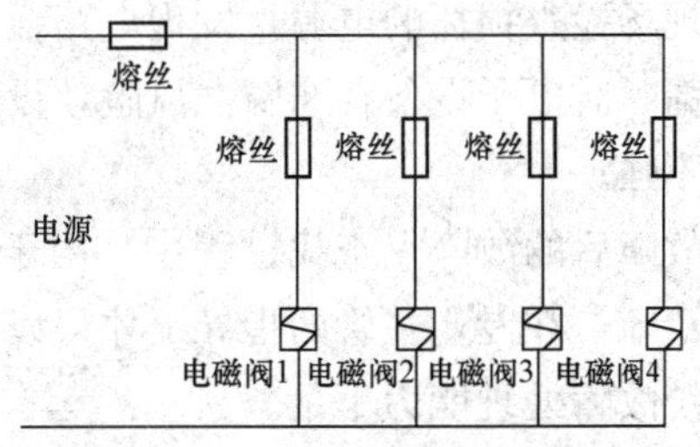

图2-8　整改后电磁阀电源接

【案例 10】电源冗余设计不可靠使循环水泵跳闸导致机组停机

【事件过程】某机组的汽轮机为上海汽轮机有限公司生产的型号为 N600-16.7/537/537 亚临界、一次中间再热、四缸四排汽、单轴、凝汽式汽轮机；锅炉为上海锅炉厂生产的型号为 SG-2026/17.5-M905 亚临界、一次中间再热、强制循环汽包炉；采用 T-XP 集散控制系统。3 月 4 日 11：26，机组运行中 1B 循环水泵跳闸，CRT 上循环水泵画面全部变红，立即紧急停运 1B 磨煤机；23s 后 1A 循环水泵跳闸，值班员手动 MFT，汽轮机联锁跳闸，发电机逆功率动作解列。汽轮机旁路联锁快开，6kV 厂用电系统快切成功，强制关闭汽轮机旁路，关闭所有进凝汽器疏水门。对 1A 循环水泵控制画面报警复位后，于 11：29，启动 1A 循环水泵正常。随后按正常停机程序操作停机。

【原因分析】故障查找检查中，发现 1 号机组循环水泵房热工远程 I/O 控制柜 10CKA45 的双路 SITOP 电源模件内部的一块电源转换模块上元件烧损，该模块对应的电子间 220V 电源供电开关跳闸，检查模块输入和输出端保险均正常，I/O 柜内未发现短路点。更换电源模块后系统运行正常。

(1) 故障的直接原因，分析认为是一路电源模件故障时导致柜内直流 24V 瞬间失电，循环水泵 A、B 出口蝶阀控制采用 24V 常带电控制方式，在系统电源瞬间失去时，控制电磁阀失电泻油，循环水泵 A、B 出口蝶阀关闭，A、B 循环水泵出口压力高保护动作跳闸。

(2) 故障的根本原因，分析认为是单路电源损坏导致系统电源瞬间失去。西门子 SITOP 电源模件可以直接并联连接实现电源的冗余供电，当一路输入电源失电时另一侧 SITOP 仍可正常工作，提供系统所需 24V 电源。但对于单侧 SITOP 出现烧毁等异常情况（如输出回路的辅助回路烧毁），则可能导致另一侧电源短时间掉电。其原因为电源输出保护回路设计在隔离二极管之后，当输出保护回路过流烧损时对另一路电源造成影响。因此，此电源冗余设计存在隐患。

电源的损坏原因初步检查发现输出回路烧毁了一个电阻、击穿了一个二极管、损坏了一个 LM258 运放，输入回路损坏了 2 个三极管。从故障现象分析，故障时电源接近短路，烧坏了输出电路的保护回路，也导致输入交流 220V 不稳定，从而使输入回路两个三极管短路损坏，造成电源接近短路的原因联系西门子进行进一步确认。

【分析结论】

(1) 远程 I/O 柜电源为冗余配置，单路电源损坏应不影响系统正常工作，但本次故障中单路电源故障导致整个系统电源瞬间失去，暴露出系统电源设计存在隐患，两路电源没有可靠地隔离。

(2) 现场检查损坏的电源，发现电路板表面盐分较大，说明临海区域的气候条件潮湿与盐分浓度高，对电子设备存在腐蚀风险，设备负责人缺少该类防潮、防腐工作的专业知识，风险意识不强。

(3) 故障后的故障点查找过程中，由于专责人对系统的结构掌握深度不够，故障点查找思路不清晰，在专业主管的指导下才得以及时找到故障点，暴露出专责人对设备的掌握不深入，系统故障处理能力不足。

(4) 出口蝶阀控制采用 24V 常带电控制方式，且在同一远程 I/O 柜进行控制，误动的风险较大。

【案例 11】ETS 直流电源系统电缆短路合环引起发电机保护误动

【事件过程】某日 23：32，某电厂 3 号机组“主变压器快速压力释放”保护动作，零功率切机动作，机组跳闸，锅炉 MFT。

【原因分析】电气继电保护检修人员检查发现两段直流 110V A、B 段母线都存在接地现象，该两段母线除了供给汽轮机热控直流电源配电柜，还供给电气保护装置电源，另外直流母线上还装有直流系统绝缘监测仪。进一步仔细检查发现直流 110V A、B 段母线供给的用户中的汽轮机热控直流电源配电柜即 ETS 的两路直流电源存在接地且有合环现象，由于采用直流系统绝缘监测仪，其查找直流接地的工作原理是当母线绝缘下降到设定值以下后，该装置由电脑控制超低频信号源将频率为 4Hz、最高电压值为 15V 的超低频信号由母线对地注入直流系统，通过安装在每一支路上的互感器接受这一超低频信号。由于支路上存在着接地电阻与接地电容，因此，流过支路上的超低频信号电流的大小与相位随着电阻与电容的大小变化而变化，而装在每个支路上的互感器所感应的超低频信号的大小和相位也随之变化，该装置通过这个信号的变化可判断出故障支路号，并计算出接地电阻值。而继电保护装置均采用微机型，外部跳闸信号与保护装置之间均采用光电隔离，这种光电隔离的动作功率很小，直流系统绝缘监测仪发出的超低频干扰信号会通过电缆对地的耦合电容传送到微机保护的光电隔离上，就有可能造成保护误动作。因此分析认为发电机保护误动是由于 ETS 直流电源接地合环造成干扰而引起。

ETS 系统设计有两路直流电源，而这两路电源分别从直流配电屏 A 和直流配电屏 B 引出送至 ETS 柜，ETS 柜电源设计如图 2-9 所示。两路直流电源分别供主遮断电磁阀 5YV、6YV，两路直流电源经切换装置后的 FU3N、FU3P 供机械停机电磁阀 3YV，以及 ETS 输入信号的电源。

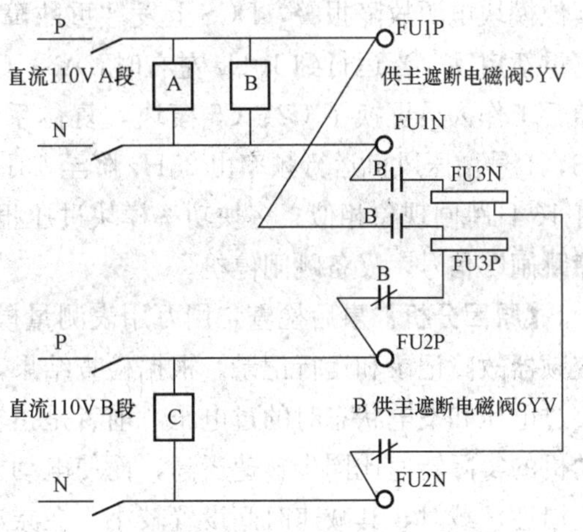

图 2-9　ETS 柜电源设计

P—相线；N—零线；A、B、C—继电器

从图 2-9 可看出 ETS 电源设计上没有存在问题，即使现场侧存在接地现象，那也不会造成两段直流合环，并且直流电源系统允许一点接地运行，当时判断是否是 ETS 柜内切换继电器触点坏而造成合环，更换切换继电器后仍存在此种现象，后把切换继电器拆除，直接测量 FU3N、FU3P 母线上有直流电压，因而判断是就地有直流电压倒送至 ETS 柜造成合环。经过进一步检查发现就地主遮断电磁阀 5YV、6YV 的线圈电源电缆和其行程开关以及其他送至 ETS 的反馈信号是同一根电缆，且由于高温绝缘被烫坏，因而造成两段直流电源合环，更换电缆后恢复正常。

【防范措施】

(1) ETS 电源设计存在问题：ETS 的输入信号有六个端子板，其电源直接从 FU3N、FU3P 引出，且中间没有经过任何熔丝和空气断路器环节，这样当现场信号只要有一点接地就会造成整个 ETS 柜的电源接地，而且无法判断是哪一路，只能把 ETS 柜的电源断开，从每一路、每个端子板查起，而且需要逐一拆线，这样一方面不方便检查，另一方面会影响机组的正常运行。为此，热工采取了改进措施：

1）在每个端子板上增加空气断路器，这样在运行中可以将某一个端子板隔离进行检查。

2）将 ETS 的三路信号分别接到不同的端子板，这样即使把一个端子板隔离也不会造成保护失去，此外将 ETS 原设计逻辑中任一端子板电源失去就跳机可以改为将信号相同的三路端子板三取二，以提高保护动作的可靠性。

3）增加 DCS 大屏报警，当 ETS 任一端子板失电送至 DCS 报警，以便及时发现和检查，防止由于端子板失电而造成保护拒动。

（2）现场电缆存在问题：由于主遮断电磁阀及其他行程开关都在汽轮机前轴承箱旁，温度较高，而电缆是采用了普通电缆，其中间又有转接接线盒，就地电磁阀控制电缆和行程开关反馈采用了同一根电缆。这样万一绝缘不好就会造成短路。事件后将电缆换成耐高温电缆，同时将每个信号的电缆分开，每个主遮断电磁阀控制电缆和行程开关反馈分开采用两根电缆。

（3）电气保护改造：继电保护专业人员对电气保护改造，防止由于此种原因而造成保护误动。

【案例 12】模块过电压等原因导致增压风机跳闸停机

【事件过程】4 月 16 日 23：37：10，某机组 1 号增压风机 C2、C5、C6 模块过压报警，其他模块电源故障报警，DCS 上发“重故障跳闸”信号，设备跳闸停机。复位系统后，上电重新启动。当运行到 10Hz 左右时，A3、C3、C5 模块过压报警，再次发重故障跳闸停机。随后工作人员更换了 C2、C5 模块，复位系统后上电启动，设备运行正常。4 月 21 日 15：33，1 号增压风机运行频率由 25Hz 降至 13Hz 时，1 号增压风机重故障跳闸。故障现象与本月 16 日跳闸现象相似。多块功率模块过压报警，其他模块电源故障报警，DCS 上发“重故障跳闸”信号，设备跳闸停机。

【原因分析】事后检查，用万用表测量模块内整流桥及 IGBT 二极管完好，随后查看了变频器故障记录和运行记录。根据检查结果，判断模块并未损坏。功率模块过压分为输入交流过电压和发电状态时的过电压。前者是指输入交流电源的电压超过正常值。后者主要是电动机的实际转速比同步转速还高，而使电动机处于发电状态向电网回馈能量。当变频器拖动大惯性负载时，其减速时间设置较小，在减速过程中变频器输出频率减小的速度快，而负载靠本身阻力减速较慢，使得负载拖动电动机的转速比变频器输出频率所对应的同步转速还要高，电动机处于发电状态，而变频器没有能量回馈功能，功率模块承受不了这么多的能量致使直流母排的电压升高，从而导致模块过压报警。

查看运行记录发现，4 月 16 日 23：37：10，变频器第一次跳停，当时输入电流只有 3.03A，而输出电流达到 127A 。4 月 21 日故障与 16 日故障相似。由此可以看出，变频器当时的确处于能量回馈状态。导致变频器处于能量回馈状态的主要原因是变频器运行在低频时（大概在 15Hz 以下），进风阀门没有关闭，从引风机来的风力较大，推动增压风机转动，使得增压风机处于发电机状态。功率模块经历了过电压冲击而过压报警。

【防范措施】查看运行历史记录，当运行在 17Hz 以下时发生过两次重故障，说明 17Hz 是一个故障拐点，所以将最低频率 5Hz 改为 17Hz。联系运行模拟故障现象，将增压风机启动运行至25Hz，然后将频率突降至17Hz，设备均运行正常。根据现场做试验的情况，做出以下调整：

（1）将变频器的最低频率提高到17Hz（原设定值为5Hz）。

（2）将减速时间参数加长，由原设定值120s提高到180s。

（3）告知脱硫运行人员，在风机调节时特别是运行在20Hz以下调节时，首先要增加旁路阀的阀门开度，然后再调节变频器的频率。其目的是要保证引风机的出风量和引风机以及旁路阀的出风量一致，这样才能保证变频器在调节过程中不会出现引风机的出口风带着增压风机的叶轮转动，使变频器出现模块过压故障。

自采取以上纠正措施后至今运行正常，1号增压风机再未因重故障导致跳闸。

第二节　电源装置硬件系统故障案例分析

电源装置、电源模件故障也是电源系统常见故障之一。特别是当电源模件、装置设计容量余度小，工作环境达不到设计要求等情况时，会使故障的频度增加。

当DCS系统供电故障时，所有控制功能全部丧失，DPU停运，网络通信中断，数据无法采集，无控制指令输出，整个系统处于瘫痪状态。此时，及时查找原因恢复供电的同时，要重点注意的是设备状况，特别是控制器重启过程中可能的输出指令，以及对设备控制的影响，防止事件扩大。

通常控制系统的每个DPU都采用了冗余电源模件供电，当一个电源模件故障时，备用模件可以自动投入运行维持供电，或一个模件就满足系统工作容量要求，但如果冗余电源都发生故障，则相应电源模件的电源指示消失，相应供电模件功能丧失。各等级电源主要有＋5V DC、±15V DC、＋24V DC、＋48V DC。一旦确认电源模件故障，应尽快更换故障的电源模件。

【案例13】供电电压波动，TSI振动通道突变引起机组跳闸

【事件过程】某热电厂450t/h循环流化床锅炉，额定功率125MW的双抽汽凝汽式汽轮机。TSI采用本特利3500系统，软件版本3.93。6月1日6：00左右，汽轮机振动在CRT画面显示波动较大，热控人员到电子间TSI装置前测量振动板卡电压输出值，电压值在8.5V左右。6：40左右与CRT画面振动值棒状图全部回零，持续时间3～5s后振动值棒状图显示恢复，之后发振动大报警信号，恢复正常约10min后保护动作停机。

【原因分析】热工人员在ETS柜退出TSI保护后，测量TSI各信号电压全部正常，绝缘值均大于100MΩ。连接上位机与TSI程序，检查机报警事件列表与系统事件列表，发现在跳机前有很多系统事件反映了公共回路问题。例如，I/O模块跳线错误，系统事件丢失等。这些事件在所有卡件上都存在，而且基本同时且持续多次发生。其中在跳机前后数小时系统事件因为卡件系统事件丢失，没有被记录到。

Fail I/O Jumper Check	00064	0	01/06/2010	06：24：48.17 Ch 3	8
Fail I/O Jumper Check	00064	0	01/06/2010	06：24：48.17 Ch 1	8
Device Events Lost	00355	2	01/06/2010	06：24：52.89	8

报警事件列表中，显示了各通道频繁进入和离开Not OK状态。

0000031093 008 000 N/A Left Not OK 01/06/2010 06：24：48.05
0000031092 008 000 N/A Enter Not OK 01/06/2010 06：24：47.64
0000031091 008 000 N/A Left Not OK 01/06/2010 06：24：47.59
0000031090 008 000 N/A Enter Not OK 01/06/2010 06：24：47.48
0000031089 006 004 N/A Left Not OK 01/06/2010 06：24：49.30
0000031088 006 000 N/A Left Not OK 01/06/2010 06：24：48.25
0000031087 006 004 N/A Enter Not OK 01/06/2010 06：24：48.22
0000031086 006 000 N/A Enter Not OK 01/06/2010 06：24：48.20
0000031085 006 000 N/A Left Not OK 01/06/2010 06：24：48.15
0000031084 006 000 N/A Enter Not OK 01/06/2010 06：24：47.63
0000031083 006 000 N/A Left Not OK 01/06/2010 06：24：47.51
0000031082 006 000 N/A Enter Not OK 01/06/2010 06：24：47.41
0000031081 007 000 N/A Left Not OK 01/06/2010 06：24：48.35
……

经分析，认为事件原因是机组在 6 月 1 日凌晨时，3500 框架供电电压波动，导致框架工作不正常引起。6 月 3 日做了模拟电压低的实验，使用可变交流电源对 3500 框架原电源供电，当供电电压低至 110V AC 左右时，出现了与跳机前相同的事件记录：I/O 模块跳线故障与系统事件丢失。

Fail I/O Jumper Check 00064 0 03/06/2010 11：41：28.76 Ch 3 8
Fail I/O Jumper Check 00064 0 03/06/2010 11：41：28.76 Ch 1 8
Device Events Lost 00355 2 03/06/2010 11：41：28.88 8

报警事件列表中，显示了各通道频繁进入和离开 Not OK 状态，与跳机前一致。

供电电压恢复后，所有通道恢复正常工作，系统事件记录恢复正常。

【防范措施】TSI 装置只安装了一块电源，无冗余电源，当电源模块故障或供电电源故障时易引发误动。这次事件后，增加了一块电源。两只冗余电源模块，一路由保安电源提供电源，另一路为 UPS 提供电源，增强了系统的可靠性，能有效避免由电源冲击可能造成的误动。

【案例 14】DEH 伺服阀电源二极管过流击穿导致机组跳闸

【事件过程】某电厂 1 号机组于 1 月 14 日 1：28：48，1 号主汽门油动机电磁阀关闭、2 号主汽门油动机电磁阀关闭、1 号再热主汽门油动机电磁阀关闭、2 号再热主汽门油动机电磁阀关闭、1 号冷再热逆止阀电磁阀关闭、2 号冷再热逆止阀电磁阀关闭、1 号调节汽门油动机电磁阀关闭、2 号调节汽门油动机电磁阀关闭、1 号再热调节汽门油动机电磁阀关闭、2 号再热调节汽门油动机电磁阀关闭、补汽阀油动机电磁阀关闭、高压缸排汽通风阀电磁阀打开，共 12 个电磁阀同一时间动作，继而引起主汽门全关，触发发电机逆功率保护跳汽轮机，再触发 1 号机组 MFT 跳机。

【原因分析】经过仔细检查，发现 CTRL41/91 站机柜内部供电板底座二极管被击穿，如图 2-10 所示，EXT41-1-V03-V04 供电板烧坏，导致所带全部电磁阀失电，从而引起电磁阀动作造成跳机。与艾默生厂家及电厂专工共同检查和分析后，确认因为 EXT41-1-V03-

图 2-10　二极管损坏情况

V04 一个供电板带 12 个电磁阀，引起电流过载太大，造成了机柜供电板底座的二极管击穿，因为二极管只有 1A，容量太小，从而烧坏了电路板。

【防范措施】经过艾默生厂家和电厂专工确认后，对机柜接线回路进行了更改，取消了二极管，增加了新的继电器进行报警，并更换了新的端子排底座，目前机柜运行正常。2 号机组有同样的问题，也进行了相应的更改。

【案例 15】菲利普 MMS6000 系统产品电源故障

【事件过程】某电厂热控人员于 1 月 15 日巡检设备时发现 3 号机组（当时停机工况）TSI 数据从 13：56 开始发生异常。经查，4 块电源模件中有 3 块均已损坏。

【原因分析】该电厂 3 号机组 TSI 系统为菲利普 MMS6000 系统产品，运行时间不足 4 年，设计 4 块电源模块，2 块为一组电源，2 组电源互为备用。因此 4 块电源坏掉 3 块，将造成电源不能正常工作，TSI 系统不能正确监视和保护汽轮机。拆开损坏的 3 块模件，其中 1 块电路板上有明显烧坏痕迹，如图 2-11 所示，另 2 块无明显痕迹；测得 3 块模件上的 6 个电容中，已有 5 个损坏。查产品手册可知其工作温度为－10～70℃。

图 2-11　电路板损坏情况

经检查 TSI 的工作条件满足厂家要求，热工人员的维护工作正常。经与省内其他电厂联系，运行 3 年以上的机组也不同程度存在菲利普 MMS6000 系统电源模块烧坏现象。

经测量，该厂 3 号机组在 DCS 间环境温度 17.6℃的情况下，运行中汽轮机 TSI 卡件侧面面板有烫手感，温度约 48℃（卡件内部温度无法测量）。综合省内调查情况，认为菲利普 MMS6000 系统电源模块不能长期工作于相对较高温度的工况。

【防范措施】为避免机组运行中出现 TSI、火焰检测、DCS 等重要系统电源烧坏，经讨论并征求部分电厂同意，提出以下措施供参考执行：

(1) 各电厂检查本TSI系统配置情况，对于非利普厂家产品，应联系厂家，要求对电源模块进行升级，提高电源可靠性。

(2) 在当前尚未进行升级的情况下，应加强对MMS6000系统卡件的散热、降温措施，并保持机柜清洁无粉尘、机柜风扇运行正常，为卡件运行提供更优良的环境。

(3) 要求各单位安排进行一次DCS、TSI、火焰检测系统红外测温，并记录温度数据。测温范围至少包括主模件、电源模件、ETS主模件、TSI输出继电器模件、火焰检测模件、机炉跳闸继电器、服务器、交换机等，并将测温数据报送试验研究院技术监督工程师，对于温度高于40℃的卡件应安排每星期进行一次红外测温，并考虑采取额外的降温措施。

(4) 对TSI柜、火焰检测柜、ETS柜等无法在画面上监视“任一电源故障”“任一模件故障”的机柜，每天巡视时应打开柜门进行检查。

【案例16】DEH系统OPC控制柜+5V电源模块瞬间故障导致发电机逆功率停机

【事件过程】某机组使用日立控制系统，1月3日，根据电网调度，2号机组元旦节日调停，3日恢复启动，20：13并网，22：00汽、电动给水泵切换，22：20投入横向保护。22：24：05 2号机组DEH系统发1、2号柜系统异常信号，22：24：06　2号柜OPC控制器的主/备中央处理单元（CPU）（OPC _ MDA CPU/ OPC _ MDB CPU）同时发故障信号。22：24：18 DEH系统OPC电磁阀动作，1、2号高压调节汽门和1、2号中压调节汽门关闭，22：24：30　机组负荷到零，发电机逆功率继电器动作。22：24：46手动停炉。

【原因分析】检查CPU共输出3个状态接点：PCSOK（控制器正常运行）、MRUN（CPU作为主在运行）、SRUN（CPU作为备在运行）。22：24：05，控制器（CPU）PC-SOK（控制器正常运行）接点断开，发1、2号柜系统异常信号。22：24：06主/备控制器CPU（OPC _ MDA CPU/ OPC _ MDB CPU）同时发故障信号，其状态输出继电器接点MRUN/SRUN断开。22：24：18，DEH系统OPC电磁阀动作，高、中压4个调节汽门同时关闭。热控检修人员重新启动主/备控制器失败，立即对控制器程序重新下装，下装后CPU恢复正常运行。

热控人员分析：造成主/备控制器CPU（OPC _ MDA CPU/ OPC _ MDB CPU）同时故障，可能为OPC机柜电源模块故障，经联系，北京日立公司技术人员（携带6块+5V电源模块）当日来厂进行分析、判断，初步结论为OPC控制柜+5V电源模块瞬间故障，造成主/备控制器CPU故障，同时程序丢失。

【防范措施】

(1) 对所有OPC控制器供电电源模块的供电电压进行测量，并且在控制器背板电源输入端直接测量控制器供电电压，目前均在正常范围。

(2) 将原一直用作备用的B控制器切为主运行，原作为主用的A控制器切为备用。

(3) 进行更换OPC控制柜+5V电源模块的技术措施及安全措施准备，低负荷运行时更换OPC控制柜+5V电源模块（共6块）。

【案例17】24V直流电源异常导致ETS动作跳机

【事件过程】某机组ETS系统采用上海汽轮机厂成套的PLC控制系统。正常运行时突然发生主汽门A、B同时关闭，机组跳闸现象。SOE记录下的“主汽门A关闭”“主汽门B关闭”两个信号相差1ms，但是没有记录下导致双侧主汽门同时关闭的触发条件。系统

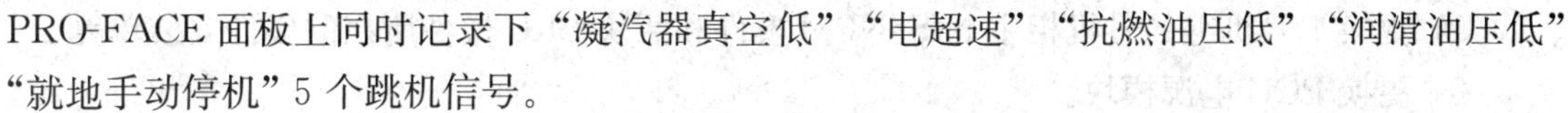

PRO-FACE 面板上同时记录下“凝汽器真空低”“电超速”“抗燃油压低”“润滑油压低”“就地手动停机”5 个跳机信号。

【原因分析】

（1）检查各路油压系统的工作情况，分析主汽门关闭的动作机理，查找可能由于机务原因引起机组跳闸的可能性，分析认为由于机务原因引起跳闸的可能性很小。

（2）检查 AST 电磁阀供电回路，四个 AST 电磁阀电源供给分别来自两路电源，一路来自 UPS，一路来自保安段，同时失电、导致误跳的可能性也很小。

（3）关注 PRO-FACE 面板上同时记录下的“凝汽器真空低”“电超速”“抗燃油压低”“润滑油压低”“就地手动停机”5 个跳机信号，这 5 个信号的实际值在跳机前皆没有到达跳机触发值，可以断定是误动信号。

（4）检查产生 5 个跳机信号的直流访问电压的电源回路各端子，无松动现象，排除因接线松动导致失电跳机的可能。

（5）该访问电压来自同一路 24V 直流电源，该 24V 直流电源由开关电源 PS1、PS2，直流电源故障继电器 RDL1、RDL2，切换二极管 D1、D2 等元部件组成，对访问电压直流电源现场试验，试图模拟 ETS 跳机过程：①手动分闸第一路开关电源 PS1 的供电电源，无异常发生；②手动分闸第二路开关电源 PS2 的供电电源，并立即合闸供电，PRO-FACE 面板上出现“凝汽器真空低”“电超速”“抗燃油压低”“润滑油压低”“就地手动停机”5 个跳机信号的记录，与真正跳机时的状态一致，因此，故障发生点锁定在 24V 直流电源上，判断为汽轮机危急遮断系统电源板件故障，瞬间失电（或电压瞬间过低）造成访问电压丢失，产生误动作信号。

【防范措施】

（1）更换备件汽轮机危急遮断系统电源板件，机组恢复正常运行。

（2）进一步检查 SOE 系统没能全部记录下 ETS 系统跳闸信号的原因，并设法解决。

【案例 18】PCU 电源模件故障，运行人员手动停机

【事件过程】某电厂 1 号机组带 388MW 左右负荷正常运行时，突然锅炉 MFT 保护动作，发出 MFT 指令，所有磨煤机及一次风机突然跳闸、燃油跳闸阀关闭，切断了进入锅炉的燃料，锅炉灭火。FSSS 系统公用信号全部显示坏质量，运行人员手动停机。

【事件处理】经热工人员检查，发现控制 FSSS 公共逻辑的两块主模件（2 号 PCU 的 M3、M4 两块模件，型号为 BRC300）同时故障。热工检修人员分析后进行处理：

（1）对故障模件采用复位方法，未能恢复模件正常工作状态。

（2）拔出故障模件再插入，未能恢复模件正常工作状态。

（3）从停运的 2 号机组的 2 号机柜拔下 M3、M4 主控模件，对 1 号机组故障模件进行替换，模件故障状态依然存在。

（4）更换 PCU 电源模块并对主模件和通信模件进行清灰后，模件工作状态恢复正常。

【原因分析】根据处理过程情况分析，本次故障不是由模件本身原因引起的，故障点为两块电源模件的公共部分。故障调查过程中，电力试验研究院、ABB 北京贝利公司和电厂人员一起，对电源系统和 DCS 接地系统进行检查未见异常，因此分析认为，故障点为电源模块工作异常引起、电源模块工作异常与模件安装单元和 DCS 环境有关。

【防范措施】针对本次故障，热工方面采取主要措施有：

（1）更换1号机组2号机柜主NIS/NPM模件和两块BRC模件所在的模件安装单元。

（2）更换PCU电源模块。

（3）对两台机组所有BRC模件进行初始化操作并重新下装组态。

（4）增加“任一主模件/通信模件故障”的声光报警。

【案例19】DC-DC电源模块故障

【事件过程】7月30日下午，运行人员报缺1号燃气轮机MARK VI控制器R温度高报警。维护人员现场检查发现该控制器顶部风扇停止运行，该机架的电源故障红灯常亮。控制器机架如图2-12所示。

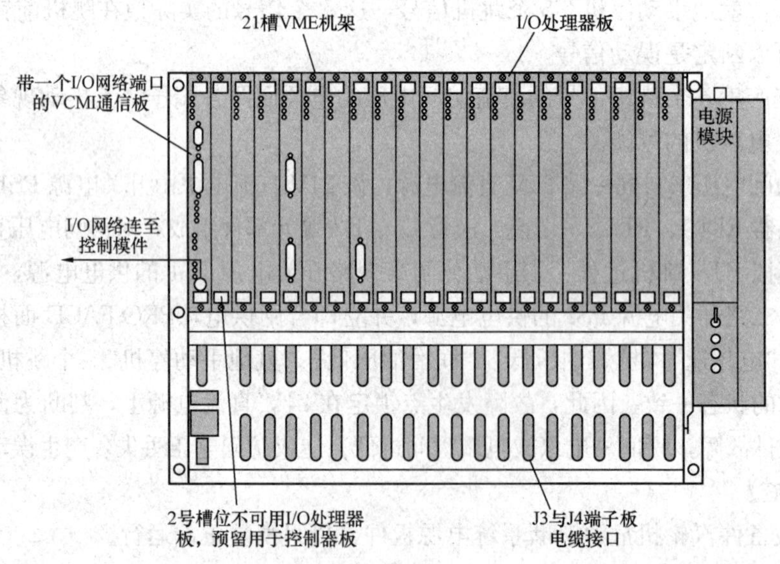

图2-12　控制器机架

【原因分析】控制系统有R、S、T三重冗余的控制器，每个控制器都有一个对应的机架，整个机架由一个电源模块供电。如图2-12右侧的电源模块就是机架的供电电源，其输入为由电源分配模块（PDM）来的110V DC，输出为多路不同电压等级的直流电，包含+5V DC、±12V DC、±15V DC、±28V DC等，分别供给控制器、机架、I/O控制卡、风扇等。其中风扇就是由一路28V DC供电的，拔下风扇的插头测量没有电压，证实控制器机架至少有一路28V DC故障。通过组态文件连线控制器，查看电源状态，一路28V DC显示为0，由此确定电源故障。但是因为其他几路电源正常，所以没有影响控制器的正常工作。由于机组运行，为避免故障的扩大化，当时未进行处理。停机后，通过控制机架左下角的供电电压测试柱，测试各路电源的电压情况，并进行了断通电试验，发现又有两路电源失去，说明该电源模块已经很不稳定，对拆下的电源模块进行检查，发现其中的多个直流转直流（DC-DC）模块已经损坏。

【防范措施】经过分析认为，控制系统使用的DC-DC模块为原装进口，对输入电压的稳定性要求比较高，当电源受到干扰或输入电压不稳定等因素的影响，将会大大降低其使用寿命。考虑到110V DC电源会受到很多因素的影响和进口的整体电源模块购买费用高、供货周期长等因素，后来在机组检修中我们试用了国内某军工电源生产商的产品，它针对MARK VI的电

源进行了研制，采用了适应性更强的DC-DC模块，应用在MARK Ⅵ机架上。

【案例20】网络交换机电源切换模块故障导致机组跳闸

【事件过程】某电厂2号机组负荷360MW，自动发电控制（AGC）投入，A、C、D、E磨煤机运行，总煤量224t/h，双吸双送运行，两台汽动给水泵运行正常，电动给水泵备用，DCS网络交换机主路正常方式运行。8：40：36，监盘发现所有操作员站画面都显示坏点，所有数据失去监视，水位电视、火焰电视正常。立即通知热控人员，并派人去汽包、除氧器监视水位，同时派人去6kV配电室、保安马达控制箱（MCC）配电室、直流配电室、空气预热器、汽轮机机头、磨煤机、一次风机处监视，时刻准备手动打闸。热控人员接到通知后，立即到2号机组DCS电源柜、网络柜检查，发现网络柜的全部网络交换机失电，DCS电源柜送往两路网络柜电源空气断路器均跳开，于是马上合上网络交换机电源空气断路器，主网的网络交换机电源恢复供电，但冗余的网络交换机电源未恢复。进一步检查该电源回路，同时启动DCS系统各DPU并通知运行人员。8：48，热工恢复通信管理机电源，部分参数恢复，就地人员汇报汽包水位高，同时锅炉MFT信号发信（汽包水位高），立即在盘前手打汽轮机、启汽轮机直流油泵，并在就地手打汽轮机跳闸，启动汽轮机交流油泵、顶轴油泵。并检查6kV厂用电切换正常、送风机、引风机运行正常；9：45，转子转速到零投盘车。

【原因分析】经热控人员检查，确认DCS系统双网的每组网络交换机电源有二路，一路来自UPS，另一路来自厂用保安段电源，通过两个电源切换模块对互为冗余的两个网络的网络交换机供电。每个电源切换模块采用两路输入一路输出，为单个网络的网络交换机供电。检查中发现DCS网络通信中断的原因，是DCS电源柜送往网络柜的两路电源空气断路器均跳开，造成全部交换机失电。进一步检查发现，冗余网络交换机电源切换模块的两路电源玻璃管保险（8A）均熔断。在更换了两路电源玻璃管保险后，电源模块监视灯闪烁，模块内部有继电器触点频繁动作声音，随后对此电源切换模块进行更换，冗余网络交换机送电后恢复正常。对故障切换模块拆开检查，发现内部切换继电器触点发黑，该切换器为上海飞乐股份有限公司生产的FP-1，由美国西屋公司随DCS设备配套供应。

根据检查情况分析，认为事件原因是该电源模块内部继电器触点频繁切换，触点拉弧，使两路不同系统的输入电源并列运行，引起电源系统短路，造成冗余网络交换机电源切换模块熔丝熔断，送往网络柜的两路电源空气断路器均跳开，DCS系统网络交换机全部失电而导致通信中断。

【防范措施】

（1）联系西屋公司派技术人员到厂，配合热控人员分析，给出详细的电源切换模块故障分析报告及防范措施。

（2）西屋公司在2号机组DCS系统所配供的电源切换模块内部仍使用带有线圈和触点的机电继电器，而非采用目前先进的固态继电器，本身是一个不稳定的故障点。因此需对主机DCS系统、脱硫系统DCS系统中使用该型号的电源切换模块进行全面检查，同时调研可靠的采用固态继电器的电源自动切换模块，对此电源切换模块进行更换。

（3）组织热控专业、发电部、西屋公司技术人员完善DCS系统异常紧急处理预案。

【案例21】电源模块输出电压偏低导致机侧DCS控制器进行例行电源切换试验失败

【事件过程】热工维护人员对A电厂机侧DCS控制器做例行电源切换试验，当拉下其中一路电源后，与 T4W 控制器相关的所有实时数据变为坏点，状态量消失，无法进行任何操作，热工人员赶紧合上已拉下的开关，但问题没有解决。进一步检查，发现控制器状态指示不正常，热工人员采取就地复位、重启等多种方法，但未能解决问题。最后通过工程师站对控制器下装后恢复正常。此外检查发现，其中的一组 5V 电源模块输出电压偏低，进行更换并对现场做好各种安全措施后，再次进行电源切换试验，未发生任何异常。

【原因分析】 T4W 控制电源连接如图 2-13 所示。两路电源分别供给两组 5V 电源模块，两组模块输出进行了并接。由于其中一组 5V 电源模块故障，不能带任何负载，当将供给另一组 5V 电源模块的 220V 电源拉下时，就相当于两组 5V 电源都未有输出，控制器失电，内部程序丢失，遂出现上述现象，但由于 DCS 板件具有保位功能，未发生任何误动。在对控制器下装后，问题才得到解决。

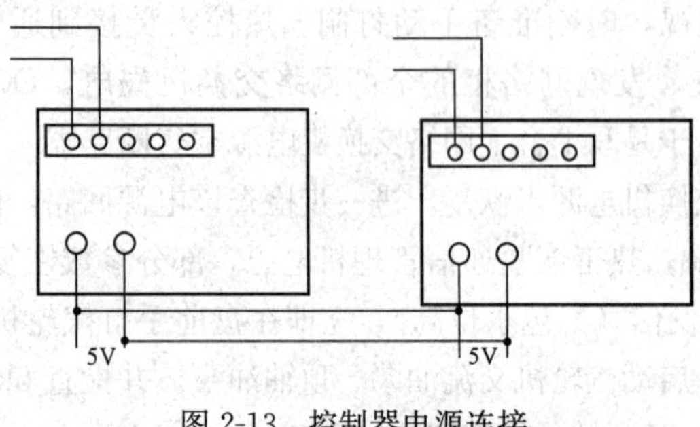

图 2-13　控制器电源连接

【防范措施】

（1）定期对电源模块输出进行测试，发现电压偏离±1%，就应该进行调整或更换，但实际上操作起来很难做出准确判断，即使判断出来我们也不能对其进行调整和更换，最好找日立公司的专业人员，这样既可以节省时间，也能保障以后的售后服务。

（2）利用机组停机机会或做好安全措施后定期对控制电源进行切换。一旦发现问题及早处理，使得 DCS 处于可控状态。

（3）干电池虽未报警，但对其性能无法判断，只能在日立公司给出的有效期前使用。

【案例 22】ABB Symphony DCS 系统电源监视模块故障导致失电跳机

【事件过程】 某发电公司 2×600MW 超临界机组的 DCS 控制系统采用了 ABB 公司的 Symphony 控制系统。11 月 16 日 4：40，某机组 DCS 9 号柜 BRC3、BRC5 所控制的煤、风、水、协调等自动控制系统在风烟、汽水等画面上出现坏点，31s 后 MFT 动作，首出为给水流量极低，出现坏点约 1min 后，风烟系统、汽水系统等画面上坏点逐步自动恢复正常。系统恢复后，热工人员对 9 号柜进行了检查，确认柜内电源系统接线牢固、无松动，BRC 主辅切换正常，电源切换正常，确认后，重新启机。在机组启动过程中，11 月 16 日 5：42，1 号机组 9 号柜的两对 BRC 相关测点和设备再次出现类似情况，由于此时给水流量极低保护退出，此次 MFT 动作首出为风量低。

【事件分析】 MFT 动作后，热工人员对柜内电源系统接线进行了检查，确认牢固、无松动，控制器主辅切换正常，电源切换正常，对柜内母线排电压进行了测量，确认电源质量良好，由于电源模块为冗余配置，初步排除了电源模块自身故障的可能性。根据 ABB DCS 电源系统特点，怀疑这两次事件为 PFI 信号误发，造成控制器重启。

PFI 信号是电源系统监视模块输出的电源故障中断信号。正常情况下，此信号的对地电压和＋5V 对地电压相同。当这个信号产生时，PFI 对地电压由正常时的＋5V 下降为 0V，此时，所有的控制器（如 MFP、BRC）、通信模件（如 NPM、ICT）等均停止工作，一旦 PFI 信号消失，所有控制器均将自动重新启动。设立这个信号的初衷是在电源系统过载或部分故障的情况下，中止系统的运行从而避免故障进一步扩大而导致更大的损失。

根据电源型号不同，PFI信号产生的原因也有所区别，针对MPSⅢ型电源，导致产生PFI信号的原因有三种：①+5V电压失去或质量降低；②+15V电压失去或质量降低；③-15V电压失去或质量降低。其中，+5V降至+4.75V以下或升至+5.35V以上时，PFI信号产生；+15V、-15V信号的正常工作电压分别在+15.25V、-15.25V左右，一般若上下波动0.4V，PFI信号产生。MPSⅢ型电源与PFI相关的原理如图2-14所示。

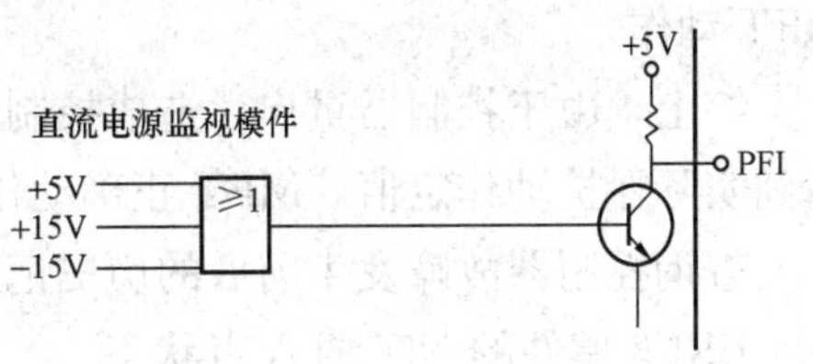

图2-14　MPSⅢ型电源与PFI相关的原理

在MPSⅢ型电源中，上述三种情况中的+15V和-15V是否产生PFI信号，用户可通过监视模件上的J2开关来自行设置，如图2-15所示。+15V和-15V信号主要用于模拟量输入输出模件的运算放大器，+5V信号为控制器和通信模件供电。一般情况下，用户只须激活+5V产生PFI信号。

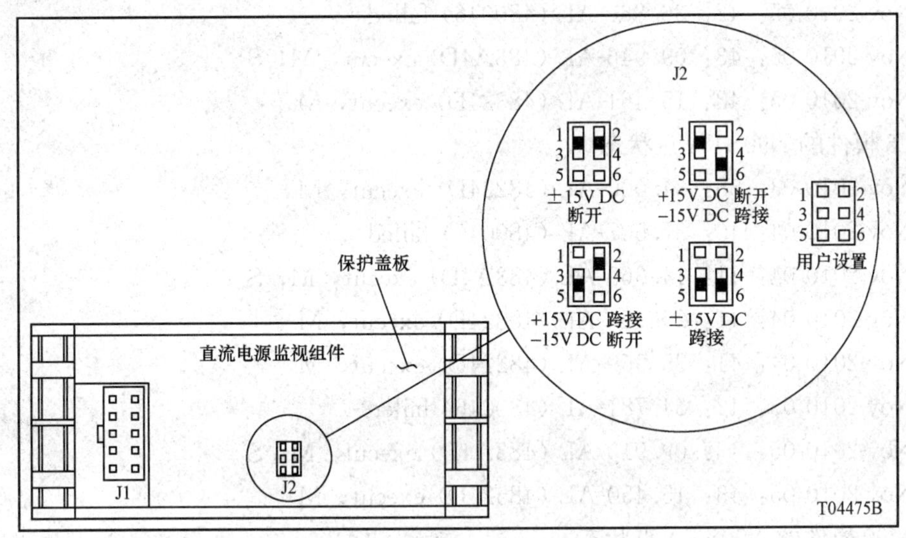

图2-15　电源监视模块J2跳线设置

两次MFT动作过程中，控制器重新启动，而通信模件未见异常。但在一般情况下，如果PFI动作，除了柜内控制器重启外，柜内的通信模件NPM也会重启，从历史记录中应只能看到NPM显示failed，BRC应显示正常，因为NPM重启后，N90STA点将无法读出BRC状态。因此，两次动作过程与典型的PFI动作过程并不符合。怀疑这两次发出的PFI信号可能为一个持续时间极短的脉冲，并且这个脉冲宽度正好能触发BRC控制模件重启，而又不足以触发NPM通信模件重启。经过ABB研发部人员确认，这种可能性是存在的，触发BRC控制模件重启所需脉冲长度的确短于触发NPM通信模件重启所需脉冲长度。

通过运行人员对事件过程的描述，查询历史记录，确认两次事件发生时，DROP9两对BRC相继重启，DROP9的模拟量输出指令在重启开始时清零。其中，至MEH转速指令归零，导致汽动给水泵转速迅速降低，实际给水流量迅速减少，三个给水流量信号在DROP8-BRC5中分别判断后三取二，控制器重启过程中，给水流量极低信号发出，通过三冗余硬接线送至主保护逻辑控制器，造成给水流量极低MFT动作；风系统挡板指令归零，导致风机挡板和各层风挡板全关，实际总风量迅速减少，风量信号在DROP8-BRC3中判断，控制器重启过程中，风量低信号发出，通过三冗余硬接线送至主保护逻辑控制器，造成风量低MFT动作。

综上，由于控制器重启，造成控制指令异常，设备误动，重启过程中，检测到测量参数达到实际保护动作定值，MFT正确动作。

查询控制器故障发生前后的历史记录，取自环路的系统状态监视N90STA点显示如下：

BRC3模件的N90STA点状态

16-Nov-2010 03：00：24.000-AL (48224D) execut，M

16-Nov-2010 04：40：39.560-AL (480046) failed

16-Nov-2010 04：41：14.716-AL (483A4D) execut，M，S

16-Nov-2010 04：41：20.766-AL (48324D) execut，M

16-Nov-2010 04：41：34.282-AL (48224D) execut，M

16-Nov-2010 05：42：36.860-AL (480046) failed

16-Nov-2010 05：43：09.946-AL (483A4D) execut，M，S

16-Nov-2010 05：43：15.461-AL (48324D) execut，M

BRC5模件的N90STA点状态

16-Nov-2010 03：58：34.000-AL (48224D) execut，M

16-Nov-2010 04：40：37.507-AL (480046) failed

16-Nov-2010 04：41：14.669-AL (483A4D) execut，M，S

16-Nov-2010 04：41：20.759-AL (48324D) execut，M

16-Nov-2010 04：41：35.959-AL (48224D) execut，M

16-Nov-2010 05：42：34.781-AL (480046) failed

16-Nov-2010 05：43：09.910-AL (483A4D) execut，M，S

16-Nov-2010 05：43：15.450-AL (48324D) execut，M

NPM00模件的N90STA点状态

16-Nov-2010 03：01：23.000-EVT (4B000C) execut，M

16-Nov-2010 04：41：14.000-EVT (24B000C) execut，M，S

16-Nov-2010 04：41：21.000-EVT (4B000C) execut，M

16-Nov-2010 05：43：10.000-EVT (24B000C) execut，M，S

16-Nov-2010 05：43：16.000-EVT (4B000C) execut，M

NPM01模件的N90STA点状态

16-Nov-2010 03：00：51.000-EVT (4B800C) stndby，M

16-Nov-2010 04：41：14.000-EVT (24B800C) stndby，M，S

16-Nov-2010 04：41：21.000-EVT (4B800C) stndby，M

16-Nov-2010 05：43：10.000-EVT (24B800C) stndby，M，S

16-Nov-2010 05：43：16.000-EVT (4B800C) stndby，M

由以上历史记录可见，这两次故障动作过程一致，现象相同，确认为同类型故障。动作过程中，控制器重启，而通信模件未见异常，根据这种情况判断，是由于它们共用的系统出现问题，从而导致控制器故障重启，判断与机柜的控制电源有关。

【防范措施】为了避免由于模件本身故障造成控制器重启，立即更换了两对 BRC 控制模件，两套 NPM/NIS 通信模件、两套机柜电源模件，逐步排除故障因素，缩小故障范围。更换模件后，进行了控制器主辅切换试验、通信模件主辅切换试验、电源切换试验，切换试验成功，切换过程无扰动。

【案例 23】FSSS 系统机柜电源模件故障，PFI 保护动作停机

【事件过程】00：06，某电厂 1 号机组负荷 82.9MW，2 号制粉系统运行，给粉机下 1～下 4、中 1～中 4、上 2 运行，其他系统正常运行方式。00：06，操作员发现操作站画面参数异常，CRT 炉侧数据大量变成紫色，炉侧设备无法操作，火焰检测监视看不到火焰，给粉机均跳闸，协调控制系统（CCS）自动退出，机组负荷、蒸汽温度和压力持续下降；但 MFT 未翻牌报警，制粉系统未跳闸。汇报值长，机组采取快速减负荷，并启动交流油泵，命令电气巡检就地拉 2 号排粉机、2 号磨煤机、给粉总电源，手动关闭减温水。初步判断是热工模件故障引起，通知热工维护人员到现场处理。00：17：16，1 号机组负荷 14.5MW，机侧主蒸汽温度下降至 450℃，炉侧 BTG 屏显示为 385℃，低温保护未动作（FSSS 系统模件失电不发 MFT 信号），汇报值长，手动拍机，发电机跳闸。

热工人员检查发现 DCS 系统环境温度偏高（高于 30℃），FSSS 系统机柜（PCU02）内模件工作异常，所有模件状态指示灯为红色，已停止工作，机柜双路电源中的左路电源工作状态指示正常（状态灯为绿色），右路电源工作状态指示异常，状态灯在绿色和红色间来回变化（大约 3s 的频率）；00：18 左右，热工人员将右路异常电源断电后，机柜内模件开始恢复正常工作状态。热工人员抽出异常的电源模件，手触摸烫手（温度高于正常电源模件），更换故障电源模件。00：50，1 号机组 CRT 数据恢复正常，启动 1、2 号引、送风机开始吹扫。

【原因分析】

（1）根据操作员站事件记录，现场运行人员和热工人员的反映，当时出现异常的信号和设备都是在 PCU02 柜中（该柜控制设备包括锅炉 FSSS 系统设备和部分锅炉、汽轮机、电气系统的 DAS 信号），由该柜模件离线停止工作引起。而该柜模件离线原因是该柜右路电源模块工作出现异常，导致电源监视模块 PFI 保护动作，停止了该柜内所有模件工作（状态灯显示红色），使相关设备和系统参数失去监控。

（2）将故障电源模件装到 2 号机组 DCS 系统 PCU02 柜内测试，连续运行 7h 左右，工作状态正常，未发生故障情况，后将该模件装到脱硫机组进行测试，测试数据为：+5.108V，+15.22V，−15.24V，+25.64V，PFI：+5.108V，而对 2 号机组 FSSS 柜新装电源模件测试，数据为：+5.06V，+15.26V，−15.23V，+25.57V，PFI：+5.06V，表明故障模件已自动恢复正常。

（3）综合前述事件现象分析，原因最大的可能性是右路电源模块内某元件（电容的可能性较大）温度特性较差，在暖通系统故障停运，控制室环境温度高，电源模件散热慢，工作在温度的极限状态的情况下，该元件瞬间故障造成电源瞬间下跌，假设防反灌二极管的瞬间夹断时间有一个 Δt，在此 Δt 时间内，母线电压瞬间下跌到 PFI 保护动作电压（经试验 5V 电压约在 4.7V），引起 PFI 保护动作，停止所有模件工作。而在 Δt 时间后，防反灌二极管阻断，故障电源模件无输出电源，此时该故障模件内某故障元件（或保护）恢复，电源也随之恢复输出，如此反复，出现电源工作状态灯在绿色和红色间来回变化。而后将故障模件在其他控制柜内试验时，其温度已恢复到室温，低于故障时温度，因此电压测量正常。

（4）由于给粉机停指令采用的是动断触点，正常运行中的给粉机停指令继电器处于得电状态，当模件停止工作后导致给粉机停指令继电器处于失电状态，所有给粉机都跳闸，包括CCS在内的锅炉自动退出运行，全炉膛熄火。

（5）联系ABB公司对电源监视模件进行了测试，PFI动作电压测试结果为：＋4.710V，＋14.39V，－14.39V。

【防范措施】

（1）电源模件输出至母线的电源线连接如果不紧固，接触电阻会增大发热，输出电流增大，有可能导致电源模件发热增加，模件盒内温度升高，元件至工作极限温度状态，从而诱发故障。因此建议利用停机机会，检查并确保电源模件输出至母线的电源线连接紧固，必要时进行锡焊处理。也可以在运行中，用红外线测温仪，检查各连接处温度是否一致，若某一接点温度高，则应查明原因，必要时在做好反事故措施后进行紧固或锡焊处理。

（2）贝利公司的DCS，为了防止电压下跌导致主模件工作异常，设计带有PFI保护功能的单个电源监视模件，但在运行中，往往由于PFI的误动作造成机组跳机，增加了对应控制柜模件均停止工作的故障概率。为防止由于PFI的误动作造成机组非正常跳机，建议使用贝利公司控制系统的电厂，对电源系统进行检查，修改，拆除PFI保护功能连接。

（3）拆除PFI保护功能连接的具体做法如图2-16所示，用一个1kΩ、1/2W的电阻，两头压接上插接压线头（最好再锡焊）；拔出直流总线排上面的PFI插头（黄线），用绝缘胶带包好；将该1kΩ电阻连接到直流总线＋5V和PFI端子间，目的是让直流总线上的PFI信号端子始终保持＋5V，使主模件工作不受PFI影响。为继续保证电源监视报警功能，完成上述工作的同时，检查电源系统在环路上的故障报警组态，如果不正确，可以进行修正使得电源系统在环路上能可靠地故障报警。可以考虑增加一个继电器，接上用绝缘胶带包好的PFI插头和电源零线，继电器触点通过数字量输入（DI）端子引入DCS报警。但PFI输出的5V电压是否可直接带动继电器需试验确认。

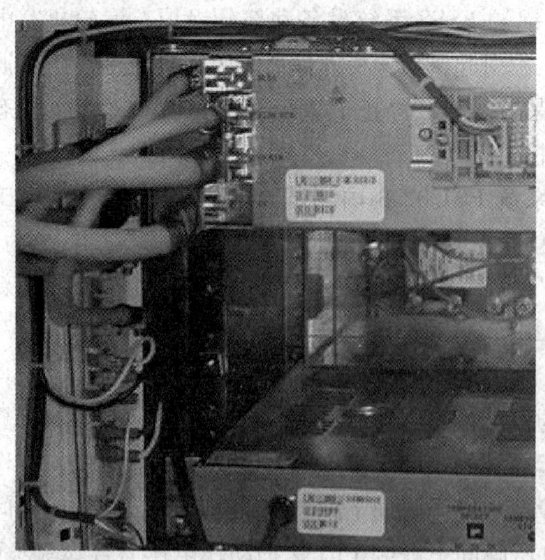

图2-16 拆除PFI保护功能的连接

【案例24】外部24V DC故障导致机组ETS保护误动作

【事件过程】某电厂3号机组负荷160MW时跳闸，锅炉首出“汽轮机跳闸”，发电机首出“汽轮机跳闸”，ETS无首出，ETS通道显示“遥控1”“遥控2”。经过SOE确认，在1：12：42：764～1：12：42：766，这2ms内出现“超速遮断”“凝汽器真空低低遮断”“轴承油压低低遮断”“抗燃油压低低遮断”，1：12：42：788“装置遮断报警”（四个 AST 电磁阀指令信号），这些信号由 ETS 装置（PLC）DO 输出，1：12：42：789～1：12：42：801，这 2ms 内“超速遮断”“凝汽器真空低低遮断”“轴承油压低低遮断”“抗燃油压低低遮断”四个信号复归，从信号出现到复归间隔约 25ms，之后 12s 内又反复出现十几次信号反复。

【原因分析】根据以下分析认为，ETS 装置误动原因为外部 24V DC 故障。

(1) 汽轮机转速在并网运行时，只要系统频率正常，一般不可能出现“超速遮断”，根据转速信号分析也正常，“凝汽器真空”“轴承油压”“抗燃油压”根据 DCS 信号也正常，无任何其他报警，也没有联锁启动备泵，这四个信号也无同时触发的必然联系，可以判定是 ETS 装置误动。

(2) ETS 装置动作条件“凝汽器真空低低遮断”“轴承油压低低遮断”“抗燃油压低低遮断”信号，均由四个开关串并联结构组成（可同时有效地防止误动和拒动）；“超速遮断”信号则由三取二判断逻辑组成，因此这四个信号构成的合理性与可靠性没有问题，ETS 其他信号没有触发。分析这四个信号区别于其他信号的不同处，发现这四个信号的共同特点是由动断点组成，其他信号如“轴向位移”“振动”“差胀”等信号由动合点组成。ETS 本次事件能区分“动合点”与“动断点”信号，且随着“动断点”信号触发机组跳闸后，控制系统会发出“遥控 1”“遥控 2”信号。再检查“装置遮断报警”在没有挂闸前一直保持，说明 ETS 的 PLC 扫描运行正常，PLC 工作电源是由自己所配的电源模件构成，主、从 CPU 同时工作，而数字量输入驱动由外部 24V DC 供 DI 模件，如果外部 24V DC 故障时，所有的动断点由于没有驱动电源，PLC 的 DI 模件将会判定动断点状态改变。为了验证分析的正确性，确认事件误动原因，进行了试验论证，人为拉 24V DC 电源，所出现的信号跟跳机时现象吻合，因此判定 ETS 装置误动为外部 24V DC 故障引起。

【防范措施】

(1) 停机时对可能的故障点加以检查，并且对所有电源接线点加以紧固。

(2) 24V DC 虽然有冗余设计，但它是经整流桥堆并接，并没有分卡分端子输出，负端共用线连接也未形成环路，因此在检修时对电源回路加以优化，再加一路冗余 24V DC，分卡分端子供 24V DC，并形成环路连接。

【案例 25】燃气轮机控制器电源机架底板故障停交流油泵

【事件过程】某电厂燃气轮机在停运状态下，运行人员突然发现操作员站画面上交流油泵 B 停用，而交流油泵 A 和直流油泵都没有自启动，同时注意到润滑油压、密封油压跌至零，但盘车仍处于运行状态。运行人员立即手动启动交流油泵 A，随后却发现两台交流油泵同时在运行状态，而且所有故障信号恢复正常，运行人员再次用手动停用交流油泵 A。

通过对控制系统的报警清单进行检查，发现有 46s 的时间〈R〉控制模块发出了 125V DC 低电压报警（小于 90V DC），与此同时〈R〉控制模块的 VCMI 通信卡件出现故障报警，导致通信中断，从而〈R〉机架上的信号丢失。由于部分信号没有采用冗余配置，因此运行人员不能看到油泵的运行状态和油压信号，但是根据 DCS 系统上的油泵电流信号记录，交流油泵 B 当时一直在运行，所以备用油泵没有通过硬接线回路联锁启动。

46s 以后随着 125V DC 低电压报警的消失，〈R〉模块的 VCMI 通信卡件故障报警等信号恢复正常，〈R〉模块上的信号也先后恢复正常，运行人员又突然发现两台油泵都处于运行状态，而且先前其他异常报警情况也都恢复正常。

【原因分析】首先检查了电源系统。该控制系统接收三路电源：一路 125V DC、两路 220V AC。两路 220V AC 进入控制柜中通过降压、整流、滤波处理以后也转换为两路 125V DC。最终三路 125V DC 通过二极管回路表决出电压最高的一路作为系统供电。

热工人员最后更换了为〈R〉机架供电的 Power Supply 电源模块，利用机组停机的机会更换了 UCVE 控制器卡件，但是该异常情况仍然不定期的出现。约一周后，机组在运行时再次发生这类异常情况，而且机组负荷从 390MW 的预选负荷自动增加到基本负荷（约 400MW）。由于燃料量控制自动进入温控模式，而画面上仍然投用的是预选负荷模式，因此运行人员无法通过预选方式控制机组负荷。最后通过技术分析建议运行人员采取应急措施，通过手动方式逐步降低燃料流量控制基准（FSR）燃料量指令来减负荷，并最终通过手动按钮拉开发电机出口断路器 52G 进行解列，确保了机组安全稳定的停机。

最后分析出〈R〉机架的底板可能存在问题，因为该机架上所有的卡件都是通过底板上的电源母线供电进行工作的，而且相互之间的数据交换也是通过底板上的通信总线来实现的，因此如果底板出现问题，可能会导致电源模块向卡件供电不良或者控制器卡件与通信卡件和 I/O 卡件之间的通信中断。

〈R〉模块机架拆除以后，发现底板的背部是密封安装在金属外壳中，因此基本不会受到环境、灰尘的影响。随后拆除了底板背部的金属罩壳，进一步对底板背部进行检查。外观检查发现整个背板整洁干净，没有积尘、短路、元器件受损的痕迹。在检查各电源母线棒时发现 5V DC 电源总线在 UCVE 控制器卡件背面的供电柱上少一个紧固螺钉，如图 2-17 所示。虽然周边的几块卡件的供电柱上都有紧固螺钉，使得该位置即使不安装紧固螺钉也能使 5V 直流电源母线棒压在接线柱上，保持 UCVE 卡件正常工作。但是久而久之，线棒与供电柱接触面上逐渐形成氧化层，或由于热胀冷缩的关系导致两者之间的间隙增大，从而使得接触电阻增大。最终导致 UCVE 卡件上的 5V 电压下降到临界值，虽然此时该卡件的 ±12V 电源工作正常使得卡件状态灯显示处于运行状态，但是由于 5V 电压的瞬间降低使得部分芯片不能正常工作，导致卡件自诊断及其他一些功能的异常。

图 2-17　控制器底板背部 5V 电源母线缺一螺钉

控制人员为 5V DC 电源总线在 UCVE 卡件背面的供电柱上增加了一个紧固螺钉。送电以后进行固件和软件的重新下装。最后重新启动〈R〉、〈S〉、〈T〉控制器和〈X〉〈Y〉〈Z〉保护模块。上电以后所有控制器都恢复正常，故障彻底消除。

【分析结论】由于供应商在制造该汽轮机控制系统〈R〉模块 VME 底板时，漏拧了一颗 5V 电源母排的紧固螺钉，导致〈R〉模块上控制卡件 UCVE 的 5 V 电源存在隐患。运行三年后由于接触面氧化等原因，使得 UCVE 控制卡件偶尔失去 5V 电源，从而部分芯片在失电情况下，给出了错误的报警，并影响了模拟量和开关量信号的输出。可见，电源部分自检和故障报警功能也非常重要。

另一方面，由于设计时对一些非关键信号没有采取冗余配置，以及逻辑设计时缺乏对坏信号判断的机制，因此当某个控制器发生故障时，非冗余信号的异常变化通过信号线的传递又影响到其他控制系统的正常逻辑运算，并最终表现为机组负荷的失控。因此电厂控制人员应该对这些非冗余信号进行一定的风险分析和评估，并采取可行的技术措施，例如，在控制系统中增加一些信号异常的判断逻辑，防止控制系统单点故障时导致整个机组的失常。

【案例 26】电源系统接地不良导致重要参数坏质量故障

【事件过程】11 月 10 日 07：39：33，某电厂 2 号机组（600MW）升负荷期间，突然给水自动切手动，CCS 退出运行，接着运行人员发现炉膛烟气压力、给水和减温水系统、锅炉疏水系统、辅汽的 DCS 监控画面模拟量点均出现紫色报警，点品质为“坏值（BAD)”。

【原因分析】热控人员对显示坏值的测点进行初步汇总，发现所有显示坏值的测点都接在控制器 Drop9/59 下的 1、2 号分支上，测点类型均为“AI”型。随即打开 Drop9/59 控制机柜检查，Drop9/59 柜内模件 1、2 号分支上的所有模拟量输入（AI）模件的“ERROR”指示灯点亮，模件上通道指示灯均为红色，控制器 I/O 接口模块 O1 指示灯闪烁。根据指示灯分析，问题是在 1、2 号分支上，随即做如下检查：

（1）检查 9 号控制器 1、2 号分支的数据线，数据线连接正常，接口处紧固无松动现象，数据线无破损。

（2）就地检查显示坏值测点的变送器，型号均为 EJA430A，重庆横河川仪生产，变送器显示屏显示 64.3%，用万用表串入回路测量电流信号，模拟量信号在 3.118mA 左右，小于变送器零位电流 4mA，测量变送器正负接线端子直流电压为 9.12V DC，解除变送器的接线，直接测量模件来的电源电压为 9.32V DC，远低于正常模拟量模件供电电压 22.8V DC。

（3）在 Drop9/59 机柜检查控制柜的主/辅电源模块输出电压为 24.4/24.3V DC，电源模块工作正常，到 1 号分支 AI 模件测量，模件输出电压却只有 9.36V DC，疑为模件负载太大降低了电压，拆除分支上所有模件的外接线，模件输出电压仍为 9.36V DC。

（4）检查 1、2 号分支的接地电阻发现控制器机柜地 CG 对地电阻为 0.5 Ω，而电源地 PG 端对地电阻高达 12.75 MΩ，PG 端对地直流电压为 12.8 V DC。由此判断模拟量点故障原因为 PG 与 CG 接触不良。

【防范措施】由于 PG 与 CG 紧固铜排在电源分配板右上角，工作不便，机组正处于升负荷期间，于是采取临时措施，从 Drop9/59 的 2 号扩展柜的 PG 引出端用多股铜芯线与 CG 短接，AI 模件输出电压恢复到 22.4V DC，故障消除。

【案例 27】电源系统接地不良导致变送器测量值偏低

【事件过程】4 月 17 日 13：15：49，2 号机组（600MW）凝结水泵出口压力、凝结水精处理出口压力的几个测点测量值比实际工况值偏小，而且几个测点是同时下降。运行和汽轮机专业人员检查就地凝结水泵工作正常，凝结水泵出口就地压力表显示为 3.2MPa，变送器测量值只有 1.02MPa 左右，认为是变送器测量值偏差引起。

【原因分析】热工人员将几台显示异常的变送器拆回到标准室进行校验，变送器的各项指标都是合格，将变送器回装到系统，显示依旧。为了确定管道内的实际压力，将变送器拆除，安装上 0.25 级 0～6MPa 的精密压力表，测量出管道压力为 3.22 MPa，可是合格的变送器测量值为 1MPa 左右。就地测量变送器的正负接线端子电压为 12.2V DC，就地西门子变送器铭牌上标明的工作电压为 10.5～55V DC，电压虽然偏低但还在变送器的工作电压范围内，拆除该变送器供电 DCS 模件的接线，测量模件的供电电压也只有 12.4V DC。进一步检查，发现导致电压偏低的原因是 PG 与 CG 接地不良。

【防范措施】对电源分配板的接地进行处理后，电源电压恢复至 24V DC，测量参数显示正常。

【案例 28】电源端子排短接板松动导致 PLC 停运

【事件过程】3 月 27 日 5 号机组旁路控制系统（BPS）报警，检查发现一单元 PLC 停运，重新启动后即正常运行。但随后两周，出现三次 5 号机组 BPS 一单元 PLC 停运故障，未能检查出故障原因，每次重新启动都很顺利完成。

【原因分析】用 PG740 编程器故障诊断软件 COM-115F 进行诊断，故障报警为："I/O module interrupted or wrong addressed in the user program;" 经查 S5-115F 手册，指示该故障可能原因为：

（1）I/O 扩展单元电源故障。

（2）扩展单元连接中断。

（3）中央控制器终端电阻连接器失去。

启动 PLC 完成后观察扩展单元模件指示灯，发现在扩展单元中，用于安全型输入的输出模件之一 56A1 指示灯发生瞬间闪烁后，PLC 立刻停运。此时检查该模件供电电源电压，在 2min 内出现了电压波动，最低低于 18V。经分析，认为事件原因与模件供电电压低有关，进一步检查，发现该模件供电端子短接板存在松动现象，因此确定事件原因为供电端子短接板松动，引起的电压下降。

【防范措施】模件供电端子短接板紧固后异常现象未再发生。事件后采取了以下措施：

（1）检查原来的小修标准项目，已安排了检查紧固控制柜端子排，但忽略了电源端子上的短接板的检查紧固，应引以为戒。

（2）制定技术措施，利用机组停运时机，对所有使用 S5-115F 型 PLC 的控制系统电源端子和短接板进行检查和紧固。

第三节　UPS 电源装置故障案例分析

电厂控制系统的重要性，要求控制系统的供电应满足电源不间断的要求，因此 UPS 电源在目前机组控制中被广泛应用为动力源。UPS 电源的可靠性对整个控制系统可靠运行都极其重要，UPS 电源一旦发生故障，轻者造成控制系统供电电压偏移、电压波形畸变，降低热控系统的可靠性，重者使整个热控系统崩溃，导致机组跳闸，因此 UPS 电源的高可靠性，是机组乃至整个电厂安全、经济运行的基本要求。

UPS 电源常见故障现象及原因主要包括：①热工自备 UPS 失去输入电源后，UPS 无输出或放电时间不足，导致负载停运，其常见原因是 UPS 运行时间较长，储能电池老化，导致 UPS 不能达到额定放电时间；②UPS 故障报警并且自动切换到内旁路供电，其常见原因是 UPS 内部积满灰尘，导致风扇过载，UPS 自动切旁路运行，或 UPS 自检到内部有损坏的蓄电池，自动切旁路运行；③UPS 跳闸停止运行，其常见原因是负载超过 UPS 电源的最大负载导致 UPS 跳闸。

【案例 29】UPS 电源装置工作电源板故障，引起 DCS 装置失电，运行手动停炉

【事件过程】某电厂 3 号机组运行中，突然集控室汽轮机盘、锅炉灭火保护装置、电气控制室光字牌、锅炉电接点水位计和热工 DCS 装置全部失电，DCS 输出至锅炉给粉机变频器信号失去，锅炉熄火，运行手动停炉。

【原因分析】事件后，电气和运行人员迅速检查 3 号机组热工电源，发现电气 UPS 电源控制柜电压表指示为零，测量 UPS 母线无电压，判断事件原因是 UPS 装置出现故障，即采取措施，拉开 UPS 装置输出空气断路器，手动合电气检修旁路电源隔离开关，热工电源恢复，3 号机组恢复点火，直至并网带负荷机组均运行正常。事后联系 UPS 厂家技术人员来厂，经检查后更换 UPS 装置逆变驱动板（BM217D01）一块，工作电源板（BM247F03）一块，逆变功率管（IGBT200A）2 个。其中一块 UPS 工作电源板损坏是这次 UPS 故障的主要原因，因该电源板故障，使 UPS 装置的切换继电器失去工作电源，UPS 蓄电池回路和旁路电源回路无法正常切换，导致 UPS 装置输出为 0。

【防范措施】热工 DCS 电源仅 UPS 运行，当时保安段电源未投入正常运行，不满足热工电源系统必须冗余运行的安全性要求，事件后将保安段电源投入正常运行。

【案例 30】UPS 电源供电的 13V 整流装置故障，造成“DEH 电源失去”导致机组跳闸

【事件过程】某电厂 1、2 号机组 DCS 系统采用 WDPF-Ⅱ分散控制系统，2 月 29 日，2 号机组正常运行中突然跳闸，故障信号显示 DCS 系统 20 号 DPU 失电。

【原因分析】检查控制系统有各 DPU 的配电方式，均为 UPS 和保安段两路同时供电，并分别通过各自的 13V 和 24V 整流装置供 DPU 使用。但此前 2 号机组 20 号 DPU 中由 UPS 电源所带的 13V 整流装置在运行中损坏，未及时更换，使得 20 号 DPU 13V 电源失去备用，当此时保安段电源失电时，造成 20 号 DPU 失去 13V 电源，引发“DEH 电源失去”导致机组跳闸。

【防范措施】加强巡回检查力度，每日检查 DCS 系统各 DPU 的供电方式、12V 和 24V 整流装置的工作情况，确保各 DPU 均由 UPS 和保安段两路同时供电。在任何时候都要保证 UPS 电源的供应正常以及其所对应的 12V 和 24V 整流装置的工作正常。

【案例 31】UPS 电源装置内部部件故障，导致操作员站“黑屏”，机组跳闸，部分设备损坏

【事件过程】某电厂 1、2 号机组运行，1 号机负荷为 84MW，2 号机负荷为 80MW；220 kVⅠ、Ⅱ母线运行。2、4 号给水泵运行，1、3 号循环泵运行；启备用变压器备用；1、3 号给水泵备用；2、4 号循环泵备用；2 号炉 1 号送风机检修。9：36，2 号机组 DEH 操作员站突然“黑屏”，负荷由 80MW 降到 0MW，报警光字牌上“UPS 故障”信号报警，DCS 中“UPS 静态旁路开关开启”报警，汇报值长，联系热工检修人员。9：38，2 号机 DCS 操作员站相继“黑屏”。值长立即安排机运值班员就地检查，经查高、中压主汽门关闭，1～3 号高压调节汽门关闭，4 号高压调节汽门未全关闭（事后检修人员赶到现场检查发现 4 号高压调节汽门穿销断裂，导致未全关闭），机运值班员汇报检查情况后，值长令就地打“危急保安器”。DEH1-4 模拟量参数显示全部失灵。热工人员到达现场后测量 UPS 输出端，在 380V 和 0V 之间 5s 左右互相切换，面板逆变器灯、逆变输出灯以及输出灯绿灯闪，关闭逆变器后 UPS 处于旁路供电状态，再开启逆变后状态重复，关闭逆变后 UPS 一直处于旁路供电状态。经热工人员检查发现一些设备损坏：TSI 系统电源模块和 ETS 系统电源模块各 1 块；数据采集前端电源模块 7 块；画面分隔器 1 台；工业彩色显示器 1 台；PLC 电源模块 2 块；DEH 电源模块 2 块；稳压电源 1 块；多功能电源插板 2 个；水位电视摄像头 2 台。

【原因分析】4 月 9 日 UPS 厂家维修工程人员到现场后，启动 UPS 进行切换试验。确认 UPS 工作异常，输出电压升高。拆下 UPS 装置内部各控制模组进行检查、清理浮灰、重新紧固插接件、回装各控制模组。启动 UPS 后检查输出电压恢复正常，切换试验正常（期间未更换任何元器件）。UPS 厂家维修工程人员与厂部沟通分析，初步判定 UPS 故障是因为 UPS 装置内部积灰，导致 UPS 内 3P 电路板绝缘性能下降或软击穿，从而导致控制失效，使逆变器输出与备用旁路输出发生共导，无法正常执行切换动作，使得 UPS 输出电压漂移，导致漂移升高电压输出至负载端。4 月 13 日对 3P 控制板进行更换，更换后重新启动 UPS，发现逆变器工作异常，输出电压升高至 357V。又更换新 SCR 后，UPS 装置工作恢复正常。将原 3P 电路板及原 SCR 回装后，UPS 装置启动切换正常。试验表明，静态开关 SCR 和 3P 控制板质量不稳定，经过一年的使用后，无法正常执行切换动作，使逆变器输出与备用旁路输出发生共导，UPS 输出电压升高，导致高电压输出至负载端。同时 UPS 控制保护回路存在漏洞，装置本身出现故障时，保护无法对输出进行控制。电力科学研究院技术人员和电厂热工专业人员认为原 3P 电路板和用于切换回路的 SCR 已经软击穿，应更换 SCR 和使用经过升级并喷涂防护剂处理的 3P 控制板。同时通过对 UPS 电源中断故障的检查试验结果判断，排除 UPS 厂家维修工程人员关于积灰引起故障的判断意见。

【防范措施】为了保证在 UPS 装置本身出现故障时，UPS 的电压输出能及时切断，避免故障扩大和发生烧损负载端设备，电厂安全生产部自行设计了保护回路，经 UPS 厂家同意，后又经过试验、调试合格，在负载输入端加装一个过电压、低电压保护回路，如图2-18 所示。同时，在 UPS 控制柜顶部散热风扇上部加装遮尘板。改进处理后的实际效果证明，

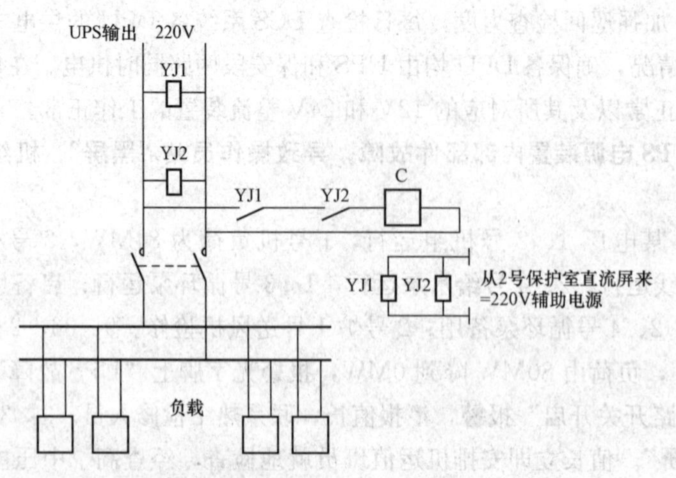

图 2-18 加装过电压、低电压保护回路

YJ1—过电压继电器；YJ2—欠电压继电器；C—交流接触器

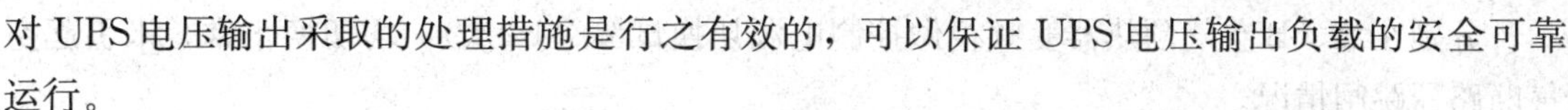

对 UPS 电压输出采取的处理措施是行之有效的，可以保证 UPS 电压输出负载的安全可靠运行。

第四节　电源冗余切换故障案例分析

重要热控系统的电源装置或电源模件均采用冗余配置的方式，以提高电源系统工作的可靠性。控制系统冗余电源的配置方式一般有两种，一种方式是采用专用的切换装置完成主、备电源中间的切换，电源一用一备，该方式下电源切换的时间与可靠性取决于电源切换装置的性能；另一种方式是两个电源同时供电，电源模块输出端采用耦合二极管进行耦合，当一路电源故障时自动实现负载转移，该方式不存在切换问题。当控制系统的电源采用冗余切换装置时，切换时间若不满足系统运行要求，在运行电源发生故障时，将造成控制系统中断运行，影响机组运行。

【案例 32】ETS 电源切换发生合环故障导致机组跳闸

【事件过程】某电厂 4 号机组 10：00，带 203MW 负荷运行。10：17：21，ETS 电源失电（同时还有两台空气预热器控制电源丧失），AST 电磁阀失电动作，汽轮机跳闸，2s 后 MFT 动作，10：18：45，发电机逆功率保护动作，5041 和 5042 断路器和灭磁开关跳闸，机组解列。

【原因分析】事发后热控人员检查发现 ETS 系统电源空气断路器 1MK、2MK 均处于分闸状态，查看 DCS 历史记录无汽轮机跳闸首出，因此分析确认汽轮机跳闸停机原因是 ETS 系统失电导致 AST 电磁阀失电动作，泄掉高压危急遮断油，快速关闭了所有主汽门、调节汽门所致。而 ETS 系统失电的原因，经分析认为是在 ETS 电源切换时，主、辅电源同时在合闸状态，保安 4B 段电源 B 相与 UPS（电源切换装置输入电源）存在短时合环现象，压差过大产生冲击电流，引起该系统回路上的空气断路器分闸，直到合环回路消除。而其他有切换器的电源回路是保安 A 相与 UPS 供电，与 ETS 不是一个回路系统，在 ETS 系统发生短时合环时，未受到冲击而没有出现跳闸。因此 400V 保安 4B 段电压瞬时波动使电压下降，是造成 ETS 电源装置切换的主要原因。分析如下：

（1）汽轮机跳闸、发电机逆功率保护动作的原因分析。ETS 系统两路电源分别来自 UPS 电源和保安段电源，两路电源分别经空气开关 1MK、2MK 后进入电源切换装置，切换后电源作为 ETS 系统 PLC、48V DC、24V DC、风扇、柜内照明的供电电源，同时在电源空气断路器 1MK 输出端并接一路电源作为 AST 电磁阀 1、3 电源，在电源空气断路器 2MK 输出端并接一路电源作为 AST 电磁阀 2、4 电源。

事发后热控人员检查发现 ETS 系统电源空气断路器 1MK、2MK 均处于分闸状态，查看 DCS 历史记录无汽轮机跳闸首出，因此汽轮机跳闸停机原因为 ETS 系统电源丧失导致 AST 电磁阀失电打开，泄掉高压危急遮断油，快速关闭所有主汽门、调节汽门。

（2）ETS 系统电源丧失原因。根据故障发生时 ETS 系统、空气预热器电源丧失的情况，在 3 号机（停机备用）进行了相关试验：在 ETS 柜快速电源切换装置做慢速切换试验时发现，在电源切换过程中，ETS 两路电源空气断路器 1MK、2MK，A、B 空气预热器变频控制柜控制电源空气断路器、BPP2 电源空气断路器同时跳闸。

分别在A、B空气预热器变频柜做控制电源切换试验（10次），均切换正常，未引起空气断路器跳闸情况。

把A、B空气预热器变频柜控制电源断开，再在ETS柜快速电源切换装置做慢速切换试验，切换过程中ETS两路电源空气断路器1MK、2MK同时跳开。做上述切换时，其他有切换器的电源回路，加磨煤机油站、DCS电源均未动作。

在ETS柜测量UPS与保安B相电源电压差为319V。在DCS电源柜测量UPS与保安A相电源电压差为418V。

根据上述试验及检查结果，ETS电源丧失原因为在ETS电源切换时，主、辅电源同时在合闸状态，保安4B段电源B相与UPS（电源切换装置输入电源）存在短时合环现象，压差过大产生冲击电流，将该回路系统上的空气断路器冲跳，直到合环回路消除。而其他有切换器的电源回路是保安A相与UPS供电，与ETS不是一个回路系统，在ETS系统发生短时合环时，未受到冲击，没有出现跳闸。

（3）ETS电源切换启动的原因。根据控制电源投入情况，由于UPS电源为整个4号机的总UPS电源，所有用UPS的都是一个系统，也就是说一旦发生波动，其他电源都要受影响，而实际上采用同一型号电源快速切换装置的磨煤机油站并没有受影响。因此，400V保安4B段电压产生瞬时波动电压下降是造成ETS电源切换器启动切换的原因。

【防范措施】ETS系统电源主要给AST电磁阀、PLC、48V DC、24V DC、风扇、柜内照明供电，其中AST电磁阀电源尤为重要，4个AST电磁阀采用并联后串联的方式设计，即AST电磁阀1、3并联为一组，AST电磁阀2、4并联为一组，两组电磁阀再串联，因此即使AST电磁阀1、3两个电磁阀同时失电打开或AST电磁阀2、4两个电磁阀同时失电打开均不会导致汽轮机高压危急遮断丧失停机，因此只要AST电磁阀1、3或者AST电磁阀2、4中有一组电源没有丧失均不会导致停机故障发生，AST电磁阀原理如图2-19所示。为提高ETS系统电源可靠性，对其电源做了如下更改：

（1）将ETS系统电源中的UPS给AST电磁阀1、3供电，保安段电源给AST电磁阀2、4供电，该两路电源不再给其他任何设备供电，完全将AST电磁阀的电源与其他设备隔开，避免其他设备故障导致AST电磁阀电源丧失，因采用了两路不同电源给AST电磁阀供电，两路电源同时丧失的机会几乎没有，大大提高了AST电磁阀电源的可靠性。

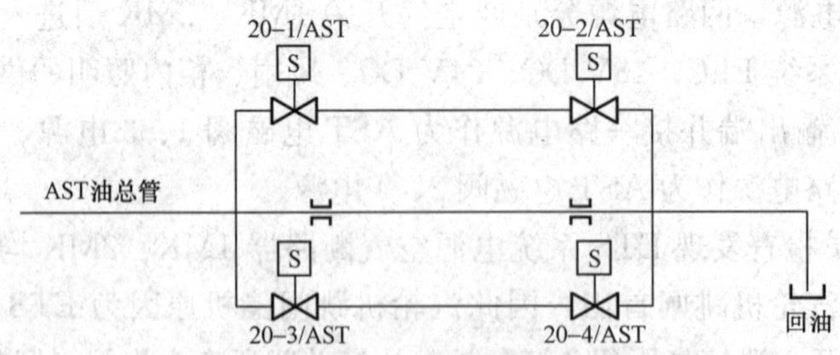

图2-19　AST电磁阀组合原理

（2）重新布置1路UPS电源、1路保安段电源到ETS控制柜进入电源切换器（电源切换器换型为GE新华提供在DCS上应用较好的电源切换器），切换后供给ETS系统PLC、48V DC、24V DC供电。电源切换器工作原理为当两路电源均正常时其输出分别为A路输入对应A路输出，B路输入对应B路输出，当一路电压丧失时，另一路电源自动供给两路输出供电，电源切换器切换原理如图2-20所示。

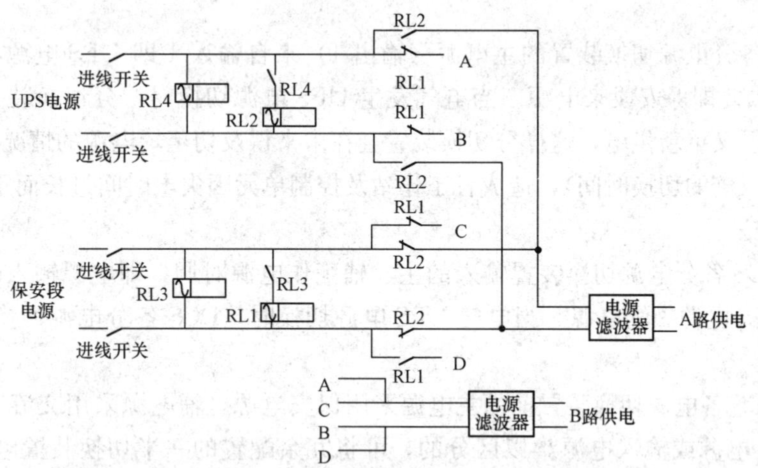

图2-20　电源切换器切换原理

（3）根据相关规程规定，热控控制柜内照明、风扇电源不能取自控制柜内控制电源，因此由热工TPP1号柜取一路电源给ETS系统柜内风扇、照明进行供电。

【案例33】电源切换时间不满足要求，引起DCS系统重启故障

【事件过程】某电厂一期工程为2×600MW机组，其中1号机组进行电气UPS电源切换试验时，引起DCS系统各机柜控制器、工程师站以及操作员站重启。

【原因分析】该厂DCS采用Symphony系统，1号机组DCS总电源两路输入，一路为UPS电源，一路为保安电源，DCS电源原理如图2-21所示。

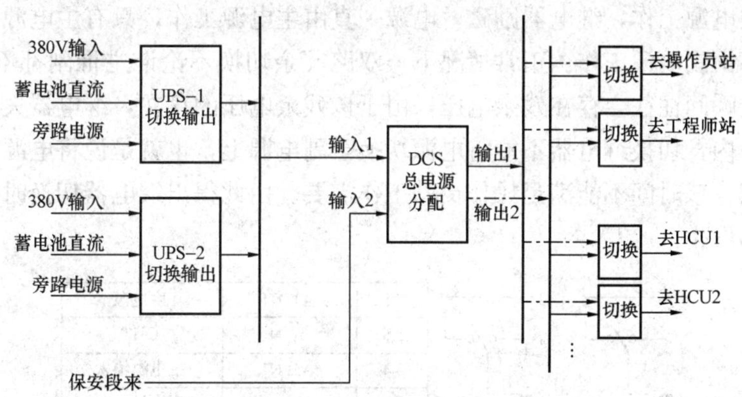

图2-21　DCS电源原理

由图2-21可知，三路输入电源，经两个互为备用的UPS装置变换后，输出220V AC作为热工DCS总电源的输入1，从保安段来的一路220V AC电流作为DCS总电源输入2。DCS总电源柜对输入1进行电源分配后输出1，对输入2进行电源分配至输出2，两路输出电源分别送往操作员站、工程师站及各过程控制单元（HCU）的分电源切换装置做输入。对分电源切换装置单独进行切换试验，各工作站、控制单元均未出现重启现象。由于Symphony系统各电源切换装置输出为两路输入的主电源，只有当主输入电源失去时，才切换至辅电源，当主电源重新送电后再切回主电源输出；而辅电源失去时，切换装置不动作，输出主电源。

分析认为各分电源切换装置的主电源（输出1）来自输入1即UPS电源，辅电源（输出2）来自输入2即保安段来电源。当电气发生UPS电源切换时，分切换装置的主输入电源会短暂失电后又重新供电，这样分切换装置会在未来得及切至辅电源的情况下又重新切回主电源工作（双倍的切换时间），造成各工作站及控制单元因失电时间过长而重启。

【防范措施】

（1）将DCS各分电源切换装置输入的主、辅工作电源对调，即电源输入改为保安电源做主电源、UPS电源做辅电源。当电气UPS电源切换时，DCS各分电源切换装置不动作，问题得以解决。

（2）对DCS各电源切换装置前的主电源采用保安电源，辅电源采用交流UPS；对两路输入均为UPS电源或输入电源难以区分的，可将冗余配置的一半切换装置电源输入对调，即一半切换装置主电源为第一路输入电源（UPS1），一半切换装置的主电源为第二路输入（UPS2），将风险减半。

【案例34】电源切换继电器切换时间不满足系统要求，引起DCS部分操作员站黑屏

【事件过程】某电厂控制系统为HIACS-5000M系统，某日运行中发生部分操作员站黑屏故障。检查发现供给操作员站的两路电源中，厂用电一路失去，UPS一路正常。按常理两路电源互为冗余，只要任何一路供电正常就可保证系统的正常运行。现UPS电路一直处于正常状态，按理不应该出现黑屏现象。

【原因分析】经检查，在操作员站电源线插板上有一白色方盒，方盒内为一欧姆龙220V AC继电器，该继电器为两路电源切换继电器，电源有主、副电源之分，如图2-22所示。分析认为，如果主电源工作，继电器励磁，电源一直由主电源工作，只有主电源失去后，继电磁失磁，电源才由副电源工作。正常情况下，双路冗余切换不论谁主谁副都不会出现问题。但是电源在失电瞬间往往会存在残余电压，由于该残余电压的存在，继电器失磁需要一定时间，在此时间段内，切换继电器不能将电源切换至副电源上，也就是说将电源彻底切至副电源有一定的时间，该时间不能满足操作员站工作需要。由此得出继电器切换时间长，导致了电脑黑屏事件的发生。

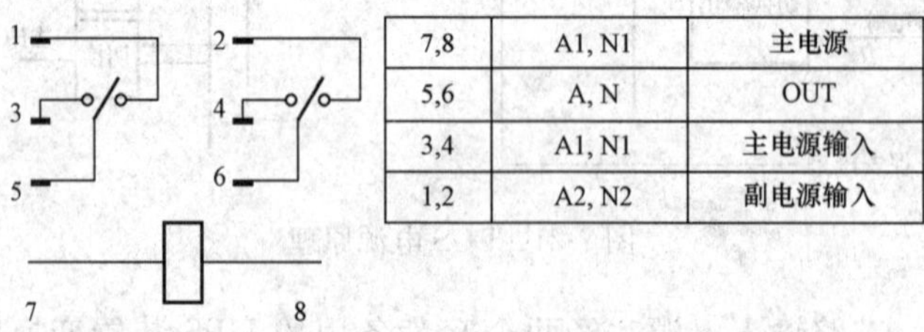

7,8	A1, N1	主电源
5,6	A, N	OUT
3,4	A1, N1	主电源输入
1,2	A2, N2	副电源输入

图2-22　操电员站电源线插板上的两路电源切换继电器盒

【防范措施】该切换盒有主从之分，一定要将可靠电源接至主电路上（如UPS电源）。一般情况下，UPS为在线式，一旦电压较低，将会由蓄电池供电，且切换时间为0s，满足电脑要求。另外，在切换盒内还有两个5A的保险，应定期进行检查，以免熔丝熔断导致电源不能正常切换。

【案例 35】电源冗余切换时间不满足系统要求，引起接触器瞬间失电导致机组跳闸

【事件过程】某电厂 2 号机组连续两次发生因保安段失电导致汽轮机跳闸。

【原因分析】经检查 1、2 号机组 ETS 柜电源取自热控电源柜 PDP21，PDP21 电源柜有两路电源进线，一路由 UPS 提供，一路由保安段提供，这两路电源通过交流接触器进行切换，互为备用，之后经过两个空气断路器分别送 ETS 柜Ⅰ、Ⅱ通道。该设计存在一个致命缺陷，就是当 UPS 或保安段某一路电源失电时，交流接触器在进行切换的过程中存在瞬间失电现象，引起 ETS 柜Ⅰ、Ⅱ通道同时失电，造成汽轮机因 AST 电磁阀全部失电而跳闸。7 月 10 日 2 号机组就是因保安段电源失电，导致 AST 电磁阀全部失电而跳机。

【防范措施】

（1）利用停机机会，将 ETS 柜Ⅰ、Ⅱ通道电源分别从 UPS 和保安段取出，当 UPS 或保安段某一路失电时，只会使 ETS 柜Ⅰ通道或Ⅱ通道失电，而 AST 的 1、3 号电磁阀失电或 AST 的 2、4 号电磁阀失电不会引起抗燃油压泄掉。这样不但避免因电源切换时瞬间失电而导致 AST 电磁阀全部失电跳机故障的再次发生，也符合 ETS 柜电源设计的安全性要求。

（2）在 ETS 柜电源未改造之前，已将 UPS 电源作为热控电源柜 PDP21 的正常工作电源，而将保安段电源作为其备用电源，确保不会因保安段电源失去而进行切换，同时制订了“电气与热控电源接口运行方式管理标准”进行规范。

【案例 36】电源冗余切换过程异常导致系统失电，机组跳闸

【事件过程】4 月 13 日某电厂 1 号汽轮发电机组由于汽轮机跳闸引起机组解列。1：36：54，DEH 装置发出“1 号 DEH 失电停机”信号，1 号机组 ETS 保护动作。ETS 首出原因为“DEH 失电”，首出显示与事件记录吻合。

【原因分析】1 号机组 DEH 装置为 NETWORK6000 分散控制系统，系统电源冗余设置，分别接受 UPS 和厂用电 220V AC 电源，此两路 220V AC 电源无切换装置，直接进入电源模件。每一路 220V AC 电源回路中均设置过流保护开关，跳断电流为 16A。每路 220V AC 电源分别进入 2 个 24V DC 和 1 个 48V DC 电源模件，24V DC 和 48V DC 电源模件的输出经二极管耦合后作为系统电源，为变送器提供工作电压、开关量输入的查询电压。每一路 48V DC 电源回路中均设置过流保护电气开关，跳断电流为 4A。24V DC 电源回路未设置单独的电气保护开关，但是电源模件上带有电源开关。事发后通过对设备的检查，220V AC 两只电气开关跳闸，其他开关仍然处于接通位置，即上级开关跳闸，下级开关未动作。控制机柜内未发现明显的接地、短路、熔焦的痕迹。

通过历史数据的追忆，发现 UPS 电源首先失去，切换过程中厂用电供电也跳闸，造成系统失电。引起 UPS 电源跳闸的因素除 UPS 系统自身故障以外，对热控系统方面的原因进行分析：

（1）电源回路瞬时短路、接地。若 24V DC 、48V DC 回路出现短路、接地等因素，将导致过电流，会引起电源切换失败，两路 220V AC 电源跳闸。但事后检查发现，48V DC 回路中的过流开关并没有跳开，即下一级保护开关未动作，而上一级 220V AC 电流保护开关动作。建议检查这两级开关的动作特性，如果在出现过流的情况下，下一级开关能在上级开关动作前动作，即可排除 24V DC、48V DC 回路出现短路的故障因素。如果上一级开关优先动作，则不能确认 24V DC、48V DC 回路出现过短路的故障因素，因为机组跳闸后，恢复供电成功，即使出现短路、接地等故障也是瞬间的，故障点难以检查。

（2）试验电源回路耦合。DEH 装置 UPS 电源和厂用电电源经继电器切换后，还作为抗燃油、真空试验电磁阀等的试验电源。由电气回路设计确认 UPS 作为主电源，在 UPS 电源失去后，切换至厂用电为试验电磁阀提供驱动电源。本次事件中，UPS 电源电压首先出现下降，势必将导致试验电源的切换，在切换继电器动作的临界电压附近，继电器触点会出现抖动和似断非断的状态，极易引起 2 路 220V AC 电源回路耦合。通过现场试验，该继电器临界电压为 130V AC 左右。由于 1 号、2 号 DEH 装置供电回路相同，检查 2 号机组 2 路 220V AC 火线之间的电压为 300V AC 左右，若出现 2 路电源耦合的情况，相当于发生短路故障，会引起自动空气断路器跳闸。

（3）试验继电器工作异常。如果试验继电器触点出现抖动，或者动合触点也出现导通的情况，都将引起两路电源的耦合，引起电源跳闸。

【防范措施】对 DEH 控制机柜电源模件进行检查，未发现异常。采用 UPS 旁路供电后，系统恢复正常。事后进一步采取了以下防范措施：

（1）对控制机柜内电源回路的绝缘、接地情况进行检查，消除隐患。同时，对就地接线端子箱、执行器等的电缆进行系统排查。对就地设备的防雨防潮设施进行确认，避免外回路信号电缆的接地短路。

（2）对 48V DC、220V AC 过流开关的动作特性进行试验，对动作特性进行确认，进一步排除故障点。

（3）建议对试验电源采取单路供电的方式，避免两路电源的耦合，提高系统电源回路的可靠性。

（4）对试验继电器进行检查，确保继电器工作的可靠性。

【案例 37】DCS 电源失电引起机组跳闸

【事件过程】6 月 9 日 21：02：52，某电厂 4 号机组运行人员发现除 DEH 外的所有操作员站（OT）画面全部变红，无法操作和监视画面，通过查看 DEH 画面，发现机组跳闸，约 4min 后 OT 画面大部分恢复，能进行操作和监视。

【原因分析】查看机组跳闸时的主要参数：

（1）OT 画面恢复后，在 SOE 事件记录中发现 21：02：52：707，所有 MFT 条件均出现，且出现失电故障报警（HWE）信息提示。在 FSSS 中，MFT 采用负逻辑，失电将触发继电器动作。

（2）OT 画面从全部变红到恢复的过程中，所有数据丢失，由此推断所有 AP 控制器和 APF 控制器，以及模件可能进行了复位和初始化。

（3）在 SOE 记录中查询，AP 报警信息从 21：02：58：030 开始大量出现。这样集中的 AP 报警只有可能是由电源故障或失电引起。

（4）在 SOE 记录中查询交流和直流电源报警信息，发现 220V AC 和 24V DC 相继出现报警信息，可以判断是电源故障或电源失去，引起 AP 和模件失电，导致机组跳闸和画面变红现象。

（5）如果是电源失电，那么从 PU 服务器监视中能读取 UPS 入口电源失电信息，如果仅仅是 AP24V 电源故障，PU 中将不会留下 220V AC 任何失电信息。但在 21：04：06 检测到 UPS 电源失电，83s 后 UPS 重新启动，14s 后建立连接。5 月 23 号电厂设备部做电源切换试验，电源失电报警有记录，其他 PU 有同样的记录信息，由此可以得到电源出现过失电现象。

由上可以判断因 DCS 电源出现失电现象而使得 AP 和模件的 24V DC 电源消失，引起画面全红和机组跳闸，电源失电时间很短，电源恢复后，AP 和模件重新复位，大概需要 4min，与机组现象比较符合。但是针对这次故障，有几个问题需要探讨：

（1）UPS 电源失电原因。DCS 两路电源采取冗余方式，分别接入 UPS A 段和 UPS B 段。单元机组 DCS 有 3 个电源柜，40CUM01 和 40CUM02 为互为冗余的 24V DC 电源柜，40CUM03 为 220V AC 电源柜。UPS A 一路 220V AC 电源接入 40CUM01 电源柜，UPS B 一路 220V AC 电源接入 40CUM02 电源柜，通过（交流/直流）AC/DC 转换器转换成 24V DC 给每个控制柜 AP 和模件供电，同时在 40CUM01 和 40CUM02 的 UPS 电源进线处分别有一路 220V AC 并入 40CUM03，通过切换开关给 PU、SU、OT 等 220V AC 设备进行供电。任意 UPS 电源有电都可以给 DCS 提供可靠的电源。两路 24V DC 电源在控制柜采取二极管耦合方式给机柜供电。

（2）UPS A 和 UPS B 分别接入保安 MCC A 段和 MCC B 段，是两套独立的系统，UPS A 段除了带 DCS 电源负荷外还带了热控 DEH 电源，热控 UPS 电源柜（一）和热控 UPS 电源柜（二）以及火灾报警等负载，在 DCS 电源柜失电的同时，其他负载未出现任何异常现象，B 路 UPS 出现过旁路装置失去同步信号，检查发现旁路线松动，有拉弧放电现象，放电位置后面还有一空气断路器。是否由于放电引起 UPS 失电或电压波动？跳机那晚电厂电气人员模拟放电现象，进行人工放电，用录波仪对电压进行检测，试验数次发现电压波形无任何波动。即使 UPS B 的电压瞬间失去或电压波动影响 B 侧电源失去，那么 UPS A 段独立于 UPS B 段系统，DCS 电源不会失去。当晚还做了拉掉 A 段 UPS 电源或拉掉 B 段 UPS 电源的试验，对 DCS 供电未造成任何影响。

（3）DCS 供电系统中 24V DC 的 AC/DC 转换器产品为 STROMVERAORGUNG，型号为 PSI 1200/24，标牌工作电压范围为 185～264V AC，是否由于电压波动引起 24V DC 无输出，对转换器做试验的过程中发现空载时，当交流输入电压降到 145V AC 时，转换器无输出电压。如果是电压波动引起，那么只有 UPS A 段和 UPS B 段同时波动才能引起两路电源失去，而且 PU 检测到有失电报警信息。如果由于 AC/DC 转换器老化引起无输出，但是 9 个转换器输出 24V DC 后汇集在一条母线上，即使个别转换器无输出也不会对供电造成影响。

（4）DCS 失电原因可能是电压波动造成。在对 3 号机组做电源切换试验的过程中，如图 2-23 所示，每做一次切换试验，PU 对自身的 UPS 电源能检测到失电报警信息。在切换试验中交流电压降为 140V AC，如果在异常的情况下，两路 UPS 电

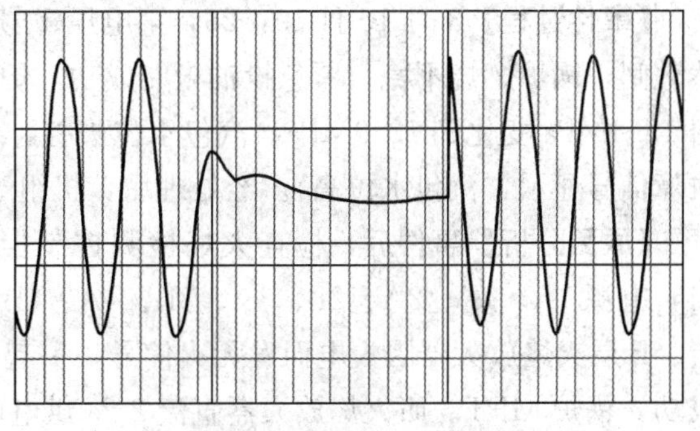

图 2-23　电源切换交流曲线

压波动比较大的情况下，一方面使 AC/DC 转换器无 24V DC 输出，同时 PU 对自身的 UPS 电源能检测到失电报警信息。

比对系统时间，DCS 和 DEH 时间一致，DCS 和电气保护装置时间相差 1s，虽然系统时间都与 GPS 系统同步，但是电气系统独立于 DCS 和 DEH 系统，时间更为可靠。

【防范措施】

（1）将 DCS 供电的两路 UPS 电源是否考虑将一路改成保安段供电，对可行性进行分析和试验。

（2）对电源系统加装可靠性和灵敏度较高的继电器，对电源进行监测，采用自保持继电器，当电源失电再得电的时候，继电器保持失电报警，不会进行复位。当 SOE 信息不可靠时，可以通过继电器动作进行判断。

（3）将电源报警信息引入到 3 号机组，利用 3 号机组对 4 号机组的电源信息进行监测。

（4）检查 UPS A 段和 UPS B 段除 DCS 外的其他负载是否会对 UPS 电源造成波动和影响。

第五节　检修维护不当引起电源故障案例分析

在检修维护工作中，措施不当或人为因素均可能引起电源系统故障影响机组运行。其中典型的因素包括：①电源线未环路连接，回路中某一连接点接触不良，将引起回路中局部设备失电而误发信号，引起机组运行异常；②单路电源模件故障未组态报警，当一路电源模件故障时未能及时向运行人员发出报警信号，通知热工人员及时处理，运行一段时间当另一路电源模件故障时，将引起对应控制子系统运行失常，例如，某电厂给水系统失电引起 MFT 机组跳闸，检查二路电源模件均故障，进一步检查，发现另有一控制子系统的一路电源模件也已故障；③未能做好防雨措施，雨水侵入现场控制柜或箱，引起电源空气断路器因雨水短路分闸，对应执行机构失去控制，导致机组非计划停运；④机组检修时未按规程要求，进行控制系统电源测试并记录存档，不利电源故障的预控。例如，某电厂机组检修中，根据监督要求，进行控制系统电源测试记录，结果发现 48V 电源已下降至系统工作的低限，检查出厂测试记录、设备到现场后的复原试验记录、以前机组检修的测试记录，均没有电源电压测试记录内容，使得该电源电压从何时开始下降无从分析。

【案例 38】火焰检测电源线负极接线接触不良，火焰放大器失电引起机组跳闸

【事件过程】 3 月 10 日 19：25，某电厂 1 号机组 299MW 负荷运行，A、B 层给粉机突然跳闸，锅炉燃烧不稳，紧急投油未能成功，炉膛负压剧烈变化，锅炉燃烧恶化，蒸汽压力由 15.4MPa 变化到 12.9MPa，汽包水位失控，于 19：27：36，MFT 保护动作停炉，首出故障信号显示“汽包水位高”。经处理后，机组于 22：39 并网恢复运行。

【原因分析】 事件后，检查火焰检测控制柜，交流供电正常，但火焰放大器供电直流 24V 电源 1A、1B、2A、2B、3A、3B、4A、4B、5A 无输出，使得油 AA 层、AB 层，煤 A 层、B 层火焰放大器因失电而发无火信号，引起 A 层、B 层给粉机相继跳闸，且油枪投运不成功，锅炉 MFT。而火焰放大器直流 24V 供电电源 1A、1B、2A、2B、3A、3B、4A、4B、5A 无输出的原因，是直流电源负极接线插头，因制造厂使用线径较细（直径 0.5mm），在压接中未能将两根线同时压紧，使一根线接触不良发热烧断，导致直流 24V 负极开路。

【防范措施】执行反事故措施，检查 2 号炉火焰放大器直流 24V 供电电源，直流电源负极线截面积为 $1.5mm^2$。火焰检测控制柜电源设计不合理，直流 24V 电源负极内部配线从 1A、1B、2A、2B、3A、3B、4A、4B、5A、5B、6A、6B 以串联形式共用一根负极，由 6B 处引至端子，后整改为环路连接。

【案例 39】电源空气断路器因雨水短路分闸触发锅炉 MFT

【事件过程】7 月 22 日 18：15 左右，由于受到暴风雨和强雷电的袭击，18：28：47，2 号机组 DCS 控制器故障报警，发现 DCS 的 CRT 上有许多执行机构的位置反馈显示有故障报警，同时 2 号机组除循环水泵房外的所有电动阀、电动调节汽门无法操作（包括给水泵勺管执行机构、送、引风机液力偶合器执行机构、二次小风门、总风门等）。当时 2 号机组负荷 70MW，运行人员使 2 号机组尽量保持在原来运行工况下稳定运行。热工人员接到运行通知后，对控制器进行检查均正常，后对执行机构供电柜 P5 进行检查，发现总空气断路器上端子有电，而下端子没有电供出，立即检查 2 号机炉电子室内 P3/P4/P5 柜，未发现异常。18：53 左右，电气检修人员检查后合闸空气断路器，系统未发现异常，执行机构供电恢复。18：56：47，2 号炉“炉闭环”画面上的炉膛负压持续往低的方向变化，立即撤引风自动，并关小 21、22 号引风机液力偶合器勺管开度，但是炉膛负压还是持续变低，炉膛负压至－1205Pa（最低至－3600Pa），18：58，2 号炉 MFT 保护动作，首出原因“炉膛压力低”。在恢复过程中 21 号给水泵因工作油进口温度高于 130℃，21 号给水泵跳闸，22 号给水泵自启，19：11 左右 MFT 信号复归。经过检查、吹扫后运行人员逐步恢复机组运行，20：13 左右负荷恢复至 80MW。

【原因分析】由于雨水侵入 P6 柜控制箱，造成 K1/K10/K11 三个交流空气断路器上下桩头短路，使 P5 总空气断路器动作，电子室内 P3/P4/P5 柜电源中断，执行机构不能操作。恢复送电后由于引风调节仍处于自动状态，引风机执行机构动作后，使 2 号炉炉膛负压至－1205Pa（最低至－3600Pa），锅炉 MFT，其中：

（1）P5 电源空气断路器跳闸原因分析：电气 380V 一路进线至 P5 空气断路器，P5 再分线给 P3、P4、P6 供电，检查 P6 柜，发现 P6 柜内 K1/K10/K11 三个交流空气断路器上下桩头均有短路痕迹，其中下桩头较严重些，进一步检查发现此柜顶部有部分小孔和灯具安装，在暴雨期间雨水顺着灯具落到交流空气断路器上引发短路，引发总进线空气断路器跳闸。

（2）MFT 原因分析：18：25 左右，机组负荷 70MW，送风机调节处于手动，执行机构开度 23%，引风机调节处于自动，21 号引风机执行机构开度 25.7%，22 号引风机执行机构开度 23.5%，负压在设定值附近波动，18：28：47，P5 电源柜空气断路器跳闸，执行机构失去电源后 CRT 不能操作。但引风机调节仍处于自动状态，至 18：56 左右，炉膛负压上升至 80Pa，调节器仍起作用，输出增大，但执行机构由于没有电源，故负压仍增大，调节器输出增大至 45%，在此过程中引风机自动调节仍处于自动状态，当电气合上空气断路器，执行机构电源恢复，执行机构断电前的位置在 23%左右，而指令为 45%，执行机构立即自动开大至 45%，而送风机在断电前处于手动位置，送电后执行机构没有发生变化，炉膛压力马上下降到－1205Pa（最低至－3690Pa），18：56：47，锅炉 MFT 动作，首出原因为炉膛负压低。在送电的同时，由于很多执行机构（如二次总风门、二次小风门等）在断电时的输出指令跟踪位置反馈，输出指令为0，当执行机构得电时，位置反馈立即恢复至原来的开度，而此时输出指令为0，执行机构马上关至0，其中有部分对炉膛负压有较大的影响，如二次总风门和二次小风门等。

（3）21号给水泵跳闸原因分析：当执行机构送电时，21号给水泵循环水冷却调节汽门马上关闭，造成给水泵工作油冷却水断水，引起工作油冷油器前温度超过130℃，21号给水泵跳闸，22号给水泵自启。

（4）二次总风门和二次小风门自动关闭原因分析：执行机构在断电前处于某一开度，当执行机构突然失电时，位置反馈突降至0，DCS系统CRT上执行机构操作面板上会出现强动，当出现强动时，执行机构操作面板上输出会跟踪位置反馈，此时执行机构输出指令为0，防止操作机构误动，当执行机构送电时，执行机构位置反馈由0立即恢复到断电前的指示，此时DCS系统CRT执行机构操作面板上输出指令也应立即跟踪位置反馈，防止执行机构误动，但实际上DCS系统上输出指令并没有跟踪反馈，而为送电前的输出指令0，导致部分执行机构关闭，已联系科远公司要求完善DCS系统上的组态。

【防范措施】

（1）对恶劣天气引起足够的重视，热工人员应对户外设备，特别是执行机构的防雨罩进行牢固固定。电气专业人员对全厂内控制柜的孔洞进行检查，对此次大风吹掉的防雨罩进行修补和加装。

（2）对类似的执行机构，断电后检查正常再次送电应引起足够的重视，送电前应慎重，尽可能地保持工况稳定，例如，自动调节回路自动不能切至手动时，运行人员应立即通过操作画面对调节回路切至手动，对重要的非自动用的执行机构应打至就地操作，确认后再进行送电。运行部在月底前完成对运行人员的指导工作。

（3）对DCS中组态进行确认，重要自动回路的执行机构的手、自动切换逻辑进行完善，当位置反馈回路出现故障时或调节器输出和位置反馈偏差大时调节回路应立即切至手动。对带有软伺服放大器的执行机构，如何在执行机构失电和送电时防止误动，尽快与科远公司联系，如何进行组态完善，以便在机组停役时进行逻辑修改，在2号机组大修中完成逻辑修改。

（4）对短路点P6柜内K1/K10/K11三个交流空气断路器进行更换，同时对漏水处进行封堵。

（5）21、22号给水泵循环冷却水调节汽门在运行时一般处于全开状态，不做操作，而且1号机组也没有上述两只调节门，讨论后决定对21、22号给水泵循环冷却水调节汽门的控制电源切除，作为手动门处理，出联系单至运行。

（6）P6定排电源柜与热工电源分隔，同时优化热工电源配置，在2号机组大修中完成。

【案例40】事件过程循环水泵液压控制蝶阀失电导致两台机组真空低跳闸

【事件过程】某电厂2、3号循环水泵在运行中，出口蓄能液压控制蝶阀24V控制电源突然失去电源，造成出口蝶阀关闭，循环水压力由0.18MPa跌至0.09MPa，两台机组分别因跌真空而跳闸。

【原因分析】全厂机组循环水系统为母管制，正常工况下循环水泵两运一备。循环水泵动力电源为6kV厂用电系统。循环水泵出水门为蓄能式液压控制控蝶阀，蝶阀启闭由电磁阀控制，通电开阀，断电关阀。

循环水泵蓄能式液压控制蝶阀就地控制箱的电源均取自循环水泵系统配电屏，循环水泵系统配电屏的电源分别引自400VⅠ段和440VⅡ段（正常情况一段工作、一段备用，两段母线间设有双电源自动切换开关），机组跳闸前循环水泵系统配电屏的电源在400VⅡ段。

18：02：56，运行启动循环水泵坑排水潜水泵（电源来自循环水泵配电屏），就地控制箱（户外露天布置）因防水不良存在渗漏，发生短路跳闸。18：03，2号炉运行中投运石灰石风机辅机（75kW）。因循环水泵整体布置为户外式，循环水泵出水门蓄能式液压控制蝶阀电源控制箱外部工作环境相对较为恶劣，当日环境因下雨而非常潮湿，循环水泵出口蝶阀电源模块可能存在一定程度的绝缘性能下降，当400V厂用电受辅机启动电流及短路电流影响出现短暂电压、电流波动期间，上述2、3号循环水泵24V电源模块发生故障，导致上述两块电源模块上的熔丝1PU熔断，24V控制电源失电，2、3号循环水泵出口蝶阀因失去控制电源而关闭，循环水母管压力跌至0.09MPa，1、2号机低真空保护动作跳闸。

【防范措施】

（1）现场检查发现，2、3号循环水泵蓄能式液压控制蝶阀就地交流控制箱内交流电源熔丝均熔断，用万用表测得两台控制箱内的交流电源模块电源输入端绝缘仅为300kΩ，绝缘性能明显降低。

（2）拆除就地控制交流电源模块进行实验室通电试验，通电后试验用空气断路器立即跳闸，确认2块模块均已损坏。

（3）将2、3号循环水泵蓄能式液压控制蝶阀就地控制箱拉电，分别更换2、3号循环水泵蓄能式液压控制蝶阀就地控制箱内交流控制电源模块，2、3号循环水泵出口液压控制逆止门控制电源正常。

（4）蓄能式液压控制蝶阀开信号失去设报警，增加母管压力低联锁条件。

（5）完善3台循环水泵出水门蓄能式液压控制蝶阀电源，增加防潮防水措施。

（6）对3台循环水泵蓄能式液压控制蝶阀就地控制箱电源模块进行更换，对就地控制箱工作条件考虑进一步整改完善。

【案例41】给水泵汽轮机润滑油泵电动机线圈接地，电源开关越级跳闸，导致“全燃料失去”动作MFT

【事件过程】某机组分部试转阶段，突然A、B、C三台磨煤机跳闸，触发RB保护动作。接着所有给煤机的出口闸板门开反馈信号因失电而消失，延时5s后跳给煤机，所有给煤机未运行导致“全燃料失去”动作MFT。

【原因分析】经检查，事件起源于2号机组给水泵汽轮机A润滑油泵电动机线圈接地，但A润滑油泵电源开关未及时跳闸，导致400V保安段A段进线开关跳闸，联锁合闸备用进线电源因接地故障未消除而未能合上，保安段A段失电，作为保安段用户的A、B、C磨煤机的润滑油泵因失电跳闸，连跳A、B、C三台磨煤机，触发RB保护动作。同时，因热控电源柜的锅炉侧380V电源的两路进线［锅炉配电（PC）段和保安段A段］只送了一路保安段电源，故在此路电源失电后锅炉侧380V电源失电，所有给煤机的出口闸板门开反馈信号因失电而消失，延时5s后跳给煤机，所有给煤机未运行导致“全燃料失去”动作MFT。根据对上述事件的检查分析，认为事件的主要原因是：

（1）电源开关级间定值设置不满足运行要求（给水泵汽轮机A润滑油泵电源开关保护定值设定偏高、热继电器灵敏度不够），给水泵汽轮机A润滑油泵电源开关在电动机线圈接地后未及时跳闸，使得保安段A段总进线开关先于给水泵汽轮机A润滑油泵电源分开关跳闸，造成保安段A段失电。

（2）本该送电的锅炉PC电源运行人员未送电，导致热控电源柜只有一路电源工作。

（3）给煤机出口闸板门的开反馈信号在电动头失电后失去，由此导致了机组MFT。

【防范措施】

（1）电气专业人员进一步查明电源开关越级跳闸原因，确认电源开关保护定值的合理性。

（2）电动执行机构送DCS系统的反馈由扩展继电器产生，在失电后无法保持的问题，要求厂家尽可能解决。

（3）检查其他机组的设备情况，消除隐患，防止同类故障再次发生。

【案例42】试验时开关拉弧造成保安ⅢB段电源电压下跌，汽包水位低导致锅炉MFT

【事件过程】某电厂3号机组在270MW负荷运行，12：59左右电气专业人员做真空泵倒换试验，由于B真空泵开关小车推入时发生拉弧现象，造成保安ⅢB段电源电压下跌，引起部分辅机跳闸及部分控制设备瞬间失电。13：03：37，A、B给水泵汽轮机跳闸，13：03：39，电动给水泵自启动成功，但RB信号未发出，机组未能自动减负荷。由于锅炉供水量不足，锅炉汽包水位持续下降。13：04：45，汽包水位低低报警，13：04：50，汽包水位低保护动作，锅炉MFT，汽轮机和发电机随后跳闸。故障发生时，保安ⅢB段电源低电压造成DCS系统1、3、4号CRT出现黑屏，四台通信设备（DBM）失电，工程师站瞬间失去和CCS、BMS、SCS、DAS系统DBM A网的通信。

【原因分析】由于保安ⅢB段电源低电压，造成“前置泵进口阀门打开”状态继电器误动作引起前置泵跳闸。B给水泵汽轮机安全油泄油不畅、给水泵汽轮机跳闸状态未反馈给DCS，导致RB逻辑误判断，最终水位低MFT动作。分析时发现SOE部分数据无记录，某些记录时间存在差错，热工人员对SOE顺序记录系统的时间分辨率及DCS各控制器的时钟同步性能进行了测试。

【防范措施】

（1）检查DCS电源系统，确保正常运行时控制机柜与操作员站系统为UPS电源供电。

（2）检查更换“前置泵进口阀门打开”状态继电器，检查排除给水泵汽轮机安全油系统故障，联调更正SOE系统错误。

第六节 电源系统故障预防与控制

一、电源系统隐患排查与控制

DCS系统失电故障的预防和处理，关系着火力发电机组的安全可靠运行。若有不慎，很可能引发辅机甚至主设备损坏事故。我们通过对多台新、老火力发电机组现状的广泛调查和分析研究发现，目前大多数火力发电机组均存在或多或少的安全隐患，而通过一系列技术改进措施，以及制定可靠的反事故措施，是能够消除这些隐患，从而更可靠地保障机组安全的。通过对火力发电机组DCS系统失电故障预防、处理及安全保证措施的调查和研究，主要从DCS及其他主要控制系统的供电原理和自身电源结构、预防DCS系统失电的技术和管理措施，以及DCS系统失去电源情况下如何保证机组及设备安全等方面进行排查梳理。

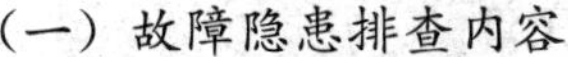

（一）故障隐患排查内容

（1）检查UPS系统设计的供电原理图，确认UPS系统的工作电源、直流电源、旁路电源的来源和切换情况。

（2）检查机组DCS系统总电源柜的供电原理图，确认当一路电源失去时，另一路的切换原理，并进行切换时间测试。

（3）检查机组DCS系统主控模件柜、I/O端子柜的供电原理图，评价其供电可靠性及其对设备正常运行的影响程度，确认接地系统对各机柜交、直流供电系统的影响。

（4）重点了解FSSS系统MFT继电器板和ETS系统的供电方式，确认在其电源失去或主控模件（含PLC）失效（初始化或重启）时，继电器输出触点的状态。

（5）调查DEH、MEH系统在电源失去时，主汽门及各调节汽门伺服阀的输出状态，确认在系统电源失去时这些重要阀门是否能全关。

（6）调查TSI、火焰检测系统在电源失去时，送往DEH、ETS、FSSS系统的保护接点的状态，并根据设计和运行要求，确认其正确性。

（7）了解操作台上停机、停炉、停给水泵汽轮机、启润滑油泵等按钮的配置情况，并分析当DCS全部失电时，是否能够保证机、炉等安全停运的需求。

（8）整理出重要外部阀门和设备在控制电源失去后的状态清单，并分析对机组安全有何影响，重点是各抽汽电动门、抽汽逆止门、带保位功能的调节汽门、锅炉燃油系统、一次风系统、制粉系统等。

（9）了解DCS系统和其他保护系统的电源监视、报警系统的原理图，要求当部分电源或全部电源失去时，光字牌系统能立即报警，且光字牌的电源应独立于DCS系统之外。

（10）组织电厂相关专业人员按照有关规程和反事故措施的要求，分析现有的技术措施能否在DCS系统失去一路电源时，满足机组正常运行的要求；当DCS系统全部电源短暂失去（小于1s）或长时间失去时，在DCS系统的主控模件重启或DCS失灵，通信网络中断，运行人员无法通过操作员站对机组进行控制的情况下，能否保证机组安全停机的要求。

（二）主要共性隐患问题

通过调查发现，各火力发电厂的DCS电源系统由于基建设计和理解上的差异，还存在一些共性的问题：

（1）DCS的电源配置不合理，部分机组采用单个UPS提供两路电源的方式供电（只要是共用一根出口馈线就应认为是单个UPS），还有部分老机组采用两台机组UPS互为备用供电的方式，当一台机组UPS检修时，就只有单路电源了。

（2）抽汽逆止门、燃油跳闸阀等设备采用双线圈控制电磁阀，使得一旦系统失电，汽轮机就存在超速危险，锅炉也不能完全切除燃料；个别新投产的机组，磨煤机油泵、空气预热器控制采用长信号控制，DCS失电后，油泵、空气预热器会停止运行，可能损坏重要辅机。

（3）独立配置的汽轮机跳闸系统采用得电动作设计，又没有采用可靠的电源（如直流电源）和电源回路结构，当控制系统失电时，手动按钮没有作用，只能到就地打闸停机。

（4）不满足《防止电力安全生产事故的二十五项重点要求》中“操作员站及少数重要操作按钮的配置应能满足机组各种工况下的操作要求，特别是紧急故障处理的要求”的规定，紧急故障情况的处理手段不完备，有的甚至还没有配置MFT硬跳闸板。

（5）DCS及主要控制、保护系统的电源监视、报警系统不完善。

（三）电源系统故障预防与控制

通过对隐患梳理结构的分析和思考，从预防和控制DCS系统失电故障的角度提出以下建议：

（1）UPS电源的工作电源、旁路电源、直流电源均应有失电报警，且各电源电压应进入故障录波装置和DCS系统以供监视；DCS系统应由一路UPS、一路保安电源进行供电，或两路相互独立的UPS电源进行供电。这两路供电电源应分别从机、炉工作段取；ETS、TSI、火焰检测等系统应该采用和DCS一样的电源结构；电气专业人员应对UPS电源定期进行切换试验，工作电源和备用电源的切换时间应小于5ms。

（2）DCS系统内部的电源配置，应采用以下两种方式：一种方式是2N方式，即每个模件柜有二（四）个电源模件，一半电源模件由主电源供电，一半电源模件由副电源供电。一半电源模件就可以满足系统需要。电源模件输出的直流电源并在一起，作为I/O模件、主控制器和现场设备工作电源；另一种方式是两路交流进线电源互为切换备用，切换后的两路电源分别提供给一半的电源模件（均冗余配置）使用。这样，即使电源切换不成功，也至少有一半电源模件能够正常工作，以维持机组正常运行。部分老DCS系统电源不能互为切换备用，一路电源丧失时，一半的电源模件停止工作，这种电源方式极不安全，必须改造。火焰检测装置、TSI装置及热工仪表电源柜等均应由两路不同来源的交流电源供电（可与DCS机柜电源来源相同），或采用经过切换后的电源。各操作员站和工程师站应采用两路切换后的电源，或者将两路供电电源、切换后的电源分别向不同的操作员站供电，以保证一路电源丧失时，至少有一台操作员站可用。DI模件的查询电压建议为+48V DC，以增加信号的抗干扰能力。此外，还应该对DCS及ETS、TSI、火焰检测等的任意一路电源状况进行监视；如果有条件还可设计DCS电源电压超限、两路电源偏差大、风扇故障以及隔离变压器超温等报警信号，以便及时发现DCS电源系统早期故障。

（3）操作台按钮应各配置两个手动停炉和停机按钮，每个按钮提供多对动合（断）触点，两两串（并）联输出，即只有两个按钮同时按下，手动停炉停机指令才会发出。其中部分触点作为DI信号进入FSSS/ETS系统组态以触发停炉/停机的“软”信号，部分触点串入MFT硬跳闸板/ AST跳闸电磁阀的控制回路中以实现“硬”停机。给水泵汽轮机手动停机按钮和交/直流润滑油泵的启动按钮都是必要的：给水泵汽轮机的手动停机信号，可以采用一路进DCS参与逻辑运算，一路串在跳闸电磁阀的控制回路中，以保证丧失电源也能够可靠停机；交、直流润滑油泵的启动按钮，应直接接到油泵电气的启动回路中，同时润滑油压力低的信号也应串在电气启动回路。这样一旦发生DCS失电停机，润滑油泵在没有DCS控制的情况下也能够自动启动，以保证汽轮机的安全。

（4）对于采用DCS逻辑做MFT保护的机组，应配置独立的MFT硬跳闸板。硬跳闸板可以采用得电动作和失电动作设计，如果设计成得电动作，应使用由两路不同电源构成的并联回路，任意回路动作都应停炉。电源建议使用一路交流220V AC，一路直流110V DC，两路电源都应有失电报警信号；如果设计成失电动作，则不应使用两路交流电源（交流电源切换时可能造成短暂失电），可使用FSSS公用机柜本身提供的直流电源。硬跳闸板的输出信号应不通过DCS系统，直接接入就地设备的跳闸回路。ETS系统建议采用失电动作设计。危急遮断系统无论是和ETS系统一体化布置，还是和DEH系统一体化布置，均应将手动停机触点在危急遮断回路中与逻辑发出的“软”跳闸信号并联。

(5) 抽汽逆止门、本体疏水门、燃油跳闸阀等其他相关设备，建议从热工仪表电源柜中取电，并采用单线圈电磁阀失电动作的设计，最好配有空气引导阀。这样当DCS系统失电引起汽轮机跳闸后，抽汽逆止门和本体疏水气动门的压缩空气将被切断，抽汽逆止门能够关闭，本体疏水气动门能够打开，机组能够安全停机。目前大多机组在本体疏水气动门后还串联了一个电动门，若该电动门在失电时不能改变状态，则根据汽轮机防进水保护的要求，在机组正常运行中该电动门必须打开。受DCS控制且在停机停炉后不应马上停运的设备，例如，空气预热器、电动机、重要辅机的油泵、火焰检测冷却风机等，必须采用脉冲信号控制。否则当DCS失电引起停机停炉后，这些设备就可能停运，从而可能损坏重要辅机甚至主设备。

(6) 针对性制定DCS系统失电故障的反事故措施。由于机组设备的复杂性，DCS系统失电的故障情况有多种，有些可能是部分失去，有些只是短暂失去（小于1s），有些可能长时间失去甚至全厂失电。紧急故障情况的处理不仅需要各种技术措施提供保障，更需要运行人员根据情况灵活处理。为防止DCS失电故障处理不当而扩大事故，需要制定可靠的DCS系统失电故障的反事故措施，并经常预演和不断完善，避免出现事故时惊慌失措，造成不必要的损失。

二、电源系统可靠性维护

(一) UPS电源系统的日常检查与维护

UPS电源在正常使用情况下，主机的维护工作很少，主要是防尘和定期除尘。特别是气候干燥、空气中的灰粒相对较多的区域，机内的风扇会将灰尘带入机内沉积，当遇空气潮湿时会引起主机控制紊乱造成主机工作失常，并发生不准确报警，大量灰尘也会造成器件散热不好和风扇过载报警。在机组检修或停机时，应进行清灰，同时检查各连接件和插接件有无松动和接触不牢的情况。

储能电池组目前多数都采用厂用直流电源代替，这部分维护工作量不属于热工。对于未使用厂用直流电源的UPS，储能电池组目前都采用免维护电池，但其区别只是免除了以往的测比、配比、定时添加蒸馏水的工作。外部工作状态对电池的影响并没有改变，这部分的维护检修工作仍非常重要，UPS电源系统的大量维护检修工作主要在电池部分，尤其是储能电池外置的UPS电源，例如，辅控网服务器UPS电源、SIS服务器UPS电源。该部分维护工作需要注意：

(1) 储能电池的工作全部是在浮充状态，在这种情况下至少应每年进行一次放电。放电前应先对电池组进行均衡充电，以达全组电池的均衡。要清楚放电前电池组已存在的落后电池。放电过程中如果有一只达到放电终止电压时，应停止放电，继续放电先消除落后电池后再放。

(2) 核对性放电，不是首先追求放出容量的百分之多少，而是要关注发现和处理落后电池，对落后电池处理后再做核对性放电实验。这样可防止事故，以免放电中落后电池恶化为反极电池。

(3) 平时每组电池至少应有2只电池作标示电池，作为了解全电池组工作情况的参考，对标示电池应定期测量并做好记录。

一般电厂除主控UPS外，还有辅控网包含出灰、除灰、输煤、化水、除尘等多个子控制系统，其UPS数目众多、地域分散，如果分别对每个系统的UPS电源进行细致的管理是一件有难度的工作。因此除在选型时尽可能使UPS电源品牌统一外，应利用其串口通信功能，将辅控网每一个就地子系统的UPS电源通过串行口连接到就地辅控网监控控制系统，通过UPS电源远程监控软件组成辅控网UPS远程实时监控报警网络，对整个辅控网内的所有UPS电源进行监控。

（二）电源系统规范化检修

(1) 分散控制系统在第一次上电前，应对两路冗余电源电压进行检查，保证电压在允许范围之内。电源为浮空式的还应检查两路电源其零线与零线、火线与火线间静电电压不应大于70V，否则在电源切换过程中易对网络交换设备、控制器等造成损坏。

(2) 机组检修中，检查确认本节的（一）满足规定要求并正常投入运行，否则通过检修整改，使之符合。

(3) 热控系统交、直流柜和DCS电源的切换试验，各电源开关和熔断器的额定电流、熔断器熔断电流和型号（应速断型）与已核准发布的清册的一致性，DI通道熔断器的完好性，电源上、下级熔断器容比配置的合理性，电源回路间公用线的连通性，所有接线螺栓的紧固性，动力电缆的温度和各级电源电压测量值的正确性检查和确认工作，应列入新建机组安装和运行机组检修计划及验收内容，并建立专用检查、试验记录档案。

(4) 检查电源系统的接地连接符合设计要求。确认所有和热控系统有关的电源，无取自可能产生谐波污染的检修段电源。

(5) DCS内部供电的输入信号装设隔离器时宜采用无源隔离器，否则隔离器电源应与该输入信号的仪表电源合用；输出信号装设隔离器时隔离器电源应冗余供电；当采用外供电源时，应采用冗余配置等措施，确保其安全等级水平与相应I/O信号重要性匹配。

(6) 各电源开关（包括UPS输出侧电源分配盘电源开关）、熔断器和熔丝座应无破裂缺损，开关扳动灵活无卡涩，无发热异常和放电烧焦痕迹；检查断、合阻值应符合要求。更换损坏的熔丝前，应查明熔丝损坏原因；检查各电源开关和熔断器的额定电流、熔丝的熔断电流以及上、下级间熔丝容量的配置（通常上一级应比下一级大两级或以上），应符合使用设备及系统的要求；标明容量与用途的标志应正确、清晰。

(7) 线路和端子应完整无破损，连接处应安全可靠，导线或电缆外皮完好，无过热烧焦痕迹。用500V兆欧表测量电源系统对地绝缘，绝缘电阻应大于20MΩ。

(8) 验证失电会导致机组严重故障的机柜电源，其冗余配置的供电系统及电源自动投入装置工作正常，备用电源的切换自动投入时间满足规定要求；检查互为备用的两路交流220V总电源应属于同一相（一般为A相），任一路总电源消失，相关控制盘声光报警信号应显示。

(9) 试验UPS、计算机控制系统及重要控制系统，或其他独立于计算机控制系统的装置的电源监视回路时，故障声光报警应正常。检查计算机控制系统与UPS电源及备用UPS电源间的通信正常；启动UPS电源自检功能，其自检报告应无异常信息。

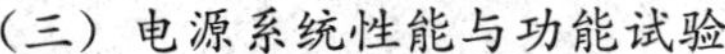

（三）电源系统性能与功能试验

机组C级检修时，应进行UPS电源切换试验，机组A级检修时，应进行全部电源系统切换试验。试验中应通过录波器记录，确认工作电源及备用电源的切换时间和直流供电维持时间满足要求。

(1) 进线电源试验：①检查供电电源过电流保护、过电压保护、防浪涌保护、电源超温保护、输入和输出电压监视功能，均正常投运；②在UPS进线电源中串入交流0～250V调压器后合上电源，调整调压器电源至190V、220V和250V（视UPS手册而定），测量UPS输出电压，应在交流220V（1±5%）；③在DCS机柜一路进线电源中串入0～250V调压器（断开另一路进线电源），调整调压器电源输出电压，逐渐变化到电源模块规定的上下限值，观察电源模块的输出电压和状态指示符合设计、系统的正常运行应无影响，故障诊断显示与报警正确；④切断/恢复任意一路控制系统供电电源，观察系统的正常运行应无影响，报警显示与记录可靠，录波器曲线上电压波动与过程持续时间应符合设计要求。

(2) 系统供电冗余切换试验：①试验电路接入录波器；②断开工作电源开关，备用电源自动投入装置应迅速动作；闭合工作电源开关，UPS应迅速切回工作电源工作；切换过程中控制系统设备运行应无任何异常；相应的声光报警、故障诊断显示及打印信息应正常；③通过录波器进行观察，其切换时间应满足设计要求（一般常带电型热工保护系统和计算机控制系统，其UPS电源系统的切换时间应不大于5ms；未采用UPS供电的检测、调节、控制、报警系统，其电源系统的切换时间应不大于200ms)。

(3) 备用电源切投时间试验：①将录波器连接被测电源的输出端；②确认UPS电源电池充电灯灭，调节调压器的输出电压等于切换电压时（或切断UPS外部供电电源)，UPS应迅速切至电池供电，测量UPS输出电压应在交流220V（1±5%）；保持UPS由电池供电，直至计算机系统自动执行关机程序，最后应正确关机；③检查UPS电池供电备用时间，应不小于制造厂说明书规定的备用时间（一般应保证连续供电30min)；恢复UPS外部供电，UPS应由电池供电自动切至外部电源供电；④观察切换过程，相应的声光报警、故障诊断显示及打印信息应正确，计算机控制系统及设备的运行应无任何异常；⑤通过录波器记录曲线确认UPS电源切换时间应小于5ms。

(4) UPS与计算机通信检查：①从计算机中启动UPS电源测试程序，检查UPS和计算机的通信应正常，启动UPS的自检功能，检查计算机中的UPS自检报告，应正常、无出错信息；②切断UPS外部供电电源，UPS切至电池供电，或在计算机尚未关机之前，重新合上UPS外部供电电源，计算机均应有相应的报警信息。

（四）规范运行维护管理

(1) 热工电源（包括机柜内检修电源）必须保证专用，严禁非DCS用电设备与DCS电源相连接。

(2) 各电源开关与熔断器，标明容量与用途的标志正确、清晰。

(3) 电源系统监视画面、各电源模件状态应显示正常。抽查测量部分电压应符合要求。查看UPS、计算机控制系统及重要控制系统的电源监视回路应无异常报警。

(4) 电源系统配置图、各电源开关、熔断器和熔丝额定电流清册齐全、数据正确。

(5) 电源故障记录、有切换曲线的各供电电源性能试验记录齐全且可溯源2个周期以上。

（6）新建机组或机组检修中，电源熔断器容量的正确性，I/O通道熔断器的完好性，电源上、下级熔丝额定电流比合理性检查记录和各路电源测量记录齐全。

三、典型机组电源配置改进与优化

某电厂分二期建设，一期工程2台国产引进型300MW机组，二期工程4台600MW机组。一期工程由于运行时间较长，当时DCS控制系统还没有广泛应用，一些设计的理念、具体的电源设计不太科学，致使机组在运行过程中发生过多次机组跳闸，其中就DCS系统由于控制电源失电就发生过2次。二期工程热控电源在设计和调试过程中也发现很多问题，由于得到了及时改进，4台机组在调试和运行过程中未发生由于热控电源问题而引起机组跳闸的现象。

（一）300MW机组热控电源存在的问题和改进

电厂一期热控供电电源，主要由交流220V AC和直流110V DC，同时分别从热控UPS和直流110V DC热控配电柜上引出一副接点作为表征热控电源失去，并送MFT。

热控交流220V AC主要由UPS供电、保安段A、B和检修段供电。一期每台机组配置一台UPS，热控重要的用户均由UPS供电，例如，DCS系统、ETS系统、DEH、火焰检测、TSI等重要用户；保安段送2路电源到热控配电柜，供次一级热控设备的电源，例如，吹灰程控控制电源、发电机氢油水工况柜、定子水导电仪接线盒、燃油系统控制电源、磨煤机控制系统等电源；热控检修段电源柜的供电对象是保温柜伴热带及显示仪表的电源。

一期部分热控设备采用110V DC供电，例如，燃油快关阀、磨煤机A～E出口阀、N63汽轮机保护柜。得电正常工作，失电后发电机断水保护拒动，主机遥控跳闸拒动（MFT、高压缸排汽温度高、DEH失电、发电机跳闸、主机振动高高、高压旁路或低压旁路未关且DEH在手动、高压旁路或低压旁路未关且透平压比低、高压旁路或低压旁路未关且冷端再热器变送器故障）；汽轮机OPC103%超速保护等均采用110V DC控制，110V DC设计有失去触发MFT保护。

一期热控电源设计上未实现系统整体冗余供电，由于整台机组设计一台UPS电源，热控重要用户的电源均从UPS取，如DCS系统3路电源、DEH、ETS等，虽然有2路或3路供电，但1台UPS电源实际上就是不冗余的，如果发生UPS故障就会造成机组控制系统失电，一期机组在调试和运行过程中曾发生过由于UPS发生故障引起机组跳闸。在一期MFT保护中专门设置220V AC电源失去MFT保护。

针对直流110V系统和UPS供电系统的现状，我们进行系统性的评估，电源系统目前存在的问题提出改进措施。

（1）直流110V系统问题评估。直流110V系统MFT的信号取至热控直流配电屏N72，N72电源取至电气直流110V母线A段或B段（手动开关切换），即只要N72电源柜失电机组就会失去电源MFT；N72电源柜负载情况如下：

1）燃油快关阀。得电开，失电关。发生第一种情况后，不触发MFT动作，则在投粉情况下，燃油快关阀的失电对机组的正常运行没有任何影响，但不允许长时间失去燃油系统备用。在投油情况下，燃油快关阀的失电会触发“主燃料失去”MFT动作和“热工控制电源失去”MFT动作重复。

2）磨煤机 A～E 出口阀。得电正常工作，失电后磨煤机 A～E 出口阀拒动。发生第一种情况后，不触发 MFT 动作则对磨煤机的正常运行没有任何影响，但不允许长时间失电。反之，若触发 MFT 动作，磨煤机 A～E 出口阀拒动，反而不能快速切断燃料。

3）N63 汽轮机保护柜。得电正常工作，失电后发电机断水保护拒动，主机遥控跳闸拒动（MFT、高压缸排汽温度高、DEH 失电、发电机跳闸、主机振动高高、高压旁路或低压旁路未关且 DEH 在手动、高压旁路或低压旁路未关且透平压比低、高压旁路或低压旁路未关且冷端再热器变送器故障）。由于 ETS 的保护存在，允许 N63 汽轮机保护柜瞬间失去备用（如几秒钟），但不允许长时间失电。

4）汽轮机 B 接线盒得电正常工作，失电后 OPC103%超速保护拒动。由于还有其他超速保护的存在，允许汽轮机 B 接线盒瞬间失去备用，但不允许长时间失电。

5）发电机氢油水工况柜。得电正常工作，失电后发电机氢油水系统监测无。由于是监视参数，故允许短时间失电，但不允许长时间失电。

6）发电机密封油柜。得电正常工作，失电后发电机密封油系统监测无。由于是监视参数，故允许短时间失电，但不允许长时间失电。

7）发电机定冷水柜。得电正常工作，失电后定冷水系统监测无。由于是监视参数，故允许短时间失电，但不允许长时间失电。

另外，直流 110V 母线的电气负载主要有：①发电机-变压器组保护直流电源；②高压厂用变压器 B 保护装置；③WKKL-1B 调节器 B 柜直流电源；④主变压器冷却器控制电源；⑤380V 保安段开关直流电源；⑥主变压器 220kV 开关控制电源；⑦逆功率保护装置电源；⑧6kV 快切装置电源；⑨6kV 母线下的电动机和变压器电源开关保护电源。如果发生直流 110V 母线失电时，电气一次设备故障，将造成该保护装置拒动，无法切除设备故障点，引起设备的损坏和保护越级跳闸的严重后果。因为发电机-变压器组集成保护装置没有失电闭锁回路，还存在着拉、合直流电源可能引起保护误动作。因此，在发生直流 110V 母线失电时是不允许设备在工作状态（对于 6kV 和 380V 电源开关保护可以瞬时失电）的。

综上所述，热控直流 110V 系统无备用，当接入到热控 N72 柜的 A 段或 B 段直流电源故障时机组将 MFT，电源的可靠性不高。

（2）UPS 供电系统问题评估。UPS 失电 MFT 信号取至热控配电屏 N71 中的三路 UPS，N71 由电气三路 UPS 供电，每路带不同用户，热控主要用户有：

1）N51 给水泵汽轮机 B 保护柜。得电正常工作，失电后给水泵汽轮机 B 所有保护拒动。

2）N52 给水泵 B 保护柜。得电正常工作，失电后给水泵 B 所有保护拒动。

3）N62 汽轮机 TSI 监视柜。得电正常工作，失电后汽轮机所有重要监视参数无显示。

4）PRP61 电动给水泵保护柜。得电正常工作，失电后电动给水泵硬接线保护拒动。

5）N67 锅炉 BMS（火焰检测系统）。1 号炉得电正常工作，失电后火焰检测失去两层。2 号炉得电正常工作，失电后锅炉火焰检测失去，炉 MFT。

6）ACP65 锅炉辅助盘。失电情况下，抗燃油泵油位低低保护拒动，交流油泵和密封油泵硬联锁拒动，一次风机稀油站马达软、硬联锁拒动，送、引风机液压油站马达软、硬联锁拒动，送、引风机喘振保护拒动。

7）ACP4锅炉配电盘。失电情况下，所有油枪不能动作，氧量信号失去，电接点水位计无显示等。

另外，热控DCS系统由电气UPS一路380V AC供至DCS系统三个电源柜，DEH、ETS由两路UPS电源供电，但UPS系统故障时机组也将MFT。

8）给煤机控制电源存在的问题。给煤机电源主要有380V AC动力电源和220V AC控制电源，电源由锅炉MCC A段和MCC B段供电。原设计思路是防止由于一段锅炉MCC停电不使所有给煤机停运造成锅炉跳闸，设计成如给煤机A动力电源挂在锅炉MCC A段，则控制电源挂在锅炉MCC B段。但给煤机无论是动力电源失电还是控制电源失电均能使给煤机停运。实际上锅炉MCC任何一段电源故障或发生电源扰动均能使给煤机停运，最终导致机组跳闸。

综上所述，热控依靠UPS电源的程度很高，只要电气的UPS输出电源故障，机组必将MFT，输入到N71柜的任二路UPS电源故障也将MFT。若UPS输出电源失去且一时无法恢复的话，后果不堪设想。

（3）改进的措施。针对UPS供电系统：对热控部分用户增加一台UPS。

1）DCS系统由原一路380V电源供电改为三路独立的380V电源分别对DCS系统三个电源柜供电。三路电源分别是：一路电源由UPS A供电、一路电源由UPS B段供电、一路电源由保安段供电。

2）DEH、ETS系统由两路UPS供电，分别为UPS A段和UPS B段。

3）热控配电柜N71原三路电源均由一台UPS供电，现供电方式改为二路线由UPS A供电；另一进线由UPS B供电。给水泵汽轮机A保护柜、汽动给水泵A保护柜、给水泵汽轮机A W505柜由UPS A供电，给水泵汽轮机B保护柜、汽动给水泵B保护柜、给水泵汽轮机B W505柜由UPS B供电，即电气送来的UPS 1由UPS B段供电，UPS 2、UPS 3由UPS A段供电。光字排报警改为UPS A段和UPS B段合用一块光字排。

4）将电动给水泵就地的润滑油压开关信号（PS4711L、PS4711H、PS4712L、PS4712H）直接送至DCS系统，不经保护柜扩展，取消润滑油压低低硬保护（软保护保留），同时将PRP柜送至电气的润滑油压高允许CD台启电动给水泵的信号取消。

5）监视类的主要装置TSI柜，从N71柜UPS A、UPS B各引一路电源送至TSI柜，在TSI柜加装一个电源自动切换装置，实现UPS两路电源通过自动切换的方式进行。

6）给水泵汽轮机W505柜电源。从N71 UPS A段引一路电源至DEH柜的小UPS A（DEH电源改为由电气UPS A、UPS B供后可将小UPS取消）再从小UPS A送至就地给水泵汽轮机A W505柜，从N71 UPS B段引一路电源至DEH柜的小UPS B（DEH已不用）再从小UPS B送至就地给水泵汽轮机B W505柜。

7）火焰检测控制柜供电增加电源切换装置。分别从热控配电柜N71柜和热控配电柜保安段各送两路电源至火焰检测电源柜电源切换开关。然后一台电源切换开关电源输出送AB层和CD层火焰检测；另一台电源切换开关送BC层和DE层火焰检测。这样改进后，火焰检测电源问题得到根本解决。

8）ACP65锅炉辅助盘。抗燃油泵油位低低保护拒动，交流油泵和密封油泵硬联锁拒动，一次风机稀油站马达软、硬联锁拒动，送、引风机液压油站马达软、硬联锁拒动，送、引风机喘振保护拒动。增加一台电源切换装置，再从热控配电柜保安段送一路电源到电源切换装置，实现冗余供电。

9）针对给煤机电源问题，我们将每台给煤机的控制电源和动力电源均由一段锅炉 MCC 供电，同时给煤机电源分配在不同的母线上，如果发生电源故障或由于某种原因使母线电压产生扰动，均能保持部分给煤机运行，从而避免机组发生非计划停运。

通过对一期热控电源存在问题的改进，使电源系统的运行可靠性得到极大提高；特别是投产较早的机组，由于普遍只设计一台 UPS 供电，如果发生 UPS 系统故障，则使控制系统由于失电而失控。另外一些重要的热控设备由于没有对电源进行冗余设计，使机组运行过程中的可靠性不高。通过增加一台 UPS 装置，使热控重要设备的电源配置得到很大的优化，同时在不变更原有系统设备的基础上，通过增加切换时间在 50ms 左右的电源切换装置，使重要热控设备的运行可靠性得到极大提高。在对热控电源系统完善的同时，也优化了机组的 MFT 保护系统，即最终取消 MFT 保护中的 220V AC 电源失去和 110V DC 电源失去。

（二）600MW 电源系统的设计和存在问题改进

在二期的电源设计中，很多重要用户均使用了冗余技术来提高设备运行的可靠性。例如，DCS 系统中每个 HCU 的供电冗余、3、4 号机组公共环路的电源双重冗余设计、火焰检测冷却风机控制电源的冗余设计、火焰检测机柜控制电源的应用、一期 110V DC 控制电源的冗余设计等。虽然以上用户均涉及到了电源的冗余，但在不同的设备中却应用了不同的冗余技术。

（1）DCS 系统公共环路 HCU 机柜的电源设计。在二期 DCS 系统中，每两台机组之间均设计有一个公用机柜 P92 柜，以实现对两台机组公用系统的控制与管理。公用环路的可靠性对两台机组均有影响。为最大程度的保证公用环路的可靠运行，在系统设计时引入了双重冗余技术。其中第一重电源冗余就是每一个 HCU 机柜三型电源，这种型号的电源是输入两路分别来自 UPS A 和 UPS B 的电源。正常运行时两路电源同时工作，各带 50%负荷。当一路电源故障或失去时，自动切换成正常电源供电。在电源切换的过程中，对整个 HCU 模件柜和端子板柜的供电均不会造成影响。由于涉及到两台机组公用系统设备的安全，为保证当任何一台机组失电时，均不会对公用环路 HCU 造成影响，3、4 号机组在 3 号机组 DCS 电源分配柜内设计硬接线回路，实现两台机组向公用环路 HCU 机柜供电的功能。

虽然该电源由四路供电，分别取自两台机组的四台 UPS，其特点是没有优先级，两路电源谁先投用，谁供电。所以在供电时为确保在一台机组两台 UPS 均停电时保证 HCU92 正常运行，在供电时保证 3 号机组、4 号机组各有一路先供电。

（2）火焰检测冷却风机控制电源存在的问题与改进。火焰检测冷却风机是保护火焰检测探头的重要设备，如果发生两台火焰检测冷却风机停运将直接引起机组跳闸，严重的将使探头温度过高而故障。

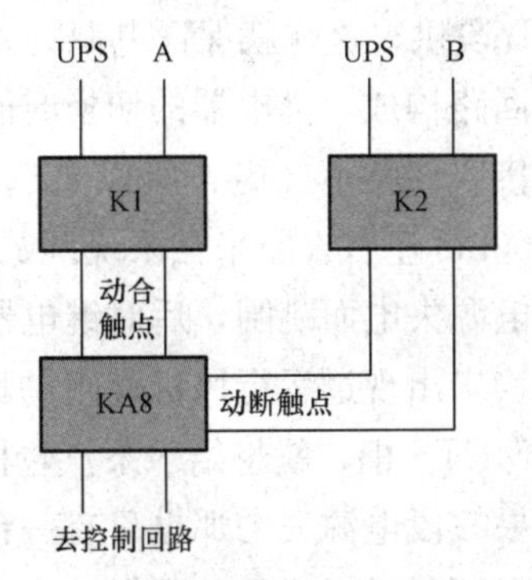

图 2-24 火焰检测冷却风机电源切换装置原理

火焰检测冷却风机的控制电源的供电由单个继电器实现控制，如图 2-24 所示。电源冗余的实现主要靠 KA8 继电器的动合、动断触点实现。当 K1 继电器带电，使 KA8 线圈动作，动合触点闭合，使 UPS A 的电源送出。当 UPS A 失电，KA8 继电器失电，两路动断触点闭合，送出 UPS B 的电源，这样就保证电源的冗余供电。但有一点需要注意的是，由于电源回路均由继电器回路构成，KA8 的切换时间就成了电源是否切换成功的关键，也就是在电源切换过程中保证硬接线回路不失电。所以要选用切换时间尽可能短的继电器，要求继电器切换时间一般在 50ms 左右。在系统调试过程中，就发生过由于继电器切换时间太长，而导致运行风机由于控制电源失电而跳闸。后对继电器进行了改型，切换时间有所缩短，经过多次的电源切换试验，均未出现过运行风机跳闸的情况。

(3) 成套电源切换装置。现在成套电源切换装置已经广泛的应用于设备的电源冗余设计。经过一年多的运行，设备运行的可靠性良好。其中 ABB 生产的 PEP-BB 电源切换装置在电源容量相对较小的设备上广泛应用，该电源切换装置切换时间大约 70ms，电源切换时间在卡件能承受的范围之内，经过对现场各种卡件的切换试验，对卡件没有什么影响。在 1、2 号机组的热控电源优化时就被应用，从而提高了一期两台机组的热控电源的可靠性。保证一期机组在一台 UPS 失电时对该设备所涉及的设备不会造成影响，从而为取消热控电源 220V AC 失去 MFT 打下了基础。另外 ASCO-7000 系列电源切换装置被应用于大容量的电源切换。该系列的电源切换装置切换时间没有 ABB 的快，但经过试验也基本满足现场设备的要求。因为该型号的电源切换装置带有机械摆臂，在切换时摆臂的切换需要时间，但在选型和调试时要求当主电源失去时，应无延时时间，这样电源在切换时虽然存在短时间失电，就地电磁阀因此也动作，但未到阀门动作的时间，所以能满足现场应用要求。

(4) 热工配电柜供电的优化。

1) UPS A 和 UPS B 段的电源切换：原设计是一个机械的切换开关实现，由于是人工闸刀，切换的过程中将使所有的用户失电，失去了作为备用电源无扰合上的意义。因 ACP15 柜所供的用户均是特别重要的用户，一般都是用双路供电。因此如果运行着的电源失去将造成所有运行中的设备失电。考虑到失电对系统的影响，现改为用 UPS A 段和 UPS B 段均供电，这样本身电源冗余设计的系统可分别由 UPS A 段、UPS B 段供电，例如，主机 TSI、给水泵汽轮机 TSI 本身设计有两块电源卡，两路电源是同时工作各承担 50%负荷，现这两路电源分别由 ACP15 柜的 UPS A 段、UPS B 段供，这样即使失去一路电源也不会影响此系统的运行。又如火焰检测冷却风机的控制电源本身设计两路电源，电源冗余的实现主要靠控制柜内的继电器的切换来实现，现这两路电源分别由 ACP15 柜内的 UPS A、UPS B 段供，这样就保证电源的冗余供电。但有一点需要注意的是，由于电源的切换均由继电器回路构成，继电器的切换时间就决定了电源切换是否成功，也就是在电源切换过程中保证硬接线回路不失电，所以要选用切换时间尽可能短的继电器，要求继电器切换时间一般在 50ms 左右，原来在系统调试时，就是由于继电器切换时间太长，而导致运行风机由于控制电源失电而跳闸，后对继电器进行了改型，切换时间有所缩短，经过多次的电源切换试验，均未出现过运行风机跳闸的情况；另外系统本身只设计了一路电源的系统如给水泵汽轮机 METS 柜，就将给水泵汽轮机 A、B 的 METS 柜电源分别由 UPS A、UPS B 段供，这样如果一段电源失去那也只有一台给水泵汽轮机跳闸，不会引起两台小机跳闸而最终造成跳机，保证了机组运行的可靠性。

2) DCP01 直流电源柜有两路直流 110V 进线电源，经切换装置后供给用户，用户为

DEH，DEH TCS-1 柜为一路，TCS-3 柜为二路（ETS 主遮断电磁阀以及信号电源），而 TCS-3 柜本身有直流电源切换装置，后改成供 TCS-3 柜的两路直流电源直接由 110VDC 3A 段和 110V DC 3B 段引出，在 DCP01 柜的进线出直接并接引出。

3）ACP01～05 柜主要为气动阀门的电磁阀和就地一些仪控的就地控制装置供电，其设计有两路进线电源，电源切换装置为 ASCO-7000 系列，该系列的电源切换装置切换时间没有 ABB 的电源切换装置快，因为该型号的电源切换装置带有机械摆臂，在切换时摆臂的切换需要时间，另外原设置有固化最短 1s 延时，不符合气动执行机构对控制电源的要求。在实际切换中出现由于切换时间过长使阀门误动，后对电源切换装置重新选型和调试，改成无延时切换开关，这样电源在切换时虽然存在短时间失电，就地电磁阀因此也动作，但未到阀门动作的时间，实际经过电源切换试验证明能满足气动执行机构的控制要求。

（5）循环水泵出口蝶阀供电的优化。二期每台机组的两台循环水泵出口蝶阀共用一个液压油站和控制柜，且只有一路供电。原设计循环水泵出口蝶阀电磁阀的控制电源（24V DC）由用户提供，即由 380V 经电源转换器转换成 24V DC 供蝶阀的电磁阀的控制电源，由于出口蝶阀电磁阀的控制电源失去会造成出口蝶阀关闭，循环水泵跳闸，且两台循环水泵的出口蝶阀共用一路控制电源，所以这路电源必须非常可靠，否则一旦电源失去造成两台循环水泵都停运，导致机组停运。现将出口蝶阀的电磁阀控制电源改由直接从循环水泵房的直流电源柜送出，这样即使出口蝶阀油站的 380V 电源失去，出口蝶阀的电磁阀控制电源也不会失去，蝶阀在短时间内也不会关闭。

（6）ETS 系统电源设计存在问题及改进。在原系统设计中，整个 ETS 系统的信号输入和输出，保护组态均由 AB 的 PLC 系统实现。系统设有四个站：一个 CPU 主站、一个 CPU 冗余站、1 号 I/O 站以及 2 号 I/O 站。四个站之间的通信采用星形结构，通信介质为冗余的同轴电缆。四个站的工作电源均采用单电源模件供，供电电源由 5 号机组 UPS A 段和 UPS B 段经过电源切换装置后并列输出四路 220V AC。由于系统保护逻辑采用反逻辑设计，控制电源切换装置动作异常或切换时间长就会引起系统瞬间失电而导致机组保护误动。在原设计的系统中，两路 220V AC 分别送至两个 24V DC 电源装置转换为 24V DC。24V DC 电源装置的输出通过一个二极管后与另一 24V DC 电源装置相连，再通过熔丝输出七路 24V DC 电源，其分别为：①1 号通道输入信号采集电源；②2 号通道输入信号采集电源；③1 号转速转换器电源；④2 号转速转换器电源以及电源失电检测；⑤3 号转速转换器电源；⑥频率发生器电源；⑦操作面板电源。此直流系统存在隐患：由于两个 24V DC 电源装置通过二极管后相连，在就地接地情况下，若该回路的熔丝动作不及时或者不动作，就会引起整个电源的失去而导致机组跳闸。通过对以上存在问题的分析，提出以下改进措施，以提高 ETS 系统运行的可靠性：

1）取消 220V AC 的电源切换装置，两路 220V AC 进线电源分开供电，1 号进线电源（UPS A 段取）供 CPU 主站和 1 号 I/O 站的电源模件；2 号进线电源（UPS B 段取）供 CPU 从站和 2 号 I/O 站的电源模件。这样改造后，任何一路电源失去均不会引起保护误动。

2）针对原系统 24V DC 电源系统隐患，在 ETS 系统中增加两个 24V DC 电源装置转换（D3、D4），相连后输出一路 24V DC 电源；原设计的两个电源转换装置（D1、D2）保留，另外生成一路 24V DC。这样就有两路相互独立的 24V DC 电源，一路作为一号通道输入信号的采集电源以及 1 号和 3 号转速报警系统的电源；另一路作为二号通道输入信号的采集电源以及 2 号转速报警系统的电源、频率发生器电源和操作面板的电源。这样设计改造后，任何一路 24V DC 电源故障或者供电电源异常均可避免系统保护误动作。

利用机组 A 修停机期间完成了 ETS 系统的改造，改造后经过现场通道试验、电源失电等试验，ETS 保护系统正常、可靠。5 号机组 ETS 系统通过技术改造，发生费用不大，却大大提高了 5 号机组 ETS 系统的可靠性，避免系统由于原设计的不足而引起保护误动和保护拒动，这直接影响了机组的经济性和安全性。

(7) 吹灰程控系统电源设计存在问题及改进。在新建电厂时，吹灰程控的电源往往是一个被忽视的问题。由于锅炉容量越大，IK 长吹的长度就越长，对吹灰程控提出的要求就越高。但由于吹灰程控厂家设计理念未充分考虑吹灰程控的可靠性，用一成不变的模板去设计吹灰程控，使得吹灰程控系统在调试和运行过程中暴露出不少问题，例如，长吹枪管烧弯，将直接给机组安全运行带来极大隐患。嘉电二期吹灰程控采用湖北戴蒙德电力机械有限公司的 AB LOGIX PLC 控制系统，通过 RS-232/485 通信接口连接 DCS 系统，通信协议为 Modbus。吹灰程控既可以在 DCS 上操作，也可以在吹灰程控上位机上操作。

吹灰程控系统控制电源在电源系统设计两路，但在施工时只使用一路，UPS 系统一路 220V AC 电源在吹灰程控柜并出电源供吹灰程控 PLC、显示器、流量开关、吹灰器程控回路、吹灰蒸汽减压站等。电源设计极为不合理：由于采用同一电源而中间没有隔离措施，在吹灰程控运行过程中任何一点的电源短路、接地均能使控制电源失电而导致吹灰器停留在炉膛内而烧弯，而引起烧弯的因素主要有三个：吹灰蒸汽减压站失电全关、PLC 系统失电无法控制、控制系统、继电器控制回路失电而无法控制。

通过对问题的分析，我们在原有的基础上进行合理的改进，首先对控制电源进行隔离，合理分配控制电源容量。最重要的吹灰程控 PLC 单独使用控制电源，另外一路控制电源供就地设备，在吹灰程控柜通过空气断路器进行电源隔离分配，使吹灰器在运行过程中控制电源吹灰程控减压站单独使用一路电源、就地测量仪表使用一路电源，另外长吹、短吹等均分别通过空气断路器进行分配。

第三章 控制系统硬件、软件故障案例分析与预控

控制系统尤其是DCS系统可靠性是发电机组可靠运行的核心，要做好DCS的反事故措施，提高DCS本身的抵御事故能力是关键，因此，在系统构成时必须重点考虑这个因素。近年来DCS所发生的故障，例如，恶性的系统瘫痪、操作员站部分或全部“死机”以及局部系统失灵等典型故障，大多与DCS的配置不当有关，主要表现在DCS资源（例如，控制器、网络、接口等）配置过“紧”，导致系统或局部系统在某一特定的情况下负荷过高、非同一系统（装置）搭配通信不畅、冗余度不够或系统电源配置不合理等。实际上这类问题是非常常见的，设计与资金的矛盾，用户与DCS厂家在系统功能理解上的矛盾，都可以导致上述问题的发生。

例如，某电厂在热控系统自动化改造上使用的DCS，由于系统配置的负荷率计算不准且为了减少投资技术指标均靠近允许极限，加之该系统有运行时中间I/O点量大的特点，所以在改造后期（大修即将结束时）调试时发现个别控制器的负荷率竟超过了90%，个别软手操操作响应竟接近1min，根本无法使用，后经过大幅度系统调整（系统重新增加配置），才解决了这个问题。

控制系统的故障主要表现在设计配置不当、模件通道故障、控制器故障、网络通信系统故障以及控制系统软件运行故障等。

第一节　控制系统设计配置不当引起机组故障案例分析

【案例43】三取二信号中二信号在同一控制器，该控制器故障导致机组MFT

【事件过程】某电厂6号机组，4月10日12：30左右，运行人员在做6号炉油枪定期试验工作时，发现CD层四支油枪均不能投入，而AB层、EF层油枪投运正常。14：30左右，两名锅炉保护班人员接到通知后赶到6号炉现场，检查CD层油枪不能投入的原因，首先检查组态里CD层油枪允许投入的条件，发现条件满足，于是让运行人员再投一次。运行人员依次启动了CD层的四支油枪，发现指令发出后仍然没有一支油枪能投入。热工人员初步怀疑CD层燃油设备控制电源可能丢失，去电子间检查控制电源发现正常。因为所有的设备操作指令均通过DO模件发出，于是怀疑DO模件可能出现了问题，决定检查CD层的油枪启动指令能否通过对应的DO模件送至继电器。一名热工人员先在工程师站模拟CD3油枪进枪指令，另一名在电子间观察对应的继电器是否动作（如果接收到指令，继电器上的信号灯会亮），试验结果继电器没动作。然后两人互换再次试验，试验结果和前次一样。于是热工人员认为是CD层油枪控制的DO模件有故障，决定领取新的DO模件，就在这时，6号炉发生MFT，当时机组满负荷。

【原因分析】故障发生后，热工人员立即到工程师站查找锅炉 MFT 的首出信号未发现记录，运行人员反映当时 DCS 故障报警后随即锅炉 MFT。热工人员在工程师站查找 MFT 前后的信号报警记录见表 3-1。

表 3-1　　MFT 前后信号报警记录表

时间	节点	性质	测点名	描述	特征	品质	报警值	单位
15：10：25	13	报警	TVTRIP1 _ 2	脱扣电磁阀（20/TV1）	EEH	好点	1（TRUE）	FALSE/TRUE
15：10：25	13	报警	MFT1 _ 2	主燃料跳闸 1	EEH	好点	1（TRUE）	FALSE/TRUE
15：10：25	13	报警	RVTRIP2 _ 1	脱扣电磁阀（20/RV2）	EEH	好点	1（TRUE）	FALSE/TRUE
15：10：25	13	报警	TVTRIP2 _ 1	脱扣电磁阀（20/TV2）	EEH	好点	1（TRUE）	FALSE/TRUE
15：10：25	13	报警	MFT2 _ 1	主燃料跳闸 2	EEH	好点	1（TRUE）	FALSE/TRUE
15：10：25	13	报警	MFT1 _ 1	主燃料跳闸 1	EEH	好点	1（TRUE）	FALSE/TRUE
15：10：25	14	报警	8UDCSFL2	DCS 故障 MFT2	FSS	好点	1（不动作）	动作/不动作
15：10：25	14	报警	8UDCSFL1	DCS 故障 MFT1	FSS	好点	1（不动作）	动作/不动作
15：10：25	15	报警	8UDCSFL4	DCS 故障 MFT4	FSS	好点	1（不动作）	动作/不动作
15：10：25	15	报警	8UDCSFL3	DCS 故障 MFT3	FSS	好点	1（不动作）	动作/不动作

信号报警记录显示，15：10：09，DPU3 发出“DPU3/23 1 号站卡件故障”、“MFT 输出卡 1 故障”及“MFT 输出卡 2 故障”报警；15：10：10，DPU7 发出“DCS 故障”报警；15：10：24，DPU5 发出“DCS 故障 MFT3”及“DCS 故障 MFT4”报警；15：10：25，DPU4 发出“DCS 故障 MFT1”及“DCS 故障 MFT2”报警，同时“主燃料跳闸继电器 1”和“主燃料跳闸继电器 2”动作，锅炉 MFT。计算机班组人员到现场检查后发现，DPU3 1 号站的卡件 12 已故障（故障灯已亮），卡件 13 尽管故障灯未亮，但已处于不工作状态，卡件 12 和卡件 13 是一对互为备用的通信模件（BCnet），两个模件都不工作将导致 1 号站的所有输入、输出模件信号与 DPU3 的通信全部中断。计算机班组人员从 DAS 系统取下一块好的 BCnet 通信模件插到 12 号卡件位上，通信系统即恢复正常，“DPU3/23 1 号站卡件故障”、“DCS 故障”等报警消失，后将 13 号卡件也换成新的 BCnet。

DPU03/23 包括 BMS 公共部分和 CD 油层的控制逻辑，共有 2 个站，其中 1 号站有 2 个 MFT 输出（6 号卡件和 7 号卡件），2 号站有 1 个 MFT 输出（11 号卡件），3 个 MFT 输出三取二发出锅炉跳闸。但由于 DPU3 1 号站的卡件 12 和卡件 13 同时故障，DPU3 已无法通过 BCnet 发出指令，此次 6 号炉 MFT 应该不是从 DPU3 发出，这从查不到 DPU3 的跳闸首出也可得到验证。通过查看报警记录，DPU5、DPU4 分别发出了“DCS 故障 MFT”报警，15s 后即发生 MFT，而“DCS 故障 MFT”报警维持了 5min，说明此次 6 号炉 MFT 是 DPU5、DPU4 检测到 DPU3 的 1 号站卡件故障，通过“两与两或”的控制方式，硬接线直接送到 MFT 跳闸继电器，驱动继电器动作。

DPU03/23 还包括 CD 油层的控制逻辑，中午运行人员试验油枪时发现 CD 油层无法启动，说明 DPU3 已无法进行通信，BCnet 已故障。但当时为何没报警，热工人员分析，尽管卡件 12 和卡件 13（两块 BCnet）已故障，但卡件 13 的故障灯未亮，DPU3 认为卡件正常，不发出报警。

【防范措施】

(1) 6 号炉 MFT 以后，我们更换了 DPU3 1 号站的 12 号卡件和 13 号卡件（两块 BCnet 模件），所有通信恢复正常。

（2）6号机组DPU3的硬件配置存在设计上的缺陷，1号站的6号卡和7号卡都是MFT输出卡，只要1号站出现故障，就会触发锅炉跳闸，因为1号站的6号卡和7号卡与2号站的11号卡（也是MFT输出卡）的故障信号采用三取二逻辑触发锅炉跳闸。要防止这个现象再次发生，必须再增加一个站，将1号站的6号卡或7号卡移到增加的站内，达到真正的三取二。

（3）对MFT输出卡三取二控制方式进行完善，原设计控制方式为：DPU03原来共设有两个站，其中，1号站的0号和1号卡为DO模件，2号卡～5号卡为DI模件，6号卡和7号卡为MFT输出模件；2号站的0号卡～5号卡、7号卡～10号卡为DI模件，6号卡为DO模件，11号卡为MFT输出模件。可见，只要1号站故障，必将触发MFT。因此，对DPU03的硬件配置进行改进，将1号站的6号卡和7号卡分开布置到不同的站内，同时在DPU03柜内再增加一个站（3号站），将1号站的7号卡移至新增加的3号站内，并增加相应的通信模件（两块BCnet），实现了完整的MFT输出卡三取二控制方式。

【案例44】逻辑设计不当引起汽包水位低故障

【事件过程】某电厂5号机组215MW满负荷运行，甲给水泵运行，乙给水泵备用。甲给水泵前置泵流量变送器测量到甲给泵已超流量，并超过变送器的量程上限800t/h，随后甲给水泵再循环调节汽门自动开启，给水泵出口压力低报警，汽包水位低至－120mm。

【原因分析】给水泵小流量保护逻辑设计为前置泵流量小于200t/h时，联锁开给水泵再循环调节汽门。主给水最大设计流量为680t/h，前置泵流量变送器量程设置为0～800t/h。DCS组态中，前置泵流量的判断使用“幅值报警”模块来实现，该模块低报警、低低报警值均设置为200t/h，高报警、高高报警值则均设置为800t/h，当前置泵流量超过800t/h时，联锁信号从高高端发出，联锁开启给水泵再循环调节汽门。这种组态没有考虑极端情况。

【防范措施】将前置泵流量判断使用“幅值报警”模块改为“比较器”模块，只发出单一判断信号。

【案例45】控制组态错误导致引风机静叶误关机组跳闸

【事件过程】12月25日15：32，某电厂1号机组负荷376MW稳定运行，A、B引风机运行，A、B送风机运行，A、B、C、E、F五台磨煤机运行。

由于1号机组1B引风机静叶执行机构12月23日以来反馈波动，经多次检查确认为执行机构反馈装置故障所致，于12月25日办理工作票准备更换。

12月25日15：33，根据工作票措施要求，运行人员操作停运1B引风机。1B引风机停止的同时，1A引风机静叶执行机构快速关闭，造成炉膛负压急剧上升。15：33：28，炉膛负压升高至1795Pa（保护动作值），炉膛负压高高MFT保护拒动（炉膛负压最高升至3950Pa），并且1A引风机静叶不允许打开。直到15：34：40，1A引风机静叶执行机构允许开，运行人员迅速打开1A引风机静叶，炉膛负压逐渐下降，15：37：09，运行又启动1B引风机，负压逐渐至正常值。期间由于锅炉正压运行时间长达4min，炉火外燃造成捞渣机处渣斗关断门油管路着火，15：41：16，运行人员手动MFT，机组跳闸。

【原因分析】

（1）DCS逻辑中，应为1B引风机停运，保护关闭1B引风机静叶60s。实际上，错将

1B 引风机的停止信号连接到 1A 引风机的静叶保护关逻辑上，造成 1B 引风机停运，1A 引风机静叶保护关闭 60s。因此，1B 引风机 DCS 逻辑错误，是造成停炉的主要原因。

(2) 炉膛负压升高至 MFT 动作值时，由于有两个炉膛高高压力开关拒动（因取样管堵塞），导致 MFT 拒动，使故障扩大。

炉膛负压升高 MFT 拒动时，由于运行人员没有及时手动 MFT，使故障进一步扩大。

因此，MFT 拒动是造成故障扩大的主要原因，运行人员没有及时手动 MFT，是故障扩大的次要原因。

【暴露问题】

(1) 移交生产后 DCS 逻辑中存在的问题没有彻底查清。

(2) 工作票措施不够完善，停引风机前没有对逻辑进行检查、核实。

(3) 1 号机组启动仅 4 天，就有两个炉膛高高压力开关取样管被堵掉，说明检修人员检修质量标准不高，责任心不强。

(4) 设备检修监督不到位，班、组长没有对重要的检修项目进行严格的监督、检查。

(5) 运行人员在机组故障情况下的处理不果断。

【防范措施】

(1) 热工专业人员对 1～4 号机组 DCS 组态进行全面排查，落实排查人与监督人，发现问题及时安排处理，不能及时处理的要采取可靠的安全措施。

(2) 热工专业梳理 DCS 联锁逻辑，并完成联锁逻辑手册汇编。

(3) 完善热工典型工作票，加入：停运设备前对逻辑进行检查、核实。

(4) 加强热工班组人员技术培训，提高人员业务素质，加强工作责任心。

(5) 完善联锁试验卡。

【案例 46】逻辑设计不当导致转速信号异常引起给水泵汽轮机跳闸

【事件过程】某电厂机组负荷 330MW，主蒸汽压力 13MPa，主蒸汽温度 540℃，再热蒸汽温度 540℃，给水泵汽轮机 A 转速在 4200r/min 左右，汽包水位平稳。06：59：05，给水泵汽轮机 A 跳闸，电动给水泵联启成功，汽包水位控制在安全范围内，机组运行趋于平稳，运行人员联系处理。

【原因分析】经查找历史曲线发现，在给水泵汽轮机 A 跳闸前的一段时间内，转速 B 显示就断断续续出现转速到零的现象，在 06：59：05，给水泵汽轮机 A 转速 B 突升到 7000r/min，由于 MEH 系统保护逻辑中的跳闸条件之一是“给水泵汽轮机转速大于 6200r/min 遮断给水泵汽轮机”，满足了遮断给水泵汽轮机的条件，引起给水泵汽轮机 A 跳闸。

【防范措施】

(1) MEH 保护逻辑设计不合理，跳闸条件过于薄弱，设备巡检流于形式，在较长的时间内，没有发现转速 B 显示点到零的现象。运行人员监盘没有及时发现 MEH 画面转速 B 显示点在较长时间内到零的现象。

(2) 原 MEH 中转速信号为质量判断后的大选输出信号，同时为超速保护与转速控制共用。事件后对逻辑进行了修改，A、B、C 转速信号，经 OPS _ SIGSEL 块三选中后作为转速控制用信号，同时经三取二逻辑判断后用于 MEH 内超速保护信号，当转速高于 6500r/min时发出电超速信号 AK/7，当转速高于 6750r/min 时发出机械超速信号 AL/7。

【案例 47】逻辑设计缺陷，CPU 模件失电恢复过程中引起工业水泵出口门关闭

【事件过程】1 月 12 日上午，某电厂二期化控操作台失电，经查为操作台空气断路器跳闸，后在送电过程中发生 CPU 模件失电，恢复后发现工业水泵出口门关闭，工业水母管压力基本为零，立即打开出口门，母管压力恢复。

【原因分析】工业水泵的控制为就地 PLC 控制，仅将运行停止信号接入化控 PLC，进口门为手动门，出口门为双作用气动门，可以就地操作箱控制或化控 CRT 控制。PLC 通过长脉冲信号控制气动门电磁阀，CPU 模件失电后阀门的开指令失去，开电磁阀失电，阀门保持原位，CPU 送电后阀门指令被初始化，关电磁阀得电，阀门关闭。

当 PLC 正常运行时，无论是点操还是步序，阀门在开到位后，开关输出指令均为 OFF，此时若发生 PLC 失电，现场的阀门不会发生动作。若 PLC 重新启动，所有的内部量被初始化，置为 OFF，此时若就地阀门为开，将被关闭，最终导致母管失压。

【防范措施】要能实现 PLC 失电后重启，不影响现场的此类设备，必须将上位机和下位机的指令传递采用开关独立的中断方式，即采用短脉冲，在传递指令输出并得到就地设备动作完成确认后，指令结束。这样就能保证 PLC 重启后，不会有意外的指令输出。具体做法是将上位机和下位机的指令传递所用的一个点（ON 为开，OFF 为关）改为独立的两个点，并设置保证模件开关输出相互闭锁，防止开和关同时输出。两个独立的点在完成指令的传递后自复位。

【案例 48】通信逻辑功能块采用不当引起运行电动给水泵误跳闸

【事件过程】某电厂进行 2 号机组电动给水泵试验过程中，引起 1 号机组正在运行的电动给水泵误跳闸。

【原因分析】该电厂 DCS 采用 Symphony 系统，检查历史趋势发现 1 号机组电动给水泵跳闸首出中跳闸条件并未产生，而逻辑中该跳闸条件采用 DI/I 功能块从环网通信而来，考虑到当时 2 号机组正在进行电动给水泵保护试验，怀疑该跳闸信号有可能从环网通信而来。重新从 2 号机组模拟产生该项保护条件，1 号机组 DCS 工程师站在线监视发现该 DI/I 功能确实能采集到逻辑 true 信号。分析认为 DI/I 功能块可用于不同环网间数据通信，只有当环网间通信断开后才从环网内部收集数据。另外，发现 Symphony 系统中用于控制单元间模拟量通信的 AI/B 功能块有数据丢失现象，SOE 系统有误动现象。

【防范措施】将 1 号机组电动给水泵保护逻辑中 DI/ī 功能块换成只能在环网内部通信用的 DI/L 功能块后，重新试验发现能有效避免环网外信号，问题得以解决。

【案例 49】燃气轮机控制器任务分配隐患分析

【隐患分析】某机组进行 RST 控制器故障的安全性检查时，发现控制器有潜在的不安全问题。主要是：

（1）原燃气轮机控制器有三个点的燃气温度及清吹空气温度，其中有两个点分布在 S 控制器内。

（2）原两台 88TK 及 88BN 风机的运行反馈信号都位于 T 控制器。

【防范措施】根据控制逻辑分析：

（1）原燃气轮机控制器有三个点的燃气温度及清吹空气温度，其中有两个点分布在 S 控制器内；这样当 S 控制器故障，会造成燃气温度及清吹空气温度变为 0，燃气轮机将直接由于燃气温度变为 0 而迅速减负荷，并切换燃烧方式；若减负荷或切换燃烧方式过快，可能造成燃气轮机分散度大或熄火。

（2）原两台 88TK 及 88BN 风机的运行反馈信号都位于 T 控制器，一旦 T 控制器故障，将造成 88TK 及 88BN 风机“假”跳闸，若超过 10s，将触发燃气轮机自动停机程序，这也是相当危险的。

为了防止上述危险的发生，修改了燃气轮机 MARK VI 的 m6b 文件，将信号重新安排到其他控制器，实现了危险分散的目的，使 MARK VI 三重冗余的功能得到充分应用，提高了机组安全性。

【案例 50】一次调频回路参数设置不当引起跳闸故障

【事件过程】某电厂 1 号机组负荷 605MW，一次调频投入状态，DEH 在本地的阀位控制方式下运行，DEH 设定值为 618MW。时间 20：06：37，准备将机组投入 CCS 方式，运行人员按照 CCS 的投入步骤，先在 DEH 操作画面投入 DEH 遥控方式。就在 DEH 投入遥控方式瞬间，DEH 目标值和设定值迅速由 618MW 下降到 129MW，机组负荷也由 605MW 骤降到 300MW，主蒸汽压力由 24.2MPa 骤升到 32MPa。2s 后，CCS 收到 DEH 遥控已投入信号，DEH 开始接受 CCS 的控制。CCS 送到 DEH 的指令值为 427MW，但由于速率限制的作用，DEH 目标值没有立即由 129MW 上升到 427MW，而是以 60MW/min 的上升速率向 427MW 靠近。20：06：53，DEH 目标值上升到 143MW，由于汽轮机调节汽门关闭太多而又未能及时开回，对锅炉造成太大冲击，最后由于主蒸汽温度高 MFT，跳闸过程曲线如图 3-1 所示。

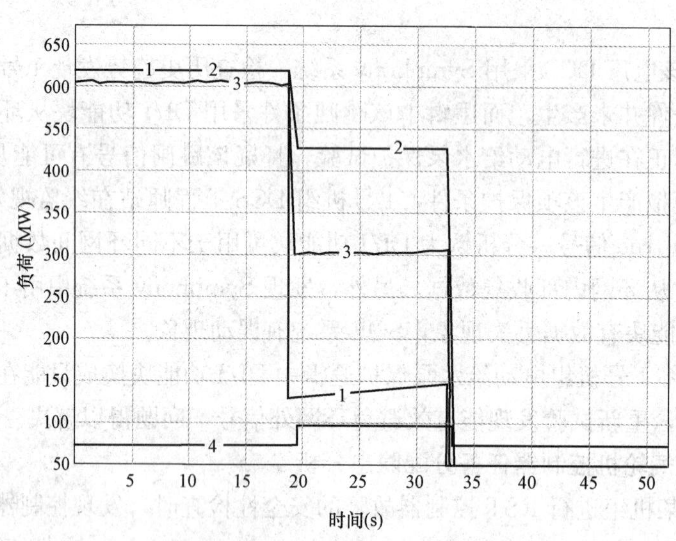

图 3-1　机组跳闸过程记录曲线

1—DEH 设定值；2—CCS 至 DEH 负荷设定值；3—机组负荷；4—CCS 侧 DEH 已投入遥控

【原因分析】从表面来看，故障是在 DEH 投遥控时发生的，一般都会怀疑是 DEH 与 CCS 的接口存在问题。但从记录曲线来看，由于 DEH 与 CCS 两系统间传输信号的延迟，DEH 投入遥控后，大约经过了 2s，CCS 才收到 DEH 的遥控投入信号。CCS 收到 DEH 遥控投入信号前，汽轮机主控输出一直跟踪 DEH 的设定值，收到遥控投入信号后，汽轮机主控转为手动方式，输出保持不变，由于DEH设定值的迅速减小，汽轮机主控输出只跟踪到427MW。CCS采用脉冲量开大/减小DEH目标值的方式对DEH进行遥控，并且具有60MW/min的速率限制。DEH目标值在投入遥控方式后即由618MW变为了129MW，显然不是由CCS控制造成的，同时，DEH目标值的减小是在CCS收到遥控投入信号之前就发生了，更加说明了这一点。所以，造成调节汽门关闭的原因应该发生在DEH内。另外，机组在调试期间一次调频是没有投入的，期间DEH投遥控的操作一直都正常，没有出现过调节汽门波动的现象。而此次投入DEH遥控时，机组一次调频是在投入状态的，而且当时的调频量大约为+8MW，引起调节汽门波动的原因很有可能与DEH一次调频回路有关。

（1）逻辑分析。DEH各功能之间紧密联系，逻辑上一点点的错误或疏忽，甚至是逻辑块运算扫描顺序的改变，都会影响到机组的安全运行。

1）转速和负荷控制的目标值均由同一个逻辑回路完成，根据机组的不同控制方式和运行状态自动切换。机组并网前，目标值为转速目标；并网后，阀位控制方式下，目标值是以MW为单位的阀位目标指令；功率投入方式下，是以MW为单位的功率目标值；调节级压力投入方式下，是以MW为单位的调节级压力目标值；功率和调节级压力均投入方式下，则组成以功率回路为主调、调节级压力为副调的串级调节系统，目标值是以MW为单位的功率目标值。

操作画面上显示的目标值为逻辑回路中的TARGET变量值，设置目标值时，先输入DEHTARG的值，再按“确定”后产生一个脉冲信号DMDENT将DEHTARG选入目标值回路。

2）目标值经过一个速率限制回路后，就形成了设定值。设定值是根据速率限制进行循环累加运算形成，速率限制有升速率和变负荷率，在遥控投入的方式下，变负荷率自动选择为一个比较大的值100MW/min。

3）GV主控指令信号是机组的流量需求指令，以%为单位，此信号送到阀门管理回路，控制汽轮机各调节汽门的开启。

在机组并网前，目标值为转速控制器PI的输出WSOUT；并网后，根据机组的不同控制方式选择相应的控制输出，例如，调节级压力投入方式，为IMPOUT；功率投入方式，则为MWOUT；阀位控制方式，则为VLOUT。其中VLOUT同时是以%为单位的归一设定值，由设定值（REFDMD）按机组最大负荷值转换为%后再叠加上一次调频信号后形成，机组的最大负荷值按640MW进行计算，转换系数为100÷640=0.15625。

4）一次调频量根据电网的要求对F（X）曲线函数进行设置，调频不灵敏区为±2r/min、不等率δ=5%、调频量限幅6%额定负荷，则F（X）按表3-2进行设置。

表3-2　　一次调频转速-负荷修正量

转速（r/min）	2850	2989	2998	3002	3011	3150
调频量（MW）	36	36	0	0	−36	−36

一次调频投入前，调频量为0MW，一次调频不起作用。投入一次调频后为F（X）的输出。

5）目标值和设定值中最复杂最容易出错的就是其跟踪，在机组控制方式或机组状态改变时，目标值和设定值需要跟踪，以实现无扰切换。

归一设定值 VLOUT 已叠加了一次调频量（X151）%，因此，跟踪信号（X185）必须减去一次调频量（X151）MW，由于 VLOUT 和（X185）的单位量纲不同，因此，必须正确设置转换系数 K_1 和 K_2，使跟踪信号上的一次调频量刚好全部抵消。

（2）调节汽门关闭原因。检查 DEH 的逻辑参数，发现一次调频量（X151）转换为%和兆瓦的转换系数不正确，K_1、K_2 分别被设置为 0.045 和 6.4。根据目标值和设定值的跟踪计算，投入 DEH 遥控的 1s 内，*REFDMD* 按以下公式进行 10 次运算：

$$(REFDMD)_n=(\mathrm{X185})_n=[(REFDMD)_n-1\times 0.15625+(\mathrm{X151})_{n-1}\times K_1]\times 6.4-(\mathrm{X151})_n-1\times K_2$$

式中：n 为当前运算的结果；$n-1$ 为上一周期的运算结果。

将（*REFDMD*）=618MW、（X151）=8MW、$K_1=0.045$、$K_2=6.4$ 代入上式进行 10 次计算，计算结果（*REFDMD*）为 129.04MW，与本次故障调节汽门关闭的情况基本一致，可见，是一次调频量的转换系数 K_1、K_2 设置不正确，导致了此次机组跳闸故障的发生。

根据 F（X）函数的设置可知调频量（X151）是以 MW 为单位来表示的，转换为%的系数应该与（*REFDMD*）的转换是一致的，所以 K_1 应该是 0.15625 而不是 0.045，而 K_2 应该是 1 而不是 6.4。经后来查证，K_1、K_2 是在进行一次调频试验时进行修改的，而修改前 K_1、K_2 的默认值为 1 也是不正确的。

【防范措施】

（1）一次调频参数的小小改动，造成了一次机组跳闸故障，可见，逻辑参数设置得不当，也会危及机组的安全运行。DEH 逻辑设计严密，必须对逻辑进行全面深入分析，对其彻底掌握后，才允许对逻辑参数进行修改。

（2）设置一次调频参数时，要根据调频量的单位，对其转换系数进行正确的设置，例如，本案例中的调频量 X151 是以 MW 为单位的，所以正确的 K_1、K_2 应分别为 0.15625 和 1，若单位为%，则 K_1、K_2 分别为 1 和 6.4。机组投入一次调频前，K_1、K_2 默认值为 1 是不正确的，必须设置正确后才能投入一次调频，这一点需要特别注意。

（3）DEH 系统静态调试时，要对各项功能进行所有情况下的仿真测试，彻底消除逻辑上存在的隐患。例如，对 DEH 遥控功能测试时，至少要在 DEH 变负荷过程中、功率回路投入、调节级压力回路投入、一次调频投入（分有/无调频量情况下分别进行）等方式下进行投/退遥控功能的测试，检查 DEH 系统是否正常。

（4）DEH 逻辑结构复杂，各项功能紧密结合为一个有机整体，任何一个功能的小小改动，均有可能引起其他功能的不正常，进行 DEH 功能的改动或逻辑修改，要慎之又慎。逻辑修改时，要以修改部分为起点，逐级向上和向下深入，对 DEH 整体逻辑进行全面分析，确保逻辑的改动不影响其他功能，最后才能实施。逻辑修改后，还要进行相关功能全面仿真测试，才能保证机组安全运行。

【案例 51】给水泵汽轮机与电动给水泵给水流量偏差大导致停机故障

【事件过程】8 月 24 日 8：05，某电厂 2 号机组 A 给水泵汽轮机跳闸，引起 2 号机组汽包水位大幅度波动，最终导致机组汽包水位降至低Ⅲ值，锅炉保护动作停机。

【原因分析】8 月 23 日 22：00 左右，2 号机组 B 给水泵汽轮机因故障停运，投用电动给水泵，与A给水泵汽轮机共同对机组进行供水。故障发生前，锅炉给水控制系统处于自动闭环调节状态，A给水泵汽轮机处于自动运行状态，给水流量为459.43t/h；电动给水泵处于手动运行状态，给水流量为304.78 t/h。24日08：04：40，运行人员投入电动给水泵自动运行。由于A给水泵汽轮机给水流量与电动给水泵给水流量差值较大（差值为154.65t/h），在机组给水系统闭环控制调节作用下，给水系统控制调节既要保证机组给水流量维持给定目标值，同时也要调节2台给水泵出力均衡，使2台给水泵给水流量趋于相同。这样，就导致A给水泵汽轮机产生一个较大的阶跃扰动。此时，在给水泵给水管道及汽包组成的水系统中，由于2台给水泵给水流量偏差大（电动给水泵较小），加之汽包压力的影响，电动给水泵出力受限，给水系统闭环控制对电动给水泵的调节作用失效，加大了A给水泵汽轮机的控制扰动，引发A给水泵汽轮机控制调节发散。24日08：05：38，A给水泵汽轮机转速控制给定与转速反馈相差大于500r/min，MEH逻辑判断“A给水泵汽轮机转速故障”，延时2s后，逻辑遮断A给水泵汽轮机。由于此逻辑停机信号未引入给水泵汽轮机故障首出显示，故无停机首出显示（SOE有动作记录）。给水泵汽轮机停运后，机组给水调节失稳，最终导致机组汽包水位降至低Ⅲ值，锅炉保护动作停机。

【防范措施】

（1）在给水泵汽轮机遮断首出功能中增加MEH逻辑判断“给水泵汽轮机转速故障”停机首出提示信号。

（2）在MEH逻辑中加入“给水泵汽轮机转速控制给定与转速反馈相差大于200r/min”的故障报警信号，提醒运行人员及时采用措施，进行人为干预。

（3）实现并投入机组RB功能。

（4）在一台泵自动运行、另一台泵手动运行时，在手动运行泵要投入自动前，两台泵供水流量尽量调平衡，建议流量差在30 t/h内。

（5）为保证机组锅炉给水可靠性，在机组采用一台汽动给水泵和一台电动给水泵给水情况下，建议一台自动运行，一台手动运行。

（6）为提高机组运行性能，也可考虑对MEH“给水泵汽轮机转速控制给定与转速反馈相差大于500r/min”的故障停机逻辑进行修改，增大或取消“500r/min”的故障停机限值。

【案例52】卡件设计缺陷导致机组超速试验期间多次误动跳闸

【事件过程】某电厂汽轮机超速试验期间，多次发生误动跳机事件。

12月14日，21号机组进行超速试验时，超速保护第一、二通道试验完成后，进行第三通道超速保护试验，3号跳闸电磁阀失电，但此时3500/53第一通道卡件出现故障，通过硬接线使S90系统1号跳闸电磁阀失电，S90系统满足3个电磁阀“三取二”条件，泄掉安全油压，从而使汽轮机跳闸。检查发现3500/53第一通道卡件面板上超速指示灯灭，卡件故障指示灯亮，重新拔插卡件进行复位，卡件状态恢复正常。

1月10日，21号机组在做超速保护试验完成后，3500/53第一通道卡件出现三次故障，每次约30s自动恢复正常，相应的S90系统1号电磁阀失电三次，因未满足“三取二”条件，而没有造成汽轮机跳闸。

2月14日，22号机组做超速保护定期试验。22号机组超速保护第一、二通道试验完成后，进行第三通道超速保护试验，3号跳闸电磁阀失电，此时3500/53第二通道卡件出现故障，通过硬接线使2号跳闸电磁阀失电，导致S90系统“三取二”跳闸条件成立，引发22号机组跳闸。现场检查发现22号机组2号超速保护通道3500/53卡件故障灯亮，判断为3500/53卡件故障，重新拔插卡件进行复位，卡件状态恢复正常。

【原因分析】经分析3500/53卡件试验完成后，TEST试验信号消失，卡件由测试模式切换至正常测量模式过程中，卡件状态不稳定易发生故障，这是卡件本身的固有特性（经与本特利公司联系，确认有此缺陷），而汽轮机厂家设计了卡件故障硬接线跳机逻辑，从而易发生超速试验时误动跳机。在机组小修期间，对3500/53卡件进行模拟超速试验和其他相关的大量试验，试验中发现：①3500/53卡件每次接收到TEST试验信号触发时，卡件的转速缓冲输出信号（至DEH调节及保护）产生扰动，试验信号消失后，自行恢复，易引起相应通道在该信号三取二条件满足时，导致本通道电磁阀失电，此现象每次试验时都出现，为试验时的严重安全隐患；②多次对3500/53卡件进行模拟超速试验后，共发生2次卡件故障。

【防范措施】经研究制订了超速保护改造方案：因为在DEH闭环控制器原组态中已设计了转速缓冲输出扰动“三取二”跳机逻辑和3500/53超速卡件故障“三取二”跳机逻辑，故取消本特利公司3500/53超速卡件故障硬接线跳机条件；同时，对保护三通道中与超速相关的跳机逻辑进行部分修改，消除试验期间出现“转速缓冲输出信号扰动”的安全隐患，提高试验的可靠性。该方案可以避免在超速保护试验期间，突发3500/53超速保护卡件故障造成的误跳机；又可确保在机组正常运行期间3500/53超速保护卡件故障“三取二”跳机。经过对相关安装本特利公司3500保护系统的电厂调研，均无“超速保护卡件故障”跳汽轮机的硬接线逻辑设计。改造方案的具体内容如下：

（1）在电子间3500框架背面，取消三块3500/53卡件“卡件故障继电器”输出跳闸硬接线；保留三块3500/53卡件“超速继电器”输出跳闸硬接线；保留三块3500/53卡件“卡件故障继电器”输出至保护通道CH1、CH2、CH3接线，用于卡件故障“三取二”跳机逻辑。

（2）在DEH操作员站画面“系统硬件状态”页增加三个“汽轮机转速扰动”报警指示灯，正常为绿色，故障时变为红色报警。便于监视三个转速运行状态和及时处理故障，有利于设备的安全稳定运行。

（3）在DEH操作员站画面“超速试验”页增加1个“超速试验正常”确认按钮和1个“超速试验闭锁”指示灯。在超速试验功能组开始时自动发出闭锁信号，“超速试验闭锁”指示灯变为红色，待超速试验结束，热工人员检查超速卡件、超速保护继电器正常工作后，运行人员在DEH操作员站画面上点击“超速试验正常”确认按钮，解除闭锁信号，“超速试验闭锁”指示灯变为绿色。

（4）在DEH闭环控制器组态中增加以下逻辑：在超速试验功能组开始时自动发出闭锁信号，闭锁“转速缓冲输出信号扰动或卡件故障”的“三取二”跳机逻辑。该设计不影响超速保护系统在做超速保护试验时，汽轮机超速，保护汽轮机跳闸的功能。

（5）在DEH开环控制器组态中增加以下逻辑（保证试验的可靠性）：

1）在超速试验期间出现超速保护卡件故障“三取一”自动停止试验功能组。该条件可以避免超速保护卡件发生故障时，超速保护试验程序继续执行造成的停机事件。

2）每个通道增加超速试验允许条件：其他两个通道均未发出“转速缓冲输出扰动”信

号，延时 5s，当试验允许条件不满足，等待超时后，自动退出超速试验。该条件可以避免"转速缓冲输出扰动"时，超速保护试验程序继续执行造成的停机事件。

改造完成一年多来，共进行了 30 多次超速保护试验，发生过 3500/53 卡件故障，避免了停机事件。尽管因为 3500/53 卡件本身固有的特性，每次试验都出现"转速信号扰动"，但经过增加了试验期间的闭锁逻辑，消除了误动跳机的隐患。经过改造后，每次试验既达到了超速保护动作的动作可靠性，又消除了误动的可能性，保证了机组的安全运行。

【案例 53】再热器出口空气阀自动开启造成机组低真空跳闸

【事件过程】某电厂机组启动，点火、全速至并网，约 11min 后机组因"低真空"跳闸。

【原因分析】检查发现，再热器出口空气阀自动开启造成低真空，而 DCS 再热器出口空气阀开/关的逻辑是再热器出口空气阀在机组启动条件中必须投"自动"且为"关闭"状态，当机组启动到达 3000r/min 全速后，其控制逻辑会使再热器出口空气阀自动开启。

【防范措施】控制逻辑设计存在问题，因为在汽轮机高压缸进汽前，再热器与汽轮机高、中压缸相通，而汽轮机高、中压缸又与凝汽器相通；因此在汽轮机高压缸进汽前再热器一直处于负压状态，没有放空气的需求。但是该阀的控制逻辑在设计中未考虑到这些因素而留下隐患，从而导致了机组低真空跳闸。

【案例 54】控制逻辑设计不完善引起两台凝结水泵停运故障

【事件过程】某电厂 300MW 机组 DCS 控制部分采用 TOSMAP-DS 控制系统。11 月 18 日 6：10，运行人员进行动力设备定期倒换工作。目标是将 1 号凝结水泵倒为 2 号凝结水泵。运行人员启动 2 号凝结水泵，2 号凝结水泵出口门保护联开，在开启的过程中 1 号凝结水泵跳闸，其泵出口门保护联关，瞬间 1 号凝结水泵又保护联起，运行人员手动停运 1 号凝结水泵，同时 2 号凝结水泵跳闸，运行人员手动操作启动 1、2 号凝结水泵均未成功。机组汽动给水泵密封水取自凝结水母管，因压力低，被迫停运汽动给水泵，切给粉机炉侧熄火，负荷由 210MW 降至 17MW。6：17，运行人员将凝结水主调节门打至关位，将 2 号凝结水泵启动，设备按顺序恢复运行。

【原因分析】检查凝结水泵控制逻辑设计有"两台凝结水泵，当凝结水流量不大于 300t/h，并且凝结水母管压力不小于 3.0MPa 时，停运原运行凝结水泵"。当时机组负荷为 210MW，除氧器水位为 155mm（正常水位为 0±200mm），主凝结水调节汽门投"自动"方式，凝结水母管压力 2.98MPa，凝结水流量为 340 t/h 左右（供热期），并且主凝结水调节汽门开度在 20%左右。再启动 2 号凝结水泵，合入 2 号凝结水泵电源开关，机组控制逻辑判断为 2 号凝结水泵为"运行"状态，由于除氧器水位呈升高趋势，主凝结水调节汽门逐渐关闭，造成"凝结水流量不大于 300t/h，并且凝结水母管压力不小于 3.0MPa"工况出现，保护动作停运 1 号凝结水泵（原运行泵）。又由于"凝结水泵出口母管压力低小于 1.5MPa"同时"1 号凝结水泵联锁开关投入位"具备，保护动作 1 号凝结水泵联起。运行人员采用手动停运 1 号凝结水泵，同时因满足"两台凝结水泵，当凝结水流量不大于 300t/h，并且凝结水母管压力不小于 3.0MPa 时，停运原运行凝结水泵"条件，同时造成 2 号凝结水泵跳闸。由于凝结水主调节汽门开度在 20%左右，不满足凝结水泵启动条件"凝结水母管压力大于 1MPa 或凝结水主调节汽门在关位"，因此，运行人员之前操作启动 1、2 号凝结水泵均未成功。

凝结水泵保护逻辑的设计存在不合理之处，在低负荷期或凝结水流量较低情况下不便于运行人员倒泵操作。同时，反映了部分运行人员存在对凝结水泵保护逻辑不熟悉的问题。

【防范措施】

(1) 在保护逻辑未完善前操作要求：①在启动备用凝结水泵之前，检查凝结水流量应不小于500t/h，并且凝汽器、除氧器水位（除氧器适当降低水位）正常；②如果凝结水流量不大于500t/h时，适当开启最小流量再循环门部分，使凝结水流量不小于500t/h；③倒换结束或试验结束后，及时关闭最小流量再循环门，保持凝汽器及除氧器水位正常。

(2) 利用机组检修机会，由热控检修人员对凝结水泵保护逻辑进行完善，增加凝结水泵联锁保护投退开关，便于运行人员在低负荷或低凝结水流量情况下进行倒泵操作，防止类似事件的发生。

(3) 运行人员要加强对所辖设备热控保护逻辑的培训，提高其操作水平。

【案例55】PLC控制逻辑不合理导致循环水泵跳闸

【事件过程】某电厂2×300MW机组，共配置四台SEZ1600-1345/1100型循环水泵。每台机组有A、B两台循环水泵，均采用母管制供水，双泵并联，出口连通，互为备用，泵的出口门采用的是蓄能罐式液压控制缓闭止回蝶阀，其液压系统型号为HYZ2400，较传统的电动蝶阀能够在较短的时间内快速关闭。液压控制蝶阀采用PLC控制，既可就地操作也可远距离操作，并且可实现泵阀联锁。8月23日15：32，1号机组循环水泵2跳闸。

热控人员通过分析历史曲线，发现循环水泵2出口蝶阀自动关闭，导致循环水泵2跳闸。蝶阀的控制是由就地柜通过PLC实现的，热控人员通过检查PLC输入输出信号发现输入信号X0、X1都为1，即切换泵阀联动方式与单动方式的信号一起来，导致输出信号Y2、Y3为0，电磁阀YV1、YV2同时失电，蝶阀关闭。更换切换开关，蝶阀自动关闭的故障解除。当热控专业检修人员完成恢复电源，将PLC系统投入正常工作后，运行人员将切换开关切回泵阀联动方式下。几分钟后，检修人员发现蝶阀2突然自动开启，运行人员赶紧将切换开关切回单动方式，单动关阀，将蝶阀关闭。同时热控检修人员检查了PLC的输出状态，发现在蝶阀开启过程中Y2、Y3状态为1，赶紧切断电源，将PLC停止工作。原因为每台机组的两台循环水泵采用母管制供水，出口连通，在蝶阀2开足而对应的循环水泵2没有运行时，循环水会倒流，不仅会使循环水泵2倒转损坏泵轴，还会严重影响1号机组的运行安全。若是1、2号机组之间的循联门打开，则会影响两台机组的安全运行。因此热控检修人员对这个故障的处理非常慎重。

【原因分析】对蝶阀故障的原因分析，主要从了解PLC逻辑控制和理解蝶阀液压控制系统的工作原理两方面着手。

(1) 图3-2是该蝶阀系统的PLC控制逻辑。根据该PLC逻辑可以看出，在单动方式下，单动开阀指令来，Y2、Y3输出为1，蝶阀开启，到15%暂停后继续开；单动关阀指令来，Y2、Y3输出为0，蝶阀关闭。在联动方式下，联动开阀指令来，Y2、Y3输出为1，蝶阀开启，到15%暂停后继续开；联动关阀指令来，Y2、Y3输出为0，蝶阀关闭。无论在单动方式还是联动方式，Y2输出为1后，若蝶阀15%信号来，MO输出为1，Y3输出为0，阀门保持原位；在切换开关切换联动方式与单动方式过程中，Y2输出为1、Y3输出0，阀门保持原位。

（2）图 3-3 是 HYZ2400 型液压系统工作原理。当油泵运转时，液压油经单向阀 6-1、6-2 流向系统，YV1、YV2 失电，蝶阀处于关闭状态，打开截止阀 11-1、11-2，油泵开始向蓄能罐供油。当油压升至 17MPa 时，压力控制器 9 发出信号，电动机停止运转，油泵停止工作；当系统压力降至 14.5MPa 时，压力控制器 9 发出信号，电动机启动，油泵向系统供油至压力升到 17MPa 时为止。系统以蓄能罐作压力油源，油泵仅用于补充蓄能罐所损失的压力油。

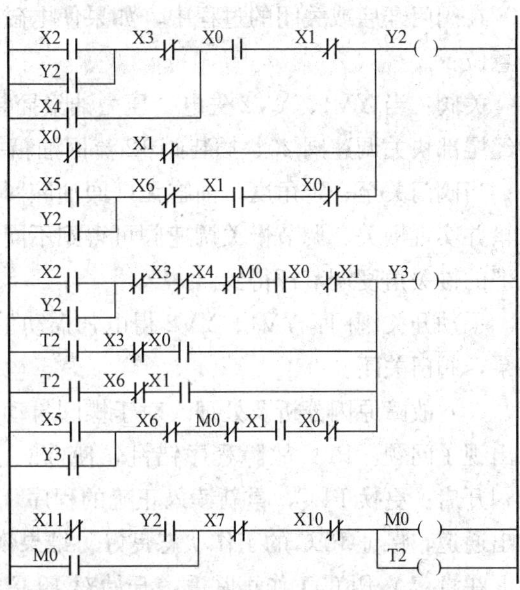

图 3-2　循环水泵蝶阀系统的 PLC 控制逻辑

X0—单动模式；X1—联动模式；X2—单动开阀信号；X3—单动关阀信号；X4—单动停阀信号；X5—联动开阀指令；X6—联动关阀指令；X7—开阀到位触点；X10—关阀到位触点；X11—15%时联泵信号；Y2—输出电磁阀 YV1 信号；Y3—输出电磁阀 YV2 信号；M0—开阀到 15%时暂停信号

开阀：开阀时，电磁球阀 14、17 上的电磁铁 YV1、YV2 同时得电，压力油使插装阀 12、15 关闭，使液控单向阀 13 打开，油液经液控单向阀 13 和油缸尾部的单向阀进入油缸无杆腔，推动活塞杆伸出并带动阀门蝶板开启；有杆腔回油经节流阀 16 和电磁球阀 17 流回油箱；调节节流阀 16，可控制开阀的时间。

保压：阀门打开后，液压系统由蓄能罐保压，保压的上限压力值为 17MPa，随着保压时间的增长，极微量的泄漏使油压慢慢下降，当降至 14.5MPa 时，压力控制器 9 发出信号启动电机，油泵开始向蓄能罐补充压力油，至油压上限值 17MPa 后停止工作。即使在阀门关闭状态，以同样的方法也可实现保压。

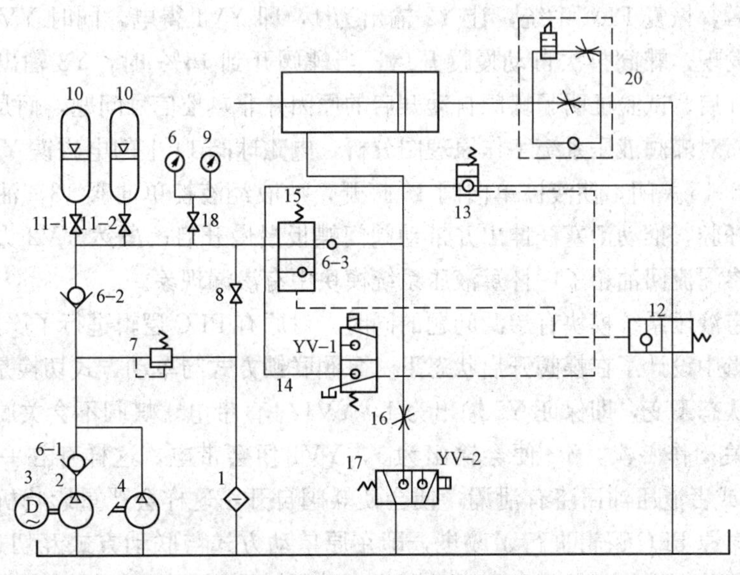

图 3-3　蝶阀液压系统原理

在阀门开启或关闭的过程中，如果使电磁铁 YV1 得电、YV2 失电，阀门的蝶板即停在任意位置。

关阀：当 YV1、YV2 失电，压力油经插装阀 15，单向阀 6-3 到油缸有杆腔，无杆腔回油经尾部快关调速阀 20、插装阀 12 流回油箱并实现快关。调节快关调速阀，可控制快关时间；当阀门关至一定角度，油缸无杆回油腔回油经油缸尾部慢关调速阀 20、插装阀 12 流回油箱并实现慢关、调节慢关调速阀可得到不同的慢关时间，不同的切换角度可通过调节油缸尾部的慢关角度调节杆得到。

手动开关阀门：YV1、YV2 得电，摇动手动泵，阀门打开；YV1、YV2 失电，摇动手动泵，阀门关闭。

(3) 故障原因分析及处理。对于蝶阀自动开启故障分析，根据经验，首先怀疑 PLC 控制出现了问题。PLC 故障程序错乱，使 Y2、Y3 输出为 1，导致电磁阀 YV2、YV3 得电，蝶阀开启。更换 PLC，重新读入正确的程序，同时检查 PLC 的工作电源，核对 PLC 的输入输出通道，保证 PLC 的工作状态良好。结果恢复系统后，蝶阀仍然自动开启。

在肯定了 PLC 工作正常后，开始对 PLC 输入输出信号设备进行梳理，检查 PLC 输入输出信号的接线电缆。根据蝶阀液压系统工作原理得知，阀门开启是由于电磁阀 YV1、YV2 得电。考虑到有可能是电磁阀故障，先更换了这两只电磁阀，同时检查两只电磁阀的电缆接线良好，无接地现象。根据 PLC 逻辑分析，YV1、YV2 得电原因为 Y2、Y3 输出同时为 1。而 Y2、Y3 同时输出为 1 的条件是单动方式下单动开阀信号来或者联动方式下联动开阀信号来，认真检查单动开阀信号、联动开阀信号、电缆接线，核对了蝶阀的开、关和阀位 15%的行程开关状态反馈均正常后，恢复 PLC 系统，但蝶阀再次自动开启。

仔细研究前几次的调查，发现无论蝶阀是在联动方式或者在单动方式下都会自动开启，同时还发现切换开关在联动方式与单动方式下互切一次会使 Y2 输出为 1。根据 PLC 逻辑，无论单动方式还是联动方式，Y2 输出为 1 后，若蝶阀 15% 信号来，Y3 输出为 1。蝶阀 15% 的信号回路已经检查过不存在问题，于是考虑是否油回路有问题，为此进行试验，在做好安全措施后，恢复 PLC 系统，让 Y2 输出为 1，即 YV1 得电，同时 YV2 是失电状态。观察几分钟后发现，蝶阀再次自动慢慢开启，当蝶阀开到 15% 时，Y3 输出为 1，YV2 得电，蝶阀迅速开启。试验证明了蝶阀自动开启的原因并非热控信号问题，而是蝶阀液压系统油回路有问题。对蝶阀液压系统工作原理图分析，电磁球阀 14 上的电磁铁 YV1 得电，压力油使插装阀 12、15 关闭，使液控单向阀 13 打开，油液经液控单向阀 13，油缸尾部的单向阀进入油缸无杆腔，推动活塞杆伸出并带动阀门蝶板慢慢开启；虽然 YV2 失电，但有杆腔回油肯定慢慢渗漏流回油箱了，怀疑液压系统模块中有渗漏现象。

在检查确定液压系统模块有渗漏问题的同时，对原有 PLC 逻辑进行了严谨细心的分析，发现原厂家逻辑中设计了在蝶阀开启状态下，泵阀联锁方式与单动方式切换是无扰的，保证了蝶阀开启的状态不变，即保证 Y2 输出为 1，YV1 一直带电，蝶阀不会关闭。但是阀门关闭后，切换开关动作一次，Y2 便会输出为 1，YV1 便会带电，这样存在一个隐患：若是 15% 信号误来或者液压油回路有泄漏，便会使蝶阀自开，这样会严重影响机组的安全。经分析讨论后，对原 PLC 逻辑进行了改进，即在原单动方式与联动方式互切过程中保证 Y2 的输出不变的回路中增加了蝶阀关闭的动断触点信号，这样，既满足了原厂家设计的要求，保证在蝶阀开启状态下切换开关实现无扰切换，蝶阀不会关闭，同时在蝶阀关闭状态下切换开关不会引起 Y2 输出为 1，YV1 一直失电，蝶阀也不会开启。具体改进工作如图 3-4 所示。

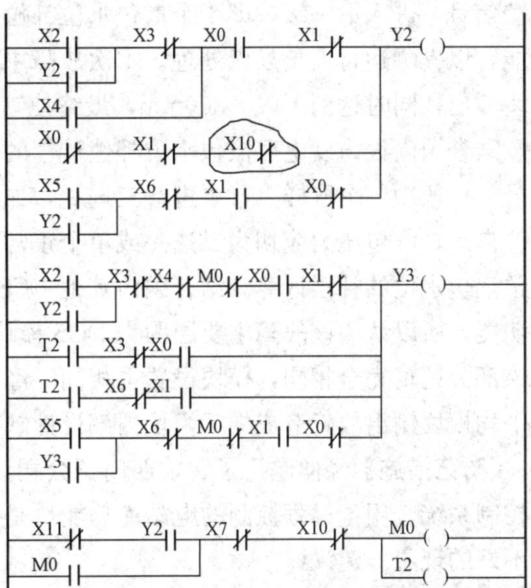

图 3-4　循环水泵蝶阀系统的 PLC 控制逻辑改进

X0—单动模式；X1—联动模式；X2—单动开阀信号；X3—单动关阀信号；X4—单动停阀信号；X5—联动开阀指令；X6—联动关阀指令；X7—开阀到位触点；X10—关阀到位触点；X11—15%时联泵信号；Y2—输出电磁阀 YV1 信号；Y3—输出电磁阀 YV2 信号；M0—开阀到 15%时暂停信号

【防范措施】

（1）对于热控设备故障的处理不能仅限于常规思路考虑。对于直接测量控制的设备发生故障，我们可以检查电源电气回路、热工控制回路、电磁阀、阀位反馈、测温测压元件、仪表等。但对于控制系统间接控制的设备发生故障，我们应该检查热控设备，同时应该将被控制的系统考虑在内。例如，这次蝶阀自动开启，表相上是 PLC 程序控制的，但追究问题本质，PLC 程序是通过控制液压油系统实现蝶阀的开启和关闭。故障原因事实证明是液压油系统中的渗漏导致蝶阀自动开启的。在电厂中，诸如此类的控制系统间接控制的设备还有很多，例如，汽轮机、给水泵汽轮机、调节汽门是 DEH 系统通过控制抗燃油实现阀门调节的；还有很多气动阀门也是通过电控信号控制气回路实现阀门的开启与关闭；因此对于这些设备的故障分析处理，要进入更深层次的考虑查找原因，而不是单单检查控制系统本身设备。

（2）蝶阀厂家原 PLC 逻辑中设计了在蝶阀开启状态下，泵阀联锁方式与单动方式切换是无扰的，保证了蝶阀开启的状态不变。但是逻辑不够严谨，没有考虑到在泵停运阀门关闭后的这一逻辑可能对机组运行造成更严重的后果。因此，对厂家资料也要在认真分析的基础上，从不同角度、不同方面全方位的去考虑分析问题，将热控逻辑控制和联锁保护上升一个台阶以达到更高的要求，既要保证设备的安全，更要保证机组系统运行的安全。

【案例 56】汽包压力补偿方式缺陷引起汽包水位低保护导致 MFT

【事件过程】1 月 13 日 6：43：39，某电厂 1 号机组负荷 217 MW，DCS 汽包水位 1、2、3、4 分别在＋20mm 左右，机组运行稳定。6：43：43，4 个汽包水位突然同时降至－300mm，导致 MFT 动作，锅炉停运。MFT 保护首出原因为“汽包水位低三值”。6：46 再热蒸汽温度下降 50 ℃，汽轮机跳闸，发电机解列。

【原因分析】1 号机组锅炉汽包水位采用常规单室平衡容器测量方式，该方式在火力发电厂汽包炉中被大量使用，从取样测量到补偿计算都是比较成熟的技术。调出 DCS 历史趋势发现在故障区间，汽包水位平衡容器变送器输出量没有发生跳变，随后调出用于水位补偿计算的汽包压力 1、2、3 测点的历史曲线，发现由于变送器零偏，汽包压力测点 1 与其他 2 个测点的偏差增大，6：43：43 达到 1MPa。当偏差大于 1MPa 后汽包压力三取平均模块发报警信号，进入下一级，即4个汽包水位补偿计算模块，该报警信号应实现水位计算值报警功能，以提醒运行人员加以处理。本次故障中汽包水位补偿计算模块接到该信号后超驰4个模块输出，同时达到下限－300mm，最终使锅炉主保护动作。

结合国内火力发电厂汽包水位补偿计算的经验，汽包压力参与汽包水位补偿计算为重要信号，一般为3个取样点，再进行三选一，如果有坏质量或偏差大等状况应发出报警并切除水位自动，汽包压力应切为二选一或单个正常信号，保证汽包水位的正常监视功能，而不应干预汽包水位的补偿计算。结合国内其他DCS汽包水位的补偿计算均没有超驰水位补偿计算功能，所以认为该故障主要原因为DCS模块功能设计有缺陷。经核对1号机组和2号机组该部分逻辑完全相同，模块设置也相同。经分析，上述情况的发生是由水位补偿模块、三取平均模块输出故障造成的，模块内部设计缺陷是故障发生的直接原因。

【防范措施】经向电厂了解，西门子公司认为PCS7系统是西门子工业自动化公司开发的控制系统，用于过程控制的电站库功能块是西门子电站自动化公司开发的，可能存在兼容性不好的现象。建议：

（1）电厂加强日常维护检查。

（2）与西门子公司联系尽快制订出可行方案，解决软件中存在的问题，以保证系统的安全可靠运行。

【案例57】燃油启动锅炉程序设计不当引起爆燃超压故障

【事件过程】某电厂新建工程，配备2台郑州锅炉有限责任公司生产的35t/h燃油快装锅炉作为启动锅炉。启动锅炉型号为快装燃油炉SZS35-1.6/350-Y。其燃烧器结构和启动锅炉燃油系统如图3-5和图3-6所示。

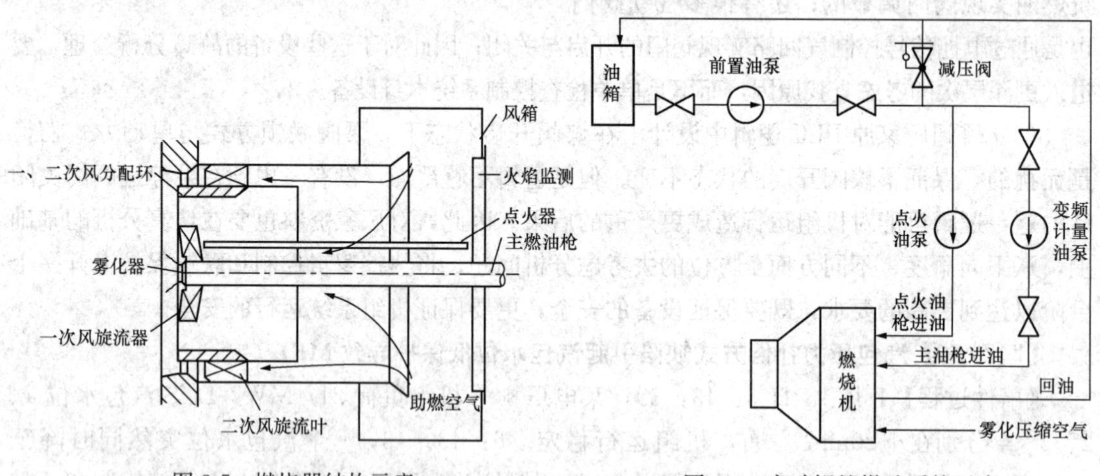

图3-5　燃烧器结构示意　　图3-6　启动锅炉燃油系统示意

2台启动锅炉经厂家技术人员调试后，均存在以下问题：

（1）在正常执行自动启动程序时，主油枪点着火的瞬间，现场能够听到剧烈的爆燃声，炉膛压力正压严重超标，如果不将炉膛正压保护退出，锅炉不能维持燃烧，即启动锅炉不能点火成功。设计炉膛正压保护值为900Pa，而主油枪点着火时炉膛压力常常突升至1500Pa左右，最高时达到2000Pa，有时甚至导致防爆门突然打开。

(2) 在正常执行自动停炉程序时，当主油枪断油熄火、送风机和引风机停运之后，炉膛也会发生爆燃正压，现场也能听到爆燃声。

制造厂家技术人员反复试验后，启动锅炉点火时仍超压严重，只有退出正压保护才能维持点火成功，且认为停炉时的正压是程序设计好了的，没有办法解决。这使得启动锅炉存在很大的安全隐患，不能保证启动锅炉的安全运行。

【原因分析】经电力科学研究院热工人员对启动锅炉的自动启动程序和自动停炉程序的详细分析，并对燃油点火系统进行仔细检查和研究后，发现产生上述问题的主要原因：

(1) 主油枪点着火时，炉膛超压严重的原因是点火时燃油量过大。该型号的燃油启动锅炉，每台锅炉配备一支非常小的点火油枪，在主油枪点燃之后自动退出，一支出力约为2.78t/h的主油枪，其受热面设计紧凑，炉膛容积较小。当点火枪着火稳定后，主油阀打开，大量的燃油进入炉膛，当主油枪被点燃的瞬间，造成炉膛内空气迅速膨胀，从而造成炉膛压力快速升高。众所周知，当一台大锅炉在点燃一支出力为1.2t/h（甚至更小）的油枪时，炉膛压力也会瞬间变正，而如此小的锅炉点燃如此大的油枪时，炉膛压力显然是很难控制的。因此，主油枪点火时炉膛超压严重的根本原因就是该过程中喷入炉膛的油量过多。

(2) 自动停炉时，炉膛爆燃正压的原因为停炉程序设计错误。制造厂设计的自动停炉程序为发出停炉指令后，主油枪断油和送风机、引风机停运同时进行，之后还有一个主油枪吹扫步序，恰恰就是在主油枪吹扫时发生炉膛爆燃，炉膛正压。众所周知，正常程序应为在炉膛熄火后，应对炉膛进行一定时间的吹扫，以防止锅炉爆燃。而制造厂程序不仅没有设计吹扫时间，还将主油枪吹扫放在了风机停运之后进行，高温下的炉膛喷进燃油产生爆燃是必然的。

【防范措施】针对启动锅炉存在的上述问题，在分析并找到其产生的原因之后，我们提出了相应的改进措施，在说服制造厂家代表后又进行了多项试验，找到了行之有效的方法。

(1) 主油枪点火时炉膛爆燃超压问题的解决及效果。根据造成主油枪点火时炉膛爆燃超压问题的原因分析，要想解决这一问题的关键是减少点火时的进油量。在油枪数量已经不可改变的情况下，因为油枪雾化使用的是压缩空气雾化，所以采取了降低燃油压力的方法。本着既解决问题又便于操作的原则，在进行了多项试验、找到了行之有效的方法和最佳工况点（主油枪点火时既不超压，又不会因燃油量过小被风吹灭）之后，最终对燃油系统进行了如图3-7中所示的改造：在制造厂家原设计燃油系统和启动点火程序基本不变的情况下，给前置供油泵加装一根再循环管，并加装一个手动截止阀。在启动锅炉点火前，用其将燃油压力调节至0.2MPa，当主油枪点燃后，再将其全关。如此改造后，既解决了主油枪点火时爆燃超压问题（主油枪点燃时炉膛压力瞬间正压仅为100～200Pa），又不影响启动锅炉点火后的带负荷运行。

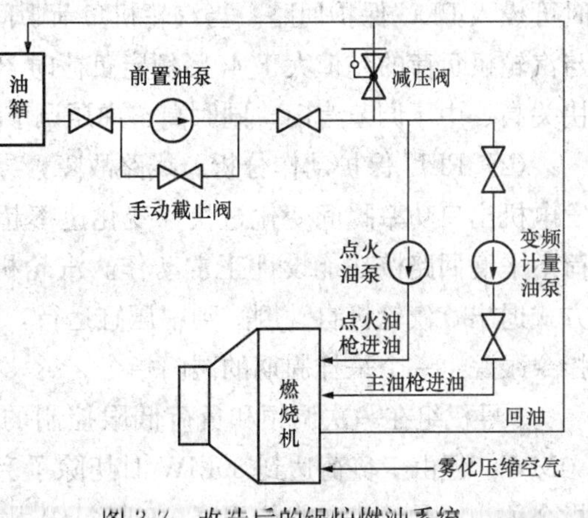

图3-7　改造后的锅炉燃油系统

(2) 停炉时炉膛爆燃正压问题的解决及效果。我们要求制造厂家热控人员将自动停炉控制程序进行了修改。首先，将主油枪断油熄火与送风机和引风机停运分解，不能同时进行；第二，将主油枪熄火后的吹扫安排在主油枪断油熄火后与风机停运之前进行；第三，在油枪吹扫之后，增加了炉膛吹扫，在完成炉膛吹扫之后，才停运送风机和引风机。完成控制程序逻辑修改之后，经自动停炉试验，停炉过程非常平稳。

【案例 58】机组 PLU 保护设计不合理导致多台机组同时跳闸

【事件过程】9 月 19 日 17：33：38，某电厂 9 号机组 288MW 负荷、10 号机组 300MW 负荷以 AGC 控制方式运行。17：33：39，9、10 号机组负荷突降，逆功率保护动作。9 号机组 17：33：38 功率到 0 后功率稍有反弹。17：37：14，汽包水位低，低 MFT 动作，程控逆功率保护动作，汽轮机跳闸；主变压器 220kV 开关、发电机灭磁开关跳闸。10 号机组 17：33：38 功率到 0。17：33：53，发电机逆功率保护动作，发电机-变压器组跳闸，主变压器 220kV 开关、发电机灭磁开关跳闸，各汽门关闭、转速下降。锅炉 MFT 动作首发原因为发电机-变压器组保护动作。

【原因分析】事件发生后，热控人员现场检查后发现 9、10 号机组功率-负荷不平衡（PLU）保护动作，导致机组跳闸。电网故障情况：外沙变电站外海 2Q32 线发生 C 相接地故障（因起重机吊臂误碰导致 C 相接地），单相跳闸重合失败跳三相。PLU 是东方汽轮机厂（东芝）机组特有的一项保护逻辑，其目的是当汽轮机带载突降时（机组甩负荷、对侧的变电站线路跳闸，荷载突降），快关高、中压调节汽门（CV 与 ICV），抑制汽轮机转速的飞升，避免汽轮机超速，保护动作持续 2s（2s 脉冲）。其动作逻辑条件是“表征机组负荷的参数（再热器压力或调节级压力）和表征发电机组的参数（发电机电流或发电机功率）之差大于 40％且发电机电流（功率）的减少超过 40％/10ms”。功能通过 DEH 的控制器实现。9 月 19 日由于受电侧一条出线跳闸，系统瞬间短路，引起 9、10 号机组发电机功率信号瞬间快速下降，导致两台机组 PLU 保护动作。查 PLU 保护动作前后时间，机组转速一直是稳定在 3000r/min，根据机械转动的能量平衡可知，虽然功率信号瞬间是快速降低，而实际汽轮机的荷载并没有受影响；从逻辑看，保护动作正确，但从系统分析，机组 PLU 保护实际没有必要动作。同时参照上海汽轮机厂机组的防超速保护设计原则，目前东方汽轮机厂机组的 PLU 保护设计考虑不够全面、过于谨慎，增加了保护不必要动作的概率。

（1）PLU 保护逻辑。9、10 号机组 DEH 系统把再热蒸汽压力计算值作为汽轮机的功率信号，把发电机的实际功率作为汽轮机负荷信号，汽轮机负荷大于 20％额定负荷（60MW）时可投入 PLU 保护回路。当汽轮机负荷瞬间减少（变化率大于 0.6MW/ms）且汽轮机功率与汽轮机负荷的差值大于 40％额定负荷时 PLU 动作，通过高、中压调节汽门的快关电磁阀快关高、中压调节汽门，同时高、中压调节汽门指令清零。

（2）PLU 保护动作分析。线路故障，导致高负荷运行的 9、10 号机组 DEH 系统收到的发电机出口功率瞬间变化过快，变化速率超过限值（0.6MW/ms），DEH 中设计的功率-负荷不平衡回路按功能设计正常动作。汽轮机高、中压调节汽门快关，负荷指令到 0，AGC 方式退出，汽轮机自动倒缸到中压缸运行，调节汽门控制自动切至阀门控制方式，调节汽门指令跟踪上一个采样周期的阀门指令。

9 号机组在一次调频和负荷低限控制的作用下，中压调节汽门开始开启，负荷回升到 80MW，但由于负荷达到 80MW 时切除了旁路流量，主蒸汽流量值减小，电动给水泵勺管指令关小，导致汽包水位下降，9 号机组由于汽包水位低低跳闸。而 10 号机组由于阀门反馈与指令之间存在偏差，阀门指令抵消了一次调频和负荷低限控制的作用，导致发电机-变压器组保护动作（逆功率保护动作后15s发电机-变压器组保护动作）。

（3）电功率测量变送器。为确定相关DEH系统功率测量信号的准确性，10月4日，电力试验研究院热机所、系统所和热工所相关人员对10号机组进行了现场试验，之后在实验室内进行了试验分析，发现用于PLU逻辑中电功率测量的变送器存在以下问题：三相电路出现严重不对称工况下，有功功率计算准确性存在较大偏差。

由于事发时220kV线路发生C相故障，因此在试验室内采用BCA、CAB相序回放故障录波数据，对应模拟220kV线路发生A相故障和B相故障。分别记录变送器的输出情况，发现有较大差异，具体如图3-8所示。

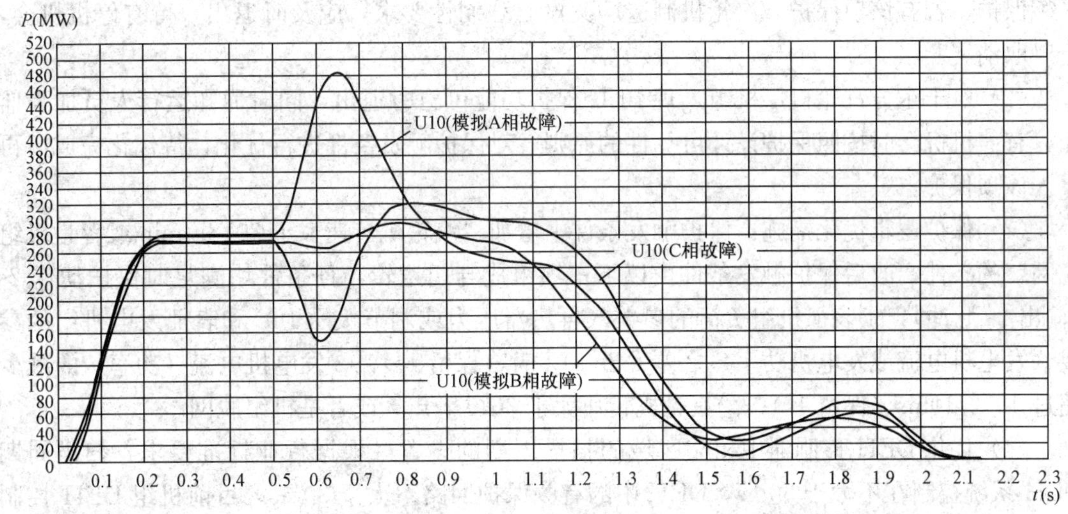

图3-8　FPWT-201型电测量变送器模拟不同线路重合故障时的动态响应情况

由于故障时三相电流存在明显差异，采用两元件的功率变送器未能在此工况下准确的推算出第三相功率，因此测量出的三相功率值仅与已测量的两相功率有关，与故障录波数据（重合闸期间的有功功率最低值为249.4MW）存在明显偏差。

在电气到DEH系统的功率变送器输入侧回放故障录波数据，并结合实验室试验结果推测，在C相接地这种严重不对称工况下，线路故障发生时，9、10号机组功率测量变送器输出的有功功率值已经达到PLU内部逻辑相关定值，从而导致PLU功能动作。

目前，9、10号机组电气到DEH系统的功率测量变送器适合于测量稳态数据，并不适合于测量外界线路故障而导致功率突变的工况，尤其是该类型功率变送器采用的三相两线制的接法，在线路出现单相严重故障时，会造成测量结果严重畸变。

（4）DEH系统扫描周期。电厂9、10号机组DEH系统的运算扫描周期是100ms，是否保证功率信号采样和PLU快速回路的运算准确性，需要进一步验证。

（5）主设备情况。9、10号机组是东方汽轮机厂按日本日立公司技术制造的300MW亚临界、中间再热式、高中压合缸、两缸两排汽、凝汽式N300-16.7/538/538型汽轮机。汽轮机控制系统采用Ovation公司的软、硬件平台，由东方汽轮机厂进行逻辑和画面组态。汽轮机正常启动方式为中压缸启动，配置德国HORA公司生产的两级串联气动高、低压旁路系统［高压旁路容量是额定压力温度下的40%锅炉最大出力（BMCR）流量，低压旁路容量是40%BMCR流量再加高压旁路的喷水量］，可实现低负荷下的停机不停炉。9、10号机组没有设计汽门快控（FVA）功能，软、硬件也难以达到FVA的要求。

在发生PLU动作后，机组会因调节汽门快关而快速减负荷到0，甚至逆功率，对机组扰动极大。由于负荷无法快速恢复，工况变化大，汽轮机、锅炉与辅助设计很难协调运行，机组极易发生因参数波动大而停运的情况。因此需要论证机组OPC超速保护中PLU功能的合理性，改进汽轮机超速控制（ACC）保护功能，使其满足汽门快控需要。

【防范措施】根据上述分析，提出以下防范措施：

（1）组织专业人员检查、确认本厂机组（非东方汽轮机厂机组）是否存在负荷-功率不平衡保护，若有该项保护，汽轮机制造厂又没有强制性要求，应及时退出，待有停机机会，予以取消。

（2）对于东方汽轮机厂机组，现PLU保护功能可暂时退出，同时通知运行人员加强监控，有停机机会时按照保护设计可靠性的原则，对保护触发条件进行优化，待优化完成后再投入该项保护。

（3）保护逻辑优化措施：保护触发条件中增加“汽轮机转速大于3018r/min或者是机组脱网”的条件，改后保护触发条件由以下三项组成与门逻辑，且条件均满足时保护动作2s（输出2s脉冲）：①表征机组负荷的参数（再热器压力或调节级压力）和表征发电机组的参数（发电机电流或发电机功率）之差大于40%时（保留1s）；②发电机电流（功率）的减少超过40%/10ms（保留1s）；③汽轮机转速大于3018 r/min或者是机组脱网。

（4）优化DEH控制器中相应区域的扫描周期的设置（根据行业标准要求，扫描周期DEH系统控制在不大于50ms，DEH中的有关保护回路不大于30ms。目前机组DEH控制器中，负责PLU逻辑运算和保护动作的控制器区域扫描周期有的设为100ms，这不符合行业标准和系统重要性的要求）。

（5）鉴于在防止汽轮机超速方面已经存在多重保护，建议集团公司组织有关力量，进一步研究汽轮机PLU保护存在的必要性。

关于（3）保护逻辑优化措施的说明：

1）增加汽轮机转速大于3018 r/min条件是为了检测汽轮机荷载确实大幅降低，汽轮机转速已有初步飞升。

2）定值设为3018 r/min，可以避开电网频率波动的影响；当系统确有异常时，也不影响保护的功能（按照机组全容量甩负荷的试验数据，机组转速飞升速率约为45r/min/100ms，18r/min转速使PLU保护比原来略微有迟滞）。

3）信号保留1s的目的为了避免在18r/min转速飞升的时间里，信号消失。

4）增加机组脱网的信号，目的是在甩负荷工况时能够快速动作［原逻辑中设计有脱网信号迟延2s切除PLU保护的逻辑，与3）的条件不冲突（保护动作2s）］。

5）根据热工保护可靠性要求，转速信号应三取二应有转速信号坏质量剔除功能。

【案例59】循环水泵出口电动蝶阀的电控箱设计不合理导致涡轮减速箱损坏

【事件过程】1月23日16：15，5号机组A循环水泵出口阀变频器送电显示频率－50Hz，按正常操作复位5号机组A循环水泵变频时，一声巨响，该出口电动蝶阀涡轮减速箱破裂，事后点检、检修到现场查看，确认该减速箱已完全报废。购买备品到货换上后，1月28日11：00，热工调试过程中该出口电动阀涡轮减速箱再次打坏破裂，重购设备。两次事件不但直接造成费用损失，还造成主机运行失去重要备用。

【原因分析】事发后检修、机务、起重、热工人员进行抢修、安装、调试。经与制造商一起现场调查、分析与试验，查明事件原因是制造商电控箱线路不合理，在失电后特定时间段（约3～6s内）电源复位时工频关指令接点时序巧合，短暂（几秒内）失去限位功能，引发第一次故障发生。第二次故障是调试中电动头行程限位开关未动作引起5号机组A循环水泵出口蝶阀涡轮减速箱损坏。

【防范措施】改进电控箱线路设计，消除故障隐患。加强调试阶段设备联调试验管理，避免设备拒动事件再次发生。

【案例60】胀差设计安装位置不合理导致胀差测量异常

【事件过程】某电厂2号机组汽轮机是NZK200-12.75/535/535型汽轮机，超高压、一次中间再热、单轴、双缸、双分流、双排汽、直接空冷凝汽式汽轮机。其调节系统是采用高压抗燃油数字电液调节系统。在机组第二次冲转定速10h，进行汽轮机及热工试验过程中，汽轮机低压缸胀差开始增大，在定速12h后，汽轮机低压缸胀差增大接近保护定值＋6mm（实际值为＋5.98mm），只好打闸停机检查。第一次并网负荷达到50MW时，汽轮机低压缸胀差值又开始增大，检查汽轮机其他运行参数正常。

【原因分析】通过对胀差测量回路的检查和对运行工况以及胀差传感器安装位置的分析，认为胀差增大原因是低压缸胀差取源位置选择不合理，测量的是转子在轴向方向的绝对膨胀。

【防范措施】经讨论，将汽轮机低压缸胀差大停机的保护定值改为＋8mm投入运行，问题得以解决。

【案例61】逻辑设计缺陷引起严密性试验后起机过程中造成转速飞升

【事件过程】10月18日，在1号机组A修启动后，运行人员开始进行主汽门严密性试验，主汽门关闭，根据当时运行工况和设计要求，在转速下降到581r/min时，机组应自动跳闸，7：04转速已到，但机组未自动跳闸，运行人员手动打闸停机并立即挂闸恢复运行。7：09，恢复挂闸运行后，运行人员发现高压主汽门阀位指令由0直接给到100，主汽门也开启，转速由434 r/min上升至673r/min，运行人员立即打闸停机并通知热工专业值班人员，热工专业值班人员立即对逻辑进行检查，对造成主汽门开启的控制回路进行检查、监视、查看各种参数记录，未发现异常。经与运行人员协商后，热控专业人员在控制逻辑内对高压主汽门指令参数进行监视，在运行人员做好各种事故预想后，于7：26再次进行挂闸运行，主汽门再次开启，运行人员立即打闸停机。热控专业人员监视发现，确实有阀门开启指令从控制逻辑出口发出，热工专业组织专业人员联合对控制逻辑检查、分析，未发现问题。经专业研究及与运行人员协商后，由热控人员在逻辑内将高压主汽门开启强制指令强制为0，同时监视主汽门的控制指令参数，9：01，由运行人员再次进行挂闸运行，此时，未发现有高压主汽门全开指令从控制回路输出，热控人员将强制信号解除，主汽门未开启，运行人员立即进行升速。

【原因分析】经过与厂家技术人员重新检查给定值逻辑，发现在目标值形成给定值的过程中，有一个闭锁逻辑，该闭锁逻辑有3个投入条件：①转速高于100r/min；②转速给定值和实际转速偏差超过20r/min；③不在临界区。当这三个条件同时满足时，闭锁逻辑投入。当转速低于100r/min，或者偏差超过20r/min，或者转速在临界区时才能将该闭锁逻辑解除。

在进行完严密性试验后，根据设计逻辑，转速目标值保持在3000r/min不变，所有调速气门保持全开，主汽门关闭，转速下降，当转速下降到2980r/min以下时，根据以上闭锁投入条件，3个条件同时满足，该闭锁逻辑投入，导致目标输出值3000r/min被闭锁，保持不变。在进行完严密性试验后，由于实际转速为550r/min左右，以上三个条件还同时满足，该闭锁没有解除，目标值仍然保持在3000r/min不变。此时，汽轮机打闸，重新挂闸运行，在发生主汽门开启的这两次事件时，一次是转速在434r/min、一次是在243r/min时进行的挂闸，这时由于闭锁逻辑没有解除，转速的给定值仍为3000r/min。当运行人员挂闸、运行时，给定值3000r/min便被触发输出，送到给定值切换回路。当给定值3000r/min被送到给定值切换回路时，按照设计，挂闸运行时，给定值应该跟踪实际转速，但由于该运行信号的脉冲时间为0（应该为1s或2s），造成给定值此时仍然跟踪目标值3000r/min，最终导致3000r/min这个数值被送到PID回路的给定值上进行运算输出，主汽门指令变为100r/min，造成主汽门开启。

【防范措施】经过分析和验证，确定此次事件的原因是逻辑设计缺陷，厂家认可逻辑设计存在的问题，决定在保持逻辑中加入汽轮机挂闸信号。当进行完主汽门严密性试验后，机组会打闸，只要有汽轮机打闸信号就可把这部分保持逻辑解除，使给定值回0。这样，既可保持升速过程中转速的稳定性，又可消除严密性试验后必须等到转速下降到100r/min以下再挂闸的弊端。

【案例62】数据库组态错误，误发“快减按钮”指令，引起运行异常

【事件过程】4月26日19：17：26，某电厂机组汽轮机指令反馈突降，从87.77%降到78.41%；负荷指令从430MW降到365MW；锅炉指令从74.27%降到59.03%；主蒸汽压力从18.46MPa上升到19.26MPa。

【原因分析】调出事件记录可见，操作员于19：17：25，在4号服务器“4号机组DEH汽轮机控制画面”调节器设定菜单，按下指令快减按钮，发出了8s脉冲信号，此信号为通信点，通过通信与DEH连接，该信号在DEH侧经过运算处理后一方面向就地调节汽门发送指令，同时反馈给DCS侧汽轮机主控在手动信号，该信号经DEH侧计算，调节汽门指令从87.77%减到78.41%，汽轮机主控撤到手动导致协调撤出进入锅炉跟随模式；协调撤出使得负荷指令跟踪实际负荷，实际负荷从430MW减到365MW；汽轮机调节汽门关小，主蒸汽压力从18.46MPa升到19.26MPa，高压旁路调节汽门从跟随模式进入压力控制模式，高压旁路调节汽门开导致锅炉主控进入手动模式。但是DCS对DEH的操作本身应该有限制，即40DEHTRLINH如果不手动置0，DCS上对DEH的任何操作将不起任何作用。进一步检查，发现40DEHTRLINH原数据库中为30DEHTRLINH，使输出抑制默认为0，因此导致了上述异常的发生。

【防范措施】通过对该原数据库中点30DEHTRLINH的修改（数据库→PROSS→CONTROLINHIBITTAG），使问题解决。

第二节　模件通道故障引发机组故障案例分析

【案例63】MARK VI通信模件I/O故障致燃气轮机跳闸

【事件过程】1月14日，某电厂2号燃气轮机3号汽轮机一拖一正常运行，2号燃气轮机负荷251MW，3号汽轮机负荷133MW，主蒸汽压力7.41MPa、温度561℃，再热蒸汽压力1.26MPa、温度560℃。14：30：43，运行人员发现MARK VI控制器系统发VCMI IO STATE EXCHANGE FOR，〈R〉FAILED（R控制器VCMI通信卡I/O状态数据交换故障），同时伴随着一些过程量报警和卡件诊断报警，检查2号燃气轮机，VA13-2显示5%状态正确，压气机入口温度示值40℃，联系热工人员处理。

14：34：08，MARK VI再次发出VCMI IO STATE EXCHANGE FOR〈R〉FAILED（R控制器VCMI通信卡I/O状态数据交换故障），并伴随其他过程量和卡件诊断报警，触发4 RELAY CIRCUIT STATUS-ESTOP PB-INVERSE（4继电器回路状态—紧急停机按钮—取反），导致2号燃气轮机跳闸，联跳3号汽轮机。

18：48，热工人员更换2号燃气轮机MARK VI〈R〉控制器的VCMI通信卡件后机组启动正常。

【原因分析】

热工人员根据燃气轮机MARK VI控制系统的SOE记录进行查看分析，发现从1月14日14：30：43开始，2号燃气轮机MARK VI的〈R〉控制器在短时间内频繁出现VCMI通信卡件故障，同时导致2号燃气轮机MARK VI的〈R〉控制器发出该控制器7、14、15、16、21槽的卡件有诊断报警以及部分过程量报警信息。包括BATTERY 125V DC GROUND（电源125V DC接地）、COMPRESSOR INLET THERMOCOPLE DISAGREE（压气机入口温度热电偶偏差大）、G1 GAS SIDE PURGE OPEN SWITCH FAILURE（PM1管路燃气侧隔离阀VA13-2开反馈故障）以及〈R〉SLOT 1 VCMI DIAGNOSTIC ALARM（R控制器1号槽VCMI通信卡件诊断报警）、〈R〉SLOT 21 VTCC DIAGNOSTIC ALARM（R控制器21号槽VTCC热电偶卡件诊断报警）等。

根据SOE记录和卡件诊断报警记录，从14：34：08开始，2号燃气轮机MARK VI的〈R〉控制器发生通信故障报警，持续3s。14：34：10，〈S〉控制器发生诊断报警“Using DEFAULT Input Data，Rack S8（使用默认输入数据，控制器S8）”，该信号表明在该时刻〈S〉控制器也处于通信中断状态，同一时刻触发“4 RELAY CIRCUIT STATUS-ESTOP PB-INVERSE（4继电器回路状态－紧急停机按钮－取反）”信号，该信号直接触发2号燃气轮机跳闸。

14：34：12，〈T〉控制器发生诊断报警“Using DEFAULT Input Data，Rack T8（使用默认输入数据，控制器T8）”，该信号表明在该时刻〈T〉控制器也处于通信中断状态。接着在16：45：59，2号燃气轮机MARK VI的〈R〉控制器再次出现VCMI通信卡件故障，并伴随其他卡件报警和过程量报警信息。

22：13，更换完成〈R〉控制器VCMI通信卡件后，经过连续36h运行观察，未再发生〈R〉控制器VCMI通信卡件故障。

根据SOE记录和报警记录，判断直接原因为MARK VI控制系统R处理器VCMI控制卡件性能不稳定，通信频繁中断导致2号燃气轮机跳闸。

根据SOE记录和报警记录判断，主要可能的起因有3点：

(1) 该VCMI通信卡件为美国GE公司2001年左右生产的产品，该产品存放了4年，上电运行6年，存在卡件性能不稳定现象。

(2) 由于MARK VI控制系统内核不完善原因，可能存在由于〈R〉控制器频繁通信故障，相继导致其他〈S〉、〈T〉控制器通信也发生故障，最终导致燃气轮机跳闸。

(3) MARK VI控制器三冗余配置可能本身不十分可靠，经了解，其他燃气轮机电厂曾发生过停掉三冗余配置中的一路控制器，也可能导致燃气轮机跳闸的情况，该原因需要在燃气轮机部分转速时做试验来验证。

【防范措施】

(1) 燃气轮机卡件由于使用时限的原因，存在卡件中元器件性能不稳定现象。热工人员应重视控制器卡件的诊断报警，及时分析并排除故障。定期安排对MARK VI控制器电源的125V DC进行录波，以防止电源电压存在浪涌现象或电压下降导致卡件损坏或影响控制器的正常运行。

(2) MARK VI控制系统内核可能存在一定程度的缺陷，导致一块控制器通信故障，影响其他控制器正常工作运行。本电厂将与美国GE公司进一步联系，分析解决的方法。

(3) MARK VI控制器三冗余配置并不十分可靠。计划在燃气轮机部分转速情况下进行实际验证确认是否存在问题，并联系美国GE公司进一步解决。

(4) 由于MARK VI控制器的SOE信息和MARK VI画面报警点配置不完善，延误了后续故障原因分析，下一步将完善SOE和Alarm点的软件设置。

【案例64】西门子EHF系统I/O模件同步故障引起机组跳闸

【事件过程】7月26日8：50，某电厂7号机组负荷250MW运行，A、B、D磨煤机运行。8：50：56，锅炉光字牌“MFT”亮，7号炉MFT跳闸。首出原因为“UNIT FLAME FAILURE”。7号A一次风机和7号B一次风机相继跳闸，7号A、B、C磨煤机和给煤机跳闸。运行人员手动停汽轮机，发电机解列（由于MFT信号DO输出继电器硬接线进外部跳闸柜，该DO信号在106系统BC层，因BC层故障DO均无输出，输出继电器未动作，MFT不能直接触发外部跳闸）。

【原因分析】检查DC11、DC12机柜，故障报警灯DC1机柜I/O模件6DS1606（BC039、BC099、BC111、BC123位置）“WD”故障灯亮及通信模件6DS1315故障灯亮；DC12机柜6DS1121“EF、EFE”灯亮及6DS1120“BE、EABG、EAV、SYNC”灯亮。机架故障的检查处理过程：

(1) 检查DC11机柜三重I/O总线表决模件与各层的扁平通信线。将AWE107系统扁平通信线移至AWE106系统，故障仍然存在。

(2) 检查BC层通信情况。将BC层通信模件与EC层通信模件互换，BC层通信模件为一只“bridge”报警，CC、DC、EC层通信模件报警等在CPU未复归前有4个报警灯亮且能复归，反映了BC层通信有故障存在。

(3) 进一步检查BC层机架连接情况。将BC层通信模件底座进行安装螺丝紧固，发现

6DS1315 左侧底座安装螺丝打滑，重装后故障仍然存在。

(4) 检查三重 I/O 总线表决模件。发现线路板有异常，更换 2 块线路板并重装后故障仍然存在。

(5) 检查系统电源。220V DC 电源正常、24V DC 电源正常，当检查到 DC11 柜 BC 层的系统电压时，发现为 2.5V DC（正常 5V DC），通过排除，发现 DC11 BC027 “6DS1601-8BA” 开关量输入模件有电容烧坏，更换 DC11 BC027 “6DS1601-8BA” 模件后，DC11 柜恢复正常。

(6) 检查 DC12 机柜 A、B 层 CPU 情况，未发现异常。重新启动并进行同步，同步 “SYSNC” 红灯报警消失，AWE106 系统恢复。

(7) 检查 DC11 BC027 “6DS1601-8BA” 开关量输入信号，绝缘正常。

(8) 7 月 27 日 2：01 点火后，MFT 实际试验正常。

通过检查 DCS 控制系统的事件报表记录并结合近期处理过程分析，导致 7 号机组 AWE106 子系统西门子 EHF 系统故障的最大可能直接原因是 DC12 机柜存在同步故障，间接原因是 DC11 机柜存在 BC 层电压低故障。

DC11 机柜存在 BC 层电压低故障，电容器烧毁可能与模件电子元件老化或外部强电进入有关。由于 7 月 7 日同步模件 A 层和 B 层 6DS1120-8BA “SYNC” 报警灯存在，使原为三取二的运行实际上只有两层同步判断，DC12 机柜存在同步故障。根据处理过程分析认为一旦两层同步的 CPU 发生问题，将导致 “MONITORING TIME coming” 三层 CPU 不同步故障。目前两层同步的 CPU 出现问题的原因不明确。

【防范措施】 上述问题发至南京西门子公司做进一步的分析，尚未得到明确回复。因距计划的系统升级改造还有近 3 个月的时间，如何保障机组的安全稳定运行显得非常重要。因此，除更换 7 号机组 EHF106 系统的通信模件、更换 7 号机组 EHF106 系统的输入开关量卡、保留 EHF106 系统 7 号 A、C 紧急停磨煤机的按钮之外。进一步根据分析，提出以下意见：

(1) 运行人员应加强电子室的巡检工作，若发现 EHF 系统故障，及时通知设备部相关人员。

(2) 若 EHF106 系统的故障，A、C 磨煤机跳闸的概率比较高，所以 RB 回路已解除，若发生一次风机、送风机、引风机、给水泵等 RB 情况，运行人员应及时手动停运相应的磨煤机，确保集控室新增的磨煤机跳闸后备手操回路动作正常。

(3) 台风期间，设备部人员应加强就地设备的巡检，避免就地设备进水导致上层的 DI 卡件故障。

(4) 总结 7 号机组处理经验，做好 8 号机组预防处理和备品准备，应对 8 号机组异常情况的发生。

【案例 65】通道故障导致一次风机跳闸

【事件过程】 7 月 22 日 5：03，某电厂 5 号机组负荷 412MW，主蒸汽流量 1241t/h，主蒸汽压力 14.33MPa，磨煤机 A、B、C、D、E 运行，一次风压 7.95kPa，一次风机 A 动叶开度 71%，电流 101A；一次风机 B 动叶开度 21%，电流 98A。5：03：46，一次风机 B 停反馈报警，但运行反馈未消失，电流仍正常；5：03：47，B 一次风机 RB 触发，协调撤出，切至汽轮机跟随方式，目标负荷 287MW；5：03：48，A 磨煤机跳闸，5：03：52，B 磨煤机跳闸，5：03：55，一次风压达9kPa，一次风机A出现失速，一次风压跌至6.35kPa，一次风机A、B动叶调节分别开至100%、93%，一次风机A电流跌至98A，一次风机B电流升至131A。5：04：55，运行将一次风机A动叶自动撤出，手动关小一次风机A动叶，一次风机B动叶调节开至100%，一次风机A电流从98A减小到64A，一次风压从6.58kPa上升至8.17kPa，一次风机B电流从131A上升至159A，5：05：10，一次风机B电流降至75A，一次风压跌至4.46kPa，5：05：12，一次风机A动叶开大，5：05：20，磨煤机C因一次风与炉膛差压低且一次风量低低跳闸，期间一次风机B停反馈信号消失的现象出现多次。机组负荷最低到280MW。

【原因分析】一次风机停反馈信号误发后，热工人员将DCS侧端子板接线拆除，通道显示一次风机B停反馈信号仍在，检查端子板此两个接线端子之间电压为0V（正常断开为34V左右），后将此通道的跨接片拔出仍为0V，判断该通道故障。因此，事件原因是此通道内部回路已被接通即已故障，从而造成逻辑中信号翻转一次风机B停反馈信号误发，造成RB动作。

【防范措施】

（1）更换故障通道后恢复正常。

（2）待停机时更换此块端子板，联系ABB公司分析造成端子板通道故障的原因。

【案例66】循环水泵远程柜I/O模件故障导致循环水泵跳闸

【事件过程】7月7日21：30和7月8日2：40，某电厂6号机组循环水泵远程I/O柜出现2次部分子模件反复报警故障，循环水泵B因出口蝶阀误关闭导致跳闸。检查系统log日志文件，对模件故障进行统计，发现出现问题的模件并不固定于一种类型模件，ASI23模件、FEC12模件、DSI14模件、DSO14模件均出现过异常报警。这些模件分别安装在3个MMU内，该RIO共有25块子模件，其中出现过故障报警的模件有13块。模件故障的现象比较类似，先后为通道信号坏质量、模件报警、模件恢复正常，最后通道信号根据当前状态恢复；模件从报警到正常持续时间从几秒到几十秒不等。部分模件反复故障的频率较高。检查循环水泵出口蝶阀关闭条件，未发现有条件可以导致出口蝶阀关闭。

【原因分析】针对一个RIO下多个子模件出现故障的情况，如果是DCS内部原因引起，分析原因可能是子扩展总线（X.B）工作异常，包括模件本身的故障或MMU的故障，也可能是共性的问题，例如，电源和接地。考虑到仅仅是部分模件出现故障，电源故障的可能性较小，子扩展总线通信异常导致问题的可能性较大。现场检查该循环水泵远程I/O柜电源系统，测量所有+15V、−15V、5V、PFI、24V、48V电源及PFI电压均正常。为确保电源更加可靠，更换了右侧电源模件，紧固所有接地线。

由于子模件与控制器是通过子扩展总线X.B在MMU内完成通信的，RIO相当于对X.B做了延长。MMU内部的非正常线路短接将造成X.B通信不正常，反映到控制器则是不能够正常读取子模件信息。本次异常中的模件故障是多个模件反复出现，而不是表现为长时间通信故障，所以认为MMU工作异常导致故障报警的可能性最大，子模件故障的可能性较小但需加强观察。

根据模件故障无重复性的现象分析模件单元MMU的非正常线路短接将造成X.B通信不正常，控制器不能正常读取子模件信息，多个模件反复出现并复位。目测发现MMU机

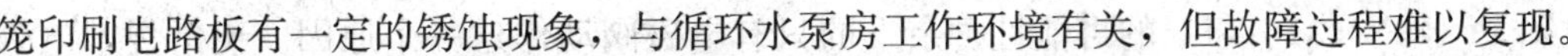

笼印刷电路板有一定的锈蚀现象，与循环水泵房工作环境有关，但故障过程难以复现。

【防范措施】

(1) 更换频繁出现故障报警的 I/O 模件 5 块，地址为 1、19、20、21、24。

(2) 现场更换 6 号机组循环水泵远程 I/O 控制柜的全部 MMU 机笼，对本次故障更换下的 MMU 机笼送 ABB 公司进行检测分析。

(3) 利用检修机会对 3、4、5 号机组循环水泵远程 I/O 控制柜机笼进行更换，计划检修期间联系 ABB 公司到现场进行主机侧 DCS 控制柜的检查。

(4) 做好循环水泵房电子室温湿度控制。

【案例 67】OPC 指令输出卡件故障导致汽轮机跳闸

【事件过程】某电厂 350MW 燃煤机组，汽轮机为哈尔滨汽轮机厂产品，亚临界、一次中间再热、单轴、两缸两排汽、单抽供热。7 月 5 日 3：20：26，运行中 2 个 OPC 油压低报警，GV1、GV2、GV3、GV4、IV1、IV2 调节汽门全关。28s 后紧急跳闸系统（ETS）中压比低保护动作，汽轮机跳闸。3：20：32，交流润滑油泵联启正常。3：20：42，手动启动 2C 电动给水泵。3：21：32，打跳 2A、2B 汽动给水泵和 2E、2D、2C 制粉系统，投入 2 号炉 A、C 层 1、2、3、4 号小油枪。立即检查 2 号机 6kV 2A、2B 段、380V PC 段、保安段电压正常，检查 2 号发电机保护间保护 C 屏有“汽轮机跳闸联跳发电机”“励磁联跳”报警，全面检查 2 号发电机-变压器组、励磁系统、GIS 系统、直流系统、UPS 系统均无异常。检查 ETS 有“DEH 压比低”保护。3：21：42，2 号炉 MFT 动作。由于 2A、2B 汽动给水泵跳闸，给水泵瞬时无法满足锅炉给水需要，锅炉 MFT 动作。跳闸首出原因为“汽包水位低三值”。联跳 2A 磨煤机、2A、2B 一次风机、2A 密封风机，A、C 层 1、2、3、4 号小油枪，联关燃油速断阀，主蒸汽、再热器减温水气动门。

【原因分析】OPC 油压低，GV1、GV2、GV3、GV4、IV1、IV2 调节汽门全关，是 OPC 的液压保护部分的正常动作。压比保护是在机组处于并网状态，且调节级压力与高压缸排汽压力比值小于 1.7 这两个条件同时满足时动作。本次机组并网状态下调节汽门全关导致调节级压力突然变小，从而使压比值小于 1.7，因此轮汽轮机压比保护动作，汽轮机跳闸。问题的关键是 OPC 油压因何降低，经分析，导致油压降低的原因有 4 个：

(1) OPC 电磁阀保护动作。

(2) OPC 电磁阀节流孔堵塞。

(3) 油系统管路出现漏油。

(4) 调节汽门大幅度抖动。

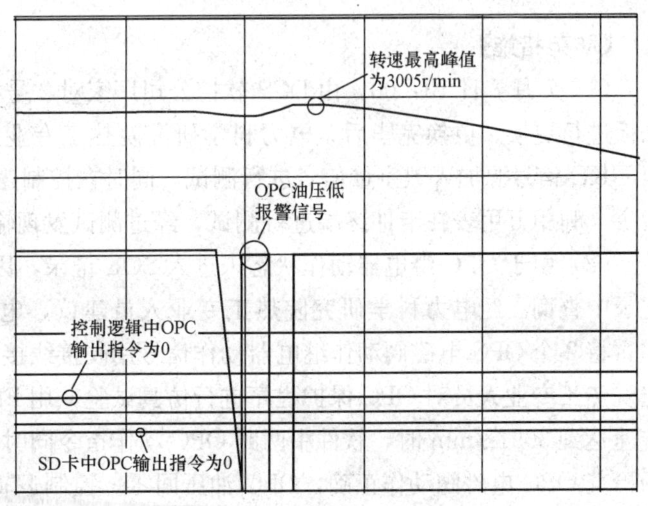

图 3-9 机组跳闸时历史曲线

经汽轮机专业对油系统管路进行检查没有发现漏油点，解体检查 OPC 电磁阀没有发现节流孔堵塞，查询图 3-9 所示的历史曲线，OPC 油压低报警前所有调节汽门均稳定没有大幅度调整，系统油压稳定，排除了（2）、（3）、（4）的可能性。余下的只有电磁阀动作这一个原因。按常规，电磁阀动作应有 OPC 信号驱动，但下面的工作证明并无正常的 OPC 信号输出。

图 3-9 中汽轮机转速在机组跳闸前后最高峰值为 3005r/min，没有超过 3090r/min，因此可排除 103%超速引起 OPC 电磁阀动作。图 3-9 中还可看到 OPC 油压低报警前逻辑判断 OPC 输出指令和硬件 SD 卡中的 OPC 保护输出指令都没有信号发出，热工专业人员又对引起 OPC 电磁阀动作的保护逻辑进行确认，没有发现引起 OPC 电磁阀动作的信号发出。

机组跳闸时刻的历史记录证明在 OPC 油压低前没有 OPC 动作指令记录，OPC 油压低信号可以在图 3-9 的历史曲线中看到明显尖峰，也不符合 OPC 正常信号特点，综合以上分析 OPC 电磁阀必然不是由 OPC 指令发出而动作的。

自动同期请求历史记录表明，7 月 5 日 3：20：26，所有调节汽门关闭时刻查询 SOE 系统捕捉到 D5 卡“自动同期请求输入信号置 1”报警，但是在查看历史曲线时发现并没有条件会引起“自动同期请求输入信号置 1”输出，因此判断该信号为不正常信号。在检查 41 号站自动同期请求输入信号电缆及内部各接线电缆时发现 D5 卡件指示灯发生异常，也证实了 D5 卡故障，因此判定 D5（开关量输入输出卡）卡件故障，OPC 信号和“自动同期请求输入信号置 1”报警为误发信号。

7 月 5 日下午，电力科学研究院热工专业和汽轮机专业人员针对该电厂汽轮机跳闸故障的原因进行了专业讨论并进行了深入分析。分析此次机组跳闸过程为 41 号站 D5 卡件故障而 OPC 动作输出两路信号的其中一路也恰在此 D5 卡件上，在无 OPC 指令发出的情况下 D5 卡件误发信号，造成 OPC 继电器触点闭合，OPC 动作后 OPC 油压降低致使所有调节汽门全关，调节汽门全关后造成调节级压力和高压缸排汽压力迅速降低（调节级压力快于高压缸排汽压力降低），致使压比值小于 1.7 且当时机组处于并网状态，因此汽轮机压比主保护动作导致汽轮机跳闸。

7 月 6 日 14：00，DCS 软件控制公司技术人员到达现场。经过对 D5 卡件全面检查，同意电力科学研究院热工专业人员对 D5 卡件存在故障的判断。

7 月 7 日 13：00，DCS 厂家对两路 OPC 指令所在的 41 号站 C5、D5 板卡和卡座进行更换。

【防范措施】

（1）7 月 7 日 13：00，由 DCS 软控公司厂家对 2 号机组 DCS 41 号站 C5、D5 卡件及其底板进行更换。更换完毕后，电力科学研究院热工专业人员对新更换的 C5、D5 卡件利用 FLUKE 信号源加入数字量信号进行测试，同时在控制逻辑中强制 C5、D5 卡的数字量输出指令，利用万用表在卡件终端进行测试，经过测试发现输入信号、输出指令均正确。

（2）由于 OPC 继电器动作状态未进入 SOE 记录，因此在事故追忆时无法直观地从历史记录中查询。经电力科学研究院热工专业人员建议，电厂完善了此项缺陷。7 月 7 日 17：00，将 2 个 OPC 电磁阀动作继电器动作信号用硬接线接入 SOE 卡。修改完毕后电力科学研究院热工专业人员对 OPC 保护程序进行仿真试验，用 FLUKE741 信号源发出转速信号，当转速达到 3091r/min 时，软件中两路 OPC 动作指令同时动作使 OPC 电磁阀带电动作，经现场检查 OPC 电磁阀动作正确，OPC 油压回零。控制逻辑试验结论为 OPC 电磁阀的保护逻辑动作确认，SOE 记录准确无误。

(3) SD卡为OPC硬回路保护，其功能为确保在DCS控制逻辑失效的前提下，OPC电磁阀能正常动作。因此建议电厂将SD卡输出的3个OPC动作信号用硬接线接入SOE卡。7月7日17：00，电厂将SD卡输出的3个OPC动作信号用硬接线接入SOE卡。修改完毕后电力科学研究院热工专业人员对OPC硬件保护逻辑进行仿真试验，首先屏蔽控制逻辑中的OPC输出指令，然后模拟并网信号并强制功率大于10%额定负荷，采用FLUKE741信号源发出转速信号，当转速达到3091r/min时，SD卡输出三路保护信号使OPC电磁阀动作。硬件试验结论为OPC硬跳闸回路动作正确，SOE记录准确无误。

通过此次机组跳闸的故障分析，今后电厂应吸取教训：

(1) 加强监视。如果出现卡件报警，应由电厂技术人员立即检查卡件是否损坏。

(2) 在每次停机检修时，应重新进行OPC仿真试验，以便及早发现问题。

(3) 加强巡检，防止人为原因造成的电磁阀误动作。

【案例68】ECS输出模件故障引起380V锅炉、汽轮机A段失电

【事件过程】某电厂3号机组负荷350MW，AGC投入，B、C、D磨煤机运行。10：21：30，6kV汽轮机A段和锅炉A段分支开关突然跳闸，同一时间保安段A段电源也失去，光字牌报警信号有“备用变压器冷却器故障”“110VⅠ段直流故障”“送风机、引风机异常故障”“空气预热器跳闸”“C制粉系统异常”等，A引、送风机跳闸，B空气预热器辅助马达跳闸（主马达联启），C磨煤机跳闸，柴油机联启。由于DCS侧对于输出信号无历史记录，不能判断6kV汽轮机A段、6kV锅炉A段开关断开指令是否是由DCS侧发出，但根据事故记录历史追忆判断，该指令非人为操作。因此通过分析判定故障动作为6kV锅炉A段、6kV汽轮机A段分支开关跳闸，380V锅炉A段、汽轮机A段失电，导致这些电源线上所带的设备跳闸，由于保安段电源挂在380V汽轮机A段上，因此其所带设备也全部失电跳闸。

【原因分析】热工专业人员分析，动作设备中6kV汽轮机A段分支开关、6kV锅炉A段分支开关、励磁工作方式选择信号输出均在P24-CAB1-2D1端子板上，经过检查PCU24E1通道全部模件状态监视、模件外观检查、工程师站中的MFP故障报告，未发现记录在册的异常报警，输出子模件、输出端子板、输出通信电缆功能因没有动作记录，无法判别故障原因。但由于MFP所带设备并没有全部出现开关量状态翻转事件，端子板各个通道之间采用物理方式隔离，所以可以排除MFP、端子板故障造成的故障。而此次故障动作的设备由同一子模件控制，子模件故障造成的该通道端子开关量状态翻转可能性最大。经过咨询ABB工程师，虽然此类事情从未发生过，但ABB方面不排除由于31输出子模件故障造成设备误动的可能。

【防范措施】

(1) 事件后第二天，在制订出详细的检查方案之后，热工专业人员开工作票，在运行人员确认6kV汽轮机A段分支开关、6kV锅炉A段分支开关在就地位置，电机出口隔离开关、发电机出口接地开关03-17、发电机出口接地开关03-27动力电源断开等安全措施齐备后，对PCU24机柜31输出子模件进行更换。更换过程中，运行、继电保护人员就地观察励磁方式，增、减磁状态无状态翻转，热工专业人员检查MPF状态无异常，端子板输出无翻转，更换子模件工作顺利完成。

(2) 更换 PCU24 机柜 31 输出子模件后，对相关的模件电缆进行了紧固。

(3) 热工专业人员对更换下来的子模件进行金手指测量、外观检查等常规检查工作，未发现任何异常，联系 ABB 厂家，将子模件拿到 ABB 厂家进行检测，寻求解决方案。

(4) 由于模件故障为极小概率事件，发生故障的概率极低，所以无法针对模件故障率进行检测排查的工作。现热工专业人员统计出 DO 子模件中重要设备在同一子模件的数量，针对具体情况做出事故预想和积极的处理，防止类似故障的恶化。

【案例 69】远程 I/O 的节点模件（RNC）故障引起大量炉顶壁温坏点

【事件过程】某电厂 600MW 机组控制采用 Ovation 控制系统，9 月 29 日 15：00 左右，8 号机组正常运行，机组负荷 300MW，在 AGC 控制方式，主蒸汽压力为 14.15MPa，真空 −82.43kPa，运行人员突然发现大量炉顶壁温坏点，DROP1/DROP51（互为冗余）故障报警，通知热控人员。

【原因分析】热控人员检查发现控制器由原来的主控制器 DROP1 切换到备用控制器 DROP51 运行，DROP1 控制器橙色报警（代表控制器退出备用），DROP51 控制器红色报警（代表控制器有故障），所有的炉顶壁温测点频繁坏点；由于 DROP1/DROP51 带机组协调控制系统等重要控制逻辑，其控制器故障后威胁到机组的安全稳定运行，但对 DROP1/DROP51 的所有控制逻辑进行逐一检查，没有发现控制器的逻辑异常；对 DROP1/DROP51 控制器所带的热控测点进行检查，除炉顶远程 I/O 所带的测点异常外，其他的测点都工作正常；对 DROP1/DROP51 控制器的所有就地卡件进行检查没有发现异常，其主、辅电源工作正常；对远程 I/O 柜（在炉顶汽包平台）处进行检查，发现远程 I/O 的节点卡件（RNC）报外部故障，而且炉顶温度达到 52℃。经分析并联系 DCS 厂家确认，问题因远程 I/O 控制器通信卡件故障导致。

【防范措施】

(1) 通知运行人员开启炉顶天窗和炉顶风机，降低炉顶温度。

(2) 进入"Controller Diagnostics"控制器诊断功能，对 DROP51 控制器内的 Controller Info、Processing Task Info、Sheet Info 进行检查，确认所有的控制逻辑正常工作状态。

(3) 由于 DROP1/DROP51 是协调控制系统的控制器，DROP1 控制器已经橙色报警（控制退出备用），在领取新的备用的远程节点电子卡件和特性卡件，在仿真机组上进行测试通过后，做好事故预想及预防控制措施，更换新的节点卡件（RNC）。

(4) 更换新的节点卡件（RNC），对 DROP1 控制器重新启动后，恢复正常。

为了防范类似故障的发生，提高 Ovation DCS 的可靠性，针对 DCS 的远程 I/O 控制器，提出以下反事故措施：

(1) 利用机组停机检修的机会，认真做好远程 I/O 控制器卡件卫生清理工作，防止卡件积灰，导致远程 I/O 控制器故障。

(2) 认真做好炉顶温度的巡检工作，发现温度较高时，应及时开启炉顶天窗；当温度比较低时，及时关闭炉顶天窗。

(3) 由于炉顶的远程 I/O 节点卡（RNC）散热不好，对炉顶壁温的远程 I/O 柜增加单独的冷却系统，防止因为温度高影响到远程 I/O 节点卡（RNC）的正常工作。

(4) 认真做好 DCS 远程 I/O 节点卡件（RNC）的备用工作，在保证 DCS 远程 I/O 节点卡件（RNC）故障后，能及时更换新的卡件。

（5）机组大、小修时，将DROP1/DROP51的远程I/O移至其他相对不怎么重要的控制器上，防止因为远程I/O故障，影响整个机组安全运行。

（6）由于DCS的远程I/O节点卡（RNC）故障，导致控制器退出备用，影响到了系统的安全运行，故和DCS厂家进行联系，通过修改节点卡件的参数，使远程I/O节点卡（RNC）故障时也不会导致整个控制器死机，而只是发出声光报警。具体修改方法为：进入DCS的“power tool”菜单，打开“I/O Builder ”工具；找到远程I/O控制器的节点卡（RNC），右键选择该远程节点卡，进入config选项；选中“Disable Controller Failerover on Node Failure”选项，并确认；然后对该控制器进行下装，即完成修改。

该项修改优点是当远程I/O节点卡（RNC）故障的时候，不会导致控制器死机，并且当节点卡件正常之后，会自动恢复运行，而且不需要对控制器进行重新启动；缺点是当远程I/O节点卡故障的时候，不会自动切换到备用的远程节点上，远程I/O节点正常后，也需要对该控制器进行重新启动。

该项修改主要针对远程I/O节点卡所带的设备为DAS测点的情况下，如果当远程I/O节点卡所带设备具有自动或联锁控制之类，则需要进一步讨论利弊，再做决定。

【案例70】某一调节汽门DCM板件故障引起多个调节汽门阀位反馈异常

【事件过程】某电厂660MW超超临界机组，采用北京日立H-5000M分散控制系统。8月6日17：06，3号机组“IV3LVDT异常报警”，立盘“DEH机柜失电”声光报警，DCS中DEH画面IV1、IV2、IV3、IV4开状态失去，高压缸排汽温度正常，再热器压力正常。就地检查IV2、IV3在关位，IV1、IV4在开位，但DCS阀位反馈变为0，经热工人员查找发现为DEH机柜51号柜子模件“－15V DC电源失去”报警，从接口电源板上测量不到－15V DC电源。

【原因分析】经检查四个中压调节汽门均在51号柜同一个机箱内，15V DC电源是DCM伺服板内LVDT信号及板上PI调节器所用电源，机柜内15V DC电源故障导致控制中压调节汽门的四块伺服板出现不同程度的异常，从而导致中压调节汽门关闭或反馈故障。经分析认为电源失去有两种可能：模件的15V DC电源输入回路故障或电源输入回路正常，但负荷回路故障影响了整个机柜内15V DC电源电压。

（1）电源输入回路检查。电源走向：P48F/N、48F/P、24F/N、24F/P24不经过CIF直接送入电源接口板。P15/N15/P5先通过CIF板件再送至电源接口板。因此子模件及接口电源板的－15V DC电源均失去的可能故障点来自通过CIF板件实现冗余的两个开关电源均故障或CIF板件故障。

（2）逐个更换开关电源。所有人员到位后，按顺序拆装开关电源：断开开关、拔下输入/输出电源插头、拆下开关电源。插入事先准备好的开关电源输入电源插头，合上开关，插入输出电源插头。但两个开关电源更换后，－15V DC电源仍未正常，说明未找到故障点。

（3）负荷回路检查。±15V DC电源的用户主要为DCM板及热电偶、热电阻信号。而本机柜中只有DCM伺服板，只要排除DCM故障即可。

1）端子板及就地设备故障排查：逐个断开DCM与端子板连接电缆，观察－15V DC电源异常报警是否消失。结果证明，就地设备及端子板无异常。

2）DCM 板件：对 DCM 板件逐个进行带电插拔，排除 DCM 板对电压的影响。在拔出 3 号中压调节汽门对应的 DCM 板时，电源报警消失，其他三个调节汽门反馈正常，从而确定此次电源故障是由 3 号中压调节汽门 DCM 板件故障引起。更换新的 DCM 板，并对 3 号调节汽门重新定 LVDT 全开全关位后正常。

【防范措施】 因为一块 DCM 板件故障，导致整个机柜 15V DC 电压低，从而引起两个中压调节汽门关闭、未关闭的中压调节汽门反馈也显示异常，这种案例很少见但具有代表性，处理过程可以为同类型机组提供参考。

（1）在 DCM 板件故障的情况下，利用备用通道来控制中压调节汽门，从而使中压调节汽门仍处于可控状态，这种做法有效且有新意，值得借鉴。

（2）针对不同类型的信号，采用不同的方式来保证处理过程中不突变，安全措施周密细致，为后面的工作提供了安全保障。

第三节　控制器故障引发机组故障案例分析

【案例 71】DCS 系统 DPU 故障造成锅炉缺水爆管、机组停运

【事件过程】 3 月 23 日 20：10，某电厂运行人员发现 3 号锅炉一些参数呈紫色（数值异常），各项操作均不能进行，同时炉侧 CRT 画面显示各自动已处于解除状态，调自检画面发现 3 号机 3 号 DPU 离线。20：15 左右热工人员赶到现场，检查发现 3 号 DPU 离线，23 号 DPU 处于主控状态，但 23 号 DPU 主控线的 I/O 点（汽包水位、主蒸汽温度、主蒸汽压力、给水压力、主蒸汽流量、减温水流量等）为坏点，自动控制手操作失灵。约 21：08 时，监盘人员发现汽包水位急剧下降，水位由－50mm 降至－100mm，就地检查发现旁路给水调节汽门在关闭状态，手动摇起三次均自动关闭，水位急剧下降，约 21：09，3 号炉正压并伴有声响，手动紧急停炉。

【原因分析】 经检查，DCS 厂家判断 3 号 DPU 故障前，23 号 DPU 因硬件故障或通信阻塞，已经同时与 I/O 总线失去了通信。故当 3 号 DPU 离线后，23 号 DPU 也无法读取 I/O 数据。结合 3 月 27 日上午 3 号 DPU 又一次出现离线情况，判定 3 号 DPU 主机卡故障。由于当时的制粉系统运行工况导致火焰中心偏左，锅炉缺水引起左侧水冷壁管爆破、受损。共更换水冷壁管 43 根共 239m。从 23 日 21：10 故障停机到 29 日 20：30 投运报竣工，此次故障造成机组停运 143h。

【分析结论】

（1）没有严格执行《防止电力安全事故的二十五项重点要求》的有关条例，特别是对承担主要监控功能的 DPU 故障时，可能出现的设备主要参数失控而引发或扩大故障的危险性认识不足。

（2）设计中将同一子系统的调节、保护和数据采集功能放在同一对 DPU 中，使风险过度集中，给机组安全运行带来极大的隐患，没有针对性地制订确保重要保护可靠工作的措施。

（3）自动控制系统的重要调节汽门，没有自动脱扣功能，没有制订相应的操作措施，致使旁路给水调节汽门三次手动摇起又返回。

【案例 72】西门子 DEH 的 EXM448-1 模件故障导致机组跳闸

【事件过程】11 月 4 日 8：30，某电厂 4 号机组负荷 440MW，主蒸汽压力 15.96MPa，汽轮机单阀方式运行，主汽门全开，高压调节汽门开度 22%左右。热控维护人员至 4 号机组电子间巡检时发现 DEH01 柜 CPU417 报警：主侧 CPU417 的 IFM1F（第一路光纤接口）、REDF（冗余错误）红灯报警，从侧 CPU417 为 IFM1F（第一路光纤接口）、REDF（冗余错误）、EXTF（外部故障）红灯报警；此时主侧 CPU 正常运行，从侧 CPU 已经停运。热控维护人员立刻汇报，并根据故障现象初步判断为从侧光纤接触不良或光纤同步器故障。

根据西门子控制系统的冗余配置说明，从侧 CPU 控制系统故障启停不影响主侧 CPU 正常运行；在手续完备的情况下，热工人员对故障设备进行了处理，操作过程按照下面的步骤进行：

（1）把从侧 CPU417 由 RUN 打到 STOP 位，后将电源模块 PS405 开关关掉，整个从侧 CPU 断电，对从侧 CPU417 光纤进行紧固，后将电源模块送电，待 CPU 指示灯闪烁结束后将从侧 CPU417 由 STOP 打到 RUN 位，重启后报警依旧没有消失，DEH 控制系统运行正常。

（2）把从侧 CPU417 由 RUN 打到 STOP 位，后再将电源模块 PS405 开关关掉，整个从侧 CPU 断电，更换光纤同步器完成后将电源模块送电，待 CPU 指示灯闪烁结束后将从侧 CPU417 由 STOP 打到 RUN 位，这次重启后 CPU 故障报警消失，DEH 控制系统运行正常。12：05，热控人员返回电子间检查 DEH 系统运行情况，发现从侧控制器 FM458CF 灯闪烁报警。12：26 左右，专业技术管理人员到热控电子间后检查，确认此 FM458CF 故障报警类型为通信故障报警，其可能原因是 EXM448-1 通信电缆接触不良或 EXM448-1 模件故障。经过研究决定对从侧 CPU 再重启一次，此时负荷 495MW，主蒸汽压力 16.15MPa，汽轮机单阀方式运行，主汽门全开，高压调节汽门开度 22%左右。

（3）把从侧 CPU417 由 RUN 打到 STOP 位，后再将电源模块 PS405 开关关掉，整个从侧 CPU 断电，后将电源模块送电，待 CPU 指示灯闪烁结束后将从侧 CPU417 由 STOP 打到 RUN 位。启动完成后，FM458CF 灯仍然闪烁报警。此时运行人员反映，4 号机两侧主汽门关闭，12：36：35，主汽门指令到零，调节汽门指令恢复到 20%，12：36：42，主汽门全关，12：37：42，汽轮机跳闸，ETS 首出为“压比低保护”动作。运行人员手动 MFT，发电机解列。

停机后立刻对 DEH 控制系统从侧 EXM448-1 进行检查，并对 1 号机组进行更换试验，确认 EXM448-1 模件已经故障损坏。经过更换故障模件后，4 号机组重新挂闸冲转；转速至 3000r/min 时，热控专业人员进行 DEH 系统 DPU 的切换试验和重启试验，结果正常。

【原因分析】热工人员通过数据分析、试验验证对事件原因进行分析：

（1）整理了 DEH 跳闸过程数据见表 3-3，经过对 DEH 上述数据分析后，得出如下结论：

表 3-3　DEH 跳闸过程数据

序号	时间	输出指令（MW）	实际功率（MW）	TV2 指令	TV2 反馈	GV1 指令	GV2 反馈	转速 OPS	并网信号 BRN
1	12：36：29.673	460	463	100	96.06	22	22	3001	1
2	12：36：30.149	0	0	0	0	0	0.04	3000	0

续表

序号	时间	输出指令(MW)	实际功率(MW)	TV2指令	TV2反馈	GV1指令	GV2反馈	转速OPS	并网信号BRN
3	12：36：30.723	32	453	90.45	93.2	14.8	13.47	2998	0
4	12：36：35.288	205	402	0	61	23	21	3001	0
5	12：36：42.873	0	26.5	0	0.9	31	30	2998	0

1）在12：36：29：673～12：36：30：723的1s多的时间内，DEH系统通信有局部中断的现象发生，该时间内的数据失真（DCS侧功率信号无明显异常），历史趋势中数据采集除转速未有明显变化外，其他数据和指令均瞬间阶越到零，12：36：30：723以后数据采集恢复正常。

2）开关量信号存在反转的情况，BRN由1状态变化到0。

3）高压主汽门控制有一个指令清零的动作发出，造成主汽门的控制指令在6s的时间内由100%减至0%，主汽门实际反馈在13s后关至0%。

4）高压调节汽门控制有先关闭后开启的动作产生，其变化的趋势和功率变化的趋势基本保持一致。

(2) DCS系统的SOE报警情况整理见表3-4，对DCS系统的跳闸SOE记录分析，得出如下结论：

表3-4　DCS系统的SOE报警记录

序号	SOE报警记录
1	12：36：41.004E40MAA10AA112XB02ZG0144TUBBSIDEMSMOFFCLS
2	12：36：41.232E40MAA10AA111XB02ZG0144TUBASIDEMSMOFFCLS
3	12：37：42.663A40ETS00BT008XG0149ETSSYSTRIP
4	12：37：42.799E40MAB10AA111XB01XG0149TRUBRHASTOPVLVOPN
5	12：37：42.800E40MAB10AA112XB02XG0149TRUBRHBSTOPVLVOPN
6	12：37：42.875E40LKX10CP015AZG0144TUBRTRIP2
7	12：37：42.887E40LKX10CP016AZG0144TURBTRIP3
8	12：37：42.891E40LKX10CP014AZG0144TURBTRIP1
9	12：37：43.055E40MAB10AA111XB02XG0149TRUBRHASTOPVLVCLS
10	12：37：43.210E40MAB10AA112XB01XG0149TRUBRHBSTOPVLVCLS
11	12：37：44.278M40CKE00BT001XG0149TUBTRIP

1）主汽门的关闭信号是在汽轮机跳闸信号之前。

2）在汽轮机跳闸信号发出后，中压主汽门开到位信号消失。

3）查看ETS系统及DEH系统的首出原因为“压比低保护”动作。

(3) 为进一步查找故障的EXM448-1模件对于运行的DEH控制系统的影响，电厂热控技术人员与南京西门子、西门子（中国）有限公司和技术中心的专业人员一起，在停运的1号机组中更换上4号机组故障的EXM448-1模件，并且进行仿真程序的模拟试验；整个试验过程未发现异常，试验的结果正常。此后通过和南京西门子联系、沟通，他们的技术人员也在南京工厂内做类似的模拟试验，并进行模件故障条件下的模拟仿真试验，试验过程也未发现异常。

根据生产参数变化的历史趋势、DEH 系统的日志记录信息、各项试验结果和控制系统故障报警等信息，电厂会同集团公司技术中心、西门子（中国）有限公司、南京西门子电站自动化有限公司等单位的技术人员，对此次故障过程进行了认真的讨论和分析，认为：

1）电厂人员对于从侧 CPU 的处理操作过程步序正确，记录完整。

2）4 号机组 DEH 系统的软件、硬件版本正确，不存在问题。

3）CPU417 控制器的开关量和模拟量的采集点在此次过程中均正确，无跃变。

4）从 CPU417 中读取 FM458 的控制数据时，可能存在瞬间数据通信中断现象。

5）无法肯定 FM458 在此过程中是否存在主辅切换，需要进一步分析验证。

6）在 EXM448-1 通信模件故障情况时，DEH 系统未实现真正的冗余。

7）4 号机组 DEH 系统故障发生时的硬件状态和软件工作情况，在现有的条件下可能在不同机组、不同运行条件下无法完全真实复原，电厂计划等以后 4 号机组停机时再进行相关的在线模拟试验。

【防范措施】

(1) DEH 控制系统 PCS7 不能够真正实现冗余，无法满足 DEH 控制系统要求。

(2) 热控人员对西门子 DEH 系统从侧 CPU 重启中的风险认识不足。

(3) DEH 控制系统在从侧 EXM448-1 模件故障情况下，对从侧 CPU 进行处理会造成主侧 CPU 的异常工作，在发生信号反转和指令清零动作时将导致机组停机。

(4) 4 号机组停机过程中，对更换下来的 EXM448-1 模件进行试验，继续模拟故障现象，以确定 EXM448-1 模件故障是否会引起 CPU 工作异常。

(5) 会同西门子技术人员，查找影响主侧 CPU 运行的真正原因，尽快制订防范措施。

(6) 进一步进行 DEH 控制系统隐患普查，针对 DEH 系统可能出现的情况，编写故障处理预案，防止控制系统故障引起故障扩大。

(7) 强化热控人员培训，使热控人员充分掌握西门子 DEH 系统可能存在的风险和隐患，并学习正确的异常处理程式。

【案例 73】控制器负荷率偏高导致数据通信出错

【事件过程】某电厂 2、3 号机组发生过数起 DCS 网络人机界面瘫痪故障，故障前机组运行一切正常，发生后操作员站画面切换与操作速度首先变慢，接着参数点大面积出现蓝点（参数点通信故障现象）；但是此时 CP 控制器与 FBM 模件运行正常。故障状态下对 DCS 系统进行 NODEBUS 测试不能成功，需将工程师站重启后方能恢复正常。

【原因分析】该类故障发生的原因是 DCS 系统 NODEBUS 与 CP 的负荷率均偏高，导致在运行一段时间后容易发生由于数据通信错误，致使节点总线通信负荷进一步加大，直至阻塞，从而导致操作员站与工程师站等人机界面发生瘫痪的异常事件。

【防范措施】

(1) 优化节点总线网络接入方式：按照 I/ASeries 系统的硬件说明一个 NODEBUS 节点总线基于总线上的阻抗负荷，一个节点中的每段最多允许的物理组件数为 32 个，所有容错或冗余对计算为 2 个组件，节点总线扩展组件对也计算为 2 个组件。单台机组节点总线分为

2段，1、4号机组每段带11对冗余CP，也就是说加上NCNI扩展卡每段物理组件数为24个，而2、3号机组一段带15对冗余CP，另一段带7对冗余CP；最大的一段加上NCNI扩展卡物理组件数达到了32的上限，且该段中包括了负荷最重的MCS和DAS的CP。所以，CP模件接入节点总线方式的不合理一定程度上加重了节点总线的负担。按照1、4号机组的节点分布对2、3号机组进行了优化。

（2）优化SIS系统数据读取程序：原SIS数据库软件采用SIS厂家自己开发的软件，采样死区、采用周期均较小，没有采用例外报告的形式对数据进行读取，占用了大量的节点总线负荷。曾经在2号机组停机时进行试验，SIS系统开启时节点总线负荷达到了17%，SIS关闭后节点总线负荷为8%；SIS占用节点负荷达6%。而I/ASeries系统一般要求系统节点总线负荷在高峰通信期间不超过15%。针对这个问题将SIS数据采集程序改为Foxboro公司自己开发的程序，它充分利用了I/ASeries系统的特点，提高了软件兼容性，占用节点总线负荷大大降低。

（3）优化配置CP控制处理机组态点分布：按照I/ASeries系统的要求单个CP内与其他CP的通信点数一般不能超过300点，而某些DAS系统CP通信点最高达到了1500余点，远超过设计值，这不但加重了CP的负担，而且通信流量和错误率的上升也造成了节点总线负荷的增加。对不使用的组态点进行删除，对需要使用的组态点尽量更换到其他相关的CP去，将单个CP的通信点控制到300以内。

（4）纠正节点总线A/B网接入方式：通过检修期间的DCS网络切换试验发现接入节点总线SWITCH交换机的NCNI和RCNI存在A/B网光纤接入错误的问题，一旦出现NODEBUS单网运行的情况，涉及的CP或人机界面会首先出现通信故障，经过一段时间后会导致其他人机界面出现类似的通信故障。对上述安装问题进行纠正后，DCS网络切换正常。

【案例74】某电厂Teleperm XP控制器故障分析及处理

【事件过程】8月24日，某电厂3号机组稳定在250MW负荷上以协调方式运行，23：13，运行人员发现报警窗上出现“AP计算机总线故障”等多项报警，机组协调随即退出。电厂DCS值班人员检查发现AP34计算机原主机（上层机）故障灯亮，AP34负责主机功频控制器SIMADYN及ETS主机保护西门子S5-95F控制器与其他控制器的通信，主机抗燃油泵的控制逻辑也在此AP中。AP34计算机原主机（上层机）故障后，自动切为原备用机（下层机）为主机运行，西门子S5-95F控制器控制的所有主机主汽门及调节汽门电磁阀双线圈的一个线圈失电；原为主的左侧IM614链路的IM614模块的F绿灯（Function）灭、GLE红灯（Group Level Error）亮；原为从的右侧IM614链路切为主，即F绿灯亮。DCS值班人员于次日凌晨00：11手动复位上层AP，但故障无法消除。00：25，停电拔插CPU模块后，CPU恢复运行3s左右自动停止，同时作为主且起作用的右侧IM614模件的GLE红灯全亮，主机控制油画面元件变红，所有I/O模块红灯闪亮。电厂检修人员在电气开关侧的二次控制回路做好模拟措施（主要针对抗燃油泵）后，拔出所有的I/O模件，然后再停运更换上层控制器的CPU、IM614等模块，故障仍无法消除。至此，只有下层控制器AP仍在运行，其余I/O模块、IM614均退出运行，机组保持在故障发生时的250MW运行。

【原因分析】由于AP34控制器的下层机（原备用机，现为主机）处于主运行状态，且运行正常，所以在ES680工程师站上利用pgmaster指令对其进行连接，执行21和22选项

（分别是 Diagnostic H-Error block 和 Diagnostic DX 4），生成诊断文件 hdberror. txt 和 dx4. txt。查看诊断文件信息得知，AP34 控制器发生主从切换是因为软件对组织块 OB37 调用。OB37 属于系统程序，它在软件运行过程中，检查到有错误发生时被调用。其结果是向 CPU 发出一条 STOP 指令，使其停止运行，同时将发生的第一个错误作为错误记录被 CPU 记录下来。之后，下层主控制器又进行了 OB26 的组织块调用。在上层从控制器进行启动的时候与下层主控制器进行同步连接，当这一同步连接超出系统所设定的循环周期时，系统认为同步连接故障，发生 ZYK 错误，此时调用 OB26 组织块。因此，上层主控制器在运行过程中检测到发生错误，从而调用 OB37 程序使其停止运行，切换到下层控制器运行。在切换之后，IM614 也发生了相应的切换（右侧 IM614 链路为主且在正常运行状态），且切换正常。之后，在维护人员试图重启上层原主控制器的时候，由于并口连接错误的存在，导致主从控制器发生了同步连接错误，从而系统调用 OB26 组织块，发生了右侧 IM614 与下层的主 AP 控制器通信中断的故障。

西门子公司专家在收集全球 Teleperm XP 使用故障汇总经验后认为，Teleperm XP 控制系统的主从 AP 控制器在使用硬件版本 9 的 IM324-3UR11 主从控制器通信模件时，或者在使用版本为 1 的 IM304-3UB11 的主从控制器通信模件时可能会发生此类故障。

【防范措施】此类故障由软件故障引起，只有通过离线下载完全代码才能解决问题。由于机组处于运行状态，AP34 负责主机功频控制器 SIMADYN 及主机保护 S5-95F 控制器与其他控制器的通信，以及主机抗燃油泵的控制。为降低消除缺陷带来的机组运行风险，电厂方面利用深夜电网低负荷时，以停机不停炉为宗旨进行消缺，处理过程如下：

（1）在代码传送过程中，为保证主机抗燃油泵的正常运行，保持先前在电气开关侧的二次控制回路做的针对抗燃油泵的模拟措施；为防止锅炉灭火，将高、低压旁路逻辑进行适当修改和信号强制，以避免在代码传送过程中，由于信号的丢失造成高、低压旁路的关闭。

（2）做好安全措施后，电厂 DCS 在 ES680 上生成 AP34 的硬件、软件和 LAN 代码；发电机解列、汽轮机打闸后，更换 AP34 上层控制器的 CPU 模件；将 AP34 下层主控制器停止运行，之后再将其重启，它及其链路上的 IM614 通信恢复正常；将 AP34 控制器的上层故障控制器重新启动，在等待约 3min 之后，它及其链路上的 IM614 通信恢复正常；将 AP34 所管辖的所有 FUM 模件插入并送电，均正常启动；下载 AP34 的 LAN 代码；离线下载 AP34 的完全代码。

（3）代码下载完成之后，控制器正常启动。利用 pgmaster 指令连接主从控制器，连接正常。在通信服务器 PU2A/2B 上，利用 rdb 指令，检查 PU 与 AP34 的通信状态正常。对 AP34 主从控制器进行冗余切换试验，均切换正常，最后维持下层机为主控制器，检查逻辑图动态工作正常，运行人员检查 OM 画面，各通信点显示和操作恢复到正常状态。

（4）恢复 DCS、电气专业相关模拟措施，运行人员重新启动机组。

【案例 75】HIACS-5000M 系统逻辑修改及组态后在线编译下装出错

【事件过程】某热电厂 135MW 机组分散控制系统采用 HIACS-5000M 系统。热工专业 DCS 维护人员在一次机组临检时，对机组进行了大量的逻辑修改，当对 DAS 控制器进行到传送编译时提示 426 号错误“内容数据尺寸大于模块尺寸，请重启 LINK 文件再试”。马上咨询日立公司，按照其给出的相应操作步骤，将传送文件设定的 DAS 控制中 BLOCK

LENGTH 长度由原来的 160 改为 640。完成相应的后序工作后，再次对 DAS 控制器进行编译，未发现任何异常错误提示。遂对控制器进行下装，但下装后，大部分控制器指示灯异常，POC 站所有数据变为坏点，操作无法进行。反复进行多次，都未使控制器恢复到正常状态。后用最近备份的 DOC 路径以及以前做的 DI 镜像备份，重新编译下装后控制系统恢复正常。

但由于此次改动较大，2 号机组与电气公用系统（EPB）之间的通信出现问题，双方的通信接口站均未提示任何异常报警，而同期操作在公用系统中完成，公用系统接收不到机组的相关数据将导致同期操作不能进行，机组不能正常并网。

【原因分析】 经分析，该软件平台不具备大量修改逻辑及组态后的在线编译下装功能。针对修改后的通信问题，做了如下工作：

在 HIACS-5000M 通信站（CIS）系统桌面上启动 CIS—MIP \ cisPIDbuilder 快捷方式，启动传送组态软件，界面如图 3-10 所示。

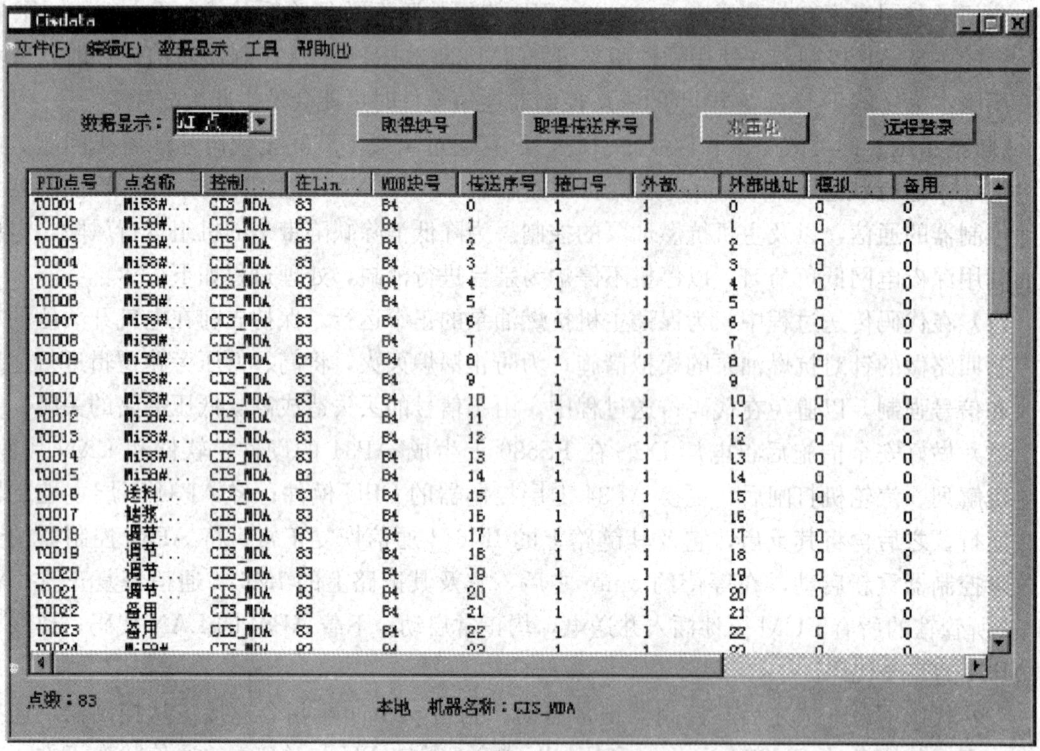

Cisdata

文件(F) 编辑(E) 数据显示 工具 帮助(H)

数据显示： 取得块号 取得传送序号 初始化 远程登录

PID点号	点名称	控制...	在Lin...	MDB块号	传送序号	接口号	外部...	外部地址	模拟...	备用...
T0001	Mi58#...	CIS_MDA	83	B4	0	1	1	0	0	0
T0002	Mi58#...	CIS_MDA	83	B4	1	1	1	1	0	0
T0003	Mi58#...	CIS_MDA	83	B4	2	1	1	2	0	0
T0004	Mi58#...	CIS_MDA	83	B4	3	1	1	3	0	0
T0005	Mi58#...	CIS_MDA	83	B4	4	1	1	4	0	0
T0006	Mi58#...	CIS_MDA	83	B4	5	1	1	5	0	0
T0007	Mi58#...	CIS_MDA	83	B4	6	1	1	6	0	0
T0008	Mi58#...	CIS_MDA	83	B4	7	1	1	7	0	0
T0009	Mi58#...	CIS_MDA	83	B4	8	1	1	8	0	0
T0010	Mi58#...	CIS_MDA	83	B4	9	1	1	9	0	0
T0011	Mi58#...	CIS_MDA	83	B4	10	1	1	10	0	0
T0012	Mi58#...	CIS_MDA	83	B4	11	1	1	11	0	0
T0013	Mi58#...	CIS_MDA	83	B4	12	1	1	12	0	0
T0014	Mi58#...	CIS_MDA	83	B4	13	1	1	13	0	0
T0015	Mi58#...	CIS_MDA	83	B4	14	1	1	14	0	0
T0016	送料...	CIS_MDA	83	B4	15	1	1	15	0	0
T0017	锆浆...	CIS_MDA	83	B4	16	1	1	16	0	0
T0018	调节...	CIS_MDA	83	B4	17	1	1	17	0	0
T0019	调节...	CIS_MDA	83	B4	18	1	1	18	0	0
T0020	调节...	CIS_MDA	83	B4	19	1	1	19	0	0
T0021	调节...	CIS_MDA	83	B4	20	1	1	20	0	0
T0022	备用	CIS_MDA	83	B4	21	1	1	21	0	0
T0023	备用	CIS_MDA	83	B4	22	1	1	22	0	0

点数：83　　本地　机器名称：CIS_MDA

图 3-10　组态传送界面

如果此时发现“取得块号”和“取得传送序号”为灰色，可按如下路径打开 C：\ program \ CIS—MIP \ configure \ cisPIDbuld，将内容为“［SYSTEM］openFlag＝1”改为“［SYSTEM］openFlag－0”保存后退出。

单击“取得块号”按钮，弹出工程师台信息输入对话框，输入工程师台名称、电厂名、LINK 表名及使用的组号，按确定按钮取得所有控制器的块号。

单击界面上的“取得传送序号”，同样弹出工程师台“信息输入”对话框，单击确定后取得传送文件。从菜单的“文件”下选择“文件生成”，弹出对话框，选择生成的文件类型，单击确定，在 POC 站做 Tranlist。

【防范措施】

（1）该软件平台不具备大量修改逻辑及组态后的在线编译下装功能。仅对其中的少量逻辑进行少许修改，无传送点，例如，增加或修改少量与、或、非逻辑模块，在做好充分的事故防范准备后可进行在线编译下装。

（2）即使在停机时修改逻辑，也要有充足的时间，一旦出现问题，也能有时间去解决，否则会影响到机组的正常启动，这在热工管理上会很被动。

（3）如果编译时出现了 426 错误，没有丰富的经验不要再进行下一步工作，最好等待厂家去做，但这样工程师站将不能进行强制操作。

（4）定期对软件进行备份，少许逻辑修改可利用工程师台提供的程序备份和程序恢复功能或备份 DOC 路径，大量逻辑修改需做 DI 镜像备份。

（5）正常情况下通信接口站不用显示器、键盘、鼠标等外接设备，系统本身没有需要维护的工作量。通信接口站出现故障后，检查一下就地通信装置和通信电缆，如果正常只需要重启通信接口站。但一旦上述操作仍不能解决，而工程师站内容改动较大，可考虑采取上述办法。

【案例 76】冗余控制器失灵造成机组跳闸

【事件过程】某电厂机组 3 月 23 日电负荷 115MW，炉侧主蒸汽压力 9.55MPa，主蒸汽温度 537℃，主给水调节汽门开度 43%，旁路给水调节汽门开度 47%（每一条给水管道均能满足 100%负荷的供水），汽包水位正常，其他各参数无异常变化。运行中监盘人员发现锅炉侧部分参数显示异常，各项操作均不能进行，同时炉侧 CRT 画面显示各项自动已处于解除状态。调自检画面发现 3 号控制器离线，23 号控制器处于主控状态。运行人员立即联系热工人员处理，同时借助汽轮机侧 CRT 画面监视主蒸汽压力、主蒸汽温度，并对汽包电接点水位计和水位 TV 加强监视，主蒸汽压力在 9.0～9.6MPa 波动、主蒸汽温度在 510～540℃波动、汽包水位在＋75～－50mm 波动，维持运行。几分钟后，热工人员赶到现场，发现 3 号控制器离线、23 号控制器为主控状态，但 23 号控制器主控下的 I/O 点（汽包水位、主蒸汽温度、主蒸汽压力、给水压力等）均为坏点，自动控制手操失灵。经过多次重启，3 号控制器恢复升为主控状态。在释放强制的 I/O 点时，监盘人员发现汽包水位急剧下降，就地检查发现旁路给水调节门在关闭状态，手动摇起三次均自动关闭，汽包水位 TV 和显示表监视不到水位，手动停炉、停机。

【原因分析】根据能追忆到的历史记录分析，可以推断 3 号控制器（主控）故障前，23 号控制器（辅控）因硬件故障或通信阻塞，已经同 I/O 总线失去了通信。当 3 号控制器因主机卡故障离线后，23 号控制器升为主控，但无法读取 I/O 数据，造成参与汽水系统控制的一对冗余控制器同时失灵，给水自动控制系统失控，汽包水位保护失灵。在新更换的 3 号控制器重启成功后释放强制点的过程中，DCS 将旁路给水调节汽门指令置零（逻辑如此设计是为了在控制器故障时，运行机组向更安全的方向发展），关闭旁路调节汽门。而旁路调节汽门为老型号的阀门，相当于解除了自保持的电动门（接受脉冲量信号），切手动时不能做到电气脱扣。因此，紧急情况下不能顺利打开，造成汽包缺水。

【防范措施】

（1）更换3、23号控制器主机板，同时考虑增加主机板的备品储备。

（2）增加通信卡，使控制器与I/O卡之间的通信为冗余的。

（3）对所有控制器、I/O卡、BC卡的通信进行监测，增加脱网逻辑判断功能，生成报警点并进行历史记录。一旦控制器工作异常，可及时报警并处理。

（4）增加控制器超温报警功能，在控制器出现故障之前可以采取措施，将故障消灭在萌芽之中。

（5）汽包水位等重要调节、保护系统的输入信号，一般应为三路相互独立的信号，通过分流器将这三路信号变成六路信号，分别进六块端子板和AI卡件，送入两对控制器，一对控制器用于调节、保护，另一对控制器只参与保护。这样可以很好地解决一对冗余的控制器同时故障时，重要保护失灵的问题。

（6）更换重要自动调节系统的执行机构，使之具有完善的操作功能。

（7）DCS失灵时，若主要后备硬手操或监视仪表不能维持正常运行，运行人员应立即停机、停炉。

（8）关闭电厂管理信息系统（MIS）接口站中的所有硬盘共享功能，确保DCS同MIS系统只具备单向通信功能。

【案例77】网络配置文件设置错误导致DPU不能实现无扰切换

【事件过程】某电厂机组C级检修中，做DPU冗余切换试验时，检修班组人员发现31号DPU在升为主控机时不成功，又自动跳为辅控机，针对此类现象检修人员又进行多次对与其冗余配置的11号DPU进行试验均不成功，只有在完全关掉11号DPU时，31号DPU才会升为主控机。这将对机组的安全稳定运行构成极大的威胁，如果11号DPU在机组运行时局部硬件出现故障则系统不会将31号DPU升为主控机，无法确保正确安全的指令去完成过程控制。

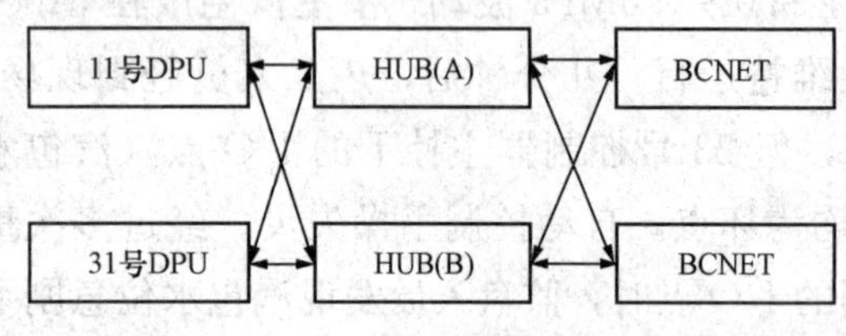

图3-11　冗余DPU间的通信网络

【原因分析】4号机组的11号DPU和31号DPU均采用的是新华公司专门针对DEH—V系统的6772主板及CF卡配置。其通信网络如图3-11所示。根据其网络布置特点进行逐一排查。首先，通过ENG站对DPU进行网络检查，使用“PING命令”方法如下：运行“cmd”程序→进入DOS后在c：\下输入ping IP地址（222.222.221.11等），检查结果正常，证明DPU和控制网通信正常。接着，对图3-11所示的网络进行“PING命令”检查，IP地址分别为222.222.223.101、222.222.224.101、222.222.223.102、222.222.223.102，检查发现无法通信。

经分析造成此类故障的可能原因为BCnet卡故障、HUB故障、DPU网卡故障和DPU网络配置设置错误。通过逐项检查排除，分别更换了新的BCnet卡件、DPU网卡未能解决问题，测试HUB通信结果正常。最后确定造成此类现象的原因为网络配置文件设置有误。对Xnet.ini、Udpio.cfg以及注册表检查，发现11号DPU中的Udpio.cfg文件内IRQ1、IRQ2均设置错误，造成网络故障，更改正确后网络即恢复正常。

【防范措施】

（1）本次故障隐患，是制造厂家工作人员在安装系统时粗心大意造成的，提醒热工人员在今后的检修中，要认真仔细地进行组态和设备检查，防止此类现象再次出现。

（2）在机组检修期间，要对DPU切换试验高度重视，并对双BC卡切换试验提高重视，一定要做到认真仔细排查，有具体数据记录及操作办法。

（3）如果出现DPU切换失败现象，首先对BC卡的跳线及站内位置进行核对，再测试BC卡功能是否正常，在排除BC卡的故障后，检测HUB的通信功能是否正常，如果原因不在BC卡和HUB上，要对DPU的网卡进行更换测试，问题若依然存在就检查DPU的网络配置文件及注册表文件。

（4）DPU离线造成网络故障时，若是单DPU离线，首先要保证另一台冗余的控制站共作及通信正常，再使离线的DPU与网络断开进行检查消除缺陷。若是双DPU离线，按信号传递类型主要分为开关量模块和模拟量模块，一般来说在逻辑计算过程中会产生记忆的模块在DPU重启时，其输出初值对设备状态的影响最大，例如，在FSSS&ETS系统中，在机炉主保护系统中，功能模块间传递量主要是开关量，有记忆的模块主要是保护投、退开关和RS触发器、定时器等模块。机组运行中，发生双DPU离线恢复时，可能会造成机组停机；在MCS系统中，在模拟量控制系统中，功能模块间传递量主要是模拟量，对于控制设备输出信号为模拟量的（如给粉机、给煤机、8号炉送、吸风机等设备），模块输出初值一般均为零，当DPU离线恢复时将使此类设备输出归零；在SCS系统中，如果设备控制为两线控制，即输出需要由DCS记忆保持的设备，当DPU离线恢复时，如果模块输出初值设置不当会发出改变设备的运行状态的指令。因此在处理双DPU离线恢复时，按生产实际情况对可能造成影响的模块输出初值进行适当的设置，减小在双DPU离线后，重新启动时可能产生的影响。对重要设备在DPU逻辑以外回路采取措施，以减小在双DPU离线后，重新启动时可能产生的影响。

【案例78】西门子EHF系统中央处理单元故障的分析处理

【事件过程】某电厂300MW机组控制，采用西门子系统，某日正常运行中，突然OS站上火焰检测、油枪、三用阀等信号全部消失，但控制正常。检查时发现DC12柜内I/O接口模件6DS1312-8ABZT灯红闪，并且无法调用OS250PC软件包，EHF系统与总线失去联系。

【原因分析】根据DC12柜内I/O接口模件6DS1312-8ABZT灯红闪来分析，故障可能是由于EHF系统中央处理单元故障，出错信号过多使CPU与I/O接口模件失去联系。在不停机的情况下对三层CPU进行同步处理，如果同步处理无法消除故障，则在停机的情况下对EHF系统进行重新启动。

【故障处理】

方法1：机组负荷尽量控制在三台磨煤机能带的最低负荷下运行，不停机对三层CPU进行同步处理。具体操作按以下步骤进行：

（1）对三个CPU进行同步，同时按SYNC键。

（2）EHF系统正常工作后，察看OS画面相关内容是否恢复正常，如果还是有故障显示，在OS上对EHF进行系统耦合。

若故障未清除，按下一方法处理。

方法 2：机组负荷尽量控制在三台磨煤机能带的最低负荷下运行，不停机，单层 CPU 逐个重启。具体操作按以下步骤进行：

(1) 将第一层 CPU 隔离，按 DC12 柜第一层（BC 层）6DS1120-8BA 模件的 SOLO 键。

(2) 退出故障 CPU，将 DC12 柜的 BC 层的 6DS1103-8AB 模件的 RUN 打向 STOP。

(3) 复位故障 CPU，按 DC12 柜的 BC 层的 6DS1103-8AB 模件的 RS 键。

(4) 将复位后的 CPU 投入运行，将 DC12 柜的 BC 层的 6DS1103-8AB 模件的 STOP 键打向 RUN 键。

(5) 将投入运行后的 CPU 与另外两层的 CPU 同步，待 DC12 柜 BC 层的 6DS1103-8AB 模件的绿灯亮后，分别与正常运行的 CC、DC 层的 6DS1103-8AB 模件同时按 SYNC 键，进行同步。

(6) 重复以上步骤 (1) ～ (5)，重新启动第二、第三层 CPU。

(7) EHF 系统正常工作后，察看 OS 画面相关内容是否恢复正常，如果还是有故障显示，在 OS 上对 EHF 进行系统耦合。

若故障未清除需停机对三层 CPU 重启。

方法 3：停机情况下对三层 CPU 重启。

(1) 退出三层 CPU，将 DC12 柜的 BC、CC、DC 层的 6DS1103-8AB 模件的 RUN 打向 STOP。

(2) 复位故障 CPU，按 DC12 柜的 BC 层、CC 层、DC 层的 6DS1103-8AB 模件的 RS 键。

(3) 将复位后的 CPU 投入运行，将 DC12 柜的 BC、CC、DC 层的 6DS1103-8AB 模件的 STOP 键打向 RUN 键。

(4) 将三层 CPU 同步，待 DC12 柜的 BC、CC、DC 层的 6DS1103-8AB 模件的绿灯亮后，分别同时按 SYNC 键，进行同步。

(5) EHF 系统正常工作后，察看 OS 画面相关内容是否恢复正常，如果还是有故障显示，在 OS 上对 EHF 进行系统耦合。

【注意事项】

(1) 以上处理过程中需要操作人与监护人严格按处理步骤进行。

(2) 在处理过程中，如果有异常情况发生，应停止当前操作。

(3) 若需对信号进行强制，必须按强制卡和有关规定执行。

(4) 在处理过程中，运行人员应加强对运行设备的监控。

(5) 若机组出现异常情况，运行人员应按相关事故处置规程处理。

【案例 79】主控制器故障，同步失败，冗余切换不成功导致手动 MFT

【事件过程】某电厂热控专业人员利用 1 号机组调停机会对 DEH 控制器进行切换试验。试验过程中 1 号机组 DEH 控制系统发生画面变红，同时中压主汽门关闭，负荷由 400MW 降至 120MW，再热器压力突升，DEH 画面失去监控，大屏发高、低压加热器及除氧器水位高光字牌报警，运行人员根据规程进行紧急停机。手动 MFT 后，各联锁动作正常，两侧主汽门关闭时间均为 476ms。

热控人员检查，发现DEH工程师站有CPU冗余丢失报警；1号机组电子设备间DEH控制柜右侧主CPU所有信号灯变红，左侧CPU已经切为主运行状态，初步认为右侧CPU有死机现象发生。经运行人员允许后，手动复归右侧CPU后，右侧CPU运行正常，对双侧CPU进行切换试验，未发现异常。为安全起见，更换一对CPU下装代码恢复正常后开机，并分别在汽轮机3000r/min和并网带初始负荷时，进行双侧CPU切换试验，试验结果正常。随后发电机程控并网成功，机组恢复运行。

【原因分析】

（1）DEH系统趋势分析：从DEH趋势中分析，在事件发生时，画面显示所有高压主汽门、中压主汽门、调节汽门的状态显示全关。

（2）主要热力参数分析：在事件发生时，主蒸汽压力无明显的变化，而再热蒸汽压力有大幅的上升过程；可以推断出主汽门和调节汽门实际未关闭，而中压主汽门关闭造成再热蒸汽压力上升，低压旁路联开。

（3）机组跳闸SOE分析：中压主汽门在画面变红时，发生由全开向全关的动作，是造成机组负荷突降的主要原因。在事件发生时，右侧CPU（704报警）出现错误报警，并且与左侧CPU同步故障；左侧CPU（703报警）启动为主控方式，并由冗余模式切换至单一模式运行；左侧CPU（702报警）与右侧CPU同步故障，系统冗余失败。因此分析结论是：

1）DEH系统右侧CPU在运行过程中出现死机是造成此次异常的主要原因。

2）在CPU切换过程中，由于主、辅CPU同步失败，使运行时的热力系统参数无法正常切换至备用CPU，造成数据显示故障，并且切换至备用CPU后，备用CPU保存的初始状态发出，使中压主汽门关闭。

【防范措施】控制器切换试验前应确认主、备模件运行状态，当备用模件工作异常时，不得进行模件切换试验。

【案例80】控制器故障误发转速故障信号引起机组跳闸

【事件过程】8月19日10：14：33（11月5日00：04：44，某机组发生相同事件），某电厂1号机组负荷475MW，A、B、C、D、E磨煤机运行时，CRT上“EHCFAILURE”报警，主机DEH主控器B故障，同时转速故障信号触发，造成主机高、中压调节汽门，高压主汽门快速关闭，机组甩负荷，因机组各类参数调整困难，于10：20：26锅炉MFT。此时电子室DEH跳闸首出盘报警：“SPEEDSIGFAILURE”，EHC故障监视盘报警：“SPEEDSIG(A)(MCTRB)”“SPEEDSIG(B)(MCTRB)”“MCTR(B)”“MSV-RVALVECTR”“MWSIG”“CCS-LOADDEMANDCTR”。DEH主控制器B的监视卡(DMA1卡)上面报警灯“看门狗(WDT)”“奇偶校验(PARITY)”灯亮。

【原因分析】事件后，查阅8月19日报警历史记录显示：

10：14：29，汽轮机EHC轻故障报警。

10：14：33，EHC重故障跳闸报警，4个高压调节汽门开始快速关闭，汽轮机第一级压力开始下跌，主蒸汽压力开始上升。

10：14：34，4个高压调节汽门全关，2个高压主汽门、2个中压主汽门开始关闭，机组负荷由472.6MW快速甩负荷至35MW。

10：14：35，2个高压主汽门、2个中压主汽门全关（左侧中压主汽门关位置开关故障，在历史记录中未显示。CV3全关限位开关未动作，机务位置上有偏差），负荷为0MW，从历史曲线看，4个高压调节汽门开始慢慢开启。

10：14：36，右侧高压主汽门全关信号消失，左侧高压主汽门和2个中压主汽门未开启。

10：14：37，汽轮机高压缸第一级后压力3.23MPa，主蒸汽压力快速升至17.29MPa，高压旁路快开。

10：14：41，高压旁路快开、快关一次（快开原因为主蒸汽压力升速率大；快关原因为EHC油压波动，瞬间低于7.5MPa）。EHC油压力低报警，EHC油压力降至9.70MPa。

10：14：46，4个高压调节汽门开度与故障前一致，负荷为0MW。

检查主控制器B供电电源电压，显示正常。根据以上记录和检查情况，对事件原因分析如下：

（1）EHC重故障产生的原因分析。EHC重故障由主控制器A和B电源都故障、阀位控制电源故障、控制器A和B都故障、MTSV电源故障、MTS电源故障、转速故障六个信号构成，任一触发，就会导致EHC重故障报警，并发出跳机信号。EHC跳闸报警盘指示灯显示转速信号故障跳闸，EHC故障报警盘上主控制器B转速A故障、主控制器B转速B故障、主控制器B故障指示灯亮，因此，可以判断转速故障信号由主控制器B发出，并触发出跳机信号。主控制器A和B共享两个转速探头输出的信号，主控制器A转速正常，说明转速探头没有问题。主控制器B的监视模块DMA1的WDT、PARITY指示灯亮，说明，主控制器B模件内部数据传输出现过故障，记忆的数据可能出错。事后分析可能主控制器B在程序恢复计算时，检测到两路转速信号突变（与上一次扫描时产生的记忆值比较后的偏差大于100r/min，扫描周期推算为100ms），认为转速信号故障，引发转速故障跳机信号。在控制器下一个扫描周期，检测到转速信号已经恢复正常，转速故障跳机信号不再发出，也就是说主控制器B发出的跳机信号没有超过100ms的时间。在ETS跳机逻辑中，跳闸信号需要超过100ms才能自保持记忆，二期机组设计也这样。收到跳闸信号后，跳闸机构动作，高、中压主汽门调节汽门关闭；在100ms内跳闸指令消失，机组相当于重新复归，主机车头跳闸杆可能还来不及闭锁。此后高、中压主汽门调节汽门又要求开启，在历史曲线上表现为高压调节汽门阀位又恢复到事前的开度。

（2）主控制器B故障后，高压调节汽门、高压主汽门、中压调节汽门、中压主汽门动作原因分析：10：14：33，主控制器B转速故障信号触发后，4个高压调节汽门，2个高压主汽门，2个中压主汽门立即快速关闭，根据历史曲线的记录显示：10：14：35，以上阀门全关位置开关动作（由于CV3、左侧中压主汽门全关位置偏差，位置开关未动作。CV3全关位置偏差在之前1号机调停时也出现过，当时由CV3实际位置未全关引起），在阀门关闭的同时，4个高压调节汽门开始开启，右侧高压主汽门开始开启，从汽轮机第一级压力来判断，右侧高压主汽门开度很小，左侧高压主汽门、2个中压主汽门未开启。由于左侧高压主汽门一直处于关位置以及右侧高压主汽门开度很小，汽轮机第一级压力没有随4个高压调节汽门开大而上升，因此，当10：14：46，4个高压调节汽门开度与故障前一致时，负荷仍然为0MW。从以上情况看，主控制器B转速故障信号误发后，跳闸电磁阀A、B失电，安全油压力下降，高压调节汽门、高压主汽门、中压主汽门快速关闭，但主控制器B在很短时间内恢复正常，转速故障信号消失，跳闸电磁阀A、B得电，安全油压力恢复，高压调节汽门、右侧主汽门慢慢开启，由于右侧高压主汽门、中压主汽门前后压差较大，导致右侧高压主汽门开度很小，中压主汽门未能开启，10：16：29，热再压力下降至1.45MPa时，中压主汽门开启，随之机组负荷上升。整个过程中，左、右中压调节汽门未出现全关信号，可能是由于跳闸时间很短。

（3）磨煤机B停运，炉膛火焰失去，MFT触发原因分析。对1号机组FSS系统中有关炉膛灭火保护触发MFT逻辑的分析，发现逻辑在某种运行情况下会引起机组不必要的MFT误动作：

1）在只有单台A磨煤机运行情况下，AB层油枪投入1支或2支将会直接触发MFT。

2）在只有单台F磨煤机运行情况下，EF层油枪投入1支或2支将会直接触发MFT。

3）在A、F两台磨煤机运行情况下，AB层油枪投入1支或2支，并且EF层油枪投入1支或2支将会直接触发MFT。

在正常情况下，这种运行工况不会发生，但在故障处理情况下，或者在机组启动阶段，应该避免这种工况。建议尽量避免出现磨煤机A或F单台运行的情况，只要中间任何一台磨煤机运行，该逻辑就不起作用。

【防范措施】

（1）通过分析，初步认定故障原因为主控制器B运行出错，导致误发转速故障信号，考虑主控制器B有可能再次出错，因此，当时关闭了主控制器B电源退出运行（待机组检修时处理），阀门控制由控制器A控制，运行加强DEH信号监视。

（2）在1号机组中修期间，东芝公司派专家至现场检查，根据内部的故障代码，确认为SQC卡（运算卡）发生故障引起，更换模件重新下装程序后正常。

【案例81】BUS扁平连接电缆接触不良导致冗余DPU同时故障

【事件过程】某电厂3号机组为135MW循环流化床机组，DEH采用东方汽轮机厂配套的由INFI-90系统组成的高压抗燃油电液调节系统。07月28日～29日，应电网要求，该电厂在3号机组进行了PSS试验和进相试验，其中PSS试验大约于7月28日20：00完成，进相试验于7月29日1：00左右开始，4：20左右完成。进相试验结束后，运行人员准备改变3号机组负荷，结果发现3号机组DEH无法操作，DEH操作画面许多重要参数无法显示，并且显示机组在跳闸状态，而实际上机组正在带125MW负荷正常运行。

电厂热控人员立即对3号机组DEH进行了故障查找，结果发现DEH的4、5号DPU（DEH的BTC部分）同时出现了故障，2个CPU均已停止运行。DEH的4个高压调节汽门和2个中压调节汽门均自动切至伺服卡自身控制方式（即纯硬手动方式）。而DEH的4、5号DPU主要完成DEH的基本控制功能（BTC），4、5号DPU故障后，DPU与调节汽门伺服卡的通信失去，伺服卡自动切换到纯硬手动方式。由于DEH设计时未考虑到纯硬手动的运行方式，因此纯硬手动方式下无法对DEH进行任何操作，DEH只能保持现状不变。

【原因分析】经检查DEH的历史记录，发现从7月28日22：12：47开始，突然同时出现很多“I/OBADINPUT”之类的报警，之后到7月29日4：00，仍陆续出现这样的报警。而其他的报警均是运行过程中正常的报警内容，没有关于DPU故障的任何报警记录。7月

29日4：00后，不再出现“I/OBADINPUT”之类的报警。初步分析认为，4、5号DPU故障与这类报警有一定的关系，应该是DPU故障前的预兆信号，DPU彻底故障之后，这类报警就再无法发出了。由于没有关于DPU故障的报警，因此认为4、5号DPU同时出现故障（因为当一个DPU出现故障而另一个DPU正常时，正常工作的DPU应该能发出DPU故障报警）。

再检查4、5号DPU的故障状态，发现2个DPU的第2、5、6个LED指标灯亮，表示DPU的错误代码为&H32号，其描述为“ADDRESSORBUSERROR”，由于机组已在正常运行中，不可能会出现ADDRESS错误，故很可能由BUS故障引起。于是检查了DEH的背板BUS，发现4、5号DPU上、下背板的BUS扁平连接电缆未完全连接紧固，上背板的电缆插头左侧连接未到位。由此估计是扁平电缆连接有接触不良现象，造成BUS故障。BUS故障后，DPU与I/O卡的通信失去，于是出现“I/OBADINPUT”的报警。由于是BUS连接电缆接触不良，所以故障呈现断断续续的现象，最后连接电缆彻底接触不好，导致4、5号DPU同时故障。

由于4、5号DPU同时故障，汽轮机调节汽门自动切换到伺服卡硬手动方式，虽然机组仍能正常运行，但许多重要参数无法监视，也无法对DEH进行任何操作。因此需尽可能在不停机的情况下，尽快恢复4、5号DPU功能。经过对DEH控制逻辑分析发现，虽然DEH在4、5号DPU均发生故障时不会引起机组跳闸，但在4、5号DPU恢复过程中，其中一个恢复正常时进行DPU初始化后，会发出跳机指令，以多种途径去跳闸机组，例如，直接发出“DEH故障”至ETS进行跳机、强行让21个电磁阀（OPC、主汽门遮断、快关、机械遮断、试验等电磁阀）带电使机组主汽门和调节汽门关闭，强行发出“TRIPBIAS”指令至调节汽门伺服卡将调节汽门关闭，直接发出−3%的调节汽门开度指令将调节汽门关闭等。为此，在不停机的情况下恢复4、5号DPU功能存在风险。为此电力科学研究院和电厂经讨论，制订了方案和详细的安全措施，最终在机组不跳闸的情况下，成功恢复了4、5号DPU的正常工作，投入正常运行。

【防范措施】

(1) 此次3号机组DEH故障，是在机组大修后运行50多天后出现的，为此，运行过程中应加强对DEH状态的监视。

(2) 3号机组的DEH在4、5号DPU全故障时不跳机，而DPU恢复正常后却跳机，这种设计上的安全隐患，说明机组DEH逻辑设计还不完善，无法满足机组安全、稳定运行的需要，需联系DEH厂家、电力科学研究院专业人员进行专题研究，对DEH的逻辑进行完善修改。

【案例82】ETS的冗余PLC故障导致机组跳闸

【事件过程】12月29日10：35：30，某电厂4号机组在正常工况下由于装置遮断保护信号突然动作，引起跳机。检查SOE报告中同一时刻出现“超速遮断”和“装置遮断报警”；在普通报警文件中，先后出现“汽轮机未挂闸”和“装置遮断报警”，而实际上现场的3个电超速信号并未报警，与此同时，ETS控制柜中的一对冗余PLC发生切换，但原来主运行的PLC模件未能正常进入备用状态，冗余模件的COMACT及STANDBY指示灯熄灭，在ETS系统中也没有出现跳机的首出信号。

【原因分析】事件发生后，电厂组织了多方面的检查，进行了专题分析讨论，其中：

(1) 原来主运行的 PLC 模件未能正常进入备用状态，在重新下载运行程序后仍然不能投入正常运行，最后拔除内置电池，经充分放电后重新恢复，下载运行程序后投入运行。而拔除内置电池实际上是对 NVRAM 部分进行了格式化处理，消除了物理故障。

(2) 在 SOE 报告中同一时刻（即 10：35：30：39）出现“超速遮断”和“装置遮断报警”不符合逻辑。根据 ETS 的逻辑，在出现“超速遮断”信号与发出“装置遮断报警”信号之间还有一些逻辑上的与或运算，理论上这两个信号到达 DCS 并被 SOE 记录的时间应该有毫秒级的时间差。事后的超速模拟实验也证实了这点：在 ETS 系统正常运行状态下，加入超速信号后，出现“超速遮断”和“装置遮断报警”的时间分别是：15：26：24：599 和 15：26：24：644，两者之间有 45ms 的时间差。因而说明，在跳机前的一刻，ETS 系统的 PLC 程序处于非正常状态。

(3) 假如 ETS 系统处于正常状态，那么即使出现装置遮断报警引起的跳机，在 ETS 的首出报告中也应该有记录，事实上当时的系统并没有记录下任何信号，这也证明当时的 PLC 程序处于非正常状态。在普通报警文件中，当日 10：35：30，按打印顺序先后出现“汽轮机未挂闸”和“装置遮断报警”的合理解释是在 DCS 的逻辑中，有内在的扫描顺序，跳机前一刻的扫描顺序正好是先出“汽轮机未挂闸”，后出“装置遮断报警”，而实际上的顺序应该是相反的。

根据以上分析，可以判断事件原因是由于 ETS 系统的 PLC 主运行模件（MODICON 的 CPU11300）NVRAM 部分出现了物理故障，导致程序瞬间崩溃，同时误发“超速遮断”和“装置遮断报警”的虚假信号。

【防范措施】

(1) 此次事件是概率极小的突发事件，与 PLC 模件的质量有关。真正原因有待 PLC 供应商技术人员进一步分析查找。

(2) 更换了故障的 PLC 模件，恢复机组运行以防类似问题的再次出现。

第四节　网络通信系统故障案例分析

网络是 DCS 工作的基础，是各个 DCS 硬件联系的纽带。网络出现异常，对 DCS 来说，是十分危险的，必须及早分析故障原因并消除故障。

【案例 83】网卡故障造成操作员站操作功能丧失

【事件过程】5 月 24 日 9：00 左右，运行人员反映 8 号机组 46 号操作员站虽然画面显示正常，但无法操作。热控人员检查发现模拟量及开关量状态都正确，且能实时变化。点击操作画面操作器时能弹出操作界面，但无法实现开、关、加、减指令等命令，将操作员站重启后现象依旧。热控人员怀疑此操作员站网卡有问题，只能接收信号不能发出信号。由于 DCS 网络为 A、B 网双网冗余，两个网卡同时坏的可能性很小，但有可能一个网卡先坏未被发现，另一个再坏，问题才显示出来，造成操作异常。从 DCS 自检画面中查看 A、B 网均正常，该操作员站也正常在线，检查 A、B 网络的交换机指示灯都正常，检查网线接口信号闪烁也未见异常，拔掉 B 网网线后现象依旧，拔掉 A 网网线后画面上的点变为粉色（即坏点）。因此认为两个网卡都有问题，需进行更换。在更换操作员站网卡的过程中，从DCS自检画面中发现8号机组DPU的B网变为脱网状态。检查网络柜各交换机发现连接DPU B网的交换机所有灯都灭。测量输入电源正常，为220V。

【原因分析】由于在定期巡检过程中网络显示正常，而且在检查46号操作员站故障原因的工作过程中，在DCS自检画面和网络交换机都显示正常。因此认为，在DCS自检画面和网络交换机都显示异常之前的一段时间，B网通信已不正常，但除46号操作员站的其他操作员站通过A网通信，功能不受影响，而46号操作员站的A网网卡只能接收不能发送，在B网坏之前，利用B网通信，指示和操作正常，而B网交换机坏后，才暴露出A网网卡的问题，因此，只能显示不能操作。

通过此次问题，得出结论：网络故障不一定能在DCS网络自检画面显示出来，网络交换机指示灯显示正常不一定网络就正常。8、9号机组大部分的网络交换机都是随机组投产而投入运行的，已连续运行10年以上。因此，除了加强定期工作日常巡检外还需要准备充足备件，对运行时间较长的交换机利用检修机会进行预防性更换。

【防范措施】

（1）确认8号机组除46号操作员站以外的操作员站工作正常。

（2）更换8号机组B网交换机。

（3）更换46号操作员站A网网卡。

【案例84】转速信号通信数据丢失引发机组跳闸

【事件过程】1月26日4：54：36，某电厂B区1号机组负荷508MW，突然所有调节汽门（原开度45%）均向下关闭，4：54：50，所有调节汽门恢复原来的开度，从调节汽门关闭到恢复的时间间隔为14s。在不到1min的时间内，因调节汽门摆动，负荷最低降到277MW，最高上升到628MW，同时由于高压调节汽门和中压调节汽门关闭不同步，轴向位移最大达−0.93mm，接近跳机值。在调节汽门摆动过程中，关闭到5%，汽轮机防进水保护联锁动作，4：55：50，所有抽汽逆止门和电动门关闭，给水泵汽轮机进汽减少，转速迅速降低，给水流量急剧下降，汽包水位下降，4：57：43，汽包水位低三值MFT动作锅炉灭火，汽轮机跳闸。

【原因分析】故障原因是机组运行时，M5控制器的转速信号短时间内由3000r/min变为0r/min后又马上恢复，调节汽门摆动的原因是M3和M5通信时出现掉数据现象，导致跳闸偏置（trip bias）信号在机组运行时由0变为1，引起所有调节汽门大幅摆动。

【防范措施】针对该事件，电厂热工人员采取了以下措施：

（1）对Symphony PCU控制总线的通信信号进行多重化处理，对通信信号增加一定延时，躲过通信信号瞬间跳变。

（2）制订方案对接地系统进行整改，将DCS接地方式由原来的Ⅱ型接地改为Ⅲ型接地。

【案例85】网络通信故障，汽轮机保护控制器接受错误信号，引发机组跳闸

【事件过程】8月26日20：31，某电厂2号机组汽轮机DEH跳闸保护动作，机组跳闸，发电机解列，锅炉灭火。汽轮机跳闸首出信号为“MSVLEAKTESTENDTRIP”，即“自动主汽门严密性试验结束跳闸”。

【原因分析】经检查DCS组态，触发自动主汽门严密性试验结束跳闸的条件是运行人员按下过主汽门严密性试验按钮开始试验，并且在试验结束时按下过主汽门严密性试验停止按钮。只有这两个按钮按顺序都按下过才能发出主汽门严密性试验结束跳机。这两个按钮中，主汽门严密性试验按钮只有在机组并网前且DEH自动状态下转速在3000r/min±30r/min方可操作，而且一旦操作投入此按钮，汽轮机自动主汽门就会一直得到指令保持自动关闭状态，而主汽门严密性试验停止按钮虽然没有投入条件，但是单独操作此按钮对机组没有任何作用。而且这两个按钮若有操作均会在操作台上留下操作记录，但实际跳机的事故追忆中并未出现这些记录。由此可以推断出，跳闸时的“主汽门严密性试验结束跳闸”首出信号绝不可能是实际发出的。进一步检查DCS组态，发现“主汽门严密性试验结束跳闸”信号的判断出自DEH的汽轮机调节控制器MFP（TC），而DEH保护动作的该信号是单点，无任何其他限制条件，且由汽轮机保护控制器MFP（SP）通过PCU内部通信取自汽轮机调节TC。通过对DCS逻辑的反推，基本上可以做出结论：2号机组DCS在运行中出现了TC往SP信号通信的故障，导致控制器SP错误地收到了“主汽门严密性试验结束跳闸”信号，并引发了保护动作，导致机组跳闸。

【防范措施】经联系ABB公司确认，Sympony系统部分版本号的Controlway接口芯片有可能导致同一PCU内不同模件间个别通信数据输入值偶发错误，持续时间为一个总线扫描周期，然后恢复到正常值。更换此芯片的升级版本后可彻底解决这样的问题。

【案例86】通信错误导致全炉膛灭火保护动作

【事件过程】4月16日21：24：42，某电厂4号机组负荷500MW，5台磨煤机运行时锅炉发生MFT，首出原因是“全炉膛灭火”，MFT动作前燃料主控切手动，燃料主控指令变为5%。通过查看历史趋势发现21：23：40，燃料主控自动切为手动，燃料主控指令从36.45%突然变为5%，并且一直维持在该状态，容量风门开度随之关小，使得进入炉膛的燃料减少，引起燃烧不稳，磨煤机逐台跳闸，最后导致全炉膛灭火保护动作。

【原因分析】故障原因是MCS系统19PCU的M3和M5之间通过控制总线（controlway）通信的“容量风门平均开度”和“投自动的磨煤机台数”发生了短时间的通信错误，“投自动的磨煤机台数”信号从5突然变到零，同时“容量风门平均开度”信号从37.51%突然变到5%。

【防范措施】针对该事件，电厂采取了以下措施：

（1）通过修改组态，保证容量风门投自动的时候，其开度指令不能小于某一数值（暂定15%）。

（2）对于自动切手动时的跟踪信号，增加速率限制逻辑。

【案例87】NCNI拨码错误导致冗余试验失败

【事件过程】09月29日某电厂3号机组停机检修I/ASeries DCS，通信网络冗余切换试验中，负荷143MW，通过断开A路光纤交换机电源的方式，切断DCS NODEBUSA路网络，工程师站涉及CP3019、CP3018的参数出现通信蓝点，画面切换异常缓慢，操作员站情况类似。恢复A路光纤交换机电源，在AW3001工程师站SYSMGM中进行NODEBUSTEST不能恢复网络，故障现象依然保持，直到重新启动AW3001后，系统恢复正常，整个过程中CP工作正常，但是与AW、WP站通信出现瘫痪。

【原因分析】检查过程中发现负责CP3018等CP的节点总线接入卡NCNI的A、B路拨码与实际接线不一致，重新拨码后，再次对 A、B 光纤交换机进行断电，此前的故障不再出现，但是画面切换比较之前有比较明显的变慢，其他功能一切正常。所以，基本判断此前冗余试验的失败是由于该对 NCNI 拨码错误。

【防范措施】利用机组检修机会安排对节点总线接入卡的拨码进行全面检查，排除网络冗余故障隐患。

【案例 88】总线一路故障引起部分数据异常

【事件过程】5 月 26 日 2 号机组 7：30 左右接当值运行人员通知 2 号机组 SIS 系统停止工作，协调系统历史数据停止更新，WP2003 操作员站 DCS 画面监视点数据失去，无法进行监视和操作，剩余操作员站速度相对变慢，但还不影响监视和操作，机组稳定运行，各项自动调节正常。

【原因分析】故障发生后，热工人员迅速赶到现场，发现现场情况与运行人员描述基本一致，在工程师站 AW2001 检查发现系统报警 BADCBLB（CABLE 总线 B 路故障），B 路光纤交换机信号 TX、RX 信号灯无信号传输显示。按照之前的处理经验重新启动工程师站 AW2001 后恢复正常。

【防范措施】为了进一步消除隐患，利用检修时对 B 路的 SWITCH 进行了更换。

【案例 89】通信模件 INNIS21 故障导致机组跳闸

【事件过程】某电厂 600MW 机组满负荷运行中，OPC 动作报警信号和 10CKA135-11 模件报故障信号时断时续发出。之后 1 号高压加热器水位 HHH1 信号和 HHH2 信号时断时续发出，高压加热器撤出，给水切换期间流量从 1828t/h 下降到最低 1684t/h，时间持续 30s。最后汽水分离器出口温度高导致 MFT 动作。

【原因分析】检查发现事件主要原因首先是由于 DCS 模件柜内的通信模件 INNIS21 故障，引起高压加热器水位高三值误动，高压加热器撤出，而异常情况下的控制逻辑不完善使得汽水分离器出口温度高保护动作。

【防范措施】事后热工人员对给水主控、燃料主控和汽轮机主控的控制策略进行了完善和试验。

【案例 90】西门子 PCS7 型控制系统 417 内嵌通信卡故障导致 DPU 失去冗余

【事件过程】7 月 20 日 8：00，某电厂 1 号机组西门子 PCS7 型 DEH 系统突发报警，报警内容为系统 DPU 失去冗余。经现场检查，发现 A 侧 DPU（型号为 417-4H）已经退出运行，仅靠 B 侧 DPU 维持系统运行，同时发现用于 417 间相互通信的 4 个端口指示灯有一盏熄灭（光纤同步模块上指示灯熄灭并不指示该模件故障而是指示与之通信的对方模件出现故障）。

【原因分析】对该模块对应的光纤插头进行了拔插，并对 A 侧 DPU 进行了停送电和重新启动等措施，但未能使 A 侧 DPU 恢复运行，后检查发现 A 侧 417 内嵌通信卡故障，更换后恢复正常。

【防范措施】加强设备巡检，及时发现并排除设备隐患。

【案例 91】DP 线插头故障导致模件离线

【事件过程】2 月 5 日，某电厂 3 号机组正常运行，20 号 I/O 站内多个参数显示无效，控制设备操作失灵。现场检查，20 号 I/O 站 A 主控运行，B 主控备用，A 列模件运行正常，

B、C列模件均离线。在做好必要的安全措施后切换主控制器，则B、C列模件大部分恢复运行，个别仍有间歇性离线，而A列模件则都出现间歇性离线，间隔时间在几秒到几分钟不等。

【原因分析】 B主控控制网的DP线插头故障，导致链路中断或阻抗不匹配，更换DP插头后恢复正常。

【防范措施】 加强设备巡检，及时发现并排除设备隐患。

【案例92】DCS网络接头接触不良导致系统通信中断

【事件过程】 11月25日，某电厂6号机组WDPF系统报警，查看系统状态图，发现8、9、11、13、14、15、16、17、18、21号DPU红色报警，两条高速公路的其中一条颜色变红，故障信息：COMMUNICATION SCHANNEL1HADCRCE RRORSONIT SOWN TRANSMISSIDN3 CONSECUTIVETIMES. CHANNEL1WASDISABLED，同时，该高速公路上所有的站和DPU都产生大量错误信息。检查报警的DPU柜，发现MHC的D1灯灭掉，与故障网络的通信断开。

【原因分析】 热工人员对事件进行分析，判断为DH1高速公路某处接触不良。经测量DH1与MHC三通处和DH1大的接头处的电阻值，其1～6号DPU柜内某处阻值为100Ω，大于正常阻值80Ω。热工人员紧固网络接头，测量阻值正常后，将所有的DPU和站进行REENABLEHWY操作，系统恢复正常。

【防范措施】

（1）6号机组WDPF系统高速公路的所有插头全部插拔紧固，并进行晃动试验。

（2）5号机组停运后，WDPF系统高速公路的所有插头全部插拔紧固，并进行晃动试验。

【案例93】西门子通信模件IM611异常导致机组跳闸

【事件过程】 5月6日，某电厂1号锅炉AP9频发报警，报警内容为APF1B不能被激活、APF1A冗余丧失，且2min左右一次，检查APF1所在控制柜（CRP26），APF1A绿色状态指示灯常亮，处于正常工作状态，APF1B黄色指示灯常亮，处于正常备用状态，没有发现异常。故障连续出现2h后，机组突然跳闸。

【原因分析】 事后发现APF1B和AP的通信模件IM611故障灯闪烁，分析原因是IM611本身工作不稳定，造成APF1B和AP的通信时好时坏，好时AP认为APF1B工作正常，坏时就认为APF1B死机，因此APF1B不能被激活、APF1A冗余丧失报警频发，且每次报警达到数百条，造成AP通信信息严重堵塞，负荷过高引起运算出错死机。

【防范措施】 更换通信模件IM611。

【案例94】控制器通信软故障引起信号传输异常

【事件过程】 某电厂机组西门子TXP-CU系统AP3通信到AP4的一个模拟量信号在AP3采集正常而在AP4该值保持不变（第二天AP3工作CPU发生故障而进入STOP状态，备用CPU切换进入运行状态）。由于该故障造成汽轮机推力瓦块温度报警和保护功能失去，应尽快消除，因此在做好安全措施后，手动启动停用CPU，但内部通信仍旧异常。

【原因分析】 控制器通信软件故障引起信号传递异常。

【防范措施】 为了防止故障再次发生造成重要保护失去，采取如下方法：推力瓦信号经

AP2 转送 AP4，推力瓦保护恢复；利用停机将 AP3 和 AP4 内代码清除，系统恢复正常，同时增加 AP3 到 AP4 通信异常的光字报警。

【案例 95】DCS 集线器总通信板故障导致机组跳闸

【事件过程】1 月 1 日，某电厂 1 号机组负荷 250MW，51～59 号控制器处于控制方式，1～9 号控制器处于备用方式，A、B、C、E、F 磨煤机运行。18：57，所有磨煤机跳闸（直吹炉），MFT 动作，机组跳闸。

【原因分析】经分析，确认是 DCS 集线器的总通信板故障，导致连在其上的所有控制器同时发生切换，在控制器向备用控制器切换过程中，57～59 号控制器 PK 键信号误发（这三个控制器属 FSSS 系统），即 CRT 上“磨煤机跳闸按钮”的跳闸和确认指令同时发出，使所有磨煤机跳闸，导致 MFT 动作。

【防范措施】更换 DCS 集线器的总通信板。

【案例 96】ABB 系统 NIS/NPM 切换时间过长引起系统异常

【事件过程】12 月 6 日 14：00：53，某电厂 4 号机组所有服务器画面显示紫色，LCD 上机组所有参数失去监视。14：02：55，4 号机组服务器自动恢复，检查发现机组锅炉主控、燃料主控、给水自动（两台汽动给水泵撤出 CCS 控制）均撤至手动，机组其他各参数稳定。14：30，投入两台汽动给水泵 CCS 控制并投入给水自动，投入燃料主控、锅炉主控自动。

【原因分析】仪控人员现场检查各台服务器 LOG 文件未发现异常记录，检查 40CKA07 柜（锅炉风烟系统 SCS 柜）发现备用 NIS/NPM 模件故障报警。NIS 显示大红灯及 1～4 小红灯；NPM 显示大红灯，2、4 小红灯。手动复位后正常，恢复到备用状态。检查服务器发现 14：00：53，40CKA07 柜内原主 NIS/NPM 故障，14：02：36，备用 NIS/NPM 自动切到主工作状态。此次 NIS/NPM 切换时间将近 2min，在切换过程中，导致环路中断，服务器无法收到数据，LCD 所有数据呈紫色。给水自动、燃料主控、锅炉主控等有通信信号切除手动的自动控制自动切到手动控制。

【防范措施】

（1）4 号机组 A 修期间重点对 40CKA07 柜 NIS/NPM 冗余切换试验。

（2）4 号机组 A 修期间对 40CKA07 TCL 端子板进行检查。

（3）4 号机组 A 修期间对 40CKA07 环路同轴电缆的连接进行检查。

（4）将此次异常情况通报 DCS 厂家 ABB 公司，请他们进行分析。

【案例 97】监控系统网络遗留隐患引起网络通信故障

【事件过程】4 月 7 日下午，电厂工作人员配合电力试验研究院人员对正在停机检修的某电厂 4 号机组 LCU 进行 SOE 分辨率测试，当外加信号间隔为 6ms 时，监控系统上位机一览表能查看正确信息；当信号间隔为 2ms，上位机一览表中有 SOE 信息丢失，且时间记录不符。检修人员在检查 LCU 对时信号线时，发生全厂网络通信故障，并发现 4 号机组 LCU 上的赫斯曼小交换机 1 个灯常亮，1 个灯闪烁。将 4 号机组 LCU 断电后再上电，4 号机组 LCU 赫斯曼交换机在初始化过程中，全厂通信恢复；当 4 号机组 LCU 赫斯曼交换机初始化完成，刚参与网络通信，全厂网络通信再次故障。将 4 号机组 LCU 赫斯曼交换机上的网线拔掉，重新对 4 号机组 LCU 上电，全厂通信恢复。4 月 14 日 15：20 左右，上位机简报出现 psmian1 与所有 LCUCPU1 通信故障，接着出现 psmian1 与所有 LCUCPU2 通信故障，然后与市调通信中断；上位机画面数据不刷新；除返回屏外，其余 LCU 的 2 块 CPU 亮 FAULT 灯，且 A 网交换机上的 2 个光口，1 个灯闪烁，1 个灯常亮。

【原因分析】 经检查，此前二次安防厂家将监控 A 网至二次安防的网线接到Ⅰ区交换机 1 口，监控 B 网至二次安防的网线接到Ⅰ区交换机 13 口，1 口和 13 口之间有 VLAN 隔离。由于网络故障原因不明，热工人员先将至二次安防的网线全部拔出，同时解开 4 号机组 LCU 交换机至 PLCCPU 网线。将网络柜上的 A 网主交换机断电重启，LCU 网 A 网交换机 2 个光口正常闪烁，全厂通信恢复；依次按各 LCUCPU 上 Reset 键，复位重启；CPUFAULT 灯熄灭，监控系统恢复正常。本次通过 SOE 分辨率测试，检查发现因基建调试单位对监控系统的工作不够细致，使得电厂监控系统网络遗留以下隐患：

(1) 双环网主交换机网络配置与实际接线不一致。

(2) 使用网管软件对监控系统的全厂网络拓扑结构进行检查，发现 A 网和 B 网由二次安防系统存在贯通。

(3) 分析网络拓扑结构，发现交换机软件光口 1 和 2 与硬件光口 2 和 4 设置不一致。

(4) 通过分析交换机自诊断信息，发现某些设备网络端口（如 5 号机组测温 LCU200 网段）数据丢包现象严重。

【防范措施】

(1) 拔除 B 网交换机错连至二区交换机的连接网线。

(2) 将 A 网交换机和 B 网交换机的 4 口光纤改插到端口 1。

(3) 将 5 号机组测温 LCU200 网段的小交换机网线的两端网口清灰并重新插拔。

(4) 厂家对电厂监控系统网络进行再次检查，确认网络结构没有错误。

(5) 定期进行 SOE 分辨力、监控系统抗干扰、电源切换、模件切换等试验，检查系统性能是否稳定。

(6) 加强新建机组的基建调试技术力量及培训。

【案例 98】网络交换机端口组态定义错误造成控制器离线，手动停机

【事件过程】 5 月 20 日 00：47，某电厂 6 号机组 DCS 网络设备工作异常，网络数据交换发生堵塞，控制器离线，00：59，运行人员手动停止汽轮机运行，联跳发电机，机组解列。

【原因分析】 西屋公司技术人员在系统整体设计组态中对网络设备的可靠性分析不够严格，使得 6 号机组 Ovation 系统网络交换机端口组态定义与实际连接的端口类型不一致，造成各控制器、工作站数据交换存在混乱现象，引起网络上数据通信量与网络设备的负荷率增加，在一定条件下导致网络数据交换发生堵塞，控制器离线。

【防范措施】 按照西屋公司专家重新制定的 DCS 网络配置及设备端口接线图，进行 6 号机组 DCS 网络接线整改。

【案例 99】GPS 电子钟故障导致操作员站、工程师站、主服务器均离线退出运行

【事件过程】 某电厂 DCS 的系统时钟是由服务器通过与 GPS 电子钟通信进行校时。9 月 17 日，4 号机组正常运行时发生 DCS 操作员站均离线退出运行，主机域和辅机域两个冗余服务器中的主服务器均离线退出运行（冗余服务器无自动切换成功），工程师站离线退出运行。正在现场的热工人员立即启动工程师站，运行人员通过工程师站维持机组运行。

【原因分析】 经现场分析，由于 GPS 电子钟故障，DCS 系统时钟被错误地校成了 2178 年，而系统程序存在的 bug 引起操作员站离线。

【防范措施】 在恢复系统时钟后，逐一启动操作员站和服务器，DCS 恢复正常运行。

【案例 100】 Symphony 系统 PGP 数据库标签设置不正确导致脱硫系统退出运行

【事件过程】 某电厂 2 号机组脱硫系统于 9 月 10 日 15：09 退出运行，首出原因是进口烟气挡板动作，导致旁路挡板开，增压风机跳闸。增压风机进口烟气挡板频繁开关动作，2A/2B 石灰石浆液泵阀门也有类似现象，该现象在本故障发生前两天发生过类似现象。

【原因分析】 PGP 系统对标签数据库的要求十分严格，错误的设置会引起某些不可预计的问题，本例故障的原因就是 PGP 数据库标签设置不正确。标签数据库里面“NETWORK-DESTINATIONNODES”定义接受标签数据库的目标节点，正常设置应为只选中历史站节点，误动作设备的标签设置为所有节点均作为目标节点。当历史站重启的时候会将标签数据写到 PGP 操作员站上，导致下发错误指令引起设备误动。之前未进行过历史站重启，所以未发生过类似现象。事件后检查脱硫 PGP 操作员站、历史站标签数据库，发现 2 号机组脱硫增压风机进口挡板、石灰石浆液泵阀门数据库设置错误，查找数据库中设置错误的标签，并对照历史曲线发现在 8 号、10 号均有频繁动作的情况。

【防范措施】 修改错误设置，在所有操作员站、历史站初始化导入修改正确的标签数据库后，经观察设备工作正常，2 号机组脱硫系统于 9 月 11 日重新投入。

【案例 101】 BM02F4 模件背板总线上用于奇偶校验的线路开路引发锅炉 MFT，机组跳闸

【事件过程】 某电厂采用 MAX DNA 分散控制系统，7 月 30 日 17：42：50，2 号机组负荷 300MW 运行时，由于 MAX DNA 系统处理单元 BM02DPU 与模件通信有故障，协调控制系统及给水、风量、负压、蒸汽温度自动控制子系统全部切为手动，且远方控制不正常（BM02DPU 故障时有时无），与 BM02DPU 机柜 BM02F41U、BM02F42U、BM02F43R、BM02F44R 等模件相关的 AI、DI 数据点均出现异常，A 给水泵汽轮机切“OA”方式、无法投遥控，B 给水泵汽轮机投“REMOTE”由炉侧手动控制，但无法对上述设备进行任何操作和监视，为保证机组安全运行，向省电力调控中心申请保持机组工况稳定，并根据 DCS 厂家建议，热控人员准备将相关信号进行强制后，更换两个新的 DI 模件。17：40，A 送风机动叶由 61.8%关至 0，炉膛压力大幅波动，A 引风机静叶由 52.8%关至 0，A 一次风机导叶由 79%关至 40%，并均发故障信号，一次风压由 9.5kPa 降至 6.87kPa，运行人员立即投油枪（未果）。17：45：10，一次风机丧失信号发出，锅炉 MFT，汽轮机联跳，发电机程跳逆功率保护动作。

【原因分析】 故障原因经分析，判断为 BM02DPU 内 BM02F4 机笼与 I/O 模件通信故障。更换模件后，于 18：35 机组再次并网维持 220MW 负荷运行，但缺陷未消除（BM02DPU 故障时有时无），影响机组安全。7 月 31 日决定不停机更换 BM02F04 机笼。整个过程的关键为机柜内部其他机笼之间通信的正常建立。第一步，将 BM02 柜内通信总线由 BM02F03←→BM02F04←→BM02F05 改为 BM02F03←→BM02F05；第二步，更换 BM02F04 机笼；第三步，恢复系统。整个工作在 1.5h 内结束，系统运行正常。对拆除的背板检查发现，BM02F04 模件背板总线上用于奇偶校验的线路开路，导致控制系统 DPU 与 I/O 模件通信故障。

【防范措施】 利用机组检修机会安排对重要控制单元的相关部件进行预防性检查，排除设备隐患。

【案例 102】MARK VI 系统信号传输衰减导致机组启动失败

【事件过程】 某电厂燃气轮机用邻机的 LCI 启动，机组启动后，MARK VI 控制系统发出合 LCI 联络开关 89TS 的指令不久，机组启动失败。

【原因分析】 经检查发现，这是由于 MARK VI 控制系统在规定时间内没有得到 89TS 的合闸反馈信号，引发的机组启动失败。细查发现，LCI 联络开关 89TS 离其中一台机组的 MARK VI 控制器较远，采用电压传输的信号经长距离传输后会有衰减，而 MARK VI 控制系统所要求的电压值裕量又偏小，机组经过长时间的运行后，部分连接点会出现电阻性连接，从而造成电压信号小于 MARK VI 控制系统所要求值，引起信号传输中断。

【防范措施】

(1) 此类故障说明，无论硬接线信号还是通信信号，数据传输距离与信号强度需要测试验证、匹配，保留适量的信号数值裕度。

(2) 事件后在信号传输线上串接中间继电器，将信号放大，排除了此类隐患故障。

【案例 103】某机组 DCS 通信负荷繁忙导致恶劣工况下通信不畅跳机

【事件过程】 某日 17：33：36，某电厂机组锅炉 B 侧一次风机跳闸，机组 RB 动作，E 磨煤机自动跳闸，下层 8 根油枪自动投入；汽包水位在 RB 开始时下降到 －245mm，汽包水位自动调节系统因入口偏差大退出自动状态，进入手动操作；在 CCS 系统因一次风机跳闸进入 RB 状态后的一段时间内（约 10～20s），各 DCS 操作员站显示异常，操作缓慢，最后锅炉因汽包水位高三值而产生 MFT 动作，机组跳闸。事件中暴露出以下问题：

(1) SOE 在事后没有将整个动作过程完整地记录下来。

(2) 各 DCS 操作员站显示异常，操作缓慢。

(3) 处理器 CP08 工作不正常，D 磨煤机没有随 RB 启动而跳闸。

(4) RB 动作后，没有通过自动调节维持住汽包水位。

【原因分析】

(1) SOE 模件工作不正常的原因是由于该机组采用的 FOXBORO-I/A 的新的过程处理器与功能模件之间不支持 SOE 模件，特增加的 SOE 模件的电源仅取自单路主电源，而没有和 DCS 系统一样取自两路 UPS，所以主电源失效后，SOE 没有将整个动作过程完整地记录下来。

(2) 各 DCS 操作员站在主电源失效后的一段时间内通信异常，经检查分析，原因一是 DCS 的互为备用的两台网络通信交换机在一台出现故障，主电源失效后，该交换机电源中断；原因二是 B 一次风机跳闸后，DCS 处于繁忙工况，使总线通信负荷率大大增加而导致显示异常，操作缓慢。

(3) 过程处理器 CP08 工作不正常，D 磨煤机没有随 RB 启动而跳闸。

(4) RB 动作后，自动调节系统调节效果不理想，没有能维持住汽包水位。

【防范措施】

(1) SOE 模块电源改进，增加一路备用电源。

(2) 更换故障的交换机和过程处理器。

(3) 及时更换故障模块和器件，使控制系统处于健康状态，迎接夏季发电高峰。

(4) 按照相关规程要求，在繁忙工况下数据通信总线的负荷率不得超过 30%，对于以太网则不得超过 20%。该 300MW 等级机组采用一对互为冗余的网络数据交换机，测试通信负荷率如果达不到规程要求，则增加交换机对数以满足运行要求。

(5) 对 RB 逻辑和 RB 动作后机组运行状态进行试验和测试，确保 RB 发生时，能够主要通过自动调节系统，加上必要的人工干预，将机组负荷从一个状态平稳地过渡到新的状态。

【案例 104】T-3000 型 DCS 网络堵塞导致 OM 画面刷新慢，伴随大量坏点显示

【事件过程】3 月 30 日 19：00 左右，某电厂运行人员发现 DCS OM 画面刷新慢，调用新画面时间长，特别是打开 DEH 画面要过很长时间才能弹出，并出现大量坏点现象。热工人员首先检查操作员站，操作员站负荷正常，然后检查 DCS、DEH 服务器，DCS、DEH 服务器负荷正常，服务器内 T-3000 系统各进程内存占用情况正常，无异常现象，排除服务器负荷高引起数据堵塞的可能。进入电子间对控制器及网络设备检查，所有控制器运行正常，无异常情况。网络中心交换机 B 在间歇式重启，大约 5min 一次，在中心交换机重启的过程中通过多单元操作平台读取 DEH 系统画面有卡涩现象。

【原因分析】T-3000 系统网络冗余采用的是西门子特有的环网冗余技术，使用一对 OSM（光网交换机），通过设置其 DIP 开关设置备用（standby）主站和备用从站。当备用主站通道出现故障时，备用从站连接通道工作；当备用主站通道恢复正常时，备用主站会通知备用从站，备用从站将停止工作。备用主站、备用从站不会同时工作。DCS、DEH 网络通信接口如图 3-12 所示。

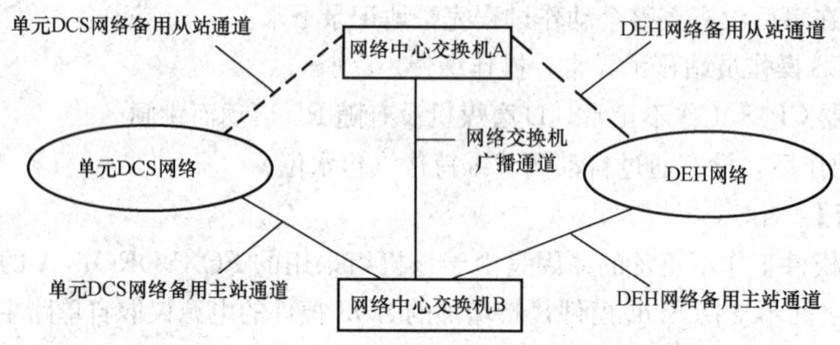

图 3-12　DCS、DEH 网络通信接口

DCS、DEH 网络的备用主站通道都是接在网络中心交换 B 端口上，在网络交换机 B 重启过程中，DCS、DEH 网络的通信都将由备用从站通道接替；网络交换机 B 重启完成后，DCS、DEH 网络的通信权又将交予备用主站通道，所以在网络交换机 B 频繁重启的过程中，DCS、DEH 网络的通信通道也在频繁的交替。

操作员站的所有操作平台都是单元机组 DCS 网络单元，所以当运行人员调用 DEH 画面时，DCS、DEH 网络的通信通道也在进行交替，造成画面发生卡涩，通信数据堵塞。

【防范措施】

这是一起典型的设备故障扩大化事件，由于网络中心交换机的故障造成下层网络频繁切换，使得影响扩大化，T-3000 系统网络设计结构不合理，西门子环网冗余技术也有其弊端，未能起到真正的网络通信冗余。根据西门子网络特点，提出两点预防措施：

（1）当网络中心交换机故障时立即将故障交换机切除，以免由于网络交换机的故障造成下层网络通信通道的切换。

（2）网络中心交换机采用虚拟环网技术，取消DCS子网的环网冗余功能，实现DCS网络实时冗余。

【案例105】Symphony系统通信故障引起机组跳闸

【事件过程】6月25日11：54，某电厂2号机组运行中，运行人员发现凝结水系统画面部分坏点，检查发现坏点是2号机组18号PCU通信模件NIS所有指示灯全亮，判断18号柜通信故障，以后又多次发生。此外2号机组DCS 18号控制柜也发生5次通信故障。故障发生后18号控制柜内所控制的部分阀门出现关闭或开启现象，部分联锁开关由联锁状态自动解除。

【原因分析】6月25日第一次发生通信故障时，18号控制柜两块网络接口模件NIS均在故障状态，值班人员经几次插拔后恢复运行。此次故障时间较长，部分阀门动作，特别是精处理旁路门关闭，造成除氧器水位低打闸停机。6月26日再次发生通信故障时，NIS由原运行模件切换到备用模件运行（故障时间在1min左右），但仍造成部分阀门动作。6月27日第三次发生通信故障时，NIS模件没有切换（故障时间30s左右），自动恢复运行，也造成部分阀门动作。6月27日20：00至23：00发生的第3次通信故障中，18号控制柜两块网络接口模件NIS均在故障状态，热控人员分别对两块NIS进行复位，NIS恢复运行。6月28日23：00更换一块NIS模件，新换NIS模件在备用状态，另一块NIS模件在工作状态。

在上述事件发生后，热控专业人员对控制逻辑进行分析，认为通信故障不应发生阀门动作及联锁开关由联锁状态自动解除现象。造成DCS故障的原因可能有电源熔断器、网线、卡件松动，计算机病毒或BRC发生瞬间故障。咨询ABB公司技术人员意见，与热工人员分析意见一致。

【防范措施】

（1）检查18号控制柜电源熔断器、网线、卡件，并对网线接头和卡件固定螺丝进行了紧固。

（2）继续检查控制逻辑，分析通信故障时阀门动作及联锁开关由联锁状态自动解除原因。

（3）将精处理旁路门电源停掉（运行也要求停电源），防止故障再次发生时精处理旁路门关闭。

（4）增加值班人员：在原有值班人员基础上，自动、保护班各增加一名对DCS较熟悉的人员值夜班，及时处理设备故障。

（5）有针对性的培训：对自动、保护班所有参与值班及维护人员进行通信故障时系统恢复方法的培训，保证在故障发生后及时恢复DCS运行。

【案例106】XDPS系统网络阻塞导致汽轮机调节汽门关闭

【事件过程】某电厂机组采用上海新华公司的XDPS-2.0系统，10月14日7：00，4号机组负荷由80MW突降至0MW，调节汽门关闭，原因不详。15日17：00，4号机组11号DPU初始态，用主控组态拷贝副控DPU不成功，18：00，28号DPU也初始态且拷副控不成功。关闭11号DPU后28号DPU拷贝成功。更换11号DPU主板、网卡、双机切换卡后仍不能拷副控或发网络报警信号（rece close mes2，close socket）。后更换11号DPU的CF，仍发网络报警信号，PING网络（B）时通时不通，且48号站瞬间离线，又更换31号DPU网卡后现象消除。

【原因分析】该机组DCS网络结构示意如图3-13所示。它采用50Ω同轴电缆（细缆）为传输介质，网络的物理结构是总线型拓扑。11号DPU和31号DPU为一对负责DEH的冗余处理单元，8号DPU和28号DPU为一对负责DAS的冗余处理单元，每个DPU均有两个网卡用于连接A、B实时网络。由于某个或某几个网卡故障或性能不稳定，会造成发送数据一直不成功，数据一直重发，使网络上的数据量急剧上升，造成网络阻塞，组态数据不能在两个冗余的DPU之间进行传送。逐一更换网件试验，查出故障或性能不稳定的网卡更换后，网络恢复正常。

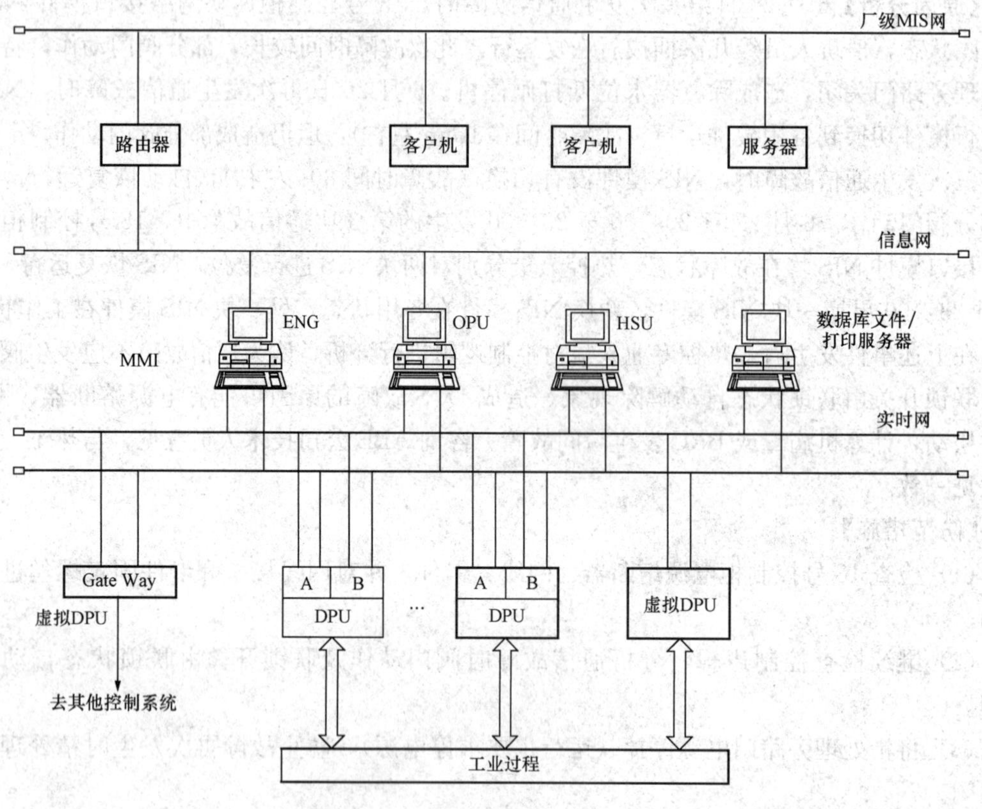

图3-13　DCS网络结构示意

【防范措施】网卡设置不当、网卡故障或性能不稳定、网络上数据量大使得网络负荷率高，都有可能造成DCS网络阻塞。因此针对造成网络阻塞的具体原因，应制订相应的防止网络阻塞措施。

（1）针对网卡设置不当造成的网络阻塞，把所有安装了DFE 530-TX网卡的MMI站（包括3号机组和8号机组）的网卡设置中流量控制功能设为“DISABLE”，使交换机功能一直保持开通状态。

（2）针对网卡故障或性能不稳定造成的网络阻塞，在不影响机组DCS正常运行的情况下，定期对网络上每个节点的网卡进行网络通信测试（具体实施是编制一个批处理小程序，对网络上每个节点网卡的 IP 地址使用 PING 命令进行测试，每周五在工程师站运行此程序，并记录运行结果），发现有故障或性能不稳定的网卡，及时更换，使整个分散控制系统通信保持畅通。

（3）针对网络上数据量大、网络负荷率高会造成网络阻塞的情况，可以通过两方面进行防范。首先对 MMI 进行网络绑定［将 NetBIOS 接口、服务器和工作站的 A、B 网 WINS 客户（TCP/IP）禁用］，使 MMI 之间的非实时数据只通过非实时网 C 网传输，而不影响实时网的负荷率；其次，减少不必要的网上数据量。运行人员经常会在监视画面时，将已打开的趋势图窗口置为后台运行，不进行窗口切换，只能再次打开一幅趋势图画面，这些趋势图的网上调用数据过多也会造成网络阻塞。培训运行人员应关闭不使用的实时趋势图画面，这样也能减少网络上的数据量，防止发生网络阻塞。

【案例 107】XDPS 系统 BCnet 卡设置错误导致测试网段失败

【事件过程】某机组在机组检修中，针对整个网络均是星形网络结构的特点，除了对整个网络进行冗余切换外，还对每套 DPU 自身的网络进行检查，结果发现 1 号 DPU 和 21 号 DPU 虽然可以实现无扰切换，但是在“PING 命令”下测试 222.222.223 和 222.222.224 网段均失败。

【原因分析】经分析造成此类故障的原因可能是 BCnet 卡故障、HUB 故障、DPU 网卡故障和 DPU 网络配置设置错误。热工人员进行分析排查，对 DPU、BCnet 卡进行切换试验、检测 HUB、DPU 所有网络配置文件、更换为其他工作正常的主机的主板测试，均未找到问题根源，但由此可以排除 DPU、HUB 故障和 DPU 网络配置设置错误，剩下原因是 BCnet 卡，结合应用 XDPS-400 系统提供的卡件自检程序，用单 BCnet 运行测试，发现问题原因是 BCnet 卡件的地址跳线和该卡件在站内位置不一致导致了此类故障出现。

【防范措施】在更改了卡件的地址跳线后，系统的通信恢复了正常。针对此类故障，在机组运行期间，要加强巡检维护力度，每周要对整个 DCS 网络运行“PING”命令进行测试，以便及早的发现问题、解决问题。每次测试都应做好记录。

【案例 108】H5000M 系统 POC 站故障导致系统无法进行操作

【事件过程】某电厂机组采用日立 H5000M 系统，1 月 24 日，2 号机组各 POC 站（包括历史站）出现报警窗口，提示：发现 POC3 网络故障，请检查该机组的通信情况。接着各其他 POC 站无法进行操作，只有 POC3 能够断续操作，此时模拟量数据显示正常。系统状态图显示各 POC 站断续离线在线，且各 POC 站不定。由于当时只有 POC3 能够断续操作，考虑到暂时能够维持机组运行，并未对其进行处理，只将其他 POC 站退出系统（主要考虑各操作员站不一致，以前曾发生过类似事件），只保留 POC3 运行，但问题仍没有解决，只好将其他 POC 站重启在线，退出 POC3 运行。POC3 退出后，其他 POC 站随即能够正常操作，POC3 掉电重启后，系统恢复正常。

【原因分析】日立 H5000M 系统各 POC 站在任务分配时所担任的角色是不同的，功能有主次之分，当一台 POC 站故障时，系统便将由该机分管的主要功能转移至事先安排好的另一台 POC 站，但由于当时 POC3 网络间断故障，并未死机，系统无法辨别其好坏，功能也就无法转移，导致各 POC 站任务分配功能紊乱，无主次之分，操作也就无法进行。

【防范措施】出现该状况后，立即对提示的故障 POC 站掉电，观察其他 POC 站运行情况，正常后再重启 POC 站观察。这样做的目的是尽量缩短故障处理时间，如果 DCS 长时间无法操作，只能打闸停机。

【案例 109】西门子 PU 主板内电容爆浆导致服务器停运

【事件过程】12 月 8 日 2：00 左右，某电厂 600MW 机组运行人员发现 2 号机组 ASD 报警中显示 PU01 I&C component control OM-IC-Component Red. loss 报警并通知热控人员检查，热控人员迅速到场，检查 2 号机组所有计算机的运行状态，只有 PU1b 服务器停运，PU1a 为主运行状态，其他计算机运行正常。12 月 13 日 19：00 左右，运行人员又发现 2 号机组 ASD 报警中发 PU02 I&C component control OM-IC-Component Red. loss 报警并通知热控人员检查，热控人员检查 2 号机组所有计算机的运行状态，只有 PU2a 服务器停运（原为主运行状态），PU2b 切为主运行状态（原为从运行状态），其他计算机运行正常。

【原因分析】两次故障现象相同，处理方法也相同。第一次异常报警后，热控人员到电子间检查 PU1b 服务器确认已经停运，开工作票后，对 PU1b 进行开箱检查，发现 PU1b 服务器 CPU 周围主板上有 6 个电容爆浆，随即进行了更换，于 3：00 恢复正常。第二次异常报警后，热控人员到电子间检查 PU2a 服务器确认已经停运，开具工作票后，对 PU2a 进行开箱检查，发现 PU2a 服务器 CPU 周围主板上有 7 个电容爆浆，随即进行了更换，于 21：00恢复正常。

【防范措施】利用机组检修机会对同期设备老化程度进行评估，并有序安排升级改造。

【案例 110】交换机故障导致画面数据显示异常

【事件过程】3 月 25 日某电厂机组运行期间，LCI 画面（LCI 为燃气轮机的静态启动装置，两台 LCI 通过切换可供三台燃气轮机启停操作）数据变黑无显示，MARK VI 报警网络故障。

【原因分析】根据报警检查网络设备，发现用于挂接操作员站的一只交换机指示灯无显示，其供电电源正常。判断为交换机故障，需要更换，但是考虑到 MARK VI 在用的交换机都是经过严格的 IP 地址分配，并进行了端口的划分，如果将普通未进行配置的交换机换上可能会影响整个网络的运行，因此当时采取了一些临时措施未更换交换机，待停机时再处理。

【防范措施】机组停运后，用预先进行了配置的交换机更换，使网络恢复了冗余状态。对于拆下的交换机，检查后发现其电压单元部分元件有烧损迹象，考虑到现场安装的位置，该交换机是在机柜的最底层，散热较差，虽然交换机是自带风扇的，但积灰加上本身产生的热量较大，设备长期工作在较高温度下，影响了其使用寿命，因此，更改了交换机的安装位置，确保其能有效散热，并制订了定期清灰制度。

【案例 111】I/ASeries 系统光电交换器可靠性差导致 FIELDBUS 回路通信故障

【事件过程】某电厂 I/ASeries 系统 CP12 和公用 CP01 下都设置了远程 I/O 点，远程 I/O 与 CP 通信采用光纤方式，就是在 FIELDBUS 回路上设置了光电转换器，远程 I/O 机柜内部还是采用 FCM 同轴电缆通信方式。通过一段时间的应用，上述 CP 控制处理机经常出现 FIELDBUS 通信回路“A 路”或者“B 路”故障报警，但是很快就自行修复；故障频繁报警一段时间后导致 FCM 通信卡故障，更换备件后正常运行一段时间后，依然发生此前的故障现象。最后经过更换 FIELDBUS 回路上的光电交换机才消除了该故障，FCM 也不再损坏。

【原因分析】原配的 FOXBORO 光电交换器可靠性差，平均使用一年后就会发生故障，导致 FIELDBUS 回路通信故障。

【防范措施】改为赫斯曼光电转换器后，近两年来没有发生一起类似的故障。

【案例 112】控制环路通信异常原因分析

【事件现象】通过环路传输的数据，在接收端数据不发生变化。

【原因分析】通常是与检修后在 PCU 中控制器和 NPM 的上电顺序有关。PCU 上电时 NPM 会自动扫描控制器的跨 PCU 通信点和例外报告，建立通信数据库。如果 NPM 早于控制器完成初始化，则 NPM 中的通信数据库就有可能建立不完整，导致跨控制器的通信数据不刷新。

【防范措施】

（1）PCU 每次下电重新上电后，待控制器运行正常后同时复位两个 NPM 模件，确保 NPM 能建立完整的跨控制器通信和例外报告数据库点表。

（2）在正常运行中做控制器和 NPM 模件的冗余切换前，需要确保冗余控制器或 NPM 模件的第 8 个 LED 亮，同时在 composer 中监视控制器或 NPM 的冗余状态位，确保冗余状态位指示冗余正常，否则会导致冗余切换失败，控制器或 NPM 模件将进入初始化运行过程。

【案例 113】同一 PCU 内不同主控模块之间通信异常问题处理

【事件现象】通过控制通道传输的数据，在接收端偶尔丢失。

【原因分析】当使用早期的 BRC300 和 NPM12 的 controlway 通信程序的 A1 版本时，偶尔会出现这个问题，ABB 在 2007 年发布了新的通信程序 A2 版本，可以通过升级 controlway 的通信程序解决这个问题。

【防范措施】ABB 在 2014 年发布了最新的 controlway 通信程序 A4 版本，通过升级可以解决问题，升级可以在升级方案完善的情况下，小修及以上检修时完成，但要注意：

（1）A4 版本在下面两个方面做了极大的改进：

1）优化了通信过程算法使通信效率更高，能有效降低 controlway 的通信负荷率。

2）强化了噪声的滤波处理，能更加有效的克服噪声对通信的影响，保证通信数据的准确。

（2）为了充分利用 controlway A4 版本的改进功能，需要 NPM 和 BRC 的 controlway 版本都为 A4，NPM12 不支持 A4 版本，只有 NPM22 支持 A4 版本，如果需要利用这些改进功能，NPM12 只能升级到 NPM22。

（3）controlway 通信 I/O 周期不能过短，建议 controlway 的 I/O 周期（FC82 的 S13）设置为 1s，基本（最小）的 controlway I/O 周期（FC90 的 S2）设置为 0.25s。通常 FC82 的 S2 需要设置为 FC90 的 S13 的整数倍。

【案例 114】操作员、服务器、交换机之间通信异常问题处理

【事件现象】操作员站响应慢，操作面板弹出延迟，严重影响安全运行。

【原因分析】百兆网络标准 100BaseTX 是目前最常用的方式。这种方式同时支持 10M 连接，而且和 10M 以太网一样只使用 4 对双绞线中的 2 对，按常用的 568A/B 的接线方法来说就是 1、2、3、6 这 4 根线（1：输出数据＋、2：输出数据－、3：输入数据＋、6：输入数据－）。其余的 4 根线是没有用的。由于其中一组水晶头铜片氧化，网络并没有断开，只是通信不畅，网络不会切换，导致通信速率慢。

【防范措施】

（1）更换网线，最好采用 RNRP 方式，去掉交换机互联网线，但是要注意网线与网卡一一对应。

（2）检修维护时，建议做：

1）检查和紧固各个连接头，确保接触可靠。

2）定期更换网络电缆。

3）在各台计算机上使用 PING 命令其他所有计算机，确保不会出现丢包和超时现象。

4）在计算机之间做大文件传输测试，建议 500M 大小文件传输不大于 40s。

【案例 115】环路电阻大问题处理

【事件现象】集中检修 DCS 清灰后，检查环路电阻，在 DCS 没有上电的情况下将万用表从任一个节点串入环路测量，测得电阻大于 100Ω。

【原因分析】在每一个节点测量环路电阻，找到其中接触电阻大的节点，清理后环路电阻降到 30Ω（由于各电厂的环路布局各不相同，请其他电厂根据自己的情况确定最佳环路阻值）。

【防范措施】完全断掉会自动切换和报警，接触不良很危险。平时运行时，建议：

（1）定时人工巡查，及时发现环路电缆断线情况。局部电缆断线时，因为通信还是正常进行，所以不易被发现。环路电缆断线可以方便的通过设置 NIS 和人工巡查发现。

（2）总是让 NIS/NPM 左边或上边冗余对工作（或在巡查时做好记录），当出现通信问题时检查 PCU 看看 NIS/NPM 是否出现切换，帮助查找问题节点等。

（3）经常使用操作员站提供的环路诊断功能，检查每个节点的通信错误计数，能很好的判断环路断线或接触不好等。

【案例 116】工程师站与 DCS 通信异常问题处理

【事件现象】下载组态经常出错中断。

【原因分析】计算机串口有问题。

【防范措施】使用 USB 转 RS232 是一个很好的解决方案，需要注意 USB 转 RS232 后系统标示的 COM 口号，需要在 semAPI 设置中修改 COM 口号对应到 USB 转 RS232 的串口号。处理故障应做到以下几点，举例：32 号给水泵汽轮机更换故障主控模件（三类故障）。

（1）备品管理无问题。确保在合适的温度和湿度下保存，使用前在测试柜中进行测试，确保更换的备件通过测试。长期保存的备件建议每半年测试一次，确保备件的完好。

（2）操作过程无问题。由熟悉该操作的人员操作（插拔模块的力度等），有人监护（防止走错间隔），在场工作人员没有携带通信工具，直接操作人员佩戴了防静电手环。

（3）事故预想充分。事先请示了领导，经得值长同意后，开始工作。

更换故障模件本身存在一定风险，事前咨询厂家，评估可能的风险及防范措施，做好预案等。打开的 composer 项目要仔细核对，避免打开错误的项目树，操作错误的机组等。

第五节　DCS 软件运行故障案例分析

【案例 117】控制模块算法安全漏洞引发给粉机调节指令突降，导致 MFT

【事件过程】某电厂 13 号炉曾发生两起因 DCS（XDPS）的 PID 模块输出异常导致锅炉

MFT 的故障。当时机组协调及 AGC 投入，由于煤质差，给粉机转速达到最大，30s 后运行人员将负荷高限由 125MW 降至 100MW。此后锅炉指令逐渐下降，而由于锅炉蓄热及煤质好转等原因，热量信号逐渐上升，2min 左右，给粉总操输出突降至 15%，炉膛负压大，全炉膛熄火 MFT 动作。

【原因分析】故障前给粉总操输出突降时有两个现象值得注意：一是锅炉指令与热量信号偏差达－10MW，二是运行人员将机组负荷高限由 125MW 降至 100MW。机组投入 AGC 功能后，在 AGC 工况下，负荷给定经常改变，并未引起给粉总操输出突降，可以判断运行人员调整 AGC 定值的操作不存在问题。而锅炉指令 BD 与热量信号 HR 偏差达－10MW时，按控制逻辑，将闭锁燃料调节器输出增加，如图 3-14 所示。闭锁的方法为：偏差信号(BD－HR)⩽－10 产生时，通过 SFT 切换模块将燃料调节器 PID 输出高限由 98%改为调节器当前输出值。

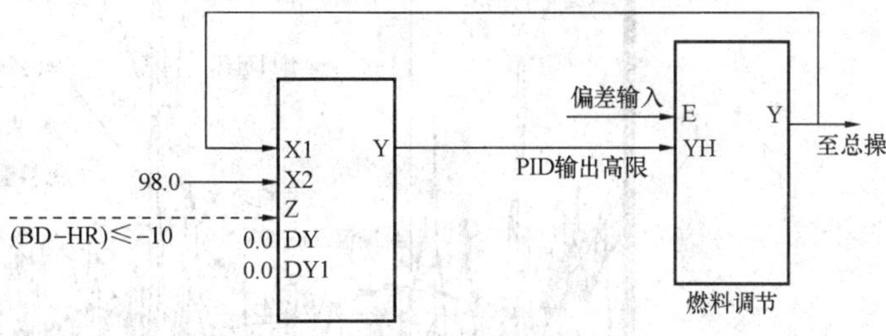

图 3-14 燃料调节器闭锁逻辑

通过这部分组态仿真实验表明，锅炉指令与热量信号偏差达－10MW 时，燃料调节器输出没有保持原值，而是突变为燃料调节器输出下限，这说明这部分算法组态存在问题。可以认为由于控制模块存在的算法安全漏洞，致使 SFT 模块与 PID 模块如此搭配使用产生错误。

【防范措施】从仿真试验可知，在算法漏洞未消除之前，有两种解决问题的办法：一是将切换模块的切换速率设置为除 0 以外的实数值（该值应尽可能小一些）；二是取消该部分功能，由于热量信号 HR 高时，按燃料调节器的调节方向，只会减少燃料，不可能自动增加燃料，故没有必要设置闭增功能。

【案例 118】660MW 超超临界机组主蒸汽温度波动原因分析及探讨

【事件过程】某电厂 660MW 机组锅炉由东方锅炉厂设计制造，为 DG2000/26.15-Ⅱ型超超临界参数变压直流型锅炉；汽轮机由哈尔滨汽轮机厂生产，为 CCLN-660-25.0/600/600 型超超临界、一次中间再热、单轴、三缸、四排汽、双背压、凝汽式汽轮机。设置 2 台 50%汽动给水泵，汽轮机旁路系统采用容量为 35%的一级大旁路系统。

在机组调试完成投产运行中，其主蒸汽温度在锅炉运行稳定的情况下波动达到±15℃左右，变负荷过程中，有时蒸汽温度波动达到 30℃，其主蒸汽温波动给主机的安全运行带来巨大压力，严重影响了机组的安全和经济运行。

【原因分析】通过对该机组运行过程中历史数据的分析研究，发现其主蒸汽温度的波动原因具有非常典型的代表性。与其相关联的协调、给水、燃料等控制系统均存在控制策略和参数设置问题。

(1) 蒸汽温度控制系统的问题。通过数据分析发现，该机组在稳态和变负荷过程中主蒸汽温度波动幅度较大，从图 3-15 曲线中可以看出主蒸汽温度的平均波动幅度达到±15℃左右，在各个系统调节配合严重不协调的情况下，过热蒸汽温度在 8min 内下降了 50℃，对主机安全运行产生了严重的威胁。同时，该机组的中间点温度调节能力较弱，水冷壁出口过热度（中间点温度）变化较大。在机组煤水比失调而引起过热蒸汽温度变化时，调节系统只能主要依靠调节减温水流量来控制蒸汽温度，使减温水流量发生了大范围的变化，经常超出减温器的减温水可调范围。此外减温水调节汽门在开启时有25%空行程调节死区，在调节过程中调节延迟性大，经常出现减温水断流的情形，也影响了主蒸汽温度的调节效果。

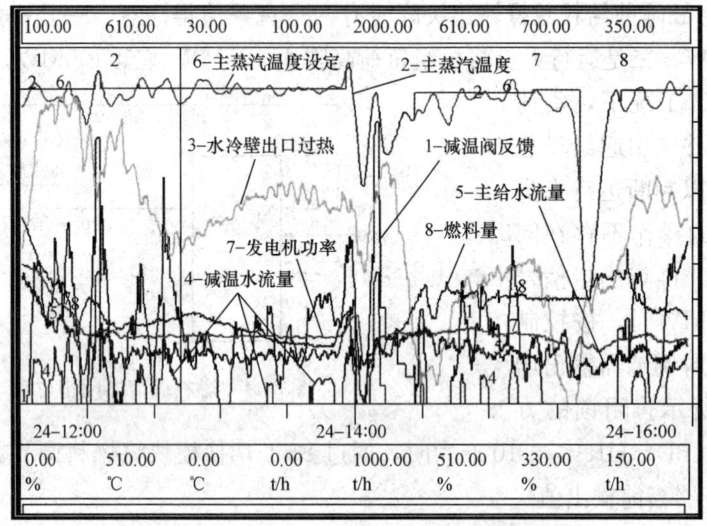

图 3-15　协调方式下过热蒸汽温度综合曲线

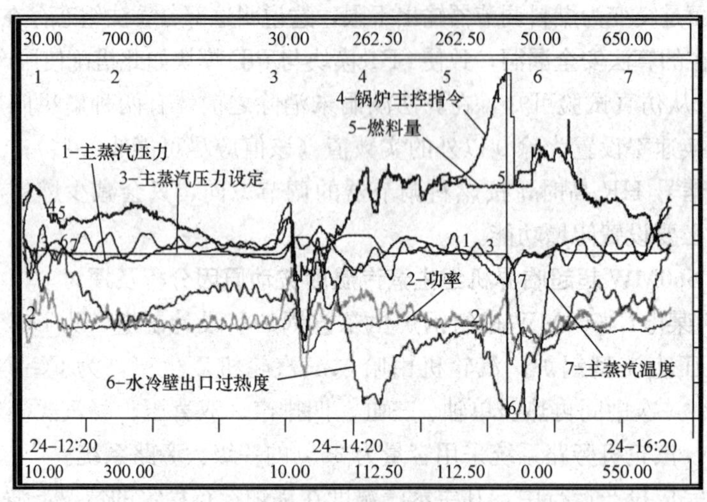

图 3-16　协调方式机组主要参数运行曲线

（2）协调控制系统和燃料控制系统。在协调方式运行时，该机组的主蒸汽压力回路调节品质较差，主蒸汽压力偏差经常在±1MPa左右波动。在图3-16曲线中由于协调控制系统对负荷响应速度较快，控制系统在给水系统、燃料系统均未到位的情况下控制机组快速响应负荷指令。对于超临界机组，由于没有汽包的缓冲，直流锅炉的动态特性受末端阻力的影响远比锅筒式锅炉大，因此汽轮机调节汽门的开度一方面控制汽轮机功率和机组压力，同时也直接影响了锅炉出口末端阻力特性，改变了锅炉的控制特性。在机组运行中，当主蒸汽压力下降时，协调控制系统应该逐渐关闭汽轮机调节汽门，使机组负荷降低，维持主蒸汽压力稳定。但该机组此时协调控制系统在燃料量不足使主蒸汽压力下降的情况下，还继续维持较高负荷，使锅炉储能过度释放，导致蒸汽温度骤然下降；水冷壁过热度最低时下降至 1.66℃，燃料偏差最大时达 47.61t/h，导致主蒸汽温度迅速下降 50℃。

（3）给水控制系统。直流锅炉作为一个多输入、多输出的被控对象，其主要输出量为蒸汽温度、蒸汽压力和蒸汽流量（负荷），其主要的输入量是给水量、燃烧率和汽轮机调节汽门开度。由于是强制循环且受热区段之间无固定界限，一种输入扰动将对各个输出量产生作用，如单独改变给水量或燃料量，不仅影响主蒸汽压力与蒸汽流量，过热器出口蒸汽温度也会产生显著的变化。所以以汽水分离器出口温度或焓值作为表征量，采用比值控制，如给水量/蒸汽量、燃料量/给水量及喷水量/给水量等，是直流锅炉的控制特点。因此，给水控制系统的任务是既要参与负荷控制又要参与蒸汽温度控制。

该机组给水控制系统由锅炉主控的 PID 输出，经三阶惯性环节和锅炉的实际减温水流量构成，中间点温度对给水系统不进行修正。在此种调节方式下，当锅炉的中间点温度出现偏差时，只有通过修正给煤量来调节中间点温度，如图 3-17 所示。

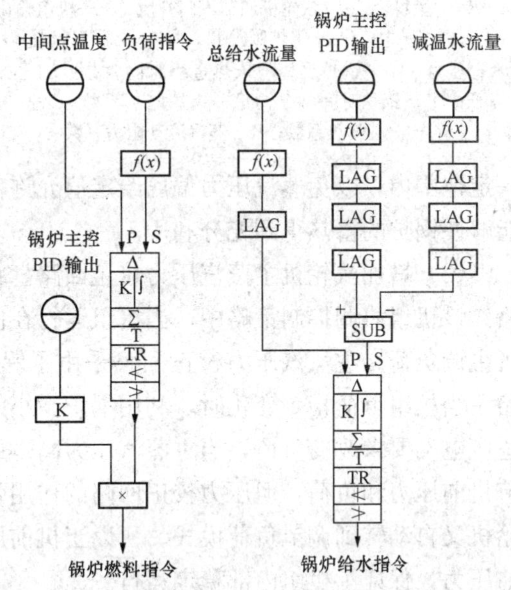

图 3-17　优化前给水控制系统控制策略

而在燃料量扰动情况下的过热蒸汽温度动态响应时间要远比给水量扰动下的过热蒸汽温度动态响应时间长，且由于煤质的不同，修正也会出现较大的偏差，所以此种调节方式势必造成水煤比的动态不匹配，造成中间点温度及过热蒸汽温度调节相对较为迟缓，也是主蒸汽温度波动的根本原因。而在大惯性调节回路中，PID 调节方式也不能达到较好的调节品质。所以给水调节策略上的问题是该机组主蒸汽温度波动的主要原因。

【防范措施】根据该机组的运行状况，结合其控制策略需要对其相关系统等进行策略优化及参数调整。

1. 协调控制系统优化

由直流锅炉的机组特性可知，从燃烧率改变到引起机组输出电功率的变化的过程有较大的惯性和迟延，如果只是依靠锅炉侧的调节，必然不会得到迅速的负荷响应，而汽轮机调节汽门动作可使机组释放部分储能，输出电功率暂时迅速增加。但储能的过度释放会威胁到机组的安全运行，例如，图 3-15 中由于储能过度的释放导致蒸汽温度骤然下降。因此，为提高负荷响应能力在保证机组安全运行前提下，要充分利用机组的储热能力，加快机组初期负荷的响应速度。与此同时，也要加强对锅炉侧燃烧率的调节，及时恢复储能，使蒸发量保持与机组负荷一致，如图 3-18 所示。所以协调好坏关键在于要充分利用锅炉储能，同时又要相应地限制这种利用。

通过以上分析，该机组协调控制系统需要从以下几个方面进行策略优化和改善。

（1）增加非线性元件，充分利用锅炉蓄热。增加限幅非线性元件的目的是限制起始控制

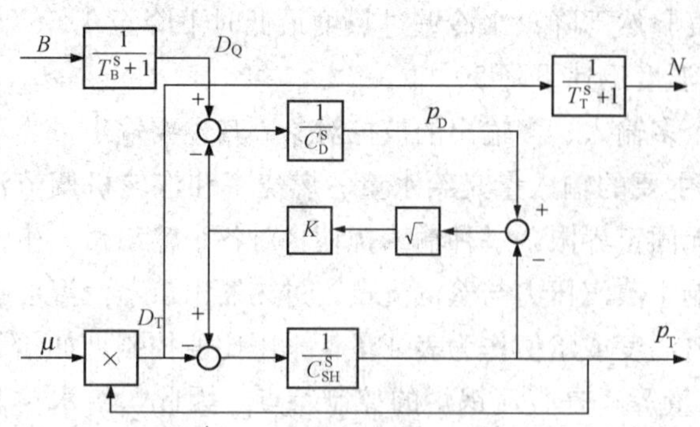

图 3-18 协调方式的数学模型

B—锅炉燃料量；μ—汽轮机调节汽门开度；N—机组输出功率；p_T—机前压力；D_Q—锅炉吸热量；D_T—主蒸汽流量；p_D—储水箱压力；T_B—锅炉燃烧与传热过程时间常数；S—拉普拉斯算子；T_T—锅炉时间常数；C_D—锅炉储热系数；C_{SH}—蒸汽管道储热系数；K—蒸汽流动阻力系数

过程中负荷变化对汽轮机调节汽门开度的影响，保证机前压力偏差不会波动太大。当负荷指令增加时，通过非线性元件暂时降低主蒸汽压力的给定值，汽轮机控制器发出开大汽轮机调节汽门指令，使输出功率迅速增加。反之，当减负荷时，增大蒸汽压力给定值，汽轮机控制器发出关小调节汽门的指令，迅速减小输出功率。非线性元件是一个双向限幅的比例器，它可以输出与机组负荷偏差成比例的信号。当机组负荷偏差超过这个区域时，非线性元件的输出不再变化，即蒸汽压力给定值不再变化。这种机前压力定值的变化只限定在一定范围内，以免蒸汽压力偏离给定值允许范围。非线性元件暂时改变机前压力的给定值，能够使锅炉的蓄热得到充分利用。

（2）增加汽轮机主蒸汽压力校正回路。在协调控制策略的基础上增加主蒸汽压力校正回路。该机组协调控制策略中，当机组运行在协调或锅炉跟随方式下时，锅炉主调压力，汽轮机主调负荷。主蒸汽压力校正回路采用了锅炉调节负荷，汽轮机同时调节压力和负荷的思路。当机组负荷指令变化时，利用锅炉微小的蓄热能力，汽轮机牺牲一部分主蒸汽压力首先适应电网要求改变负荷，当主蒸汽压力高于或低于设定值时，汽轮机由调节负荷自动转到调节机前压力和负荷，但压力校正回路的作用强于负荷。当机前压力调节到设定值以内时，汽轮机又自动转到调节负荷模式。所以当机前压力变化较大时，协调控制系统能够迅速稳定机前压力，保证了机组内部稳定运行。

2. 给水控制系统优化

在直流锅炉中，给水变成过热蒸汽是一次性完成的，因此锅炉的蒸发量不仅取决于燃料量，同时也取决于给水流量。当给水量和燃烧率的比例改变时，直流锅炉的各个受热面的分界就会发生变化，从而导致过热蒸汽温度发生剧烈变化。在发生变化的过程中，中间点温度的变化趋势是当给水量或燃料量扰动时，汽水行程中各点工质焓值的动态特性相似；在锅炉的燃水比保持不变时（工况稳定），汽水行程中某点工质的焓值保持不变，所以采用中间点蒸汽焓替代该点温度作为燃水比，使校正更迅速和可靠，其优点在于：

（1）分离器出口焓（中间点焓值）值对燃水比失配的反应快，系统校正迅速。

（2）焓值代表了过热蒸汽的做功能力，随工况改变焓给定值不但有利于负荷控制，而且也能实现过热蒸汽温度（粗）调整。

（3）焓值物理概念明确，用焓增来分析各受热面的吸热分布更为科学。它不仅受温度变化影响，还受压力变化影响，在低负荷压力升高时（分离器出口温度有可能进入饱和区），焓值的明显变化有助于判断，进而能及时采取相应措施。因此，静态和动态燃水比值及随负荷变化的焓值校正是超临界直流锅炉给水系统控制中的一种较好的控制手段。

所以要使机组给水控制系统响应迅速，使给水控制真正实现对过热蒸汽温度的粗调作用，其给水控制策略应优化为图 3-19 所示的策略。

通过以上机组控制策略优化后，机组的蒸汽温度控制压力大幅度降低；蒸汽温度控制压力不再集中到减温控制上。通过调整蒸汽温度控制系统参数和检修减温调阀，消除该机组减温调阀空行程死区，使机组的减温控制仅作为主蒸汽温度的辅助调节手段，机组的温度控制系统性能将大幅度提高。

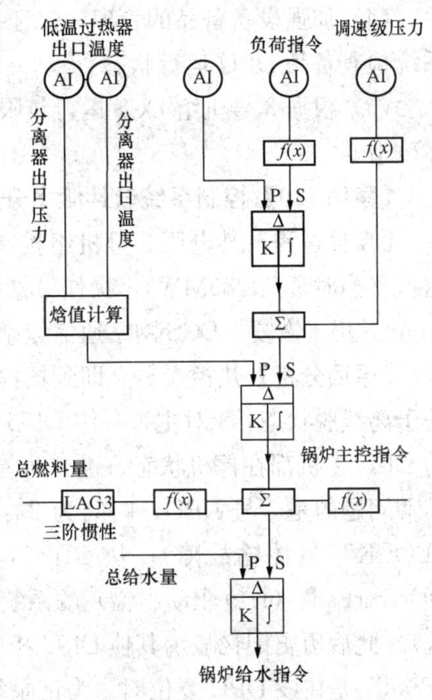

图 3-19　优化后机组的给水控制策略

【案例 119】DPU 软件运行故障导致 MFT 信号误发

【事件过程】7 月 7 日 17：09，某电厂 3 号机组（300MW）值班员监盘发现 CRT 上热工 1BMS1-DPU-BUS1 报警，CRT 上误发“MFT”信号，首发 ETS 跳闸 MFT，除 C 层给粉机状态不对无法控制、燃油系统及扫描风机状态不对之外，其他设备运行正常。立即联系热工人员处理，18：30 热工人员解除 FSSS 所有保护，要求运行加强监视。在热工人员处理 1BMS-DPUBUS1 故障过程中，于 19：18，MFT 触发，所有给粉机跳闸、给粉电源跳闸、两台一次风机跳闸、制粉系统联跳。立即投入油枪，调整燃烧，保证锅炉未熄火。手动将机组负荷由 240MW 降至 10MW，启电动给水泵退汽动给水泵，手动调整水位正常，汽轮机未跳闸。

【原因分析】

（1）负责 FSSS 系统的 MFT 控制运算的 DPU-152/153 中的 DPU-152 故障，从事件记录中暂无法判断。在 FSSS 系统故障处理结束后，将此 DPU 安装在 DAS 上并下载程序运行正常，可以初步判断硬件无故障，原因是由于程序错误或程序运行中发生错误数据而使 DPU-152 放弃主控。

（2）DPU-153 在成为主控 DPU 后未能获得 I/O 访问权，并计算出错误的结果。

（3）上海仪表公司技术人员根据我们提供的数据及当时情况说明在公司内做 DPU 冗余切换试验，经过分析认为 DPU-153 在成为主控后，不能访问 I/O 模件的主要原因是由于主控 DPU-152 错误数据被备份到 DPU-153 中，而 DPU-153 判断错误数据后拒绝执行 I/O 模件控制任务；从处理过程中看 DPU-153 中数据存在错误并导致 MFT 不能复位，相关的数据点不能强制。

（4）DPU-152 运行中发生程序或数据错误的原因是否是由于干扰造成数据校验出错或其他原因还有待进一步分析。

【防范措施】

（1）加强 DPU 状态日常检查。

（2）提高对 DPU 定期切换试验密度，增加机组调停时进行切换试验。

（3）制订 DPU 故障处理预案，针对系统中不同 DPU 所管理的设备范围制订不同的处理预案。

（4）加强设备备品的管理，保证在DPU故障时的设备更换。在机组调停时将备品接入系统检查备品DPU运行状态。

（5）根据3号机组DCS运行年限，安排对3号机组DCS的DPU升级改造或对DCS整体改造。

【案例120】控制系统软件版本升级后的安全漏洞引发网络通信堵塞，被迫手动停机

【事件过程】某电厂2号机组控制采用XDPS-400系统，10月26日23：10，机组正常运行（当时负荷280MW），操作员站及大屏显示的运行参数突然变为粉红色（坏点），持续2min后仍未恢复，DCS网络通信堵塞，系统处于瘫痪状态，机组被迫手动停机。

【原因分析】热控人员立即到场检查，发现有8个DPU（分散处理单元）自检状态显示处于离线脱状态，4对主、备用DPU均处于离线状态。检查离线状态DPU机柜，发现对应的DPU主机都在停机状态。进一步检查出现异常问题的DPU历史状态，发现第一台出现异常问题的是5号DPU，时间为23：06：50，错误信息为“SendFail”“WSAEWOULD-BLOCK”（传输故障）；从23：7：10起，6号DPU开始发出大量的“ShutdownforI/ODriverFail”（I/O驱动出错）的系统报文，每秒重复广播450余次（至23：09：25停止发送）。此后历史记忆显示其他DPU相应出现报警。按系统设计原理，“ShutdownforI/ODriverFail”是在该DPU复位时，为记录复位原因而发出的一条系统报文。正常情况下，“ShutdownforI/ODriverFail”的报警通告次数应该是一次的，出现该报文后DPU应自行复位。但该DPU并未复位，并持续发出每秒450余次的报警信息，其原因是版本升级后操作系统存在安全漏洞，外部触发因素利用操作系统的安全漏洞，引发偶发性的大量报警信息，这些大量的报警信息导致DCS网络异常，使多个DPU离线，从而导致机组被迫停机。

【防范措施】热控人员通过手动复位脱网的DPU，相应的DPU上网、显示、操作均恢复正常。但上述事件发生后不到两年，类似情况而导致机组跳闸的事件在同台机组上再次发生。同样方法处理，系统虽又恢复正常。但表明问题并未彻底解决，需保持关注。

【案例121】升级后的新版本软件与原网卡驱动程序不匹配导致机组跳闸

【事件过程】某电厂3号机组DCS系统在5月底由原来V1.2.0升级到V2.3.1B版本，在升级时更换了主控单元DP卡、多功能卡、电子盘，但网卡未做相应的升级。系统升级后调试期间运行正常。但6月7日突发异常，17：46，副司炉发现锅炉水位满水，迅速又变为－300mm，同时看到所有辅机电流晃动，此时司炉发现画面无法进行操作，同时汽轮机操作员站也无法操作。17：47，汽轮机发生跳闸，主汽门关闭，查SOE纪录，依时间顺序为发电机断水保护、转速全故障、发电机差动保护。

【原因分析】检查工程师站监视画面，发现16、17、19号I/O站两主控单元均显示故障，其他站及服务器正常；检查机柜内实际显示B主控单元故障，A主控单元显示正常（原B主控单元运行，A主控单元为备用），但17号站模件DP通信灯闪烁，多次复位B主控单元故障无法排除；设备监视画面中三个I/O站主控单元仍为故障，因此重新启动B服务器程序（原B服务器运行，A服务器为备用）。17：56，主服务器切换到A服务器，当时故障仍然存在，又重启A服务器程序，B切为主服务器，系统逐渐恢复正常。经分析，主机状态的主控单元重新启动后未成功。而这些状况的出现均为主控单元的网络驱动和网络任务没能成功启动，与此直接相关联的是网卡。由此可判断引起故障的原因是升级后的新版本软件与原来的网卡驱动程序不匹配，当16、17、19号I/O站主控单元切换后，因个别点的扰动造成主控单元的网络驱动和网络任务没能成功启动，进而使16、17、19号I/O站故障离线导致DCS紊乱。

【防范措施】软件升级时要确保与相关的硬件相匹配。

【案例122】网口接触不良及逻辑错误等原因导致省煤器进口流量急降而触发锅炉MFT

【事件过程】11月27日00：54：14，某电厂6号机组磨组B运行，煤量35t/h；油枪F1、F2、F4、F5、F7、F8运行；等离子运行；送风机6A、6B运行；引风机6A、6B运行；一次风机6A、6B运行；炉水循环泵运行；电动给水泵运行；循环水泵6A运行；闭式泵6B运行；开式泵6A运行；密封风机6B运行；高、低压旁路关闭；汽水分离器压力1.25MPa；分离器储水箱水位12.9m；省煤器进口流量968.2t/h；锅炉给水再循环流量686t/h。00：54：14，运行操作员在CRT点击打开高压旁路减温水闸阀的按钮时，控制器DROP16/66发生故障，该控制器中所有信号通信中断，显示为“T”的离线状态，画面上的参数显示蓝色。由于分离器储水箱水位信号计算逻辑位于DROP16中，当00：54：54，DROP16自动恢复正常时，该水位信号瞬间复归为零，引起炉水循环泵跳闸，实际锅炉给水再循环流量减小，从而导致省煤器进口流量由968.2t/h骤降至382t/h以下，延时3s后，于00：55：01，触发锅炉MFT动作。

00：58：27，运行人员启动炉水循环泵，01：28：43，再次点击高压旁路减温水闸阀的按钮，控制器DROP16/66再次故障，通信中断，01：29：25，通信短暂恢复，由同上原因再次引起炉水循环泵跳闸，因无点火信号而未触发锅炉MFT。

【原因分析】上述控制器故障发生后，电力试验研究院、西屋工代和电厂相关人员立即赶往现场展开故障排查，分析故障原因。第二次故障后控制器DROP16/66无法通信，而锅炉设备仍在运行中，因此首要任务是恢复控制器运行，处理过程如下：

（1）重新启动控制器，无效。

（2）隔离可能引起故障的模件，重新启动控制器，无效。

（3）更换控制器DROP16/66模块，无效。

（4）更换网络通信线和重新启动网络交换机，无效。

（5）更换控制器基座，无效。

（6）解开绑扎过紧的网线，经过较长时间后，网络上出现了控制器DROP16/66图标，随即进行下装软件等操作，控制器恢复正常。

（7）对相关逻辑图进行分析，未发现逻辑关系错误，但一执行操作就出现控制器重启现象。查询2次故障发生时的操作员记录，发现控制器离线前几秒操作员发出了高压旁路减温水截止阀开指令。检查该阀的控制逻辑图，通过执行controlbuilder中的audit功能检查，发现逻辑图有错误，修复并保存该逻辑图并下装到控制器后，再次试验相同的操作，发高压旁路减温水截止阀开指令，控制器工作正常未离线，阀门动作正常。

根据上述处理过程分析，可知：①控制器DROP16/66格式化后重新下装失败的原因是固定网线时扎带绑得太紧，网线长期受力，与网口连接不牢，影响了服务器和控制器之间的网络通信；②控制器DROP16/66离线后自动重启问题的原因是逻辑图中存在错误，导致运行该逻辑时，控制器进程挂死而离线。

【防范措施】

（1）根据本案例“控制器离线后自动重启问题”，建议执行 controlbuilder 的 INTERNAL DRAWING CONSISTENCY（DRAWING）批处理功能来检查所有控制器的逻辑图，通过查看生成的检查结果文件 cbauditlog.txt，找出有错误的逻辑图，修复所有报错的逻辑图，经确认无误后再下装到控制器。

（2）运行中如果发现类似故障现象，控制器格式化后下装仍失败，建议拔去控制器与交换机的连接网线，重启交换机后再接回网线。同时解开绑网线的扎带，重新调整网线松紧度，消除可能存在的网线受力引起网口连接不良的影响后再下装控制器。

（3）逻辑图编辑完成后，只执行 save 来保存，将无法完全检查出逻辑图错误，因此为防止类似逻辑错误隐存，应在保存前先执行 audit 来检查错误。经过长时间大量的逻辑修改后，应执行 controlbuilder 的 INTERNALDRAWINGCONSISTENCY（DRAWING）批处理功能来检查确认所有控制器的逻辑图是否有错误，确认逻辑图无误后再下装到控制器。

（4）网络通信的可靠性对 DCS 的正常运行非常重要，如果由于网线问题引起通信故障，控制器将进入 fail 状态。所以，控制器网线安装或检修时，应考虑气候的变化影响，留有合适的松紧度和弯曲余度。确保网口连接良好，是保证网络通信长期正常运行的必需条件，安装检修时要特别引起重视。

【案例 123】HS2000 系统的组态编译后未整体下装造成部分设备操作异常

【事件过程】某电厂机组（125MW）的 DCS 是北京和利时公司的 HS2000 系统。8 月 9 日 14：20，3 号机组 DCS 出现严重异常，大多数设备操作失灵，机组的正常运行受到严重威胁。热工人员赶到现场进入 3 号机组 DCS 电子间后，发现电子间空调已经停止工作，环境温度高于 50℃，从工程师站的 CRT 上看到仅有 11 号站的 DPU 还在工作，其余 3 个站已经下网。对 DPU 复位、更换损坏 DPU 主板，机组暂时可以运行。

【原因分析】由于这次异常之前系统组态一直工作正常，经分析认为问题出在 DPU 及其通信上。经咨询和利时公司技术人员，被告知 HS2000 系统的组态编译后，必须对所有的 DPU 站、工程师站及操作员站全部下装一次才能保证运行软件数据库一致，否则版本不能保证一致，可能造成部分设备操作异常，如此重大操作只有在机组停下来才能进行。

【防范措施】8 月 22 日，3 号机组临检停机一天，对 3 号机组 DCS 系统进行整体下装。清空一只下装一只，并且主、从 DPU 分开下装。本次下装后，问题得到了解决。

【案例 124】逻辑上的时间配合不当导致电动给水泵跳闸

【事件过程】某电厂一期工程 2×300MW 机组，控制系统分别进行了全面升级，现均为上海新华控制工程公司的 XDPS400 系统。5 月 13 日 8：01，2 号炉因炉膛负压低引起 MFT 动作，联锁电动给水泵顺序启动。3min 后，电动给水泵由于工作油温过高，温度保护动作跳闸。

【原因分析】根据历史数据分析，发现引起电动给水泵温度保护动作的原因是联锁顺序启动电动给水泵过程中，应该开启的电动给水泵冷却水电动门没有联锁开启，从而导致电动给水泵工作油温迅速上升至跳闸值。而电动给水泵顺控启动后，没有联锁开启冷却水电动门的原因是控制逻辑在时间配合上存在问题，未考虑一个执行页内功能块的执行顺序对实际逻辑的执行结果有一定的影响。

【防范措施】组态中要考虑一个执行页内功能块的执行顺序对实际逻辑执行结果的影响，

特别是更深一层的页与页间的时间配合。

【案例 125】控制逻辑及执行时序问题导致 MFT 保护动作

【事件过程】某电厂 13 号机组为 300MW 汽轮发电机组，热控系统采用美国西屋公司生产的 WDPF—B 型 DCS 控制系统。13 号机组正常运行时给水泵运行状态为 1 号给水泵备用，2 号给水泵 A 段运行，3 号给水泵 B 段运行。运行人员发现 3 号给水泵有缺陷需停泵检修，决定做倒泵检修。考虑到倒泵后，1 号和 2 号给水泵同时运行在 6kV—A 段电源，为保证 6kV—A、B 段电源负荷的平衡，2 号给水泵也需倒电源。步骤为启 1 号给水泵、停止 2 号给水泵 A 段、启 2 号给水泵 B 段、停 3 号给水泵并停电。运行人员按照步骤开始正常操作启动 1 号给水泵，停止 2 号给水泵 A 段。在稳定系统操作过程中发现 1 号给水泵润滑油温逐渐升高并报警，随即迅速启动 2 号给水泵 B 段，2 号给水泵启动后马上跳闸，立即启动 2 号给水泵 A 段，启动成功。但此时汽包水位波动剧烈，汽包水位低保护动作，触发锅炉主保护 MFT 动作，锅炉灭火。

【原因分析】造成此次锅炉主保护动作的直接原因为 2 号给水泵启动失败，汽包水位失控，汽包水位低保护动作。经逻辑查找分析，3 台给水泵的控制逻辑存放在同一个 DPU 的同一个控制区，回路时间定义为 1s。2 号给水泵 A 段控制逻辑放在回路号 1220～1224 中，A 段控制逻辑放在回路号 1240～1244 中。2 号给水泵 A、B 段启动指令和运行信号均为过程 I/O 信号。由于 2 号给水泵在停运后仍处于备用方式。当 1 号给水泵因泵润滑油温升高导致跳闸并联动 2 号给水泵 A 段合闸时，正好运行手动启动 2 号给水泵 B 段，在这个 1s 的执行周期中，控制回路检测到的 2 号给水泵状态为 A 段停、B 段停，因此 A 段和 B 段允许合闸，控制指令有效，A 段和 B 段同时合闸，在这个执行周期中 A 段、B 段互锁逻辑失效。在第二个执行周期中，过程 I/O 检测到 A 段合闸、B 段合闸，两段同时保护动作，导致 2 号给水泵跳闸。

【防范措施】针对 2 号给水泵控制逻辑存在的问题及控制时序在逻辑控制中的作用，对 2 号给水泵控制逻辑进行了修改。

【案例 126】RB 试验过程，调节作用过强，炉膛压力振荡导致 MFT 保护动作停炉

【事件过程】4 月 28 日 9：06：57，某电厂 4 号机组进行给水泵 RB 试验（电动给水泵不自启），9：06：57，磨煤机 E 跳闸，9：07：38，磨煤机 C 跳闸，9：07：42，因炉膛压力高高触发 MFT，MFT 前炉膛压力最低至－1.68kPa，最高至 1.72kPa，趋势如图 3-20 所示。

【原因分析】在给水泵 RB 时，负荷指令以 200％的速率变化，燃料量、风量均以很快的速率变化，通过跳磨煤机使燃料量快速下降，通过调节送风机动叶使总风量减少。在这一过程中，炉膛负压会发生剧烈变化，在 RB 触发后，负压会向负的方向快速变化，因此炉膛负压的控制是保证机组稳定的关键。

炉膛负压通过调节引风机静叶来控制，在定值扰动时，需根据稳、快、准的性能指标整定一组控制器参数，此时的闭环控制适用于机组处于负荷稳态的情况下。

在负荷变动的情况下，需要引入前馈作用，为使机组的各辅机能够协调快速动作，在负压控制中引入送风机指令前馈，这样送、引风机同时动作对于总风量变化引起的负压变化具有较好的抑制作用，通过负荷摆动试验可以验证其控制效果，在 430～530MW 负荷摆动趋

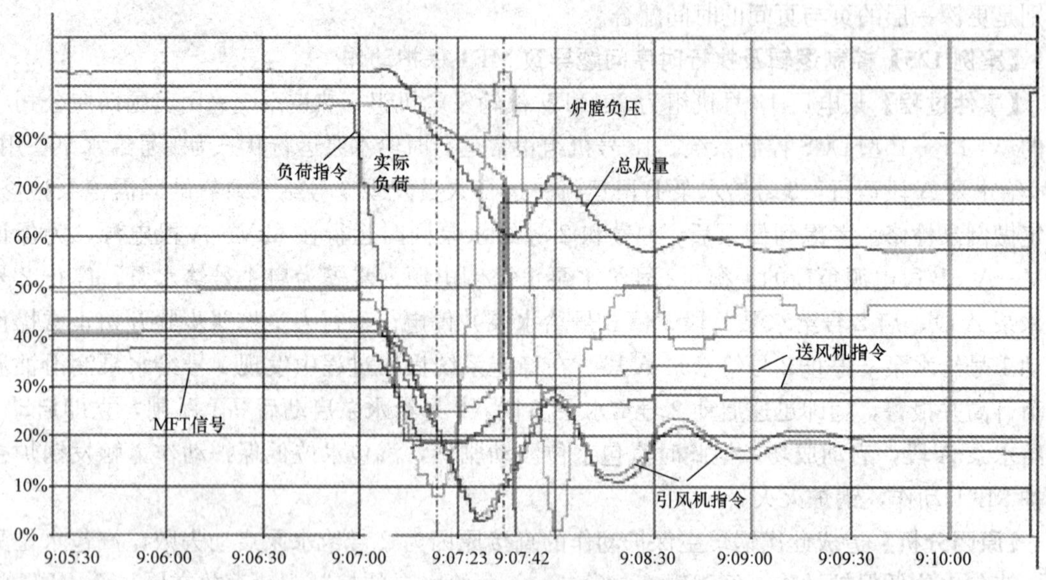

图 3-20 RB 过程负压调节趋势

势中，负压在−0.15～0.03kPa 之间变化。

正常的负荷摆动，一般以 2%的速率变化，但是在 RB 试验时，负荷一般以 50%～200%的速率变化，机组各主要参数处于剧烈变化中，炉膛负压在 RB 触发开始阶段变化尤为剧烈，此时如果仍以前期阶段整定的参数，很容易引起负压的振荡，在过调严重的情况下，将引起炉膛负压对机组的保护动作，触发 MFT。

根据 4 月 28 日给水泵 RB 试验数据可以看出，RB 触发后，总风量由 2329t/h 变化至 1506t/h，送风机动叶在 15s 内变化了 19%，引风机静叶在 33s 内从 61.3%变化到 4.48%，接近关死，这必将引起第二波回调时过高，严重的会引起负压高高保护动作。因此在 RB 过程中，如果调节作用过强，会引起负压的振荡。

【防范措施】在试验后，对控制参数做了修改，送、引风机的调节速度放慢，同时对引风机的最小开度做了限制，限制在 15%，防止引风机静叶关死后锅炉正压，引起炉膛压力高高触发保护动作。在做了上述修改后重新做了给水泵 RB 试验，试验获得成功，炉膛负压最低至−0.95kPa，最高至 0.67kPa。

【案例 127】给水泵汽轮机 MEH 指令跟随故障导致汽包水位高机组 MFT

【事件过程】4 月 12 日 9：29：36，某电厂 9 号机组负荷 301MW，汽包水位−11mm，当时电动给水泵运行、给水泵汽轮机 A 运行（转速 5158r/min），给水泵汽轮机 B 正在检修，因电动给水泵前置泵驱动端轴承温度高导致电动给水泵跳闸，立即触发给水泵 RB 动作，A、E 磨煤机随即响应 RB 动作而相继跳闸，9 号机组自动减负荷到 150MW，由于电动给水泵跳闸后给水流量突降，给水指令快速上升，给水泵汽轮机 A 退出 CCS 方式转为 MEH 转速自动控制方式。9：29：53，9 号机组给水控制自动退出，9：30：21，汽包水位最低到−208mm，之后水位开始上升。期间，运行人员曾两次将给水泵汽轮机 A 投入 CCS 方式，手动调节给水指令。9：36：31，汽包水位至＋250mm，运行人员开启锅炉后墙至定排放水阀，9：38：14，汽包水位下降至＋235mm 后关闭锅炉后墙至定排放水阀，汽包水位再次上升，到 9：38：38，9 号炉由于汽包水位高于＋254mm 延时 10s 后发生 MFT。

【原因分析】相关专业人员一起对给水泵汽轮机 A 两次 CCS 自动退出原因和汽包水位高导致 MFT 原因进行分析如下：

（1）给水泵汽轮机 A 两次 CCS 自动退出原因分析。给水泵汽轮机 A 第一次 CCS 退出及退出后转速继续上升的原因分析：9：29：37，给水泵汽轮机 A 处于 CCS 控制方式下，给水泵汽轮机 A 的 CCS 转速指令和实际转速均为 5158r/min，当电动给水泵跳闸触发给水泵 RB 动作后，给水流量突降，给水泵汽轮机 A 的 CCS 给水指令迅速上升，9：29：47，给水泵汽轮机 A 的 CCS 给水指令增加至 5844r/min，给水泵汽轮机 A 调节汽门参考指令增至 53%，低压调节汽门迅速全开（97%），高压调节汽门虽开至 27%，但因高压主汽门全关不进汽而不起作用，由于给水泵汽轮机采用四抽蒸汽作为动力，转速跟随较慢，当 CCS 给水指令增至 5844r/min 时，给水泵汽轮机 A 实际转速只有 5545r/min，两者偏差太大，当 CCS 给水指令与给水泵汽轮机 A 实际转速偏差超过±10%时，给水泵汽轮机 A 自动退出 CCS 方式。给水泵汽轮机 A 退出 CCS 方式后立即自动转为 MEH 转速自动控制方式，此时 MEH 转速指令设定值自动跟踪 CCS 退出前 CCS 给水指令值 5844r/min，由于转速设定值 5844r/min与实际转速 5545r/min 有偏差，在 MEH 转速控制 PID 调节回路作用下继续增加给水泵汽轮机 A 调节汽门参考指令直至 100%，低压调节汽门全开 100%，期间给水泵汽轮机 A 转速最高升至 5673r/min，随后因四抽蒸汽压力逐渐降低，转速开始下降。

给水泵汽轮机 A 第二次 CCS 退出及退出后转速继续下降的原因分析：汽包水位降至最低水位－208mm 后，水位开始上升，此时 A 给水泵汽轮机 MEH 转速指令设定值一直保持 5844r/min，调节汽门参考指令也一直为 100%，低压调节汽门开度 100%。由于四抽蒸汽压力下降，给水泵汽轮机 A 转速不断下降，9：35：25，汽包水位升至＋114mm。给水泵汽轮机 A 实际转速降至 4823r/min，运行人员投入了 A 给水泵汽轮机 CCS 控制方式，此时给水泵汽轮机 A 实际转速为 4823r/min，CCS 给水指令为 4823r/min，MEH 转速指令设定值自动跟踪为 4823r/min。由于汽包水位仍上升较快，运行人员采用 CCS 手动调节方式快速降低 CCS 给水指令。9：35：40，CCS 给水指令降为 4304r/min。根据给水泵汽轮机 A 调节汽门函数曲线，调节汽门总参考指令需从 100%降至 42%左右时低压调节汽门才能降至 75%的开度，此时低压调节汽门才能起到控制给水泵汽轮机转速的作用（低压调节汽门 75%开度以上多为空行程，对给水泵汽轮机转速控制影响不大），因此给水泵汽轮机 A 转速降低很慢。9：35：40，给水泵汽轮机 A 实际转速为 4778r/min，显然，CCS 给水指令(4357r/min)与给水泵汽轮机 A 实际转速（4778r/min）偏差过大，再次因两者偏差超过±10%而自动退出 CCS 控制方式。CCS 控制方式退出后自动转为 MEH 转速自动控制方式，MEH 转速设定值立即自动跟踪 CCS 退出前 CCS 给水指令 4357r/min。由于转速设定值 4357r/min 与实际转速 4778r/min 有偏差，在 MEH 转速控制 PID 调节回路作用下继续减小给水泵汽轮机 A 调节汽门参考指令，直至给水泵汽轮机转速下降至 4357r/min。

（2）汽包水位高导致 MFT 原因过程分析。在给水泵汽轮机 A 退出 CCS 方式后，汽包水位低至最低水位－208mm 并开始回升时，运行人员未及时在 MEH 画面利用 MEH 转速自动方式手动降低给水泵汽轮机 A 转速设定值，因而给水泵汽轮机 A 转速不能快速降低，给水流量太大，导致汽包水位节节攀升。9：36：31，当汽包水位升至＋250mm 时，运行人员手动开启锅炉后墙至定排放水阀，汽包水位有所下降。9：37：06，运行人员第二次投入A给水泵汽轮机CCS控制方式，在汽包水位稍微有所下降时就立即采用手动方式将A给水泵汽轮机CCS给水指令从4354r/min开始往上增加，9：37：30，汽包水位降至＋240mm，CCS给水指令加至4650r/min后停止增加。9：38：14，汽包水位下降至＋235mm后，运行人员手动关闭了锅炉后墙至定排放水阀，汽包水位再次迅速升高，9：38：33，汽包水位升至＋254mm，延时10s后锅炉发生MFT。

由此可见，运行人员在汽包水位很高时采用手动增加A给水泵汽轮机CCS给水指令的做法是不可取的。此外，在汽包水位很高时既然已经采取紧急措施开启锅炉后墙至定排放水阀，就应该等待汽包水位恢复正常并稳定后再关闭锅炉放水阀。由于过早关闭锅炉放水阀，直接导致了汽包水位再次冲高而最终发生MFT。

【防范措施】为避免今后类似情况再次发生，需注意以下几个方面：

（1）给水泵汽轮机CCS退出后，运行人员应及时将给水泵汽轮机转速控制切换至MEH转速自动控制，在汽包水位开始回升时，运行人员应手动设置给水泵汽轮机转速目标值和升速率，或切至转速手动方式，迅速降低给水泵汽轮机转速，当汽包水位恢复正常且稳定后再重新投入CCS控制方式。

（2）给水泵汽轮机投入CCS方式时，在短时间内CCS给水指令的增减幅度不应太大，否则可能因CCS给水指令与给水泵汽轮机实际转速偏差超过±10％而导致CCS自动退出。

（3）MEH逻辑中设计的是调节汽门总参考指令控制高、低压调节汽门，先开低压调节汽门后开高压调节汽门，且两者具有一定重叠度。由于高压调节汽门采用主蒸汽进汽，低压调节汽门采用四抽进汽，东方汽轮机厂家要求不能同时使用两种参数相差甚远的汽源，运行中通常关闭高压主汽门，因此高压调节汽门开启不起作用。当调节汽门总参考指令达到42.7％，低压调节汽门开启至75％以上且实际转速仍不能达到转速指令要求值时，高压调节汽门就将开启，直至调节汽门总参考指令达到100％，高、低压调节汽门全开。由此可见，运行中MEH采取这种控制方式有很大缺陷，建议对MEH逻辑进行修改，增加高压主汽门全关状态下只开低压调节汽门的逻辑，由厂家提供新的低压调节汽门函数曲线，这将对提高给水泵汽轮机转速控制的及时性和稳定性起到极大作用，也可使机组的运行更加安全、稳定、可靠。

【案例128】逻辑参数设置不当导致给水泵RB试验时炉膛负压低低触发MFT动作

【事件过程】12月4日，调试项目组在某电厂3号机组进行给水泵RB试验（电动给水泵不自启）。12：20：21试验开始，12：20：46，由于炉膛负压低低触发MFT动作，负压最低至－2.55kPa。对RB试验失败原因进行分析，并改进RB控制逻辑后，重新试验获得成功。

【原因分析】试验前做了一些准备工作，主要是准备手动停给水泵B且强制电动给水泵不自启。由于在1、2号机组给水泵RB时，经常出现一次风机喘振现象，主要原因是RB触发后，连续跳两台磨煤机，间隔4s的时间，而一次风压瞬间不会很快降下来，导致一次风机喘振。在3号机组给水泵RB时，为避免一次风机喘振现象，决定在RB触发后，手动将一次风机偏置设为0。此外，脱硫侧增压风机自动投入。

RB触发后，跳第一台磨煤机F时，手动将一次风机偏置设为0；负荷指令按200％的速率下降，给水流量同时快速下降；主蒸汽压力设定值按 RB 时的滑压曲线将降至 14MPa；汽轮机调节汽门关小，实际负荷下降，实际主蒸汽压力缓慢下降。25s 后，炉膛压力低低，最低至－2.55kPa，MFT 动作。历史趋势曲线记录如图 3-21 所示。

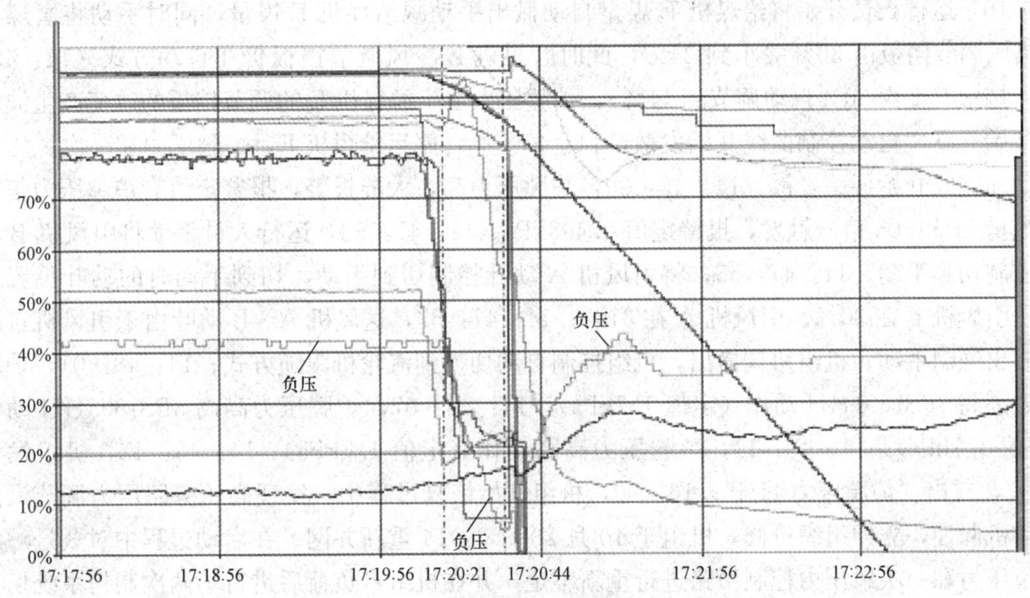

图 3-21　RB 过程负压变化趋势

通过分析历史趋势，判定导致炉膛负压低低触发 MFT 动作的原因有三点：

(1) RB 触发后，跳磨煤机间隔时间过短，只有 4s，这对炉膛负压将是一个很大的扰动，有可能使负压达到跳机值。

(2) 脱硫投入后，增压风机自动投入，RB 触发时，导叶调节速度过慢，这对引风机出口压力影响很大，使引风机在调节炉膛负压时需要更大的出力，有可能导致负压调节不过来。

(3) 由于一次风压的影响，手动将一次风压偏置设为 0，RB 触发后，实际一次风压下降过大，MFT 触发前一次风压已下降至 7.15kPa，这将会使炉膛负压降得过低，致使引风机来不及调节。

【防范措施】根据上述原因分析，从以下三个方面对给水泵 RB 控制逻辑做了修改：

(1) 将跳磨煤机延迟时间增大到 7s。

(2) 在 RB 触发时，将脱硫增压风机自动撤出，同时指令打到原指令的 70%。

(3) 为避免一次风机喘振，在逻辑中实现将一次风压偏置设为 0，主要做法是在 RB 触发 40s 后，按 0.1kPa/s 的速率将一次风压偏置设为 0。

通过上述改进后的给水泵 RB 试验是成功的，炉膛负压最低至－1.86kPa，保证了机组的安全。

【案例 129】控制系统调节性能不佳，制粉系统切换时导致机组 MFT

【事件过程】某电厂 3 号机组于 10 月 19 日 14：48：12，发生由于炉膛压力高高引起锅炉 MFT 的非计划停机事件。机组跳闸前负荷 435MW，制粉系统磨煤机 C、D、E、F 运行，每台给煤机煤量37t/h，机组在AGC控制方式下运行。14：27：57，运行人员启动磨煤机B，准备停运制粉系统E而进行制粉系统切换运行。14：28：27，启动给煤机B；14：35：15，层启动投入E层油枪准备停运制粉系统E，14：46：30，E层6支油枪均着火；14：43：10，运行人员开始将给煤机E煤量自动撤出手动减给煤机E煤量，同时手动将磨煤机E热风调节挡板由30%关小到24%，此时磨煤机E冷风调节挡板仍在自动方式（14：43：46，挡板开度由30%自动调节到44%），炉膛压力由于磨煤机E的调节挡板的改变产生波动并开始升高，自动控制曲线开始发散，14：45：23，停运给煤机E，炉膛压力和一次风压力波动加剧并开始振荡发散。14：46：39，炉膛压力高，大屏报警，报警定值有炉膛压力信号模拟量3PT1608信号触发，报警定值0.498kPa。14：47：53，运行人员手动将引风机B动叶控制切到手动，14：47：55，将引风机A动叶控制切到手动，切到手动时的动叶位置分别是引风机B在30%、引风机A在31%；14：47：57，送风机A、B动叶由于引风机自动的撤出强制手动、机组协调撤出，机组控制自动切换到汽轮机跟随方式；14：48：01，炉膛压力高高3PS1601HH动作（定值1.7kPa）、14：48：07，炉膛压力高高3PS1605HH动作（定值1.7kPa）、14：48：11，炉膛压力高高动作（定值1.7kPa）；14：48：12，机组发生MFT，首出“炉膛压力HH”；16：00，机组开始恢复过程中，发现高压旁路压力调节汽门油动机漏油，立即组织抢修，机组于10月20日3：14重新并网。在启动过程中对3号炉的炉膛压力和一次风压力控制回路进行重新整定，并在机组带负荷后进行了两次制粉系统切换的扰动试验，试验结果正常。

【原因分析】3号机组跳闸后对3号炉炉膛压力开关进行了校验，校验结果开关动作正确；对3号炉引风机A、B动叶进行全行程校验，校验结果引风机A、B动叶无空行程且动作正常。组织分析如下：

（1）送风压力偏低，二次风量受负压波动影响大，使得锅炉的抗扰动性能较差。3、4号锅炉是北京巴威生产的亚临界、一次中间再热、自然循环汽包炉，一直存在着抗扰动性能较差的问题，具体表现在制粉系统启停、吹灰或掉焦时会对炉膛压力、汽包水位产生很大的扰动（如9月29日23：18，3号炉曾发生掉焦，炉膛压力的波动瞬间达0.86～1.02kPa）。分析主要原因是二次风控制方式及旋流燃烧器配风盘的调整位置，没有考虑到二次风箱的压力，致使在锅炉运行中，二次风小风门全开运行，二次风箱的压力偏低（600MW负荷时只有0.6kPa左右），二次风调节刚度不够，导致进入炉膛的二次风量随炉膛压力的波动而产生较大的波动，二次风量波动引起炉膛热负荷变化进一步加剧了炉膛负压的变化，如图3-22所示。此次事件中因制粉系统的切换且炉膛压力调节振荡过程中同时发生了锅炉掉焦现象，进一步加剧了炉膛压力的波动，多种因素的耦合使炉膛压力自动调节振荡并发散。

（2）调节参数偏快，衰减率偏小。负压波动引起风量波动小时，衰减略快，引起较明显风量波动时，衰减很慢，衰减率很小。

（3）风量作为引风调节前馈并引入偏差，形成正反馈。锅炉引风机自动和一次风机自动调节没有匹配好，在系统大扰动情况下，炉膛压力自动调节品质欠佳。引风机自动调节回路中用总风量信号作为炉膛压力调节的前馈设置不当，因为当扰动来自于锅炉炉膛内部的炉膛压力变化时，总风量的测量信号将发生相应的变化，作为前馈信号将以调节偏差的方式引入调节器进行调节，尽管这个前馈回路的作用量较小（作用强度折算为炉膛压力相当于

±0.1kPa的调节量），但在积分作用设置偏强的情况下将对负压调节形成正反馈，在大扰动的情况下，会加剧炉膛压力的调节振荡。此次的事件中，正是风量作为引风调节前馈并引入偏差，形成正反馈，导致控制振荡并发散。

（4）一次风机动叶控制回路设计不合理。3、4 号锅炉一次风机动叶控制设计的控制对象是一次风母管压力，这种控制方式与控制一次风炉膛差压的方式相比，存在的缺陷是由于一次风母管压力会随着炉膛负压波动而波动，如图 3-22 所示，当炉膛负压大幅波动引风机动叶调节负压时，一次风机的动叶会跟随一起调节，易造成一次风机的调节与引风机的调节相耦合，导致调节向不利于磨煤机一次风流量稳定的方向变化。当负压波动幅度较大时，造成各台磨煤机一次风量发生较明显的波动、振荡甚至发散。此次的事件中正是由于引风机在调节炉膛压力时与一次风机的调节产生了耦合，导致了炉膛负压与一次风压力控制的振荡发散并最终造成炉膛压力 HH 保护动作而锅炉 MFT。

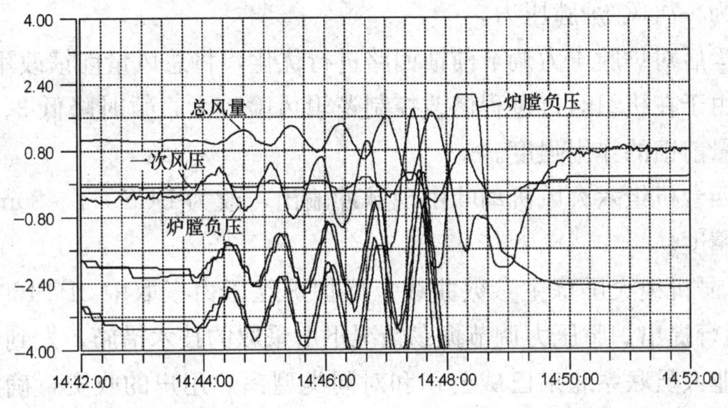

图 3-22 10 月 19 日负压波动 MFT 过程趋势

（5）热负荷变化强化正反馈。二次风量的明显波动与后阶段所有磨煤机一次风量的波动使锅炉热负荷发生周期性波动，由此时的汽包水位波动趋势即可证明，如图 3-23 所示，而燃烧的变化直接反映为负压的变化，进一步强化了负压的波动，在燃烧迟延与负压波动周期基本吻合的情况下，形成正向激励。明显的正向激励一旦形成，就会不断强化，导致发散。

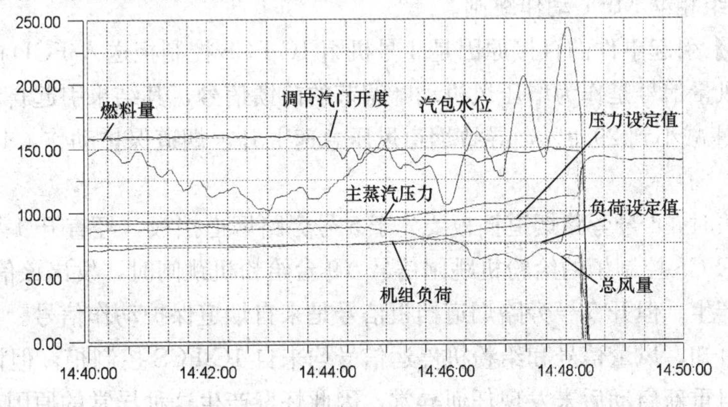

图 3-23 MFT 前汽包水位变化曲线

（6）大屏上的负压趋势被取消，运行未能及时发现和干预。因以上多种因素以及连续启停给煤机对风量负压的影响，使负压与风量的耦合波动越过临界点，进入正向激励发散周期，而此周期不同于炉压的高频自发波动周期，而是吻合燃烧与热负荷变化的缓变周期，过程时间将近 4min，此前如果能通过大屏曲线发现发散趋势，及时撤至手动，仍有挽回的可能。

【防范措施】

（1）锅炉专业人员联系省电力试验研究院对 3、4 号炉二次风压力、燃烧器系统进行试验，调整小风门运行开度，提高二次风压力增加风量稳定性，达到降低锅炉内扰对炉膛压力的影响，并通过试验结果改进二次风调节控制策略。

（2）对 3 号炉的炉膛压力调节参数和一次风压力控制回路进行重新整定，并做了炉膛压力定值扰动试验、一次风压力定值扰动对炉膛压力调节影响试验、快速启停磨煤机对炉膛压力调节影响，从试验结果分析炉膛压力调节满足要求。

（3）利用机组计划检修，将 3、4 号机组一次风机动叶控制策略进行改进，将原被调量由一次风压力改为一次风/炉膛压力。

（4）机组停运后对炉膛压力调节前馈回路进行优化，将总风量前馈改用能表征送风机出力的信号代替。由于在机组运行过程修改控制逻辑风险较大，暂时降低 3、4 号引风机控制回路中锅炉总风量前馈的作用强度。

（5）将二期四台机组六大风机动叶由现脉冲输出，改为 DCS　4～20mA 输出，提高动叶执行环节控制精度。

（6）在 3、4 号机组大屏幕主参数曲线上增加炉膛压力三取中 3PT1606-SD、4PT1606-SD 曲线，并由运行提出炉膛压力调节振荡情况下所采取的技术措施，发到各值参照执行。

（7）锅炉专业人员联系北京巴威公司和对同类型锅炉用户的收资，确定可否提高 3、4 号锅炉炉膛压力高高定值。

（8）将炉膛负压调节趋势加入大屏曲线，加强趋势监视与判断，加强对自动系统的维护和跟踪，对调节品质差的自动系统及时进行调整。

【案例 130】控制逻辑不完善，脱硫系统烟道保护动作时导致机组 MFT

【事件过程】5 月 26 号 14：08：46，某电厂机组正常运行中，脱硫系统烟道保护动作，导致 4、5 号机组相继 MFT 动作跳闸。

【原因分析】引起事件的直接原因是 4 号机组 1C-FCS 控制柜送入 FGD 的风量信号瞬间消失，由于该风量信号是作为增压风机动叶调节的前馈信号，其结果引起自动调节系统动叶指令从 66％迅速减小到 29.9％，导致烟道风压急速上升，烟道保护动作，4、5 号机组相继停机。

动叶挡板关时，4 号旁路烟道挡板要先于 5 号旁路烟道挡板，经查开 4 号旁路烟道挡板信号是来自 1C-FCS 控制柜的给粉机跳闸信号（9 台给粉机跳闸时，发出该信号），此信号与风量信号同时产生。但开 5 号旁路烟道挡板信号是来自烟道保护动作信号。

因此分析可知，风量信号和给粉机停运信号均来自 1C-FCS 控制柜，但该柜模件未进行任何更换，机组重新启动后未发现任何异常，因此怀疑产生这种异常的原因有可能是该柜电源曾出现过异常，待进一步试验确认。

进一步分析，本次事件发生与控制逻辑上存在以下缺陷有关：

（1）引入动叶调节系统用的风量信号未进行有效处理，前馈作用过大，对于断线、断

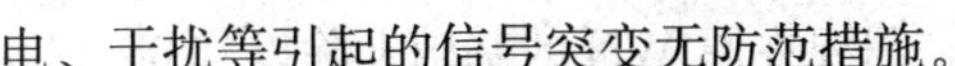

电、干扰等引起的信号突变无防范措施。

（2）增压风机进口负压自动调节系统设计存在缺陷，动叶调节范围、变化速率方面的保护措施不够完善。

（3）旁路挡板不能快速开启，开启速度过于缓慢不能起到有效防止烟道压力突增的保护作用。

（4）动叶调节速度与旁路挡板开启速度不匹配。

【防范措施】事件后，省电力试验研究院热工所人员与电厂、DCS生产厂家人员一起，就本次事件的改进措施进行了讨论，除对1C-FCS控制柜进行彻底检查试验，模拟信号故障状态时对调节系统的扰动外，强化控制系统的保护逻辑，采取以下处理措施。

（1）在PID出口加限速模块，速率与旁路挡板的开关速率相匹配；增加4、5号机组风量信号故障时锁定信号；同时增加（风量20%～60%，按历史记录）上限及下限限制。

（2）将目前4、5号机组的100%风量作为动叶自动调节的前馈信号，暂时调整为取100%风量的10%作为自动调节的前馈信号，以减弱风量信号因故障等原因造成的自动调节过度影响（可以适当加大）。

（3）增加PID烟道负压定值与测量值偏差大撤自动逻辑，并发出报警（目前：高压0.5kPa，低压−0.6kPa）；增加PID动叶开度输出指令与反馈偏差大（暂定8%）撤自动逻辑，并发出报警。

（4）增加自动状态下，烟道负压高、低闭锁动叶关、开逻辑，当增压风机前压力高于0.0kPa（暂定）时，闭锁自动关动叶；当增压风机前压力低于−0.5kPa（暂定）时，闭锁自动开动叶，以防止自动调节系统因信号扰动等造成的错误方向动作。

（5）增加4、5号机组风量变化速率限制（根据5号机组风量变化历史趋势，考虑风量可能的最大变化速率，暂定为每台机组1%/s）。

（6）增加增压风机前三个压力测点信号故障时，撤出自动逻辑，以防止压力测量信号故障时，自动系统错误动作（报警）。

（7）增加动叶执行器位置反馈故障时，撤出自动逻辑，以防止因执行机构反馈故障，造成伺放指令误发而引起动叶执行器机构误动。

（8）对软伺放的运算时间、放大系数设置值进行优化，提高动叶机构控制精度，减少自振荡次数。

（9）取消旁路挡板开启时的3s延时；压力保护开旁路挡板定值由原来的0.6kPa及−0.7kPa修改为0.4kPa及−0.7kPa。

【案例131】逻辑及参数设置不当，增压风机投自动后，引起炉膛压力较大波动

【事件过程】某电厂5号机组烟气旁路关闭，增压风机投自动后常引起炉膛压力较大波动。当机组负荷在600MW左右时，炉膛压力上下波动幅度在200Pa左右，负荷下降后，炉膛压力波动幅度有所增加，负荷下降至410MW以下时，炉膛压力经常出现幅度超过400Pa的非周期性的大幅波动。在机组DCS画面上检查，炉膛压力大幅波动时，两台送风机动叶开度、两台引风机动叶开度、锅炉总风量和总燃料量走势均平稳。

【原因分析】在脱硫DCS侧检查，发现事件原因与以下几点有关，需要完善。

（1）增压风机手自动切换有扰动，主要原因是引入的跟踪信号和积分输入基准AO没有考虑到 PID 出口已乘了系数 0.08，要实现无扰切换，需要在原 WN 的基础上除以 0.08。

(2) 增压风机控制器采用了变比例作用，其变比例值输出是总烟气入口量函数的倒数乘以一个比例系数，但改函数的设置结果是负荷增加，比例作用减少，负荷降低，比例作用增强。其作用设置相反，实际应反过来。

(3) 锅炉总风量到增压风机动叶开度的前馈函数拐点过多，为避免拐点造成增压风机开度突变，需对原函数进行平滑处理，并减少不必要的坐标点，新函数值调整为总风量 04108631160161317942064；函数输出 17.418.427.538566270。

(4) 增压风机挡板开度指令中串入了一个不必要的速率模块 SPC，其时间设置 $T=20$s。该速率模块的加入影响了控制系统的调节速度，需要将其时间设置值尽量减少。控制系统的调节速度可通过 PID 参数的整定值来确定。

(5) 在低负荷段，增压风机动叶特性过陡（增压风机动叶变化 2%可引起烟气旁路挡板差压变化 200～400Pa），不满足系统投自动要求。

【防范措施】

(1) 在机组停运时，按上面 (1) ～ (4) 的要求对增压风机控制逻辑进行相应修改。

(2) 机组启动后，重新进行增压风机调节的设定值扰动试验，对 PI 参数进行必要的调整。

(3) 咨询增压风机厂家，看是否能对增压风机动叶特性进行改造以使增压风机各段特性均匀、平缓。

【案例 132】煤量增幅过大、控制系统响应不及时，引起负压波动，导致机组 MFT

【事件过程】8 月 28 日，某电厂 4 号机组负荷 210MW，A、B、C 制粉运行。8：55：02，4D 磨煤机启动，8：56：01，4D 给煤机启动，由于 D 磨煤机堵煤，运行人员就地手动敲煤，D 磨煤量由堵到通，煤量瞬间突增约 20t/h，比原煤量增加了 20%左右；8：58：49，二次风量从 844t/h 上升至 957t/h，炉膛负压从－0.1kPa 升至 0.28kPa，增压风机导叶指令从 51.5%增至 58.26%，而导叶实际响应延时约 8s；8：59：01，炉膛负压降至－0.94kPa，送风机 A 指令由 63%降至 52%后略有回升至 54%，送风机 B 指令由 51%降至 38.5%后略有回升至 40%，二次风量则下降至 830t/h 后又上升至 935t/h；8：59：02，A1、A3、A4 火焰检测丧失，8：59：03，C 层 3、4 火焰检测失去，D 层 3、4 火焰检测失去，8：59：05，B 层 3、4 火焰检测失去机组 MFT，首出为全炉膛灭火，负压波动曲线如图 3-24 所示。

9 月 14 日，某电厂 4 号机组在启动给煤机 D 的过程中再次发生炉膛负压大幅波动问题，负压最低达到－1.03kPa。由于运行人员及时将增压风机导叶调节撤至手动，并投入 AB 层油枪 2 支、BC 层油枪 4 支，支持燃烧，才保证了故障未进一步扩大。从 D 给煤机的煤量变化曲线可以看出，当时 D 磨煤机又发生了堵煤情况，给煤机启动煤量 11t/h 维持了 2min 后即发生堵煤，2min 后煤流恢复，煤量瞬间突增至 26.5t/h，进而引起风量与负压波动，并造成火焰强度明显减弱，如图 3 25 所示。

【原因分析】首先，磨煤机堵煤后疏通造成煤量突增是引发负压波动的最直接原因。煤量突增幅值已大大超出了风煤交叉限制回路中实际煤量对风量限制信号的死区范围 2%，对送风指令产生了限制作用，该限制指令使总风量指令快速增加了近 15%，风量的增加引起炉膛压力的升高，而引风机的调节则使增压风机的进口静压升高，并带动增压风机导叶的

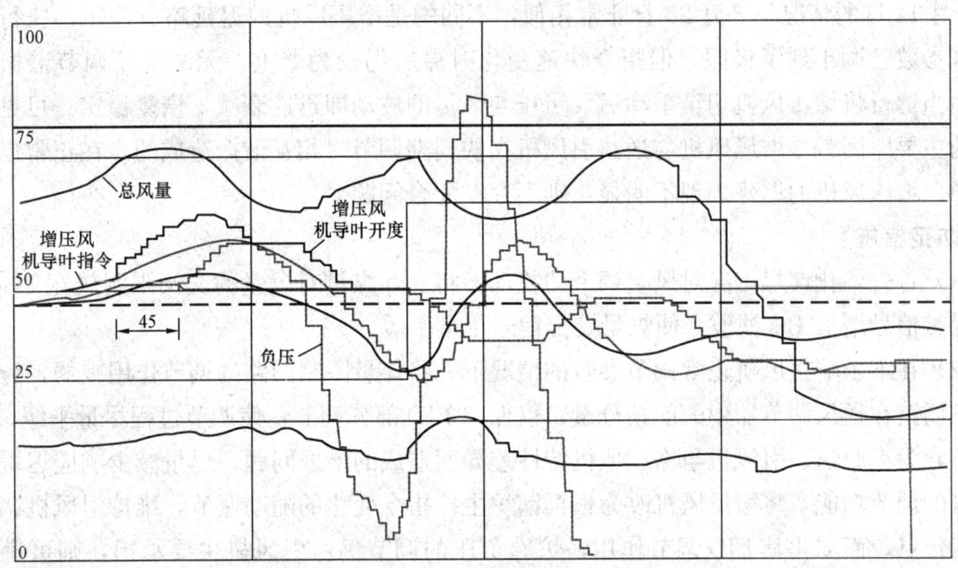

图 3-24　8 月 28 日 MFT 事件风量负压波动曲线

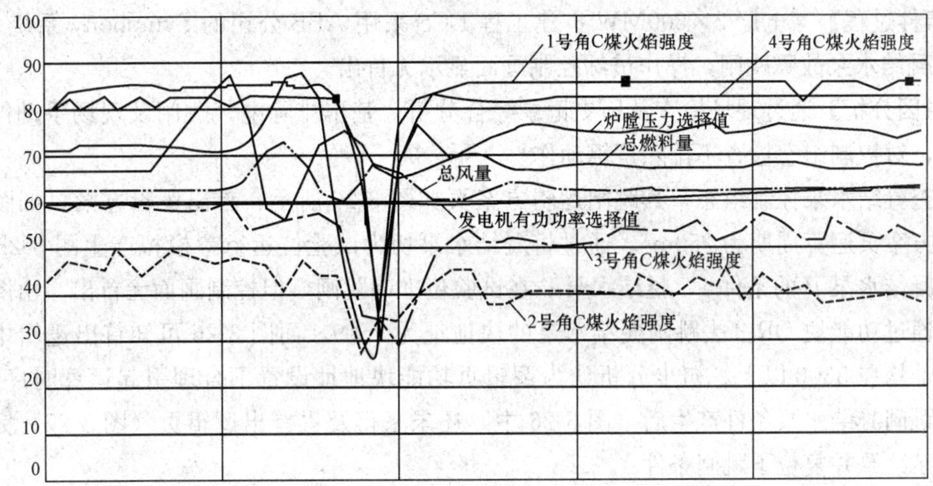

图 3-25　9 月 14 日负压波动火焰强度变化曲线

调节。

而增压风机导叶执行机构的响应滞后是造成炉膛负压波动加剧进而引发 MFT 的主要原因。与正常加负荷时的风量变化曲线对比分析可以发现，虽然总风量变化幅值接近，但正常加负荷时风量增加是由风量指令变化产生，增加后即维持恒定，因此负压与增压风机的调节均非常平稳，说明两个系统各自本身的调节参数是没有问题的；而堵煤工况下的不同在于煤量突增后又迅速恢复正常，风量指令受限突增后也迅速恢复原设定值，此时由于导叶执行机构的响应迟延造成的相位滞后，使增压风机的实际响应正好与总风量调节反相，形成谐振，相互增强，使负压急剧下降，并呈调节发散趋势。送风机调节指令在减小后并未再次增大，可见第二波总风量的增大是由负压下降引起的，炉膛内风量与负压的来回波动使燃烧工况恶化，火焰检测信号减弱，进而引发失火焰 MFT。

9月14日的情况与8月28日非常相似，不同的是增压风机的迟延略有缩短，执行机构的死区参数已调小到了极限，但指令快速变化时滞后仍较为严重，无法避免调节谐振的发生；而当运行将增压风机切至手动后，负压与风量的波动即迅速衰减，恢复稳定。可见负压波动的主要原因就是增压风机与送、引风机在快周期调节时相互谐振造成的，在正常慢周期调节中，增压风机的迟延表现不明显，则不存在配合问题。

【防范措施】

（1）首先弱化堵煤工况对风量调节的扰动，将实际煤量对风量的交叉限制放宽3%，同时将煤量信号增加10s滤波，使煤量突变信号尽量平缓。

（2）在不影响送风机正常调节参数的情况下，将煤量限制回路的调节作用减弱，分离并去除该回路在送风调节器中的前馈分量，仅保留PID部分调节，使调节过程尽量平缓。

（3）为克服送、引风机与增压风机特性差异而造成的谐振问题，尽量减少响应迟缓的增压风机的调节功能，将增压风机改为根据锅炉主控指令变化的随动调节，维持引风机调节的静态工作点，而弱化其PID调节作用，炉膛负压的调节仍由引风机主要承担，则可避免调节上发生耦合谐振的风险。

【案例133】逻辑页功能块地址设置不合理引起运算时序混乱，导致设备跳闸无首出

【事件过程】某电厂2×600MW扩建工程DCS采用ABB公司的Symphony系统，1号机组B凝结水泵故障跳闸，操作员站控制画面显示无首出。

【原因分析】通过现场检查及历史记录综合分析，基本排除电气跳闸及现场手动停泵的可能性，对控制组态检查不排除逻辑动作。

检查凝结水泵控制组态，其跳闸逻辑方案页如图3-26所示，首出逻辑方案页如图3-27所示，方案页运算周期为250ms。通过将凝结水泵切为试验位运行，模拟产生图3-26逻辑中跳闸凝结水泵B的条件1，凝结水泵B在试验位准确跳闸，但控制画面无首出。由图3-26可知，通过功能块OR-2去跳闸凝结水泵的块地址为2509，而图3-26可知首出逻辑中各功能块地址均在5300以上。初步分析认为逻辑页功能块地址设置不合理引起运算时序混乱，导致去跳闸凝结水泵条件产生后（图3-26中）还未来得及去首出逻辑页（图3-27）完成运算，便已跳泵并复位了跳闸条件1。

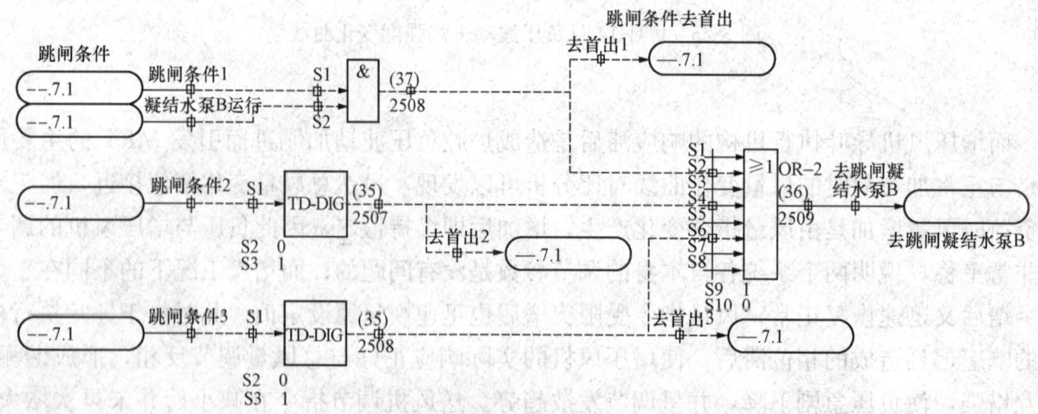

图3-26　凝结水泵跳闸逻辑

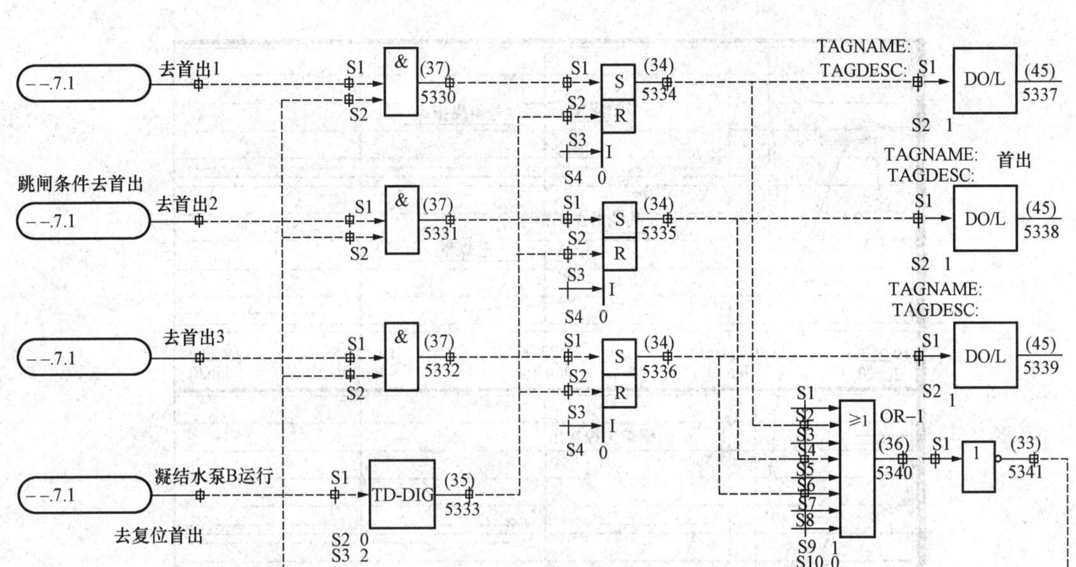

图 3-27　凝结水泵首出逻辑

【防范措施】通过将图 3-26 中 OR-2 功能块地址重新设置为 5609，取值大于图 3-27 中最大的 OR-1 功能块地址值 5346，重新编译下装组态，在试验位试验凝结水泵 B 各项跳闸条件，各跳闸首出均准确显示，问题得以解决。

对需要人为设置功能块地址的 DCS（如 Symphony 系统等），需尽量按逻辑运算顺序依次从小到大设置地址；对自动分配块地址的控制系统，对逻辑页尽量按数据流自动排序。

【案例 134】逻辑块扫描顺序分配不合理导致联锁滞后负荷异常

【事件过程】某电厂 300MW 级燃煤空冷供热发电机组，DCS 采用 Foxboro 公司的 I/A 8.3 系统。6 月 20 日 19：17，3 号炉负荷 298MW，AGC 投入，炉跟机协调投入，1、2、3、4 四台磨煤机运行，给煤量分别为 42、42、39、42t，运行稳定。19：21：35，4 号给煤机煤量开始下降，19：21：42，煤量下降至 6t/h 后又突然上升至 61.2t/h，超量程，显示为坏点，坏点一直保持到 19：21：44。给煤机煤量量程 60t/h，最大允许超量程 2%，因此坏点时测得煤量应大于 61.2t/h。19：21：43，燃料自动切除，19：21：45 协调切除，AGC 切除，负荷最低下降至 182MW。过程趋势如图 3-28 所示。

【原因分析】4 号磨煤机给煤量信号故障造成给煤量指令下降，机组被迫降负荷。分析 CCS 逻辑发现问题如下：机组热电协调控制基于 DEB，煤量指令的形成分为三部分。由 CCS 产生的锅炉主控信号送到燃烧控制器形成燃料主信号，再送给每台参与自动的给煤机，由给煤机通过调整转速来改变给煤量，以维持负荷稳定。I/A 系统组态软件为 IEE（Infusion Engineering Environment），逻辑扫描顺序为由上至下，BLOCK 块扫描周期组态为 0.5s。

“P44 燃料手自动”页逻辑如图 3-29 所示，RS 触发器块“MRS _ P44 _ 1”在这页逻辑扫描顺序为 4，而复位条件的或块“OR _ P44 _ 1”扫描顺序为 7，说明给煤故障信号要经过 2 个扫描周期才能复位燃料主控自动，切燃料主控手动。

“P19 协调方式 2”页逻辑如图 3-30 所示。协调切除条件的或块“OR _ P19 _ 6”在这页

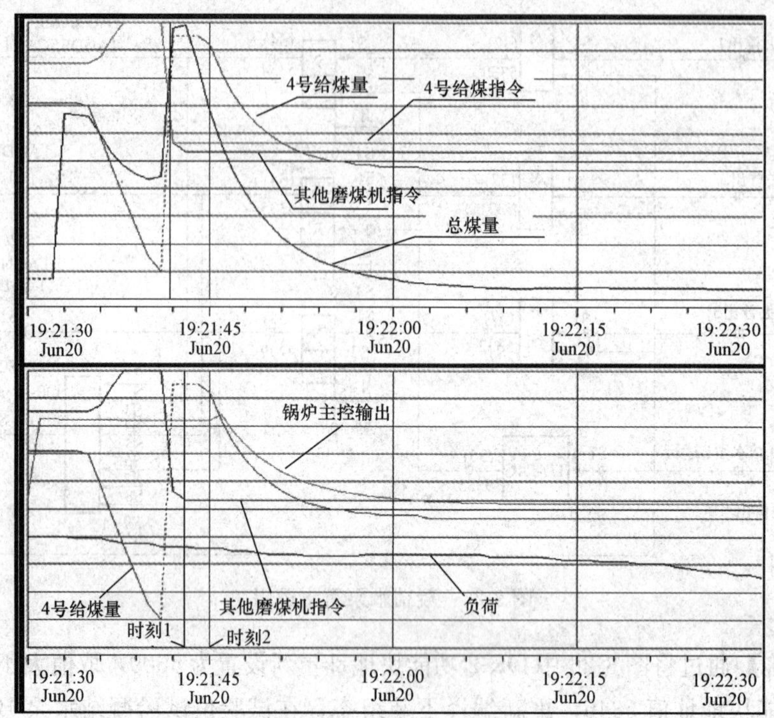

图 3-28　过程趋势

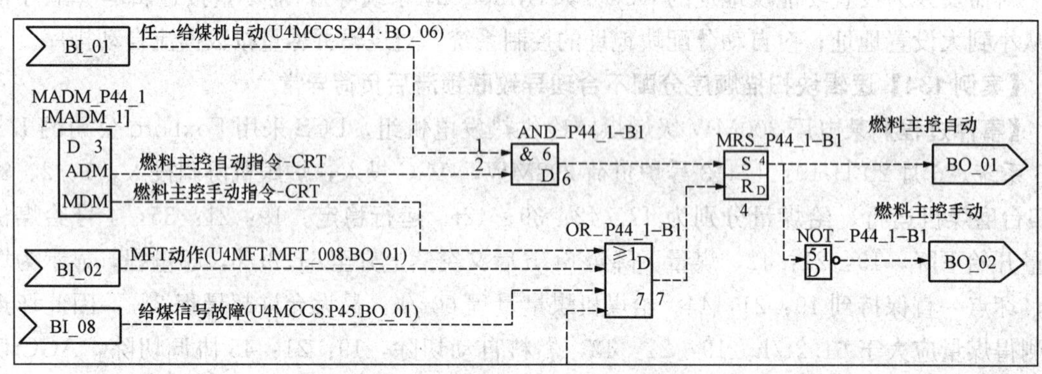

图 3-29　"P44 燃料手自动"逻辑

逻辑扫描顺序为 2，而燃料自动（P44 页）取非块"NOT _ P19 _ 1"扫描顺序为 3。说明燃料主控自动切除（P44 页）信号要经过 2 个扫描周期才能触发协调切除条件。

"P18 协调方式 1"页逻辑如图 3-31 所示。RS 触发器块"MRS _ P18 _ 3"在这页逻辑的扫描顺序为 10，而切除炉跟机协调方式的或块"OR _ P18 _ 2"扫描顺序为 11。说明炉跟机协调切除条件满足后，需要两个扫描周期才能切除协调方式。

而这几页逻辑页的执行顺序为 P18－P19－P44。给煤量故障信号发生后，要经过 2 个扫描周期即 1s 后，切除燃料自动，要再经过 4 个扫描周期即 2s 后切除协调。

19：21：35，4 号给煤机煤量开始下降，燃料自动 PID 调节器输出指令逐渐增加至最大 50t/h，给煤机最大指令为 50t/h。19：21：42，给煤量超量程变为坏点，AIN 块输出煤量

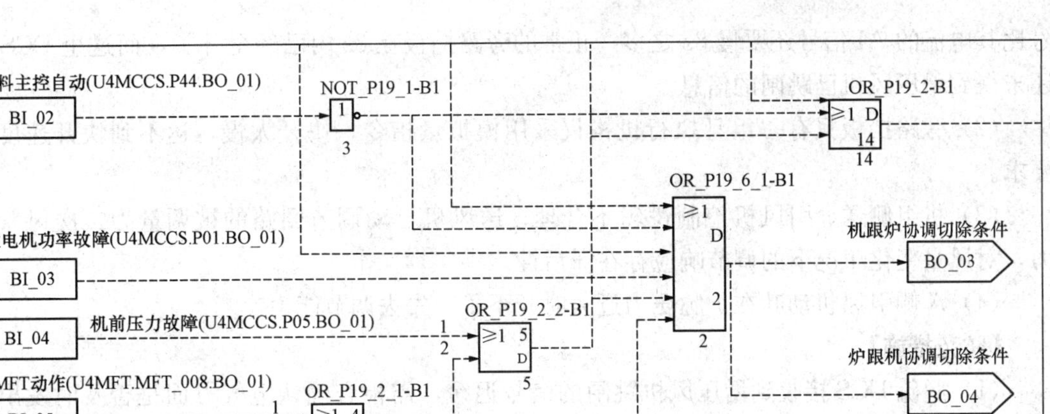

图 3-30 “P19 协调方式 2”逻辑

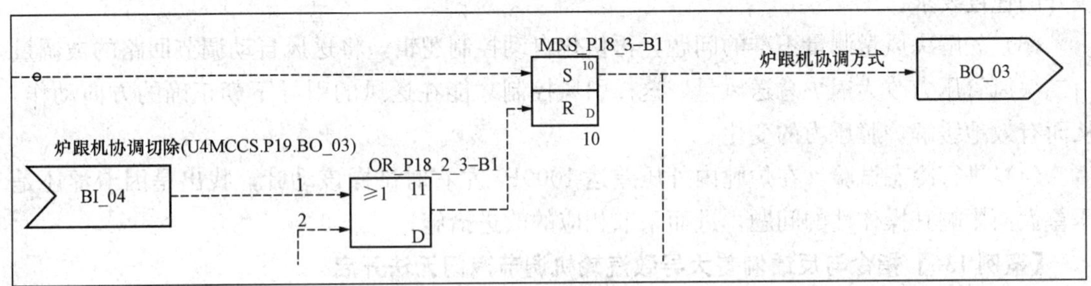

图 3-31 “P18 协调方式 1”逻辑

为 61.2t/h，总煤量由 142t/h 突增至 197.86t/h，燃料自动 PID 调节器输出指令下降，1s 后（43s 时刻），PID 指令下降至 23t/h 后，燃料自动才切除（如图 3-28 的时刻 1），跟踪当时给煤量 23t/h，每台给煤机自动并未切除，跟踪燃料自动 PID 调节器输出保持在 23t/h。再过 2s 后（45s 时刻）协调切除（如图 3-28 时刻 2），此时锅炉主控输出跟踪实际给煤量，已远低于故障发生时的对应煤量指令。

【经验教训】根据以上的分析可以看出，逻辑块扫描顺序分配是 DCS 逻辑组态的一个重要环节，不合理的分配会影响逻辑运算效率，造成运算结果滞后甚至得出错误的逻辑运算结果。在生产过程中进行 DCS 逻辑修改时，当需要在原有逻辑组态中增加功能块时常常会忽视这一问题，如果不能及时发现问题，可能会造成严重的后果。

【案例 135】增压风机跳闸引起炉膛压力急升过高

【事件过程】某电厂 1 号机组为超临界 600MW 发电机组，9 月 18 日 18：15，带 480MW 负荷运行。突然电气配电房内的空调因故障停运，而凝结的水珠滴至增压风机 6kV 开关上，于是电气保护动作，致使脱硫增压风机跳闸。增压风机跳闸后脱硫烟气旁路挡板联开，但还是引起了炉膛压力急升过高的危急情况，险些造成非计划停机。

【原因分析】经分析事件过程中的历史记录数据及控制逻辑等有关资料，发现不仅脱硫系统存在问题，机组控制方面也有问题。

（1）脱硫 DCS 接收到增压风机跳闸的信号迟缓，脱硫 DCS 收到增压风机跳闸的 DI 信号比其电流的AI信号还要慢8s之多，正常的旁路挡板在8s内已经全开了，而这里DCS却还未得到增压风机已跳闸的信息。

（2）旁路挡板只有一组且执行机构仅采用模拟量指令，快开太慢，达不到快开速度的要求。

（3）机组侧送、引风机控制逻辑不合理，送风机自动调节回路的被调量为二次风管压力，对风量变化工况下的调节响应存在滞后性。

（4）A侧引风机动叶在炉膛压力过大时开不了，失去调节能力。

【防范措施】

（1）脱硫DCS接收到增压风机跳闸的信号迟缓，需检查确认电气方面是否及时发出跳闸信号，应当加快脱硫DCS对此DI信号的扫描速度或者解决电气发送迟延的问题。

（2）对该旁路挡板进行改造，将旁路挡板分成至少两到三组，每组均采用独立的执行机构，且要有开关量的快开装置，还应在失电或者失气时都能快开，这样才能满足紧急情况时快开的速度要求。

（3）先解决风量测量不准的问题，再优化自动控制逻辑，将送风自动调节回路的被调量由二次风管压力改为锅炉总送风量，这样引风控制才能在送风的引导下朝正确的方向动作，从而有效地缓解炉膛压力的变化。

（4）进行冷态试验，在炉膛内外压差达1000Pa左右时试操该动叶，找出是因卡涩还是压差大而影响其操作性的问题，进而采取相应的改进措施。

【案例136】指令与反馈偏差大导致汽轮机调节汽门无法开启

【事件过程】11月19日上午，某电厂2号机组大修后首次冲转。运行人员在挂闸后发现中压调节汽门ICV1在指令发出后，阀门反馈没有变化，仍在零位。热工人员在检查后发现中压调节汽门M/A站被切至手动，导致指令没有送出去，输入权限口令登录后将中压调节汽门M/A站切自动但没有成功，检查卡件指示灯，此时“7”灯contingency常亮（表示指令与反馈偏差大）。当时指令为−3%，而反馈在2.0%～2.5%，偏差大于卡件内部设定的偏差报警值contingency为5%。对卡件进行热插拔复位后，M/A站自动切到“自动”状态。此时调节汽门动作正常。检查高压调节汽门CV2、CV3、CV4的MA站同样被切至手动状态，逻辑中无法投入自动，同样进行热插拔后，却发现3个高压调节汽门的反馈均由原来的2%变化至30%左右（实际上调节汽门未动，仍在关位）。为了不耽误机组正常启动时间，决定先对高压调节汽门CV2、CV3、CV4、RCV1进行重新整定后投入使用。在整定过程中，CV4出现阀位反馈来回大幅度波动的现象，就地阀门并没有动作，整定结果不正确。更换伺服卡和LVDT再次对CV4进行整定，现象和前面一样。直接用一节7号电池对伺服阀加−1V信号，调节汽门仍无法打开，判断为伺服阀卡涩，重新更换新伺服阀后CV4整定正常。

【原因分析】

（1）中压调节汽门ICV1远方无法开启原因分析及处理措施。中压调节汽门ICV1接收远方指令时阀门不动作，当时检查发现伺服卡的指示灯“7”灯故障报警。“7”灯contingency亮表示阀位卡处于contingency状态下。当阀位指令与阀位反馈偏差大于该设定值且偏差大的工况维持的时间大于contingency time的设定值时，VP卡会输出contingency状态。在冷态静态调试完成后，调节汽门均有－3%偏置指令，反馈在0%左右，在机组启动时高主阀MSV2微开对调节汽门预热过程中，CV2、CV3、CV4、RCV1反馈均变化至2.5%左右，指令和反馈偏差为5.5%，大于伺服卡调试画面中的参数contingency设置值“5%”。在经过画面中的参数contingency time设置时间10000s后，VP卡就输出contingency状态，同时将其M/A站切到手动方式，造成指令无法输出（CV2、CV3、CV4原因与ICV1相同）。

热插拔VP卡件手动复位后修改调试画面参数contingency的值为15%，卡件状态指示灯无异常，且M/A站切回自动状态，ICV1阀门远方操作正常。

（2）高调阀伺服卡热插拔后反馈跳变原因分析及处理。由于CV2、CV3、CV4与ICV1同样存在指令与反馈偏差大的现象，也需要热插拔卡件，但与ICV1不同的是，高压调阀伺服卡在拔插后阀位反馈由原来的0%跳变至30%，阀门实际未动作。重新整定伺服卡后阀位显示正常，再次拔插后阀位又跳变至30%。比较高压调阀整定前后调试画面参数发现bottomcalposition和topcalposition两个参数绝对值偏差很大，在10000左右，而整定前这两个参数绝对值偏差均在2000以内。而且piGain、piReset、piGainDb、piResetDb、demondGain这几个参数均有很大变化。在冷态调试期间，整定结束后发现阀门超调比较大而且来回抖动，将以上五个参数都改回整定前的参数后，阀门动作效果良好。再对比中压调阀ICV1整定前后参数变化发现仅bottomcalposition和topcalposition两个参数有小幅变化，piGain、piReset、piGainDb、piResetDb、demondGain这五个参数全部和整定前一致。和西屋的专家共同分析高、中压调阀整定前后参数的变化后，初步得出一个结论：在对调阀整定前demodGain参数必须先设为2048，bottomcalposition和topcalposition两个参数分别设为－32000和32000，再对阀门进行零位和全行程校验。校验得出的参数只有piGain、piReset可以稍做修改，其他参数不能随意修改。按照以上要求对CV2进行重新整定，整定完成后，再将CV2伺服卡进行热插拔，结果发现这次反馈未出现跳变，卡件状态正常。接着我们又对CV3、CV4、RCV1、RCV 2重新按照要求进行整定，并全部进行插拔试验，未发现反馈跳变现象。

（3）CV4高压调阀在整定过程中出现阀位反馈大幅波动原因分析和处理。在对CV4高压调阀的整定过程中，出现阀位反馈来回大幅度波动的现象，实际就地阀门并没有动作，整定结果不正确。CV4的阀门整定参数中，参数bottomcalposition和参数topcalposition全变成负值（正常情况下bottomcalposition应为负值，topcalposition应为正值，且绝对值应相近，最理想的状态差值应小于1000）。由于阀位反馈大幅波动，首先怀疑是LVDT出了故障。

在更换了LVDT后再次对CV4进行整定，结果和前面一样。接着又怀疑伺服卡有故障，伺服卡是DEH系统中控制汽轮机阀位来调整蒸汽流量以达到涡轮转速控制。阀位卡提供了一个DEH控制器与伺服阀执行机构之间的接口。阀位卡提供了闭环的阀门位置控制，阀门开度由阀位卡维持。通常情况下阀位设定值由Ovation控制器设定，当阀位卡处在本地（Local）手动方式时，设定值是由SLIM（小型回路接口模块）操作员接口站控制。在电子模块中带有一个80C196微处理器，它提供实时闭环PI控制。阀位设定值引起I/O模块产生冗余输出控制信号，这些控制信号驱动电液伺服阀执行器上的线圈和安装在阀杆上的

LVDT 而检测到的阀位信号一起构成闭环回路。

更换新的伺服卡后，又一次对 CV4 进行整定，结果和前两次完全一样。在排除控制和反馈装置故障后，最后判断故障出在机务部分。为证实这一判断，用一节 1.5V 的 7 号电池直接加电压信号至就地伺服阀线圈上，阀门仍不动作。证实故障原因为就地伺服阀卡涩，导致油路不通，油动机不进油，阀门无法打开。更换新伺服阀后重新整定 CV4 调阀，结果正确，阀门动作正常。

【防范措施】

(1) 加强对伺服卡的调试与组态学习，并进行经验总结，写出伺服卡的调试步骤，对其他不会调试伺服卡的人员进行培训。

(2) 以后在静态整定完后，必须对卡件进行插拔试验，观察插拔前后卡件状态有无变化，以便及早发现问题。

(3) 今后在每次进行阀门 DCS 整定前都必须先活动一下该阀门，确保阀门能正常动作的前提下再按照正确的整定步骤进行整定。

【案例 137】汽轮机侧 DCS POC6 死机造成其他 POC 站的保护联锁自动解除

【事件过程】11 月 16 日 11：23，某电厂汽轮机侧 DCS POC6 死机，造成其他 POC 站的保护联锁自动解除。重启 POC6 后，手动投入联锁保护。再次试验，结果仍然如此。17 日，对数据库、操作端进行了一致化并转换后，将 POC6 退出系统试验，信号仍然误发。

【原因分析】将相关文件发至日立公司，经日立公司研究可能是在线转换出了问题。DCS 维护中曾经在转换数据库及操作端时，只退出显示而未退出系统进行，因此留下隐患引起了此次故障。

【防范措施】

(1) 解决办法：将各站分别退出系统，将 C：\ ddcs \ online \ data \ *.* 文件（文件夹保留）删除，然后转换数据库及操作端，重启在线。再将 POC6 退出系统试验，未发生上述类似事件。

(2) DCS 维护时，不能为了方便在转换数据库及操作端时，只退出显示而不退出系统，要认识到离线与在线转换不是一回事，否则很容易出问题或留下隐患。因此在做类似工作时一定要按照厂家的相关说明进行，不能马虎。

【案例 138】送、引风机控制方式不当，二次风量测量异常引起机组 MFT

【事件过程】5 月 8 日 11：59 左右，某电厂机组 MFT，首出信号为“炉膛压力低低”。检查机组的运行工况，MFT 发生前机组的各项运行参数平稳，无负荷变动和主要参数的调整操作，送风机投入自动，引风机投入手动，机组负荷 111.54MW。11：57：43～11：59：46，机组发生风烟系统主要参数异常现象，11：57：40，锅炉总风量开始异常升高，由 $2.76\times10^5 m^3/h$ 增加到 $3.68\times10^5 m^3/h$，送风量定值为 $2.73\times10^5 m^3/h$，由于两台送风机自动，且由于锅炉总风量增加，送风控制系统根据送风量定值与实际总风量的偏差开始关小送风机出口挡板，由于锅炉总风量持续增加，导致送风机控制系统不断关小送风机出口挡板进行调节，加上引风机在手动，运行人员未及时对引风机静叶进行调整，导致炉膛负压持续降低，引起“炉膛压力低低”MFT 动作跳机。

【原因分析】调阅事发前后的机组历史趋势，主要参数记录见表 3-5。

表 3-5 MFT 前后机组主要参数记录

参数	变化前（11：57）	变化后（11：59）	变化幅度	结束后（12：00）
机组负荷（MW）	111.54	0.0	−111.54	110.21
A 送风机出口挡板开度反馈（%）	67.42	18.76	−48.66	18.03
B 送风机出口挡板开度反馈（%）	76.4	27.22	−49.18	27.22
A 引风机静叶开度反馈（%）	33.80	31.8	−2	32.13
B 引风机静叶开度反馈（%）	38.80	37.7	−1.1	39.22
炉膛负压（Pa）	−12.94	−646.76	−633.82	−1089.1
总风量定值（$10^3m^3/h$）	273.12	/	/	304.69
总风量（$10^3m^3/h$）	275.74	349.03	73.29	368.03
总煤量（t/h）	61.18	61.18	0.0	61.18
一次风总风量（$10^3m^3/h$）	86.12	89.05	2.93	89.05
A 空气预热器出口二次风量差压 1（kPa）	−0.07	0.78	0.85	1.43
A 空气预热器出口二次风量差压 2（kPa）	0.33	0.37	0.04	0.16
B 空气预热器出口二次风量差压 1（kPa）	0.26	1.02	0.76	0.19
B 空气预热器出口二次风量差压 2（kPa）	0.21	1.05	0.84	0.20
A 空气预热器出口二次风压力（kPa）	1.57	−0.5	−2.07	−0.50
A 空气预热器出口二次风压力（kPa）	1.57	−0.5	−2.07	−0.50

对参数进行分析，发现当锅炉实际总风量大于给定值时，送风机控制系统关小出口挡板，减少送风量，空气预热器出口二次风压力同步减少，说明该参数反映的变化趋势是正确的，但锅炉实际总风量不减少反而持续增大，和空气预热器出口二次风压力的变化趋势出现背离，参数异常现象明显。锅炉实际总风量通过 A、B 空气预热器出口二次风量差压补偿计算后求和而来，检查锅炉实际总风量的控制组态，模拟计算正确无异常；检查 A、B 空气预热器出口二次风量差压变送器的历史数据，发现四个变送器的取样差压均和空气预热器出口二次风压力的变化趋势出现背离，参数异常现象明显。

通过上述分析认为 2 号机组 5 月 8 日发生的“炉膛压力低低”MFT 跳闸故障，和 A、B 空气预热器出口二次风量差压变送器的测量异常有直接的关系，发现导致差压变送器测量异常的因素是搞清此次事件发生的关键。

(1) A、B 两侧空气预热器的二次风侧存在不同程度的堵灰现象，空气预热器出口二次风压力和空气预热器出口二次风量差压的测量值都呈现出正弦波的周期性变化，这和三分仓空气预热器侧二次风局部堵灰的现象相吻合。

(2) A 空气预热器出口二次风量差压 1 变送器的正压侧取样管存在堵灰现象，调取以前的历史趋势，发现该变送器的测量值在−0.03～0.06kPa 范围内波动，由于风量计算的控制组态对 A 空气预热器出口二次风量差压 1 和 A 空气预热器出口二次风量差压 2 的信号处理采用高选方式，所以 A 空气预热器出口二次风量差压 1 在此次事件发生前未参与 A 侧二次风量的补偿计算。

（3）四个二次风量差压变送器取样差压同步增大的问题分析。由于锅炉总风量增大是由四个二次风量差压变送器测量值增大引起的，所以重点分析是什么原因导致四个二次风量差压变送器测量值同步增大，是解开此次非正常跳机事件的关键因素。二次风量差压变送器变化历史趋势如图 3-32 所示，导致 Δp 取样差压的增大有几种可能性，一是机组增加负荷，加负荷的同时增加送风量和给煤量；二是正压侧取样管堵灰，负压侧取样压力减小会导致 Δp 取样差压增大；三是正压侧取样压力和负压侧取样压力的变化速率不一致，即正压侧取样压力的变化速率明显低于负压侧取样压力的变化速率，会导致 Δp 取样差压很明显的增大或减小。

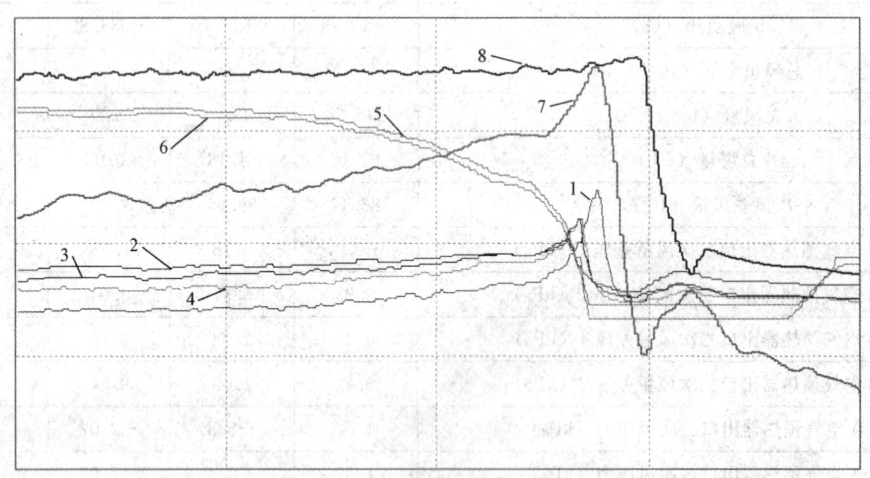

图 3-32　二次风量差压变送器变化历史趋势

1—空气预热器 A 出口二次风量 1 差压；2—空气预热器 A 出口二次风量 2 差压；3—空气预热器 B 出口二次风量 1 差压；4—空气预热器 B 出口二次风量 2 差压；5—空气预热器 A 出口二次风压力；6—空气预热器 B 出口二次风压力；7—总风量；8—一次风总风量

事件发生前，送风控制系统自动，引风控制系统手动，当锅炉实际总风量大于总风量定值时，送风控制系统会关小送风机出口挡板，减少锅炉送风量，图表分析认为送风控制系统在初始调节阶段的调节方向是正确的。但是在锅炉风烟系统流程中，受系统阻力的影响，引风机承担较大的工作负荷，因此，设备选型中送风机设备出力小、引风机设备出力大，这样的设备匹配会造成风量差压变送器正压侧取样压力和负压侧取样压力的变化速率不一致，即正压侧取样压力的变化速率会低于负压侧取样压力的变化速率。

通过以上分析，认为引风机未投入自动是导致四个二次风量差压变送器测量值同步增大的关键因素，理由有以下几个方面：①由于引风机设备出力大，所以对二次风量差压变送器的负压侧取样压力影响很大；②送风机减少出力降低锅炉总风量，造成炉膛负压降低，加剧了二次风量差压变送器负压侧取样压力的变化，比较明显的实例是 A 空气预热器出口二次风量差压 1 变送器的测量值持续增大，差压值由－0.07kPa 变化到 1.43kPa，是该变送器在正压侧存在堵灰造成正压侧压力变化不大而负压侧压力持续减小，导致测量差压不断增大；③炉膛负压降低直接影响二次风量差压变送器负压侧取样压力的变化，造成正压侧取样压力的变化速率明显低于负压侧取样压力的变化速率，四个变送器 Δp 取样差压、锅炉总风量虚假增大，形成送风控制系统反调，恶化炉膛负压，导致 MFT 发生。

【防范措施】

(1) 通过对事件过程的分析，认为送风控制系统自动，引风控制系统手动是导致“炉膛压力低低”MFT的关键因素，送风控制系统调节锅炉总风量是此次事件的诱发因素，引风控制系统在手动状态下未配合送风控制系统的调节，对送风控制系统调节锅炉总风量形成干扰因素，造成送风控制系统反调，恶化炉膛负压，导致MFT发生。根据该电厂引风控制系统的控制策略，该控制系统在调节炉膛负压的同时，接受送风控制系统来的送风量前馈信号，在锅炉送风量改变的同时，及时调节炉膛负压。机组的运行经验也说明在投入送风控制系统自动时，必须先投入引风控制系统自动，即送风控制系统自动不能单独投入，但引风控制系统自动可单独投入。

(2) 图表分析发现A空气预热器出口二次风量差压1变送器的正压侧取样管存在堵灰现象，炉膛负压的变化加剧了该变送器的负压侧取样压力持续减小的幅度，导致Δp取样差压最高达到1.43kPa，增加幅度1.5kPa，后期对锅炉总风量的虚假增加影响明显，一定程度上起到了推波助澜的作用。

(3) A、B空气预热器二次风侧存在局部堵灰现象，对二次风量差压变送器的正压侧取样压力有一定的影响，间接影响此类变送器的测量精度。

根据以上的分析结论，我们提出如下建议：

(1) 送风控制系统自动不能单独投入，但引风控制系统自动可单独投入。可修改送风控制系统的控制策略，若引风控制系统未投入自动，闭锁投入送风控制系统自动。

(2) 加强对风量测量变送器的定期检查工作，特别是风量取样装置的检查，防止取样管堵灰造成风量测量变送器测量精度下降。

(3) 利用机组检修机会检查确认空气预热器吹灰器工作角度的合理性，空气预热器二次风侧应无局部堵灰现象，风量测量变送器取样管改为防堵设计。

【案例139】手自动切换不当导致燃气轮机排气分散度大故障跳机

【事件过程】某电厂燃气轮机机组在320MW运行时，发生天然气调压站异常的故障。运行人员将天然气压力自动调节切为手动调整，天然气压力从正常压力3.3MPa下降到2.0MPa左右。P2燃烧室进气压力从正常值3.0MPa下降到2.2MPa，燃气轮机快速减负荷过程中，因燃气轮机排气温度离散度大（设定值150℃）跳机。

【原因分析】燃气轮机供气由2套A、B供气管线，正常时“一用一备”。故障发生前，A路供气管线运行，自动调节燃气轮机进气压力。在运行人员发现调压站故障后，将A、B管线上的压力调节门均切手动，进行手动调整。过后再将压力调整门切回自动，压力调节门开度瞬间关闭后再进行压力自动调节，导致天然气压力出现较大波动。天然气压力从正常压力3.3MPa下降到2.0MPa左右。机组负荷从320MW快速减到270MW左右。此时，燃气轮机出现燃烧不稳的现象，燃气轮机排气温度的离散度快速增大，最终达到150℃，导致离散度高保护动作，机组跳闸。经检查，31只用于测量燃气轮机排气温度的一次元件正常，保护动作正确。燃气轮机快速减负荷功能是燃气轮机控制系统固有的一项保护功能，由美国GE公司设计。

(1) 燃气轮机因排气温度分散度大而跳机的事件发生的相当频繁，而分散度大的原因也较多，除了燃气轮机喷嘴烧穿，火焰筒或过渡段、导流套壳体裂纹、烧穿，燃烧喷嘴堵塞，燃烧方式切换时燃烧器失去火焰等之外，还有燃气轮机排气热电偶故障等原因。

(2) 排气热电偶是燃气轮机最重要的测量元件，用它直接测量燃气轮机的排气温度，作为机组的温度保护和控制之用。9FA 机组有 31 个排气热电偶，运行中用它们直接计算出燃气轮机的平均排气温度，并间接计算出燃烧室温度，同时还参与燃气轮机的分散度及超温保护。因此其测量准确与否直接影响燃气轮机的效率、寿命和机组的安全运行。

(3) 一段时间 1 号燃气轮机燃烧不太稳定，分散度一直偏大，机组在快速变负荷时，抗扰动能力较差，极易导致燃气轮机离散度升高。目前，机组运行时已经达到 50℃左右。

(4) 燃气轮机燃烧器喷嘴污染较为严重，积聚的垃圾较多，不利于正常燃烧。

(5) 调压站压力自动调节系统设计不合理。目前，当压力自动调节切为手动后，运行人员可以进行手动调整。但是当再切回自动调节控制时，压力调整门先关闭再进行自动调整，导致压力调节产生较大波动，影响机组安全运行。

【防范措施】

(1) 对燃烧器进行清理和更换，重新进行 DLN 调整试验，提高燃气轮机燃烧的稳定性，减小燃气轮机排气温度的离散度，增强燃气轮机抗扰动的能力。

(2) 对燃气压力自动调节系统的控制逻辑进行重新审核，增加手自动跟踪功能，争取做到手自动无扰切换。

第六节　DEH 系统控制设备运行故障案例分析

【案例 140】调节汽门的 LVDT 连杆折断，引起 4 号调节汽门不停动作，导致机组跳闸

【事件过程】 6 月 29 日 7：22，某电厂 1 号机组发生 MFT，MFT 前负荷是 500MW，正在升负荷过程。MFT 首出原因显示为“汽轮机跳闸”。ETS 首出原因显示为“旁路故障”。

【原因分析】 核对送入 ETS 的旁路故障信号，由“低压旁路开度大于 50%”和“高压旁路全关”两个条件相与构成。查看趋势如图 3-33 (a)、(b) 所示。发现在发生 MFT 前，低压旁路动作了多次，大部分的调节动作是由于热再压力设定值波动所引起的低压旁路动作，最后一次动作是低压旁路阀快开，在旁路控制逻辑中，低压旁路阀快开的条件为热再压力大于 1MPa，同时大于设定值 0.4MPa。根据趋势图，此时的实际压力为 3.54MPa，压力设定值为 2.76MPa，大于设定值 0.78MPa，因此低压旁路应该快开。由此可以分析出低压旁路快开是因为压力设定值波动太大。压力设定值是根据调节级压力计算出来的，这个压力设定值是调节级压力的函数，所以设定值的波动是因为调节压力的波动。引起调节级压力波动原因有可能是高压调节汽门的动作，根据高压调节汽门的记录曲线，如图 3-34 (a)、(b) 所示，在 MFT 前，1 号调节汽门动作正常，2、3 号调节汽门有 3%左右的波动，4 号高压调节汽门阀位反馈却是直线。经就地检查，4 号高压调节汽门的 LVDT 连杆折断，但是没有脱落，只是卡在原位。从上述现象可以判断，在 MFT 前的一段时间，4 号高压调节汽门不停的动作，引起调节级压力波动，直到波动过大，引起低压旁路快开，MFT 动作。在 DEH 中，调阀的指令大于或小于阀位反馈一个定值，调阀会全开或全关，但是当时调阀的指令接近阀位反馈，而且指令在阀位反馈附近波动，阀位反馈因 LVDT 连杆折断不动，引起 4 号调阀不停动作，调节级压力也不停的动作。

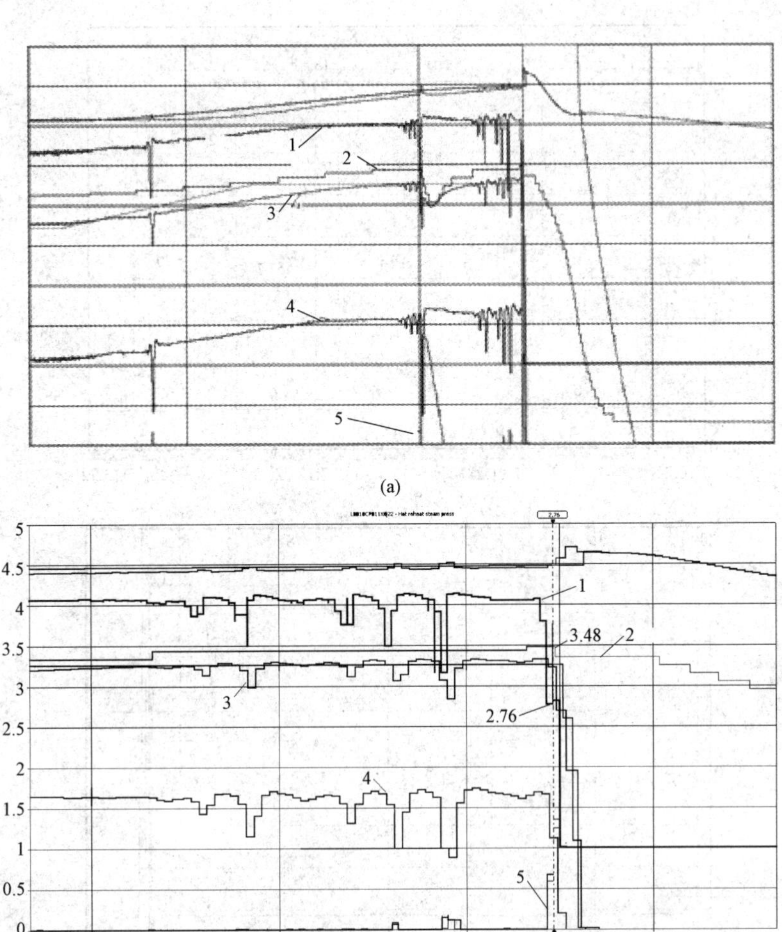

图 3-33　MFT 前后低压旁路阀在不同时刻的动作曲线

(a) MFT 前后低压旁路阀阀动作曲线（7：15：00～7：25：00）；

(b) MFT 前后低压旁路阀动作曲线（7：21：00～7：22：30）

1—低压旁路压力设定值；2—再热器压力；3—负荷；4—调节级压力；5—低压旁路阀开度

【防范措施】为避免以后类似情况出现，对旁路控制逻辑做了如下修改：

(1) 将原低压旁路快开条件之一“再热蒸汽压力大于 1MPa，且压力超出设定值 0.4MPa”修改为“当负荷大于 180MW，且高压旁路未关闭，再热蒸汽压力大于 1MPa，且压力超出设定值 0.4MPa”。

(2) 增加低压旁路调节的 40%最大开度限制：当负荷大于 180MW 后，限制低压旁路阀调节范围最大开度为 40%。低压旁路 40%最大调节开度限制对低压旁路快开没有影响，当高压旁路快开时，低压旁路快开仍然为 100%。新的控制逻辑增加了“负荷大于 180MW，且高压旁路未关闭”来限制低压旁路的快开，从而使送入 ETS 的逻辑“低压旁路开度大于 50%且高压旁路全关”只能在低压旁路调节开的情况下发生，但是第二条已将调节开的开度限制在 40%。此外，讨论拟进行以下逻辑修改：“倒缸结束后，低压旁路压力设定值产生回路改为参照高压旁路用实际再热器压力$+\Delta p$”。但是厂家觉得有难度，暂时未改。因为低压

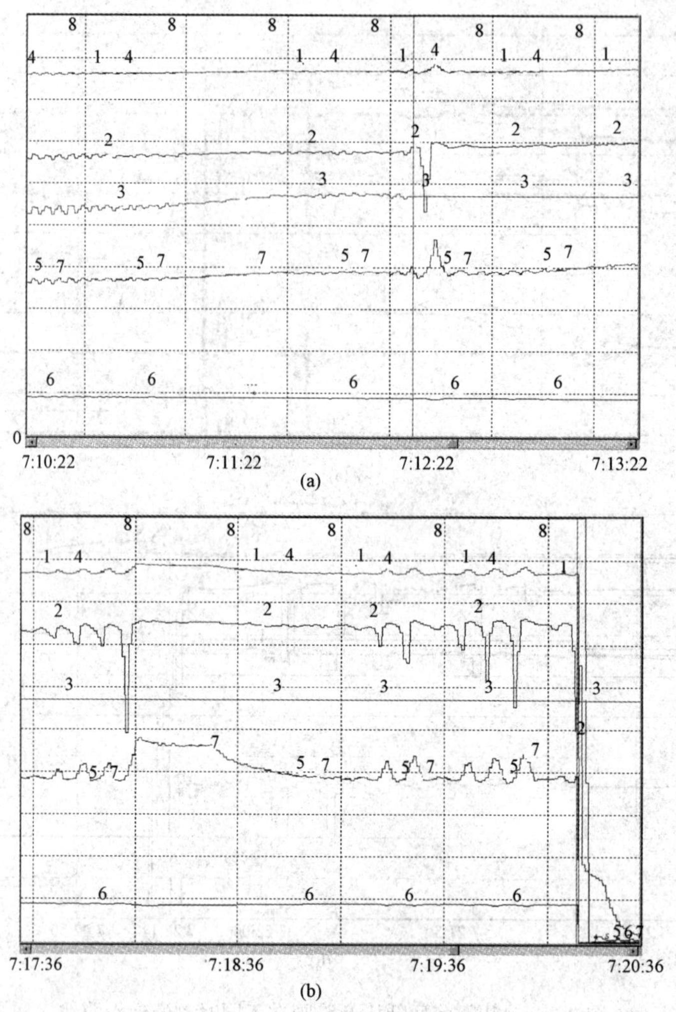

图 3-34　MFT 前后调节汽门在不同时刻的动作曲线

（a）MFT 前后调节汽门动作曲线（7：10：22～7：13：22）；

（b）MFT 前后调节汽门动作曲线（7：17：36～7：20：36）

1、4—调节汽门指令（%）；2—调节级压力（MPa）；3—4 号调节汽门阀位反馈（%）；5—3 号调节汽门阀位反馈（%）；6—1 号调节汽门阀位反馈（%）；7—2 号调节汽门阀位反馈（%）；8—发电机功率

旁路和高压旁路的压力设定值产生回路不同，低压旁路缺少跟随方式回路，如果修改，涉及范围较大。

（3）本次 MFT 故障的主要起因是 4 号调节汽门 LVDT 连杆膨胀过程中弯曲卡牢，调节汽门反馈不变，造成指令变化后调节汽门连续关闭，目前尚无好的解决办法。二期机组也曾发生两次给水泵汽轮机 LVDT 连杆脱落的故障，后来点焊加固。

（4）低压旁路故障直接跳汽轮机是个隐患，某电厂 5、6 号机组已取消该保护，该电厂 3 号机组 10 月 4 日连续三次跳机中，就有一次是低压旁路故障信号误发引起的，该保护应当斟酌。两条逻辑修改后的结果是负荷在 180MW 以上，只有高压旁路未关的时候才允许低压旁路因为再热蒸汽压力波动而快开。而低压旁路故障直接跳汽轮机的逻辑是由“两个低压

旁路开度均大于 50%”和“高压旁路阀已关闭”两个信号与门之后产生的。所以负荷在 180MW 以上，高压旁路关闭时永远不允许低压旁路快开，也就是屏蔽了低压旁路故障直接跳汽轮机的逻辑。其可靠性有待进一步观察。

【案例 141】伺服阀故障引起高压调节汽门高频抖动

【事件过程】某电厂 600MW 机组在滑压运行中多次发生高压调节汽门高频抖动现象，在 DEH 操作站强制调节汽门为手动方式时调节汽门仍然抖动。

【原因分析】根据调节汽门抖动现象，排除 DEH 控制系统及伺服卡故障原因，且经检查排除汽门位置发送器 LVDT 故障。分析认为调节汽门的抖动，是由于油动机油缸不断处于进油和回油两种状态，而 DEH 开阀或关阀指令不变时，在伺服卡与伺服阀构成的闭环系统中，DEH 指令与反馈信号在伺服卡经过 PI 运算是能够消除偏差而进行稳态的。伺服卡与伺服阀的闭环系统在调试中经过参数整定，在故障前汽轮机的运行方式是滑压运行。3 号调节汽门开足，此时 DEH 指令不变化，而此时伺服阀不能进入平衡状态说明伺服阀定位精度下降，引起闭环系统振荡，故调节汽门抖动故障原因是由伺服阀引起的。

MOOG J761－003 伺服阀是喷嘴挡板式伺服阀。由两级液压放大及机械反馈系统组成。第一级液压放大是双喷嘴和挡板系统；第二级功率放大是滑阀系统。调节汽门的油动机是单侧作用、推式的，油动机活塞杆与调节汽门相连，活塞杆向上移动为开阀，调节汽门上部重型弹簧使调节汽门保持在关闭位置，调节汽门的开启是控制伺服阀的滑阀凸肩 1 打开连通抗燃压力油的进油口，接通了连通着调节汽门油动机下缸的油口，油动机下缸的进油量多少决定了调节汽门的开度，油动机下缸进油量增加，压力升高，推动活塞上移，活塞杆上移带动调节汽门上移，克服调节汽门上部重型弹簧的作用力开至要求的位置，实现了调节汽门的开启控制，而调节汽门的关闭是控制伺服阀的滑阀凸肩 2 打开与有压回油相通的泄油口，使之与调节汽门油动机下缸油口相通，油动机下缸的泄油量决定调节汽门的关阀量，油动机下缸泄油，压力下降，活塞下移，在调节汽门上部重型弹簧作用下，将调节汽门关至所要求的位置。

从伺服阀的工作原理可以看出，当伺服阀的滑阀凸肩 1、2 不能完全堵住对应的抗燃压力油的进油口和有压回油的泄油口，会导致滑阀不停的做左右往复运动，使油动机下油缸不断处于进油和泄油两种状态，调节汽门随之抖动。在故障前的运行检查中曾发现 3 号调节汽门的有压回油管回油流量较之其他调节汽门回油流量大，回油管发烫，且有轻微振动，而伺服阀 2 个喷嘴的回油流量是很有限的，只能说明油动机下油缸有油泄漏，泄漏是由伺服阀造成的，而伺服阀滑阀的凸肩 1、2 不能准确封堵进油口及泄油口是油泄漏根本原因。

造成滑阀凸肩不能精确定位封堵住抗燃压力油的进油口和有压回油的泄油口原因有：伺服阀第一级液压放大的喷嘴磨损或喷嘴部分堵塞；滑阀卡涩；滑阀凸肩的锐边磨损；抗燃压力油至左右侧油室的缩孔部分堵塞；伺服阀机械零偏调整不准确。这些原因都有可能造成滑阀凸肩不能精确封堵住压力油的进油口和有压回油的泄油口，使滑阀发生往复动作，油动机下油缸不断处于进油或泄油的过程，随着伺服阀泄漏量的增加，伺服卡与伺服阀组成的闭环系统就会处于振荡状态，一旦闭环系统出现振荡，在高压抗燃油的冲蚀下，滑阀凸肩的锐边将会被磨损，进一步加重伺服阀的泄漏量，调节汽门的抖动幅度也将进一步增大，这种恶性循环使得油动机的下油缸不停的进油和泄油，调节汽门也随之开和关，最终引发调节汽门大幅抖动的故障。

【防范措施】 经更换伺服阀后，调节汽门抖动现象消除。

【案例 142】LVDT 安装位置线性不佳引起高压调节汽门抖动

【事件过程】 某电厂 1 号机组（600MW）大修后，发现机组正常带负荷运行过程中，负荷稳定不住，机、炉主控切手动后，负荷仍然剧烈波动。现场检查发现 1、3 号高压调节汽门抖动，3 号晃动最为剧烈。调出 DCS 历史曲线后，发现调节汽门呈周期性发散振荡，最大抖动幅度可达 5%，稳态时机组负荷最大波动 15MW。其间检查了控制回路的各段连接电缆，更换伺服阀、VP 卡后，未能消除抖动现象。

【原因分析】 机组调停后，首先，对 1、3 号调节汽门的 LVDT 参数进行了测量，数据见表 3-6。

表 3-6　　**LVDT 参数测量数据**

		0%	25%	50%	75%	100%
1 号调节汽门	初级（V AC）	6.1	6.1	6.1	6.1	6.1
	次级一（V AC）	2.5	3.5	4.2	4.9	5.8
	次级二（V AC）	8.5	7.6	6.9	6.2	5.4
3 号调节汽门	初级（V AC）	6.0	6.0	6.0	6.0	6.0
	次级一（V AC）	4.2	4.9	5.6	6.3	7.1
	次级二（V AC）	7.4	6.8	6.0	5.3	4.5

可以看出，1 号高压调节汽门两组次级绕组电压在不同位置变化幅度不成比例，安装位置选择了线性不佳的区域，调出 DEH 整定画面“3361”，发现整定参数 bottomcalposition、topcalposition 均为负值，两者绝对值偏差较大，不符合要求。

【防范措施】 重新调整 1 号高压调节汽门 LVDT 安装位置，使两组次级线圈交流电压均在 4～7.5V AC 范围内；在工程师站调出的 VP 卡参数设置的画面中，重新进行整定后，振荡现象消失。但按以上步骤对 3 号调节汽门进行同样整定但调节汽门仍然抖动。再次对 3 号调节汽门 LVDT 线圈电压进行多次位置模拟测量，发现同一位置次级线圈的产生交流电压不同，现场检查 LVDT 安装固定装置轻度变形，导致 LVDT 外套筒部分扭曲，线性度不好，更换 LVDT 后，按以上方法再次整定，周期性发散振荡消失，调整 VP 卡 PI 参数后，抖动彻底消失。

【案例 143】电磁阀故障导致 ASP 油压报警

【事件过程】 运行中 ASP 油压报警。

【原因分析】 ASP 油压用于在线试验 AST 电磁阀。ASP 油压由 AST 油压通过节流孔产生，再通过节流孔到回油。ASP 油压通常在 7.0MPa 左右。当 AST 电磁阀 1 或 3 动作时，ASP 压力升高，ASP 1 压力开关动作；当 AST 电磁阀 2 或 4 动作时，ASP 压力降低，ASP 2压力开关动作。如果 AST 电磁阀没有动作时，ASP 1 或 2 压力开关动作，或 AST 电磁阀复位后压力开关不复位，就存在 ASP 油压报警。

ASP 油压报警多数是由于节流孔堵塞，当前置节流孔（AST 到 ASP 的节流孔）堵塞时，ASP 油压降低，ASP 2 压力开关动作，发出 ASP 油压报警；当后置节流孔（ASP 到回油的节流孔）堵塞时，ASP 油压升高，ASP 1 压力开关动作，发出 ASP 油压报警。

AST 电磁阀故障也会发出 ASP 油压报警。

【防范措施】通过检查清洗节流孔来清除故障。如果是 AST 电磁阀故障，则可以通过更换电磁阀的位置来判定故障电磁阀。例如 ASP 高报警，说明 AST 电磁阀 1 或 3 故障。可以将电磁阀 1 与电磁阀 2 互换位置，如果此时仍为高报警，则说明电磁阀 3 故障，如果此时变为低报警，说明电磁阀 1 故障。找到了故障电磁阀，就可以通过检修或更换来处理。

【案例 144】伺服阀堵塞故障引起调节汽门波动

【事件过程】某电厂 135MW 机组带 100MW 运行，出现高压调节汽门波动频繁、主蒸汽压力波动大。运行人员将协调控制方式改为 DEH 控制方式，投入功率反馈回路。约 10s 后高压调节汽门出现较大范围的波动，功率出现振荡、摆动现象，运行人员立即退出功率反馈回路。负荷在约 30s 内降到 60MW，导致主蒸汽压力急剧上升，锅炉安全阀动作。

【原因分析】伺服阀故障后，轻则其对应的调节汽门将不能正常响应 DEH 控制系统的输出指令，从而引起调速系统工作摆动，重则可能造成阀门全开或全关，导致机组停机或不能正常启动。这类故障较常见，引起的主要原因是油质不合格、有渣滓等沉淀物存在，造成伺服阀机械部分卡涩堵塞。伺服阀故障范围可以通过 VCC 卡的饱和电压 S 值判断，当 VCC 卡的 $S>3V$ 时，表明伺服阀堵在关的一边，造成阀门全关；VCC 卡的 $S<-3V$ 时，表明伺服阀堵在开的一边，造成阀门全开。伺服阀没有堵塞，但运行一段时间后出现的故障，可以通过输出 S 值的大小改变情况来判断，若伺服阀机械偏置不正确，将会导致 S 值过小，使得阀门不能全关或全开到位；若灵敏度不够，将会导致 S 值出现较大变化时阀门才有响应。

【防范措施】解决伺服阀堵塞故障的方法，是通过机务人员加强滤油、保证油质，特别要注意抗燃油系统检修后的油循环，在油质合格前将伺服阀旁路开启，不让油流过伺服阀，油质合格后，再将伺服阀投入，可有效地防止伺服阀“大面积”堵塞。

【案例 145】伺服驱动模件故障导致调节汽门瞬间晃动

【事件过程】5 月 1 日至 7 月 15 日期间，某电厂 4 号 600MW 超临界机组高、中压调节汽门多次出现不明原因的瞬间晃动，甚至造成汽轮机跳闸。4 号机组的汽轮发电机组控制（TGC）系统采用法国 ALSTOM 公司 P320 操作系统，其控制回路硬件部分采用通用的设计方式，产品为 VICKERS 公司的 EEA-PAM-5*-D-32 系列伺服驱动输出卡及 KHDG5V 型带位置反馈的比例方向阀。

【原因分析】通过分析信号监视记录仪的信息，高压调节汽门 MCV1 伺服驱动模件指令输入信号（MP1）发生变化，造成模件指令输出信号（MP3）错误输出，引起阀门的剧烈晃动。同时，该模件正常调节过程中，指令输入信号（MP1）有高频振荡的现象，因此分析认为调节汽门晃动的原因，是伺服驱动模件工作特性不稳定：

（1）高压调节汽门（MCV1）A1 伺服驱动模件输入信号转换放大回路不正常工作，在动态运算过程中发生短时的错误逻辑运算，造成输出指令错误，引起阀门瞬间大幅晃动。阀门剧烈变化，引起局部控制油压降低，造成其他阀门联锁晃动。

（2）高压调节汽门（MCV1）A1 输出指令大幅变化，对其他阀门指令信号产生干扰，造成阀门联锁晃动。

【防范措施】7 月 17 日，更换高压调节汽门 MCV1 的伺服驱动模件后，CCS 控制系统再次投入，至今未发生调节汽门晃动的现象。通过信号监视记录仪，跟踪新模件各控制信号，指令输入信号（MP1）不再波动，平稳恒定运行。其他故障处理结果为：

（1）中压调节汽门1位置反馈持续降低（每2天下降1%），在线调整仍无法消除，更换位置反馈后，在线零位调整，故障消除。

（2）中压调节汽门晃动的根本原因未能分析清楚，为减少调节汽门晃动带来的风险，在线更换中压调节汽门1、2的伺服驱动模件。

（3）补汽阀1位置反馈故障（大幅漂移），补汽阀2位置反馈故障（全关时显示23%），更换位置反馈后，在线零位调整，故障消除。

【案例146】LVDT运行环境温度高引起高压调节汽门抖动

【事件过程】某电厂4号机组（300MW）2号高压调节汽门，在全开位置发生剧烈抖动，将机组当前负荷降到额定负荷的70%，将阀门控制方式切换到单阀控制方式，利用DEH阀门在线活动试验功能对4号机2号高压调节汽门进行活动试验。结果发现2号高压调节汽门在整个活动行程均发生剧烈抖动。只有在全关位置，才不发生抖动。当在某一任意位置发生抖动时，在DEH上位机上观察，发现经过凸轮变换后的阀位指令A值是稳定的，VCC卡输出的伺服阀控制电压S值、LVDT1、LVDT2及高选后的阀位反馈信号P值均发生严重跳变。

【原因分析】5月26日5号机组停机，对拆下的2个LVDT进行试验。仔细观察发现，阀门在整个运动过程中，2个LVDT上所产生的感应电压变化是线性的、连续的、稳定的，并且绝缘电阻、直流电阻均正常，即在常温下测量这2只LVDT是正常的。经分析认为故障原因是LVDT受到高温，因为LVDT的安装位置不妥，使LVDT处于高温度环境下，如果周围保温没能处理好极易引起LVDT故障。

【防范措施】检查周围保温，降低LVDT运行环境温度。

【案例147】LVDT导杆和阀干连接部位松动引起负荷波动

【事件过程】某电厂7号机组投CCS后负荷波动比较大，而且没有规律。

图3-35 LVDT反馈导杆安全位置

【原因分析】开始认为DCS或者DEH调节系统有问题，但经过对参数的设置和试验，问题未能解决。从历史趋势图上发现调节有时迟缓、有时超前。如果改变控制参数，虽然能够减轻但投CCS后负荷波动，响应速度不能满足CCS负荷变化要求。后检查LVDT，发现反馈导杆有松动现象，如图3-35所示，正常情况下很难发现，因为有些时候导杆和导槽是靠死的或者摩擦着的，这时用手试时是牢固的，没有问题的。但是当阀门运动以后，在有些位置，导杆如果不和导槽摩擦，这时用手晃动导杆就发现导杆和阀干连接的部位松动。

【防范措施】松动部位处理好后，将参数设置恢复到原来的参数，在投CCS调节后，系统恢复正常。

【案例148】LVDT前置器故障引起LVDT位置反馈突变

【事件过程】4月16日晚上发现某电厂4号机组高压调节汽门4LVDT1指示51%，伺服指令82%，LVDT2反馈81.4%；追忆历史数据发现GV4LVDT1反馈20：18后突然由81.5%变到51%，之后一直维持在51%，GV4的开度指令在51%以上，此时逻辑中经过选近判断使用LVDT2。

【原因分析】就地检查LVDT1各端子盒接线均紧固，由DEH控制柜端子测量初级线圈电阻为135Ω，次一及次二线圈电阻分别为335、332Ω，由此说明就地LVDT正常，测量初级线圈、次一、次二线圈激励电压均为0（此时阀位显示一般在50%左右），由此判断问题可能是LVDT前置器（GV4LVDT1与IV3LVDT1在同一个前置器）故障。

【防范措施】为防止GV4LVDT1再次干扰GV4调节，更换LVDT前置器，系统恢复正常。

【案例149】高压调阀LVDT反馈装置漂移引起负荷波动

【事件过程】6月16日16：24，某电厂2号机组正常带负荷610MW运行，1、2号高压调节汽门阀位均为40%。突然1号高压调节汽门阀位反馈产生36%～80%的大幅度摆动，就地检查发现阀门实际正在摆动，同时负荷波动60MW，机组降负荷运行至350MW。16：43，1、2号中压调阀阀位反馈开始剧烈摆动0%～80%。

【原因分析】本次异常是由于高调阀阀位反馈装置漂移，其输出时大时小，导致Simadynd控制系统输出信号时大时小，因此，1号高压调阀不停的开关，导致机组的负荷大幅度的波动。

【防范措施】热工更换1号高压调节汽门阀位反馈装置，5min后更换完毕，但1号高压调阀无法打开，在Simadynd系统复位后，1号高压调阀打开，阀位反馈不再摆动，故障消除。

【案例150】电网甩负荷的情况下，DEH功能及工作方式不完善引起机组跳闸

【事件过程】某电厂2、3号机组上网的电气主接线基本结构如图3-36所示，分110kV和220kV两个系统。2、3号机组并在110kV母线上，带该市西北郊变电站、大西门变电站和厂用电运行；4号机组和燃气轮机并在220kV母线运行；110kV系统和220kV系统之间通过5号联络变压器联结。4月26日事件发生前，2号机组发电负荷（出力）44MW，3号机组出力105MW，110kV系统总出力149MW，总用户负荷约108MW，41MW的剩余发电出力通过5号联络变压器由110kV侧送往220kV侧；3号机组当时CCS处于炉跟机协调控制方式，一次调频功能投入，2号机组为液压机组，一次调频功能始终投入。16：59，运行人员在操作28161闸刀时，其B相母线侧下支持绝缘子突然断裂，220kV母差保护动作，4号机组、燃气轮机与220kV系统解列，同时5号联络变压器停运，形成2、3号机组带110kV系统小网运行的特殊运行方式，41MW的剩余发电出力不能送出，系统出现严重的负荷不平衡，3号机组在此方式下运行约30s后跳闸，SOE记录首出原因为主汽门关闭（低压安全油压低于0.8MPa引起）。期间电网频率在48.3～52.1Hz范围近乎等幅振荡6次，3号机组103%超速保护（OPC）动作6次。

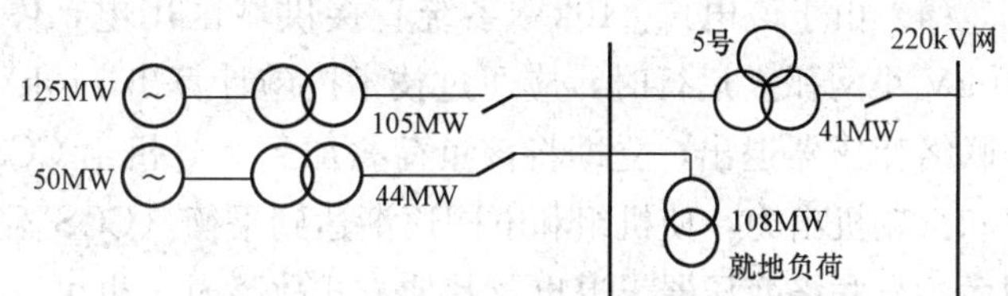

图3-36　电气主接线基本结构

【原因分析】事件过程，暴露出3号机组改造中CCS、DEH控制策略及逻辑设计中，未考虑在电网甩负荷的情况下，如何完善DEH功能及其工作方式、保证机组自主稳定调节，以保障电网安全运行：

（1）3号机组OPC超速保护动作时，汽轮机实际阀位和CCS给定阀位以及实际功率和功率定值偏差较大，协调控制系统原则上应切至手动方式运行；3号机组在CCS切手动后DEH控制不是遥控方式，而是切至本地且跟踪指令阀位，这直接导致了3号机组跳闸。

（2）据有关规定，3号机组在网频偏差超过±12r/min时，一次调频功能闭锁。所以本次事件3号机组一次调频功能未发挥作用。

（3）未考虑发生类似故障（即5号联络变压器退出运行）时3号机组CCS的作用问题。

（4）若出现220kV系统跳闸而5号联络变压器未退出以及其他方式故障时，发电机组相应的控制策略未考虑。

（5）OPC功能主要是防止汽轮机超速、保障机组安全。具体到本次事件，在机组带孤立电网运行时OPC动作将调节汽门全关（置零）而不是调到与所带负荷相适应的位置，不利于网上超速时机组、电网的稳定。

（6）电厂的电网结构需要重新考虑与完善。

【防范措施】

（1）本次事件中电网的不平衡来自于发电出力大而用户负荷小，低频减载动作又切除约70MW的用户负荷加重了不平衡，需要研究类似方式下低频减载作用问题。

（2）对DEH有关逻辑做适当修改，即协调控制系统切除后，DEH系统仍应保持遥控状态，使得OPC复归后高、中压调节汽门能够回到非零的开度，避免跳机的发生。

（3）适当增大DEH系统一次调频的调节范围，以稳定电网频率、减少振荡。

（4）由于该电厂110kV系统直接供城区用电，停电所造成的影响较大，因此当发生110kV小网孤立运行时，应通过技术措施计算出110kV和220kV系统间的交换负荷，当5号联络变压器退出，立即将该负荷叠加到3号机组CCS功率指令回路，相应改变锅炉燃烧率和汽轮机出力，使机组和电网逐渐达到平衡（CCS不退出）。相应地若出现220kV系统跳闸而5号联络变压器未退出及其他方式故障时，也可以考虑对发电机组采取类似策略。有关控制策略及逻辑改进可以通过增加部分检测设备并修改DCS组态来实现，并通过相关试验研究进行验证和确认。

（5）为有利于网上超速时机组、电网的稳定，应开发和利用好快关中压调节汽门（CIV）功能，当由于电网故障出现机组出力和用户负荷不平衡时，快速关闭中压调节汽门使电网负荷迅速平衡，达到抑制机组超速、稳定电网的目标。有关CIV功能的实现问题需要有针对性地深入开展相关研究工作。

（6）需要考虑电厂电网结构问题，建议在解决同期并列的前提下增加快投装置，当出现电网故障（如5号联络变压器跳闸）后使该电厂110kV与该地区220kV系统快速并列，稳定机组运行，确保本地区城市正常供电。

【案例151】调节汽门活动试验时，油中杂质卡涩伺服阀导致机组跳闸

【事件过程】4月15日按照定期工作要求，1号机组运行人员准备好操作票后，13：30开始做主汽门、调节汽门活动试验。当时1号机组负荷300MW，A、B、C、E磨煤机运行，

A、B汽动给水泵运行、电动给水泵备用，协调方式。阀序为3—4—1—2（2号高压主汽阀对应1、4号高压调节汽门，1号高压主汽阀对应2、3高压调节汽门）。13：33，做1号高压主汽门试验，阀门从100%关至88%，复位正常。13：34，再做2号高压主汽门试验时，2号高压主汽门从100%全关至0，点“保持”及“复位”，无效，负荷由300MW降至187MW，炉侧主蒸汽压力突升至19.25MPa（机侧18.6MPa），过热器AB安全门及BPCV动作，压力瞬间降至18.25MPa（机侧18.0MPa）。紧急停运E、A、B磨煤机，投油助燃，煤量减至25t，调整蒸汽压力、蒸汽温度稳定。给水流量降至241t/h，给水泵汽轮机汽源压力由0.73MPa降至0.47MPa，紧急切给水泵汽轮机汽源至高辅供。13：40，检查发现1号机组12.3m下方3号高压导气管法兰漏汽，安排专人监视，汇报调度，1号发电机准备手动解列，13：48，1号瓦振由15μm升为32μm，1号轴振由117、123μm突升到250μm，轴振大保护动作停机。

【原因分析】

（1）经过对试验过程曲线及逻辑分析，2号高压主汽门伺服阀卡涩是2号高压主汽门关闭的直接原因，油中存在颗粒杂质是导致伺服阀卡涩的根本原因。

（2）2号高压主汽门关闭后，汽轮机实际只通过3号高压调节汽门一个阀门供汽，3号高压调节汽门后压力由16.49MPa升至18.6MPa，造成3号高压导气管与汽缸结合部法兰漏汽。

【防范措施】

（1）把好新伺服阀采购进货渠道关，保证产品质量；到厂后必须检查外包装完整性；现场安装之前禁止打开包装，安装时保证周围环境清洁。严格执行抗燃油系统检修（伺服阀）更换检修文件包。

（2）1号机组主机为MOOG761-001喷嘴挡板型伺服阀，滑阀及喷嘴挡板间隙小，易产生卡涩现象。每年小修必须对伺服阀进行清洗校验，并对检验情况进行分析总结，到厂后必须检查外包装完整性；现场安装之前禁止打开包装，安装时保证周围环境清洁。严格执行抗燃油系统检修（伺服阀）更换检修文件包。

（3）油动机在使用5年后，必须返厂大修，更换密封件，防止活塞环长时间磨损产生杂质，积存于油缸内。

（4）完善伺服阀设备台账，对每只伺服阀编号进行寿命跟踪，深入分析伺服阀劣化影响因素及相关参数，实现设备可控在控。

【案例152】高压调节汽门的门杆同阀芯脱开导致机组降负荷

【事件过程】某电厂2×330MW燃煤机组，4月21日3：42：47，该电厂1号机组在CCS控制方式之下，实际负荷257.69MW，负荷指令257.45MW，之后开始降负荷，目标负荷240.32MW。3：47：07，其实际负荷由241.33MW突然开始下降，10s后负荷下降到221.50MW，30s后下降到214.56MW，最大降幅达26.77MW，前10s内的下降速率达118.98MW/min。负荷下降前主蒸汽温度540.43℃，主蒸汽压力16.85MPa，负荷快速下降之后，主蒸汽温度变化不大，最高541.98℃，最低531.99℃；主蒸汽压力最高达17.45MPa，最低16.55MPa。47s后，主蒸汽压力17.35MPa，高压旁路入口压力17.35MPa时，高压旁路自动打开，当高压旁路开度达到50%时，主蒸汽压力升到最高，之后开始下降。运行人员在甩负荷发生后 24s，即 3：47：32，解除 CCS 控制方式，并于 3：50：02，手动停下一台磨煤机。在此之后，运行人员将机组稳定下来，重新启磨煤机，将负荷带到 240MW 左右。

【原因分析】分析认为，此次甩负荷是由于汽轮机调节汽门的机组故障。应该是调节汽门实际位置关小，但其反馈没有真实的反映实际位置，而造成了汽轮机负荷参考的虚增，但实际进汽量减少，导致主蒸汽压力升高，电功率下降的矛盾。经过再次仔细的检查，发现 3 号高压调节汽门的门杆同阀芯脱开。

【防范措施】经过焊接，3 号高压调节汽门恢复正常运行，机组重新带上满负荷。

【案例 153】停机按钮的紧固螺钉松动导致运行机组跳机

【事件过程】某电厂 7 号汽轮机组系哈尔滨汽轮机厂生产的 N100-8.83/535 型汽轮机，DEH 调节保安系统分为保安、调节二大部分。保安部分采用低压汽轮机油、调节部分采用高压抗燃油，两者用隔膜阀联系。10 月 3 日时带负荷运行中，突发跳机故障，前后发生 2 次，严重危及了机组的安全稳定运行。

【原因分析】分析认为，7 号机组在运行中虽突发自行遮断，但能完成远方挂闸、汽轮机冲转、定速等系列功能，因此可排除调节部套的影响，故障原因应为保安部套部分。热工人员进行 AST 电磁阀组试验正常，再从汽轮机能完成从挂闸到定速的现象分析，亦排除危急遮断器错油门等部套的原因。轻触前轴承箱处保安操纵箱上的就地停机按钮，即可泄去附加保安油遮断汽轮机，属于不正常现象。因为该停机按钮在正常情况下，由于支撑弹簧的预紧作用力，必须有较大的力量才可按下；考虑到 7 号机组自大修后已运行较长时间，虽然停机按钮和其下方的解脱错油门由螺纹连接，但可能因按钮的紧固螺钉松动，解脱错油门在其自身的重力作用下产生向下移动，降低了附加保安油口的过封度和支撑解脱错油门弹簧的预紧力。当系统油压略有波动时，解脱错油门即可在其自身重力的作用下克服弹簧的预紧力向下移动，加之油口过封度过小，使附加保安油和排油相通，致使汽轮机遮断。结合 7 号机组在运行中跳机具有偶发性的特征，因此确定是此部套导致 7 号机组运行中跳机。

【防范措施】

（1）将解脱错油门解体、清洗错油门和套筒。

（2）增加 1 块 5mm 厚的垫片以提高支撑弹簧的预紧力，并按要求复装。

【案例 154】调节汽门 LVDT 卡涩引起汽轮机跳闸

【事件过程】6 月 29 日 7：22 左右，某电厂机组负荷 506MW，主蒸汽压力 22.2MPa，22：15，1 号机组跳闸，“汽轮机跳闸”“发电机跳闸”“MFT”等光字发信，查 ETS 保护动作及其他辅机联锁保护动作结果正确。汽轮机跳闸首出原因为“旁路故障”（机组负荷大于 50%，低压旁路开度大于 50%且高压旁路全关时，引起汽轮机跳闸）。

【原因分析】事件后，热工人员分析，在高压旁路全关时由于低压旁路快开引起汽轮机跳闸，而低压旁路快开的原因为低压旁路控制系统根据调节级压力计算出再热器压力设定值，实际的再热器压力大于该设定值时低压旁路快开。在 7：21：27，4 号调节汽门关，调节级压力从 15MPa 下降到 9MPa，此时设定值比实际再热器压力低，两侧低压旁路快开至 100%，从而导致 ETS 的“旁路故障”（负荷大于 50%，高压旁路全关且低压开度大于 50%）保护动作，最终 MFT。而调节级压力从 15MPa 下降到 9MPa 的原因为 4 号调节汽门

LVDT 有卡涩，使调节汽门位置反馈值不会变化，当指令小于位置反馈时调节汽门关闭，从而引起调节级压力的突降。汽轮机 4 号调节汽门反馈在 57%左右不变化，经现场检查 4 号调节汽门 LVDT 芯卡涩且已断裂。事后解体发现该 LVDT 芯上细下粗，在整根芯上有脏物积聚，大小分界处尤甚，并有明显的卡涩摩擦痕迹。一方面是该芯结构设计不合理，上细下粗易使脏物积聚在分界处导致卡涩，另一方面是基建时环境差、灰尘多。因此 4 号调节汽门 LVDT1 卡涩是这起事件的根本原因，4 号调节汽门 LVDT 卡涩使调节汽门位置反馈值不会变化，当指令小于位置反馈时调节汽门关闭，引起调节级压力降低，对应的低压旁路压力设定值降低，当该值低于再热蒸汽压力时低压旁路快开，低压旁路开度大于 50%时 ETS 保护动作，引发 MFT。

【防范措施】

(1) 更换损坏的 LVDT，对其他 LVDT 进行检查清洁，与厂家联系更改设计，避免积灰。

(2) 加强日常检查，保持现有的 LVDT 清洁。

(3) 停机时完善逻辑设计，修改低压旁路压力设定值生成回路，采取升压率监视方式；对低压旁路调节开动作进行开度限制（小于 40%）；当旁路各阀未全关时协调控制系统切到基本方式；当高压旁路未开、负荷大于 200MW 时取消低压旁路压力快开功能。

【案例 155】LVDT 断线，人员处理不当，引起汽包水位剧烈摆动，导致机组跳闸

【事件过程】05 月 19 日 01：41，某电厂 4 号机组汽包水位出现波动，由 398MW 升至 335MW，后又升到 405MW，协调方式跳至基本方式，软光字牌报警 CV1 调节汽门开度 100%，运行值班人员联系热工和汽轮机人员检查原因。

01：50，热控值班人员接到运行通知后对热控系统检查，检查后初步认为协调跳为基本方式是一次调频动作所致，CV1 反馈报警为备用元件故障，不影响运行，可投入协调方式运行。但运行人员对一次调频造成负荷摆动较大存在疑问没有立即投入协调。

02：15 左右，热控人员进一步对各 CV 阀开度进行检查，发现 CV1 两个冗余 LVDT 反馈不一致，工作 LVDT 反馈显示 55%，指令 58%，在工程师站内检查备用 LVDT 反馈显示为 100%，初步判断其中一个 LVDT 反馈故障，然后就地检查 CV1 实际开度为全开，判断主 LVDT 故障，此时协调处在基本方式，即手动方式，由于主 LVDT 处于故障状态，反馈一直保持在 55%不变，当时 CV1 指令为 58%，控制存在偏差，使得 CV1 全开而导致负荷上升。

02：31：15，值长接调度令，要求降负荷，运行人员进行手动降负荷操作，手动减煤量由 179t/h 减至 171t/h，机前压力下降，手动关调节汽门阀门指令由 74.82%降至 73.72%。

02：31：50，CV1 指令下降至 53%，此时 CV1 全关，负荷突降，汽包压力由 13.5MPa 上升至 15.33MPa，给水泵汽轮机转速由 3787r/min 降至 3540r/min 后上升至 4260r/min，汽包水位出现剧烈摆动，负向最大−257mm，正向最大 274mm（汽包水位高三跳机定值为 228mm，延时 8s），02：34：07，锅炉灭火，汽轮机跳闸。

【原因分析】经过现场检查发现，CV1 主 LVDT 其中一颗线震断并脱落，主反馈保持在 55%位置不变，由于当时 CV1 指令为 58%，指令反馈偏差较小，系统无法进行故障判断，未能切换至备用 LVDT 上工作（切换条件为指令与反馈控制偏差大于 5%或工作 LVDT 反馈变化率大于10%/10ms)，导致CV1按照开指令要求全开。运行人员在CV1阀门反馈装置故障情况下，进行机组减负荷操作，在控制指令低于阀位后，使得CV1全关，造成主蒸汽压力摆动，汽包水位快速变化，锅炉灭火，机组跳闸。

【防范措施】

(1) 热控专业人员制订措施，将机组的LVDT端子箱移到振动较小的汽轮机平台地面，减少因振动造成的线路故障。

(2) 利用机组停运机会，对DEH阀门和MEH阀门进行回路接线和阀门传动检查，确保阀门控制系统运行的稳定性。

(3) 完善热控重大缺陷的应急预案管理，制订相应的技术措施和安全措施，制订标准检查作业卡，确保重大缺陷处理中，检修人员依据标准工作。

(4) 加强热控人员的技术培训，提高检修人员的实际消除缺陷能力，并对现场出现重大缺陷的处理过程及方法进行总结分析，做到全员了解掌握。

(5) 发电部制订LVDT异常时的检查操作卡。

【案例156】流量特性曲线不合理导致调节汽门大幅度摆动

【事件过程】某电厂5号机组于3月3日经小修后启动，机组带负荷后由单阀控制方式切到顺序阀控制方式。当顺序阀方式工作一段时间后，发现机组在200MW负荷附近时1号和2号调节汽门摆动幅度较大，达到7%左右，但此时流量指令及负荷都变化不大，怀疑调节汽门或流量特性曲线不够合理。

【原因分析】

(1) 通过观察趋势图和询问运行工况得知，出现摆动期间均为协调控制或功率控制方式，在阀位控制方式时并没有出现这种现象。

(2) 通过观察趋势图，发现流量指令的变化先于实际反馈的变化。

(3) 检查1号DPU中电调控制组态第52页“GV阀门管理”，可以看出经过修正的流量指令乘以2.0的系数，通过转换函数按照顺序阀方式进行转换。修正后的流量信号“FDEMCOR”转换后分配到GV1～GV4的流量信号分别为“GV1FL5”“GV2FL5”“GV3FL5”“GV4FL5”。

(4) 通过观察阀门流量特性曲线可以发现，当“GV1FL5”在100～105时实际输出指令在45%～106%变化，即此段区间变化很陡。对照记录下的趋势图可以看出，出现GV1、GV2摆动较大的区间正好是“GV1FL5”超过100或在100附近的时候。这段时间就是顺序阀时GV1、GV2即将全开、GV3刚刚开始打开的时候，所以此时GV1、GV2摆动较大应属正常。

(5) 通过调出6号机组相应的趋势图进行观察，发现6号机组与5号机组存在同样的现象，这也从另一方面证实了上面的结论。

【防范措施】

(1) 进行阀门流量特性试验，进一步优化阀门重叠度，完善顺序阀流量特性曲线。

(2) 运行人员应密切观察在顺序阀工况下，GV1、GV2与GV3切换时GV1与GV2的变化情况，如果GV1与GV2的变化较大且导致负荷也有较大变化，那么应该考虑升高或降低负荷，观察是否有类似情况出现，或者在切到阀位控制方式时观察阀门的摆动是否继续，

以此判断是阀门本身的问题还是控制系统的问题。

【案例 157】抗燃油质不好引起快关电磁阀卡涩导致中联门活动试验时机组跳闸

【事件过程】 5 月 28 日 17：15，某电厂 4 号机组负荷 421MW，两台汽动给水泵运行，电动给水泵备用，磨煤机 B、C、D、F 运行，汽包水位 12.19mm，主蒸汽压力 12.28MPa。17：15：55，运行开始做中联门活动试验，先做右侧中联门正常。17：18：40，运行开始做左侧中联门活动试验。17：19：43，运行人员试验复位，此时出现两个主汽门、右侧中压调节汽门、中压主汽门突然关闭；汽轮机安全油压低信号报警（表征汽轮机跳闸）；给水泵汽轮机 A、B 保护动作跳闸；高、低压旁路投入自动；高、低压旁路压力调节汽门开启；在同 1s 内汽轮机安全油压低信号又恢复；主汽门、右侧中压调节汽门、中压主汽门又同时开启；期间抗燃油泵电流从 27A 突升到 56A；抗燃油压从 10.57MPa 突降到 9.53MPa。17：19：45，电动给水泵自启。17：19：47，RB 动作 C 磨煤机跳闸。17：20：09，汽包水位最低到 −235.48mm，17：20：14，汽包水位低低触发 MFT 动作，17：20：15，发电机逆功率保护动作发电机跳闸。

【原因分析】 从事情的经过来看，机组跳闸的直接原因是做左侧中联门活动试验复位时，造成瞬间安全油压非常低，引起了汽轮机主汽门、调节汽门的突然关闭，最终导致了机组跳闸。

中压主汽门及中压调节汽门活动试验的过程如下：中压主汽门采用试验电磁阀，中压调节汽门采用伺服阀将阀门关至 10%以后，快关电磁阀动作使调节汽门和主汽门关闭。试验电磁阀动作时，将油缸下部与动力油切断，接通回油，使阀门关闭。阀门降至 10%使快关电磁阀动作，使阀门模块内的安全油卸掉，同时切断与外部安全油回路的联系。同时关断阀动作，切断动力油供应，卸载阀上部安全油压力降低，使油缸下腔通回油，将阀门关闭。恢复时，试验电磁阀先恢复，快关电磁阀恢复使卸载阀复位，将油缸下腔回油关闭，同时关断阀复位，接通动力油，使阀门开启。

从油系统上来分析，阀门的突然关闭的时间正是在快关电磁阀失电后，初步判断安全油压的瞬时快速下跌是快关电磁阀出现异常造成的。从动作过程来看，抗燃油压最低降到 9.3MPa，不足以使其他阀门因油压过低使阀门关闭。因此只有可能是安全油回路产生了泄漏导致安全油压低，造成安全油压低的一个可能是主跳闸电磁阀发生故障漏油，由于此次故障是在活动试验时发生，故可将此原因排除。剩下的可能性就只有快关电磁阀由于卡涩动作未能复位将泄油口完全遮住，导致安全油一边进，一边泄使安全油降低导致其他调节汽门关闭。因表征汽轮机跳闸的三个油开关是通过一个节流孔接至三个跳闸油开关的，并且这三个开关旁有一个蓄能器。因此在故障发生时，此三个开关未动作，并未导致机组立即跳闸。

引起快关电磁阀卡涩的主要原因可能是抗燃油质不好。虽然大修后启动前化验油质是合格的，但是油系统一些死角处可能并没有完全出来，当启动后，随着油系统投入运行，杂质逐渐进入油系统，导致一些阀门的卡涩。从故障过程来看，安全油压仅低（3.9MPa）了 1～2s就恢复了，可以认为当时有杂质卡在电磁阀阀芯处，使油压降低，后随着油流的作用被冲走后，电磁阀复位，使安全油压恢复正常。

【防范措施】

（1）机务专业人员更换快关电磁阀，快关电磁阀经检查无异常。

(2) 中压调节汽门活动试验原是通过伺服阀关到10%后再由快关电磁阀动作使其快速关闭，现将试验过程中快关电磁阀的动作取消，全过程都由伺服阀实现。这个是电厂采取的措施，但是在进行活动试验时，对快关电磁阀进行活动也是很有必要的，避免快关电磁阀由于长期运行导致卡涩。如果将此取消，快关电磁阀可能会因没有活动的机会导致卡涩。此方法并不可取，因为中压主汽门同样有此问题。但是恢复此项活动试验，此故障有可能会再次发生（油质不好的情况）。这是两难选择，比较好的方法是，在进行快关试验时，比较一下使用快关电磁阀和不使用快关电磁阀时，阀门的快关时间是否相差较大，如果相差不大，能否取消该电磁阀，或者修改安全油跳闸回路使回油量增加，使阀门快关时间达到要求。

(3) 4号机组抗燃油压偏低，正常应为11.2MPa，而实际为10.5MPa（低报警为9.2MPa)，应尽量将抗燃油压调整到额定值，这样油压会有一定的余量，在进行阀门活动试验时，阀门大量用油时，油压不至于过低。

(4) 从试验过程中抗燃油压变化情况来看，现场6组蓄能器只投了4组，两组作为备用。活动试验结束后，抗燃油压能迅速恢复到原来值，说明蓄能器的容量已满足要求，但从安全角度考虑，还是以6组均投入为宜。

(5) 中压主汽门及中压调节汽门做活动试验时，是作为一个整体进行的，为了防止一个门开启时影响油压，可适当增加中压主汽门和中压调节汽门进行活动试验时的间隔时间。

(6) 通常大修时，一般只进行外部管道的油循环，很少进行油动机及阀门模块的冲洗。为了防止存在于阀门模块的杂质进入阀门模块的各个控制阀，应在启动前通过强制等手段反复开启各主汽门及调节汽门，避免死角处残留杂质。

【案例158】AGF钝化报警后在线更换中压主汽门跳闸电磁阀

【事件过程】某电厂350MW汽轮机DTC采用西门子Simadynd控制。10月15日，6号机组满负荷运行，16：14，ASD报警显示：60MAY01EZ001DXT07TURBINETRIPSYSTEMSG12.PAS经过检查核实AGF钝化，CA、DA层AGF模块已经中断输出AGF冗余失去，所有阀门单线圈带电。

【原因分析】经过分析发现，由于阀门跳闸电磁阀的线路以前有多次故障钝化，所以暂时对报警进行复位，冗余恢复。16：35，钝化报警再次触发，通过分析检查SG12为左侧阀门钝化报警，但无法判断出左侧具体哪个阀门发生故障，使用西门子S5通信软件检查跟踪报警点，发现故障来自左侧中压主汽门AA014跳闸电磁阀，经研究准备更换该电磁阀线圈。

【操作方法】在机组正常运行，负荷250MW左右可以进行ATT试验，以达到对汽轮机高、中压所有阀门活动的目的。ATT是汽轮机控制的子程序，通过对阀门的限制指令与AGF跳闸阀的配合实现对单个阀门的开和关。为了保证汽轮机中压缸单侧进汽和更换电磁阀时的安全稳定运行，制订落实了安全措施，并采取以下步骤：

(1) 办理工作票，机组负荷降至200MW左右。

(2) 使用阀门限制指令将左侧中压调节汽门缓慢限至0%，退出左侧中压调节汽门跳闸电磁阀AA013/AA014子回路，左侧中压调节汽门跳闸关闭。

(3) 确保此时负荷稳定，退出左侧中压主汽门跳闸电磁阀AA013/AA014子回路，跳闸电磁阀、先导阀失电阀门关闭。

(4) 检查机组运行情况，控制油压、轴向位移、振动等参数正常。

(5) 在汽轮机房内关闭任何通信设备。核对 AA014 位置，更换线圈，接线紧固并由第二人检查核实。

(6) 更换完毕，检查安装位置，核对完好。

(7) 投入左侧中压主汽门跳闸电磁阀 AA013/AA014 子回路，开启先导阀，主汽门全开。

(8) 投入左侧中压调节汽门跳闸电磁阀 AA013/AA014 子回路，缓慢放开中压调节汽门限制指令到最大，调节汽门全开。

(9) 复位钝化报警，从侧正常运行，故障排除。

在整个更换期间，对负荷的稳定、振动等参数严密观察，在汽轮机房内尤其不准使用无线通信设备，防止干扰引起阀门快关。由于设计中汽轮机阀门控制油没有单个的供油阀所以无法彻底隔离，如果更换阀体必须做好措施切断油路。

该电厂 6 号机组在线更换跳闸电磁阀的一系列分析并制订措施，很快安全处理，得出对汽轮机阀门跳闸电磁阀及其他设备的危险点一定要做到可控在控。为防止汽轮机误动与拒动，应严格根据西门子公司的技术要求，定期更换线圈，并在平时停机当中对阀门严格检查筛选，以保证机组的安全稳定运行。

【案例 159】异物堵塞油路导致主汽门活动试验时有的阀门无法开启问题处理

【事件过程】 2 月 16 日，内蒙古某电厂 1 号机组在做例行的 2 号主汽门活动试验时，出现了 2 号主汽门关闭后无法开启的现象，导致该 330MW 机组只能单侧运行，对机组的安全稳定运行构成威胁。

【原因分析】 电力科学研究院专业人员到现场后立即采取措施，对问题原因进行了分析。

(1) 热工控制回路分析：汽轮机的主汽门和各个调节汽门的开闭都受 DEH 系统的控制。调节汽门接受 DEH 系统伺服卡的电信号，通过电液伺服阀将电信号转换为液压信号，从而控制油动机上、下腔室的进回油流量来控制调节汽门的开闭，而主汽门则受快关电磁阀和试验电磁阀的控制，快关电磁阀带电后，直接将高压进油与回油管路相通，从而泄掉油动机腔室内的高压油，再依靠弹簧的反坐力快关阀门，试验电磁阀带电后通过缓慢泄压使得阀门逐渐关闭。进行远方操作使得电磁阀带电失电，发现电磁阀动作情况无误，但主汽门仍然无法开启，因此经分析后认为基本可以排除控制回路问题。

(2) 油路分析：在现场手按电磁阀底部的按钮无法感受到高压油过流的声音，并且油动机腔室的压力指示为零，限于没有具体的油路图作参考，所以初步判定是电磁阀或阀门的集成块内节流孔堵塞。因此建议机组停机后进行检修，清理堵塞、更换电磁阀或阀门的集成块。

【防范措施】 机组停机后，检查油路时发现有异物将油路堵塞，导致 2 号主汽门无法开启，清理后即恢复正常。

【案例 160】Ovation 系统 VP 卡故障导致高压调节汽门全关后在线更换处理

【事件过程】 某电厂 600MW 机组使用 Ovation 系统，9 月 25 日 16：00，运行中 3 号高压调节汽门（GV3）突然全关（伺服阀为负偏类型，即失信号全关）。

【原因分析】 就地调节汽门接线盒内检查接线端子正常（同时进行了端子紧固），至电子间检查发现该调节汽门对应的 VP 卡状态指示灯“P”灯亮，其余指示灯均灭，用万用表测量VP卡冗余输出电压控制信号均为零，在DCS画面显示为坏点，LVDT位置反馈亦为坏点。联系机务专业人员对该门伺服阀入口手动截止阀进行关闭，更换新的VP卡件后，卡件"Manual"灯亮，校验画面上显示VP卡的MODE为"LOCAL"。热工人员判断并经咨询厂家确认是卡件故障引起。

【操作方法】由于故障发生时机组处于500MW负荷运行，在准备好新的VP卡件并做好安全措施后进行卡件更换。具体更换步骤如下：

(1) 联系机务专业人员关闭该高压调节汽门对应伺服阀前手动截至门。运行人员将机组负荷减至350～400MW，调节系统由协调方式切为基本方式，维持负荷及锅炉主参数稳定。

(2) 将其余高压调节汽门全部切手动控制模式，为防止其余调节汽门波动，影响机组主蒸汽压力及负荷的稳定，将其余调节汽门指令输出在MASTATION算法中最大/最小值（MAX output/MIN output）根据切手动后的反馈值限定在±5%范围（即最大值为切手动后的反馈值+5，最小值为切手动后的反馈值－5)。

(3) 热工人员打开I/O BUILDER检查GV3配置和控制逻辑中对应"MASTATION"及"RVPSTATUS"算法中地址，正确无误。

(4) 将故障VP卡所对应的MASTATION算法输出及LVDT反馈SCAN OFF（停止扫描)，且将输出最大/最小值（MAX OUTPUT/MIN OUTPUT）分别设定为5/0（最大值不能设为0，因为是闭环控制，否则更换新的VP后将报错"VP CARD NOT READY")后，更换新的VP卡。

(5) 将MASTATION算法输出及反馈"SCAN ON"（开始扫描)，否则VP卡将报"VP CARD NOT READY"错。在校验画面中执行"DOWNLOAD"操作（不能进行UPLOAD操作)。"DOWNLOAD"后VP卡由"LOCAL"模式切换为"AUTO"模式。在画面上观察检查VP卡冗余线圈输出信号值，恢复"GOOD"点品质，2组线圈显示电压值为约1.1V，且"LVDT"反馈信号值恢复"GOOD"点品质。

(6) 联系机务专业人员打开该高压调节汽门对应伺服阀前手动截至门。

(7) 恢复其余调节汽门指令输出最大/最小值分别为100/0。

(8) VP卡更换正常后，逐个将其他调节汽门切自动控制模式，再慢慢打开更换VP卡的调节汽门（该门的初始位置在5%)，直至所有调节汽门开度一致，将机组逐步投入协调模式。

【案例161】DEH跳闸继电器柜内3YV继电器烧坏

【事件过程】4月，某电厂东方汽轮机厂600MW机组发生机组跳闸后，在系统检查时，发现DEH跳闸继电器柜内3YV继电器烧坏。

【原因分析】经检查ETS跳闸系统选用美国GE Fanuc公司的标准的PLC系统，采用三重化GMR冗余设计，具有在线试验功能，具体逻辑及动作过程如图3-37所示。

图3-37中汽轮机跳闸条件1或2或3任意一个满足就会发出"汽轮机跳闸指令"。其中8路软信号跳闸指令分别送至SOE、FSSS、MSC、SCS及DEH控制系统；2路硬接线跳闸指令送至DEH跳闸继电器柜，直接动作就地机械停机电磁铁、高压遮断模块（5YV～8YV）及高、中压阀门等；9路"汽轮机已跳闸"状态信号分别送至发电机侧、旁路系统及硬光子报警等。

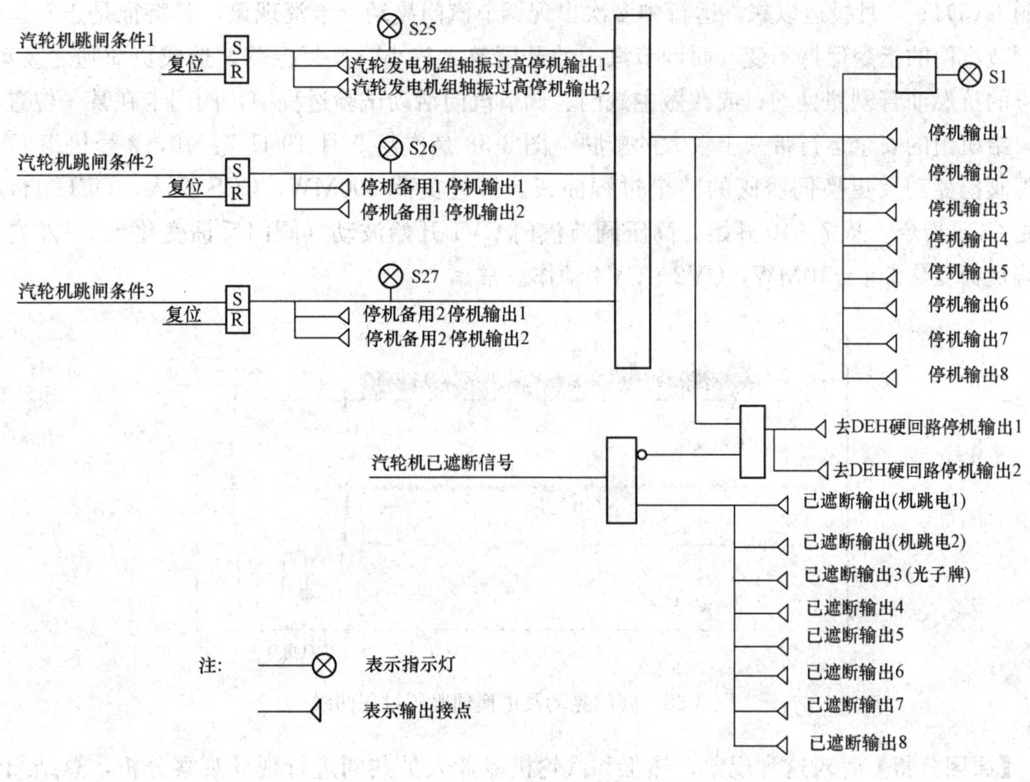

图 3-37 ETS跳闸逻辑

经分析汽轮机跳闸后，由于机械停机电磁铁3YV瞬间动作时电流较大，且汽轮机跳闸后跳闸条件一直存在，致使DEH跳闸继电器柜内3YV继电器线卷一直带电，长时间大电流导致线卷发热而烧坏。经测量3YV直流回路，在跳闸瞬间电流最大到2.6A左右，检查东方汽轮机厂配置的3YV继电器容量不满足要求。

【防范措施】针对同类厂家发生的3YV继电器烧坏不安全事件，我们对ETS的3YV直流回路采取了相应的防范措施：

(1) 由于东方汽轮机厂配置的3YV继电器容量偏小，通过和东方汽轮机厂沟通，对3YV继电器进行了更换。

(2) 如图3-38所示，在ETS逻辑中，增加了一路“汽轮机已遮断”信号，用来复位硬回路，从而使机组跳闸后2s，即可对3YV迅速复位、断电，避免了原回路的3YV常带电。

(3) 根据汽轮机保护配置要求，“汽轮机已遮断”信号需选取“主汽门已关闭”或“安全油已失去”信号。

【案例162】汽轮机调节汽门晃动原因分析及伺服阀在线更换方法

【事件过程】某电厂600MW机组，汽轮机为东方汽轮机厂生产的型号为NZK-16.67/538/538的亚临界、中间再热、单轴三缸四排汽、冲动凝汽式直接空冷机组，伺服阀为PSSV-890-DF0056，DEH采用Ovation专用的伺服卡对其进行控制，一块伺服卡对应一台油动机，其接受伺服卡输出的4～20mA的电流信号驱动伺服阀，通过伺服阀来控制进入油动机的液压油，从而实现调节汽门的线性控制。调节汽门反馈装置选用无锡河埒传感器厂生产的 LVDT。7 月投运以来，运行中多次出现调节汽门晃动、卡涩现象，其特征是正常运行中调节汽门的指令保持不变，而调节汽门的开度忽大忽小、反复振荡，造成负荷随之波动，相应的抗燃油管剧烈晃动；或在做主汽门、调节汽门活动试验过程中，阀门卡在某一位置不动，给机组的安全运行带来了较大的威胁。图 3-38 是次年 9 月 19 日 7：10，3 号机组 CV1 出现阀门晃动及更换伺服阀的整个过程曲线。机组负荷 300MW，CCS 投入，DEH 自动，接受 CCS 指令，从 7：10 开始，高压调节汽门 CV1 开始波动（阀门反馈变化±5%左右），影响负荷变化 300±10MW，CV2～CV4 动作正常。

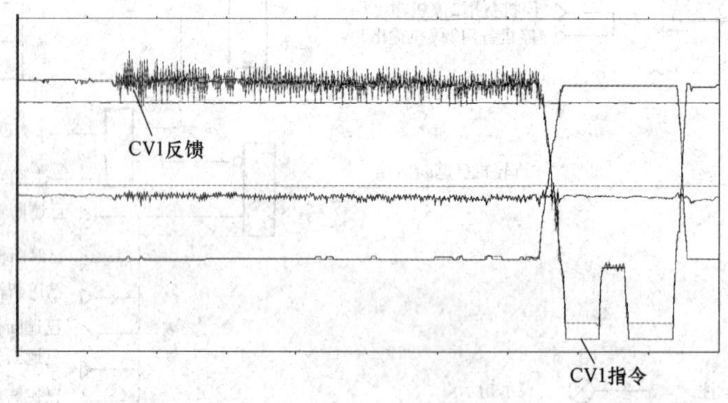

图 3-38　阀门晃动及更换伺服阀过程曲线

【原因分析】针对这种现象，热工和汽轮机专业人员共同进行现场观察分析，总结归纳出引起调节汽门晃动的原因主要有以下几方面：

（1）位移传感器 LVDT 故障，反馈信号失真，主要表现在航空插头松动、脱落，LVDT 线圈开路或短路，LVDT 接长杆松动。

（2）伺服阀指令线松动，导致伺服阀频繁动作。

（3）调节汽门重叠度设置不合理。

（4）伺服卡内部的增益设置不合理。

（5）伺服阀卡涩。

针对以上原因，我们逐条进行检查：

（1）首先检查外部接线（包括 LVDT、伺服阀插头、伺服卡接线）是否有松动，保证接线牢固。伺服阀线包阻值，LVDT 初、次级线包阻值未测量。

（2）排除控制系统问题，检查控制逻辑中参数合理，正确。

（3）检查逻辑中设置与厂家提供的调节汽门阀门流量曲线吻合。

（4）伺服卡外观检查，各指示灯正常。停机时曾做过试验：LVDT 任一线包断线，阀门会全开或全关，并且不受伺服卡指令控制；伺服阀线包如果断线，则 DCS 会报 DROP41 故障，伺服卡上“SERVER OK”灯灭，故障灯“CNGNTCY”点亮。

（5）伺服卡内部增益调整。小范围修改 Ovation 的专用调试模块中的增益（增大或减小 P1GAIN 和 P1GAINDB），无影响。而其他参数调试后需要对阀门重新进行标定，条件不允许。

上述工作后调节汽门晃动现象未能排除，经研究决定对 3 号机组 CV1 伺服阀及 LVDT 进行系统隔离、检查。

【在线更换方法】由于机组带负荷运行，需要考虑的因素较多，在制订了详细的组织、安全、技术措施后，进行 LVDT 检查和伺服阀更换（3 号机组 CV1 为例），步骤如下：

（1）解列 CCS 控制方式，DEH 自动，CV1、CV2 指令强制为好点，CV3、CV4 仍然接受 DEH 指令动作（发电部指挥，CV1～CV4 的操作由热控专业人员实施）。

（2）热控人员强制关闭 CV1 阀（DROP41-72 中的 041-02617），同时强制开启 CV2。关闭前记录阀开度，CV1、CV2 每次动作幅度 2%，运行人员分别检查机组振动、各瓦温度以及回油温度，（13.8m 就地汽轮机专业人员随时观察、检查有无异常；6.9m CV1、CV2 阀油动机旁热控、运行检查有无异常）机组稳定及运行确认正常后，运行人员指挥热控人员继续关闭 CV1 调阀，开启 CV2，直到 CV1 关至 0%时，CV2 开到需要开度，热控强制 CV1 指令为－3。

（3）汽轮机专业和运行人员共同确认 CV1 阀门就地已经关闭后，热控人员就地检查 LVDT 是否仍然波动，如果波动更换备用 LVDT，如果不波动后进行下一步（热控人员负责）。

（4）热控强制 CV1 快速遮断阀（15YV）带电，并在就地确认。

（5）运行人员确认机组运行状况正常后进行下一步。

（6）关闭 CV1 进油滤网的出、入口门及旁路门，并悬挂“禁止操作”警示牌。

（7）热控人员就地拔掉 CV1 伺服阀电缆插头。

（8）整个工作期间，要求运行人员保持燃烧稳定、负荷稳定，其他定期工作和消除缺陷工作暂停。

（9）汽轮机专业人员组织进行伺服阀的更换工作。更换前准备工作如下：

1）用塑料布将 CV1 阀油动机周围、地面、格栅板等进行遮挡。

2）清扫 CV1 伺服阀周围卫生，并用丙酮将伺服阀及周围清洗干净。

3）准备工具：内六方扳手两套、桶两个、破布、清洗纸及塑料布等。

4）伺服阀更换前，将伺服阀稍松动进行放油，确认无油压后开始更换。

（10）待 CV1 伺服阀更换完成后，插上 CV1 伺服阀就地插头。

（11）开启 CV1 进油滤网入、出口门，就地检查有无漏油现象。

（12）热控人员使 CV1 快速遮断阀（15YV）失电，全面检查有无漏泄情况。

（13）按照第二步的方式，热控人员以 2%的速度逐步开启 CV1，关闭 CV2，直至 CV1、CV2 为操作前开度。

（14）在开启过程中，机务人员随时检查就地设备情况，有异常即停止操作。

（15）热控人员核对处理过程中的强制点全部释放，运行确认。

伺服阀隔离更换期间，该汽门应一直保持在关闭状态，直至更换工作结束。要严密监视汽轮机振动、轴向位移的变化，尤其是控制系统抗燃油压的变化情况，如果发现由于隔离或充油引起油压波动，可再启动一台油泵运行。在更换完恢复伺服阀接线时，要确认该汽门在关闭状态且指令为 0，以防止汽门突然开启导致机组负荷突变。

伺服阀更换结束后，在开启过程中，当开到一定开度时，应暂停开启，观察阀门是否能稳定在某一开度，否则，应重新执行措施，重新更换，避免重复性工作。

更换后能在线标定的应尽量进行，因为在伺服阀更换后可能出现 DCS 上阀门指令与反馈一致，而与就地阀门的实际位置相差较大的情况。所以在进行完伺服阀更换工作后，应共同确认阀门指令与就地实际开度是否对应，并记录在案，以备以后特殊情况的分析。

第七节 控制逻辑的可靠性设计与优化

近几年的一些研究成果中提出了一系列的控制系统可靠性设计原则与逻辑优化方法，将特定的容错控制技术、控制系统资源的有效利用技术应用于火力发电厂热工自动控制系统的设计，更广泛地探讨了提高控制系统可靠性的方法和途径。

一、控制系统可靠性设计与逻辑优化

热工保护和辅机控制逻辑的正确与完善，是大机组安全运行的基础。热控误动有相当多的原因来自于辅机控制逻辑的不正确或不完善，尤其是新建机组。控制逻辑的改进应进行综合比较和整体优化，充分采用容错逻辑设计方法，对运行中容易出现故障的这类设备，从控制逻辑上进行优化和完善，通过预先设置的逻辑措施来降低或避免整个控制逻辑的失效，只有这样才能形成系统性的技术优势，也便于推广。

（一）控制系统设计的可靠性原则

火力发电厂热工控制系统在控制回路设计时，应满足安全可靠、运行操作灵活和便于维护的要求，安全可靠是第一要求。热工控制系统可靠性设计应遵循五大原则：“优先级”原则、“分层分散”原则、“故障影响最小”原则、模件“冗余配置”原则和热工保护系统“独立性”原则。

1.“优先级”原则

控制回路应按照保护、联锁控制优先的原则设计，以保证机组设备和人身的安全。具体有以下三点内容：

（1）模拟量控制、顺序控制、保护联锁控制及单独操作在共同作用于同一个对象时，控制指令优先级应为保护联锁控制最高、单独操作次之、模拟量控制和顺序控制最低的顺序。

（2）模拟量控制、顺序控制、保护联锁控制操作在共同作用于同一个开关量信号时，开关量信号首先送入优先级最高的保护回路，即几个回路共用的开关量信号接入具体回路的优先级或分配次序，也应是保护联锁控制最高、模拟量控制和顺序控制最低。

（3）控制回路在共同作用于同一个模拟量信号时，模拟量信号应首先送入模拟量控制回路。

2.“分层分散”原则

控制系统的控制功能应做到分层分散，以保证控制设备与控制回路存在功能实现上的相对独立性，分散故障风险。

（1）模拟量控制按协调控制级、子回路控制级、执行级三级结构设计。

（2）开关量控制按功能组级、子功能组级、驱动级三级结构设计。

3.“故障影响最小”原则

分配控制任务应以一个部件（控制器、输入/输出模件）故障时对系统功能影响最小为原则。

（1）按工艺系统功能区配置控制器时，局部工艺系统控制项目的全部控制任务宜集中在

同一个控制器内完成。

(2) 按功能配置控制站时，如果一个模拟量控制回路的前馈信息来自另一个控制器，则不应在系统传输过程中造成迟延。

4. 模件“冗余配置”原则

应根据不同分散控制系统的结构特点和被控对象的重要性来确定控制器模件和 I/O 模件的冗余。

(1) 对于控制器模件通过内部总线带多个 I/O 模件的情况，完成数据采集、模拟量控制、开关量控制和锅炉炉膛安全监控任务的控制器模件均应冗余配置。对于取消硬后备“手动/自动”操作手段的模拟量控制系统、锅炉炉膛安全监控系统的重要信号应由不同输入模件输入。

(2) 对于控制器模件本身带有控制输出和相应的信号输入接口又通过总线与其他输入模件通信的情况，完成模拟量控制、锅炉炉膛安全监控任务的控制器模件及完成重要信号输入任务的模件应冗余配置。

(3) 在配置冗余控制器的情况下，若工作控制器发生故障，系统应能自动切换到冗余控制器工作，并在操作员站上报警。处于后备的控制器应能根据工作控制器的状态不断更新自身的信息。

(4) 冗余控制器的切换时间和数据更新周期，应保证系统不因控制器切换而发生控制扰动或延迟。

5. 热工保护系统“独立性”原则

保护系统是确保机组安全可靠运行的重要屏障，用于保护功能的系统与设备应保持相对的独立专用，尽量减少其他干扰因素。

(1) 机、炉跳闸保护系统的逻辑控制器应单独冗余设置。

(2) 保护系统应有独立的 I/O 通道，并有电隔离措施。

(3) 冗余的 I/O 信号应通过不同的 I/O 模件引入。

(4) 触发机组跳闸的保护信号的开关量仪表和变送器应单独设置，当确有困难而需与其他系统合用时，其信号应首先进入保护系统。

(5) 机组跳闸命令不应通过通信总线传送。

(二) 控制系统的逻辑简化方法

逻辑控制的设计应遵循简单可靠的原则，多一个不必要的元件或环节，就增加了一个故障的可能。但工程中，由于以下原因，可能造成逻辑的复杂化：

(1) 开关量控制逻辑由于不断地补充和修改，可能会变得很冗杂。

(2) 在 DCS、PLC 进入电厂控制以前，常用固态逻辑电路来实现较为复杂的联锁保护，与非门、或非门常作为基本逻辑单元构成控制电路，这使得逻辑控制回路也看似复杂。

(3) 逻辑设计者为了对自己的知识产权进行保护，有时也故意将逻辑图做得很复杂。如果没有相应的说明，可能难以看懂设计者的意图。

1. 逻辑运算基本定律

逻辑代数又称布尔代数，可作为分析和设计开关量逻辑控制回路的理论基础。

基本逻辑运算有三种：逻辑乘（与）、逻辑加（或）、逻辑非（非）。各种复杂的逻辑关系一般都是由基本逻辑运算实现的，三种基本逻辑运算见表 3-7。在运算过程中，令 A、B、C、D…… 字母为逻辑变量，其取值为 0 或 1，L 为逻辑函数，即逻辑运算的结果。

表 3-7　　基本逻辑运算

逻辑关系			与	或	非
逻辑图符号			A, B → [与门] → L	A, B → [或门] → L	A → [非门] → L
逻辑函数式			$L=A\cdot B$	$L=A+B$	$L=\overline{A}$
真值表	A	B	L	L	L
	0	0	0	0	1
	0	1	0	1	1
	1	0	0	1	0
	1	1	1	1	0

常用的逻辑运算定律见表 3-8。

表 3-8　　逻辑运算定律

基本定律	加：$A+0=A$；$A+1=1$；$A+A=A$；$A+\overline{A}=1$ 乘：$A\cdot 0=0$；$A\cdot 1=A$；$A\cdot A=A$；$A\cdot\overline{A}=0$ 非：$A+\overline{A}=1$；$A\cdot\overline{A}=0$；$\overline{\overline{A}}=A$
结合律	$(A+B)+C=A+(B+C)$；$(AB)C=A(BC)$
交换律	$A+B=B+A$；$AB=BA$
分配律	$A(B+C)=AB+AC$；$A+BC=(A+B)(A+C)$
摩根定律（反演律）	$\overline{A\cdot B\cdot C\cdots}=\overline{A}+\overline{B}+\overline{C}+\cdots$ $\overline{A+B+C+\cdots}=\overline{A}\cdot\overline{B}\cdot\overline{C}\cdots$
吸收律	$A+A\cdot B=A$；$A\cdot(A+B)=A$；$A+\overline{A}\cdot B=A+B$； $(A+B)\cdot(A+C)=A+BC$
代入规则	任何一个含有变量 A 的等式，如果将所有出现 A 的位置都代之以一个逻辑函数，则等式仍然成立
反演规则	根据摩根定律，求一个逻辑函数 L 的非函数 $\overline{L}$ 时，可以将 L 中的与（·）换成或（+），或（+）换成与（·）；再将原变量换为非变量（例如，A 换为 $\overline{A}$），非变量换为原变量；并将 1 换成 0，0 换成 1；那么所得的逻辑函数式就是 $\overline{L}$
对偶规则	L 是一个逻辑函数式，如果将 L 中的与（·）换成或（+），或（+）换成与（·）；1 换成 0，0 换成 1；那么所得到的新逻辑函数式称为 L 的对偶式，记作 L'

2. 利用逻辑代数原理简化开关量控制逻辑

利用逻辑代数定律，对开关量控制逻辑进行等效变换，有助于分析和简化控制逻辑。

图 3-39（a）的控制逻辑中有一个多余的与门，靠观察一般很难发现，通过逻辑代数方法，简化后的等效逻辑如图 3-39（b）所示。

简化逻辑函数的方法，有代数法和卡诺图法等，由于开关量控制逻辑并不是太复杂，用代数法就足够了。代数法运用逻辑代数的基本定律和公式进行变换或化简，常用有以下几种方法：

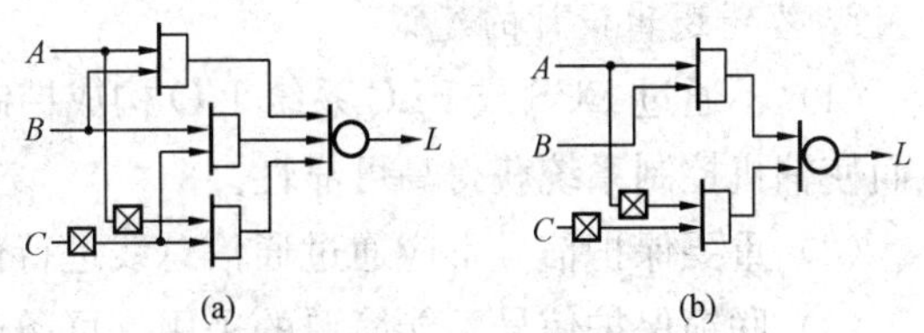

图 3-39　控制逻辑简化

(a) 原控制逻辑；(b) 等效简化逻辑

(1) 并项法。利用逻辑运算基本定律：$A+\overline{A}=1$，将两项合并为一项，合并时消去一个变量。例如：

$$\overline{A}\,\overline{B}C+\overline{A}\,\overline{B}\,\overline{C}=\overline{A}\,\overline{B}(C+\overline{C})=\overline{A}\,\overline{B}$$

$$A(BC+\overline{BC})+A(B\overline{C}+\overline{B}C)=ABC+A\overline{BC}+AB\,\overline{C}+A\overline{B}C$$

$$=AB(C+\overline{C})+A\overline{B}(C+\overline{C})=AB+A\overline{B}=A(B+\overline{B})=A$$

(2) 吸收法。利用吸收律：$A+A\cdot B=A$，消去多余项。例如：

$$\overline{A}B+\overline{A}BCD(E+F)=\overline{A}B$$

$$\overline{B}+A\overline{B}D=\overline{B}$$

(3) 消去法。利用吸收律：$A+\overline{A}\cdot B=A+B$，消去多余的因子。例如：

$$AB+\overline{A}C+\overline{B}C=AB+(\overline{A}+\overline{B})C=AB+\overline{AB}C=AB+C$$

(4) 配项法。利用吸收律：$A\cdot(A+B)=A$，将它反过来运用，即 $A=A(A+B)$，作为配项，以期消去更多的项。例如：

$$AB+\overline{A}\,\overline{C}+B\overline{C}=AB+\overline{A}\,\overline{C}+(A+\overline{A})B\overline{C}=AB+\overline{A}\,\overline{C}+AB\overline{C}+\overline{A}B\overline{C}$$

$$=(AB+AB\overline{C})+(\overline{A}\,\overline{C}+\overline{A}B\overline{C})=AB+\overline{A}\,\overline{C}$$

（三）控制系统的容错逻辑设计

仅根据被控设备的工艺要求设计逻辑，往往经不起实际运行的考验。因为构成热工控制系统的继电器触点、逻辑开关（位置、状态、压力、流量、差压、温度、液位等）、变送器、执行器、一次元件等由于产品质量、环境影响、运行时间、管理维护等因素容易出现故障。我们不希望因为一个位置开关或一个挡板的卡涩而造成机组的停运，更不希望由此而造成设备的损坏。容错逻辑设计方法，就是在逻辑设计时，尽可能考虑到这类设备在运行中容易出现的故障，并通过预先设置的逻辑措施来降低或避免整个控制逻辑的失效。

1. 容错逻辑的基本设计思想

容错逻辑的设计思想，是从一个个惨痛的事故教训中总结出来的。容错逻辑设计方法主要研究避免逻辑失效的方法，不研究 DCS、PLC、DEH、开关、变送器、执行器等设备的可靠性设计问题，但对于工艺系统本身的运行方式和保护措施的完善应该包含在内。总之，从应用的角度，研究容错逻辑，以避免事故，避免损坏设备，避免误操作。

2. 容错逻辑的基本设计方法

(1) 当工艺系统出现容许的小故障时，控制系统的逻辑设计应该容错。

(2) 当联锁保护信号故障时，控制系统不发生误动。

(3) 特殊工况下控制系统的容错，实现丢卒保车。

(4) 重要保护不采用不可靠的测量信号，尽量避免采用单点信号作保护。

3. 容错逻辑设计的建议

（1）不通过 DCS 或 PLC 系统 I/O 构成控制设备的自保持回路（在就地控制回路实现），从而使辅机控制系统获得高可靠性。

（2）重要保护信号不应通过通信总线进行传送。

（3）联锁保护信号不能简单的采用许可条件加逻辑非的设计方法。

（4）联锁保护信号在 DCS 或 PLC 子系统间进行传递时，必要时采用时间延迟。

（5）对联锁保护信号进行故障诊断和坏信号剔除。

（6）对重要开关量输入信号进行冗余逻辑判断，例如，采用三选二、四选二、四选三、八选四等方案。

（7）对重要逻辑输出信号采用二并二串的结构进行正确性检查判断，可实现高可靠性的冗余控制输出。

（8）在模拟量控制系统中采用方向性闭锁、禁开、关逻辑的保护措施。

（9）在 RB 工况下，协调控制系统及子控制系统自动解除其偏差切手动保护功能。

（四）热工控制逻辑优化与完善

热工控制逻辑，仅根据被控设备的工艺要求设计，往往经不起实际运行的考验。一台新建机组（甚至运行多年的机组）的控制逻辑往往会发生许多问题，除了设计单位套用典型设计，未很好总结改进前者设计控制逻辑的优劣外，还因为构成热控系统的测量部件（测温元件、导压管、阀门、逻辑开关、变送器）、过程部件（继电器触点、模件等）、执行部件（执行机构、电磁阀、气动阀等）和连接电缆等，由于产品质量、环境影响、运行时间延伸和管理维护等因素的变化，容易出现故障。经统计，不少故障仅仅是因为某一个位置开关接触不良或某一个挡板卡涩而造成机组跳闸，如果逻辑设计时考虑周全就可以避免。

通过对历年热控自动化系统故障原因的分析和研讨，在总结、提炼热工自动化设备运行检修、管理经验和事故教训的基础上，对热工保护联锁信号取样点的可靠性进行论证确认，对控制系统的硬件、逻辑条件、定值进行可靠性梳理和评估分析，对机组设备安全运行有严重影响的热工保护逻辑从提高可靠性角度进行优化，对经常误跳又无法实现信号冗余的单点信号保护，例如，对安全运行影响不大或报警后通过运行人员的操作能确保设备安全的改为报警。

逻辑优化工作可以大大提高机组的安全运行可靠性，有效降低因热工控制问题引起机组非计划停运的次数和主要辅机保护的误动次数。

（五）单点信号保护逻辑优化

当用作联锁保护的测量信号本身不可靠时，对应系统的误动概率会大大增加。然而火力发电机组热工保护联锁系统中的触发信号，采用了不少单点测量信号。由于这些设备和系统运行在一个强电磁场环境中，来自系统内部的异常（测量部件、装置异常等）和外部环境因素产生的干扰（接线松动、电导耦合、电磁辐射等），都可能引发单点信号保护回路的误动。例如，温度测量和振动信号易受外界因素干扰，变送器故障时有发生，位置开关接触不良或某一个挡板卡涩不到位，一些压力开关稳定性差等。而事实上统计数据表明，热工单点信号保护回路的异动，相当部分是外部因素诱导下的瞬间误发信号。

因此为避免单个部件或设备故障而造成机组跳闸，在新机组逻辑设计或运行机组检修时，应采用容错逻辑设计方法，对运行中容易出现故障的设备、部件和元件，从控制逻辑上进行优化和完善，通过预先设置的逻辑措施来降低或避免控制逻辑的失效。如：

(1) 通过增加测点的方法，将单点信号保护逻辑改为信号三取二选择逻辑。

(2) 无法实施（1）的，通过对单点信号间的因果关系研究，加入证实信号改为二取二逻辑。

(3) 无法实施上述方法的单测点信号，通过专题讨论论证，可改为报警。

(4) 实施上述措施的同时，对进入保护联锁系统的模拟量信号，合理设置变化速率保护、延时时间和缩小量程提高灵敏度等故障诊断功能，设置保护联锁信号坏值切除与报警逻辑，减少或消除因接线松动、干扰信号或热电阻故障引起信号突变而导致的系统故障。

通过对联锁保护信号正确的取样方式及合理配置的研究，解决测量信号中存在的可靠性问题，是提高联锁保护系统的可靠性中必不可少的一个环节。

表 3-9 提出了“单点信号保护联锁系统可靠性改进”的建议，可供实际工作参考。

表 3-9　“单点信号保护联锁系统可靠性改进”建议

序号	原逻辑	存在隐患	防范措施
1	炉 MFT 信号跳机，一些机组通过通信连接且只有一路信号	通信故障或干扰信号发生时，MFT 信号存在拒发或误发的隐患	直接从 FSSS 系统的 MFT 继电器板送出三路信号至 ETS 三取二后跳汽轮机，并充分考虑 FSSS 系统失电情况下，保护信号能正确动作跳机
2	给水泵进口压力低低信号跳给水泵	给水泵在大流量工况下、启动阶段或泵转速快速上升时，进口压力波动，容易引起给水泵进口压力低开关瞬间动作造成给水泵跳闸，而影响危及机组安全运行情况发生	1）将给水泵进口压力低低保护开关定值由 x MPa改为（$x-0.1$）MPa（经给水泵厂家确认认可），并三取二 2）增加“给水泵进口压力与除氧器压差小于 0.52 MPa”信号 3）原逻辑改为“进口压力低低信号”与“给水泵进口压力与除氧器压差小于 0.52MPa”
3	线圈温度高跳电机	—	加坏值和温升判断，在此基础上，下两信号相或后送出保护跳闸信号： • 每个绕组的温度高与高高相与 • 一绕组的温度高高与相邻绕组的高相与
4	任一风机振动高高即跳风机	对六大风机振动信号的研究结论表明，振动不会孤立发生	逻辑修改为一个振动高高与上另一振动高相与
5	单一信号“润滑油压力低跳（引、送、一次）风机”后触发 RB	压力开关故障易误触发 RB 动作	1）各增加一台（引、送、一次）风机润滑油压力开关信号作为报警（也可以用变送器测量信号代替） 2）下列条件都满足时延时跳风机，触发 RB • 润滑油压力开关信号低 • 润滑油压力开关信号低低

续表

序号	原逻辑	存在隐患	防范措施
6	ETS保护中旁路故障信号之一：当负荷大于50%时，若高压旁路在全关且低压旁路开度在大于50%以上，触发旁路故障ETS跳闸	在机组正常运行中，若低压旁路阀位反馈信号发生跳变，则很可能造成ETS保护的误动	为增加保护的可靠性，建议将此保护修改为：当负荷大于50%时，若高压旁路在全关、低压旁路位置反馈大于50%且低压旁路的关行程开关脱开（低压旁路全关的行程开关信号取非），触发旁路故障ETS跳闸
7	DCS送DEH的负荷指令信号只有一路硬接线	负荷指令信号直接去DEH控制阀门，单信号可靠性不高	在DCS中增加两路AO输出，DEH中增加两路AI输入，在DEH的逻辑中实现三取中后作为控制信号
8	电动给水泵前置泵出口流量低低保护跳电动给水泵	—	电动给水泵转速大于2800r/min时，流量小于对应转速下的计算值$Q=0.0198\times n$（t/h）
9	给水泵汽轮机及汽动给水泵的振动保护由MTSI判断后送出开关量至MEH，且单个振动就触发保护	在实际的运行中振动信号的误动概率很高，建议修改此保护	给水泵汽轮机及汽动给水泵的振动信号直接用模拟量信号送至MEH系统，在MEH系统中将振动信号加以坏质量及速率判断处理，同时将此保护修改为一个轴承的振动HH及相邻轴承的振动H才触发保护
10	“总风量25%延时2s发生MFT”	低负荷时风量低，特别在30%～40%时，风量比较容易波动	实际负荷大于或等于60MW且总风量低于25%时延时15s触发MFT
11	除氧器水位联锁逻辑依靠一个液位开关	液位开关异常时将导致相关水位联锁保护失灵	改为三取二逻辑（用二个模拟量信号和原有的一个开关量信号）
12	高、低炉膛压力开关三取二后触发MFT	存在压力管路堵塞导致炉膛压力开关拒发MFT信号的可能	下二信号组成或逻辑： • 高高（低低）压力开关信号三取二 • 三个模拟量信号同时满足
13	电、汽动给水泵前置泵推力轴承内、外侧温度，后轴承温度，液力耦合器轴瓦温度越限跳泵	信号误发时有发生，且当信号报警后，运行人员来得及处理	取消保护逻辑，以上温度点高二值发“A”级报警，高一值发“W”级报警
14	电、汽动给水泵主泵前、后轴承温度、电动给水泵主泵推力内、外侧轴承单点保护跳	易发生热电阻故障、接线断线、松动和接触不良导致误跳	在逻辑中增加变化率保护，即当测量温度变化率大于x℃/s时，即认为该测量系统错误，自动切除其保护
15	循环水泵A（B）电机低端导向轴承温度1或2大于85℃时跳循环水泵A（B）	易发生热电阻故障、接线断线、松动和接触不良导致误跳	增加温度变化速率保护［是否可将循环水泵A（B）电机低端导向轴承温度1和2同时大于85℃时跳循环水泵A（B）?］
16	循环水泵A（B）电机高端导向轴承温度或推力轴承温度任一点大于85℃跳循环水泵A（B）	易发生热电阻故障、接线断线、松动和接触不良导致误跳	同上

续表

序号	原逻辑	存在隐患	防范措施
17	电动给水泵润滑油压力低低跳电动给水泵	出现过压力开关误发信号跳泵情况	电动给水泵润滑油压力低低改为三取二（或与电动给水泵润滑油压力低同时发信时跳电动给水泵）
18	引、送、一次风机电机轴承温度高跳风机	易发生热电阻故障、接线断线、松动和接触不良导致误跳	增加变化率保护，当测量温度变化率大于 x℃/s 时，自动切除其保护
19	磨煤机润滑油压力低低跳相应磨煤机	因压力开关坏等原因误发信号导致磨煤机误跳	取消磨煤机润滑油压力低低跳相应磨煤机逻辑
20	磨煤机出口温度二取平均后越限跳相应磨煤机	易发生热电阻故障、接线断线、松动和接触不良导致误跳	同一台磨煤机两个出口温度均越限跳相应磨煤机
21	汽轮机轴振保护	易误发信号	设计和规程没有明确规定要轴振信号作为保护，因此改为“相临瓦报警与本瓦动作相与”
22	炉水泵 A（B、C）电机腔温度	易发生热电阻故障、接线断线、松动和接触不良导致误跳	增加侧点三选二
23	汽轮机轴承回油温度单点保护	到目前为止，因该信号导致机组跳闸的均为误动	电接点水银温度计单支改双支。为弥补拒动可能性增加的不足，增加轴承回油温度热电阻模拟测量 70℃报警，或双支电接点水银温度计信号与轴承回油温度热电阻模拟量信号三取二
24	空气预热器轴承温度高保护跳闸、磨煤机轴承温度高跳闸使用的是热电阻信号	信号瞬间开路或接触不好，会引起保护误动	测量系统增加温度变化速率保护限制
25	凝结水泵轴承温度高单点信号跳泵	易发生热电阻故障、接线断线、松动和接触不良导致误跳	增加变化率保护，当测量温度变化率大于 x℃/s 时，自动切除其保护

二、大机组可靠运行相关的典型控制策略

（一）控制信号与指令的无扰切换方式

无扰切换就是通过信号跟踪方式，使系统在切换的瞬间原信号与目的信号完全相等，从而实现不同功能回路信号的平滑过渡，任何存在切换的逻辑都必须考虑无扰切换。

1. 单设备开环回路的手、自动切换

当单台调节设备开环回路的 M/A 站在手动时，M/A 站的偏置自动跟踪输入指令与输出指令的差，输入指令经偏置修正后与输出指令保持相等，在 M/A 站投入自动后，偏置信号以一定的速率限制由操作员手动或逻辑自动切换为零实现输出与指令的平滑过渡，而在切换瞬间，系统完全无扰，如图 3-40 所示。

2. 单回路系统的手、自动切换

单回路系统在手动状态下，PID 输出自动跟踪 M/A 站的输出，使 M/A 站前后的信号

完全相等，在 M/A 站投自动时释放 PID 控制，实现 M/A 站的无扰切换，如图 3-41 所示。

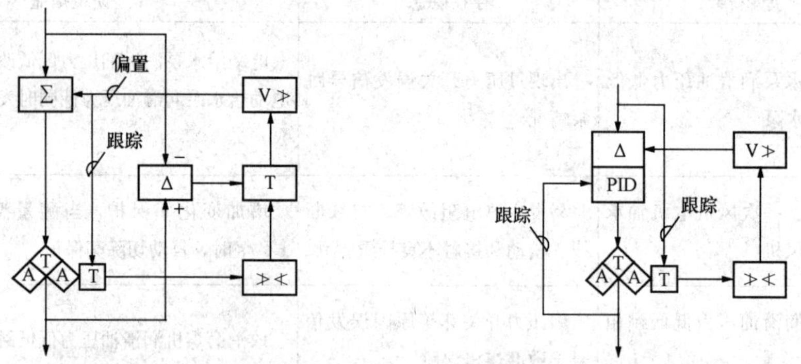

图 3-40　开环系统手、自动无扰切换回路　　图 3-41　单回路系统手、自动无扰切换回路

3. 两台设备的站间平衡方式的无扰切换

两台同类设备（A、B）接受同一控制器指令时，可以采用站间平衡方式实现信号的跟踪与手、自动的无扰切换，如图 3-42 所示。当两台设备均处于手动时，PID 输出跟踪两台设备 M/A 站输出的平均值[(A+B)/2]；M/A 站 A 的偏置跟踪本站输出与 PID 输出的差[A−(A+B)/2]，使 M/A 站前后的信号完全相等；M/A 站 B 的偏置始终与 A 站偏置反向[(A+B)/2−A]，换算后 B 站前后信号完全相等；任意 M/A 站投自动，PID 释放控制，当 A 站投入自动时，A 站的偏置信号切换为跟踪 PID 输出与 B 站输出的差[PID−B]，B 站偏置即为[B−PID]，B 站前后信号同样保持相等；当两台设备均投入自动后，偏置信号将释放由操作员平衡。

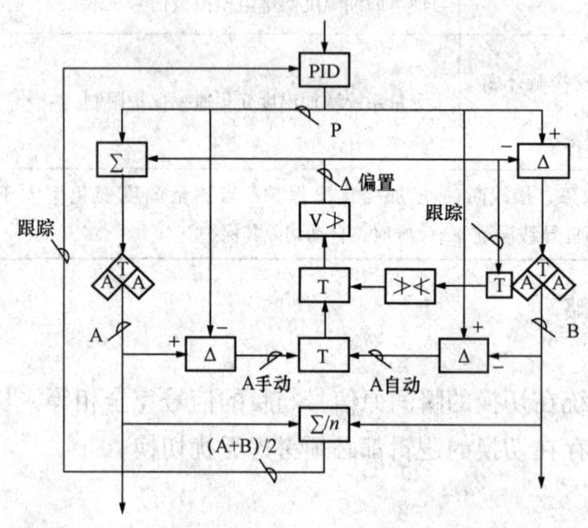

图 3-42　站间平衡方式手、自动无扰切换回路

对于两台设备特性相同，且对象特性全程线性良好的设备，采用该方式有利于保持被调量稳定与系统快速平衡。

4. 两台及多台设备的指令平衡方式的无扰切换

所有设备均在手动时，PID 输出跟踪所有设备输出的平均值或最大值，各设备 M/A 站的偏置跟踪本站输出与 PID 输出的差。任意一台设备投入自动，则 PID 释放控制，投自动的 M/A 站将偏置释放，由操作员根据需要手动平衡，或自动以一定的速率限制切换至零。该方式可以保证所有设备独立实现无扰切换，利用闭环系统的快速调节补偿偏置调整对被调量产生的扰动，如图 3-43 所示。

5. 设定值的无扰切换

操作员可变设定值的调节系统，应考虑在 M/A 站切手动时，令设定值自动跟踪被调量，在系统投自动后，将设定值释放给操作员调节，如图 3-44 所示。对于定设定值或函数

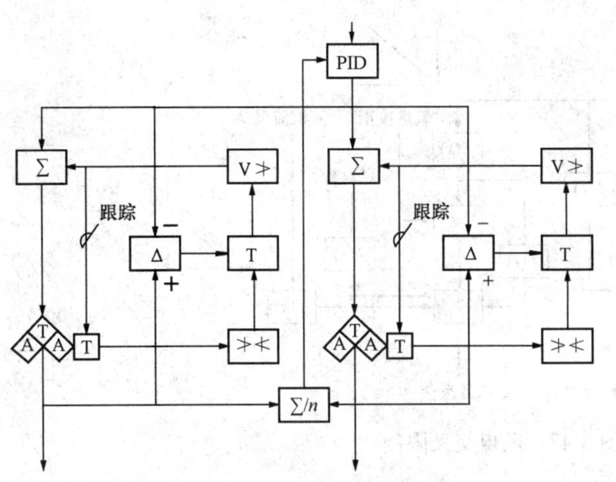

图 3-43　多设备指令平衡方式手、自动无扰切换回路

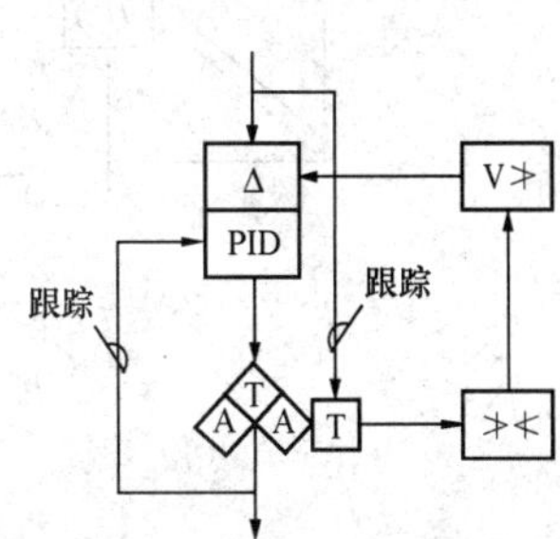

图 3-44　可变设定值无扰切换回路

生成设定值的系统，如图 3-45 所示，应在 M/A 站手动时令设定值跟踪被调量，而当系统投自动后，将设定值经速率限制缓慢切至目标设定值。对于上下级串联系统，在下级 M/A 站手动时，应使上级系统的 M/A 站输出跟踪下级 PID 的被调量，保证系统的无扰切换；对于经过比例换算的系统，还需考虑反算逻辑。无论何种设定值的切换方式，当系统处于自动状态后，设定值变化本身必须设置速率限制，保证系统的平稳调节。

6. 偏差过渡切换方式

对于控制回路以外的模拟量信号的无扰切换，可以采用偏差过渡的无扰切换方式。该方式是通过将两模拟量信号的差值在切换后以一定的速率缓慢切换至零来实现信号间的无扰切换，如图 3-46 所示。

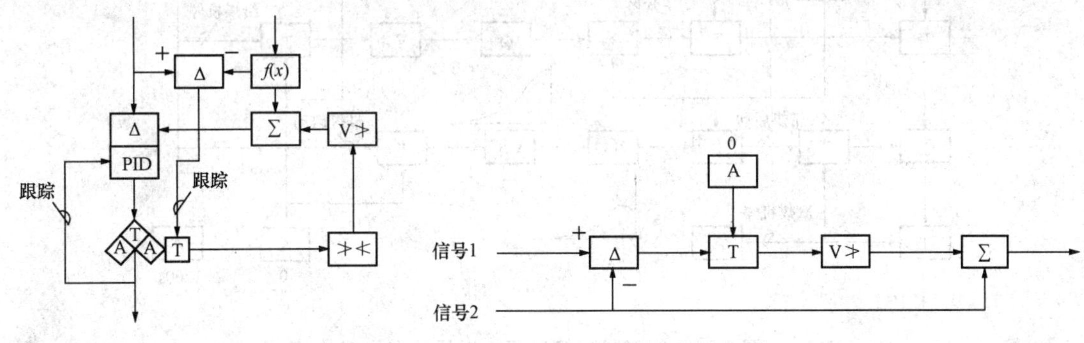

图 3-45　固定设定值跟踪慢切回路　　　图 3-46　偏差过渡慢切回路

(二) 燃烧相关控制策略

1. 燃料指令风煤交叉限制

燃煤主控回路通过调节各台给煤机控制回路的给煤指令，使总燃料量满足锅炉负荷指令要求。该回路的设定值由锅炉负荷指令经给水温度校正后导出，并经风煤交叉限制得出总燃料量的设定值，该值减去总燃油流量后作为燃煤主控设定值。燃料量和风量交叉限制，保证升负荷时先加风、后加煤，减负荷时先减煤、后减风的控制原则的实现，如图 3-47 所示。

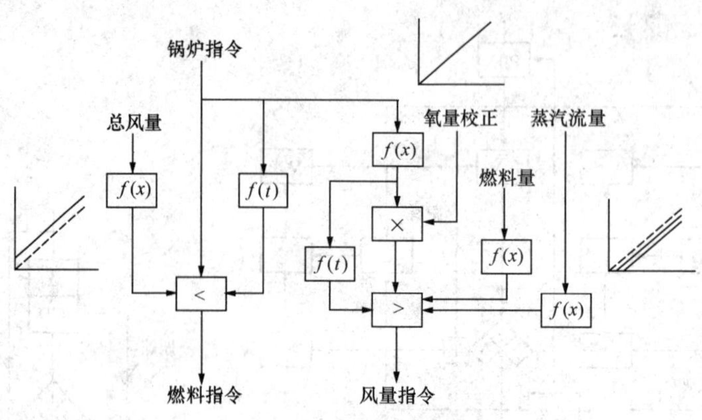

图 3-47 风煤交叉限制

给煤机控制回路中设有磨煤机最大电流限制回路。

2. 磨煤机启停过程的煤量动态修正

煤量传输过程的动态修正可有两种方案：一种是采用简单的惯性环节进行简单模拟，随给煤机启、停而产生或消失的逻辑信号控制回路的工作；另一种是通过逻辑回路，判断给煤机、磨煤机空磨启动、带粉启动、正常停运或紧急跳闸等不同工况，用计时功能模拟不同的管道流量与煤粉燃烧特性，实现实际煤量的修正功能，如图 3-48 所示。合理选择整定参数可以取得满意的修正效果。

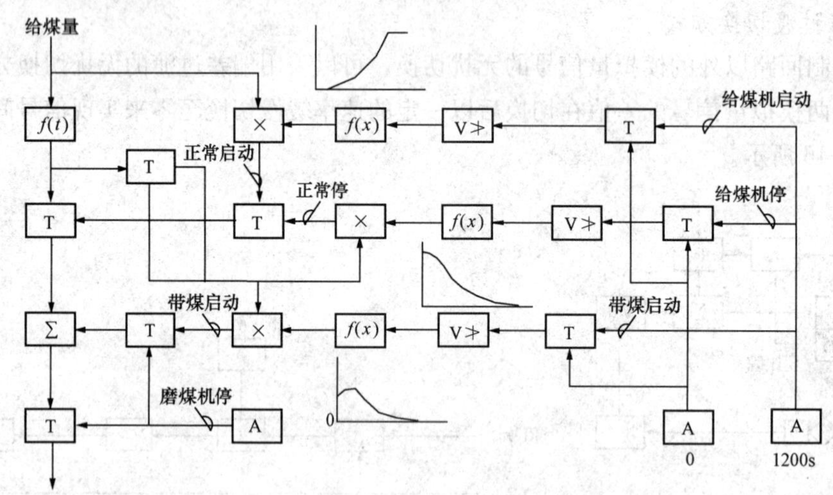

图 3-48 磨煤机启停过程的煤量动态修正

3. 一次风压力适应性控制

一次风压力控制系统为一单回路调节系统，控制系统的测量值为一次风母管与炉膛的差压，设定值为锅炉负荷或总煤量的函数，一次风机入口挡板指令也作为改变风量的前馈信号，磨煤机总的一次风流量或磨煤机运行数量则被引入一次风压力控制系统作为前馈信号，可有效避免磨煤机跳闸时因一次风母管风压突升而造成一次风机喘振。

4. 轴流风机的喘振保护

有两种方法防止轴流风机喘振，一种是限制站输出，为防止喘振每台送风机动叶要受

"最大动叶转角"限制，最大动叶转角随风机流量而变，并扣除一个安全边界偏置。另一种方法是修正风量指令，这种方法是计算风流量的一个特征参数——SPECIFIC ENERGY，再与随流量而变化的 SPECIFIC ENERGY 极限相比较，如果两者接近，机组又在协调方式，则产生 RUNDOWN，机组指令将减小，直至 SPECIFIC ENERGY 工作在安全范围内。

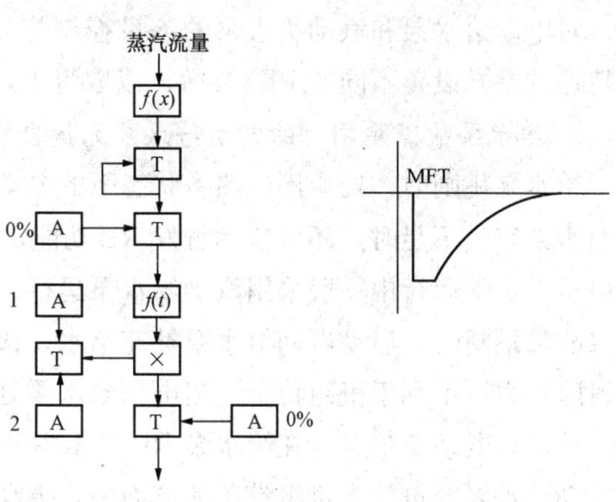

图 3-49　炉膛压力防内爆保护

5. 炉膛压力防内爆保护

MFT KICKER 逻辑的目的是在 MFT 的初期迅速减小引风机动叶指令，减小量与灭火瞬间的机组负荷有关，如图 3-49 所示。经过一段时间延迟（时间可调），动叶恢复正常调节，整个过程中无需运行人员干预，系统也无过度扰动。

（三）给水相关控制策略

1. 直流锅炉煤水交叉限制

直流锅炉的给水指令与燃料指令均由锅炉指令给出，为防止运行过程中出现严重的煤水失调，在给水与燃料指令生成回路中设计煤水交叉限制逻辑，如图 3-50 所示。在保持一定裕量的前提下，由实际给煤量对给水指令进行双向限制，由实际给水流量对给煤量进行上限限制，正常运行时限制在裕量之外不起作用，当煤水比例异常达到限制值时，限制失配工况进一步恶化，保持机组参数在可控范围之内。在变负荷工况下，裕量范围适当扩大，给予机组更大的动态调节空间，避免正常调节过程受限。

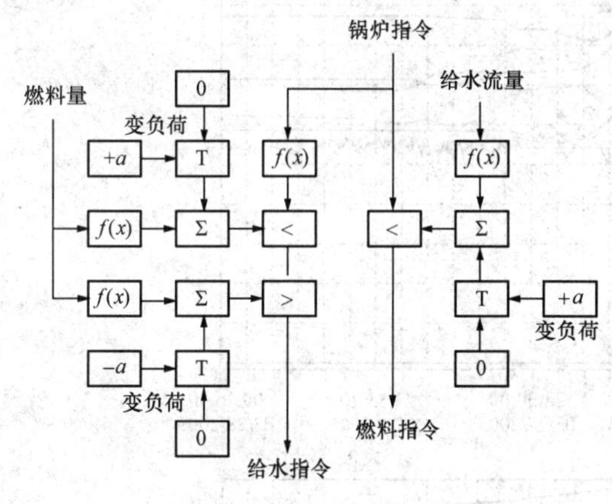

图 3-50　直流锅炉煤水交叉限制

2. 汽动给水泵与电动给水泵并列自动运行

当一台汽动给水泵故障跳闸或停机检修时，会出现较长时间的汽动给水泵与电动给水泵并列自动运行的工况。对于电动给水泵与汽动给水泵设计容量相同，泵的运行特性接近的机组，可以采用指令平均分配的控制方案。对于 30％容量电动给水泵或电动给水泵的液力偶合器指令-转速-流量特性与汽动给水泵的指令-转速-流量特性相差很多，指令同步运行有可能发生流量特性交叉、相互压水的情况，则必须采取特殊的指令分配方案。

根据各泵并列运行的转速、压力、流量特性曲线与电动给水泵的勺管转速对应曲线，确定各台泵在并列运行工况下的最佳工作点的指令函数，流量分配关系取各泵的容量比例关系，采用多设备指令平衡手、自动无扰切换回路，汽动给水泵指令为线性主指令，电动给水泵指令由主指令经函数转换产生，取反算函数跟踪。增加各给水泵的流量平衡回路，在并列自动工况下，稳态时以纯积分控制器缓慢修正流量比例，校正动态调节过程中积累的指令偏差。

对电动给水泵和汽动给水泵的流量控制最好设置不同的 PID 控制器，并根据给水泵对象特性的差异设置不同的 PID 参数，以取得更好的控制效果。

3. 给水泵故障跳闸时的电动给水泵无扰自投并列

给水泵跳闸时，处于停机热备状态下的电动给水泵应能自动启动并参与水位控制，当电动给水泵容量不足时，还应自动触发 RB 功能，实现快速减负荷。

机组正常运行中一般采用汽动给水泵运行、电动给水泵停机备用的方式，当一台汽动给水泵故障跳闸时，启动电动给水泵补充给水，该过程原来均由运行人员手动完成，操作压力与风险很大，不利于机组稳定。当电动给水泵处于热备状态时汽动给水泵跳闸，通过联锁逻辑自动启动电动给水泵，在给水泵 RB 逻辑中考虑适当延时，如果电动给水泵正常启动，则将电动给水泵容量计入机组带负荷能力中，提高 RB 目标值，减少负荷损失；电动给水泵启动后，自动投入并列自动运行，并自动以较快的速率慢切至主控输出指令，参与正常给水。整个过程在数秒内完成，给水流量迅速增至最大能力，汽包水位变化很小，运行人员无需任何操作，机组运行平稳，如图 3-51（a）、（b）所示。

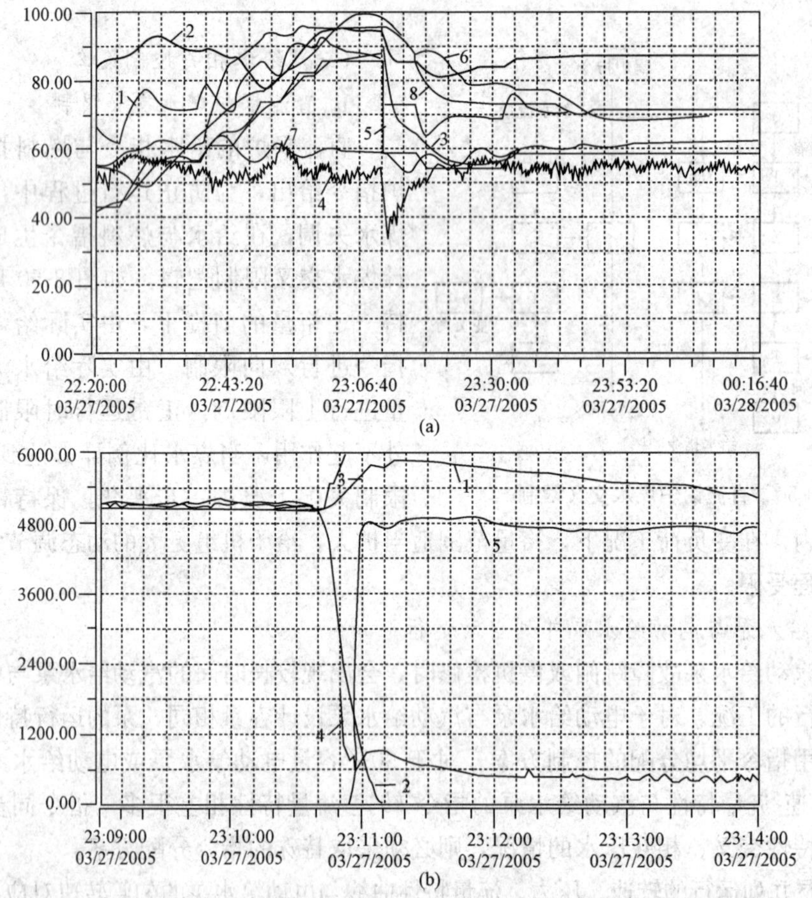

图 3-51　汽动给水泵跳闸、电动给水泵自启后机组 RB 工况及自动调节曲线

（a）汽动给水泵跳闸、电动给水泵自启后机组 RB 工况；

1—燃料量指令（%）；2—汽轮机调节汽门指令（%）；3—实际负荷（MW）；4—汽包水位（mm）；5—目标负荷（MW）；6—主蒸汽压力（MPa）；7—主蒸汽温度（℃）；8—主蒸汽压力设定值（MPa）

（b）汽动给水泵跳闸、电动给水泵自启自动调节曲线

1—A 给水泵汽轮机指令（%）；2—B 给水泵汽轮机指令（%）；3—A 汽动给水泵入口流量（t/h）；4—B 汽动给水泵入口流量（t/h）；5—电动给水泵转速（r/min）

4. 给水泵的安全区控制策略

如图 3-52 所示，在泵的流量-压力特性曲线上，由 6 条曲线围成的区域为变速给水泵的安全工作区：泵的最高转速曲线 n_{max} 和最低转速曲线 n_{min}；泵的上限特性曲线 Q_{min} 和下限特性曲线 Q_{max}；泵出口最高压力线 p_{max} 和最低压力线 p_{min}。

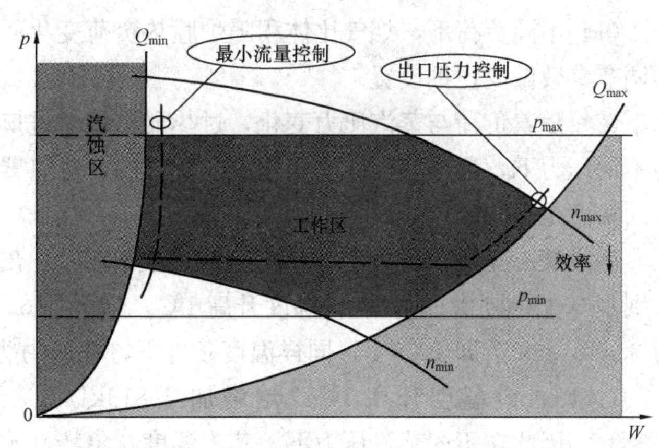

图 3-52　变速给水泵的安全工作区

上限特性曲线 Q_{min} 以外的区域为汽蚀区，泵若工作在该区域会因为流量太低而造成泵的汽蚀。下限特性曲线 Q_{max} 以外的区域为低效率区，泵若工作在该区域会导致泵的工作效率降低。此外，变速泵的运行还要限定在最高给水压力 p_{max} 和最低给水压力线 p_{min} 之间。

采用定值保护与转速对应给水泵安全区最小流量曲线控制两种方式实现。对变转速调节的汽动给水泵和电动给水泵，其最小流量调节的设定值是给水泵差压或给水泵转速的函数。通过调节再循环调节汽门的开度，将泵出口的部分给水流回除氧器，以保证通过给水泵的流量高于设计的最小流量。

利用再循环调节汽门阀门开度的瞬间提升/关闭特性（10%～30%可调），在调节指令输出回路设置小信号切除功能，以尽量减少阀芯与阀座的损坏。在低流量或当运行人员干预时，可通过电磁控制阀的动作，实现再循环调节汽门的全开。

由于机组启动阶段给水流量很小，电动给水泵液力偶合器与出口旁路阀控制过程中有可能进入电动给水泵出口低压不安全区，因此根据电动给水泵安全区曲线设定电动给水泵对应转速下出口压力的安全工作曲线，对出口旁路阀开度实施超驰控制。

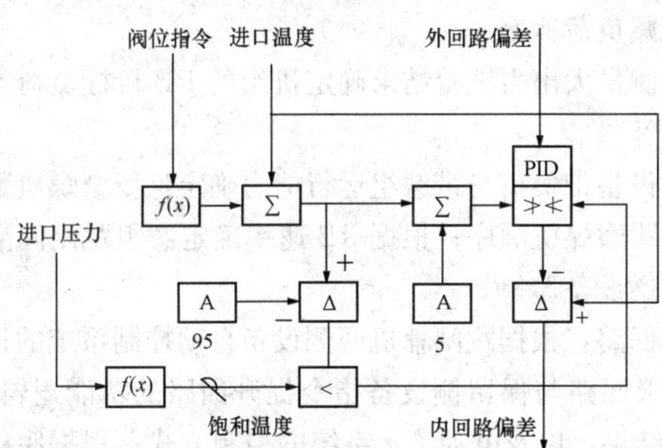

图 3-53　蒸汽温度防止主调积分饱和的方法

（四）蒸汽温度控制防积分饱和策略

根据蒸汽温度控制回路的特点设计独特的防外回路积分饱和功能，如图 3-53 所示，使调节系统可在所有负荷工况下自动控制。该限制功能是指当过热器出口温度低于设定值时，将其入口温度的设定值限制至略高于入口温度，当温度逐渐升高后，调整该限制直至完全释放；反向亦然。

（五）变参数控制

对于不同的设备配比情况、不同的对象特性及不同的负荷范围，均需考虑系统的变参数控制。

燃料主控、给水控制、风机控制等系统，不同数量的设备自动运行，调节特性有很大不同；负压控制、蒸汽温度控制、给水控制等系统，在不同的负荷与蒸汽压力范围内，其对象特性的差异也非常大。

(1) 不同负荷下，烟气比体积随炉膛热负荷变化而变化，因此需对应不同负荷段引风机的调节参数做变比例设置。

(2) 随着负荷与蒸汽压力变化，过热器出口对进口蒸汽温度的对象特性发生改变，因为在不同压力下，比热容随温度变化是非线性的，过热器入口蒸汽温度改变相同，出口温度改变的幅度是不同的。

假设某工况下，压力 18MPa、入口温度 470℃、出口温度 540℃，进、出口蒸汽比热容分别是 3.456 与 2.907；入口温度升高 1℃，焓增加 3.456kJ/kg，反应到出口时，温度增加为 3.456/2.907 即 1.19℃；同样温度条件下，在压力为 12MPa 时，比热容分别是 2.813 与 2.591，则入口温度升高 1℃，焓增加 2.813kJ/kg，而出口温度只增加 2.813/2.591 即 1.08℃。因此在不同蒸汽压力下，蒸汽温度对象特性改变了 10%。

(3) 随着负荷与蒸汽压力变化，减温水调节汽门前后差压发生变化，引起喷水阀流量特性的改变，蒸汽温度系统的调节特性也将发生相应的改变。

(4) 随着负荷与蒸汽压力变化，给水泵的流量特性发生非线性改变，需对给水调节系统采用变参数予以修正。

(5) 对于喷水减温阀还因阀位不同导致流量特性不同，可采用反抛物线函数进行变参数修正。

(六) 优化 RB 控制策略

对于高风险的 RB 试验，采用容错逻辑设计方法可以提高试验的成功率，减少机组 MFT 的次数。当重要辅机设备发生故障跳闸后，即开始了 RB 控制流程，对于不同的设备跳闸以及不同的机组运行工况，需触发不同的 RB 功能与过程控制，考虑各种设备运行方式与机组工况转变，对流程进行自动判断，自动启动特殊功能回路，确保 RB 过程安全平稳进行，辅机设备跳闸后，遵循以下流程自动执行 RB 控制策略：

(1) 根据跳闸设备类型确定 RB 触发的延时时间。

(2) 根据设备余量与跳机风险程度确定减负荷速率。

(3) 根据给煤机手、自动情况及设备单侧最大出力试验结果确定机组的 RB 目标负荷及目标负荷对应的燃料量。

(4) 进行跳磨煤机方式选择：根据保留设备带负荷与带磨组运行能力确定保留磨煤机数量；根据不同炉型与蒸汽温度变化情况确定跳磨煤机顺序；根据 RB 速率确定磨组跳闸间隔时间；根据跳闸设备类型确定是否需投入助燃设备。

(5) 选择设备联动方式，启动特殊功能回路：根据跳闸辅机两侧设备自动控制系统的指令平衡方式确定是否启动主控 PID 指令上限回路与保留侧设备指令提升回路的功能逻辑；根据电动给水泵的备用状态确定 RB 过程与结果，以及电动给水系统的控制方式；根据脱硫系统的运行情况与 RB 类型确定脱硫系统控制方式的切换与特殊联锁逻辑的触发。

(6) 根据机组协调系统的初始运行方式与燃料主控的手、自动方式，确定机组的控制方式切换以及负荷、蒸汽压力的控制目标与控制过程。

(7) 根据手、自动方式和机组运行与状态恢复的要求，确定 RB 复归的方式。

(8) RB 复归后，自动恢复至机组正常运行方式，在负荷限制范围内接受负荷指令调度。

模拟量控制系统在正常调节工况下，偏差切手动保护是必要的，但在RB工况下，系统主要参数将超出正常波动范围。协调控制系统及子控制系统应自动解除其偏差切手动保护功能，使得协调、燃烧、蒸汽温度、汽包水位等主要控制系统能保持在自动模式，同时PID调节器应具有抗饱和功能。

为防止RB试验过程中引风机、送风机、一次风机过电流，因此在RB工况下应对其指令输出进行上限限制。

三、相关量证实法提高热工保护、联动可靠性

对于单点保护设计，又没有条件再进行增装或扩展，无法实现“三取二”或“二取二”逻辑方式的，最有效的方法是采用相关量证实法提高热工保护、联动可靠性。通过部分机组现场实际逻辑优化经验，选取与此类重要信号量相关，并在工艺系统中与运行状态有确切内在联系的其他信号量，通过验证后作为保护、联动信号的参考、证实信号。下面对部分采用相关量信号作为证实信号的实例做一下简要介绍。

（一）高压加热器水位保护优化

6号高压加热器蒸汽冷却器水位保护逻辑为高600mm开旁路阀泄压阀，取样也是一个液位开关，为单点保护。正常运行中，如果因为液位开关维护不到位或突发故障，易引起保护误动，停止设备运行。

6号高压加热器蒸汽冷却器水位保护按照保护信号冗余要求，应采用三个液位开关经“三取二”逻辑或一个液位开关与一个模拟量报警值后至保护动作回路，但经勘察就地无法再安装其他两个液位开关，也没有液位模拟量测量装置，所以只有考虑其他办法。通过实际核对，6号高压加热器蒸汽冷却器的疏水排至7号高压加热器，且7号高压加热器底部位置比6号高压加热器蒸汽冷却器的底部位置低很多，也就是说6号高压加热器蒸汽冷却器的水位越限时，7号高压加热器水位已过报警值了。所以，可以采用7号高压加热器水位报警值与6号高压加热器蒸汽冷却器的水位越限液位开关作为保护输出，在不增加设备的情况下，增加保护动作可靠性。如果6号高压加热器蒸汽冷却器水位安装有模拟量水位变送器，则可以采用7号高压加热器水位报警值与6号高压加热器蒸汽冷却器的水位越限液位开关、模拟量水位动作值“三取二”后作为保护输出，又增加可靠性等级。

（二）汽轮机轴振动保护逻辑优化

ALSTHOM－330MW汽轮机组只设计安装了轴振动监测与保护，没有安装瓦振监测。该型汽轮机共有8个轴瓦，每个瓦均安装X、Y向振动探头各一个，任何一个瓦的X或Y向振动达到跳机值时保护动作跳机，为单点保护。

轴振动保护的传感器一般为电涡流式传感器，TSI装置接收的信号是动态的振动幅值电信号，在运行中可能会受到干扰而造成误报警或保护误动作。在设计保护逻辑时既要考虑保护达到动作值时可靠动作，不发生拒动，又要考虑运行中不因为干扰而发生误动。为保证轴振保护可靠性，其保护逻辑不延用原设计单轴（任意X、Y轴）振动超限跳闸逻辑，而是增加一定证实、限制条件。此限制条件（证实信号）一般为汽轮机本轴X、Y方向“与”、相邻两轴同方向动作值“与”及单轴（任意X、Y轴）振动超限和同瓦振动“与”跳闸输出几种方式。无论采用哪种方式，前提必须是限制条件间对同一振动反映趋势相近或相同，否则就会造成保护拒动，失去设置该保护的意义。考虑在振动保护防止误动的同时尽可能防止拒动，经过 TDM 中通频振幅与轴心轨迹分析（如图 3-54 所示，以 1 瓦为例），X 向振动大时，Y 向振动并不一定大（相位不同造成），所以将保护逻辑修改为本瓦轴振动保护动作值（如 X 向）和本瓦另一方向振动报警值（如 Y 向）相“与”、本瓦振动保护动作值（如 X 向）和相邻瓦同方向振动报警值（X 向）相“与”，再“或”后输出跳闸汽轮机。为防止干扰信号，保护动作信号的 TSI 中进行 1s 延时后再进入 ETS 中跳闸，这样在振动大时通过本轴另一方向及相邻轴同向信号的证实下可靠动作，保证了保护跳闸输出的可靠性，又可以屏蔽掉瞬时的干扰信号。逻辑如图 3-55 所示。

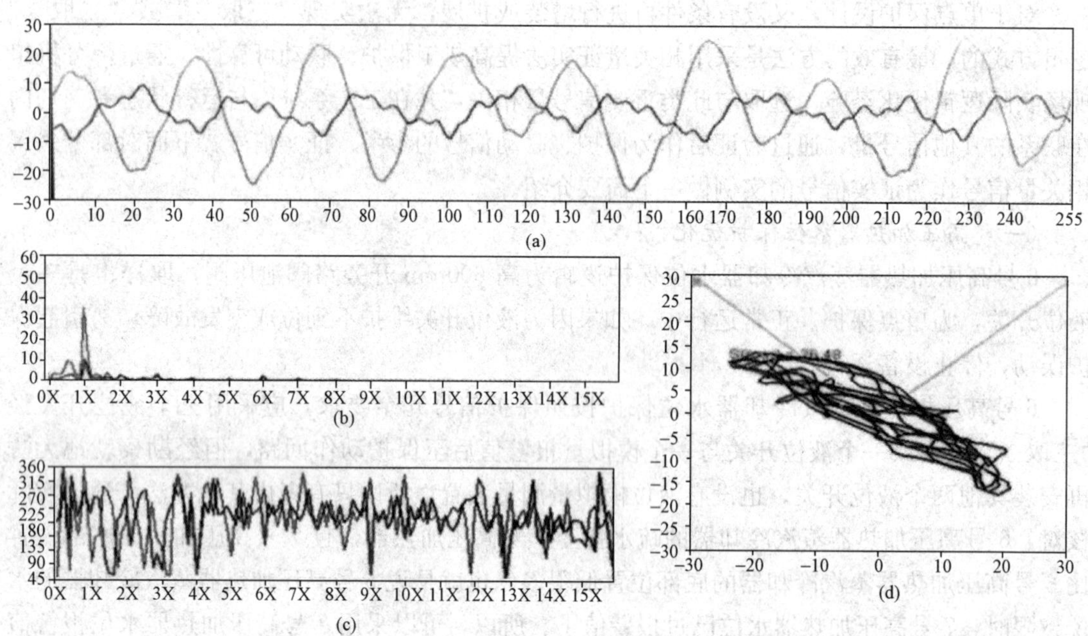

图 3-54　TDM 中 1 瓦 X、Y 振动时域、振幅、轴心轨迹

（a）时域波形；（b）幅值谱；（c）相位谱；（d）轴心轨迹

此逻辑通过增加证实信号提高了振动保护可靠性，但实现既减小误动又减小拒动的关键还在于加入的证实信号的报警值一定要经过运行机组振动分析后，设置一个比机组启动过临界及正常运行中的振动最大值再大一些的报警值，才能真正起到证实作用。另外，如果发生某一瓦 X 或 Y 向振动达到危险值，而其他证实信号未达报警值时，运行人员一定要认真判别，认定振动确实超限而非误发信号，必须手动停机。

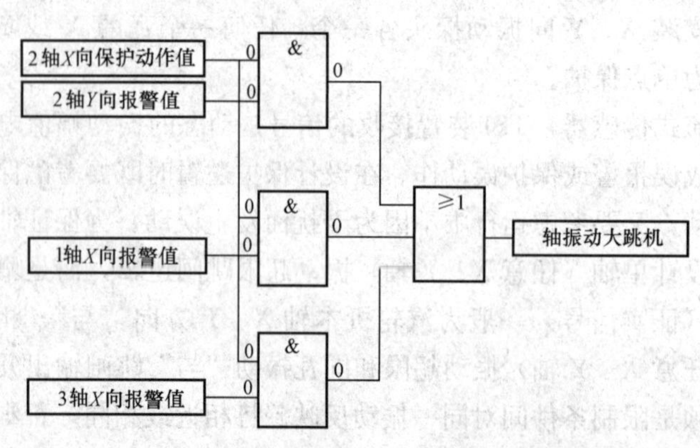

图 3-55　振动保护逻辑（以 2 轴 X 向为例）

（三）给水泵反转信号控制逻辑优化

当运行中的电动给水泵发生反转时，给水泵转速控制装置发出反转报警信号，联启辅助油泵同时关

出口电动门。此反转信号只有一点，存在单点逻辑控制问题。如果给水泵转速控制装置工作不可靠，就会在运行中误发反转报警信号时误关给水泵出口电动门，危及给水泵安全运行的同时恶化锅炉给水控制。

根据给水泵正常运行时若发生反转必先降速再反向增速的特点，加入给水泵转速低于某一值（例如，取 1000r/min 报警）“与”反转信号相与条件同时满足时，联启辅助油泵同时关出口电动门，可避免给水泵正常运行时因误发反转报警信号而误关给水泵出口电动门。

根据给水泵正常运行时若发生反转必先降速再反向增速，造成给水泵入口流量降低的特点，加入给水泵入口流量低于 100t/h（此报警值可根据运行条件变更）报警“与”反转信号相与条件同时满足时，联启辅助油泵同时关出口电动门，可避免给水泵正常运行时因误发反转报警信号而误关给水泵出口电动门。

（四）给煤机出口门关闭跳给煤机逻辑优化

由于给煤机出口门行程开关为单一行程开关，故障概率较大，误发信号概率也较大，所以增加“给煤机出口关断阀不在开位”跳闸给煤机相关限制条件，以增加“给煤机出口关断阀已关”跳闸给煤机信号可靠性，即“给煤机出口关断阀不在开位”且“给煤机出口关断阀已关”后再跳闸给煤机，这时可判断为给煤机出口关断阀真正关闭，可避免因单一信号故障误跳闸给煤机。

（五）辅机运行状态存在的问题及优化

辅机系统由于设备多，保护联锁大多没有采用冗余配置。例如，凝结水泵跳闸联关出口电动门联锁中电气至 DCS 凝结水泵跳闸信号只有一路，如果发生故障误发信号，将联关出口电动门，危及主机运行安全。为了避免 DCS 单一通道故障造成辅机误动，对机组重要辅机的保护联锁进行改进，在凝结水泵跳闸联关出口电动门联锁中采用凝结水泵跳闸信号、凝结水泵运行信号取反、凝结水泵电流至 DCS 传输电流信号小于 5mA 做三取二逻辑解决了由于单一信号误动造成出口门误关的问题。

凝结水泵运行信号、凝结水泵电流信号在设计时都已送至 DCS，此改进并不增加 DCS 实点。

（六）电动门或挡板的位置信号存在的问题及优化

给水泵跳闸逻辑中设置一个条件，即入口电动门未开，给水泵跳闸。因为此信号只能取至一个行程开关，存在单点控制逻辑问题。如果此逻辑信号不采取措施，一旦单点信号故障，立即会发生误跳给水泵的危险，危及机组安全运行。

“给水泵入口电动门未开”信号“与”给水泵入口压力（已有模拟量点）不大于 1.4MPa（此报警值可根据运行条件变更）再发出给水泵跳闸信号，增加给水泵入口电动门未开给水泵跳闸动作可靠性。

其他涉及保护用电动门或挡板的开关位置信号，可取行程开关开到位“与”不在关位、行程开关关到位“与”不在开位来提高信号可靠性。如果有模拟量反馈，还可以采用模拟量反馈开或关至一定位置作为开到位、关到位的证实信号。

（七）高压缸排汽口温度高保护优化

原 1、2 号汽轮机高压缸保护中的高压缸排汽口金属温度高保护的取样点为一点，名称为上半高压外缸排汽内表面温度，位置在汽轮机高压缸前上部，该点温度不小于420℃后直接跳机，以防止排汽金属温度过高损坏汽轮机。

汽轮机高压缸保护为机组重要保护，直接进入ETS系统跳闸汽轮机。作为重要保护点，高压缸排汽口金属温度高保护测点的取样点只有一个，而且未经过温度速率报警判断，严重违反相关要求。另外，现场温度测点经常会因振动、误操作及干扰、维护检查不到位等发生指示值突变，易造成保护误动。

为减少该保护误动概率，将汽轮机上半高压外缸排汽内表面温度、下半高压外缸排汽内表面温度、左右高压缸排汽蒸汽最高温度测点分别通过动作值判定（不小于420℃）后三取二逻辑送至ETS保护动作跳闸汽轮机，并增加品质判断及速率保护。这样既可以避免保护误动，又可以最大限度地保证保护正确动作。

通过对机组有关参数的分析发现，正常运行时上半高压外缸排汽内表面温度比下半高压外缸排汽内表面温度高13℃左右。由于采取“三取二”保护逻辑，这就可能使下半高压外缸温度达到定值不小于420℃时上半高压外缸温度已达到433℃以上，远远超出了原定的不小于420℃定值，这是非常危险的。因此需将下半高压外缸排汽内表面温度定值改为不小于400℃，以保证保护动作时上半高压外缸温度不超过保护值。

采用相关的左右高压缸排汽蒸汽温度作为“三取二”保护条件之一是可行的，但蒸汽温度变化速度远远快于外缸金属温度，将首先反映出温度变化趋势。如图3-56所示，从1号机组发生过的一次高压缸排汽蒸汽温度高数据分析中发现，高压缸排汽蒸汽温度升高至最高405.72℃后，上半高压外缸金属温度延迟近13min才达到377.30℃，可见高压外缸金属温度上升速度远远小于蒸汽温度。如果此时高压外缸金属温度不小于420℃而排汽蒸汽温度经过升温后由于工况变化又下降至不大于420℃时，就有造成保护拒动的可能。建议左右高压缸排汽蒸汽最高温度测点分别通过动作值判定（不小于420℃）动作后，一旦返回动作值以下，该动作指令就延迟15min，保证判断可靠。

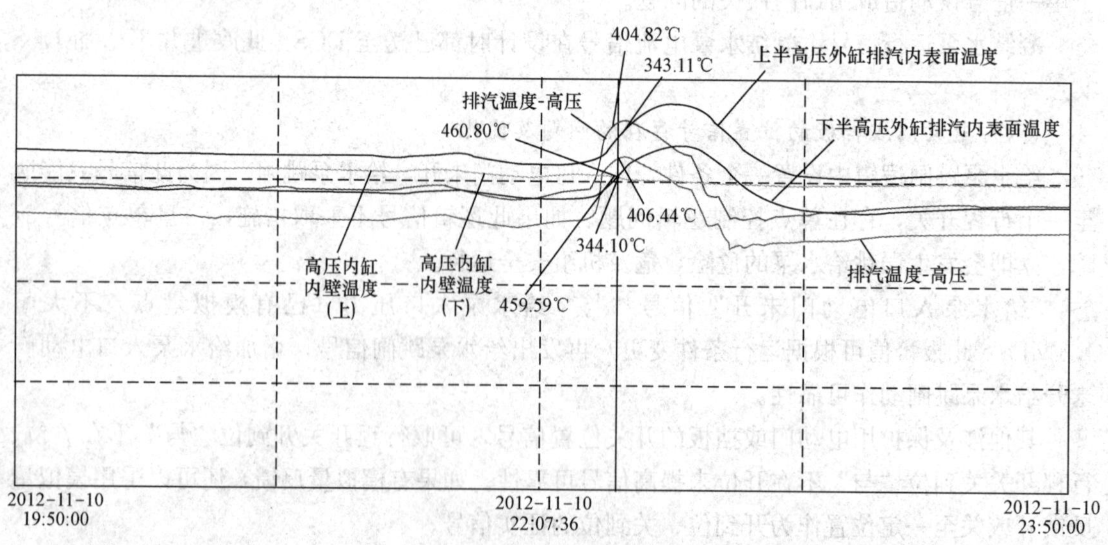

图3-56　1号机组上半高压外缸排汽内表面温度与高压缸排汽蒸汽温度变化曲线

采用相关参数作为证实量，通过参数内在联系及工艺关系，在不增加设备及回路的情况下，实现保护、联动“三取二”或“二取二”控制逻辑，为现场无法增加测点和设备的情况下提高保护、联动回路动作可靠性提供了新的方法及途径。但采用的相关控制信号必须经过认真的分析其内在联系、参数变化关系并经确认后才能作为证实信号，并保证其报警设定值符合过程实际，而不能主观臆断，生搬硬套，否则，不但不能提高保护、联动回路动作可靠性，反而会增加拒动或误动风险。

第四章 系统干扰故障案例分析与预控

随着电厂控制技术的不断发展，目前分散控制系统（DCS）、可编程控制系统（PLC）、现场总线（FCS）技术在电厂生产过程控制中得到广泛的应用。自动化系统中所使用的各种类型控制设备，有的是集中安装在控制室，有的是安装在生产现场和各电机设备上，它们大多处在强电电路和强电设备所形成的恶劣电磁环境中。要提高控制系统可靠性，一方面要求生产厂家提高设备的抗干扰能力，另一方面，要求在工程设计、安装施工和使用维护中引起高度重视，多方配合才能完善解决问题，有效地增强系统的抗干扰性能。

第一节 雷击引起系统干扰故障案例分析

【案例163】接线盒接地电阻偏大，雷击损坏站控制卡

【事件过程】8月3日夜间，雷雨天气，某电厂1号机组DCS系统DPU1（DAS）下2个工作站所有BC-NET（站控制卡）全部损坏。

【原因分析】经检查，损坏控制模件所涉及的A送风机处温度和振动测量接线盒，接地电阻为1.2Ω，大于正常接地电阻（小于0.05Ω），消除接地连接处锈蚀后，重新测量接地电阻恢复正常。因此模件损坏原因是雷电强电流经相关测量回路窜入DCS系统导致模件损坏。

【防范措施】在大、小修期间，对热控设备相关接地进行检查，及时发现不合格接地点。

【案例164】雷击造成执行机构动作异常

【事件过程】8月15日由于雷雨天气的影响，造成某电厂4号机组引风机4A、4B进口调节执行机构在指令未变化的情况下就地实际开度出现一个突升过程（两侧均上升了10%左右），同时造成炉膛负压波动（从−0.1kPa最低至−0.4kPa）。经过就地确认后发现，执行机构的实际开度与反馈信号基本对应，比指令信号大了10%左右。因而可以确定在出现雷电时引风机A、B执行机构一起向上动了10%左右，并在此后的调节中一直保持指令与反馈的10%偏差，且此偏差一直持续保持直至控制板断电后重新投用，该事件趋势如图4-1所示。

【原因分析】通过对现场地形的观察，该机组的引风机执行机构正好安装在该电厂二期工程的烟囱附近，其锅炉钢结构整体与烟囱相连，引风机执行机构与烟囱安装距离虽然有20m左右，但并非有效隔离距离。因而在出现雷电时，雷电有可能通过烟囱避雷装置到接地网，其干扰信号通过接地网可能影响执行机构的控制回路，导致执行机构指令与反馈存在偏差。

【防范措施】8月17日，引风机4B执行机构控制板出现故障后更换为升级更新后的控制板。8月22日，同样雷雨天气下，引风机4A出现了与上次雷击类似的情况，而引风机

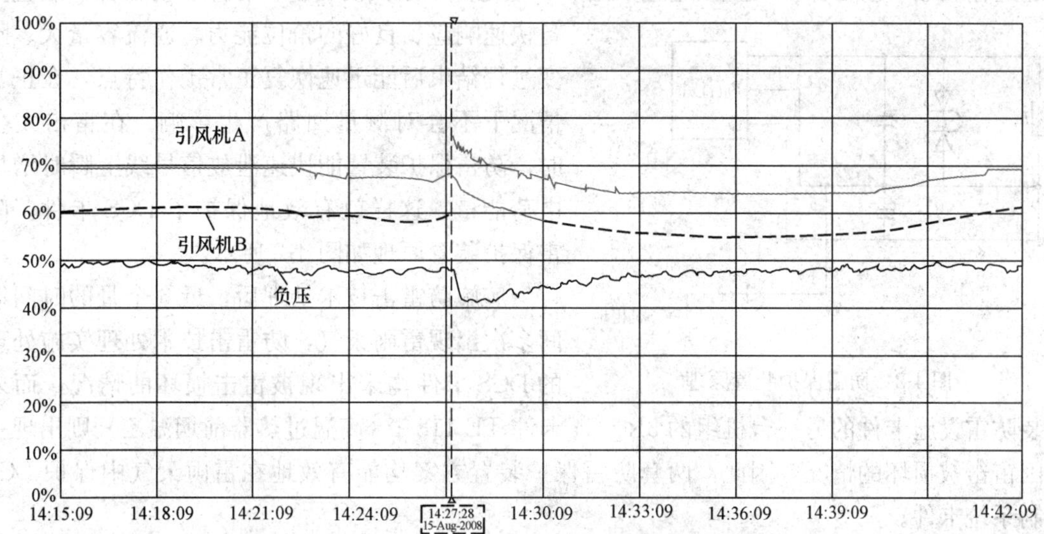

图 4-1 雷击造成的执行机构误动趋势

4B 则一切正常。

通过比较引风机执行机构控制板升级前后的两种产品，发现其主要区别在于老产品电源与 I/O 端子均共有一个接口板，通过数据线与控制单元连接，而新产品 I/O 端子进入接口板，电源接口在控制单元板上；为此根据接口图，在老产品的电源输入接口后增加了 AC LINE FILTER 模块，在雷击时起到了对雷击干扰的隔离作用。

【案例 165】雷击损坏 DCS 系统模件

【事件过程】某电厂两台机组 DCS 改造后，每年都发生在入夏雷雨天气中，由于雷击造成部分 DCS 模件雷击损坏。仅一年一台机组 DCS 系统中就有三块 RTD 模件（12R43U、4R32U、4R33U）分别在 7 月 9 日、8 月 23 日、8 月 26 日雷雨天气中三次被雷击损坏，造成直接经济损失 8 万余元，且严重影响热控 DCS 控制系统安全和机组运行安全。

【原因分析】对损坏 DCS 控制系统卡件检查发现，元器件无明显焊点熔化、烧灼变形现象，电路板上布线无断裂、氧化变色和膨胀隆起现象，由此排除了直接遭受雷击，强电进入 DCS 通道后造成 DCS 控制系统卡件损坏的可能；此外 DCS 卡件安装在温度、湿度符合要求，位置良好的 DCS 计算机室内，由此也排除了 DCS 控制系统设备安装的方法或安装位置不当，受雷电在空间分布的电场、磁场影响而损坏的可能。因此 DCS 模件受损的主要原因，是外部测点受到感应雷电，产生的雷电脉冲沿着信号线馈入到 DCS 模件通道内和在雷击时瞬间产生高电势造成 DCS 模件损坏。

【防范措施】

（1）从受损 DCS 卡件接入测点分布可以看出，受损测点主要分布在炉引风机和尾部排烟通道区域，因此，我们选择这区域内测点进行防雷击技术处理。

（2）在测量精度和测量系统误差允许范围内，在测量回路中加入隔离元件或设备，将外部测点和 DCS 模件通道分隔在两个独立回路中。

（3）采用齐纳二极管和电容组合设计一个防雷保护装置，防雷保护装置接入到 DCS 模件通道输入端，防雷保护装置接地端共用一个接地点，起到防雷保护作用。防雷保护装置具备快速响应、良好的箝位能力、通流容量大、瞬变过程结束后能迅速恢复正常工作特点，在正常情况下不会对测量回路产生影响。在雷击发生时，防雷保护装置能快速泄放信号线上瞬时增加电荷能量，这样就有效地保护了DCS卡件。防雷保护装置原理如图4-2所示。

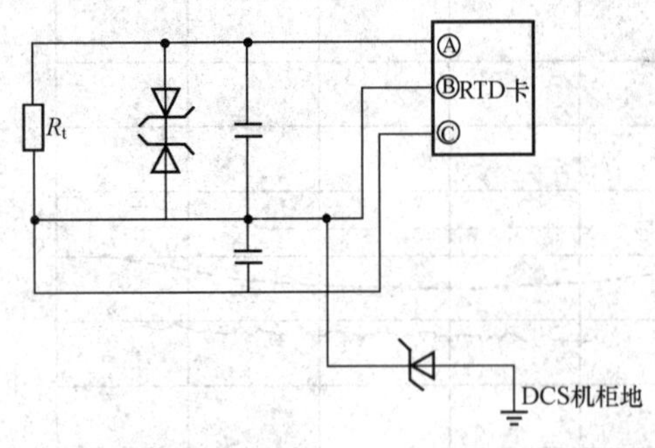

图4-2 防雷保护装置原理

实施防雷击技术处理后，近6个月的时间期间多次出现雷雨天气，防雷击技术处理实施处理的DCS卡件均未出现被雷击损坏的情况，而未加装防雷设施卡件的另一台机组的3R_54卡件TE-118-1（高温过热器前烟温乙）则出现一次因雷击被损坏的情况，因此，两套防雷保护装置方案均能有效地在雷雨天气中保护DCS控制系统卡件。

【案例166】雷击损坏现场温度测量元件与执行机构反馈板导致机组跳闸

【事件过程】8月4日，某电厂1号机组于00:59，A引风机跳闸，引发RB动作，机组负荷迫降；2号机组于1:02，因“炉膛压力高”锅炉MFT动作，造成机组跳闸。

【原因分析】故障发生后，经相关部门专业技术人员与省电力试验研究院高压室技术人员共同分析确定，此次故障原因是由于8月4日1:00左右，烟囱周围区域有较强雷电活动，且雷电流较大（通过雷电定位系统测定雷击发生时最大一次为197kA），如此强大雷电流在通过烟囱引入大地时，会产生极大的感应电势，对1A、1B、2A、2B引风机处的热控弱电系统造成干扰，导致1A、1B、2A、2B引风机的风机轴承温度元件、电机轴承温度元件、入口静叶执行器反馈板损坏，包括这些信号所对应的DCS输入模件也有不同程度的损坏，继而导致引风机跳闸和机组跳闸。按照设计要求热控信号电缆必须单端接地，此种接地方式对于低频信号干扰有较好的屏蔽作用，但对雷电这样的高频信号干扰屏蔽作用不大。尤其是此次雷电袭击强度较大，现有的接地防范措施难以抵御。

【防范措施】为防止热控弱电设备再次遭到雷电的损坏，提高热控信号接地屏蔽的可靠性，根据省电力试验研究院高压室技术人员的建议和相关防雷技术规范，制订了相应的防范整改措施：

（1）检查确认全厂接地系统接地良好，烟囱接地与主网接地的地下部分距离符合设计要求（经检查接地情况良好）。

（2）检查DCS系统等电位连接、屏蔽的情况，确认DCS系统接地、屏蔽状况符合设计要求（经检查接地情况良好）。

（3）将1、2号机组4台引风机处的热控电缆金属走线槽盒进行封闭，并对此处的热控端子箱、执行器外壳、金属走线槽盒安装接地扁铁或引接地线，确保其接地良好。

（4）利用今后机组检修的机会对1、2号机组位于户外的重要热控信号电缆采用穿金属管埋地方式敷设，以形成线路屏蔽，减少雷击可能。

【案例167】雷击引起振动信号突变至零

【事件过程】6月21日16:08左右，某电厂2号机组DEH系统的CRT上VB3Y、

VB4X 和 VB5X、VB5Y 显示不正常，从正常运行值跌至 0，不正常时间为 30s，其余参数均显示正常，30s 后不正常参数恢复正常，过程曲线如图 4-3 所示，当时处于雷雨天气。

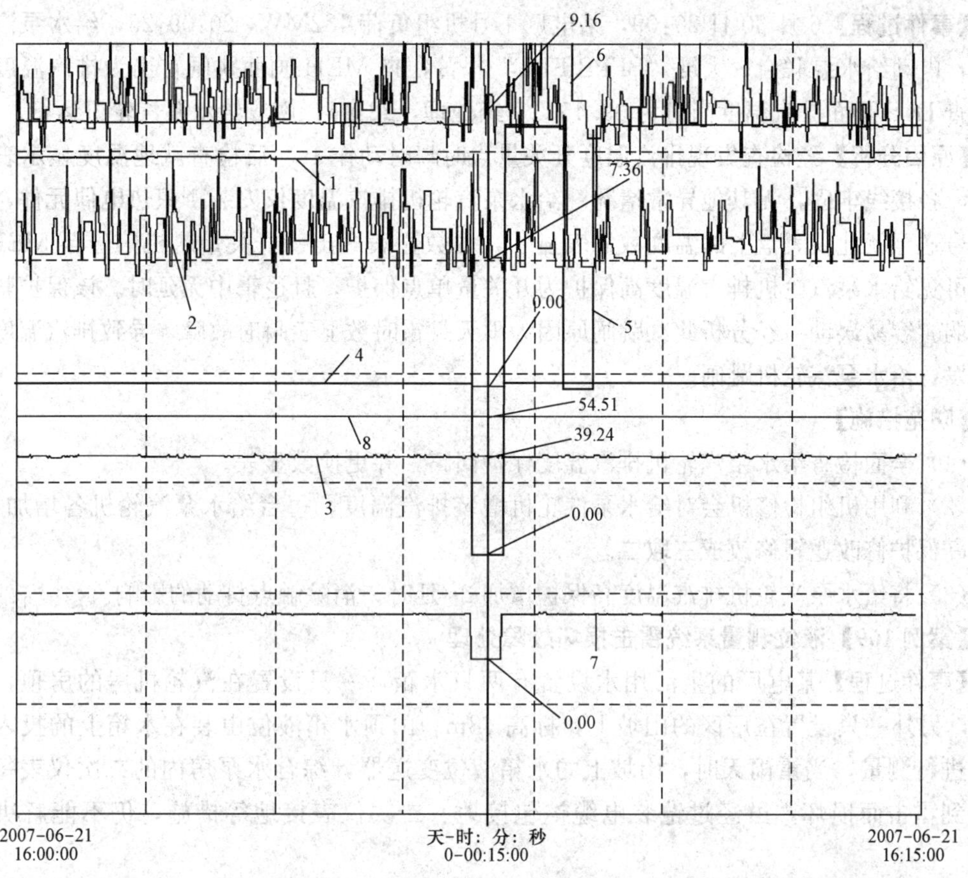

图 4-3　信号干扰过程曲线

1—5 号轴承 X 方向振动（mm）；2—4 号轴承振动（mm）；3—3 号轴承 X 方向振动（mm）；
4—4 号轴承 X 方向振动（mm）；5—5 号轴承 Y 方向振动（mm）；6—5 号轴承振动（mm）；
7—3 号轴承 Y 方向振动（mm）；8—4 号轴承 Y 方向振动（mm）

【原因分析】 结合当时雷雨的情况，初步判定不正常的原因由雷电所致。后对回路进行检查，无异常。通过对历史曲线进行分析，在同一时间段，2 号机组发电机励磁电流也出现突变，突变量为 25A 左右。

通过咨询省电力试验研究院和本特利厂家专家，确定振动显示不正常是由干扰引起。VB5X、VB5Y 的异常显示与励磁电流突变有关，至于 VB3Y 和 VB4X，可能与雷击时引起接地零电位抬高有关，需对前置器至接线箱的延伸电缆的接地进行检查。本特利厂家的技术人员告知，热工人员对此种现象很难处理，此现象在国内其他电厂中也出现过，一般雷击时出现的现象与该厂发生的现象相似，从正常运行值跌至 0，尚未出现正方向的情况（从正常运行值升至某一值或跳机值）。至于不正常时间为 30s，是由本特利仪表决定，当测量值跌至 0 时，仪表将自动保护旁路，30s 后自动恢复。

【防范措施】

（1）电气对全厂接地网进行全面的检查。

（2）热工人员在机组停役时对延伸电缆接地进行检查，确保测量回路单点接地。

【案例 168】打雷时数显表误发排汽温度高信号导致给水泵汽轮机跳闸

【事件过程】6 月 30 日 20:09，某电厂 1 号机组负荷 482MW，20:09:25，给水泵汽轮机跳闸，电动给水泵联启；大屏“BFPB FLT”报警；查 MEH 画面跳闸首出为排汽温度高跳闸。查 DCS 画面排汽温度当时为 39.45℃。经处理，22:06，恢复给水泵汽轮机运行。

【原因分析】经检查发现排汽温度开关量当时瞬时动作 1s。后检查就地温度显示表显示正常，各接线牢固，无其他异常情况。给水泵汽轮机排汽温度仅安装 1 只热电偶元件，热电偶信号送至就地仪表盘上的温度数显表显示，由数显表送出一开关量跳机信号至 MEH 柜。由此可见给水泵汽轮机排汽温度高保护为开关量单点保护，且逻辑中无延时。该保护整体比较薄弱，容易误动。经分析此次跳闸原因为雨天打雷时数显表瞬时故障，导致排汽温度高信号误发，给水泵汽轮机跳闸。

【防范措施】

（1）全面检查给水泵汽轮机排汽温度保护回路，并更换数显表。

（2）利用机组检修机会对给水泵汽轮机增装排汽温度，每台给水泵汽轮机各增加 2 点，温度高保护修改逻辑修改成三取二。

（3）将给水泵汽轮机排汽温度高保护增加 2s 延时，消除触点抖动的影响。

【案例 169】液位测量系统雷击损坏故障处理

【事件过程】某电厂的生活用水设置有两只水箱，一只设置在汽轮机房的房顶，标高 45m，另外一只设置在厂区的山坡上，标高 48m。山顶水箱液位由装在水箱上的投入式变送器进行测量，当雷雨天时，山坡上的水箱液位变送器，综合水泵房内的二次仪表每次都要受到雷击而损坏，虽经过铠装电缆铠包接地、二次仪表接地等措施，仍不能解决雷击问题。

【原因分析】雷击损坏仪表有两种情况，一是直接雷打到液位变送器或电缆上，使测量系统受到很大的雷电压或雷电流的冲击而损坏；二是由于雷电电磁脉冲在测量系统的电缆上感应出高电压而损坏测量系统。山顶水箱虽然标高较高，但不是在山的最高点，并且在离水箱距离大于 100m 处有一移动电话基站，其标高高于水箱标高且基站设有防直击雷的避雷针，所以山顶水箱受直击雷的概率较小。避雷针在把雷击电流引入地的过程中，由于雷电流陡度 $\mathrm{d}i/\mathrm{d}t$ 的作用，在其周围金属体内会产生感应脉冲过电压，其影响范围很大。据资料介绍，一个 30kA 的中等雷落在避雷针上所产生的感应脉冲过电压为

$$u_{\mathrm{j}} = 0.2\left(\frac{\ln 1000}{a} - \frac{1}{2}\right)\frac{\mathrm{d}i}{\mathrm{d}t}$$

式中　a——雷电流引线与被感应导体间的平行距离（m）；

$\frac{\mathrm{d}i}{\mathrm{d}t}$——雷电流陡度，$\frac{\mathrm{d}i}{\mathrm{d}t} = \frac{30}{26} \approx 11.5\mathrm{kA}/\mu\mathrm{s}$。

30kA 的雷击在避雷针周围导体上耦合出的感应脉冲过电压值见表 4-1。

表 4-1　30kA 雷击时的感应脉冲过电压

a（m）	10	100	200	300	400	500
u_{j}（kV/m）	9.5	4.2	2.5	1.6	0.9	0.2

由表 4-1 可以看出，避雷针周围 500m 范围内的电子仪表设备都是感应雷破坏的对象。经计算液位测量系统的电缆上可能会感应出 320～840kV 脉冲过电压（电缆以 200m 长度计算，与避雷针距离最近以 100m、最远以 300m 计算），这么高的电压必定会损坏仪表。而经检查山顶水箱液位变送器信号通过长于 200m 的铠装控制电缆与二次仪表联接组成水位测量系统，电缆未进行埋地敷设。因此可推断仪表的损坏，是雷电电磁脉冲在测量系统的电缆上感应出高电压而造成的。

【防范措施】综合分析了雷击损坏仪表的原因后，我们针对性地采用了菲尼克斯的信号电涌保护器（Surge Protection Device，SPD）和电源电涌保护器，较好地解决了测量系统常遭雷击损坏问题，目前已经承受了 6 次雷雨天而未损坏，说明采用的保护措施是切实有效的。

山顶水箱液位测量接线如图 4-4 所示。图中接地点 A、B 接同一个接地网，是在山顶水箱周围为防雷要求新做的接地网，接地电阻小于 10Ω，此接地网未与仪表室内的接地网相连的原因：一是由于两地距离较远，施工不方便；二是当雷电感应时变送器内部元器件及周围的水箱、地面电位同时升高，不会对变送器造成损坏。若 A、B 点与仪表室的地相联，则 A、B 点的电位为“0”，变送器内部元器件对变送器和外壳就会产生电位差，电位差过大时将引起变送器的损坏。仪表室内的接地点 C、D、E 及控制柜的外壳都接在同一个接地母排上。

由接线图可知，变送器侧的 SPD 与变送器的接线端子并联，当雷电冲击电压或冲击电流超过保护值时，能瞬间把雷电流引入地下，保护设备对地电压在低压值，不损坏变送器。

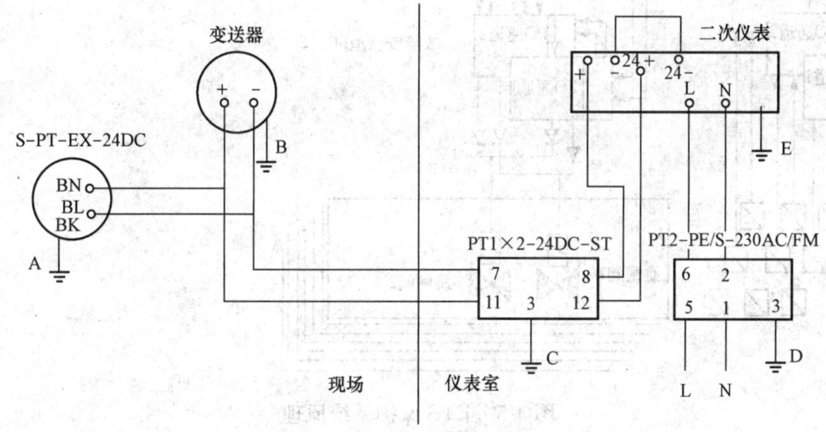

图 4-4　山顶水箱液位测量接线

二次仪表与 SPD 串联接线，当冲击雷电压、雷电流沿电缆进入仪表室时，SPD 能瞬间把雷电流引入地下，而不会损坏二次仪表。

当冲击雷电压、雷电流沿 220V AC 供电电源入侵时，电源侧的 SPD 能瞬间把雷电流引入地下，从而保护仪表免遭损坏。

【案例 170】雷击干扰引起机组跳闸

【事件过程】某电厂 1000MW 机组，正常运行中汽轮机跳闸。查阅报警历史记录发现，

2:2:39.9，出现ETS系统6块跳闸电磁阀DO卡件故障报警，随即汽轮机主汽门调节汽门跳闸电磁阀通道故障，主汽门调节汽门关闭，汽轮机跳闸，没有超速保护动作和其他引起汽轮机跳闸的信号。检查6块跳闸电磁阀DO卡件故障报警，卡件失电，6只跳闸继电器失电。DEH系统各柜内的所有电源开关状态正常，未出现变化。当时处于强烈雷电天气，因此怀疑雷电对ETS系统造成干扰导致汽轮机跳闸。

【原因分析】 该机组汽轮机选用由上海汽轮机厂和德国西门子公司联合设计制造的1000MW超超临界、一次中间再热式、单轴、四缸四排汽、单背压、八级回热抽汽、反动凝汽式汽轮机，DEH和ETS采用西门子的T-3000系统。ETS主要由超速保护系统（OPS）、电子保护系统（EPS）和汽轮机遮断系统（TTS）三部分组成，其原理如图4-5所示。

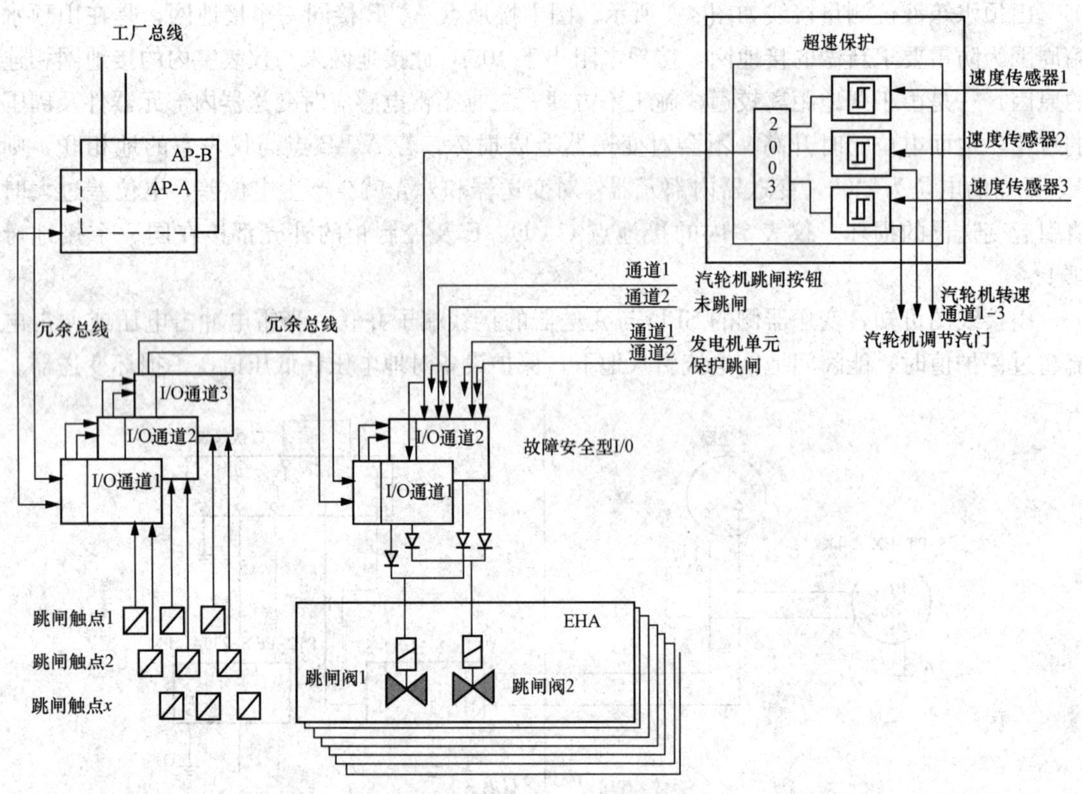

图4-5 ETS保护系统原理

汽轮机超速保护系统（OPS）：采用电子超速装置，机组不设机械危急遮断器。超速保护系统配置两组BRAUN三通道转速监视器，每组有3个独立的转速探头和通道，超速保护卡判别超速后输出开关量控制对应的继电器，通过硬回路实现三选二逻辑，切断跳闸电磁阀对应卡件的供电回路，实现汽轮机跳闸。

电子保护系统（EPS）：汽轮机电子保护系统接受传感器、热电偶等重要的保护信号，当这些信号超过跳闸值时，发出跳闸信号，通过TTS系统动作跳闸电磁阀，汽轮机跳闸。跳闸信号基本上采用标准三取二组态。

汽轮机遮断系统（TTS）：TTS系统是一个连接EPS、OPS系统和跳闸电磁阀的二通道系统。所有的汽轮机跳闸指令，OPS、EPS、发电机保护、紧急跳闸按钮等产生停机信号，都通过 TTS 系统动作跳闸电磁阀。

停机信号和电磁阀控制信号采用故障安全型卡件，双通道输入输出。

经现场检查发现第二组转速表的机架屏蔽端子内部未接地，导致实际转速信号的电缆屏蔽层没有接地；第二组转速表的第三块转速卡内记录有最大转速 10000r/min，但没有时间标签，其余 2 块正常。根据跳机前的报警历史记录，在 ETS 其他保护未出现的情况下，认为跳机的最大可能，是硬逻辑跳机回路（手动跳闸、超速保护回路）和地电位变化引起系统电源电压波动，或雷电造成电磁干扰导致 ETS 系统跳闸回路动作。为复现系统电源电压变化和超速保护回路动作情况，分步进行了手动紧急跳闸按钮动作试验、DEH、ETS 系统电源模块输出响应测试、ETS 机柜 24V DC 电源降压试验和超速保护系统超速模拟动作试验。

（1）手动跳闸按钮试验。按设计要求，DEH 系统手动紧急停机按钮必须是两个按钮同时按下时发出跳闸指令。挂闸后，分别进行了按下紧急停机按钮 1、按下紧急停机按钮 2，以及同时按下紧急停机按钮 1 和按钮 2 的试验。检查跳闸回路和报警历史记录，任一按钮按下都有记录，2 个按钮都按下，跳闸继电器均失电，汽轮机跳闸，且按钮动作时序在跳闸前。

（2）ETS 机柜 24V DC 电源降压试验。DEH 电源柜内两路 UPS 电源（220V AC）经过电源模块变压稳压后（24V DC）输出到各个机柜，至 ETS 系统 70CJJ11 柜的 24V DC 电源不仅供控制器、卡件使用，也供给跳闸电磁阀动作使用。因此 24V DC 电源如果出现波动，达到一定值后将影响跳闸电磁阀的状态。为了判断雷电时是否对接地网构成干扰，引起地电压波动，进而导致电源模块输出的 24V DC 变化而影响装置动作，进行了电源电压下降试验。

当电压下降到 19V DC 时，控制器 458 首先出现异常，出现初始化重启状态。

当电压继续下降到 16.76V DC 时，显示控制器失电状态，但卡件状态仍然正常，继续下降到 16.5V DC 时，卡件故障灯亮。

当电压继续下降到 11V DC 时继电器仍然没有动作，与跳机时出口继电器失电以及报警历史记录情况不相符。

（3）DEH 系统电源模块输出响应测试。机组遭雷击跳闸，分析原因可能是雷击时 DEH 系统的 24V DC 电源负端电压（即地电位）抬高，造成 24V DC 电源陡降，引起超速保护跳机继电器失电。该试验是模拟电源负端电压抬高测试电源模块的输出电压有无变化。将干电池直流电压信号发生器正端接到 DEH 电源模块的输出负端，信号发生器负端接地，电源模块的正负输出端接到快速录波仪，信号发生器输出 10V 电压抬高 DEH 的 24V DC 电源模块的负端电压，快速录波仪监测到电源模块输出电压基本没有变化。

（4）超速保护系统模拟超速试验。在同组的 2 块转速卡上同时加 3400Hz 的干扰信号，当干扰信号持续时间小于 7.5ms 时，超速保护没有动作；持续时间至 9ms 时，超速保护动作，6 块 DO 卡件失电，但此时 DEH 系统没有超速保护动作记录；若将干扰信号持续时间 9～20ms，DEH 系统超速保护动作记录时有时无；干扰信号持续时间超过 20ms 时，DEH 系统超速保护动作记录正常。

根据上述试验结果，排除了手动跳闸按钮回路误动、地电位变化引起系统电源电压波动引起汽轮机跳闸的可能性，经雷击时造成第二组转速信号受到电磁干扰而发生突变，而干扰的时间恰好在9～20ms之间，导致超速保护动作，而DEH系统没有超速保护记录。

【防范措施】

（1）第二组转速表的接地端子未可靠接地，导致按设计连接的转速信号电缆屏蔽层未接地，使雷电干扰信号进入引起转速信号失真。事件后把第二组转速表的3个转速信号的屏蔽端分别用屏蔽线直接接至机柜的接地铜排，保证转速信号屏蔽良好。

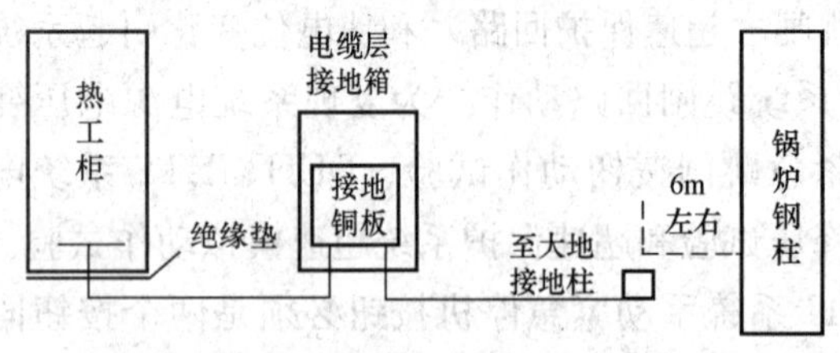

图4-6　7号机组全厂防雷及热控系统总接地示意

（2）对7号机组防雷及热工接地系统进行整改：7号机组防雷及热控系统总接地示意如图4-6所示，所有热工柜的接地线接入汇流铜板，汇流铜板通过接地线与集控楼0m的二次接地网相连，集控楼0m的二次接地网与一次接地网的连接点与最近的锅炉钢柱相距6m左右，锅炉钢柱具有锅炉房的避雷作用，与一次地网通过扁钢直接相连，因此按照设计规范来说，集控楼0m的二次接地网与一次接地网的连接点距离最近的锅炉钢柱应该有10m以上。为了防止雷击通过锅炉钢柱直接影响集控楼的二次接地网，断开了与集控楼较近的锅炉钢柱与地网连接的扁钢，在10m层把这些钢柱通过扁钢与其他钢柱相连。

（3）DEH系统的UPS电源线在DEH柜和UPS电源柜内两端均有接地，这样DEH机柜在通过自身接地线接到热工接地汇流排的同时，机柜也与热工UPS电源柜的建筑地相连接，存在两点接地。目前将电源线在DEH柜内的接地线解开，保证一点接地。

（4）检查DEH系统各机柜内部分信号屏蔽层存在两点接地的现象，逐一进行整改，保证在机柜侧单点接地。

第二节　屏蔽与接地异常引起系统干扰故障案例分析

【案例171】风机轴承温度测点多点接地导致风机跳闸

【事件过程】9月25日，某电厂4号机组开始冲管，当时两侧送、引风机运行，热井换水，锅炉水冲洗。16:48，突然发生送风机B跳闸。检查报警记录和历史曲线如图4-7所示，发现送风机B轴承三点温度同时发生大幅度跳变，因该保护为三取二方式而非单点保护，故未做变化速率大撤出保护，当三点温度同时超过90℃后风机跳闸。

【原因分析】从历史曲线分析，三点温度信号同时发生变化，变化趋势基本一致，而且同时恢复正常，可以排除接线松动和模件故障的可能。检查DCS机柜侧接线情况，端子接线紧固，无松动现象。该三点温度为四线制热电阻信号，12根信号线用同一根16芯电缆。该电缆屏蔽线浮空未接至机柜接地排，原因为该电缆屏蔽线已存在接地现象，为避免两点接地故暂时未在机柜侧接地。当晚，在机柜侧和就地接线盒处用对讲机模拟干扰源，未发生温度信号跳变，判断风机跳闸时可能存在更大的干扰源（如电焊机等）。次日早晨，在做好保护逻辑强制后，对该电缆进行了拆线检查，发现在就地接线盒处电缆屏蔽层引出时，有毛刺碰到金属电缆套管，形成两点接地产生地环电流，引起信号误动。虽该温度信号保护已设计

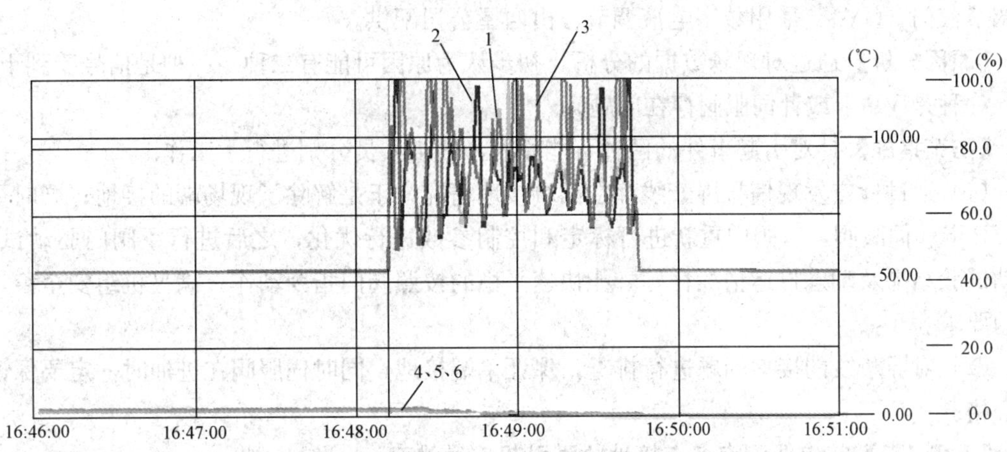

图 4-7　风机轴承三点温度同时发生跳变曲线记录

1—送风机 B 轴承温度 8；2—送风机 B 轴承温度 9；3—送风机 B 轴承温度 7；
4—送风机 B 轴承振动 Y；5—送风机 B 轴承振动 $X1$；6—送风机 B 轴承振动 $X2$

为三取二逻辑方式，但因未设置信号变化速率大撤出保护的逻辑功能，三点温度同时发生跳变时，导致了风机跳闸。

【防范措施】

(1) 热工人员对该处屏蔽接线整理，确保 DCS 侧机柜处单点接地后，信号恢复正常，投运后至今未再发生类似现象。

(2) 三取二的保护信号同时误动的情况不多见，但从本事件来看，除了做好系统接地及抗干扰措施外，对涉及的保护信号，即使已采用了三取二信号判断逻辑，仍然应考虑增加变化速率大撤出保护的逻辑。

【案例 172】信号屏蔽线存在两端接地引起高压调节汽门剧烈抖动

【事件过程】某电厂 2 号机组（600MW）的 1 号高压调节汽门（GV1）出现了剧烈抖动，严重影响机组的安全稳定运行，抖动记录曲线如图 4-8 所示。该机组系上海汽轮机有限责任公司引进的超临界、中间再热发电机组，型号为 N600-24.2/566/566。机组配有 4 个高

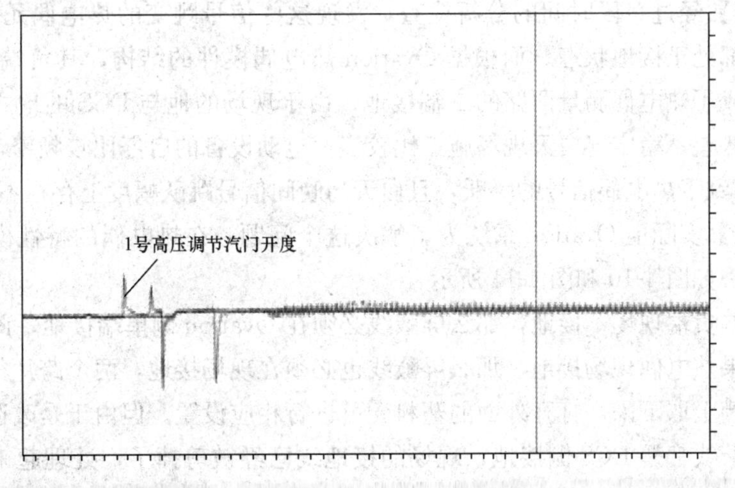

图 4-8　GV1 调节汽门异常抖动曲线

压调节汽门（GV）、采用数字电液调节，由西屋公司配供。

【原因分析】通过对现场数据的分析，初步认为原因可能有二种，一种是信号受到干扰，另外一种是 VP 卡或者伺服阀存在问题。

【防范措施】针对引起事件的两种可能原因，热工人员分别进行了工作。

（1）通过检查发现信号屏蔽线存在两端接地情况，于是解除了现场端的接地；同时更换了 VP 卡和伺服阀，对阀门重新进行标定和控制参数进行优化，之后进行了阀门驱动试验。驱动试验结果及动态投运情况良好，能快速平稳的按照阀门指令动作，满足机组安全稳定运行的要求。

（2）对屏蔽线的接地问题进行排查，保证单端接地，同时伺服阀在进油时一定要保证油质合格。

【案例 173】热电偶测点多点接地故障引起信号跳变

【事件过程】某电厂 1 号机组 DCS 控制系统，采用 Ovation 系统进行改造，上电不久发现 600 个左右的热电偶信号中，有大约 200 个信号在白天大幅跳跃，如图 4-9 所示，而到了晚上这些信号的跳跃幅度会小很多。

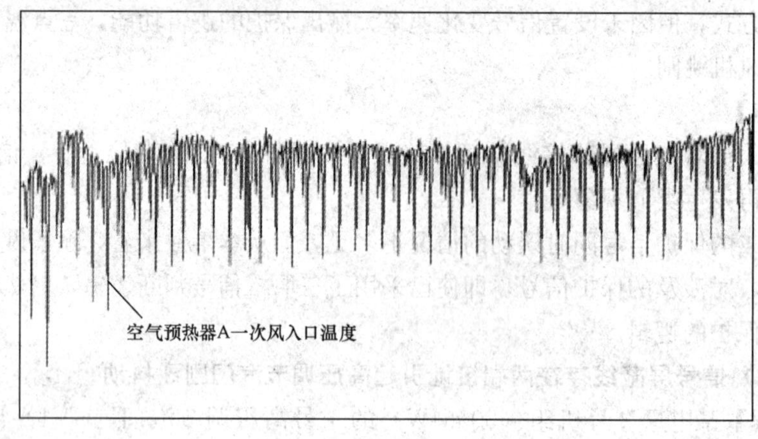

图 4-9　热电偶信号跳变曲线

【原因分析】经过一段时间的分析检查，发现这些信号跳变的热电偶元件均为搭壳式，其负端在现场都处于接地状态。而根据 Ovation 热电偶模件的结构，其负端在 DCS 侧也接地。这样就造成了热电偶测量回路的二端接地，由于现场的地与 DCS 的地之间存在着电势差，且这个电势差不稳定（白天现场施工比较多，电动设备的启停比较频繁，晚上干扰相对较小），因此导致了热电偶信号的跳跃，且白天与晚间信号跳跃幅度上存在不同。

【防范措施】实际上 Ovation 系统为了解决这个问题，在热电偶的特性模件内部专门设置有 2 个跨片，如图 4-10 和图 4-11 所示。

如果热电偶负端现场不接地，那么屏蔽线必须在 Ovation 侧单端接地，此时两个跨片须同时保留。如果热电偶现场接地，那么屏蔽线也必须在现场接地，两个跨片须同时去掉。把特性模件从插槽上取下来，打开外面的塑料壳可进行相应设置。但由于是改造机组，原来安装的热电偶屏蔽线都是 DCS 侧接地，现场的接地线已经被剪掉了，处理起来非常困难，经讨论后采用了一种折中的方案：凡是参与控制的热电偶信号，都严格按照西屋公司的标准连

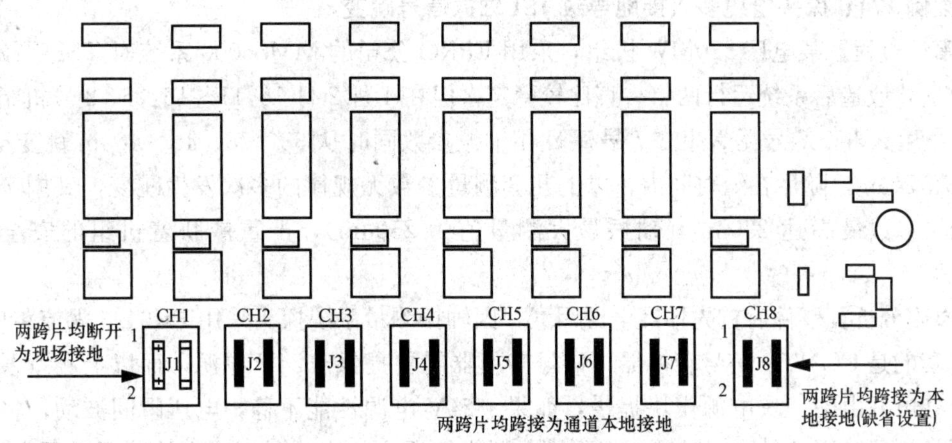

图 4-10 热电偶信号接地跨片示意

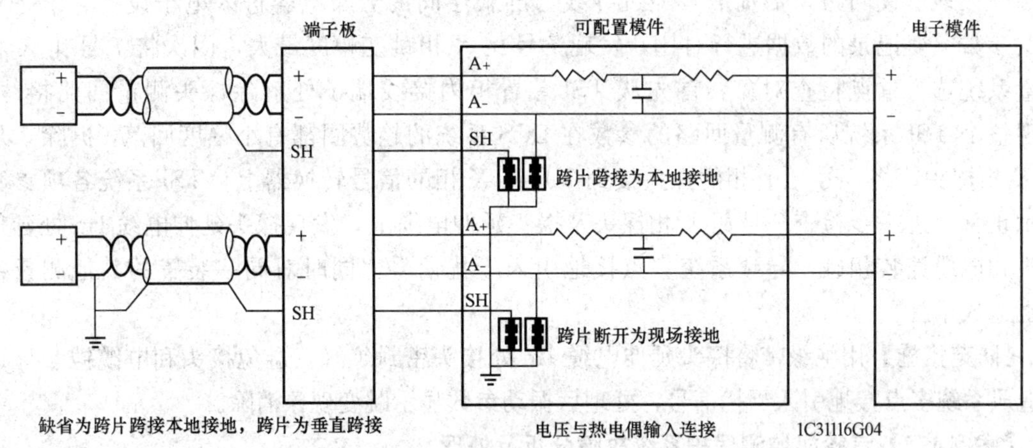

图 4-11 热电偶信号接地跨片原理

接回路，但对于 DAS 信号，如果热电偶是搭壳式的，特性模件中只去掉一个跨片，即热电偶现场接地，而屏蔽线 Ovation 侧接地。经过多年的运行观测，精度基本符合要求，没有发生因接地方式的不同出现问题的情况。

热电偶手册说明，热电偶可分为搭壳式和非搭壳式两大类，其中非搭壳式热电偶的测量电极与外面的保护管绝缘，而搭壳式热电偶的测量负极与外面的保护管则是导通的。国内生产的热电偶绝大多数是非搭壳式，而国外生产的热电偶搭壳式的居多。该电厂的 1、2 号机组为进口机组，搭壳式的热电偶较多，上述案例告诉我们，如果在安装调试中不熟悉这一点，有时会在无意中造成两点接地而导致测量异常情况发生。此外由于现场环境比较恶劣，有时也会出现热电偶正极或负极接地的情况，在这种情况下，Ovation 系统由于自身一侧热电偶接地，就会出现信号大幅跳跃的情况。如果这个信号参与控制，就容易引起设备的误动。作为补救，应对重要的保护信号，如风机的轴承温度等，在软件中增加速率保护逻辑(信号在一定的时间内变化幅度过大，保护就自动撤出)，并设置速率越限报警及时提醒运行人员。

【案例 174】探头电缆多点接地导致 TSI 轴振信号跳变

【事件过程】某电厂 220MW 机组，采用 EPRO 公司的 MMS6000 系统对 TSI 系统进行换型改造，改造后系统运行两年一直比较稳定，但在 4 月 2 日 16:11～16:26、2 号机组 4 号瓦、6 号瓦 X 相、7 号瓦 X 相、7 号瓦 Y 相轴振参数同时从 38、78、45、46μm 跳变至 59、98、58、74μm，随后在短时间内，以上几套测量参数无规律的多次发生跳变，其中 7 号瓦 Y 相轴振参数最高达 230μm（轴振最大测量值为 250μm），严重威胁着机组的安全稳定运行。

【原因分析】事件后首先怀疑电源因素，因轴振测量系统探头采用 PR6423 涡流传感器，与之配套的是 CON010 信号转换器，信号转换器需要提供－24V 电源，而以上测量系统信号转换器电源由同一块电源模块提供，如果－24V 电源性能不稳，电压瞬间波动，将会造成信号转换器输出信号瞬间跳升，但更换电源模块后大约半小时，以上故障现象再次发生，因此排除了电源故障造成测量系统异常的因素；之后热工人员分析认为系统多点接地，屏蔽层与大地形成回路，干扰信号经过导线与屏蔽层间的分布电容进入电子设备。于是对多次参数突变记录的数据进行对比，发现 7 号瓦 X 相跳变幅度最大，因次将 7 号瓦 X 相测量系统选为重点检查对象，首先从 TSI 装置柜内接线端子处解除探头测量回路接线，发现整个 TSI 系统所有测量回路的参数在 DCS 系统的趋势图都有小幅度回落，拆除 7 号瓦 X 相探头，将 7 号瓦 Y 相的探头接到 7 号瓦 X 相的信号转换器上，TSI 系统各项参数显示正常，进一步检查 7 号瓦 X 相探头及探头延伸电缆上，发现探头延伸电缆 1m 处延伸接头和电缆铠装相碰，导致系统多点接地引入干扰信号，同时对同一装置的其他测量系统也造成干扰。

【防范措施】用绝缘带将探头延伸电缆 1m 处接头密封绝缘，避免接头和电缆铠装导通后造成系统多点接地引入干扰信号，处理后振动参数显示跳变现象消除。

【案例 175】汽轮机监测保护系统故障分析及处理

【事件过程】某电厂机组正常运行中，TSI 轴承振动信号突降，2 号瓦 X 方向振动由 40.79μm 降至 2μm；1 号瓦 Y 方向振动由 81.35μm 降至 11μm。突变维持 2～3s 后恢复正常。如图 4-12(a)、(b) 所示。

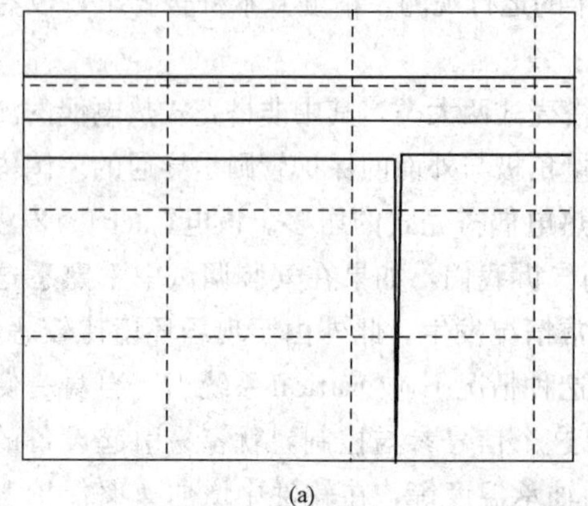
(a)

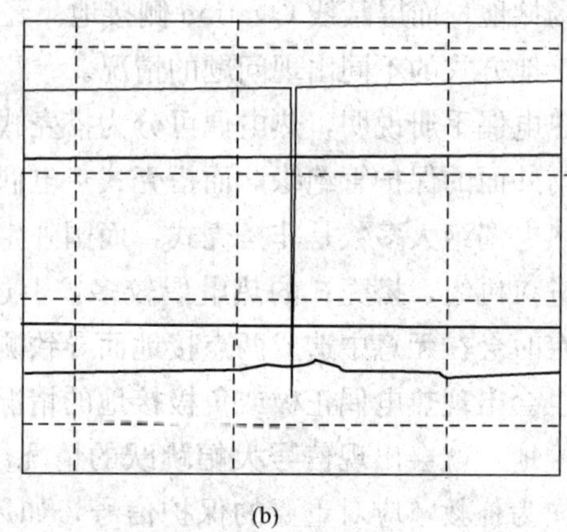
(b)

图 4-12　2 号瓦 X 方向、1 号瓦 Y 方向振动突降曲线

(a) 2 号瓦 X 方向振动突降；(b) 1 号瓦 Y 方向振动突降

【原因分析】检查 3500 各模件 OK 灯显示正常，无报警输出，但轴向位移、高压缸胀差、轴承振动等测点均发生过类似突变现象，发生时间和变化幅度无规律（期间无大型电气设备启停操作，供电电源无异常报警），共同特点为突变方向均呈下降趋势。现场检查探头支架安装、延伸电缆绝缘、前置器箱体安装、屏蔽电缆沿途敷设均无异常，但在传感器系统的检查过程中发现前置器电缆连接未锁紧，部分存在松动现象，连接电缆接头存在少量油污，清理油污，并锁紧接头后突变现象消失。此外机组停运过程中进行模拟电磁干扰试验，轴承振动信号记录波形如图 4-13(a)、(b) 所示。此大幅的突变足以造成机组保护误动，为了防止监测信号受到较强无线电信号的干扰，对轴承振动传感器重新加装了金属防护罩。

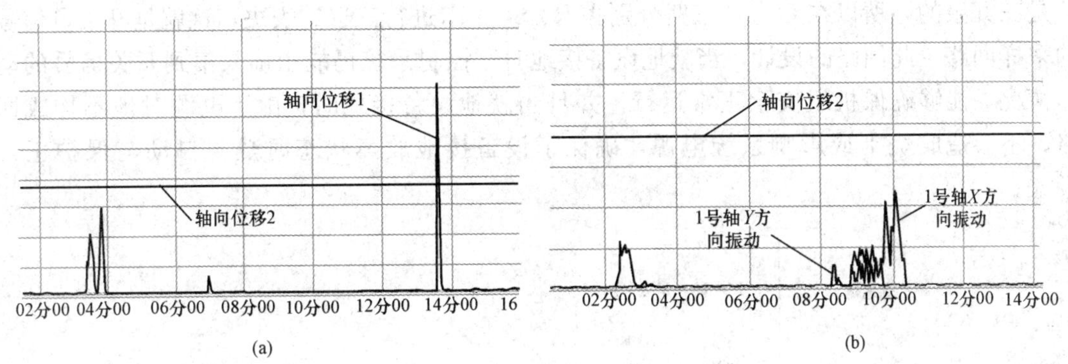

图 4-13　轴承振动信号记录波形

(a) 5 号轴 X 方向振动电磁干扰试验波形；(b) 1 号轴 X、Y 方向振动电磁干扰试验波形

【防范措施】

(1) 利用机组停机机会，进行 TSI 系统设备的安装、线路连接检查，确保前置器电缆连接锁紧，无油污污染。

(2) 检修人员应熟悉 TSI 系统的测量原理，熟练掌握传感器安装、调试和模块参数设置。当系统监视参数异常时，能够根据日常维护工作中积累的经验，迅速判断出大致的原因所在，采取正确的措施解决问题。

【案例 176】电缆屏蔽层两点接地引起风机振动检测信号跳变且信号无法归零

【事件过程】某电厂 3 号机组六大风机振动柜安装在就地，振动探头通过振动模件转换为 4～20mA 的模拟量信号通过屏蔽电缆送至 DCS 系统显示，在调试中曾发生六大风机振动检测信号跳变且信号无法归零情况。

【原因分析】经检查振动柜至 DCS 系统的连接电缆的屏蔽层两头存在两点均接地情况，引入了干扰信号导致显示跳变。

【防范措施】消除两点均接地情况后，风机振动检测信号跳变且信号无法归零情况消失，显示正常。

【案例 177】MARK V 125V DC 接地故障处理方法

【事件过程】燃气轮机机组的特点是模块化安装，所以安装位置紧凑，并且大部分采用露天布置；另外，燃气轮机作为调峰机组，往往启停十分频繁。由于这些特点，燃气轮机设备的故障率较高，其中 125V DC 接地故障的频率远远高于其他常规机组，某电厂共发生

125V DC 接地故障 20 次。PG9171E 型燃气轮机 MARK V 控制系统开关量信号检测系统采用±62.5V DC电源，由于其设计上分路电源与总电源没有采用隔离，控制系统仅对总电源上的电压进行检测。当外回路出现接地现象时，除了总的一个接地报警外，其他无任何异常，这给接地故障快速有效地查找带来一定的困难。

【原因分析】

(1) 燃气轮机开关量信号采样及监测回路原理。燃气轮机开关量信号采样输入回路控制电路如图 4-14 所示。107、108 分别为 MARK V 端子板的±62.5V DC 端，AB 间为就地开关触点，开关量信号电压的变化通过 C 点经过采样电阻 *R* 后经过滞回比较器及光电耦合二极管后在 D 点产生高或低电平信号后送 MARK V，显示 0 或 1 两种状态，由于 MARK V 是三冗余的，所以在 C 点分三路分别去 R、S、T 卡进行三选二表决，这就是开关量信号的采样回路。此回路的设计，当就地设备接地时，控制系统仍能正确采集到开关信号的动作情况，能够确保机组安全正常运行，并且当就地设备接地时，由于电源对地不构成回路，不会造成烧卡或影响系统电源，确保了设备接地故障状态时热工自动与保护正常投入。

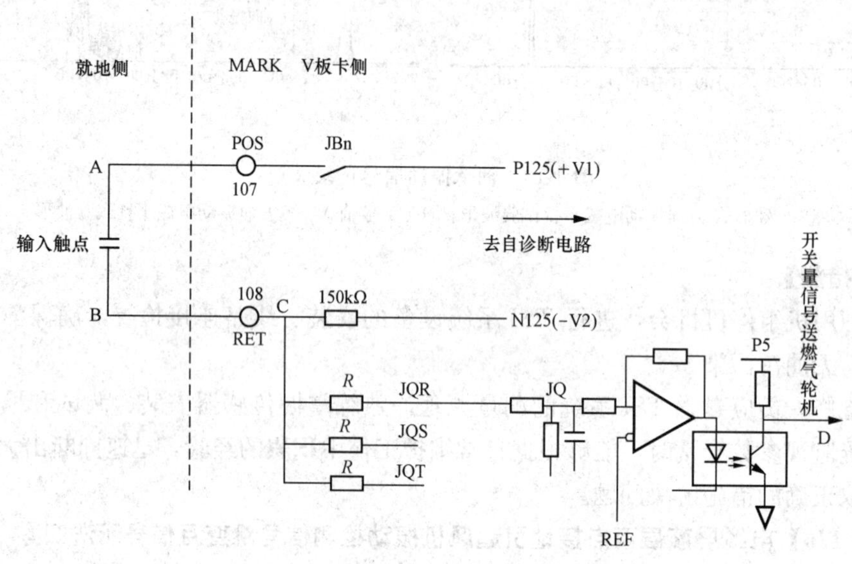

图 4-14 燃气轮机开关量信号采样输入回路控制电路

(2) 燃气轮机 MARK V 125V DC 接地故障报警电路原理，如图 4-15 所示。125V DC 母线接地故障报警定值（0～65V DC）为 31.24V DC，是允许的在正负极母线上所存在的最低电压绝对值，分别测出它们的对地电压，就可产生自诊断报警，如图 4-14 所示的 V1 或 V2 的绝对值若小于 31.24V DC，则燃气轮机的 MARK V 125V DC 直流接地自诊断报警回路通过动作低电压继电器 27 就会在 MARK V 人机界面上显示“L64D _ P(_ N) BATTERY 125V DC GROUND”，蓄电池正极接地或负极接地，提醒直流系统内设备接地，须及时予以确认。

根据燃气轮机多次频繁发生的 125V DC 接地故障，我们大约统计了发生的主要设备原因及其频率，见表 4-2。

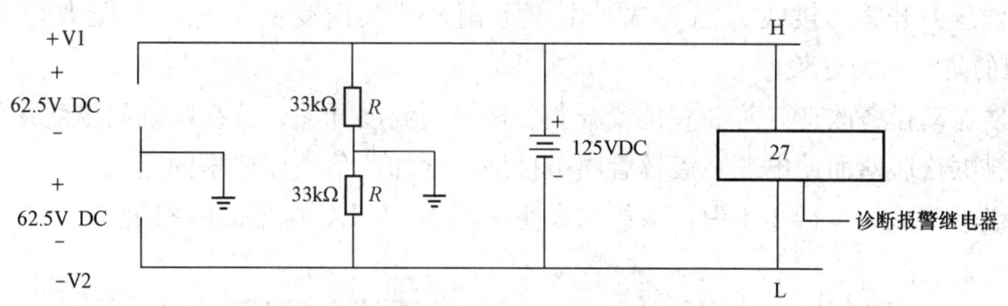

图 4-15 接地故障报警电路原理

表 4-2 **接地故障主要设备原因及频率统计**

序号	设备	接地原因	次数	所占百分比
1	防喘阀位置开关	高温，振动	8	40%
2	负荷联轴间温度开关	高温，潮湿，振动	3	15%
3	透平间温度开关	高温，振动	3	15%
4	框架风机压力开关	高温，潮湿	2	10%
5	顶轴油压力开关	潮湿	2	10%
6	发电机侧液位开关	潮湿	2	10%
总计	所有设备	高温，振动，潮湿	20	100%

针对以上数据，我们确认了燃气轮机就地设备发生 125V DC 接地的主要原因是高温、潮湿、振动。

【防范措施】

(1) 防高温设备改造。防喘阀位置开关原来安装于密闭的透平间内，由于中封面泄漏及附近靠近缸体，环境温度高于 200℃，中间接线盒内的接线排由于高温碎裂而使电缆搭壳接地，将接线排更换为耐高温的磁接头；从接线盒到位置开关的金属软管破裂而使高温热气烘烤电缆，使电缆酥软而绝缘降低，选型用耐高温的金属软管取代，后由于透平间的恶劣环境得不到改善，将防喘阀从透平间移位至燃气轮机箱体外，使高温造成位置开关接地的隐患彻底消除。

负荷联轴间温度开关安装于排气框架附近，由于排气框架漏气严重，高温烘烤温度开关控制电缆而使其酥软接地，机务专业人员对排气框架增装了防护衬板，仪控专业人员也对电缆进行了改道敷设，并将负荷联轴间内电缆更换为耐 500℃高温的控制电缆，提高了设备的健康状态。

透平间温度开关铝制接线盒改为铜接线盒，防止热胀冷缩后接线盒打不开而将其螺纹破坏，使高温烟气进入接线盒烫伤电缆接地。

框架风机压力开关的电缆经过排气框架，也曾因高温而烧坏电缆接地，移位改道处理。

(2) 防潮湿设备改造。负荷联轴间温度开关位于露天易积水处，遇暴雨天气容易受潮接地，将其移位并安装于新的防水不锈钢接线箱内。

框架风机压力开关、发电机侧液位开关在暴雨天气容易受潮接地，对其接线盒用玻璃胶密封防水处理。

顶轴油压力开关的接线为插头式，由于下雨，插头内受潮接地，将压力开关改型为SOR公司的防潮压力开关。

(3) 防振动设备改造。防喘阀位置开关、透平间温度开关、负荷联轴间温度开关电缆的穿线管曾被振松脱落而使电缆被镀锌管磨破接地，增加花角铁和抱攀固定。

经过以上改造后运行4年中，机组未发生一起125V DC接地故障报警。

第三节　电焊作业引起系统干扰故障案例分析

由于电焊作业往往会带来谐波污染，当这些污染带入到热控系统时会对系统的多方面产生干扰。这种由电焊作业对热控系统引起的干扰主要包括谐波干扰对附近信号线路的影响和谐波干扰对热工电源的干扰。

【案例178】焊接作业时地线未引致焊件导致控制器死机

【事件过程】某电厂AP2、AP15、AP3、AP8控制器多次发生死机事件。

【原因分析】控制器重启后均正常，检查未发现任何异常。经分析认为，控制器死机是由于干扰造成。当时精处理再生小间加装厕所，施工人员未执行从事焊接作业时地线必须引致焊件的规定，多次单线施焊，使DCS系统的"地"受到严重干扰。精处理再生小间施工完毕后，AP恢复了稳定运行。

【防范措施】加强电焊作业管理，防止同类问题再次发生。

【案例179】电焊作业对附近信号线路干扰引起增压风机跳闸

【事件过程】某电厂机组在基建调试阶段，发生1号机组脱硫增压风机振动突然跳变，导致增压风机跳闸。

【原因分析】经检查和仿真试验，事件原因是电焊机在TSI测量机柜附近进行焊接工作，因机柜处于电焊机接地点与焊接点间，焊接时导致TSI机柜附近接地线上有电势差产生，该电势差在TSI测量电缆屏蔽层上产生环流，经电场耦合在信号线上产生感应电压，损坏TSI系统模件与前置器，引起信号突变。

【防范措施】在TSI等敏感信号系统附近应严格管理电焊作业，避免在机组运行期间开展可能造成信号干扰的施工作业。

【案例180】电焊作业对热工电源干扰引起机组跳闸

【事件过程】12月16日9:50:39，某电厂1号机组因汽包水位低低保护MFT动作，机组保护跳闸。经查，实际汽包水位正常；DCS系统采集到的水位变送器信号（LT0904、LT0905、LT0906）、汽包压力信号（PT1001、PT1004、PT1006）及末级过热器出口压力PT1017在机组跳闸前3s曾剧烈跳变，最终引起水位低低保护误动作，机组跳闸。13:32，机组准备重新冲转时，汽包水位等信号再次出现大幅上下跳变，最终引起水位高高保护动作，锅炉MFT动作。汽包水位等信号受干扰记录曲线如图4-16所示。

【原因分析】根据曲线分析，认定事件是串干扰引起的。经检查一期机组380V电源检修段分别接1、2号炉检修电源箱以及1、2号机组热工配电屏电源，热工配电屏主要用于提供锅炉现场仪表保温柜的电加热电源。而事件发生时，检修电源箱有电焊机接入并在焊接工作，因此怀疑是电焊机工作时对检修段母线电源造成谐波污染，而热工仪表管的伴热电源也

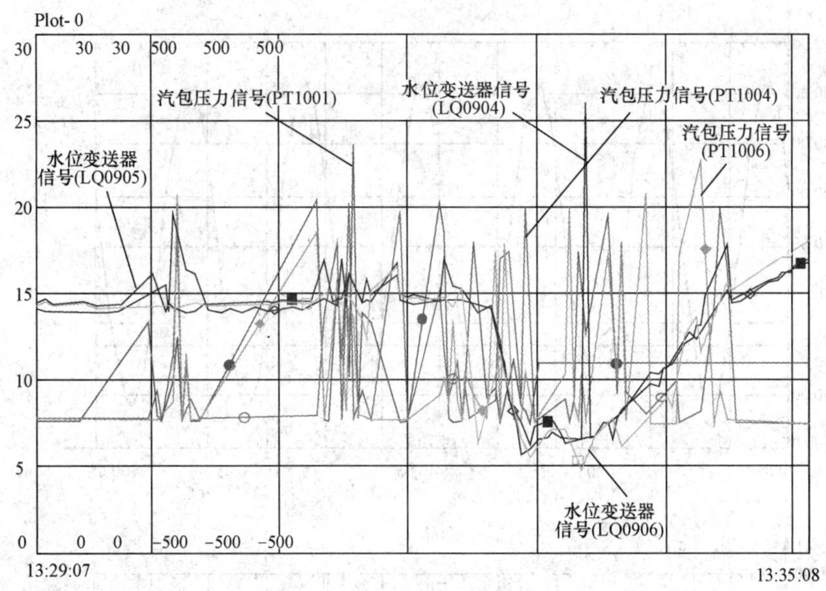

图 4-16　汽包水位等信号受干扰记录曲线

取自该检修段，进而使得热工的伴热电源回路里产生谐波分量，通过电缆间的电导耦合干扰，影响了锅炉汽包水位、汽包压力等主重要信号，致使这些参数大幅度波动，越限后触发了保护动作，机组 MFT。为验证该分析结论，决定进行电焊机作业实际现场模拟试验。

（1）模拟测试。为了使现场的模拟测试更具有代表性，除使用当时进行焊接作业的电焊机外，专门挑选了另外一台备用电焊机进行比对，分别使用两台不同的电焊机在两个不同的检修电源箱供电时作业（现场有多个检修电源箱，均取自一期 380V 检修段）。为分析方便，电焊机分为甲（12 月 16 日现场使用的电焊机）和乙（备用电焊机）。测试波形从 1 号炉热工配电屏（N78）的电源回路上获得。记录波形如图 4-17(a)～(e)所示。

（2）原因分析。通过对图 4-17(a)～(e)的波形分析，可以得出以下结论：

1）不论由哪个检修电源箱供电，只要是电焊机甲工作，都将在检修段上产生 12 次以下的谐波分量，其谐波分量比均在 5%以下，甚至更小（与基波相比），可以认为电焊机甲工作时将在检修段产生谐波污染，因此会造成由检修段所供电的其他负荷回路中存在谐波分量。

2）当电焊机乙工作时，检修段上未见有明显的谐波畸变，接近于正常波形。因此，可以认为电焊机乙与电焊机甲有较大的区别，即电焊机的个体存在差异，非普遍现象。

在试验过程中，即在图（b）所记录的状况下，投入 1 号炉热工配电屏 N78 输出供给锅炉现场仪表柜的电加热电源开关后，即会出现热工信号干扰、剧烈跳变现象，与 MFT 事件现象非常吻合。因此，可以判断热工信号干扰与电焊机甲工作以及仪表管电加热回路有必然联系。电焊机甲使用会使检修段电源产生谐波分量，而该检修段电源经热工配电屏 N78 连至锅炉仪表柜作为电加热电源，因此投入电加热电源后，同样会在电加热回路中出现谐波分量。

进一步检查电加热电源电缆与仪表柜内的信号电缆在很长一段距离内并行走向。因此，可以判断热工信号干扰是电焊机焊接时，使电源产生谐波，经电容电感耦合引起。尽管谐波分量的幅值不是很大，有时却可能对弱电信号回路造成影响。影响程度取决于干扰源和被干

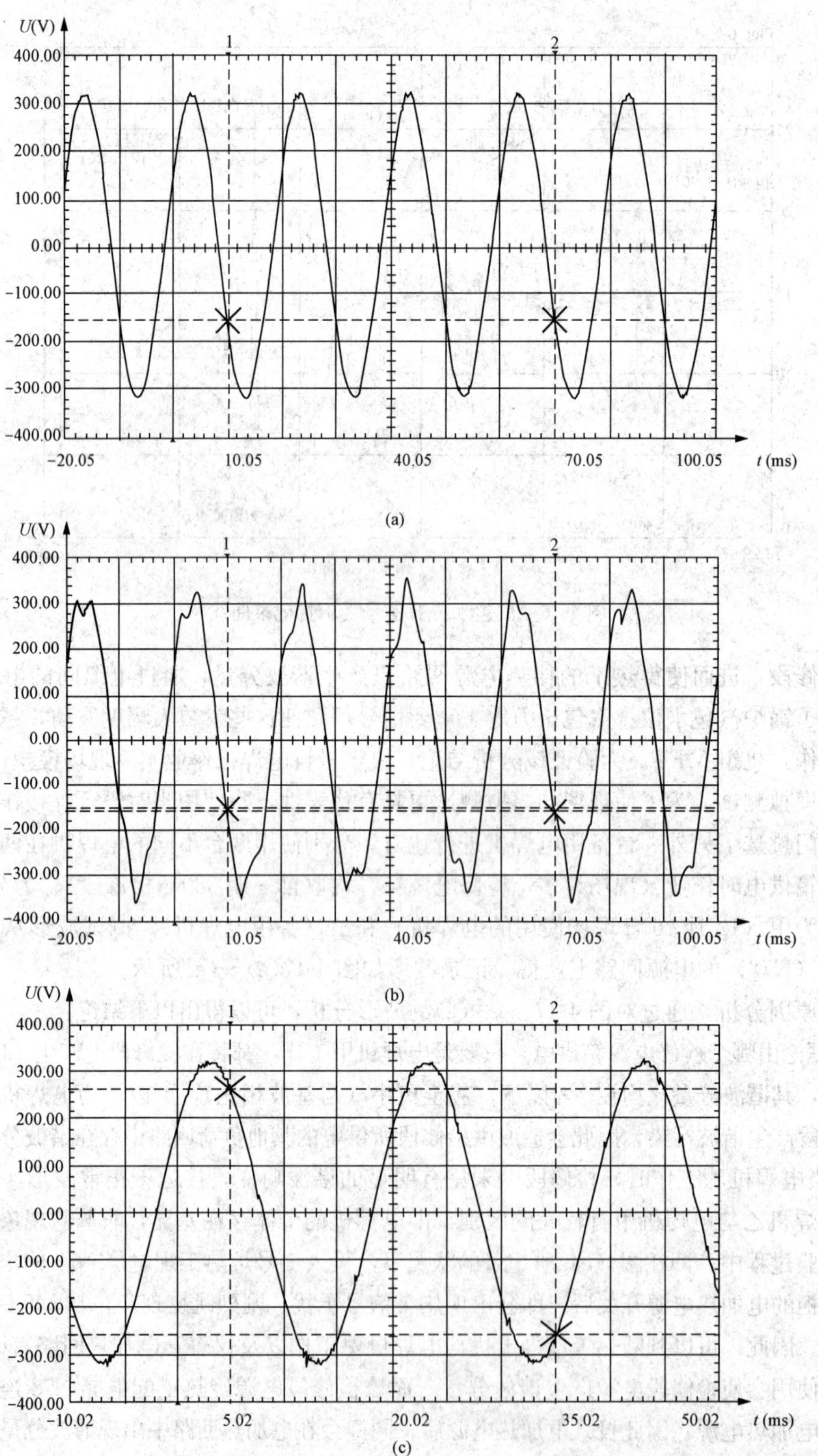

图 4-17　电焊机甲、乙工作前后的波形（一）

（a）电焊机工作前 1 号炉热工配电屏 N78 的正常波形；（b）电焊机甲炉工作前 1 号炉热工配电屏 N78 波形；（c）电焊机乙炉工作前 1 号炉热工配电屏 N78 波形

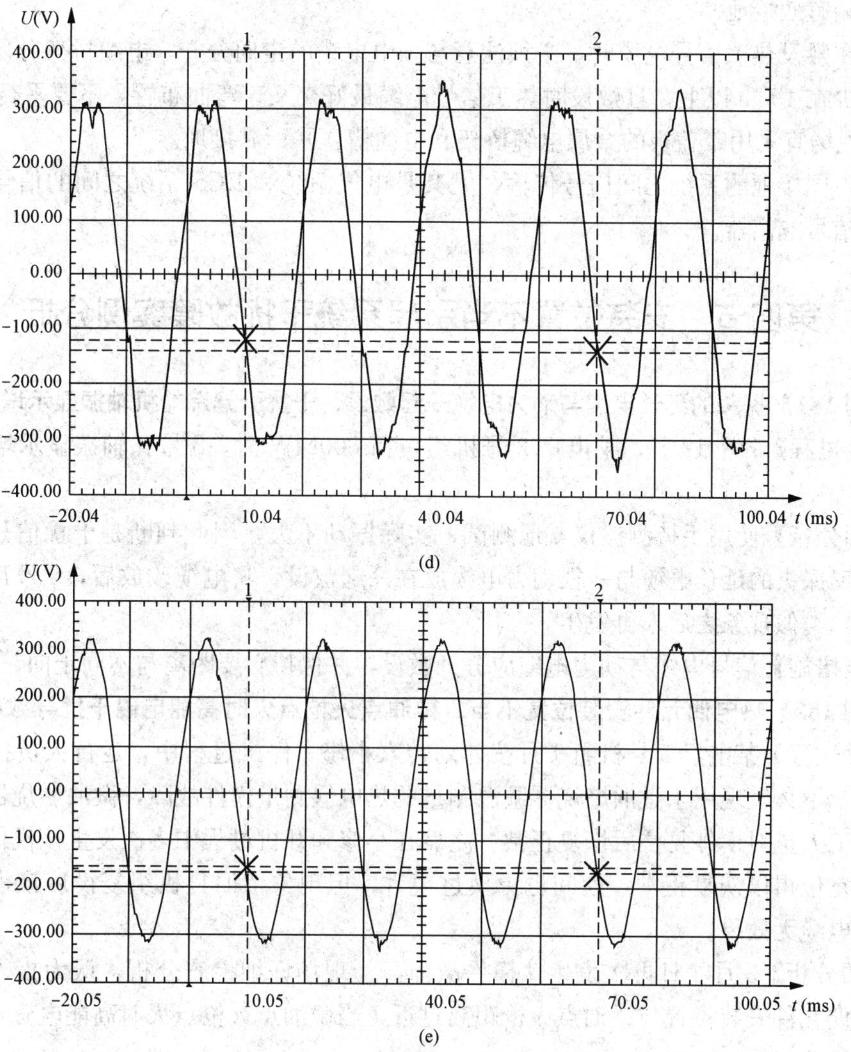

图 4-17　电焊机甲、乙工作前后的波形（二）

（d）电焊机甲炉工作后 1 号炉热工配电屏 N78 波形；

（e）电焊机乙炉工作后 1 号炉热工配电屏 N78 波形

扰对象之间的等效电容（两者之间分布电容）等有关参数，因此在有些情况下尽管有类似的情况出现，但出现的结果会有很大的不同，只有在某些条件同时满足时，才会出现类似本事件的干扰。

【防范措施】

（1）事件后，将热工仪表管的伴热电源改接至照明电源，以避免类似事件再次发生。

（2）对全厂电焊机进行实际试验，判别工作时可能对电源产生谐波污染的电焊机。热工信号电缆尤其是用于弱电信号的电缆最好采用有总屏蔽带分屏蔽的计算机电缆（对绞铜带屏蔽或对绞铝箔屏蔽），总屏蔽层在电缆的两端有效接地，分屏蔽层在 DCS 机柜侧接地，现场侧浮空（总屏蔽层和分屏蔽层不能连接在一起）。

（3）热工的电源电缆（220V、380V）最好采用带屏蔽层的 KVV 控制电缆，屏蔽层在电缆的两端有效接地。

(4) 在敷设热工信号电缆时，必须注意与强电电缆的走向分开，电缆桥架分层敷设，两者间距至少在 15cm 以上，且敷设时热工信号电缆最好交叉、弯曲布置，不要平行敷设。

(5) 现场宜采用带盖板的金属电缆桥架和电缆槽，并可靠接地。

(6) 不同接地的系统之间信号传输，尤其是电气系统和 DCS 系统之间的信号传输，一定要加装信号隔离器。

第四节　安装位置不当引起系统干扰故障案例分析

【案例 181】探头的延长电缆与动力电缆一起敷设，干扰引起汽轮机轴振显示增大且跳变

【事件过程】 1 月 12 日，某电厂 2 号机组负荷 800MW 时，8 号瓦轴振显示增大且出现跳变。

【原因分析】 使用手持测振仪就地测试，实际振动不大，因此判断是干扰信号所致。经过检查发现探头的延长电缆与一根动力电缆放在一起敷设，将电缆改放后，8 号瓦轴振显示恢复正常，类似现象之后未再发生。

【防范措施】 信号电缆与动力电缆应分开敷设，并保持必要距离与不同走向。

【案例 182】热电偶元件安装位置不当，微油点火枪点火时高能电磁干扰导致模件故障

【事件过程】 某电厂 5 号机组 1 月按计划转入小修。停机过程中，运行人员投微油点火装置助燃，不久发现用于微油燃烧器壁温测量的热电偶测量模件故障，微油燃烧器壁温显示无效。热工人员对模件复位后恢复正常。之后在小修和开机过程中多次发生该模件故障，均能够通过复位得以恢复正常，期间也更换过模件，但现象依旧且机组复役后该模件运行稳定，更换电缆无效果。

【原因分析】 3 月 4 日再次发生该模件故障。经现场仔细检查分析，认为接入该模件的两支热电偶元件安装位置与微油点火枪距离过近，当微油点火枪点火时高能电磁干扰通过电缆串入模件造成模件离线。

【防范措施】 调整了热电偶与点火枪的安装位置后，投运微油点火装置过程，此故障未再发生。

【案例 183】接地线连接位置不当引起高压调节汽门大幅度抖动

【事件过程】 某电厂 2×300MW 机组，DCS 采用和利时 MACS 系统，DEH 控制采用 Foxboro 的 I/A Series 系统，1 号机组稳定运行过程中，出现高压调节汽门大幅度抖动现象。

【原因分析】 该电厂在停机状态下 DEH 挂闸试验，模拟加入高压调节汽门伺服信号，阀门均能稳定控制，初步排除 DEH 伺服模件和伺服阀的问题。检查接地系统，发现根据设计要求，和利时 DCS 接地只采用了统一的接地铜排，而 Foxboro 系统要求有独立的系统接地和屏蔽地，实际安装中将 Foxboro 机柜的系统地和屏蔽地，与和利时系统接地铜排全部接在一起。

【防范措施】 将 Foxboro 系统所有机柜的电源接地线及机柜壳与系统地汇流铜条连接，系统地汇流铜条与 DCS 电源柜来 220V AC 电源地线连接在一起；同时把 DEH 各机柜内屏蔽线（包括就地来伺服回路、LVDT 回路屏蔽）与 DEH 屏蔽地汇流铜条连接，屏蔽地汇流铜条与和利时系统接地铜排连接。接地回路改线后，观察发现 DEH 阀门抖动现象消失，问题得以解决。

【案例 184】信号地和交流地共用一个地，干扰引起通信中断

【事件过程】某电厂 3 号机组调试过程中，二期循环水泵控制系统均采用 ABB 远程 I/O 系统，在就地设计一个 I/O 机柜。在循环水泵试运行期间突然发生运行 I/O 柜所有的通信中断，信号无法采样，无法通过 DCS 进行操作。

【原因分析】检查循环水泵控制系统所有的 BRC 控制器、远程 I/O 模件、电源、I/O 子模件等，均未发现问题。检查远程 I/O 机柜，发现其信号地和交流地共用一个地，分析认为是交流地中的电流通过直流地干扰到了信号的传输，从而造成了通信中断。

【防范措施】通过重新敷设接地系统至机柜的接地线，问题得到解决。

【案例 185】振动探头延伸电缆接头在接线盒内接地导致机组轴电压试验时振动信号跳机

【事件过程】4 月 14 日 2 号机组负荷 180MW。9:30，左右检修人员进行 A 级检修前发电机轴电压测试过程中，在测励端挡油盖对地电压时，按照《电力设备预防性试验规程》规定将 2 号发电机励侧大轴和励侧试验端子 BCE6 短接（短接油膜）。当检修人员将励侧大轴和励侧试验端子 BCE6 短接后，汽轮机轴瓦振动信号 6Y 突然从 53μm 跳到 399μm、1Y 振动从 76μm 跳到 178μm，并持续 8s，其他轴瓦的振动信号也均有幅度不等的信号跳变现象，9:42，由于“汽轮机振动高”保护动作导致汽轮机跳闸，MFT 动作。

在机组升速到 3000r/min，2 号发电机升压到额定电压后临时强制退出汽轮机振动保护，由检修人员再次进行发电机轴电压测试，以判断该试验是否对汽轮机轴承振动监测有干扰。16:24，2 号发电机轴电压测试结束，恢复汽轮机轴承振动保护，2 号机组并网。

【原因分析】通过查阅 DEH 系统的曲线，发现 9:41，2 号机组的 6 号轴 Y 向和 1 号轴 Y 向振动发生突变，1 号轴 Y 向振动最大到 178.5μm，6 号轴 Y 向振动最大到 399.76μm，突变时间约 7s，如图 4-18 所示。同时调看 S8000 振动分析系统数据曲线发现，1 号轴 Y 向～6 号轴 Y 向振动都发生突变，时间为 7s 左右，根据这些现象判断导致振动信号突变是由干扰信号引起的。检查主机振动保护触发条件为轴承振动到达跳闸值不小于 250μm 且其他任一轴瓦的振动到达报警值不小于 125μm，并延时 2s。

因在该时段电气专业人员进行过机组轴电压试验，同时检查 TSI 系统信号电缆时发现 Y 向振动信号屏蔽线未接地，考虑到振动信号突变可能与这两个因素有关，决定复现轴电压试验时的情况。由于机组已经冲转，在做好退出保护等安全防范措施后开始试验。前两次是完全复现试验当时的情况，即在 Y 向振动信号屏蔽线未接地的情况下，后一次是在 Y 向振动信号屏蔽线接地的情况。从实验结果看，在将励侧大轴和励侧试验端子 BCE6 短接时，从振动分析系统中观察到 1 号轴 Y 向～6 号轴 Y 向振动信号都发生突变，最高值在 330μm 左右，且振动高保护动作。屏蔽线接地后，最高值有所下降但仍达到跳机值，由此可判断振动信号发生突变与轴电压试验有关系。

为了查清 6 号轴承外的其他轴承振动信号跳变的原因，在 2 号机组停机前再次进行了轴电压试验。把 6 号轴 Y 向的振动输入信号拆除时进行轴电压试验，发现振动信号正常，未出现突变现象，说明轴电压试验对除 6 号轴承外的振动信号无影响。把 6 号轴 Y 向的振动输

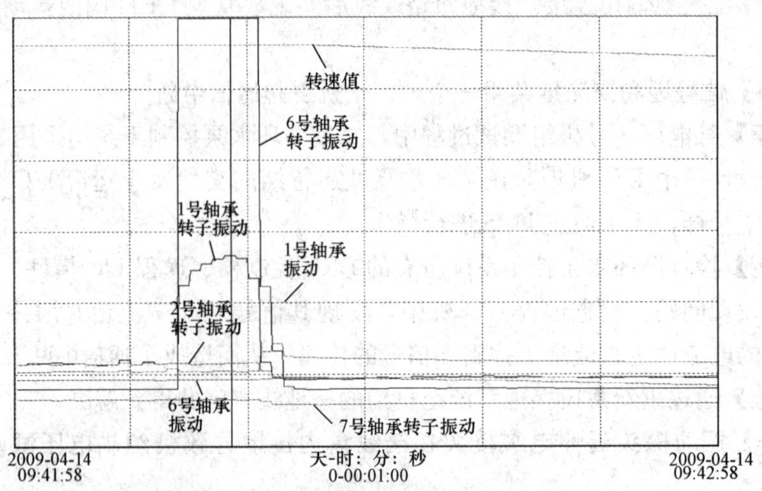

图 4-18 机组跳闸时振动曲线

入信号恢复后，进行轴电压试验，发现 1 号轴 Y 向～6 号轴 Y 向振动信号均发生突变现象，说明轴电压试验对 6 号轴 Y 向的振动有干扰，如图 4-19(a)、(b) 所示，其余轴 Y 向振动信号的突变应该与 6 号轴 Y 向振动信号有关。

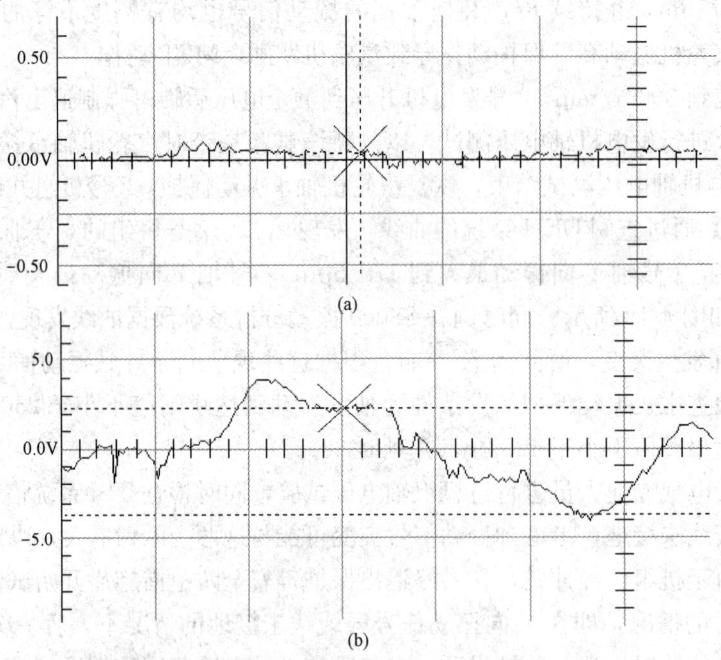

图 4-19 COM 端对地电压波形

(a) 大轴与 BCE6 端子未短接时；(b) 大轴与 BCE6 端子短接时

检查 Y 向振动信号电缆屏蔽，通过测试排除电缆屏蔽不好的影响。检查 TSI 系统模件，发现模件 COM 端相互间是导通的，在进行轴电压试验时（6 号轴 Y 向的振动输入信号恢复），COM 端对地有 1V 左右的交流电压。检查结果表明：

（1）轴电压试验是引起 6 号轴 Y 向振动信号突变的干扰源。

（2）由于 TSI 系统本身的设计是模件之间不相互独立，轴电压试验对 6 号轴 Y 向振动信号的干扰通过模件的 COM 端对整个机柜的信号造成影响。

轴振测量系统包括测量探头、延伸电缆、前置器、信号电缆和输入模件。机组检修时，热工人员对轴电压试验时干扰信号进入 TSI 测量系统的可能途径进行了仔细检查分析：

（1）检查了前置器和输入模件的隔离及接地情况均正常，可以排除该原因。

（2）冲转时的复现试验表明信号电缆的屏蔽对干扰信号强度有减弱作用，但不能消除干扰信号，不是信号突变的主要原因。

（3）延伸电缆及接头。如果存在延伸电缆的破损、接头绝缘不好的情况，励侧大轴和励侧试验端子 BCE6 短接（短接油膜）时，大轴与挡油板联通，电压变化引起的干扰信号可能会引入 COM 端或信号端，导致振动信号突变。

经检查发现 6 号瓦接线盒对地未绝缘，盒内的延伸电缆接头连接处无热缩管绝缘且碰壳，由此确定事件原因是励侧大轴和励侧试验端子 BCE6 短接时，谐波电压进入 6Y 轴振信号的 COM 端。

【防范措施】从提高 TSI 系统可靠性的角度，提出以下措施和建议：

（1）机组检修时，对热控系统信号接地和电缆屏蔽的接地进行全面检查，确保系统信号单点接地，屏蔽层接线完整。检查与第三方（DEH）系统之间的信号接地情况，DEH 系统未隔离的，将 TSI 系统的 COM 浮空。

（2）全面检查核实 TSI 就地接线盒的绝缘情况，根据 TSI 厂家要求做好绝缘措施。

（3）探头与延伸电缆的接头应采用热缩套管保护，以防止探头松动和接头处碰到机壳导致信号测量不准。

（4）在检查中，热工人员发现 TSI 系统振动信号 Y 向的模件除了 1 号轴和 6 号轴有报警和跳机灯亮，其余的模件灯未亮。在停机检修时对模件内部的设置进行检查，同时对模件的通道进行精度测试，查找模件灯未亮的原因，确保 TSI 系统功能正常。

（5）在 A 修后探头安装完成机组启动并网前安排进行模拟信号试验，采用不同接地点，对比检查干扰信号的变化情况。

第五节 现场干扰源引起系统干扰故障案例分析

【案例 186】干扰引起除氧器水位低保护误动作

【事件过程】某厂 300MW 机组控制为西门子系统。12 月 10 日 5:40:30，机组负荷 240MW 时，因给水泵全停造成锅炉 MFT。

【原因分析】查阅历史数据记录如下：5:40:00～5:40:07 期间，LS2018A（除氧器水位低开关 A）出现频繁跳变；5:40:04，LS2018B（除氧器水位低开关 B）发生跳变，同时与除氧器水位低 LS2018A、LS2018B 二个信号同时跳为 1；5:40:05 时，因除氧器水位低保护信号三取二条件满足，A、B 给水泵汽轮机跳闸。5:40:30 时，25s 内因 C 电动给水泵未启动（因之前做联锁保护试验而解除）发“给水泵全停信号”，造成 MFT。

根据上述记录分析，本次故障起因是除氧器水位低保护误动，而除氧器水位低保护误动作的原因是由干扰引起，分析如下：

1. 模件或系统抗干扰能力差

除氧器水位低保护动作时，除氧器水位实际正常。A、B给水泵汽轮机保护用除氧器水位低信号是三个水位开关信号在4DPU三取二送出的，如图4-20所示。LS2018A、LS2018B、LS2028水位开关信号分布在三块不同的模件上，就地测量元件也是独立的，模件和就地元件故障不可能7s内同时出现三个除氧器水位开关信号（有高、有低）跳变，同时热控就地检查水位开关和电缆绝缘均正常，信号跳变原因只可能是DCS系统模件或系统内部干扰。

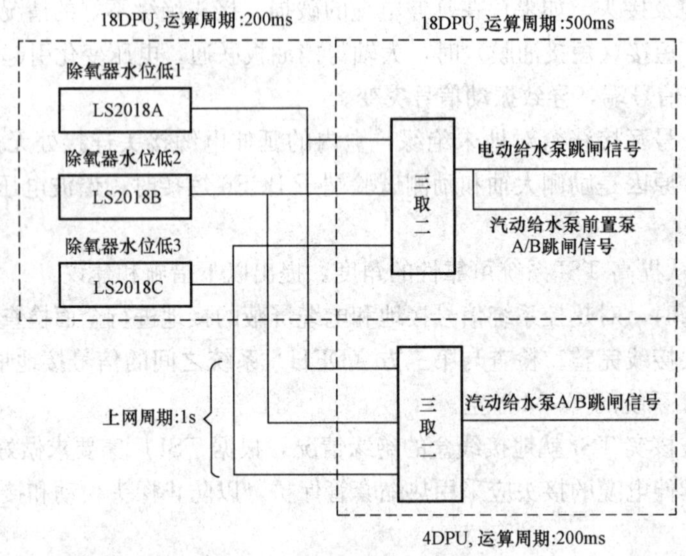

图4-20 除氧器水位低保护逻辑

考虑到开关量电缆一般抗干扰级别比模拟量低，因此分析认为DCS模件或系统抗干扰能力差应是本次故障的主要原因。

2. 除氧器水位低跳A、B给水泵汽轮机，但A、B前置泵保护未动作的原因分析

如图4-20所示，除氧器水位低LS2018A、LS2018B、LS2018C信号均在18DPU，跳A、B给水泵汽轮机除氧器水位低信号是4DPU利用18DPU的上网点。5:40:04，除氧器水位低信号LS2018A、LS2018B同时为1时，18DPU内跳A、B前置泵的除氧器水位低信号未发出，系页面执行周期为500ms较长，跳变信号未采集到。

在DCS系统中运算周期表示页被计算的周期，同页中的功能块具有相同的计算运算周期，每一页的计算按功能块的执行序号顺序执行。因此一页组态中每个功能块会依执行序号在一个运算周期内运算一次。这样如果两页运算周期不一致而又有引用关系时，就有可能由于运算周期的不一致而发生随机的信号丢失现象，根据概率理论，信号不被丢失的概率等于两页运算周期的时间比。在这里由于18DPU中信号输入页的运算周期是200ms，18DPU中前置泵跳闸逻辑页是500ms，则在上述情况下前置泵跳闸逻辑检测到的概率是2/5。

而用18DPU的上网点却使A、B给水泵汽轮机跳闸。经分析是由于LS2018B跳变时间为毫秒级（小于500ms），4DPU给水泵汽轮机跳闸原因是开关量上网点通过网络后瞬间干

扰被保持，如图 4-21 所示。

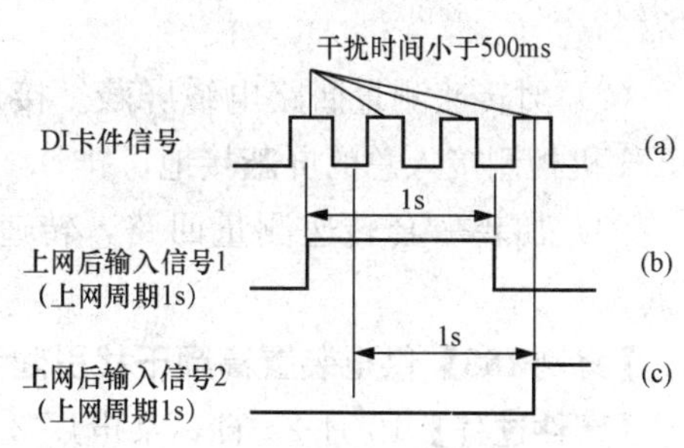

图 4-21 干扰信号示意

【防范措施】

(1) 梳理用于保护和联锁的上网开关量点，通过增加延时或将上网点改为硬接线连接的方式确保信号的可靠，防止保护系统误动。

(2) 梳理 DCS 系统组态软件的页面运算周期，利用停机机会针对性修改。

【案例 187】转速信号受到瞬间干扰引起汽动给水泵控制失常

【事件过程】某电厂 6 号机组（300MW），在 AGC 方式下正常运行，负荷 230MW，锅炉给水控制为汽包水位三冲量自动控制方式，2 台汽动给水泵运行，MEH 系统均为 CCS 远方自动控制。运行中 B 汽动给水泵转速突然发生剧烈跳变，控制方式跳为 MEH 本地手动控制。从汽动给水泵转速历史数据曲线看出，10:58:29，B 汽动给水泵转速为 3940r/min，10:58:30，变为 2917r/min 后又跳变为 4630r/min，后在运行人员的手动操作下，控制正常，然后投入自动，并泵运行。

【原因分析】汽动给水泵控制系统（MEH）是美国 Metso 公司生产的 MAXDNA 系统，系统中除了阀门控制卡由上海汽轮机厂提供外，其余软、硬件均由 Metso 公司提供。汽动给水泵的转速信号由安装在前轴承测速盘处的 2 只磁电式测速头测速后，经过屏蔽电缆送至 MEH 的 2 块测速卡上，通过 MEH 系统组态，生成汽动给水泵实际转速信号用于转速控制。从汽动给水泵转速的历史数据曲线看，转速出现一个大的跳变，而汽动给水泵的实际转速不可能在 1s 内发生 1000 r/min 以上的变化，因此分析认为 MEH 系统检测到的转速信号是受到瞬间干扰而引起的。

检查目前对信号测量回路采取的抗干扰措施，除控制系统本身在设计、制造时所采取的措施外，现场主要是提高对信号电缆的屏蔽要求。通过对转速测量信号电缆屏蔽情况的检查发现，整个信号测量电缆屏蔽层一直相连，在 MEH 系统机柜侧接入 DCS 系统屏蔽母排中，屏蔽层的连接方式和工艺也未发现异常。分析认为转速产生故障的原因有以下 3 点：

(1) 由于转速测量信号电缆的屏蔽性能不好，不能完全屏蔽掉现场各种复杂电磁干扰信号，一旦有强烈干扰信号出现，将使转速信号发生突变，造成 MEH 系统检测到的转速信号失真。

(2) 转速探头安装存在问题。磁电式转速探头在安装时，对探头与测速齿轮之间的间隙要求较高，小了容易磨坏探头，大了则易使测速头电磁感应信号变弱、不稳定，容易产生信号突变，使转速信号失真，现场安装一般要求 1mm±0.1mm，安装转速探头的支架牢固、可靠，绝对不能晃动。经过检查发现发生转速故障的转速探头安装间隙偏大，测量间隙接近 2mm。

(3) 转速测量回路只有 2 个，逻辑为二选一，一旦出现干扰信号，就有 50%的概率影响转速测量。对于转速这类重要和快速变化的信号，应采用三选中的测量控制方式。

【防范措施】在采取以下措施后，故障现象未再发生。

(1) 对 B 汽动给水泵所有转速探头重新安装，使安装间隙在合格范围内，且支架安装牢靠。

（2）对转速测量回路电缆屏蔽、接地方式进行了检查，各分段电缆屏蔽相连，最后在MEH机柜侧接入总的屏蔽接地母排。

（3）加装一套转速测量回路，转速信号采用三取中，使信号测量可靠性得到了很大提高。

【案例188】供电装置高频干扰引起温度信号异常

【事件过程】10月29日，某电厂2号机组B侧一次风机轴承温度间隙周期性异常，记录曲线如图4-22所示，由于这些信号已设置了变化速率保护功能，避免了风机异动而导致RB动作。

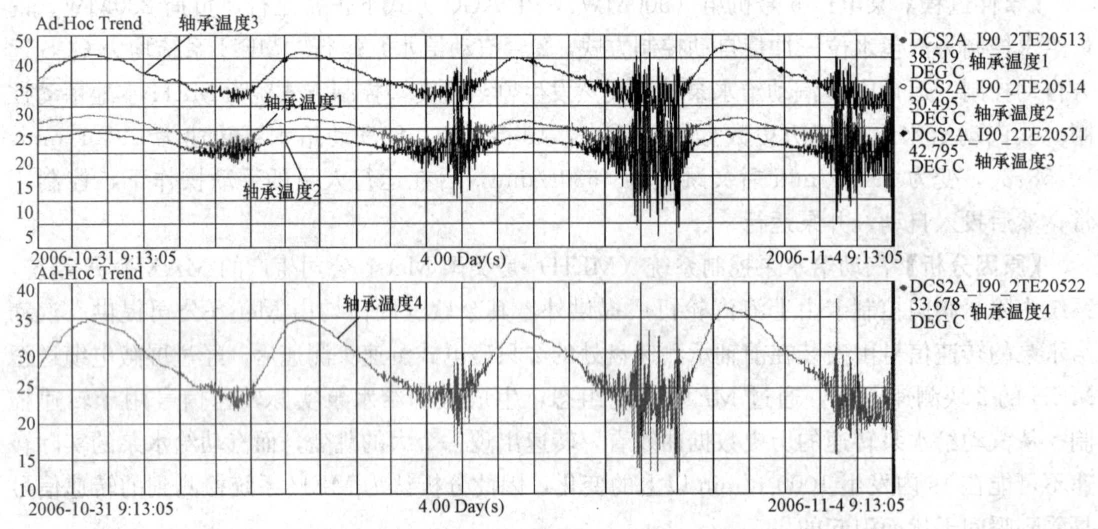

图4-22　风机轴承温度间隙周期性异常记录

【原因分析】从曲线上可明显发现与环境温度呈周期性关系。热工人员检查接地和紧固屏蔽接地线，未发现异常；用信号发生器在就地侧和DCS端子侧加信号比对，发现就地加信号，CRT温度显示间隙周期性异常情况相同，但DCS端子侧加信号温度显示稳定；在就地接线盒逐个拆除异动信号，查出干扰来自2B一次风机轴承温度信号（该信号接入的模件，同时接受两点来自一次风机的外供电振动信号）。加信号隔离器试验，在DCS端子处加隔离器，温度随环境温度变化有很大程度改善但仍有小毛刺，在就地接线盒加隔离器，温度显示恢复正常，间隙周期性异常全部消失。因此判断干扰源为一次风机振动测量的外供电24V DC电源装置，其滤波回路元件受环境温度变化而影响特性，造成高频干扰（DCS单点接地对屏蔽高频干扰作用不大）。

【防范措施】针对上述问题，在机组检修过程中更换外供电24V DC电源装置后，彻底解决该问题，同时，对重要回路的外供电电源做了排查整改防止同类故障再次发生。

【案例189】现场干扰导致温度信号漂移，引发辅机保护和RB保护动作

【事件过程】某电厂3～5号机组，采用INFI-90系统，自投运以来，多次发生温度信号漂移，导致辅机保护和RB保护动作。如3号机组曾因送风机马达轴承温度信号漂移4次引起风机跳闸，机组发生RB。发生时间为3月21日，FD-3A因风机马达轴承温度漂移跳闸；

4月19日，FD-3A因风机马达侧轴承温度跳跃跳闸；7月10日，FD-3B因电机自由端轴承温度漂移跳闸；次年1月11日，FD-3A因风机马达侧轴承温度跳跃跳闸。

【原因分析】机组出厂验收时，发现INFI-90系统抗无线电干扰的能力比较差，BAILEY公司对所有的模拟量输入通道加装了隔离器，但带来了新的问题：部分热电偶和热电阻通道容易引起电荷积累，使送到INFI-90系统的部分温度信号发生漂移（大部分信号正常），而且这种漂移没有规律，有些信号漂移很快，一天就可以漂移几度甚至十几度；有些信号漂移很慢，一个月才漂移几度；有些信号向上漂移，有些信号向下漂移。为了查清温度信号漂移的原因，热工人员进行了各种试验，例如，在端子排上加装电阻和电容等。通过多次现场测试，结合BAILEY公司专家的意见，确定温度信号漂移的主要原因有4点：

（1）INFI-90系统的接地系统存在问题。

（2）温度信号的屏蔽线连接有错误。

（3）接线工艺不好，热电偶电缆使用了接线鼻子，有多处接线松动。

（4）隔离器本身存在问题（更换新型号的隔离器，故障现象消失）。

【防范措施】针对上述问题，在机组检修过程中对INFI-90的接地系统进行了彻底改造，从Ⅱ型接地系统改造成Ⅲ型接地系统，并根据要求增装了隔离变压器，同时采取了以下改进措施：

（1）在0m层的DCS过渡柜和电子室的TU端子柜中，有大量备用电缆和备用屏蔽线未接入端子排，这些电缆二端全是浮空的，像无线电天线一样存在于信号电缆的旁边，对温度测量信号产生干扰。在机组检修过程中，我们把这些浮空信号电缆全部短接起来，然后就近接入TU柜屏蔽接地棒上，如图4-23所示。

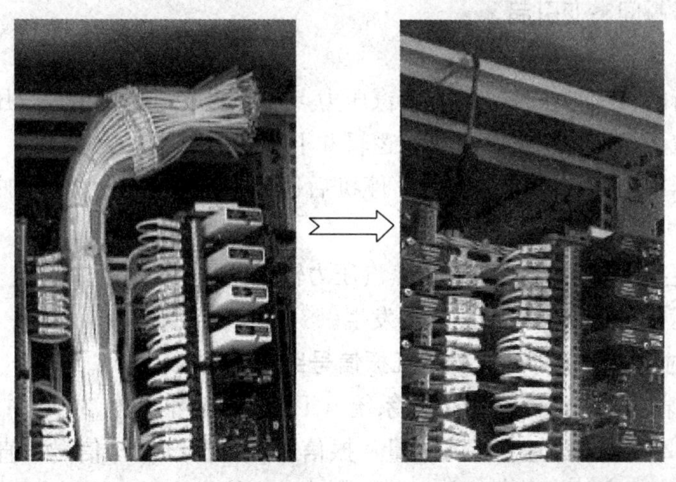

图4-23　浮空信号电缆短接接地改造

（2）现场使用的所有热电偶信号全部为单股硬线，按照规定不应该使用接线鼻子，但在检查中发现所有热电偶信号接线都有接线鼻子，在检修过程中已经将所有热电偶信号使用的接线鼻子全部剪掉，直接裸线接线。

（3）模拟量端子板NRAI01上的屏蔽接线端子应与柜内的屏蔽接线棒相连，但有许多端子板错误地把‘COM’接线端子与屏蔽接线棒相连，使端子板上信号线屏蔽线实际上处于浮空状态。通过逐个检查已经全部进行了改正。端子板上的许多DIP开关设置也不正确，也根据有关资料进行了正确设置。

(4) 在机组检修过程中，对每个温度信号的现场接线端子进行了认真检查，对接线进行了紧固，并保证使现场接线符合ABB BAILEY公司Ⅲ型接地系统的要求。

(5) 对容易受到干扰或环境比较恶劣区域，如发电机定子冷却水温度和发电机线棒温度等，对现场的接线端子排进行了更换，并进行了加固处理。

通过上述处理，该机组温度信号漂移的问题基本得到了解决。

【案例190】主蒸汽压力信号瞬间突变，引起汽动给水泵同步器突然开大

【事件过程】某电厂1号机组是苏联制造的320MW超临界燃煤发电机组，利用机组大修将DCS系统的电子部分改为HIACS-5000M系统。7月16日10:55:24（10:08:46，已发生一次相同情况）1号机组AGC工况平稳运行，机组负荷309MW，机前压力23.47MPa，给水指令886t/h并保持稳定，给水泵汽轮机同步器SK058开度指示66.4%。10:55:24，机组负荷（实发功率）未变，维持309MW，机前压力DCS趋势显示未变化，仍为23.47MPa，给水指令突变为1058t/h，给水泵汽轮机同步器SK058突然开大，开度指示为91.08%，接近开足位置，实际给水从880t/h上升至1070t/h，两侧燃料频控值从60%加到76%左右。电调系统发“CCS偏差大”信号，自动从AGC协调工况切为保压1工况。运行人员通过手动解列汽动给水泵同步器SK058自动，手动关小汽动给水泵同步器，恢复给水定值，实际给水恢复。燃料频控值根据给水指令与实际给水量自动恢复。给水与燃料恢复后，运行人员重新投入协调工况运行。

【原因分析】经检查历史记录曲线，发现主蒸汽压力信号有瞬间突变，由此确认事件是由主蒸汽压力信号瞬间突变引起。

【防范措施】

(1) 正常运行时将锅炉主控中的主蒸汽压力点加入滤波，防止主蒸汽压力突变，同时修改逻辑，将主蒸汽压力信号加入一阶延迟逻辑并下装到控制器。

(2) 将控制器中压力异常信号置数，停机后修改逻辑，将压力信号加延时接通回路并下装。

(3) 停机后更换CCS控制器机柜主蒸汽压力输入信号AI模板。

处理后机组运行正常，类似情况未再发生。

【案例191】对讲机干扰导致汽轮机瓦振信号突变

【事件过程】某电厂机组汽轮机监控系统（TSI）均为本特利3500系统，汽轮机1～7号瓦各安装一个9200系列加速度探头测量瓦振信号。自投产后该信号一直存在偶发突变现象，原因不明。7～8月份，机组调峰启停频繁，在汽轮机启动过程中，各机组瓦振信号突变的故障呈爆发式增长曲线如图4-24(a)、(b)所示。其中，1号机组启动过程7号瓦振的峰值为380μm，3号机组启动过程3号瓦振的峰值为240μm。

【原因分析】以上故障都发生在机组启动过程中，除信号突变外，其他参数均正常，同步观察就地便携式测振仪指示也无异常，判断是干扰引起的信号问题，并由故障密集发生在汽轮机冲转过程的特点，经分析干扰源是来自运行巡检人员手中的对讲机并经试验确认。在

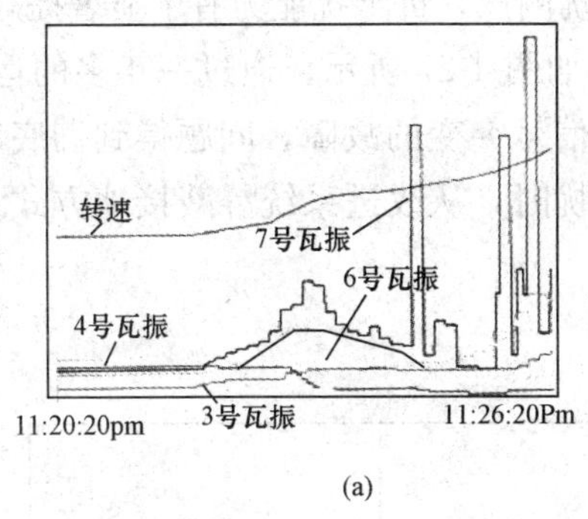

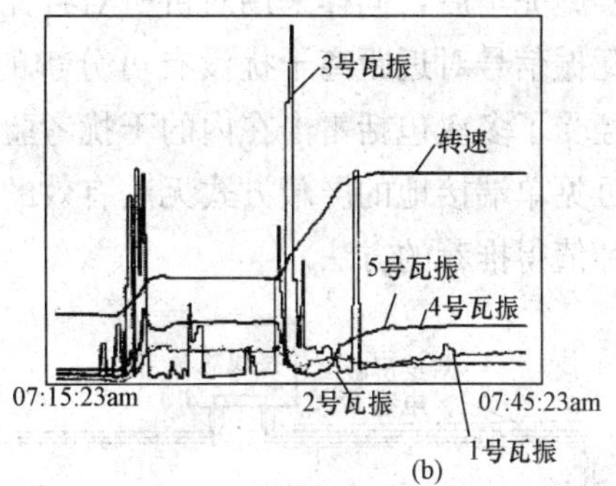

图 4-24 各机组瓦振信号突变曲线

(a) 1 号机组启动过程 7 号瓦振曲线；(b) 3 号机组启动过程 3 号瓦振曲线

靠近探头 1m 范围内使用对讲机，瓦振信号就有明显反应，靠近 50mm 内使用，有效信号完全被干扰信号覆盖，如图 4-25 所示。

咨询本特利厂家，瓦振信号由于输出信号较弱（毫伏级），对现场干扰信号极为敏感，强调要保证回路屏蔽现场悬空，二次端一点接地。经过检查，确认系统接地完全符合本特利的一点接地要求，但无法消除强干扰源的影响。

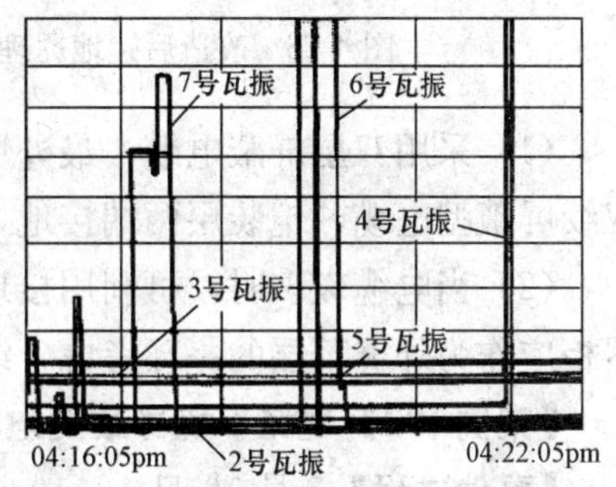

图 4-25 用对讲机在现场模拟信号干扰的情况

单端接地方式是热工仪表安装的规范要求，对工业现场的大部分干扰信号有良好的屏蔽作用，但也有其明显的局限性，单点接地对电容性耦合产生的静电感应和低频干扰效果明显，但对于电感性耦合产生的干扰，即磁场强度变化所产生的感应电压（典型干扰源是雷击感应）干扰效果较差。

【防范措施】由于防御干扰源侧重点不同，继电保护专业和热工专业人员对电缆屏蔽的接法有着截然不同的要求。《防止电力生产重大事故的二十五项重点要求》12.1.5 条规定："…控制信号的电缆必须采用质量合格的屏蔽电缆，且有良好的单端接地…"；与此同时，《"防止电力生产重大事故的二十五项重点要求"继电保护实施细则》7.11 条规定："…在发电机厂房内的保护、控制二次回路均应使用屏蔽电缆，电缆屏蔽层的两侧应可靠接地…"。

为解决瓦振信号易受干扰问题，尝试了采用结合两种接地方式的优点的屏蔽方案。除了保留内屏蔽层的一端做等电位连接外，增加有绝缘隔开的外层屏蔽，外层屏蔽在两端做等电位连接。这样，在外界磁场冲击时，交变磁场使外层屏蔽与地构成了环路，其感应电流的磁通抵消了源磁场强度的磁通，从而基本上消除了无外层屏蔽时所感应的电压。

具体实施时，更换接线盒至瓦振探头的一段电缆（因为接线盒至 TSI 的电缆埋在金属槽盖内，近似具备了外层屏蔽），改为双层屏蔽电缆，增加一个密闭的金属罩将探头完全罩住。并对电缆接地做如下处理：外层屏蔽两端接地，分别通过接线盒附件的栏杆及探头金属罩连接大地，内层屏蔽在接线盒内通过 COM 端连接原电缆屏蔽层，返回二次端一点接地，如图 4-26 所示。

实施完毕后，同样采用对讲机对各瓦进行模拟干扰测试，抗干扰能力有了显著提高，大部分瓦振信号对近距离干扰没有可分辨的干扰反映，如图 4-27 所示。通过一年多的运行观察，经受了多次包括雷击在内的干扰考验，未再出现信号突变的故障，问题得到彻底解决。由此可见单端接地的屏蔽方式无法有效的消除这类干扰时，从改进系统屏蔽接地方式入手，是一种值得推荐的方法。

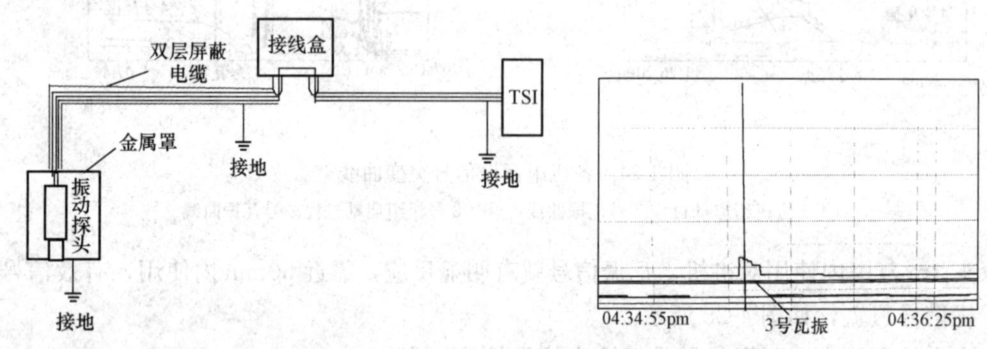

图 4-26　改造后接地原理示意　　图 4-27　改造后对讲机模拟干扰信号曲线

（1）采用双层屏蔽电缆，最外层屏蔽两端接地，内层屏蔽一端等电位接地，或采用铠装双绞屏蔽型电缆，铠装层两端接地，最内层屏蔽一端接地。

（2）当电缆较多时，可利用接地的金属线槽、套管作为外屏蔽层，现场的远程柜、变送器柜应作为外屏蔽层的一环考虑，统一做两点等电位接地处理。

【案例 192】现场干扰导致发电机跳闸关抽汽逆止门保护信号误发

【事件过程】5 月 10 日 10:19，某电厂 1 号机组运行中，因热工发电机保护 PLC 动作，使抽汽逆止门关闭。SOE 中记录显示“2 号发电机跳闸”，大屏无报警。5 月 10 日 21:43，运行中 1、2 号机组同时发生发电机跳闸关闭抽汽逆止门，SOE 中记录显示“2 号发电机跳闸”，大屏无报警；1 号发电机 SOE 无记录、无报警。5 月 11 日 21:32，运行中的 1、2 号机组又同时发生发电机跳闸关闭抽汽逆止门，SOE 中记录显示“2 号发电机跳闸”，大屏无报警；1 号发电机 SOE 无记录、无报警。但实际上 1、2 号发电机未跳闸。上述事件发生后，电厂的有关专业人员进行了现场检查及传动试验，结果表明，所有回路完整正确，装置未见异常。6 月 8 日～6 月 13 日，发电机跳闸关闭 1、2 号机组抽汽逆止门又发生 7 次，现象同 5 月份时完全一致。

【原因分析】事后调取了 DCS 对整个事件的记录数据及波形，查阅了所用 PLC（OMRON-CQM1-212 型）的用户手册及技术参数。对相关的回路进行了检查、核对和相关测试、分析，得出初步结论是造成这三次抽汽逆止门关闭的原因是在发电机出口开关跳闸信号引入到机组热工保护 PLC 回路上的电缆中，发生干扰信号，因为：

（1）发电机出口开关跳闸信号引入到机组热工保护控制装置 PLC 回路上的非屏蔽电缆（J1、J3），长约 300m，易受到干扰。

（2）两套 ETS 的 PLC 外部接线和控制逻辑不完全一致，所以造成 ETS 动作后两台机组动作结果不一。

（3）在 ETS 的 PLC 控制逻辑中，报警光字牌的“发电机跳闸”信号为直通逻辑，由于干扰信号持续时间很短，PLC 控制周期 20～50ms，所以在三次异常中，无“发电机跳闸”报警光字牌动作显示。

（4）在 ETS 的 PLC 的控制逻辑中，1、2 号机组“抽汽逆止门关闭”的组态逻辑取信号的上升沿为动作条件，只要干扰信号瞬时达到动作值，立即动作关闭抽汽逆止门并自保持 5s，故这三次异常中，“抽汽逆止门关闭”均动作。

（5）在 ETS 的 PLC 的控制逻辑中，1、2 号机组去 DCS 的 SOE 信号处理逻辑不一样，所以 1 号机组未收到 SOE 信号，2 号机组收到 SOE 信号。

由于发电机出口开关跳闸信号引入到机组热工保护 PLC 回路上的电缆（J1、J3）太长，且为普通控缆，易受到干扰，因此综合上述理由，认为造成 1、2 机组这三次异常的原因是现场干扰。

【初步措施】

（1）由于 1、2 号机组现在处于运行中，无法对其 ETS 的 PLC 的控制逻辑进行修改和加装隔离继电器隔离，目前在 1、2 号机组发电机出口开关跳闸信号引入到机组热工保护 PLC 回路上的电缆（J1、J3）上，PLC 的入口处并联一个 20kΩ 电阻，用来吸收该线路上产生的干扰信号。

（2）利用机组检修机会，对热工保护 PLC 的控制逻辑和接线进行完善，以消除干扰信号对热工保护造成误动的可能性。

【进一步分析】但是，在一个月之后，两台机组又多次发生了这一异常现象。就有理由怀疑以上结论有不妥之处，因此必须再继续做进一步的分析。

电厂机组保护所使用的 PLC 是 OMRON-CQM1-212 型，通过查阅技术手册得知，PLC 的输入参数是 ON 电位 14.4V；OFF 电位 5.0V。由此推算出隔离光电管 D 的 ON 电位是 1.81V；OFF 电位是 0.63V。J1、J3 接入到“发电机跳闸（主开关的辅助接点 K）”回路的等效电路如图 4-28 所示。

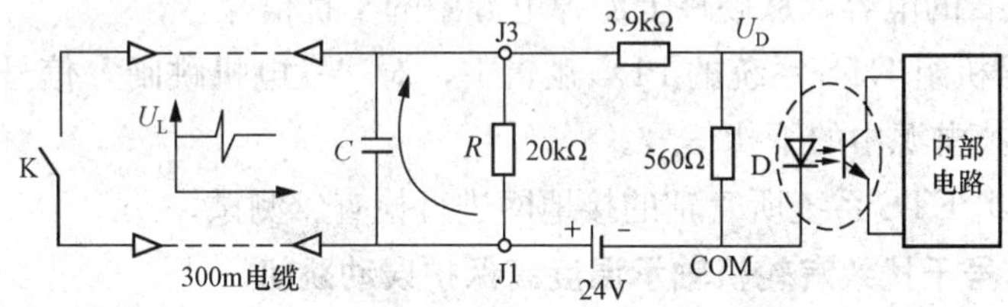

图 4-28　“发电机跳闸”接入 PLC 回路的等效电路

在最初的分析时认为，PLC 误动是由一个“很短”的干扰信号（不足 5s）引起的，这一点可以通过 PLC 的控制逻辑和输出动作的现象来证明。同时认为干扰信号是在 300m 长的电缆上产生，从 J1、J3 接入到 PLC 的输入端，进入 PLC 的。见图 4-28 中的 U_L。这样如果在 J1、J3 处并联上一个 20kΩ 的电阻 R，则 U_D 的电位在正常时是 0.55V，此时隔离光电管 D 是可靠关闭的。并联电阻 R 在整个回路中起到了“钳位”的作用，它可以使隔离光电管 D 在 K 没有闭合时，保证可靠关闭，而此时干扰信号由于其能量很小，是不能够改变 U_D 上的电位的，因此也就不会发生误动。显然，当 K 闭合时，U_D 上的电位是 3.01V，则隔离光电管 D 又能够可靠动作。

那么为什么在并联上这个电阻后再次发生了误动呢，这说明干扰信号不是从这个300m长的电缆（J1、J3）进入到PLC中的，而是从其他渠道进入的。最有可能受到干扰的是PLC的电源部分，特别是如果ETS系统接地不良，干扰信号就更容易进入到其电源中去。支持这一推论的理由如下：两台机组PLC的控制间的旁边就是变频控制间，而变频器又是一个很大的干扰源。两台机组PLC的电源放在一起，距离很近，易同时受到干扰。两台机组PLC的电源共用一个UPS输出，若UPS输出的特性不好，则两台机组的电源可以同时受到扰动，这一扰动可视同于干扰信号。当电源部分受到干扰后，则这个干扰信号可以通过线路等效电容C构成回路，进入到PLC中。

在两台机组的发电机保护柜中，除“发电机跳闸”外的其他控制信号，由于其电缆长度要远远比J1、J3的电缆短，使等效电容很小，构成的通路中阻抗就很大，所流过的电流不足以推动隔离光电管D导通，因此就不会发生误动。

在两台机组十几次的误动中，2号机组要多于1号机组几次，且2号机组动1号机组必动，这是因为2号机组的电缆比1号机组长30m，使等效电容C2>C1造成的。

以上是引起发电机保护PLC误动原因的推理分析。由于干扰信号的随机性和技术手段的限制，很难通过测试捕捉到这个干扰信号。另外从保证机组安全运行的角度来考虑，也不允许通过试验来加以验证，因此只能通过分析推测来论证干扰信号是从电源通过长线路上的等效电容进入到PLC中，造成了“发电机跳闸”保护误动。

【分析结论】 通过一个月以来对整个事件全过程的统计观察及两次现场技术分析讨论后认为，电厂近期多次发生的1、2号机组“发电机跳闸”保护PLC误动的原因，是两台机组的电源受到干扰，这个信号通过J1、J3长线路上的等效电容进入到PLC中，引起了“发电机跳闸”保护误动。

【防范措施】

（1）保持原发电机跳闸信号上并接的20kΩ不变，在PLC输入用24V直流电源模块的出口处并联0.022μF的电容，从硬件上滤掉电源中的干扰信号。

（2）在1、2号机组ETS系统的PLC逻辑中，对“发电机跳闸”信号加上0.3s的时间延时，从软件上滤掉电源中的干扰信号。

（3）对两台机组ETS系统所管辖的接地网进行检查、测试。

【案例193】信号干扰致汽轮机轴承温度高保护误动跳机

【事件过程】 某电厂600MW燃煤机组，汽轮发电机组为哈尔滨汽轮机厂制造。单元机组控制系统采用西屋公司的Ovation分散控制系统，设计包含DAS、BMS、MCS、SCS系统；DEH、ETS由哈尔滨汽轮机厂设计组态，控制装置同样采用西屋公司的Ovation分散控制系统。

汽轮机轴承温度高保护由DEH、ETS系统共同实现。DEH系统采集现场轴承温度热电阻信号，与定值比较产生轴承温度高开关量信号由DO卡输出（双通道），采用硬接线方式接入ETS系统控制器，由ETS系统实现汽轮机保护。

该机组发生ETS保护动作，汽轮机跳闸，发电机解列，锅炉灭火。ETS首出原因为汽轮机轴承温度高，SOE记录轴承温度高两个开关量信号为TRUE，109ms后恢复为FAULS，轴承温度模拟量历史曲线记录正常，无任何轴承温度波动现象。

【原因分析】 DEH 控制器周期为 100ms，SOE 采样精度为 1ms，ETS 控制器周期小于 50ms，历史曲线记录周期为 1s，因此当信号持续时间大于 100ms 时，DEH、ETS、SOE 均能记录并执行相应的动作，但历史记录由于时间精度较差而采集不到。

(1) 检查热电阻输入接线情况。温度测量元件采用热电阻 pt 100，如果发生接线松动、接触不良或接触电阻增大等情况，将会使温度测量值异常升高，触发保护动作。检查结果为各端子接线紧密，连接良好。

(2) 检查信号屏蔽情况。检查测量信号电缆的屏蔽、接地情况，发现屏蔽在机柜接地，接地良好，接地电阻很小，并检查了信号电缆对地绝缘情况，绝缘良好。检查结果信号电缆敷设接线符合要求。

(3) 检查 DCS 控制器及模件工作正常。特别是 DEH 中汽轮机轴承温度高输出信号模件工作正常，该模件有四个通道，其中“轴承温度高”两通道有输出变化，另两通道无输出变化，排除该模件故障引起保护误动的可能性。

(4) 汽轮机轴承温度高保护逻辑为或逻辑。1～7 号轴承及推力瓦任一轴瓦温度高均跳机，其中 1～4 号瓦、7 号瓦、推力瓦温度均为冗余设计，但 5、6 号瓦温度为单点保护，误动的可能性较大，其中跳机发生时 6 号瓦温度高保护由于测量值跳变已退出。

(5) 检查 5 号轴承温度元件时有触电感，验电笔检验有电，证明测温元件有静电。由于 5 号轴承靠近发电机，磁场环境恶劣，易产生静电及磁场干扰，并且导致跳机的信号持续时间很短，信号干扰导致跳机的可能性较大。

综合上述分析，本次汽轮机轴承温度高跳机为保护误动，经分析误动原因为信号干扰。

【防范措施】 专业人员分析认为，汽轮机轴承温度高保护设计不完善，易引起保护误动，因此提出以下应吸取的教训与防范措施：

(1) 建议对参与汽轮机保护的 5、6 号轴承金属温度元件进行改造。因为 5、6 号轴承金属温度元件采用热电阻元件，当元件开路或测量回路接线松动时，将导致温度异常升高，引起保护误动作，所以，建议对信号增加“速率判坏”功能，速率变化率设定为 5℃/s，以增强该“单点保护”的可靠性。

(2) 建议电厂在大、小修期间将测温元件改为低温热电偶，减小保护误动可能性。

(3) 建议 5、6 号轴承金属测温元件采用双支热电偶，使保护信号冗余，提高保护的可靠性。

(4) 建议将“汽轮机轴承温度高”两个冗余的输出信号分布于不同的 DO 模件的模件中，使保护完全冗余。

(5) 建议进一步检查发电机碳刷等设备的接地情况，减小干扰及感应电的发生。同时轴承金属温度信号电缆屏蔽线在机柜侧与接地排断开，绝缘表检查屏蔽线对地的绝缘情况，以排除屏蔽层多点接地或电缆破损的现象。

(6) 由于更换测量元件等措施需在检修时进行，目前可采取以下一条或多条措施提高保护的可靠性：

1) 建议对 5、6 号轴承金属温度信号增加“速率判坏”功能，速率变化率设定为 5～10℃/s，增强该“单点保护”的可靠性。

2) 可对 5、6 号轴承金属温度高保护增加延时模块，延时时间不宜太长（如 1s），同时将保护动作值提前，如将保护定值由107℃改为105℃。

3）考虑采用其他辅助信号来证实5、6号轴承金属温度高，如回油温度大于定值或轴承振动大于定值，同时辅助信号定值不宜过大。

第六节　系统防雷抗干扰方法与预控措施

现代大型火力发电厂的现场，成千上万个热控测量与控制设备处于随时可能产生的电场和磁场中，他们输出或接受的模拟量以及开关量信号，通过密布的电缆连接控制系统实现显示与控制，沿途也可能有辐射、电场和磁场伴随，为了避免或降低信号干扰，热控人员掌握提高系统抗干扰能力的具体措施或途径，采取主动预控措施，或一旦发生干扰现象能迅速查找以便及时解决。

一、控制系统抑制干扰信号的基本方法

现有硬、软件技术抑制干扰信号的基本手段主要包括：

(1) 抑制干扰源，削弱其强度输出，例如，远离、屏蔽等；但有的干扰源无法抑制，例如，雷击、无线电、发电机等。

(2) 通过隔离和滤波等，拦截或减小干扰信号各种耦合路径的传输量。屏蔽来自导线的辐射噪声，削弱干扰的影响。

(3) 提高感受体的抗扰度，增加干扰源的泄放通路。

控制系统抑制干扰信号的一些常用易行的基本处理方法及注意事项，如图4-29所示，除了简单的情况外，减少干扰问题通常需要采取综合措施。

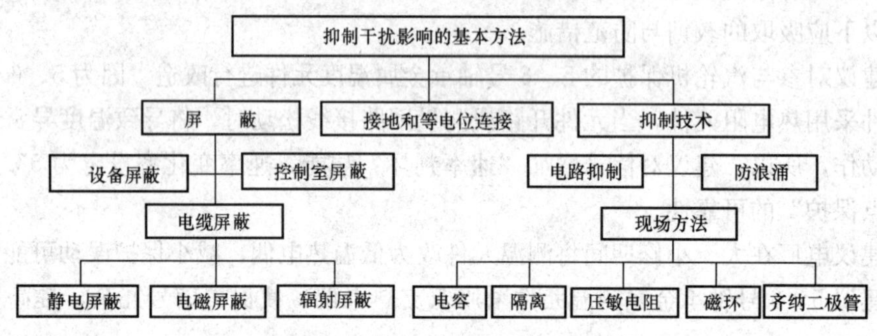

图4-29　抑制干扰影响的基本方法

（一）加装干扰防护部件等硬件方法抑制系统干扰

未设计防护装置且易受干扰影响的设备，现场通过加硬件处理传导干扰方法，通常采用试凑法，通过给发生源及被干扰设备的信号或电源线等安装滤波、隔离、瞬间泄放等元部器，以消除、降低或阻止传导干扰的传输。

1. 设计防护罩

从已发生的和收集到的受雷击事件来看，热控系统设备受雷击主要集中在冷却塔区域、烟囱区域、脱硫区域、化学制水区域等，为此针对这些区域露天安装的变送器、执行机构等设备，应设计有金属防护罩并做到可靠接地，附近无接地设施的应敷设接地电缆或接地扁铁与主接地相连。这些区域的电缆应设计全部敷设在采用带盖板的金属电缆桥架、铁制电缆槽

或保护管内，并在前后两端与就近保护接地网进行有效的等电位连接且保持电气贯通，实现利用金属走线槽或穿金属管作为第二屏蔽层的作用，减少雷击和其他大电场对电缆部分产生的影响。

2. 隔离变压器或抑制干扰装置

热控设备供电线路上引入的干扰超过容许范围时将影响系统运行。例如，变频器、大型电气设备启停时的电源波动和开关分合火花产生的交变磁场，这些交变磁场既可通过信号线耦合产生干扰，也可通过电源线产生工频干扰。

隔离变压器，一次侧、二次侧匝数比为 1∶1，和一般变压器不同处是为了减小级间分布电容，一次侧、二次侧绕组分开绕制，各自加屏蔽，一次侧、二次侧绕组和铁芯均接地，是抑止来自工频电源干扰的有效方法。某电厂二期工程中，燃油泵控制系统的远程 I/O 站由于距离较远采用了就地电源供电，为提高该系统抑制电源干扰能力，安装隔离变压器的方法，至目前为止燃油泵远程 I/O 系统运行可靠稳定。某电厂在解决温度信号漂移的处理过程中，根据外方要求，在电源回路中也增加隔离变压器，取得一定效果。

3. 选择性加装信号防浪涌保护器

解决传导干扰的方法通常是给发生源及被干扰设备的电源线等安装滤波器，阻止传导干扰的传输。解决辐射干扰的方法除前面所讲的滤波外，还要对设备进行屏蔽方能有效。

（1）从已发生的和收集到的受雷击事件来看，热控系统设备受雷击主要集中在冷却塔区域、烟囱区域、脱硫区域、化学制水区域等，为此针对这些区域的重点设备可加装信号防浪涌保护器。

（2）通常继电保护及自动装置从抗高频干扰考虑而要求屏蔽电缆采用两点接地，而热工控制系统主要是考虑抗低频干扰而要求屏蔽电缆一点接地。当电气信号进入 DCS 时，则应按热工要求一点接地，或加装信号隔离器。

（3）变送器和其他的传感器，原则上都将其负端在 DCS 端子处一点接地。但对有些必须在现场端接地的，则该信号的输入端子不应和 DCS 的接地线有任何电气连接，计算机在处理这类信号时，在前端采用有效的隔离措施。

（4）对于共模转串模造成的干扰可采用电缆加电容（22～220μF）接地，电磁感应造成的串模干扰可采用信号回路间加滤波电容的方式来抑制。电厂内的电磁干扰源的频率多为工频或其倍频，频率较低，根据干扰信号频率选用电容，尽量使用钽电容或涤纶电容，通常前者干扰可选 22μF 或以上，后者可在 0.01～1μF，由试验确定，试验开始时接小电容容量，若有效果可逐步增加电容容量，增加电容容量过程中，一旦发现信号有衰减，则要减少当前的电容容量。加电容容量既可以消除电磁干扰对测量带来的影响又可以保证量值有较好的动态特性，但该方法有一定的局限性，它一般只能用于直流信号回路。

（5）对于电磁场耦合干扰，在控制系统输入信号芯线上套装合适的磁环，若有效果可逐个增加磁环，增加磁环个数过程中，一旦发现信号有衰减，则要减少当前的磁环个数。

4. 受损卡件接入测点分布区域防干扰或雷击处理

分析受损卡件接入测点分布，对受损测点主要分布区域内测点进行防干扰或雷击技术处理，可从以下途径分别实施：

(1) 在测量精度和测量系统误差允许范围内，在重要测量回路中加入隔离元件或设备，通过通道隔离技术，切断外部干扰窜入输入输出通道的渠道，将外部测点和 DCS 卡件通道分隔在两个独立回路中，当干扰发生后，仅作用于隔离元件或隔离设备输入级，不会对隔离元件或隔离设备输出级造成影响，这样可有效地保护 DCS 卡件。但加装隔离器时，要注意：①采用无源隔离器时，要注意被隔离的信号源能否具有带无源隔离器这一负载的能力，否则将会导致信号失真；②采取有源隔离器时，要注意在确认电源容量满足要求的前提下，隔离器宜与对应测量或控制设备为同一电源，防止因不同电源失去其一时，导致控制系统异常动作；③要采取有效措施，防止积聚电荷而导致信号失真、漏电而导致执行器位置漂移、电源异常导致测量与控制失常现象发生；④ 隔离器安装位置用于输入信号时应在控制系统输入侧，用于输出信号时应在现场设备侧；⑤在加装隔离器过程中，要保证不引起信号失真。

(2) 采用齐纳二极管和电容组合设计一个防雷保护装置，防雷保护装置接入到 DCS 卡件通道输入端，防雷保护装置接地端共用一个接地点，起到防雷保护作用。防雷保护装置具备快速响应、良好的箝位能力、通流容量大、瞬变过程结束后能迅速恢复正常工作的特点，在正常情况下不会对测量回路产生影响。在雷击发生时，防雷保护装置能快速泄放信号线上瞬时增加电荷能量，有效保护 DCS 卡件。

(3) 装有 PLC 的机柜，为了防止受到其他电气设备漏电流的影响，在电气上需要和其他设备绝缘设置。应用屏蔽电缆进行输入、输出布线时的屏蔽导体的接地，将靠近 PLC 侧的屏蔽导体连接到外壳接地端子上，但切不可将输入 COM 端和输出 COM 端相接在一起，通信电缆接地按通信单元手册中的屏蔽处理原则进行。

(4) 当 PLC 的输入端或输出端连接有感性负载时，则负载可能产生干扰信号，应采取相应的抗干扰措施，如加装续流二极管，其中直流感性元件两端并联续流二极管，交流感性元件两端并联阻容吸收电路（浪涌抑制器），以抑制电路断开时电弧对 PLC 的影响。续流二极管可选额定电流为 1A、额定电压大于电源电压 3 倍的二极管，阻容吸收电路的电阻取 51～120Ω，电容 C 取 0.1～0.47μF，电容的额定电压应大于电源峰值电压。

若使用接近开关、光电开关作输入信号源，由于这类传感器的漏电流较大，可能出现错误的输入信号，可在输入端并联旁路电阻，以减少输入电阻。

(5) 自恢复熔丝。有雷击侵入危险的输入通道，可以用自恢复熔丝代替电流熔丝，自恢复熔丝是一种正温度系数热敏电阻，在阻止雷击瞬间电流的侵入，又免除经常更换的麻烦。

(6) 设计压敏电阻限制线路过电压，其雷电能量泄放能力小，但其过电压抑制能力好。

5. 改变输入信号接线方式

对一些连续因干扰引起的测量参数波动问题，有可能是因地电位影响，可将输入信号负极接地试验，往往能消除故障。

（二）通过软件方法消除信号干扰

软件对干扰信号的有效处理的特点是简单易行、修改灵活、不需要增加硬件、节省了资源，因此在抑制干扰信号工作中，采取软件抗干扰技术加以补充，作为硬件措施的一种辅助手段，有时可以取得很好的效果，项目组研究试用了几种利用组态软件减少干扰的方法。

1. 延迟滤波比较法抑制模拟量信号干扰

对于模拟量信号的周期性干扰，通过延迟滤波比较法进行抑制可以得到较好的效果，组态逻辑如图 4-30 所示，上述干扰的软件处理，实际上是这种逻辑的一种变形应用。正常情况模拟量输入信号（IN）经过一阶延迟滤波后直接输出（OUT），即 OUT＝IN 的值；当有干扰信号时，输入信号 IN 经过一阶延迟滤波后与含有干扰信号的 IN 信号相减，取绝对值与 HL 值进行比较，若大于等于最大偏差 HL 的预设值，OUT 1＝1，将延迟滤波器 LG 切换成跟踪状态，此时 OUT 就保持了干扰发生前采样的 IN 信号值，直到干扰信号减弱，OUT 1＝0，OUT＝IN。但该逻辑存在缺点，就是逻辑中时间和一阶延迟滤波时间将影响信号的灵敏度。

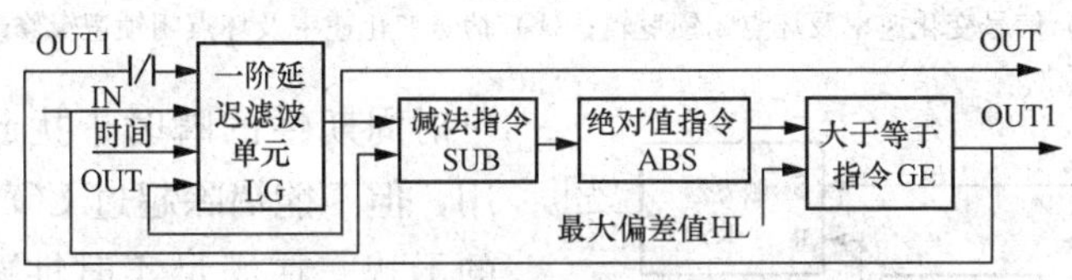

图 4-30　延迟滤波比较法逻辑

2. 信号变化速率及坏点闭锁逻辑

图 4-31（a）是目前在一些 DCS 中应用的信号变化速率保护逻辑。信号回路正常情况下，输入信号大于保护定值 H1 时将发出保护跳闸信号。当信号回路不正常时，判断信号为坏点时，屏蔽保护动作输出信号；当信号的变化率超过某限值 H2（通常 5℃/s）时，SR 触发器置 1，保护动作被闭锁；测点故障消除后保护闭锁解除，信号保护重新投入运行。只要信号变化率的限值（H2）设置合适，在干扰、断线情况下，该逻辑能够有效防止保护误动，但该逻辑存在缺点，就是报警手动复归连接的模块如果采用或门，速率大报警信号将随着信号回归而消失，运行中速率保护动作可能不能引起运行或热控人员的重视；如果采用与门，速率保护动作后要运行人员的手动复归，才能恢复保护重新投入运行，存在保护不能及时投入的可能。如果将逻辑修改成图 4-31(b)，则图 4-31(a) 中上述缺点可以避免。该逻辑在信号回归后，速率保护自动恢复投入，而报警信号则需要人工手动复归后才能消失，否则始终存在，以提醒运行或热控人员进行原因分析与查找。

使用该逻辑作为热电阻信号速率保护时，还要注意热电阻输入通道模块通常内部设置有一个一阶滤波时间参数，若该时间参数设置过大，即使输入温度信号有较大变化，该模件输出变化也可能变缓慢，此时若使用图 4-31(a)、(b) 逻辑作为温度变化率逻辑，也将失去控制意义。故组态时需修改系统默认的一阶滤波时间参数将其设置较小的值或为 0。

3. 计数器法抑制数字量输入信号干扰

对于数字量输入的信号干扰，可以利用计数器法进行抑制，组态逻辑如图 4-32 所示，当外部有输入信号 IN，控制系统重复采集连续的脉冲个数达 N（N 一般情况下取 2）个，且采集结果完全相同时才视为有效，计数器输出使 RS 触发器输出即 OUT 为“1”；当外部输入信号 IN 由“1”变成“0”时，非门输出“1”，RS 触发器的复位端 R 为“1”，将 RS 触发器的输出复位成“0”；当有瞬间干扰脉冲时，CON 计数器将采集不到连续的 N 个完全相同的脉冲（即多次采集的信号总是变化不定）时，CON 计数器无法输出，由于响应速度快，

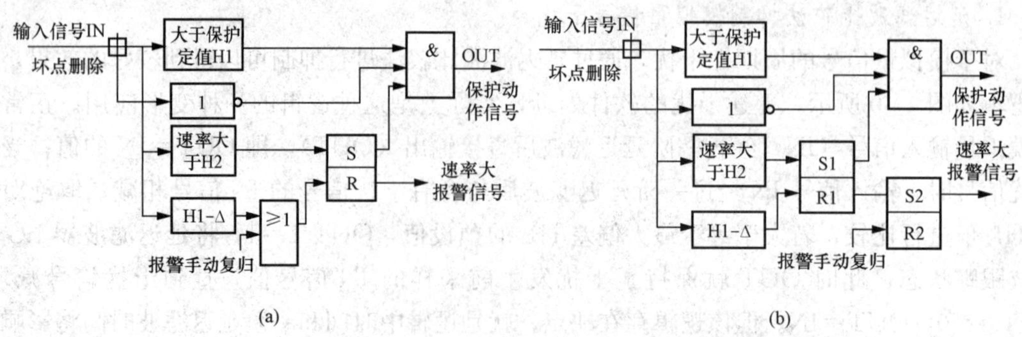

图 4-31 信号变化速率及坏点闭锁逻辑及其修改

(a) 信号变化速率及坏点闭锁逻辑；(b) 信号变化速率及坏点闭锁逻辑修改

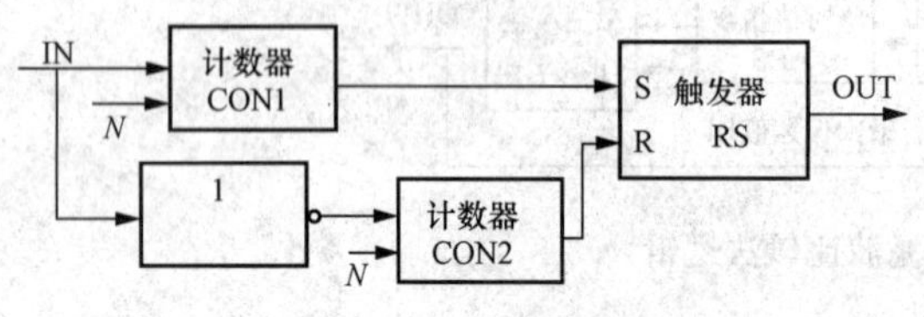

图 4-32 计数器法抑制数字量干扰信号

可对周期性的瞬时干扰起到一定的抑制作用，但不能消除超过 CON 计数器采样时间的干扰。在满足实时性要求的前提下，在各次采集数字信号之间插入一段延时，数据的可靠性进一步提高。在系统实时性要求不是很高的情况下，其指令重复周期应尽可能长些。

二、提高热控系统防雷与抗干扰能力的预控措施

(一) 防雷击损坏的技术与管理措施

1. 主动进行热控系统雷击风险评估

雷电损坏热工控制系统设备与干扰热控系统正常运行的能量，主要来自雷电通过电源线、信号传输线和空间交变电磁场感应在热控设备或电缆线路上产生的浪涌电流、电压。某电厂对厂内多次发生的和省内外电厂收集到的雷击损坏热控系统设备的案例进行专题分析和研究后，发现导致这些故障发生的原因，除了地理环境位置因素外，更多的是与热控系统设计时防雷设施考虑不周、线路安装不规范、检修维护未能及时消除缺陷、预防措施不到位 4 个方面相关，为此该电厂热控专业人员通过开展防雷风险评估，厂区域自然环境、热控系统环境、热控系统及设备接地电阻测量、雷电故障统计分析、雷电干扰已采取的防护措施、热控系统全厂接地隐患与等电位连接检查评估等，对发现的隐患予以整改，从这 4 个方面对电源系统、信号系统和设备空间屏蔽采取主动预控措施，通过完善热控系统接地、增加硬件防护，提高了热控系统抑制雷电浪涌电流侵入热控设备和电缆线路的能力，整改之后，未再发生雷电损坏热控设备或干扰系统信号现象。

因此热控系统户外设备的防雷，应坚持“安全第一、预防为主”的原则，设计阶段应根据同地区以往机组运行受雷击影响程度主动进行防雷设计、基建阶段应严格按设计的防雷要求进行施工；运行中则应主动开展热控系统雷击风险评估，对防雷抗干扰措施不到位的露天设备及时进行整改。

2. 重视烟囱周围区域的热控设备安装接地

烟囱周围区域的热控设备安装时，应对烟囱避雷接地装置及雷电散流通道特性进行研

判，根据烟囱避雷接地情况和烟囱基础（黏土或岩石基础等）的不同特性，尽可能做好相应的防护措施。例如，在设备采购时对安装在烟囱周围一定区域内的仪控设备提出更高的防雷击要求。

当烟道成为雷电流释放通道时，安装在烟道上的热控设备与烟道之间应尽量采取绝缘隔离措施，并采用单独的接地电缆，接地点应远离烟囱防雷接地网。当烟道不为雷电流释放通道时，现场仪表的金属外壳应就近与烟道的金属构架相连接，形成等电位体。

安装在烟囱附近的仪表接地必须连接厂或脱硫系统接地网，而不能直接连接烟囱地（某电厂将安装于烟囱附近的 CEMS 系统接地直接连接烟囱地，结果一次雷击中 CEMS 系统，所有设备均烧焦）。

3. 合理加装防浪涌保护器

在雷击发生时，能快速响应箝位限制过电压，泄放信号线上瞬时增加的电荷能量，有效地保护仪表设备或 DCS 通道，雷电多发区的设备应选择合理的位置安装防浪涌保护器，室外安装的变送器、执行机构等现场仪表的信号输入、输出信号电缆两端，控制设备的电源电缆，有选择性地设计防护装置或元部件，给瞬变电流提供泄放通道。

进、出主厂房的测量与控制信号电缆应采用金属屏蔽层电缆且穿保护管敷设，并确保电缆护套软管与护套铁管连接可靠，保护管应至少两端接地；金属导体，电缆屏蔽层及金属线槽（架）等，进入机房时均采用等电位连接。通信光缆的所有金属接头、金属挡潮层、金属加强芯等，在入户处直接接地。

电子室内信号浪涌保护器的接地端，宜采用截面积不小于 1.5mm^2 的多股绝缘铜导线，单点连接至电子室局部等电位接地端子板上；电子室内的安全保护地、信号工作地、屏蔽接地、防静电接地和浪涌保护器接地等，均连接到局部等电位接地端子板上。

（二）确保接地可靠

1. 满足接地配置要求

DCS 系统的总接地铜排（或隔离变压器）到 DCS 专用接地点之间的连接需采用多芯铜制电缆，其导线截面积应满足厂家要求，若接入厂级接地网，在 DCS 厂家提供的距离范围内（若制造厂无特殊要求，则其接地极与厂级接地网之间应保持 10m 以上距离）不得有高电压强电流设备的安全接地和保护接地点。

各控制机柜中应设有独立的安全屏蔽地、信号参考地和相应接地铜排。

接地焊缝平整、无裂纹；搭接长度为 2 倍扁钢宽或 6 倍圆钢直径；隐蔽处接地需附图且尺寸标注正确、清楚。

2. 保持机柜外部接地完好性

接地系统的连接应符合设计、制造厂或 CECS81 的相关要求。其中与楼层钢筋不可直接连通的 DCS 机柜，应保持与安装金属底座的绝缘，将所有机柜的接地通过星形连接方式汇接至总连接点后，单点接入 DCS 的接地网；与楼层钢筋可直接连通的 DCS 机柜，其安装底座应与楼层钢筋焊接良好，DCS 机柜的直流接地通过星形连接方式汇接至隔离变压器接地。

检查从机柜到电气接地网间的整个接地系统，其连接应完好无损，固定机柜间接地电缆的线芯面积不小于 8mm^2，垫片、螺栓等紧固无松动、锈蚀。除制造厂有明确规定外，整个计算机控制系统内各种不同性质的接地，均应经绝缘电缆或绝缘线引至总接地板，以保证“一点接地”。

实际核对接地的连接，应与设计图纸相符。

3. 规范机柜内部及回路接地

机柜内接地线应用规定的绝缘铜芯线（线芯面积不小于 $4mm^2$），直接与公共地线连接。

热控机柜、金属接线盒、汇线槽、导线穿管、铠装电缆的铠装层、用电仪表和设备外壳、配电盘等，均应设计有保护接地。

机柜内屏蔽电缆的屏蔽层应接地可靠，机柜内接线端子的接地等公用线，相互间的连接应构成闭合回路。

4. 接地电阻符合要求

A 级检修时测试接地系统的连接与接地电阻，若制造厂无特殊要求（包括接地引线电阻在内），采用独立接地网时接地电阻应不大于 2Ω，连接电气接地网时接地电阻应不大于 0.5Ω，每个机柜的交流地与直流地之间的电阻应小于 0.1Ω。

（三）电缆正确选择与安装

1. 热工保护联锁信号电缆采用双绞线屏蔽电缆

非屏蔽双绞线是由一对相互绝缘的金属导线绞合而成，由于绞扭的各个小环路面积相等，相邻绞扭小环路中在同一导体上产生的电磁感应电动势方向相反而相互抵消，呈现出高波阻抗，改变了电缆原有的电子特性，因此具有一定的电磁屏蔽功能，对屏蔽噪声源导线发出的磁通以及外界磁通对信号线的干扰具有一定的抑制作用，但非屏蔽双绞线的结构对静电感应耦合干扰没有抑制能力。

采用屏蔽双绞线并将屏蔽层接地，则其不但不影响对电磁干扰的抑制能力，还将对电场耦合干扰产生抑制能力，从而可提高对串模干扰的抑制效果。

采用总屏加分屏双绞线电缆，其中分屏电缆屏蔽层采用一点接地抗电场干扰，总屏蔽层采用两点接地（长距离传输时可每隔 25m 设一个接地点）抗电磁干扰，可有效提高抗电场干扰和电磁感应干扰的能力。

采用总屏加分屏电缆（分屏电缆屏蔽层采用一点接地抗电场干扰，总屏蔽应采用两点接地抗电磁干扰），具有同时抗电场干扰和电磁感应干扰的能力。

为提高热控系统可靠性，保护联锁信号电缆和电源电缆应采用总屏加分屏的双绞屏蔽电缆（绞距通常选 50.8mm，绞距小抑制电磁感应效果好，但价格上升），经过雷击或电磁干扰严重区域测量与控制电缆，应采用总屏加分屏电缆。

2. 一点接地检查确认

在制造厂无特殊要求情况下，同一信号回路或同一线路的屏蔽层应保持良好的单端接地，当信号源浮空时其屏蔽层应在计算机侧接信号地；当信号源接地时屏蔽层应在信号源侧接地。

检查接线盒或中间端子柜信号电缆的屏蔽层引线套有绝缘软件管，确认通过端子连接可靠，全程贯通有可靠的电气连续性，无碰金属外壳导致多点接地现象。

机组停运检修时，除拆除电缆屏蔽线与接地间的连接，测量屏蔽电缆屏蔽线与地间的绝缘电阻应大于线路绝缘电阻允许值外，还应恢复电缆屏蔽线与接地间连接后，在现场始端测

量电缆屏蔽与地间的电阻应不大于2Ω，测量机柜的屏蔽地接地电阻及各机柜间的电阻则均应小于1Ω。

3. 改变电缆屏蔽线的接地点或接地方式消除干扰

对于一点接地要求的信号电缆屏蔽线，有些在控制系统侧单点接地解决不了的干扰问题，可以断开控制系统侧单点接地，改在电缆始端一侧单点接地试验，有时会取得较好的效果。

处于严重电磁干扰环境的电缆，可在单点接地的电缆屏蔽线的末端加装瞬间接地连接器。

（四）检修维护技术措施

1. 改变电缆沿途位置消除干扰

在热工控制系统中，干扰信号虽然与雷电、电源、接地电位、电缆等有关，但大多数干扰信号与电缆有关。电缆不但向空间辐射电磁噪声，也敏感地接收来自邻近干扰源所发射的电磁噪声，因此电缆既是干扰信号的主要发射器，也是主要的接收器。由于干扰信号衰减与电缆间距离成平方的反比关系，因此运行中发生信号干扰，若沿途电缆允许移动，有时沿途挪动一下有干扰信号的电缆，干扰信号就有可能消失。

2. 加强定期维护管理

检修维护时，除合理做好接地布线外，确保接地系统的完好、可靠也是有效防雷的重要手段。为确保系统正常工作，要认真做好接地系统的定期维护保养，机组A修中检查全厂接地网的完好程度，采用地阻仪检测接地电阻大小；对投产多年的电厂，要认真做好接地网寿命周期、接地体腐蚀状况评估；认真检查露天安装热工控制系统（变送器、液位计等）壳体、屏蔽电缆、走线槽等接地状况，严防接地线缆松动、虚接、脱落、接地电阻过大等异常情况的发生。

接地的传感器及管线与发电机、励磁机的轴承座间，应设计有防止直接接触的措施。

电气屏蔽电缆信号进入DCS时，在DCS侧一点接地或加装信号隔离器。

第五章 就地设备异常引发机组故障案例分析与预控

就地一次控制设备包括执行机构、测量元件、开关与变送器仪表、电缆与接线、独立控制装置等。

其中，执行机构又称执行器，是一种自动控制领域常用的机电一体化设备，按动力类型可分为气动、液动、电动、电液动四大类，按运动形式可分为直行程、角行程、回转型（部分回转和多转式）三大类，按控制类型可分为调节型（包括智能型和一体化）、开关型、两位式和带现场总线等。执行机构是自动控制系统的指令执行者，发生异常将导致控制指令无法执行，并进一步引发机组参数失控及运行故障。

现场仪表测量参数一般分为温度、压力、流量、液位四大参数。根据测量参数的不同，不同的现场仪表故障特点也各不相同。在分析现场仪表故障前，要比较透彻地了解相关仪表系统的生产过程、生产工艺情况及条件，了解仪表系统的设计方案、设计意图，仪表系统的结构、特点、性能及参数要求等，并向现场操作工人了解生产的负荷及原料的参数变化情况，查看故障仪表的记录曲线，进行综合分析，以确定仪表故障原因。如果仪表记录曲线为一条死线（一点变化也没有的线称死线），或记录曲线原来为波动，现在突然变成一条直线，故障很可能在仪表系统。因为目前记录仪表大多是DCS计算机系统，灵敏度非常高，参数的变化能非常灵敏的反应出来。此时可人为地改变一下工艺参数，看曲线变化情况。如果不变化，基本断定是仪表系统出了问题，如果有正常变化，基本断定仪表系统没有大的问题。变化工艺参数时，发现记录曲线发生突变或跳到最大或最小，此时的故障也常在仪表系统。故障出现以前仪表记录曲线一直表现正常，出现波动后记录曲线变得毫无规律或使系统难以控制，甚至连手动操作也不能控制，此时故障可能在工艺操作系统。当发现DCS显示仪表不正常时，可以到现场检查同一直观仪表的指示值，如果它们差别很大，则很可能是仪表系统出现故障。

总之，分析现场仪表故障原因时，要特别注意被测控制对象和控制阀的特性变化，这些都可能是造成现场仪表系统故障的原因。所以，我们要从现场仪表系统和工艺操作系统两个方面综合考虑、仔细分析，检查原因所在。

现场的电缆接线故障经常导致设备的直接跳闸或机组非计划停运，而现场独立控制装置的控制对象一般都独立于DCS通用系统，有其特殊的控制要求，发生故障时对机组正常运行所造成的风险也是不容忽视的。

第一节 执行机构异常引发机组故障

【案例194】锅炉A一次风机动叶执行机构故障事件原因分析与处理

【事件过程】9月1日13:15，某电厂1号炉正常运行时，A一次风机动叶反馈突然至

100%开度。热控人员与设备锅炉点检人员共同现场查看，发现就地执行机构确实已经全开，通过调用历史曲线查看，1号炉A一次风机动叶操作站故障前后均处于手动状态，从9月1日6:00起，动叶执行机构反馈开度比指令大3%，且偏差逐渐增大至10%，13:06，动叶指令42%，反馈突然变至100%，A一次风机电流信号也迅速增加至228 A，初步判断A一次风机动叶执行机构控制回路或执行机构本身出现故障。

【原因分析】热控人员检查一次风机动叶执行机构指令、反馈线路接线正确，绝缘正常，DCS通道校验正常，故障判断为执行机构故障。至就地检查执行机构，执行机构无故障报警信息，对执行机构的各参数进行检查，参数设置正确。小幅度远程及就地操作执行机构，执行机构均能向执行方向动作，但远程操作反馈仍比指令大10%，判断为执行机构控制板或比例反馈板故障。故障执行机构型号为Rotork IQT500，通过与Rotork厂家技术人员联系沟通，此故障现象在其他电厂也曾出现，故障信息需返厂后用专用仪器进行对控制板读取分析后，才能确定具体故障原因。故障处理方案共有两种：

（1）对故障执行机构指令反馈进行重新校验。

（2）利用机组晚间低负荷工况对A一次风机动叶执行机构进行更换。

前一种方案需在执行机构就地状态下，远程给定全开、全关指令，对执行机构指令反馈进行标定，但由于A一次风机正在运行，执行机构已处于故障状态，远程给定全关指令具有一定风险，且对于执行机构突然全开的故障原因仍不能确定，需返厂检查，使用现执行机构仍具有风险，因此考虑在机组低负荷期间，停止A一次风机运行，然后更换备品。

9月3日利用机组低负荷期间，由运行人员停止A一次风机运行后，对动叶执行机构整体进行更换，调试正常后，系统恢复。

【防范措施】

（1）对更换下的执行机构进行检查，对指令反馈的4～20mA重新标定后，执行机构暂时正常，但突然全开的故障原因，是由控制板内部原因引起，返厂进行检测维修。

（2）因就地执行机构安装底座处振动频率较高，可考虑更换可靠性高的分体式执行机构。

【案例195】气动门定位器故障引起发电机冷氢温度高导致机组跳闸

【事件过程】2月15日11:42:39，某电厂5号机组793MW负荷运行中，汽轮机ETS保护动作，汽轮机跳闸，发电机解列，高压旁路动作，锅炉维持运行。跳闸首出原因为发电机冷氢B温度高。

【原因分析】检查历史曲线发现，11:41:19，5号机组发电机氢冷却器冷却水回水可调气动门反馈由23.96%升至71.42%；11:41:37，A、B侧6点冷氢温度均开始上升；11:42:09，温度上升到报警值48℃，在DCS系统操作员站发出“5号机组冷氢温度高”报警，大屏光字牌“COLD H2 TEMP H”报警；11:42:38，B侧3点冷氢温度超过53℃跳机值（三选二逻辑，A侧冷氢温度也同时升高，滞后于B侧9s达到53℃跳机值），延时1s后，B侧冷氢温度高ETS保护动作，如图5-1所示。

热控人员就地检查发电机氢冷却器冷却水回水可调气动门，发现该气动门西门子定位器反馈大部分时间指示在72%，偶尔跳变到0%。当定位器反馈指示在72%时，调节汽门实际阀杆处于关到位状态；当定位器反馈跳变时，调节汽门实际阀位也处于波动状态，如图

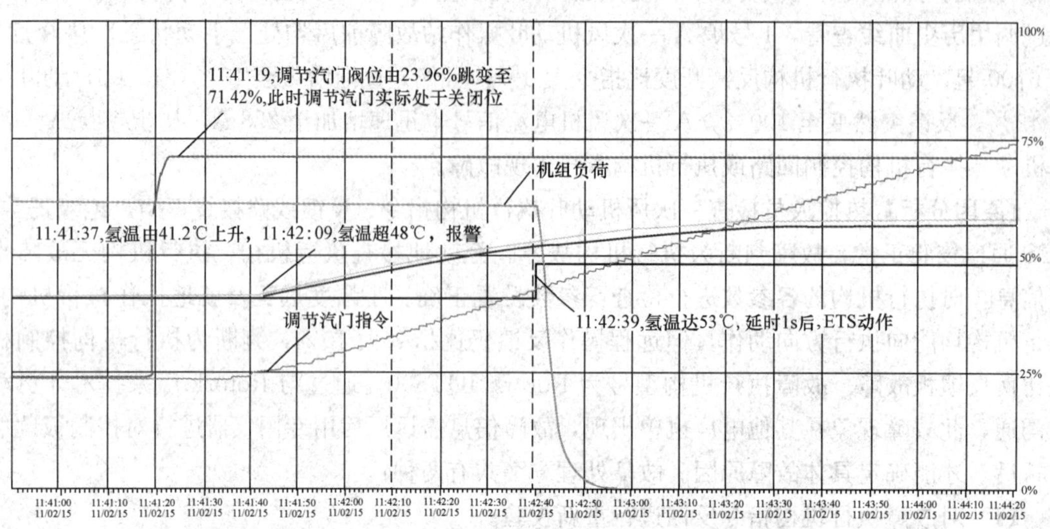

图 5-1　跳机前后阀位、指令、温度变化趋势

5-2 所示，阀位反馈大幅波动跳变。

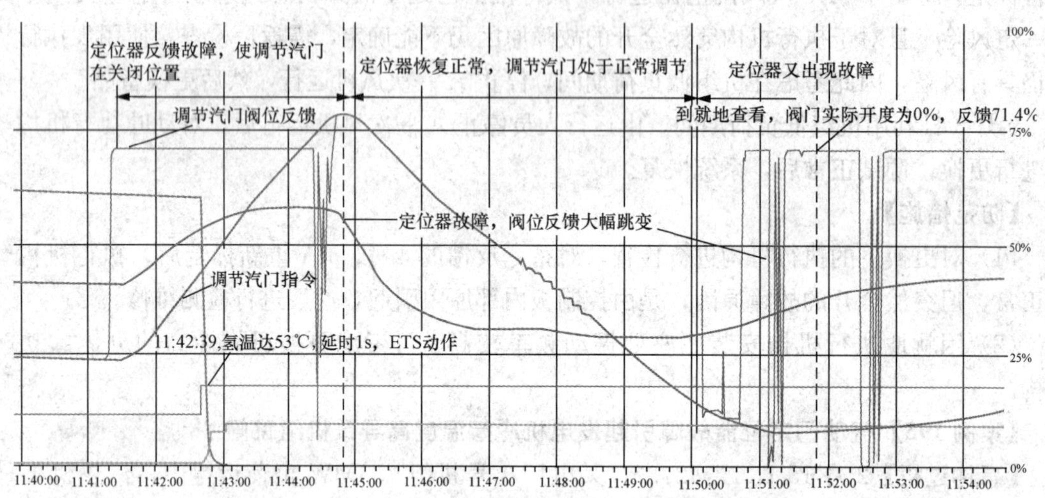

图 5-2　跳机前后发电机氢冷却器冷却水回水可调气动门阀位情况

为判断发电机氢冷却器冷却水回水可调气动门本体是否有故障，由机务人员进行了调节汽门开启试验：将调节汽门开启，用听棒听有水流声，试验时调节汽门最大开启 60%，闭冷水泵出口压力由 0.85MPa 下降到 0.79MPa。因此判断西门子定位器故障，而调节汽门本体无故障，阀芯无脱落现象。随即更换了发电机氢冷却器冷却水回水可调气动门的西门子定位器。

通过检查可认定直接原因是 5 号机组发电机氢冷却器冷却水回水可调气动门西门子定位器故障，造成冷氢温度调节门关闭，使冷氢温度上升到 ETS 保护动作值，发电机组跳闸。

发电机氢冷却器冷却水回水可调气动门就地定位器是西门子 SIPART PS2 型定位器。阀门定位器工作原理是反馈机构将阀杆的移动转变为电位器电阻的变化，阀门内部电路板将其转变为 4～20mA 信号阀位反馈。在定位器内部，阀位指令与位置反馈构成闭环回路，通过五步开关程序控制压电阀，进而调节汽门进入执行机构气室的空气流量。当指令小于位置反馈时，控制气动门向关闭位置动作；当指令大于位置反馈时，控制气动门向打开位置动作，最终和位置反馈达到平衡。

本次异常中由于气动门就地定位器故障，定位器内部的位置反馈为71.42%，而调节汽门指令为23.69%，位置反馈大于指令信号，定位器内部发指令使发电机氢冷却器冷却水回水可调气动门关闭。造成发电机氢冷却器冷却水中断，冷氢温度在80s内由40.9℃迅速升高至53℃，引起5号机组冷氢温度高ETS保护动作。

【防范措施】

（1）对西门子SIPART PS2型定位器特性掌握程度不够，对其故障没有做好充分风险防范。

（2）发电机冷氢温度报警定值设置不够合理，原冷氢温度报警定值是根据《西门子THDF 125-67百万级发电机运行和维护手册》中发电机保护定值要求："发电机冷氢温度48℃报警，53℃跳闸"而设置的。发电机冷氢温度的设计值是氢冷却器水温在39℃时，发电机冷氢温度约在43℃，不超过46℃。在实际运行中，发电机冷氢温度在38～41℃。冷氢温度从报警值到跳机值时间设置较短，可根据实际情况降低报警值。

（3）更换故障的阀门定位器。

（4）根据机组运行的实际工况，修改冷氢报警定值，并进一步梳理其他重要信号的报警定值：冷氢温度报警值从48℃降至43℃；发电机定子线圈进水温度报警值从53℃降至50℃；励磁机后热风温度报警值从75℃降至70℃。

（5）西门子定位器阀位反馈回路故障时，未及时发出报警信号，需要增加重要气动调节门指令与反馈大偏差的报警。以下阀门指令与反馈偏差大于10%报警：发电机氢冷却器冷却水回水可调气动门、发电机定子水冷却器冷却水回水可调气动门、励磁机冷却水水温调节门、发电机密封油冷却水可调气动门。

（6）增加旁路电动门自动开逻辑：冷氢温度达到45℃开启旁路电动门至30%开度；发电机定子线圈进水温度达到53℃开启旁路电动门至30%开度；励磁机后热风温度达到75℃开启旁路电动门至30%开度。

【案例196】执行机构电刹车装置过热后抱死，汽包水位失控导致锅炉MFT动作

【事件过程】某电厂三期工程5号发电机组135MW，12月29日12:35，5号炉A、B、C制粉系统运行，5号机组带负荷95MW，主蒸汽流量304t/h、主蒸汽压力10.3MPa，给水泵为B泵运行，给水泵液力偶合器勺管位置65%左右位置，给水系统"自动"运行正常。发电部运行人员将A给水泵运行切换至B给水泵运行，13:40，许可"A给水泵进口法兰垫子更换"工作票，在A给水泵检修过程中，15:26，运行人员发现5号炉给水泵液力偶合器在CRT画面由"自动"跳为"手动"，同时语音报警出现，手动调整水位时，发现B给水泵液力偶合器勺管位置反馈信号不跟踪，且来回摆动，汽包水位无法稳定，给水泵流量下降，值长通知汽轮机和电气人员关小调节汽门和降低负荷，同时通知热工值班人员处理，热工值班人员多次现场手动控制时，均摆回到39%，15:40，B给水泵液力偶合器勺管卡在39%无法开启，汽包水位继续下降至－270mm，MFT保护动作，引起机组跳闸，5号机组被迫停运。

【原因分析】检查曲线，显示5号机组B给水泵液力偶合器电动执行器（型号PSQ-701）

频繁动作，检查现场电动执行器发现电刹车装置烫手，因此确定事件原因为执行机构电刹车装置过热后抱死，汽包水位失控而导致锅炉 MFT 动作。经检修，查明执行机构故障原因是控制电路板中的伺服放大器（型号 PSAP4）工作不稳定，其调节灵敏度电位器 P1 故障失灵。

【防范措施】

（1）调节灵敏度电位器 P1 处理后，执行机构恢复正常。

（2）定时检查执行机构工件状况，发现异常及时处理。

【案例 197】执行器位置反馈故障，汽包水位失控导致机组跳闸

【事件过程】12 月 26 日，某电厂 5 号机组处于滑压运行方式，给水泵联锁撤出。于 18：20:34 左右，CRT 开度显示为 100.22%，实际给水泵出口流量为 51.1t/h，给水流量到零的时间不到 30s，汽包水位降至－250mm 以下，MFT 保护动作，机组跳闸。

【原因分析】经检查，事件前液力偶合器开度反馈异常波动约 3min，从给水泵出口流量、转速等参数分析，实际执行器基本未动。因此判断事件原因是执行器（型号 SIPOS-2SC5518）位置反馈故障，导致汽包水位失控。

【防范措施】

（1）机组运行中应加强对给水泵、送风、引风液力偶合器及给水大旁路、凝水流量控制等主重要执行器的巡回检查力度；机组检修期间应加强对主重要执行器的常规检查，对智能型执行器进行参数核对及修改。

（2）应完善给水泵联锁逻辑，考虑给水泵出口压力、给水流量、汽包压力等参数，使给水泵联锁适用机组滑压等特殊工况运行；同时对主重要执行器及其调节系统，考虑异常状况下，建立执行器反馈失准后开度及动作方向的准确判断逻辑，并以此进一步完善或建立调节系统切强动逻辑。

（3）运行人员应加强对主重要执行器等设备的监视，发生异常状况时，除及时联系检修人员处理外，还应立即将执行器切至强动控制方式，或切除电源进行就地手动控制，同时加强相关系统参数及设备的监控。

（4）设备点检人员应加强对主重要执行器相关自动的历史曲线检查及分析，并根据历史曲线状况及时做出有效处理措施。

【案例 198】执行机构控制模块故障引起锅炉汽包水位低，导致机组跳闸

【事件过程】5 月 31 日 21:58，某电厂 2 号机组负荷由 133MW 突升至 139MW，汽包水位至－150mm，经调节后水位正常，负荷恢复正常；22:01，负荷再次突升至 139MW，汽包水位持续下降，给水流量 200t 左右，主蒸汽流量 420t 左右，运行人员快速启动 4 号给水泵，给水流量不变，发现给水调节汽门 CRT 显示变紫，急开给水直通门，水位继续下降至－300mm；22:02:36，2 号炉 MFT，2 号炉减温水调节汽门关死；22:06:50，低温保护跳汽轮机，当时炉侧主蒸汽温度为 448℃左右，机侧主蒸汽温度约 500℃。

【原因分析】经检查事件原因，是 2 号炉给水调节汽门执行机构控制模块故障，引起给水调节汽门波动，在关小后汽包水位失控并快速下降，打开给水直通门后，大量进水（瞬间最大流量 524t/h，给水温度 249℃降至 239℃）的瞬间，水位进一步下降，至－300mm 后 MFT，如图 5-3 所示。同时导致炉侧主蒸汽温度从 538℃（22:02:36）降至 448℃（22:06:50），触发低温保护跳机。

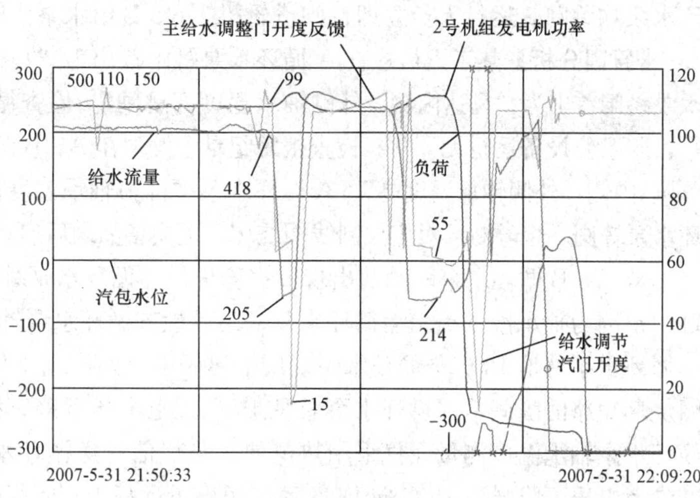

图 5-3　机组跳闸过程中各相关参数曲线

【防范措施】

(1) 更换 2 号炉燃油快关阀。此外本次 2 号炉事件中，燃油快关阀故障，延迟了开机时间。在今后机组运行中，要加强检查和定期试验工作，确保运行设备可靠。

(2) 2 号机组的主给水调节汽门现使用的是上海玉叶 YZ2-410 执行器模块，建议更换为可靠的产品，如 Rotork 等质量更可靠的产品（与 1 号机组相同）。

(3) 原低温跳机保护逻辑的主蒸汽温度取信来自锅炉主蒸汽温度信号，将其修改为取自汽轮机侧的主蒸汽温度信号（与 1 号机组相同）。

【案例 199】高压旁路阀位置信号转换器故障引起汽包水位高高动作

【事件过程】某电厂 600MW 机组正常运行中高压旁路调节汽门反馈 3s 内由 0%突变为 99%，汽包水位高高导致 MFT 动作，高、低压旁路压力控制自动切到自动控制方式且高压旁路来回快关了多次。

【原因分析】事后检查确认是高压旁路阀位置信号转换器故障，导致反馈电流信号恒为 22mA，使主蒸汽流量的计算值由 1470t/h 上升到 2427t/h，造成给水控制指令大幅上扬，引起汽包水位高高动作。

【事件处理】事后更换了高压旁路位置转换器，对高压旁路流量进入主蒸汽流量计算因子做了临时性防范措施，修改了相关逻辑。

【案例 200】防喘放气阀控制器接口断裂导致故障停机

【事件过程】某电厂 3 号机组 MK6 发出“防喘放气阀位置故障报警”，机组自动减负荷，当负荷减至 150MW 时按正常程序停机，于 4:04 解列。

【原因分析】经检查 2 号防喘放气阀控制器接口断裂，更换控制器接口后，机组于 7 日 11:49 并列。

【防范措施】分析防喘放气阀控制器接口断裂原因，主要有：

(1) 该管道设计布置不合理，缺少支吊架固定，导致管道长期处于振动状态，容易使金属疲劳发生断裂。

(2) 该阀控制气源为压气机提供，气压、气温均较高，运行工况比较恶劣。

(3) 需合理增设支吊架，控制气源考虑改用仪用空气，利用每次小修机会加强检查。

【案例 201】循环水泵蝶阀控制线圈烧坏导致机组跳闸

【事件过程】某电厂机组负荷 290MW，A、B、D 磨煤机组运行；A、B 循环水泵运行；机组控制协调方式。突然控制盘报警窗“循环水泵 A 跳闸”“循环水泵 B 跳闸”“循环水泵系统故障”“电动给水泵轴承循环水泵轴承温度高”光字牌同时报警，检查 OIS 上 A、B 循环水泵均跳闸。运行人员立即打闸汽轮机、A、B给水泵汽轮机，联跳锅炉、发电机。

【原因分析】 热工人员检查A循环水泵跳闸首出为“马达内侧轴承温度高跳闸”、B循环水泵跳闸首出为“马达内侧、外侧轴承温度高跳闸”。检查循环水泵就地PLC与DCS通信正常，DCS侧设备运行无异常。检查报警纪录，发现在A、B循环水泵跳闸前曾短时间同时出现“马达内侧、外侧轴承温度高”、A循环水泵“推力轴承温度高”等报警信号。检查发现A循环水泵蝶阀一熔丝断且对应控制线圈烧坏，更换备品之后启动A、B循环水泵均正常。

从A、B循环水泵跳闸前出现的报警信号和循环水泵跳闸首出可以判断A、B循环水泵跳闸是因为轴承温度高。但循环水泵跳闸后检查循环水泵轴承温度信号显示均正常，其原因是循环水泵就地PLC与循环水泵蝶阀电磁阀由一路厂用电供电。当A循环水泵蝶阀控制线圈烧坏短路的瞬间造成循环水泵就地PLC供电电压下降，循环水泵就地PLC工作不正常。循环水泵轴承温度测量元件采用热电偶，毫伏信号送循环水泵就地PLC处理，由于瞬间基准参考电压下降导致PLC向DCS系统送出了远高于实际循环水泵轴承温度的循环水泵轴承温度信号，DCS系统在得到此错误的循环水泵轴承温度信号后经逻辑判断产生轴承温度高从而使A、B循环水泵跳闸。这一推断通过对PLC电源电压下降的模拟测试得到了验证。

【防范措施】

（1）循环水泵轴承温度高保护为任一轴承温度高于100℃就发出跳泵指令，易于产生误动信号。为了提高该保护的可靠性，对轴承温度保护信号，增加测量信号质量判断、瞬间突变误信号切除和延时防误逻辑。

（2）循环水泵就地PLC与循环水泵蝶阀电磁阀由一路厂用电供电，供电电源可靠性不高。为此提供两路UPS不停电电源（并不宜与其他设备合用电源），一路供循环水泵就地PLC，一路供循环水泵蝶阀电磁阀。

（3）循环水泵蝶阀电磁阀线圈控制回路设计不可靠，各电磁阀线圈控制回路没有分路熔断器，在电磁阀线圈故障短路的瞬间影响整个供电回路有关设备的正常工作。为此对各循环水泵蝶阀电磁阀线圈控制回路加装分路熔断器，避免电磁阀线圈故障影响其他设备运行。

【案例202】汽轮机挂不上闸问题的分析与处理

【事件过程】 某电厂600MW机组汽轮机由东方汽轮机厂生产制造，型号NZK600-16.7/538/538，亚临界、一次中间再热、单轴、冲动、三缸四排汽、直接空冷凝汽式，采用Ovation控制系统。但在启动前实际挂闸试验中发现，通过远方（即DCS）打闸时机组很难挂上闸，当在就地通过手动拉杆跳闸时能顺利的挂闸，影响机组安全运行。

【原因分析】 为查明异常原因，先分析挂闸过程，如图5-4所示。当运行人员发出挂闸指令时，首先机组危急遮断器ZS1必须先在断开位（复位状态），挂闸电磁阀才能带上电，活塞上行到上止点关闭危急遮断器滑阀排油，此时ZS1闭合，安全油压在ZS1闭合延时10s之内建立大于3.9MPa，在复位电磁阀（1YV）带电的同时，高压遮断模块电磁阀（5YV、6YV、7YV、8YV）也带电动作，高压安全油建立延时后复位（即失电）1YV，当1YV失电、活塞复位ZS1断开且安全油压建立三个条件满足后才表明挂闸已完成；挂闸后，高压安全油压建立，在高压安全油的作用下，使各主汽门和调节汽门的安全油排油口堵住，同时关断阀在高压安全油的作用下开启，压力油经关断阀到伺服阀前，为各油动机的工作做好准备（冲转、升速、并网、带负荷）。

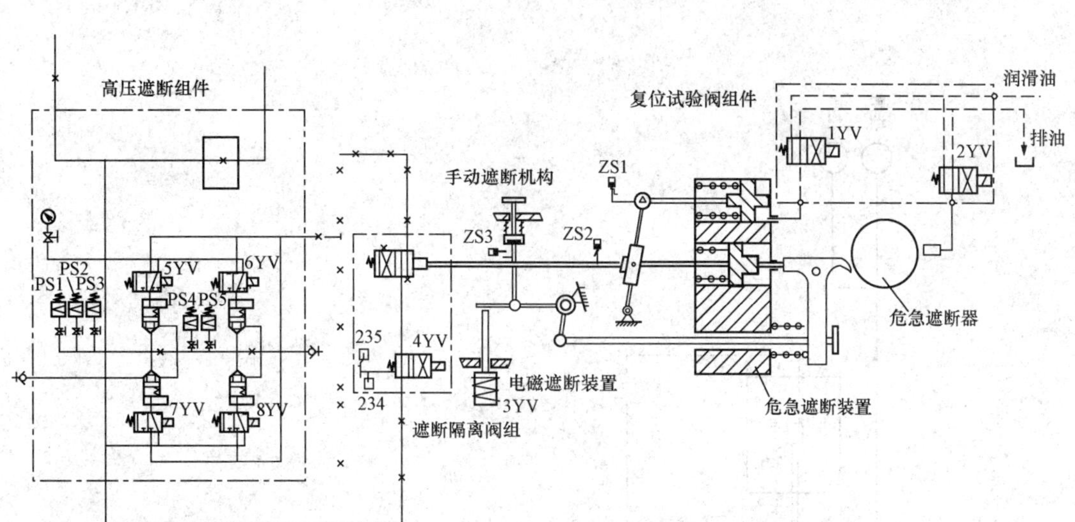

图 5-4　调节保安挂闸系统

而机组的调节保安系统按照其组成可划分为高压抗燃油系统和低压保安系统两大部分。其中高压抗燃油系统由液压伺服系统、高压遮断系统和抗燃油供油系统三大部分组成；低压保安系统由危急遮断器、危急遮断装置、危急遮断装置连杆、手动停机机构、复位试验阀组、机械停机电磁铁（3YV）和导油环等组成。润滑油分两路进入复位试验电磁阀组件，一路经 1YV 进入危急遮断装置活塞侧腔室，接受复位电磁阀 1YV 的控制（即实现机组挂闸）；另一路经喷油电磁阀（2YV），从导油环进入危急遮断器腔室，接受喷油电磁阀 2YV 的控制（即实现机组在线喷油试验和高压遮断模块电磁阀试验等）。手动停机机构、机械停机电磁铁（3YV）、遮断隔离阀（4YV）中的机械遮断阀通过危急遮断装置连杆与危急遮断装置相连，高压安全油通过高压遮断组件、遮断隔离阀组件与无压排油管相连。

ZS1、ZS2 及逻辑中复位时间分析：若 ZS1 先在闭合位，1YV 刚带上电，由于安全油压此时已建立则马上复位 1YV 失电，由于 1YV 带电时间短，虽然安全油压已建立，但由于撑钩没有移动到复位状态，危急遮断器滑阀排油口又打开，故在 1YV 失电后，安全油压又失去。ZS1 代表危急遮断器是否复位，若就地位置调节的和 ZS1 本身状态不符，可通过增加延时时间确保危急遮断器已到复位位再使 1YV 失电，所以 ZS1 很重要。ZS2 表示机组在跳闸位，只对挂闸允许起作用，表明汽轮机在调闸位，即使信号未来，强制后挂闸也无影响，但 ZS2 故障会影响机组正常运行时进行喷油实验。

通过以上分析和对现场实际挂闸过程的观察、试验，并对更换下来的 ZS2 进行解体检查，发现挂闸不正常和 ZS1 有关，但不是根本原因，经过在远方、就地多次试验以及对照调试的实验记录，发现在每次通过 DCS 打闸时，均是高压遮断模块发跳机指令，低压回路虽然 3YV 也动作，但实际低压部分未完全断开。通过单独对 3YV 进行跳机动作试验，发现 3YV 动作后，就地机械停机电磁铁行程不够，从而使低压部分（即危急遮断装置）未完全脱开和复位。后来经过整体分析，虽然东方汽机厂轮机组低压保安系统设置有电气、机械及手动三种冗余的遮断手段的可靠性设计，但如果就地一次部分存在隐患，其后果还是严重的。

【防范措施】根据 ZS1 行程开关的死区时间并通过实验，调整图 5-5 中两个方框中的迟延时间，保证活塞撑钩已完全复位。

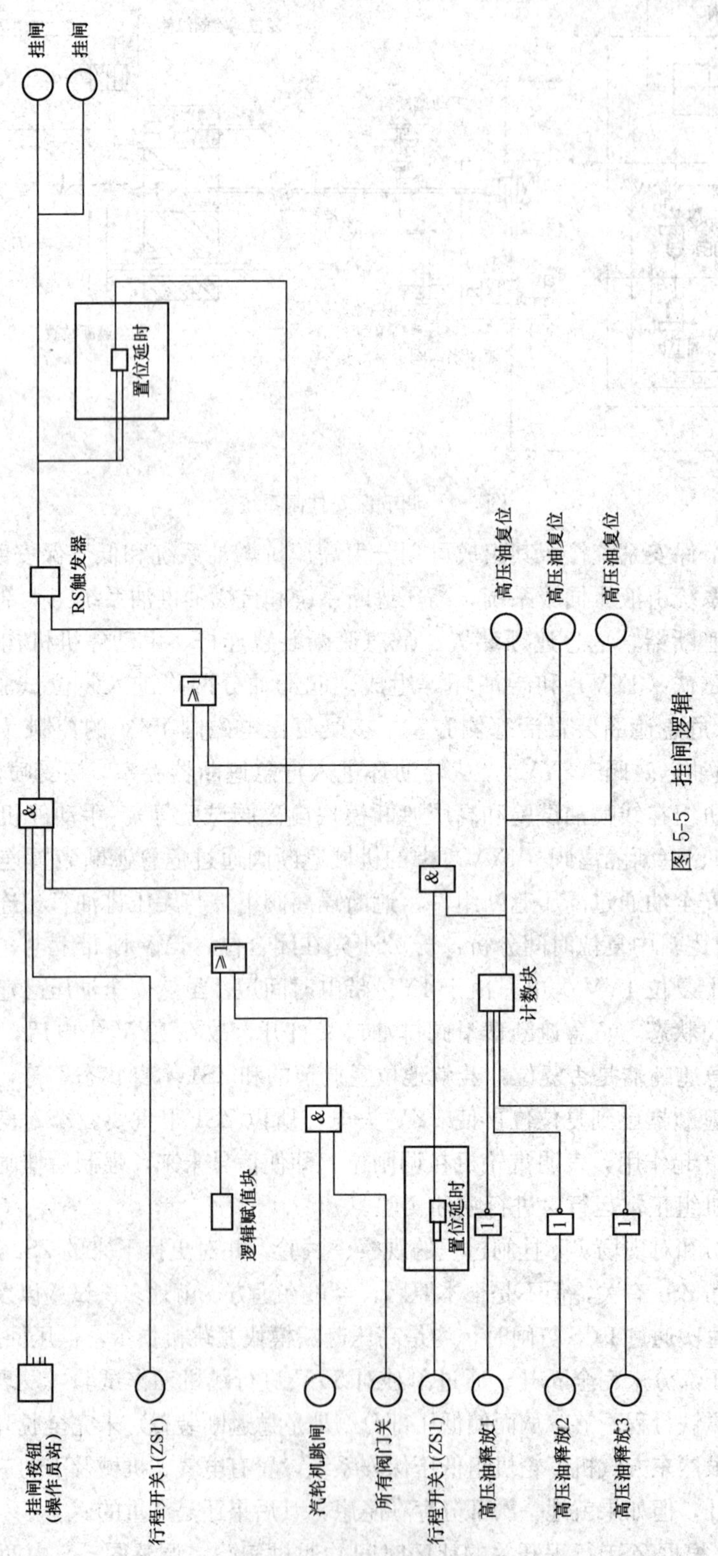
挂闸
挂闸
置位延时
RS触发器
≥1
&
≥1
逻辑赋值块
&
&
置位延时
计数块
高压油复位
高压油复位
高压油复位
1
1
1
挂闸按钮
(操作员站)
行程开关1(ZS1)
汽轮机跳闸
所有阀门关
行程开关1(ZS1)
高压油释放1
高压油释放2
高压油释放3

图 5-5　挂闸逻辑

重新调整机械停机电磁铁的安装位置，并对相关的连杆进行调整，以确保危急遮断装置的撑钩正常复位，遮断隔离阀组的机械遮断阀能正常关闭，将高压保安油的排油口封住，建立可靠、正常的高压安全油压，机械停机电磁阀动作后能自动复位。从机械角度保证当3YV动作时危急遮断装置完全脱开和复位。

通过以上调整及多次试验，机组挂闸一直能保证在20s内完成，其挂闸、跳闸系统均运行正常。

【案例203】给水泵液力偶合器电动执行器故障造成机组跳闸

【事件过程】12月29日12:35，某电厂5号135MW机组带负荷95MW运行，主蒸汽流量304t/h、主蒸汽压力10.3MPa，给水泵为B给水泵运行，给水泵液力偶合器勺管位置65%左右，给水系统“自动”运行正常。发电部运行人员将A给水泵运行切换至B给水泵运行，13:40许可“A给水泵进口法兰垫子更换”工作票，在A给水泵检修过程中，15:26，运行人员发现5号炉给水泵液力偶合器在CRT画面由“自动”跳为“手动”，同时语音报警出现，手动调整水位时，发现B给水泵液力偶合器勺管位置反馈信号不跟踪，且来回摆动，汽包水位无法稳定，给水泵流量下降，值长通知汽轮机和电气人员关小调节汽门和降低负荷，同时通知热工值班人员处理，热工值班人员多次现场手动控制时，均摆回到39%，到15:40，B给水泵液力偶合器勺管卡在39%，无法开启，汽包水位继续下降至－270mm，MFT保护动作，引起机组跳闸，5号机组被迫停运，给水泵液力偶合器电动执行器采用PSQ-701型。

【原因分析】经检查分析，事件原因如下：

(1) 5号机组B给水泵液力偶合器电动执行器（PSQ-701）刹车装置频繁动作，使电动执行器电刹车装置过热后抱死，造成锅炉MFT动作。而造成B给水泵液力偶合器电动执行器（PSQ-701）刹车过热抱死的原因，是控制电路板上的伺服放大器（型号PSAP4）上的调节灵敏度电位器P1故障失灵。

(2) 虽然PSQ角行程执行机构是由相互隔离的电器控制部分和齿轮传动部分组成，电动机作为连接两隔离部分的中间部件。电动机转矩通过主齿轮传送到行星齿轮，主齿轮驱动行星齿轮带动中空的齿轮，以此带动输出轴做0°～90°的转动。中空齿轮比二级齿轮少三个齿，因此可以由行星齿轮驱动，行星齿轮转一周，中空齿轮转动三个齿。行星齿轮的外部始终啮合一个蜗杆齿轮，运行时也不分开，这种设计使电动机在故障或阀门转矩意外增加时可以直接通过手轮进行手动控制，但是由于PSQ角行程执行器伺服放大器是智能型PSAP4控制电路板，这种结构使DCS控制信号与PSQ执行器位置反馈信号不跟踪时，会停留在当前位置，保持阀位不变。如果不切断PSQ角行程执行器电源，手动控制操作时均回到原阀位。PSQ角行程执行器现场没有自动/手动控制操作开关，也是造成本次障碍的重要原因。

(3) 各级生产部门未能严格监督和执行有关规定，并在重要辅机设备检修时，未做任何安全及防范措施。5号机组在停运期间，检修部热工专业人员未对该设备有可能造成设备异常的辅机设备部件检查和试验，检查维护不当是造成本次障碍的次要原因。

(4) 对于重要的辅机设备是否退出备用并进行检修、维护，无具体的管理制度和规定。重要的辅机设备退出备用后，无备用设备会产生严重后果，但未得到各部门领导的高度重视，也是本次障碍的原因之一。

【防范措施】针对本次故障，制订以下防范措施：

(1) 严格执行各项工作规定和制度，职能部门制订出符合现场实际的重要辅机设备投、退和检修、维护等相关管理规定，下发严格监督执行。

(2) 各部门领导、专业技术人员应了解各主、辅机设备的运行工况，对会影响到机组安全运行的设备，定期检查，监督到位，指导、协助专业，做好事故预防措施，防止事故的发生与扩大。

(3) 热工专业人员要定期对所有相关设备的液力偶合器执行器进行全面检查、试验，发现问题及时处理，并会同物资部门与相关厂家联系、了解该 PSQ 角行程执行器刹车装置及伺服放大器电路板的使用、运行、维护特性。及时订购备品备件，以便及时消除此类缺陷，3 个月检查更换一次刹车装置，利用检修机会 PSQ 角行程执行器进行技术改造，防止类似故障再次发生。

【案例 204】给水泵液力偶合器故障导致 MFT 动作

【事件过程】4 月 15 日 17:32:07，某电厂机组甲给水泵运行，液力偶合器指令 58.38%，开度反馈 57.57%，给水流量 340.72t，给水调节在自动状态。17:32:09 在指令不变的情况下，但给水流量从 340.72t 上升到 354.28t，给水泵电流也有相应增大，随后，反馈依然能够跟随指令的变化而变化，但振荡幅度过大。给水流量、阀位指令、阀位开度均成锯齿状频繁波动，流量波动范围在 260～500t，阀位指令波动范围在 39%～60%。17:33:26，液力偶合器指令为 43.49%，开度反馈为 55.25%，流量为 489.49t，给水调节自动跳，无扰切为手动状态，DCS 发出声光报警。17:33:26～17:34:34 (68s) 这期间，执行器无任何操作调整，指令 43.49%，开度 43.49%。17：33：42 给水流量由 489.49t 下降至 109.58t，汽包水位 3.8mm，17:33:51，汽包水位－50mm，DCS 低一值报警。17:34:10，汽包水位－150mm，DCS 低二值报警。17:34:34，汽包水位低Ⅲ值动作，锅炉MFT。

【原因分析】经分析，事件原因如下：

(1) 液力偶合器流量特性不好，与乙泵比较流量特性差别明显，执行机构开度变化 1% 时流量在 30～50t/h 变化，在此事件发生之前几天亦发生多次流量波动现象，由于调节系统能克服扰动趋于稳定，因此工作人员没有发现，也没有引起注意。

(2) 甲泵运行时间相对较少，长期处于备用状态，调节器参数是按乙泵整定的，乙泵自动投入效果理想。被控对象动态特性存在差异，整定参数应该不同，但是两泵是同一个调节器指令来源，没有设置变参数功能，进行分别整定。乙泵调节系统增益大，甲泵运行时整个调节系统增益更大，有扰动时发生振荡甚至发散现象。

(3) 执行机构对调节系统来说是近似比例环节，相对指令来说是迟延环节，从指令发出到反馈跟随总是有一定时间，加之调节系统处于高频振荡状态，在大幅波动期间短时间内同一时刻指令与反馈之间总会存在偏差，给水流量变化在自动调节的作用下指令亦快速变化，指令反馈之间偏差越限后自动切换为手动。

(4) 生产过程异常时瞬息万变，从自动调节切换为手动到水位 MFT 前后仅 1min 左右时间，若发现不及时，跳自动时阀位保持的较低，水位会急剧下降。

【防范措施】

（1）执行机构接线及控制板检查，更换控制主板排除控制原因。控制电缆重新布线，屏蔽线只在一端接地，现场侧屏蔽裸露部分包扎以减少因信号干扰引起的波动。

（2）PID参数重新设置，采用外给定方式，即修改组态做信号选择，以泵的运行状态切换PID参数，使各自的参数整定独立。

（3）做好事故预想，加强技术培训，多学习故障案例。维护人员加强巡视，经常查看各调节系统的历史曲线，发现异常及时处理。

【案例205】执行机构连杆脱落致高压加热器解列

【事件过程】5月10日22:40左右，某电厂机组1号高压加热器水位突然升高，随后高压加热器水位保护动作，一，二级抽汽逆止门关闭，高压加热器解列。运行人员检查发现该调节汽门连杆脱落。热工人员至现场后，将其重新连上。其余操作由运行人员按规程进行处理。

【原因分析】

（1）在连杆脱落之前调节品质不好，调节过程呈现等幅振荡现象，调节执行机构连续动作造成连接螺丝松动脱落，这时再关小位置，水位不断上升，直到水位高高，高压加热器保护动作。

（2）事件发生在机组开机后不久，停机之前进行过下装，原在线参数设置与离线组态中高压加热器水位调节器输出量程不一致，离线参数是0～500，而原在线是0～100。下装后没有注意，造成调节器参数放大出现调节过程振荡。

（3）连接件不牢固，巡视检查不到位。对调节系统发生过因连杆脱落造成跳自动的异常现象没有深刻学习。

【防范措施】

（1）紧固连接件，进行彻底检查所有执行机构连接件避免类似情况发生，加强巡视。

（2）修改在线、离线调节器输出量程，并做好记录。优化控制方案，根据水位偏差大小设置偏差系数，在30mm偏差以外对偏差进行放大，减少小偏差时频繁动作，加快大偏差时调节，克服高压加热器容积积分效应的非线性，提高稳定性。

（3）巡行人员应加强画面监视，各调节系统偶尔跳自动是正常现象，自动调节品质不好时及时切除，积分饱和时切除后再投入可消除。

【案例206】送风机勺管执行机构故障导致负压控制切手动

【事件过程】某电厂125MW机组，通过液力偶合器对引风机转速进行无级变速调节，采用Rotork执行器。1月5日4:13:48，引风控制系统（炉膛压力控制）甲、乙侧同时由自动切为手动，随后由运行人员投入自动，稳定运行了一段时间。直到3月11日14:28:12，引风控制系统又从自动切为手动控制，炉膛负压从－35Pa突降到－119Pa，使炉膛负压产生很大的波动。3月14日14:36和3月14日17:15相继从自动切为手动，持续时间都不长，最长2min左右，随后引风控制系统又能投入自动运行。前后共发生了4次切手动的情况，影响了机组的安全运行。

【原因分析】对3月11日14：28：12发生的引风控制系统故障期间的历史数据进行分析，可以看出当时引风控制系统指令由45.06％突变到34.55％，而反馈依然保持在43％～

44.60%，造成指令与反馈偏差大，切除引风自动控制系统（当指令与反馈偏差大于10%即从自动切为手动），而造成指令突降的根本原因是由于甲送风机勺管开度信号的跃变，由当时的48.45%突然上升到84.23%，甲送风机勺管开度信号突变了35.78%（送风控制系统在本机组不能投入自动运行，其原因是主系统结构导致调整烟气氧量时，一、二次风压波动，造成燃烧不稳，因此炉膛压力控制系统的前馈量选取的就是送风机勺管开度信号），而送风机转速没有变化，即当时送风机勺管执行机构就地位置没有变化，只是反馈发生了突变，因此对于送风量没有影响，但是送风机勺管反馈信号是参与炉膛压力控制回路运算的，就造成了引风控制指令的突变，导致了引风控制指令与反馈偏差大切除自动，引风机转速从当时的462r/min突然上升到563r/min，导致炉膛负压从－35Pa突降到－119Pa，使炉膛压力产生了很大的波动，是机组的一大隐患，如果不及时进行处理，很难保证机组的正常运行。通过上述的分析，找到问题的根源是甲侧送风机勺管开度信号突变，查看其他几次引风控制系统自动撤出的历史记录后，也都发现了甲侧送风机勺管开度信号的突变，于是对甲侧送风机勺管开度信号制订了有针对性的处理措施。

【防范措施】送风机勺管执行机构采用上海十一厂生产的国产Rotork角行程电动执行器。针对甲侧送风机勺管开度信号跃变的现象，将引风控制系统切为手动控制，并进行以下测试。

（1）DCS电子间通道测试。在电子间端子板上将甲侧送风机勺管反馈信号从当前通道换到好的备用通道，并进行相应的参数设置后，投入炉膛压力控制系统，问题依旧。

（2）信号干扰测试。检查甲侧送风机勺管反馈信号的屏蔽层接地正常，于是在电子间控制柜里对反馈信号加装4～20mA输出信号隔离器，情况依然没有得到改善。

（3）接地问题测试。拆除电子间和就地执行机构上的反馈信号线，且两端浮空，然后在一端用摇表对2个信号线的相间绝缘及对地绝缘分别进行测试，均为正常。

（4）电位器检查。位置反馈由装在执行机构的开关盒内的5K电位器传动获得，电位器固定在齿轮组的张口卡槽里，执行机构动作带动齿轮组转动，从而使电位器也跟着转动，然后电位器输出信号通过电子转换器可以获得一个与电位器电阻成比例的稳定4～20mA的电流信号，用于执行机构的位置指示。在就地更换了一个同型号的电位器，将电位器从0～100%来回旋转了一遍，确保此电位器是线性的，最后将电位器与齿轮组连接好，反馈旋到更换前所在的位置，用扎带将电位器与齿轮组连接的部位固定好，以防止齿轮组转动而电位器不动的现象发生。处理后，引风自动控制系统正常投运。

通过以上几方面的测试检查后，发现是电位器的原因导致了炉膛压力控制系统的故障，查阅机组的检修记录，发现自投产至今，没有更换过电位器，所以，此次事故的发生是由于设备老化造成整个行程的线性度不好，使甲侧送风机勺管开度发生了突变，处理后炉膛压力控制系统未再发生自动切手动情况。

【案例207】西博思角行程电动执行器限位锁死导致动力电源频跳故障

【事件过程】某电厂2号机组1号磨煤机热风调整门执行机构，使用德国西博思角行程电动装置。机械部分减速箱型号GF100.3-V24.3，电控部分采用ZSA5521-5EE10-4BB3-Z，配合调整热一次风进风压力。12月23日20:00，停运1号磨煤机清理分离器，启动1号磨煤机调整热一次风发现操作不动，就地检查液晶屏没有点亮。

【原因分析】 第一次处理：检查动力电源无电压，发现端子接线排稍许松动，重新上电后，电源跳开。手盘执行器比较沉，联系机务人员脱开风门拐臂，故障依然存在。联系设备厂家检查涡轮电动机定子与转子间隙，检查电动机均工作正常。脱开电动机与减速器连接，发现问题依然出自减速器上，对减速器进行解体，重点对涡轮、蜗杆检查，没有磨损断齿，密封良好，没有发现设备异常现象，回装后故障不能消除。

在回装过程中发现机械限位端盖不安装，但减速箱工作良好。

通过查看西博思使用说明书，了解了机械原理，进行现场实际检修，发现机械限位活动螺母本应很容易转动，用管钳、敲击都不能使与挡块松开，机械限位活动螺母与限位挡块咬死。而处理不当将造成二次损坏。

依据机械限位活动螺母与挡块的情况，热工人员认真研究机械限位设置说明，对照螺母旋转方向，装上限位端盖，加力盘动绞柄。盘动不到两圈，感到越来越松，说明机械限位活动螺母与挡板松开。

通过对设备解体检修、电控部分检查、西博思执行器使用说明书的研读得出结论，机械限位活动螺母与机械关限位挡块拧紧锁死，电动机过载后动力电源频跳。

（1）运行人员在使用过程中，手动操作电动执行器，机械限位已到位情况下，以为挡板卡涩，强力用手盘动绞柄，造成机械限位活动螺母与机械关限位挡块锁死。

（2）维护人员对机械限位调整设置不当，或者说是对电子限位设置不正确。通常由阀门制造厂家来决定阀门是靠行程或力矩来密封的（实际应用过程中建议，对角行程减速箱全部设定为靠行程密封）。一般地，减速箱出厂时处于全关位置。由于电子限位开关设置不正确，在调试过程中可能会造成机械限位于挡块咬死。

【防范措施】 本次西博思角行程电动执行器动力电源频跳故障解决，在机组运行过程中进行处理，虽然做对连杆进行临时固定安全措施，但还是存在风险，在对西博思角行程电动装置维护、缺陷异常处理时，要判断是否存在假象，将实质隐患消除在萌芽状态，确保机组安全稳定。

第二节　测量元件与取样装置故障

【案例 208】测温元件开路引起机组跳闸

【事件过程】 某电厂 2×135MW 机组，采用国产 XDPS-400 系统。1 月 3 日，1 号机组 A 给水泵因故障退运检修，B 给水泵运行。19:22:21，B 给水泵工作油出口温度由 88.32℃突变为 98.08℃，1s 后由 98.08℃再突变为 165℃，经过 37s 温度值由 165℃降回到 116.35℃，然后温度逐渐返回到正常值。运行人员未重视这一现象，没有即刻要求热控人员退出该项保护，及时处理元件缺陷，留下了安全隐患。19:44:3，B 给水泵工作油出口温度再次由 102.72℃突变为 165℃，1s 后油温度由 165℃降回到 147.59℃，恰好触发保护装置动作，B 给水泵跳闸，由于 A 给水泵正在检修，导致锅炉无补水，延时 10s 后 MFT 动作停机。

【原因分析】 事后热控人员检查 B 给水泵工作油出油温度元件，发现元件开路。检查 DCS 逻辑，设置了元件开路保护，但当采样信号在测量范围内跳变时，未设置判据进行过滤和分析诊断，并辅以闭锁功能。因此确定本次事件原因，是测温元件开路，加上单点信号保护回路未加变化速率限止保护功能。

【防范措施】

(1) DCS的模块检测功能不完善，需加强监视。

(2) 事件后，通过组态改进，增加了温度信号跳变时自动闭锁保护，同时发信号报警功能。

【案例209】补偿电缆绝缘损坏导致燃气轮机机组因“排气分散度高”跳闸

【事件过程】7月16日某电厂2号燃气轮机处于基本负荷运行。一切显示正常。10:58，2号燃气轮机出现“燃烧故障”报警，检查为18号排气热电偶数值向上跳跃，11:00，2号燃气轮机18号排气热电偶数据达1170℉，2号燃气轮机出现“排气分散度高跳闸”报警，2号机组跳闸，燃气轮机熄火。

【原因分析】脱开燃气轮机排气热电偶元件及MK-V机柜端子，用500V兆欧表检查，发现热电偶补偿电缆（共36芯）半数以上补偿线接地电阻为零，检查电缆发现穿地电缆管内充满积水，电缆内部也有积水，遂更换补偿电缆，对穿地电缆管排水；检查还发现18号排气热电偶元件损坏，对其进行更换；检查就地热电偶接线箱端子有部分接地现象，拆下清洗，烘干后绝缘恢复正常。经分析故障原因是18号排气热电偶补偿电缆绝缘损坏。正常情况下元件损坏后，CRT显示为－118℉，燃气轮机控制系统会自动剔除该点信号。但由于本次故障是由于补偿电缆绝缘不好，地电位的影响使得CRT显示为1170℉，控制系统不能识别其为坏点信号，造成排气分散度高而跳闸。而补偿电缆绝缘损坏原因，是由于蛇皮管老化靠地面处出现破损，雨水进入穿地金属套管内；而电缆安装时不规范，剥线处有破损且位置偏低而靠近地面，也未做电缆头，致使雨水进入电缆内部，造成绝缘损坏。

【防范措施】

(1) 事件后，更换了18号排气热电偶元件和补偿导线电缆，更换蛇皮套管，信号恢复正常。

(2) 检查其他跳机信号电缆，对其他位置较低的穿地金属套管进行检查，消除雨水侵蚀点，防止内芯积水。

【案例210】电机轴承温度测点进水导致一次风机跳闸

【事件过程】6月25日凌晨，某电厂3号机组正常运行中，一次风机A跳闸。首出原因是“一次风机A电机轴承温度高”。如图5-6所示。

【原因分析】经检查，事件原因是一次风机A电机轴承温度测量值，因测点进水突升至74℃，而后缓慢爬升至95℃，导致一次风机跳闸。进一步检查所有单点信号保护条件，调试过程中已增加了防止信号突变的速率保护功能，但该功能同时具有低于报警值（该点为85℃）便自动复位的功能。也就是说，当温度信号突变，速率超过设定值后，误动能避免发生。但如果超过设定值后温度缓慢上升，保护还是要动作，本次事件即因此而引起。

【防范措施】

(1) 更换损坏测温元件。

(2) 一次风机A跳闸后，机组自动完成了正常的RB过程，降负荷至330MW左右稳定

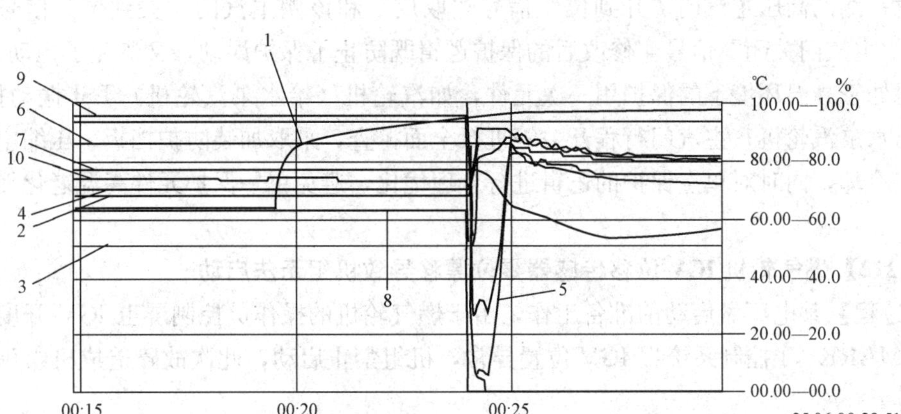

图 5-6　一次风机 A 电机轴承温度 1 爬升过程曲线

1——一次风机 A 电机轴承温度 1；2——一次风机 A 调节机构位置；3——一次风机 B 的电流；4——一次风机 B 调节机构位置；5—热一次风压力；6——一次风压设定值；7—机组负荷；8——一次风机 A 电流；9——一次风机 A 出口压力；10——一次风机 B 出口压力

运行，炉膛负压最低－1320Pa，汽包水位最低－190mm（起始水位－50mm），主蒸汽压力过程偏差小于 0.5MPa。但热一次风母管压力仍然较低，最低 3.5kPa，其主要原因是磨煤机风道挡板动作不到位。今后机组检修时，要加强对执行机构动作可靠性的检查确认。

【案例 211】行程开关老化造成机组跳闸

【事件过程】11 月 12 日 11:00，某电厂 7 号机组负荷 258.5MW，主蒸汽压力 16.14MPa，主蒸汽流量 690.04t/h，机组运行在 AGC 方式，各项参数正常，无重大操作。11:26:04，7 号机组 A 主汽门关闭信号发出，锅炉 MFT，机组跳闸。

【原因分析】检查锅炉 MFT 首发原因：7 号机组 A 侧主汽门关闭。现场检查 7 号机组 A 侧高压主汽门阀杆处存在很轻微的漏汽现象，用红外测温仪测量主汽门行程开关安装底板温度高达 130℃。7 号机组 A、B 两侧主汽门行程开关采用霍尼韦尔公司 LSA6B 型产品（最高耐温 120℃），于 5 月大修中同时更换。如图 5-7 所示，对比两行程开关的老化情况判断：A 侧高压主汽门行程开关因长期超温工作，内部微动开关触点受热老化，引起接点抖动，导致 A 侧主汽门关闭信号误发。

【防范措施】

(1) 对 A、B 侧高压主汽门行程开关安装底板抬高，中间加装隔热石棉垫，避免高温门杆漏汽，阻挡高温辐射；每次机组停机检修时，要对主汽门行程开关打开检查，发现有端子老化、拐臂动作不灵的情况，及时更换处理。

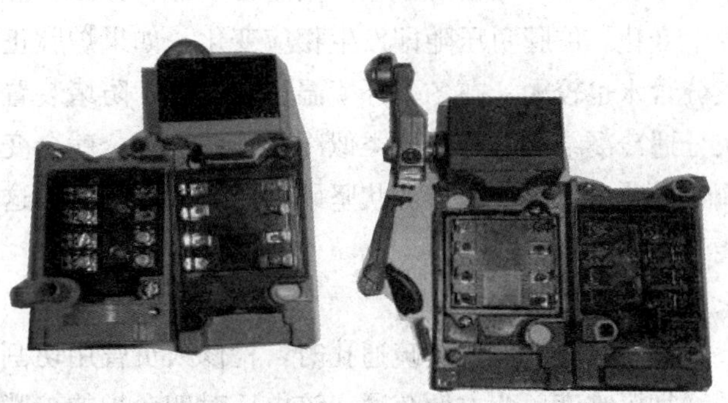

图 5-7　两行程开关的老化情况对比

(2) 对“高压主汽门关闭”逻辑由原来的“任一侧高压主汽门关闭”

修改为任意一侧的高压主汽门“开到位”信号“取反”和该侧主汽门“关到位”信号“相与”，发出“主汽门关闭”信号，修改后的保护逻辑既防止了保护误动，又避免了拒动。

（3）对处于高温环境下的保护用一次元件，如汽轮机（给水泵汽轮机）TSI振动探头、汽轮机（给水泵汽轮机）主汽门行程开关等进行全面排查，采取加装防护挡板、压缩空气的方法对测点冷却，同时对单点保护的逻辑进行合理优化，避免单一保护元件高温老化而导致保护误动。

【案例212】燃气轮机IGV位移传感器零位漂移导致机组无法启动

【事件过程】某电厂做启动前准备工作，由于燃气轮机的操作员控制屏上IGV开度始终显示29°，MARK VI控制系统报IGV位置异常，机组禁止启动，此次故障造成机组延迟启动68min。

【原因分析】经检查发现，IGV实际开度不是29°而是26.5°。对IGV进行开关操作及就地检查测试IGV的三支位移传感器，发现有两支出现零位向上漂移问题，因而导致燃气轮机操作界面上IGV开度由26.5°显示为29°的偏高现象，超过MARK VI进入启动程序允许最小IGV开度值28°，造成机组无法进入启动程序。

【防范措施】由于IGV位移传感器的重要性，应定期或利用机组停机的机会检查IGV实际位置和反馈信号，定期对IGV位移传感器进行标定校准。

【案例213】炉膛压力取样装置堵塞导致机组故障

【事件过程】某电厂300MW机组运行过程中，经常出现炉膛压力大幅晃动，造成引风机控制由自动切手动，甚至炉膛压力高高、低低信号误发导致锅炉MFT的现象，冬季尤其严重。经检查，造成该现象的原因均为炉膛压力取样处堵塞，且随着环境温度的降低，发现防堵装置内的堵塞物有的变成黏稠状，给疏通工作带来困难，多次查找原因未果，也联系同类型电厂请教解决办法，得到的信息是问题更严重。只得将疏通维护防堵装置的周期一再变短。因此“堵塞问题”不但给机组安全运行带来一定的隐患，也加大了检修人员的设备维护量。

【原因分析】因炉膛压力被测介质中含高浓度的粉尘颗粒，它是造成取样装置堵塞使仪表无法连续正常运行的祸根，即使加装了防堵装置也不能完全杜绝这一现象。市场上的风压取样防堵吹扫装置不适用，因为夏季维护量不大，冬季堵塞物为稀糊状，当这些堵塞物干燥后，变为“水泥状”的坚硬物质，逐渐将防堵装置取样孔堵实。对防堵装置用压缩空气吹扫，效果甚微，反倒加快了堵塞物的“硬化”速度。而根据多年的运行经验，测点取样管路本身不会堵塞，堵塞现象基本发生在取样装置处。经分析其原因，认为是炉内燃烧工况一旦发生变化，炉膛负压随即发生相应变化，如果炉膛正压，煤种水分又比较大，那么锅炉燃烧灰分含水也较大，在冬季环境温度较低时，防堵装置本体温度低，这时炉膛正压喷出的热的灰分遇冷凝结，防堵装置类似冷凝球的作用，就会变成黏稠状的物质堵塞防堵装置，如果黏稠物硬化，就会变成水泥状坚硬物质堵塞取样管，这时管路吹风不起作用，只能通过外力才能疏通。

【防范措施】

（1）以前没有加装疏通孔时，检修人员曾用切割机切割堵塞处，然后再焊接恢复，给维护增加了难度，为方便疏通，该电厂对四台炉的炉膛压力防堵装置加装疏通孔。

（2）对防堵装置加装疏通孔后，虽然方便了维护，但开始时发现维护周期变短，而堵塞物黏稠，怀疑有外界环境空气漏入防堵装置，在疏通孔的闷头处加装密封圈，维护周期变长，但并未完全根除堵塞现象。

（3）取样管油漆，确保无沙眼漏气。为确保整个取样管路密封性良好，对取样管路喷涂油漆，更换锈蚀严重的取样管，维护周期又稍稍变长，但仍然未完全根除堵塞现象。

（4）对炉膛压力防堵装置疏通干净后加装保温，通过一段时间的观察，发现装置内黏稠的堵塞物不见了，维护周期变长。根据分析，防堵装置加装保温后，借助炉温，自身“体温”升高，灰分在装置内不会遇冷凝结，在炉膛负压时，这些喷出留在防堵装置内的“干灰”会再次被吸入炉膛。通过加装保温，炉膛压力测点显示正确，因为防堵装置堵塞跳吸风自动情况消失了，维护周期变长，明显节省了检修人员的工作量。

【案例 214】除氧器水位取样装置异常引发机组跳闸

【事件过程】某电厂机组汽轮机为上海汽轮机厂生产，型号 N600-16.7/537/537 亚临界、一次中间再热、单轴、四缸四排汽、凝汽式汽轮机；锅炉为上海锅炉厂生产，型号 SG-2026/17.5-M905 亚临界一次中间再热、强制循环汽包炉。DCS 控制系统为西门子 T-XP7.4 分散控制系统。12 月 13 日 2 号机组检修后启动过程中，负荷 126MW，主蒸汽压力 7.3MPa，主蒸汽温度 429℃时，20:59:42，运行人员开启四段抽汽至除氧器电动门，进行除氧器供汽汽源的切换。21:00:37，第三路除氧器水位开始产生波动；21:00:42，第二路除氧器水位开始产生波动；21:00:49，三个除氧器水位测量值分别为 2164mm，2686mm 和 2460mm，除氧器水位的三个测量值两两偏差大于 200mm，三取二逻辑模块判断除氧器水位测量值不可信，变为坏点，三取二水位信号输出为 0。21:00:54，除氧器水位低于 950mm 保护动作值时，除氧器水位低保护动作，触发电动给水泵和汽动给水泵跳闸，锅炉 MFT 动作，机组跳闸，首出为“给水泵全停”。

【原因分析】故障发生后，热工人员对除氧器水位变送器一次门、二次门、排污门开关位置进行了认真检查，各门位置并无渗漏现象。对测量回路做电磁干扰测试，除氧器水位测量正常。在机组重新启动时进行除氧器汽源切换过程中，做除氧器扰动试验，除氧器压力发生波动，但除氧器水位基本稳定在 2146mm，无明显波动，未重现前一次除氧器水位波动现象。

除氧器供汽汽源由辅助蒸汽切至四段抽汽时除氧器内局部压力波动，导致同一取样点的除氧器水位第二路和第三路测量变送器正压侧取样平衡罐内的恒定压力降低，差压变小，出现虚假测量，第二路和第三路的测量水位瞬间升高，（第二路和第三路除氧器水位所用的平衡罐位于同一取样管两侧，在受到外界压力干扰时，两侧的平衡罐内的恒定压力波动不一致，引起同一取样点的第二路和第三路除氧器水位出现偏差），在 16s 内引起除氧器水位三取二信号偏差大于设定值 200mm，三取二逻辑模块判断除氧器水位测量值不可信，变为坏点，三取二水位信号输出为 0，除氧器水位低于 950mm 保护动作值时，除氧器水位低保护动作，触发电动给水泵和汽动给水泵跳闸，锅炉 MFT 动作，机组跳闸，是造成这次 2 号机组跳闸的直接原因。

根据除氧器水位波动前后数据报表及 SOE 记录分析除氧器一路水位没有真正波动，水位正常，除氧器二路水位和三路水位测量回路反应的是假水位。故障发生后对除氧器水位测量装置进行检查未见异常，且除氧器水位故障后能迅速恢复，因此可以判断测量回路无问题。对测量回路做电磁干扰测试，除氧器水位测量显示正常，即可排除干扰原因。由此判断问题出在除氧器水位变送器取样管路上。水位变送器取样管路负压侧与除氧器水箱联通，压力与水箱保持一致，因此问题确定在正压侧。"水位-差压"转换装置（平衡容器）为反向换算，即差压越低水位越高。由于除氧器水位波动为正方向波动，水位升高，引起除氧器水位升高的原因是平衡容器正压侧压力瞬间降低，而引起平衡容器正压侧压力瞬间降低原因是：

（1）除氧器汽源切换时，四抽蒸汽进入除氧器时，引起除氧器汽侧空间压力场的扰动，使第二路除氧器水位和第三路除氧器水位取样点处（共用一个取样点）压力瞬间下降引起平衡容器正压侧压力瞬间降低，最终引起第二路除氧器水位和第三路除氧器水位升高。

（2）辅助蒸汽向四抽切换过程中除氧器水位正压侧取样连通管路瞬间窜入气泡或堵塞导致平衡容器正压侧压力降低，引起除氧器水位波动。

【防范措施】

（1）设备管理人员对设备和系统掌握程度不够，风险预估不足，没有做好相应的风险预控措施。

（2）事前没有专门组织专业技术人员对除氧器水位保护的测量回路和逻辑进行核对、检查，做好风险预控。

（3）举一反三，将所有水位保护（例如，汽包、高压加热器、低压加热器、凝汽器等水位的测量回路和逻辑进行核对、检查），做好风险评估。

（4）制订除氧器水位保护逻辑的修改方案，并实施修改，为防止保护误动，在除氧器水位保护逻辑中加入测点品质监测信号，在水位测量故障时自动将保护切除并发告警信号，当测量故障消失时，保护自动投入。

（5）制订今后机组启动过程中，除氧器水位的安全技术防范措施。

（6）第二路除氧器水位和第三路除氧器水位取样点共用一个取样点，制订改造的安全技术措施在机组大修时将取样点分开，实现各自独立测量。

【案例 215】进口压力测量装置异常导致 FGD 保护动作，增压风机跳闸

【事件过程】某电厂 2 号机组为 300MW 机组，7 月 20 日烟气脱硫装置发生了增压风机进口压力异常波动至－900Pa 左右的现象，导致 FGD 保护动作、增压风机跳闸的事件。

故障发生时，2 号增压风机三个进口烟气压力测点的信号是从 7 月 20 日 14:02 左右开始下降的，都从 0Pa 左右下降至－900Pa 左右，历时约 90s。进口压力的大幅下降直接导致了 FGD 保护动作（保护动作值为－800Pa），即旁路挡板快开、增压风机跳闸。通过对运行历史数据的调查可以确定，在增压风机进口压力下降的过程中，机组和脱硫装置的烟气系统运行完全正常，增压风机的开度、电流、引风机的开度、电流、锅炉烟气系统的压力等参数均未发生变化。在 2 号增压风机进口压力下降的同时，1、3、4 号增压风机的个别进口压力测点的信号也出现了不同程度的下降。另据电厂介绍，各台增压风机进口压力的波动情况以前也发生过。

【原因分析】根据曲线分析，该电厂各脱硫系统增压风机进口压力异动同时出现，出现波动时机组和脱硫系统运行基本正常，增压风机和引风机均未进行调整，且压力异动的时间一般出现在午后，因此可以排除系统运行的原因，热工人员怀疑和天气因素有关，因为在

20日出现压力异动时，有很大的降雨。为此电厂于7月22日14:00左右对2号增压风机进口压力的取样装置，如图5-8所示，进行浇水试验，浇水后三个压力测量值果然出现了明显的下降情况，下降幅度约为300Pa。为此，电厂已迅速采取了措施，对压力取样装置加装了临时防雨罩。

通过对运行数据的分析和现场试验的结果，可以认为造成风机进口压力迅速下降的原因是取样管道存在问题和下雨的共同影响。当下雨时，会降低取样装置表面的温度，若此前阳光充沛，下降的幅度会较大（可达30℃以上），相应会降低取样装置内气体的温度，从而导致取样装置内气体的压力下降。但若压力取样管路是正常的，即使取样装置内的温度下降很多，也不会对压力产生明显影响，因为压力开始下降后，烟道内的压力高于取样装置的压力，烟道内的气体就会补充至取样装置，从而使取样装置的压力重新平衡而不会再下降。但若压力取样管道和烟道的连通面积过小，烟道内的气体无法足够的补充至取样装置，就会导致取样装置内的压力在短时间内快速下降。

图5-8　2号增压风机进口压力取样装置

【防范措施】

（1）该电厂2号增压风机跳闸是因为进口压力测量装置测取的进口压力未能真实反映实际压力而出现异常下降，而造成风机进口压力迅速下降的原因是取样管道、防堵装置的安装等方面存在问题和下雨的共同影响。

（2）应对各机组中的压力测量管路进行全面的吹扫。当有停机机会时应对测量管路进行全面检查，看取样管道是否有焊接堵塞等问题。

（3）目前电厂已采取了压力取样装置加装防雨罩的临时措施，可以有效避免压力测量的异常波动。

（4）建议电厂对目前的FGD保护逻辑做适当的调整，并结合运行的情况优化各保护逻辑，以进一步加强脱硫系统和机组的运行稳定性和安全性。

第三节　开关与变送器异常引发机组故障

【案例216】除氧器液位开关故障导致“汽包水位低低”MFT

【事件过程】8月6日，某电厂1号机组负荷270MW，AGC方式，制粉系统A、B、C、D运行，除氧器水位HHH信号LS4214（液位开关）抖动，开始频繁触发置“1”置“0”；02:14:32，四抽电动隔离总阀和四抽至除氧器电动隔离阀开始关闭，02:15:15，1号炉汽包水位小于−50mm低报警；02:15:32，四抽电动隔离总阀和四抽至除氧器电动隔离阀彻底关闭，给水泵轮汽机A、B失去汽源，给水流量突降，造成汽包水位快速降低；02:15:35，1号炉汽包水位小于−178mm低低报警；02:15:38，电动给水泵自启，但汽包水位仍快速下降，02:16:02，汽包水位小于－381mm，锅炉 MFT，首出原因“汽包水位低低”。机组跳机后，立即通知相关人员到现场处理。4:00，锅炉吹扫后投微油点火，6:00，汽轮机升速 3000 r/min，6:34，机组重新并网。

【原因分析】现场检查除氧器水位 HHH 液位开关 LS4214 至接线盒的电缆，发现有一芯绝缘破损，铜芯裸露约 2mm，有造成信号接地的可能。用 500V 摇表测量该接线盒至 DCS 的电缆相间和对地绝缘均为无穷大，检查测量该信号通道正常。现场测量除氧器水位 HHH 液位开关 LS4214 的接点动作情况时，第一次测量为断开，而后再次测量检查时，发现送 DCS 保护回路的动合接点和备用动合、动断接点都闭合，再检查当时的除氧器液位却显示正常。对 1 号机组其余的除氧器液位开关（HH/H/L/LL）进行检查，发现除氧器水位 HH 液位开关 LS4213 至接线盒的电缆烫伤严重，绝缘层溶化粘连并有剥落现象。在此基础上，热工人员对事件原因组织了专题分析：

（1）汽包水位低低 MFT 动作原因。汽包水位低低保护动作的起因是除氧器水位 HHH 液位信号 LS4214 动作闭合，导致四抽电动隔离总阀和四抽至除氧器电动隔离阀关闭，造成给水泵汽轮机 A、B 的四抽汽源失去，给水泵汽轮机 A、B 转速降至 2800r/min 以下，最低至 A：1900r/min，B：2000r/min，此时总给水流量快速下降至 121t/h。由于给水泵汽轮机 A、B 流量在再循环阀开（低流量保护为流量小于 148t/h 延迟 15s 且再循环阀未开或流量小于 148t/h 延迟 30s 且再循环阀开）而无法触发给水泵低流量保护动作，故当时给水泵 A、B 未能跳闸，没能及时触发 RB，锅炉仍保持制粉系统 A、B、C、D 运行，汽包水位快速降低。当汽包水位小于－150mm 且给水、汽包压差小于 0.6MPa 时，电动给水泵自启运行，由于锅炉负荷过高，汽包水位仍快速下降至－381mm，锅炉 MFT。

（2）除氧器水位 HHH 液位信号动作原因。经检查分析，除氧器水位 HHH 液位信号 LS4214 的触发判断为误信号，因为当时除氧器 H 及 HH 液位开关信号未动，且除氧器模拟量水位信号也为正常值，而可能造成信号误发的情况有三种：一是 DCS 通道故障，二是信号电缆故障，三是微动开关故障。

信号误发后检查 DCS 通道正常无故障，检查液位开关 LS4214 接线盒至 DCS 机柜的电缆相间和对地绝缘均为无穷大，并且由于西门子 T-ME 系统中开关量信号采集判断为“1”的是高电平信号（24V DC 电压），当开关量信号的任意一芯接地只会造成 DCS 采集到断开信号“0”，不会采集到闭合信号“1”，而除氧器水位 HHH 液位信号正常情况下断开置“0”，保护动作时闭合置“1”，跳机后现场试验也证明，断开信号“0”无论如何接地均不会造成信号置“1”，而闭合信号“1”一旦接地就会造成信号置“0”，所以信号电缆接地不是造成除氧器水位 LS4214 频繁抖动的原因，故排除由于信号电缆故障而引起 LS4214 信号的误动。

从微动开关检查来看，在除氧器液位正常情况下，检查发现除送 DCS 保护回路的一副动合接点是闭合的外，另一副备用动合接点也是闭合的，所以判断除氧器水位 HHH 液位信号误动原因是微动开关故障。

【分析结论】

（1）1 号机组除氧器水位 HHH 微动开关运行时间过长易出现故障，且除氧器液位开关的电缆没有采用耐高温电缆，造成绝缘层溶化黏连出现剥落现象。

(2) 经全面检查后发现1、2、5、6号机组的除氧器水位HHH保护，均只有一个水位HHH的开关，单个信号动作时就隔离整个除氧器系统，保护设置不够可靠，需对除氧器水位HHH保护进行完善优化。

(3) 给水泵汽轮机的管道调节汽门存在故障，使得给水泵汽轮机的备用汽源无法投入，给水泵汽轮机运行的可靠性不高。

(4) 给水泵汽轮机运行信号的表征方式不够完善，当发生给水泵汽轮机汽源中断或低压调节阀关闭这种工况时，给水泵汽轮机实际已无出力但并未发生跳闸，故相应的RB逻辑不会动作，电动给水泵不会自启，影响汽包的自动水位调节。

(5) 对高温区域的巡检工作不到位，多根电缆烫伤未曾发现。

【防范措施】针对本次事件，制订以下防范措施。

(1) 更换1号机组破损的除氧器液位开关LS4214、LS4213电缆和LS4214、LS4213开关微动开关。

(2) 对2号机组的所有除氧器液位开关电缆进行检查、更换。

(3) 优化相应控制逻辑：将1号机组除氧器水位HHH的信号表征修改为除氧器水位H（LS4218）、除氧器水位HH（LS4220、LS4213）三个信号任一信号触发且除氧器水位三高（LS4214）触发。

(4) 停机检修时完善除氧器液位保护逻辑，增加两全量程模拟量液位信号，保护由三模拟量信号经三取二后实现。

(5) 机组检修时，修复1号机组给水泵汽轮机A/B的管道调节阀，恢复给水泵汽轮机的备用汽源。

(6) 机组检修时完善汽动给水泵运行表征逻辑，在原表征汽动给水泵跳闸信号的基础上再加上当汽动给水泵转速指令与实际转速偏差达2000 r/min，且该前置泵出口流量低于148t/h延迟2s后，RB动作且电动给水泵自启。

(7) 机组检修时完善大屏报警系统：1号机组大屏报警除氧器H报警块中增加HH、HHH信号，L报警块中增加LL信号；增加汽动给水泵转速指令与实际转速偏差达200r/min光字牌报警。

(8) 加强运行人员的针对性培训，提高故障情况下的应急能力。

【案例217】行程开关信号异常，汽动给水泵定期试验中引起锅炉MFT

【事件过程】某电厂运行按定期工作要求开始做给水泵汽轮机低压主汽门松动试验，试验中，低压主汽门全关、低压调节汽门全开，给水泵汽轮机转速剧降，汽包水位快速下降。给水RB动作，上层磨煤机跳闸，同时运行启动电动给水泵，给水流量恢复正常值。后该给水泵汽轮机松动试验30s强制复位信号已到，低压主汽门重新开启，该给水泵汽轮机转速快速上升。此时三台给水泵同时运行，给水流量剧增，造成汽包水位高高MFT，机组跳闸。

【原因分析】经查，事件直接原因是试验中给水泵汽轮机75%行程开关信号不正常，控制系统不能输出脉冲复位信号，导致给水泵汽轮机的低压主汽门全关，引起给水泵汽轮机转速下降。间接原因为给水泵汽轮机主汽门松动试验逻辑设计不合理，只将单点75%位置开关点作为复位信号，当该开关不正常时，就会造成低压主汽门关闭。此外三台给水泵同时运行，汽包水位高导致 MFT，运行人员事件处理水平经验不足。

【防范措施】

(1) 给水泵汽轮机松动试验的75%行程开关选型及安装方式不合理，易导致行程开关信号异常。更换新型号行程开关，并采用正确方式安装后，隐患得以消除。

(2) 逻辑设计上采用75%行程开关单点作为复位条件，降低了系统可靠性，对汽动给水泵低压主汽阀松动试验逻辑进行修正。

(3) 运行人员对故障处理的能力有待于进一步加强。加快机组仿真机建设，提高运行人员故障处理能力。

【案例 218】一次风机出口挡板全开状态信号回路故障导致机组 MFT

【事件过程】某电厂 1 号机组负荷 600MW，协调方式下正常运行时，突然 MFT 动作，首出为失去燃料保护动作，汽轮机跳闸、发电机自动解列。当时 1F 磨煤机检修，其他磨煤机均带 47t/h 自动运行，一周前由于 1A 一次风机出口挡板电动头故障，为防止其误动，一周前已经执行了停电措施，远方无反馈。故障发生后热工检修人员对锅炉 MFT 跳闸组合继电器控制回路及设备进行了检查，未发现异常；运行人员、热工检修人员分别依据 SOE 报表、操作员站操作及事件报警记录、SIS 系统历史曲线等进行了分析，基本得出停机顺序为 2 台一次风机全部失去逻辑信号发出（风机未跳闸，风压正常，B 风机挡板开信号瞬间消失）→5 台运行磨煤机相继跳闸→锅炉 MFT 失去燃料保护动作停炉→联停 2 台一次风机。经核查，保护动作过程，设备动作顺序与历史曲线一致。

【原因分析】

(1) 1B 一次风机出口挡板全开状态信号回路故障造成信号瞬间消失，导致控制器误发“2 台一次风机全部失去”逻辑信号，继而 5 台运行磨煤机相继跳闸，最终锅炉 MFT 失去燃料保护动作停炉。

(2)“2 台一次风机全部失去”保护逻辑判断不合理，不应该引入“一次风机出口挡板全开”信号，导致现场一次设备故障时误发保护动作信号。

(3) 1A 一次风机出口挡板电动头故障，为防止其误动采取停电措施，安全措施不到位，未进行核查。因逻辑设计采样点不合理，间接造成“2 台一次风机全部失去”逻辑中 1A 一次风机回路已动作，即“2 台一次风机全部失去”逻辑 50%生成，而当 1B 一次风机回路故障时保护逻辑信号输出，最终锅炉 MFT 动作停炉。

【防范措施】

(1) 检修人员加强学习，尽快理清保护控制逻辑，对类似过（欠）保护的逻辑予以合理的改进，经领导批准后予以实施。

(2) 对 1 号机组“2 台一次风机全部失去”控制逻辑中“一次风机出口挡板全开”信号进行优化，增加开、关判断方式，或者用母管风压进行判断。

(3) 热工专业人员加强对机组重要阀门、挡板检查维护工作，定期进行接线端子紧固、绝缘检查、馈电回路检查及电动头控制装置功能测试等工作，保证重要阀门、挡板设备反馈信号的可靠性。

【案例 219】中、高压主汽门状态信号误发导致机组跳闸

【事件过程】2 月 13 日 23:14:46，某电厂 4 号机组（600MW）负荷 356.49MW，协调

控制投入，两台给水泵汽轮机并列运行，给水流量 1017.90t/h。23:14:56，汽轮机侧疏水阀开始打开；1～6 号抽汽电动门、抽汽逆止门和高压缸排汽逆止门开始关闭；BDV 阀开始打开；A、B 给水泵汽轮机蒸汽电动门开始关闭。23:15:58，给水流量低低，MFT 动作跳闸，联跳汽轮机和发电机。

【原因分析】经检查分析，首先由于左中压主汽门关状态一直处于误动状态，而此时又出现“左高压主汽门关、右高压主汽门关”其中之一的状态信号抖动，造成了“汽轮机已跳闸”保护动作，从而联开所有疏水阀及 BDV 阀，联关所有抽汽逆止门、抽汽电动阀及高压缸排汽逆止门等，继而导致使给水泵汽轮机 4 号抽供汽汽源失去，导致 A、B 给水泵汽轮机驱动蒸汽完全中断，给水泵出力急剧下降，使给水流量下滑至低低值引发 MFT 动作，联跳汽轮机与发电机。

【防范措施】

（1）将主汽门的状态置于运行监控画面，并加入异常报警，以便早发现早处理。

（2）为提高信号来源的可靠性，将用于保护的主汽门反馈信号改为动合接点。

（3）修改逻辑：四个主汽门中有三个以上关信号动作时，触发“汽轮机已跳闸保护”。

【案例 220】压力开关动作值漂移导致试验时误发轴承润滑油压力低信号机组跳闸

【事件过程】3 月 31 日，某电厂运行人员根据计划对 3 号机组汽轮机“轴承润滑油压力低遮断”保护进行在线试验，试验采用就地手动泄油方式进行。13:14，“轴承润滑油压力低遮断”试验块通道 1 润滑油压力为 0.125MPa（遮断定值为小于 0.048MPa），运行人员在就地缓慢打开“轴承润滑油压力低遮断”试验块通道 1 泄油阀，试验块通道 1 润滑油压缓慢下降。当润滑油压降至 0.053MPa 时，在 3 号机组电子间 ETS 机柜中运行人员监测到润滑油压力低 63-2/LBO（30MAV11CP402）和润滑油压力低 63-3/LBO（30MAV11CP403）2 个开关同时动作，此时 ETS“轴承润滑油压力低遮断”主保护动作，机组跳闸。

【原因分析】事件后热工人员检查 03 月 31 日 SOE 记录，

13:16:04:779，30SOE：SOE21108. SOE2110805 TURBINE TRIP COMMAND；

13:16:04:779，30SOE：SOE21111. SOE2111108 LUB. OIL PRESS LOW SHUTOFF；

13:16:04:854，30SOE：SOE21108. SOE2110803 OPC OIL PRESS LOST。

检查汽轮机“轴承润滑油压力低遮断”主保护开关由 4 个组成，分别是润滑油压力低 63-1/LBO（30MAV11CP401）、润滑油压力低 63-2/LBO（30MAV11CP402）、润滑油压力低 63-3/LBO（30MAV11CP403）、润滑油压力低 63-4/LBO（30MAV11CP404），分别用开关 1、2、3、4 表示，其中 1、3 一组，2、4 一组。当这两组中同时有任一个压力开关动作，ETS 就将发出“润滑油压力低遮断”信号，遮断汽轮机。而本次试验中，当打开通道 1 的试验阀泄油，本应是开关 1、3 闭合，且不会引起跳闸信号输出，而实际却是开关 1、2 动作，从而造成跳闸信号输出。

3 号机组停机后，通过对 4 个润滑油压力低开关的通道接线进行检查及“轴承润滑油压力低遮断”保护的通道 1 在线试验，仍然采用就地手动泄油方式进行，在通道 1 泄油的整个过程中，没有发现通道 2 的润滑油压力低开关 63-2/LBO（30MAV11CP402）动作。最后检查 4 个润滑油压力低开关定值，发现通道 2 的润滑油压力低开关 63-2/LBO（30MAV11CP402）的动作值向上漂移，当油压小于 0.1MPa 时，开关动作（正常定值是小于 0.048MPa），其他 3

个开关动作值正常。而开关取样处的正常运行油压是0.12～0.13MPa。由此判断3月31日中午运行人员手动泄油做“轴承润滑油压力低遮断”保护在线试验时，在试验通道1的过程中通道2的润滑油压力低开关63-2/LBO（30MAV11CP402）同时动作是导致机组跳闸的直接原因。而导致通道2的润滑油压力低开关63-2/LBO（30MAV11CP402）同时动作的原因是开关动作值向上漂移，当油压有一点波动时，就会造成开关误动。

【防范措施】

（1）对现有所有汽轮机主保护压力开关（美国UE）进行技术改造，更换成可靠性更高的压力开关。

（2）利用3号机组大修机会对ETS系统的所有在线试验功能进行检查。

（3）进行ETS在线试验时，应优先采用远方遥控试验手段（通过远方ETS操作面板控制试验电磁阀动作）。当采用远方遥控试验时，进行通道1试验前，如果有通道2的保护开关动作，试验逻辑将会闭锁通道1试验进行，避免机组误跳，将试验风险进一步降低。

（4）加强对主保护压力（真空）开关的巡检，对于运行记录发现的问题及时处理。

（5）ETS在线试验本身就具有一定的风险，做试验前应确认过程中退出相应保护。

（6）今后进行在线试验时，特别是第一次做的试验，要充分评估风险后再进行试验。

（7）在机组启动前，建议采用现场泄油（泄压）的方法全面进行一次ETS保护在线试验，以检验ETS保护的各个压力开关定值是否正确。

【案例221】发电机断水保护开关误动导致机组跳闸

【事件过程】4月15日14:00，某电厂8号机组负荷290MW，AGC方式运行，A、B、D磨煤机运行；A、B给水泵运行，B凝结水泵运行，B定冷水泵运行。14:10:52，光字牌“8号发电机定冷水箱水位低低”“发电机水系统主故障”报警，8B定冷水泵跳闸，8号发电机断水保护动作跳机，发电机跳闸，汽轮机高、中压主汽门关闭。

【原因分析】事后热控人员到现场检查8号发电机定冷水箱水位（GSTLSLL11）液位开关，发现此液位开关已经动作。因此判断机组跳闸是由于发电机定冷水箱水位低低（GSTLSLL11）信号误发所致，但8号发电机定冷水箱就地水位计水位显示为800mm，属于正常范围。检查8号机组发电机断水保护的逻辑设计为发电机两台定冷水泵跳闸。由于定冷水箱水位低低信号导致8B定冷水泵跳闸，同时由于8B定冷水箱水位开关低低动作，发电机定冷水泵的P1保护一直存在，造成8A定冷水泵不能联启。最终发电机定冷水箱水位低低触发了发电机断水保护动作。8号发电机定冷水箱水位（GSTLSLL11）液位开关采用的是KROHNE（科隆）磁浮子液位计配套的MS15 MC液位开关，通过液位计中的磁浮子上下浮动去感应MS15 MC液位开关中的磁铁，实现开关量信号的远传。热控人员在现场反复检查试验此液位开关，发现此液位开关动作正常，接点动作清晰，但是当外界的金属物质靠近MS15 MC液位开关时，MS15 MC开关会动作发信。因此经相关人员分析讨论，不排除外界原因引起MS15 MC开关动作的可能性。

【防范措施】本事件未找到液位开关本身原因造成接点误动的证据，因此把原开关装复投入使用，同时采取了以下的防范措施：

（1）在水位开关上加装防护罩，以防铁器接近，导致开关误动。

（2）对在开关附近施工人员加强安全交底，以防设备误碰，导致开关误动。

（3）对保护逻辑进行修改。因目前机组在运行无法对逻辑进行修改，故在就地通过硬回路在水位低低串联一副压力低信号来实现对机组的保护。待下次机组检修时通过加装流量开关来实现发电机组的断水保护。

（4）对主、重要辅机的保护逻辑进行梳理，防止出现单点信号误动导致机组跳闸。

（5）水冷机组发电机定子和转子温升一般不大于 20℃和 30℃，当进水额定温度为 40℃时，与出口允许水温 80℃相比偏低。由于水介质冷却效果好，定子和转子的温度也偏低，若与绕组 B 级绝缘最高允许温度 120～130℃相比，其裕度较大。因此当定子和转子突然断水时，可考虑适当延长持续时间。考虑到 8 号机组采用液位低跳闸定冷水泵的保护，其作为断水保护的判据较之流量保护有更大的延迟性，因此可考虑增加液位低保护跳机的延迟时间，参考机组参数进行正确判断和合理操作。

【案例 222】振动引起排气压力开关误动导致燃气轮机跳闸

【事件过程】10 月 30 日 14:19，某电厂 2 号燃气轮机带负荷 67MW，排气压力高保护动作跳机，经检查控制回路及就地压力开关均无异常，而燃气轮机烟道内有大块衬板脱落，而排气压力开关就安装在烟道上。

【原因分析】分析其原因为烟道内保温衬板的紧固螺栓因高温疲劳而断裂引起大块衬板脱落，撞击在排气压力开关控制柜底部，强烈振动引起 3 只排气压力开关误动，燃气轮机跳闸。

【防范措施】

（1）2 号燃气轮机的排气压力开关安装在烟道上，平时运行中就有振动，容易引起保护误动，应择机将压力开关端子箱移位至烟道横梁上。

（2）加强对高温烟道内保温衬板的定期检查与维护，发现问题及时修复。现电厂已将排气压力保护强制，为防止正常运行中因挡板关闭引起的排气压力真实升高时保护不会动作，对运行操作做了相应的临时规定：余热锅炉启动后取下烟囱挡板动力熔丝，断开其动力回路。

【案例 223】真空严密性试验时，开关误发故障信号导致真空低跳机

【事件过程】9 月 12 日 15:00，某电厂 1 号机组负荷 300MW，B 真空泵运行，A 真空泵联锁备用，真空－83.5kPa。开始做真空严密性试验时，解除 A 真空泵联锁，停运 B 真空泵，入口蝶阀联关正常。15:09:15，真空严密性试验完成，此时真空为－81.29kPa，联系现场的巡操准备启 B 真空泵，在 CRT 上点击启动后，B 真空泵状态未由绿色变为红色，也无电流显示，其入口蝶阀已联开，联系现场的巡操人员询问得知真空泵未启动，蝶阀已开出，此时真空为－80.69kPa，马上在 CRT 上点击停运后，其入口蝶阀未关闭，21:09:56，真空降到－78.79kPa，联系巡操人员就地关闭 B 真空泵的入口蝶阀，准备启 A 真空泵，21:10:08，真空很快降至－71.09kPa，汽轮机跳闸，首出是“低真空保护”动作。

【原因分析】

（1）造成这次跳机的原因是在做完真空严密性试验后，启动 B 真空泵时因真空泵开关本体误发故障信号，真空泵无法启动，同时，发真空泵启动指令时，其入口门联开后关不下，与大气接通而迅速破坏真空跳机。

（2）事后检查B真空泵无故障电流、无保护动作，关闭B真空泵入口手动门后在工作位和试验位试启停、联开关入口蝶阀正常，开关是误发故障信号。

（3）真空泵启动后应在入口蝶阀前后压差达到3kPa才允许开蝶阀，事后检查该差压开关因运行中经常不可靠被短接，造成差压并建立就联开了入口蝶阀与大气接通破坏真空跳机。

【防范措施】

（1）因入口蝶阀前后压差开关不可靠，更改成真空泵启动后应在入口蝶阀前真空达到－78kPa才允许开蝶阀，有效防止真空泵无出力就联开入口蝶阀与大气接通破坏真空故障。

（2）原电厂设计的发启动指令是分别启动真空泵和开启入口蝶阀，此控制逻辑不合理，入口蝶阀设计无远方操作功能。增加了入口蝶阀远方操作功能后，紧急情况可在远方操作开关。

（3）真空泵开关启动时误发故障信号已发生多次，经联系开关厂家处理后正常。

（4）针对真空泵磁翻板水位计磁柱长期运行后易卡涩，造成水位误判断，水位低后出力降低引起真空下降的问题，已增加玻管水位计监视水位。

（5）经上述改造后，运行两年半再未发生真空泵工作不正常引起的真空下降故障。

【案例224】真空压力开关接头松动导致机组低真空保护跳机

【事件过程】11月21日01:53，某电厂2号机组负荷285MW运行中负荷突然到零，机组跳闸。锅炉MFT保护首出条件为汽轮机跳闸。汽轮机电子室ETS系统显示主机低真空保护动作跳闸。

【原因分析】ETS保护屏上4个低真空压力开关全部动作，而机组跳闸时实际真空为－96.5kPa，因此判断为低真空保护误动作。现场检查低真空保护（试验）块时发现试验块上两只真空压力表显示均在－0.08MPa左右，进一步检查保护（试验）块上的各个阀门及真空压力表，发现试验块上两只真空压力表均有松动现象，紧固真空压力表后（各紧1/4圈和1/3圈），真空压力表显示回升至－0.095MPa以上，同时ETS保护屏上4个低真空压力开关全部复位。由此可确认2号机组跳闸原因为2号机组主机低真空保护（试验）块上两只真空压力表接头松动，存在不同程度漏气，引起两侧保护测量通道内真空度依次下降至压力开关动作值，导致4只低真空保护压力开关全部动作，触发保护动作，机组跳闸。

进一步分析，低真空保护（试验块）安装位置处无振动源，可排除振动引起真空压力表松动漏气的可能性。因此可基本确定2号机组A修过程中，检修工作人员在装复两块真空压力表时紧固不到位或其他相关工作触碰而松动，造成空气漏入两个保护测量通道。其中一个通道内的真空度逐渐降低至压力开关动作，有关人员未能及时发现这一故障隐患（目前缺乏应有的报警提示手段，只能翻阅ETS保护画面查阅，该隐患存在一定的隐蔽性）。当另一个测量通道内真空度也降低至压力开关动作值时，保护动作条件满足，从而触发低真空保护动作。

【防范措施】本次事件暴露出检修作业质量不高，作业人员对类似低真空保护（试验）块等热工保护所属阀门、表计的重要性认识不足。同时运行、仪控维护人员在机组启动过程及启动后的日常检查中，不够细致全面，未能及时发现该隐患。为此提出以下防范措施：

（1）完善ETS报警功能，利用机组计划检修机会将“任一ETS信号异常报警”信号

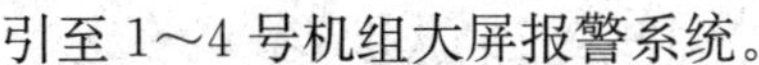

引至1～4号机组大屏报警系统。

(2) 制订机组启动过程风险排查表，在机组启动过程对照排查表认真检查确认。

(3) 运行人员巡回检查时必须检查ETS保护屏上是否存在ETS异常报警信号，若存在必须立即汇报并及时联系处理。

(4) 机组ETS通道试验、ETS实跳试验及交、直流润滑油泵自启试验时，需仪控人员到现场确认各试验电磁阀、压力开关动作是否正确，就地指示表计指示是否准确。

【案例225】真空仪表接口泄漏导致真空低手动停机

【事件过程】7月21日17：50，某电厂3号机组带14MW基本负荷，凝汽器真空值为－89kPa，各运行参数正常。17：59，3号机组CRT出现排汽真空低Ⅰ值－83kPa报警，CRT第6幅页面真空值 $p<-87$kPa变红，后备控制台"排汽真空低"光字牌亮并报警，CRT上真空值持续下降。减3号机组负荷至5MW，并检查循环水泵、射水泵、凝结水泵、轴封压力、热井水位、射水箱水位和前池水位均正常。初步判断3号机组真空异常由测量装置引起。18：00，撤出3号机组低真空保护。检查就地真空表指示－65kPa，且真空值仍持续快速下降。18：01，3号机组减负荷至1 MW。真空值低Ⅱ值 $p<-61$ kPa变红。18：02，真空继续下降至在－49kPa，手动解列3号机组。18：03，真空继续下降至－25 kPa，就地检查真空压力变送器及其管路，并紧固各螺纹接口。此时，CRT上真空值缓慢上升至－33kPa。18：05，CRT上真空值快速恢复至－89 kPa。

【原因分析】事件发生后，专业人员进行现场检查并调用相关数据和程序，进行各项试验和分析。查看相关历史数据，检查3号机组真空低故障前后各主要参数均未有明显变化，询问确认当值运行人员故障过程循环水泵、射水泵、凝结水泵、轴封压力、热井水位、射水箱水位和前池水位均未发现异常。在3号机组运行过程中，撤出3号机组低真空保护前提下，将低Ⅱ值真空压力开关引入管固定螺母松开至45°，就地真空表和CRT显示真空立即下降至－58 kPa；拧紧低Ⅱ值真空压力开关引入管固定螺母，就地真空表和CRT显示真空立即恢复至－89 kPa（各真空压力开关、压力变送器和就地压力表均共用一根真空引出管），而在此过程中开机盘及真空破坏门处就地真空值均为－90 kPa（测点单独设置），如图5-9所示。

检查凝汽器至真空引出母管无漏汽现象。

3号机组真空低故障过程中，各真空压力开关动作（进DCS不同开关量卡件），后备控制台"排汽真空低"光字牌亮并报警（就地开关以硬接线方式进入光字牌），压力变送器至CRT上显示值下降（进DCS模拟量卡件），以上各种信号以不同方式进入各系统，可以排除DCS卡件故障可能。7月22日利用3号机组停运机会，割开凝汽器至各真空压力开关母管引出口，脱开就地真空表和低Ⅱ值真空压力开关，反吹真空引出管无异物堵塞。

根据以上检查和试验可知，凝汽器至各真空压力开关连接某处泄漏，引起凝汽器至各真空压力开关引出母管真空低。导致各真空压力开关动作、压力变送器输出异常和就地压力表指示异常，就地紧固各真空压力开关、压力变送器和就地压力表接头后使真空快速恢复。

【防范措施】

(1) 加强运行人员技术培训，提高运行人员的素质。加强平时的事故预想及反事故演习工作，事故预想每值每月不少于一次，反事故演习每年不少于两次，并组织运行人员进行交

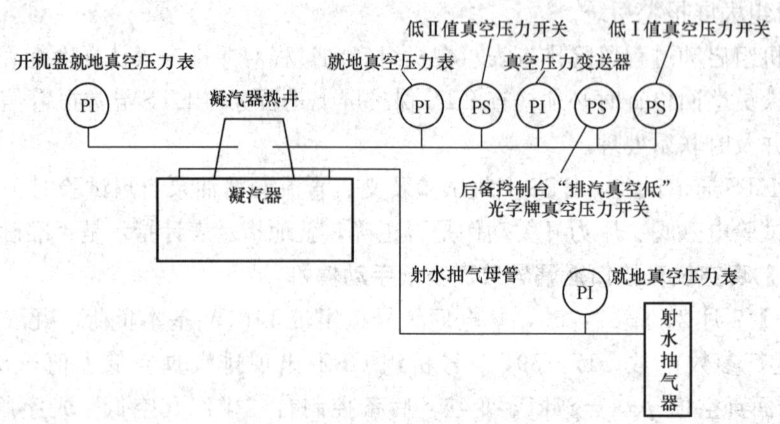

图 5-9　3B 汽轮机真空测点布置示意

流，提高运行人员处理突发异常事件的能力。提高运行人员对现场设备的熟悉程度，不仅要熟悉一次设备，也要熟悉二次回路及热工测量、保护装置，以提高运行人员的综合分析能力。增加运行技术考试的次数，通过考试提高运行人员学习专业技术知识的积极性。

（2）在目前有一个低Ⅱ值真空压力开关进入 DCS 进行保护动作的前提下，在凝汽器不同测点再安装两个低Ⅱ值真空压力开关进入 DCS，采取“三取二”的保护方式，以防止误跳。

（3）提前开展安全性评价工作，积极全面梳理各专业设备上存在的问题，通过技术措施及组织措施切实提高设备可靠性。

【案例 226】抗燃油系统中油箱液位开关异常造成汽轮机跳闸

【事件过程】某电厂机组于 8 月 8 日完成 168h 试运并投入商业运行，机组负荷 420MW，突然 1 号抗燃油泵停运，2 号抗燃油泵未联启，抗燃油油压低，机组跳闸。

【原因分析】该机组汽轮机控制 DEH 系统和 ETS 跳闸系统均由东方汽轮机厂提供，其中 DEH 采用美国 EMERSON 的 Ovation1.7（UNIX）分散控制系统来实现，和主机 DCS 相同。ETS 使用美国 GE Fanuc 公司标准 PLC 系统，采用三重化 GMR 冗余设计，所有的输入输出信号均采用三取二的方式，它主要完成对汽轮机的主保护。抗燃油是 EH 系统的工作介质，油压是否正常直接影响汽轮机正常运行，抗燃油泵设计有硬回路和软回路（DCS）保护逻辑，软、硬回路分别采用不同的压力低开关，软回路需要在 DCS 上投入备用，硬回路需要在 DCS 上投入硬联锁，同时可以实现抗燃油母管压力低时联锁另外一台油泵。抗燃油箱原设计有两个液位低磁性开关，两个开关信号分别通过硬回路引入对应两台抗燃油泵电气主控制回路，即 1 号液位开关对应 1 号油泵，2 号液位开关对应 2 号油泵，当有油位低信号时禁止启动相应的油泵，虽然该逻辑设计有自保持回路，但设计时只考虑对联锁回路进行保持，当有液位低信号误发时会造成运行泵跳闸和备用泵无法正常联锁启动。

【防范措施】

（1）该液位开关采用磁性开关，带一对动合一对动断接点，在实际运行中当有外磁场作用时会发生状态翻转，虽然设计有两套，但对单台泵来说实际为单点保护，当有液位低信号时，硬回路已经不允许油泵启动，这样使 DCS 逻辑失去作用。

（2）取消硬回路液位开关联锁，即分别将1、2号油泵控制回路中液位开关短接，将原两块液位开关信号引入到DCS进行报警，在DCS逻辑中增加“当两个液位低信号均来时不允许启动油泵”逻辑，这样，当就地实际液位真正低时，运行人员可通过报警信号进行确认，当液位开关信号误发时，虽然DCS不允许启动，但还可以通过硬回路联锁成功。

（3）在随后的停机消缺过程中还发现，当抗燃油箱放完油后，“液位低”信号维持了一段时间后自动消失，检查为动合和动断线接反，在机组正常运行时，由于油箱油位比较高，虽然接线有问题，但可以通过外加磁场使其状态翻转，当然，这也只是一个临时处理办法，因此再处理此类缺陷时，一定要特别注意。

【案例227】变送器测量异常，运行方式不当，导致“炉膛压力低低”引起MFT动作跳机

【事件过程】某电厂135MW供热机组，5月8日上午，2号机组的各项运行参数平稳，无负荷变动和主要参数的调整操作，送风机投入自动，引风机投入手动，机组负荷111.54MW。11：59左右，MFT动作跳机，首出故障信号为“炉膛压力低低”。

【原因分析】经检查，因A、B空气预热器出口二次风量差压变送器测量异常，11：57：43～11：57：46，机组发生风烟系统主要参数显示异常，11：57：40，锅炉总风量开始异常升高，由$2.76\times10^5m^3/h$增加到$3.68\times10^5m^3/h$，送风量定值为$2.73\times10^5m^3/h$，由于两台送风机自动且锅炉总风量增加，送风控制系统根据送风量定值与实际总风量的偏差开始关小送风机出口挡板，由于锅炉总风量持续增加，导致送风控制系统不断关小送风机出口挡板进行调节，加上引风机在手动，运行人员未及时对引风机静叶进行调整，导致炉膛负压持续降低，11：59左右“炉膛压力低低”引起MFT动作跳机。

【防范措施】本次跳闸事件的直接原因，是A、B空气预热器出口二次风量差压变送器测量异常，而运行方式不当（送风控制系统自动、引风控制系统手动）则是导致“炉膛压力低低”MFT的主要因素，送风控制系统自动调节锅炉总风量，而引风控制系统在手动状态下，未配合送风控制系统的调节，对送风控制系统调节锅炉总风量形成干扰，造成送风控制系统反调，导致MFT发生。

【案例228】压力变送器，汽动给水泵进口压力与除氧器压力之差小于0.6MPa信号触发汽动给水泵跳闸

【事件过程】1月11日8：00，某电厂1号机组负荷301MW，1A、1B、1D、1E号磨煤机运行，此时调度开始加负荷，8：26：51，负荷指令498MW，实际负荷为473MW，1B号汽动给水泵跳闸，电动给水泵联启；大屏“BFPB FLT”“RUNBACK”报警；查BFPB跳闸首出为MFT。

【原因分析】仪控人员到运行通知后，通过查看记录曲线，发现1B号汽动给水泵进口压力于1月10日21：30已逐渐下降，最低至1.25MPa，1月11日8：00后，机组开始加负荷，除氧器压力快速上升，当时1B号汽动给水泵进口压力仅为1.37MPa，除氧器压力为0.78 MPa，而1A号汽动给水泵进口压力却有2.25MPa。导致汽动给水泵进口压力与除氧器压力之差小于0.6MPa，延时30s后1B号汽动给水泵跳闸。热工人员至就地检查1B号汽动给水泵进口压力变送器并进行排污工作后，变送器显示值无变化。查看就地压力表值为2.35MPa，遂确认压力变送器故障。10：30更换变送器后，1B号汽动给水泵进口压力显示正常。

汽动给水泵首出的复位信号为给水泵汽轮机高、低压主汽门任一未关闭的脉冲信号，而1B号给水泵汽轮机低压主汽门关行程开关接点故障，触点一直不能闭合（给水泵汽轮机跳闸时），所以汽动给水泵首出不能复位。从12月9日1B号汽动给水泵因MFT跳闸起，汽动给水泵首出一直为“MFT”，导致此次汽动给水泵跳闸首出未能报出。

现给水RB逻辑中当给水泵带负荷能力（汽动给水泵为300MW，电动给水泵为180MW）与负荷指令偏差大于70MW延时0.5s触发给水RB信号。当1台汽动给水泵跳闸后，带负荷能力瞬间为300MW，若电动给水泵联启后，带负荷能力变为480MW。延时0.5s是汽动给水泵跳闸后，DCS等待电动给水泵联启运行信号的时间。此次RB信号仍然发出，说明0.5s延时不够。至于RB发出未跳磨煤机的原因，经分析是因为DCS系统软件的扫描时序设置不当。

【防范措施】

（1）联系电力试验研究院与西门子公司，了解类似情况及解决方法。

（2）1B号汽动给水泵进口压力故障已有较长时间，为及时提醒运行人员，避免设备误跳，在大屏报警“BFP FLT”中增加“汽动给水泵进口压力与除氧器压力之差小于1.2MPa”内容。

（3）将给水泵RB逻辑中的延时由0.5s修改为1s（从曲线查看联启时间在1s内），防止RB信号误发。

【案例229】汽包水位测量信号误动导致锅炉MFT

【事件过程】5月3日，某电厂1号机组正常运行，给水流量422.08 t/h，主蒸汽流量413t/h，有功负荷80.52MW，对外供汽流量118t/h，机前主蒸汽压力9.04MPa，主蒸汽温度530℃，炉膛负压－47.15Pa。13：39：37，汽包水位测点LIA1101突然从正常值上升到225mm，LIA1103突然从正常值上升到248.8mm，两个测量值均超过“汽包水位高三值”的动作值220 mm，延时3s后，“汽包水位高三值保护”动作，锅炉MFT，1号机组跳闸。14：12，1号锅炉重新点火，15：00，汽轮机准备冲转，发现高压调节汽门不能正常关闭。16：50，因上、下缸温差超过50℃，汽轮机破坏真空，停止启动。5月4日17：33，1号机组并网。5月4日22：50，1号机组恢复对外供汽。

【原因分析】通过对历史数据的查阅，发现锅炉MFT时，给水流量和主蒸汽流量相对稳定，且水位测点LIA1102仍为正常值－6.34mm左右，判断锅炉MFT原因为“汽包水位高三值”保护误动，而高压调节汽门不能正常关闭的原因，经检查确认为DDV阀油路杂质堵塞。

【防范措施】

（1）更换两个测点差压变送器。

（2）为避免平衡门内漏情况的出现，取消两个测点平衡门。

（3）两台机组现场所有主保护变送器柜加装门锁，锁匙交由运行部负责保管，检修借用时须履行相应的借用手续。

（4）检查完善现场设备的标识牌。

（5）加强培训工作，确实提高生产人员的技术水平。

第四节　线缆、管路异常引发机组故障

【案例 230】电缆绝缘磨损导致高压调节汽门晃动

【事件过程】5 月 27 日 10：12，某电厂 2 号机组 6 号高压调节汽门就地阀门晃动，DEH 画面上两路 LVDT 波动，S 值也随着阀位反馈高选值的波动而波动。

【原因分析】经分析，阀门晃动可能原因有伺服阀、LVDT、VPC-TB、VPC 卡及电缆（与端子排的接触、相互间的绝缘、对地的电阻）等。热工人员针对性进行检查：①在端子箱处解除 LVDT2 的 3 根线后测量 LVDT2 内阻正常，排除 LVDT 故障可能；②检查端子箱电缆穿线孔处，发现电缆绝缘层有磨损痕迹（电缆穿线孔处未对电缆做防磨损的保护措施），检查电缆对地电阻发现确有接地现象，因此确定引起本次故障原因为该处电缆绝缘磨损导致 LVDT2 电缆有接地现象。

【防范措施】

（1）更换受损电缆，确认绝缘正常。

（2）对端子箱电缆穿线孔做防磨损处理，对电缆隐患部位做防磨损的保护措施。

【案例 231】焊接作业烧损接地线与电缆引起机柜电源跳闸

【事件过程】某电厂的循环水加药控制柜在 11 月安装调试过程中出现了 2 次控制柜接地线和柜内接地线烧损的现象，2 次发生间隔不到 1 个月。当时接地线的绝缘护套基本烧没了，控制线的护套软化都黏在一起，因控制线短路引起机柜电源跳闸。

【原因分析】专业人员从烧毁的程度分析判断，认为接地线先烧再引起控制线烧损而导致系统不能正常运行。经调查，2 次接地线烧毁都发生在电焊作业时。故分析认为，引起烧损的原因，是电焊作业时，电焊机的接地在柜子附近找了一个接地点，该点和柜子的接地连通，在烧电焊的过程中大电流流经盘柜的接地线。

【防范措施】

（1）对烧损电缆进行更换。

（2）通报施工单位，电焊作业时，必须将电焊机的接地线拉至焊接点处接地，并注意尽可能远离热工柜。

之后类似情况再未发生。

【案例 232】伴热电缆烧损测量信号电缆导致锅炉 MFT

【事件过程】12 月 4 日 6：28，某电厂 12 号炉汽包水位信号突然由 0mm 升高至＋120mm左右，汽包水位自动将给水泵勺管关到 46％，由于水位偏差大，给水自动强制到手动状态，此时给水流量小于 120t/h，给水泵再循环门打开，汽包水位快速下降到－250mm以下，MFT 锅炉灭火保护动作。

【原因分析】在本次 12 号炉临检过程中，热工分场要求保护班对 12 号炉伴热电缆进行检查，检查结果发现原有两根伴热电缆接地，12 月 3 日保护班对伴热电缆按要求进行了更换并于中午投入使用。12 月 4 日 6：29，MFT 动作时现场检查发现 12 号炉炉顶伴热电缆全部烧毁，附近汽包水位变送器电缆被烤坏，绝缘电阻到 0，导致汽包水位信号突变，触发 MFT 动作。

事件主要原因是安装时将伴热电缆与汽包水位信号电缆放在一个接线盒内，未进行充分隔离，在汽包水位伴热电缆烧坏时造成汽包水位信号电缆烧损。

【防范措施】

(1) 伴热电缆质量存在问题，今后选用伴热电缆，要建立在应用可靠性，经充分调研得到确认的基础上。

(2) 事件后，将伴热电缆与其他电缆分开敷设。

【案例 233】接线接触不良导致燃气轮机叶片通道温度偏差大跳机

【事件过程】某液化天然气（LNG）电厂曾发生 6 号叶片通道温度（BPT）偏差大导致跳机故障。

【原因分析】事件后对 6 号 BPT 数据进行分析，未见异常。但检查顺序事件发现，当日机组并网后，多次出现“6 号 BPT 超限报警”，最后一次“6 号 BPT 超限报警”信号复归后 300s，出现“6 号 BPT 偏差大跳机”。通过检查 6 号 BPT 热电偶到控制系统和保护系统的接线图发现，BPT 热电偶为双支，一支经过中间接线端子连接到透平控制系统（TCS），供 BPT 调节回路和画面监视使用；另一支经过中间接线端子，信号转换器分别送往透平保护系统 1（TPS1）和透平保护系统 2（TPS2），用于控制 4 个跳机电磁阀。检查发现，BPT 趋势数据取自 TCS 而非 TPS，且 6 号 BPT 数据和其他 BPT 相比未见异常，基本能够判断出 6 号 BPT 热电偶本身应该没问题。问题应该出在接线端子处或信号转换器，经排查发现中间端子箱处连接到信号转换器的接线接触不良，出现“虚接”而导致保护回路的 6 号 BPT 数据异常。

【防范措施】为了防止类似事件的再次发生，电厂对重要的测点（如 BPT）启动了定期检查机制（目前为 3 个月），并对参与保护的温度测点的热电偶元件补偿导线与线鼻子之间以焊锡烧焊，提高了这些参数的可靠性。

【案例 234】热电偶引线绝缘磨损后接地引起温度爬升导致机组跳闸

【事件过程】1 月 11 日 5：13：46，某电厂 4 号机组负荷 356.88MW，因 4 号瓦轴瓦温度高保护 ETS 动作，汽轮机跳闸后大联锁动作，锅炉 MFT 跳闸。机组跳闸前后机组的主要运行参数如图 5-10 所示。

机组跳闸后交流润滑油泵自启成功，20min 后交流油泵过流跳闸，汽轮机直流油泵自启成功。而后运行手动启动交流油泵，交流油泵依然过流保护动作。

【原因分析】

(1) 经检查，4 号机组 4 号瓦轴瓦温度测点为双支热电偶 A1 和 A2，A1 进入 ETS 汽轮机跳闸系统，A2 进入 DCS 作为监视用。查看 DCS 报警记录和历史曲线，A1 在跳机前的 48s 内，由 85℃升高至 167℃，温度升温速率为 1.7 ℃/s。A2 点温度正常。由于 4 号机组 ETS 跳闸条件之一，是“任一轴瓦温度升高至 115℃延时 2s 汽轮机跳闸”（基建后，任一轴瓦温度信号进入 ETS 系统跳闸系统前述设置有 15℃/s 的速率限制判断后剔除保护功能），而基建时经常发生轴瓦温度断线故障，因此判断本次跳机原因，是运行中热电偶引出线在高速油冲刷下，芯线绝缘磨损后接地，地电位串入信号线的瞬间，引起温度突升，之后温度爬升，超过保护定值后，ETS 保护动作导致机组跳闸（信号虽已设置有 15℃/s 的速率限制判断后剔除保护功能，但该功能因速率变化未达设定条件而未起作用）。事件后测量该支热电

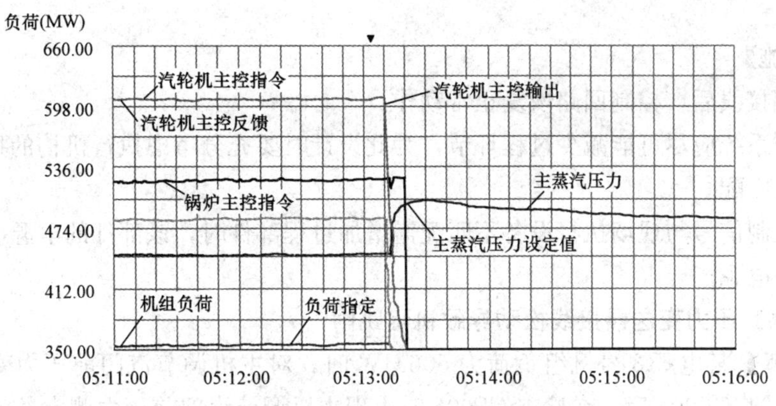

图 5-10　机组跳闸前后机组的主要运行参数

偶信号线，开始测量似断非断，隔一会儿再测量完全断线。

（2）机组跳闸后交流润滑油泵自启成功，20min 后交流油泵过流跳闸，汽轮机直流油泵自启成功。而后运行手动启动交流油泵，交流油泵依然过流保护动作，经现场对交流润滑油泵解体检查，发现交流油泵叶轮脱落与泵壳摩擦，造成电机过流保护动作。

【防范措施】

（1）鉴于单点保护的不可靠性，监督人员建议在机组条件适宜时，将所有进入 ETS 的轴瓦温度信号移至 DCS（ETS 系统已经没有多余的通道）与本来进入 DCS 的轴瓦温度信号相与，或统一以一副硬接线信号进入 ETS 跳闸系统。

（2）根据调查，目前火力发电机组中，仅上海汽轮机厂将机组轴瓦温度高作为跳机条件（有些电厂已取消），而且一旦轴瓦温度高真实动作，此时轴瓦也已经磨损，所以建议可以考虑取消该项保护，将轴瓦温度报警值改为Ⅰ值（数值请运行人员确定），Ⅱ值由原先的 115℃降低至 110℃，并以醒目位置提醒运行人员。

【案例 235】信号隔离器电源接线松动导致机组 MFT

【事件过程】4 月 5 日 7：20 左右，某电厂 1 号机组负荷 125MW，汽包水位自动调节正常，执行机构开度 64%。在 7：20：32 左右，运行发现 11 号给水泵转速突然下降，同时由于给水泵模拟量手操站输出与给水泵液力偶合器执行机构偏差大（大于 10%自动跳出），给水自动调节跳至手动。11 号给水泵转速最低降至 1780r/min，液力偶合器执行机构从 60%左右降至 5%左右，汽包水位迅速下降。7：20：54 左右，运行人员在就地逐渐开大执行机构，至 7：21：03 执行机构开至 12%，但汽包水位已降至－225.74mm。运行继续开大勺管，但未能使水位停止下降，至 7：21：20，MFT 动作，首出原因为“汽包水位低”，此时执行机构开度为 67%。

【原因分析】经热工人员检查，DCS 工作正常，汽包水位测量信号正常，调节器没有发出指令关勺管，运行也没有操作液力偶合器执行机构。因此，热工人员确定是 AO 信号回路有问题。进一步检查发现，控制 11 号给水泵液力偶合器执行机构的模拟量信号输出回路，因为与液力偶合器执行机构的控制信号不匹配而加装有信号隔离器（供电电压 24V DC，通过 24V 稳压电源供电），该信号隔离器的 24V DC 电源接线处有松动现象，因此判断本次事件原因，是隔离器的电源线接线松动，隔离器电源失去，引起执行机构从当前位置误关至0。

【防范措施】

（1）紧固接线后，控制回路恢复正常动作。

（2）控制系统应尽可能减少过程环节，为此设计时要充分考虑执行机构的控制信号与现场执行设备的匹配。

（3）当控制信号与现场执行设备不匹配需增加过程部件时，该部件的电源应与现场执行设备使用同一电源。

【案例236】压力变送器接线松动导致机组跳闸

【事件过程】某电厂3号机组负荷为506MW时，对主机调节汽门前压力变送器逐一检查，检查CP004/CP005后，在检查CP006时出现主机调节汽门前压力测点数值波动，压力值1s内由11.6MPa瞬间降到3.4MPa再降到0。由于压力值波动过大，DEH控制模式为了保持压力稳定，限压模式自动切换到初压模式，关闭高压调节汽门和中压调节汽门，引起辅汽压力下降，10s时间由572kPa降到105kPa，造成给水泵A和B汽源失去，转速下降，给水失去，由于给水流量低于517t/h，造成锅炉MFT，引起主机跳闸和汽动给水泵A及汽动给水泵B跳闸。

【原因分析】经检查系主机调节汽门前压力变送器接线松动引起。

【防范措施】在机组停机检修期间，开展接线紧固性检查工作，防止同类故障再次发生，同时，在机组运行期间的现场检查工作应格外谨慎，避免随意触碰信号接线。

【案例237】模件接线错误导致炉膛压力低机组MFT

【事件过程】10月24日，某电厂3号机组（600MW）运行时，B引风机执行器有异常需检修，当拔下B引风机执行器接线插头后，机组跳闸，首出信号为“炉膛压力低”导致MFT。

【原因分析】经检查，由于FUM280模件接线错误，并且同侧的送风机、引风机和一次风机模拟量指令布置在同一对模件上，当拔下B引风机执行器接线插头时，使被跟踪信号为零，FUM280模件发出故障信号，所有控制指令均切换到被跟踪通道，使B送风机和B一次风机指令回零，导致炉膛压力低机组MFT。

【防范措施】

（1）全面检查核对同类型设备接线，避免同类故障发生。

（2）进一步检查机组RB功能的有效性，防止单侧风机跳闸造成机组跳闸故障扩大情况的发生。

【案例238】中压调节汽门位置开关信号线接反导致调节汽门活动性全程试验时机组MFT

【事件过程】5月19日11：59，某电厂600MW机组带负荷400MW时，运行人员在执行高、中压主汽门、调节汽门活动性全行程试验过程中，再热器保护动作，锅炉MFT，汽轮机跳闸。

【原因分析】经检查事件原因为B侧中压调节汽门关信号故障，进一步检查发现B侧中压调节汽门位置开关的开和关信号线接反。因为再热器保护动作条件中的其中一条为当机组负荷大于25%，低压旁路阀门均关闭且汽轮机中联门A、B均关闭延时13s。由于接至再热器保护的B侧中压调节汽门关信号电缆基建时接线错误，导致机组正常运行中B侧中压调节汽门关闭信号长期存在，当A侧中联门进行全行程活动性试验时，A侧中压调节汽门关闭，延时13s后，触发再热器保护动作，引起机组跳闸。

【防范措施】为防止类似事件的发生，采取以下防范措施：

(1) 热控专业人员进一步规范联锁试验内容、步骤，对机组的联锁试验卡进行完善，使联锁卡更为详细并提高联锁卡的可操作性，从管理上保证联锁试验的高质量完成。

(2) 将相关的信号送CRT（或指示灯）显示，联锁保护试验尽可能实际进行，不能实际进行的，需从最源点处强制信号进行，并做好试验前和试验中相关信号的确认检查。

(3) 进一步对热工控制逻辑可靠性和定值合理性进行梳理，减少控制逻辑中存在的隐患。

(4) 制订具有可操作性的热控系统检修运行维护评估标准，完善检修、维护、运行质量验收方法，提高验收有效性。

(5) 加强检修管理，对检修项目的策划以及质量监督点的设置严格把关。

(6) 完善仪控设备检修过程中质量监督点的设置和检查要求，减少各种试验的风险程度。

【案例239】端子排接线松动引发锅炉跳闸

【事件过程】10月17日14：20，某电厂2号机组（350MW）发生跳机事件。在机组运行过程中，B送风机处于检修状况，A送风机在运行。14：18～14：20，A送风机电动机线圈温度3点同时跳变，运行要求将该3点温度保护解除，后发现A送风机后轴承温度信号也跳变，再要求将该点温度保护解除，在保护解除过程中，A送风机后轴承温度达到跳闸值，A送风机跳闸，两台送风机全停引起锅炉MFT保护动作，汽轮机跳闸。

【原因分析】机组跳闸后热工分场认真检查了A送风机温度元件状况：检查就地温度中间端子箱接线，无松动现象；检查DCS控制柜内温度元件接线，发现A送风机温度跳闸点（线圈温度6点、风机轴承温度2点以及电动机轴承温度2点）均接在同一端子板上（10-6A），检查端子板无异常。检查这些元件的接线情况，发现所有的温度元件均采用压线鼻子的接线方式。由于压线鼻子与信号线的尺寸不一致，导致压线鼻子与引线的接触不牢固，产生接线松动现象，当时检修人员打开该侧电缆槽进行查找电缆备用引线时，碰到这些温度元件的电缆引线，导致引线处接触电阻变化，产生了送风机温度信号跳变而引起风机跳闸的现象。

【防范措施】

(1) 检查DCS控制柜的接线端子状况，有松动的立即整改，并利用大、小修的机会对温度元件的接线方式进行检查整改。

(2) 对温度元件闭锁保护逻辑进行改造，防止由于温度信号误来导致跳闸现象的发生。

(3) 完善DCS的管理制度，在DCS柜作业中，应派专人进行监护，在有可能跳机的引线附近作业时，应采取解除相应保护的安全措施。

【案例240】接线错误导致DEH控制系统伺服板切换失败跳机

【事件过程】某电厂600MW机组，1月4日8：49：12，IV2在指令未变的情况下向下关至84.79%，8：55：55，恢复到全开状态，期间现场确认IV2为实际动作并非LVDT反馈有误所致，10：32、10：55 再度两次出现上述情况，IV2 最低关至 45%。11：59，机组负荷 486MW 时（主蒸汽压力 17.15MPa，主蒸汽温度 544℃，再热器压力 2.45MPa，再热器温度 527℃，总燃料量 186t/h，汽轮机综合阀位 79.48%，高压主汽门、中压主汽门全开，高压调节汽门阀位在 41.5%左右，中压调节汽门全开，高、低压旁路均已全关），调试人员决定将中压调节汽门伺服板 A 切换到伺服板 B 运行，10：59：20，切换伺服板 B 失败，中压调节汽门 IV1、IV2 全关，延时 10s 触发丧失，再热器保护锅炉灭火。

【原因分析】该机组跳闸为中压调节汽门伺服阀切换失败导致，热工人员就中压调节汽门伺服阀切换失败的原因进行分析，IV2 阀门波动的原因后面再做分析。

（1）伺服阀切换跳机原因分析。正常切换时，通过 DEH 逻辑判断，切换条件满足时发出切换指令去切换继电器，继电器得电后动合点闭合，此时 P24V 电源给 2 号伺服卡供电，而切断 1 号伺服卡的电源，实现工作伺服板的切换。

在对此次异常情况进行原因查找时，发现 DEH 逻辑中选择 1 号伺服板工作时，电子间实际工作的是 2 号伺服卡，对切换继电器的输出线进行查线发现切换继电器的动断点输出，并未接在 1 号伺服卡的电源回路上，而是误接在了 2 号伺服卡的电源回路上，而切换继电器的动断点输出也错接在了 2 号伺服卡下面的 LVDT 端子板上，1 号伺服卡的电源回路上没有接线，也就是在机组运行的时候，DEH 逻辑选择 1 号伺服板工作，而电子间由于接线错误而使切换继电器的动断点给 2 号伺服板供电工作，当调试人员进行切换操作时，切换继电器的动断点断开，所以正在工作的 2 号伺服板失电，而 1 号伺服板电源回路上没有接线从而一直处于失电状态，致使中压调节汽门的伺服板全部停止工作，中压调节汽门全关。

（2）IV2 出现的几次阀门波动分析。通过查看几次异常关门的历史记录，确认 DEH 逻辑中的指令一直是 110%的全开指令，没有发生变化，因此判断可能引发问题的原因主要集中在伺服卡、伺服阀、控制回路上。

1）就地伺服阀故障。伺服阀卡涩时可能引发上述情况，安装单位对伺服阀进行了清理，是否是伺服阀导致的异常现象还需进一步观察、确认。

2）伺服板故障。伺服板故障也有可能引起阀门波动，因此停机后对 IV2 重新传动试验，阀门动作正常，因此排除伺服板故障。

3）通道接地干扰所致。通过对比 IV2 和 IV1、高压调节汽门的输出信号发现 IV2 的输出信号比其他调节汽门的输出信号波动大，从阀门波动的曲线趋势来看，很有可能是指令线虚接地，单个查伺服指令线，不存在接地现象，但不能肯定存在虚接导致阀门波动。

【防范措施】本次机组跳闸事件，应从中吸取的教训如下：

（1）做好定期试验，类似伺服板这样直接影响机组安全运行的重要设备，一定要做好日常的定期试验工作。

（2）进行影响比较大的操作之前，一定要做好事故预想，如果计划的合理可避免很多不必要的损失。

（3）调试人员对系统的调试并不彻底，应该尽快制订计划对所属系统进行梳理、传动，要落实到每一个信号、每一个点。

【案例 241】卡件电源接线异常导致汽轮机调节汽门关闭跳机

【事件过程】10 月 20 日 20：34：42，某电厂 1000MW 超超临界机组负荷 500MW 运行时，汽轮机所有调节汽门突然全部关闭，锅炉 MFT，机组跳闸。

【原因分析】热工查 DCS 的事故追忆系统，首出为汽轮机先跳闸；查 DEH 的事故追忆系统，首出则为锅炉先 MFT。两个系统的首出记录不一致的原因，经检查信号流程，认为是 DEH 系统设计中，汽轮机跳闸信号需要经过网络传输后再送到事故追忆系统进行记录，由于网络传输采用周期性的方式而造成了记录的迟延，这个问题在调试期间已经发现，但一直未解决。因此经过分析后，得出汽轮机先跳闸再引起锅炉 MFT 的结论。

通过查阅曲线和报警记录，发现汽轮机的调节汽门（包括左、右侧高压调节汽门，中压调节汽门、补汽阀，共有 5 个，下同）关闭约 1s 后，主汽门才接着关闭，即是调节汽门先关闭后才引起汽轮机跳闸。而调节汽门关闭的原因是调节汽门跳闸电磁阀失电。分析跳闸电磁阀失电的可能原因有：①DEH 内的 ETS 发出跳闸汽轮机指令；②汽轮机发生超速保护动作；③手动打闸，直接断开电磁阀的供电；④控制电磁阀的 DO 卡失电导致其输出继电器失电断开。

进一步检查发现，DEH 的跳闸电磁阀控制块（逻辑模块）都保持了 PASS OUT（通道硬件故障的自检信号）的信号，说明电磁阀有被动失电的可能，即不是 DEH 主动发出电磁阀失电。DEH 在 20：34：42 和 20：35：52 有“卡件故障报警”的记录，两次报警持续时间分别为 38、35s，卡件说明书指出产生该报警的原因有 4 种：①卡件电源失去；②任一通道接地；③任一通道断路；④通信故障。对以上 4 种可能的原因一一进行测试排查，最终，无法排除的是卡件电源失去。

再测试锅炉 MFT 触发全部调节汽门跳闸电磁阀动作时，“卡件故障报警”报警触发，但是不会出现 PASS OUT（通道硬件故障的自检信号）的报警保持。由上面的检查和试验分析，汽轮机跳闸原因最大的可能是两块控制跳闸电磁阀的 DO 卡件失电。

控制汽轮机跳闸电磁阀的 DO 卡相当重要，为此，DEH 设计采用了冗余配置的西门子故障安全型卡件（SM326F 10×24V DC DO，简称“冗余故障安全型卡”）来控制跳闸电磁阀。冗余故障安全型卡供电接线为压接型式且为单根线，卡件虽然是冗余配置，电源也是分别供给，但是在继电器出来的电源到卡件却只有一根导线连接，导致了供电电源的不可靠，怀疑压接时接触不良导致电源失去。另外，由于 DEH 控制柜靠近磨煤机，这个部位的振动较大，因而分析认为是振动及电线压接不良造成了冗余故障安全型卡电源失去并直接触发跳机。

由此可见，接线接触不良，是造成机组跳闸的直接原因。若冗余故障安全型卡的电源设计也完全冗余，则即使发生接触不良，也不一定会引起机组跳闸，因此，冗余故障安全型卡的供电方式设计不够完善，电源冗余不完全是另一个原因。

【防范措施】必须对有关线路进行一次全面的检查和紧固，对现场环境恶劣的接线，还应考虑其他可靠的接线方式，杜绝由于接线原因引起的机组故障。同时，不能仅仅局限于出现问题后再针对问题进行处理，而应该进一步扩大范围找原因，消除导致故障的根本原因，加强设计、安装、调试和检修工作的质量，不放过任何一个细节。

根据厂家建议，对 DEH 系统的 ETS 电源及信号分配采取以下完善措施：

（1）改造 DEH 系统 ETS 卡件工作电源系统。针对原系统一组冗余卡件同时由一路电源单独供电的情况，对每一组冗余卡件增加一组备用工作电源。

(2) 在排查过程中，又发现ETS保护系统中超速保护继电器也是由单一电源供电，没有冗余设计，经过厂家确认，增加一路备用电源。

(3) 汽轮机原设计就可以实现短时间单侧进汽的功能（汽轮机ATT阀门试验功能），重新分配ETS的输出信号分配：①把左侧汽门的快关电磁阀集中在第一组冗余卡件上，右侧汽门的快关电磁阀集中在第二组冗余卡件上（因ETS保护条件中，高压汽门或再热汽门全关作为ETS保护信号之一），对左侧及右侧汽门快关电磁阀信号进行重新分配后，避免了单组冗余卡件工作电源失去会导致ETS保护动作，直接跳闸的弊端；②将ETS保护送至DCS的3个保护信号从原来集中在一个卡件重新分配在3组冗余卡件中。

(4) 更换了新的冗余故障安全型卡，以防止卡件有内部异常的故障（虽然没有卡件的异常报告，为保险起见还是进行了更换）。

(5) 鉴于本次事件是接线不良造成的故障，建议还应对汽轮机跳闸电磁阀的线路进行一次全面的检查和紧固。但由于跳闸电磁阀数量较多，接线回路复杂，当时只是集中处理电源冗余，紧固了DEH的接线端子，没有对现场接线进行过多的检查，结果6天后，又出现了一次跳闸电磁线路接触不良引起的机组跳闸事件，其教训是深刻的。

【案例242】跳闸电磁阀接线松动导致抗燃油压下降手动停机

【事件过程】某电厂1000MW超超临界机组于顺利通过168h满负荷试运行，但机组投产后，10月26日12：30：30，1号机组负荷500MW，B侧中压调节汽门一个跳闸电磁阀突然失电关闭，抗燃油压力开始缓慢下降，20s后，抗燃油压低到12MPa，联锁启动备用抗燃油泵，但抗燃油压力仍继续下降。A侧中压主汽门由于抗燃油压力低，无法克服弹簧力也缓慢关闭，最终关闭到8.3%，导致负荷从500MW跌倒175MW。3min后，抗燃油压降到了9.77MPa，运行人员手动MFT，机组跳闸。

【原因分析】经过事后检查，发现一个跳闸电磁阀的现场接线箱内接线存在接触不良现象，导致电磁阀失电关闭。B侧中压调节汽门关闭后，其开度位置反馈信号与指令信号存在较大的偏差，此偏差送到DEH的伺服系统进行运算，就会输出较大的电流试图开大调节汽门，由于跳闸电磁阀已失电，大量的抗燃油通过伺服阀后无法进入到油动机，而是直接流到回油管，结果，抗燃油流量过大，造成了抗燃油母管压力下降，最终导致了机组跳闸。

造成机组跳闸的原因非常明显，那就是B侧中压调节汽门一个跳闸电磁阀现场接线松动，造成电磁阀失电关闭。

本次机组异常停机的根本原因是B侧中压调节汽门的跳闸电磁阀端子箱因长期低频振动过大，导致金属疲劳后接线断开，且调节汽门伺服阀指令保持在100%，引起回油量加剧，抗燃油母管压力无法保持，从而引起后面的一系列抗燃油压下降，运行人员手动MFT。

【防范措施】从机组跳闸的原因来看非常简单，就是接线不良。针对分析出来的故障原因，在咨询了上海汽轮机厂意见后，做出下列整改措施：

(1) 经实测，中压调节汽门本体及接线端子箱振动过大，导致跳闸电磁阀接线断开。一方面需从阀门本体着手，减少阀门本体振动；另一方面，热控考虑改进接线工艺方面，例如，考虑在现场接线方式上采用信号电缆（单芯电线）和电磁阀软线焊接并用绝缘热缩套管的方法（机组已经重新启动，该工作未进行），这种接线方式能较好地克服现场振动过大的恶劣环境的影响。

（2）跳闸电磁阀失电后，调节汽门指令保持在100%，没有降为0%，导致抗燃油流量增大，抗燃油母管压力无法保持。DEH设计的阀位控制逻辑中，只有当逻辑本身触发跳闸电磁阀失电指令，会联动发出指令将调节汽门指令降为阀位的低限，但当现场原因（如信号线短路、断路、接地等）或ETS控制卡件故障（故障损坏、通信故障）导致的跳闸电磁阀失电（上述失电逻辑功能块触发PASS OUT信号），逻辑不会发出电磁阀关闭指令，从而导致阀位指令保持为原位，引起抗燃油路"短路"。建议完善DEH的逻辑设计，将跳闸电磁阀故障信号引入关阀指令条件，但由于这部分逻辑做在DEH的控制器中，无法在线修改，只能在停机后做出相关修改并进行逻辑下载。

（3）为避免在此期间再次发生同样故障，采取的临时措施为在调节汽门或主汽门异常关闭，抗燃油压无法保持的情况下，运行人员应优先检查画面AUTO TURB TESTER中的跳闸电磁阀状态，若确认是由于跳闸电磁阀失电引起的抗燃油压力下降，可手动将调节汽门的阀限降为0%，切断该调节汽门的回油通道，保持住抗燃油压力。同时，马上联系热工人员处理故障调节汽门。

【案例243】振动延长电缆中间接头接触不良导致锅炉MFT

【事件过程】1月29日18：03：20，某电厂4号机组B汽动给水泵跳闸。18：05：46，机组负荷控制中心发出给水泵RB（辅机故障情况下快速减负荷）动作指令，18：06：25锅炉给水流量低低动作，18：06：40锅炉MFT动作，锅炉灭火，汽轮机跳闸。

【原因分析】检查机组运行历史记录曲线发现，B汽动给水泵由于汽动给水泵前轴承振动大于动作值125μm，延时3s后导致该汽动给水泵跳闸。后查看该汽动给水泵前轴承振动数值，发现其数值从17：59开始跳变，起初跳变频繁但幅值不大，后来不但跳变频繁而且幅值较大，已经超过动作值，直到18：03导致跳闸。通过对现场的测点及连接到DCS机柜的电缆，发现接线端子和接线均没有松动、短路和断线现象。此后在其停运期间检查发现，一次元件的引出线延长电缆中间接头较短、接触不好容易松动，电缆固定位置所处的环境恶劣，易受汽轮机润滑油的冲刷、汽轮机振动作用的影响等，这是造成振动数值跳变的主要原因。

机组给水泵RB的触发条件是单元机组负荷大于230MW、任意一台汽动给水泵跳闸且RB功能投入，延时2s。由于故障时机组负荷300MW且RB功能已经投入，因此，在B汽动给水泵跳闸后，触发了给水泵RB。由于电动给水泵是电厂汽动给水泵改造后退役下来的，泵的出口压力达不到超临界机组的要求，只作为启动给水泵而不作为备用给水泵，因此电动给水泵并没有联启。RB发生后，B、D、A、E对冲燃烧运行磨煤机中的E磨煤机跳闸，在机、炉协调控制系统燃料主控作用下，煤量从172t/h减至RB目标煤量90t/h，锅炉热负荷减少，给水流量设定值通过煤水比给定为570t/h，A汽动给水泵为了维持此流量，转速指令增加至6000r/min，但由于泵供汽（汽轮机四段抽汽）压力为0.67MPa，偏低，泵的实际转速为5340r/min，给水流量在降低，此时，对应于转速指令的低压调节汽门指令增加至100%，低压调节汽门阀位在大于90%后通过机械连杆带动就地另一高压调节汽门动作，高压调节汽门是DCS远方无法控制的，其汽源为冷再供汽，压力为3.14MPa，所以泵转速快速增加，至6300 r/min时由于超速动作而跳闸。两台汽动给水泵跳闸后给水流量低于动作值290t/h，延时15s后MFT动作，锅炉灭火。MFT动作引起汽轮机跳闸，机组停机。

【防范措施】 在上述故障发生后，虽然将中间接头固定好且远离油路冲刷位置，但是测量值还是由于受中间接头的影响显示不准确，甚至变为坏点。之后将汽动给水泵本体监测系统中所有带有中间接头的引出线，更换为没有中间接头的延长线直接接至前置器，问题再没有发生。给水泵 RB 动作后，运行汽动给水泵跳闸的主要原因是四段抽汽压力低，泵的低压调节汽门指令超过 90%，从而联动高压调节汽门开启，使泵超速跳闸。通过提高机组主蒸汽压力，四段抽汽压力得以提高，避免了此类故障的发生。另在给水泵转速迅速上升时，可以手动干预，减小低压调节汽门开度，降低泵转速。由此可见，应该加强和提高运行人员对机组参数调整的实际操作能力和事故处理能力，特别是针对超临界直流锅炉在各种特殊运行方式下，如何控制给水流量和主蒸汽温度、主蒸汽压力的问题，提高运行人员的事故处理能力。

【案例 244】振动探头和延长电缆之间的接头处理不当导致机组跳闸

【事件过程】 某电厂 6 号机组为哈尔滨汽轮机厂 300MW 机组，TSI 装置采用的是美国内华达本特利 3500 系列汽轮机参数监视系统。10 月 25 日 15：41：48，机组在负荷、主蒸汽压力、主蒸汽流量等参数没有变化的情况下，汽轮机 1 号轴承 Y 向振动值在 4s 内由 0.04mm 突升至 0.38mm，导致轴承振动大保护（0.254mm）动作，机组跳闸。

【原因分析】 汽轮机跳闸的首出原因为轴承振动大，该机组共有 8 个轴承，1～6 号轴承每个轴承上有 2 个轴振探头和 1 个瓦振探头，7、8 号轴振仅有 X 向轴振信号，瓦振仅作为监视报警用，振动保护逻辑采用的是单点保护，即只要有一路轴振探头振动值超过危险值 0.254mm，TSI 装置即发出轴振大二值信号送至 ETS 系统停机。查阅历史数据：除 1Y 号振动数值存在突增情况外，1X 号方向轴振及其他轴承振动、1 号盖振及轴瓦温度、润滑油压力等数据均没有异常变化，部分跳机过程参数如图 5-11 所示。

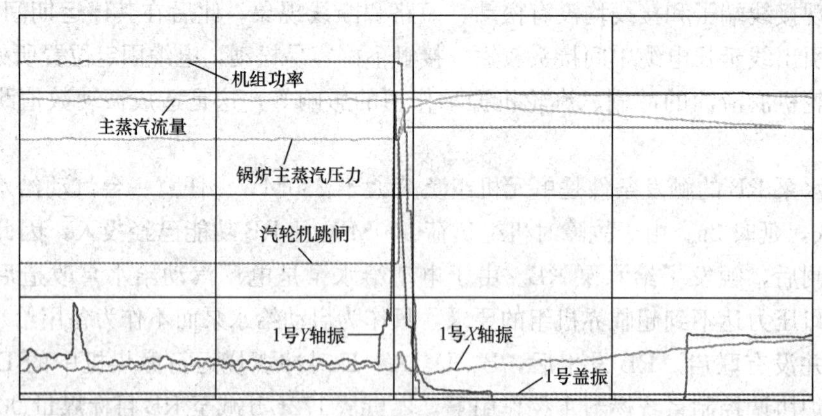

图 5-11 机组振动保护误动跳机曲线

热控人员测量 1Y 号振动探头阻值 8.3Ω 正常，就地检查 1Y 号延伸电缆接头处缠绕的相位带上有水珠并和蛇皮管连接，同时相位带存在松动情况。1 号轴振探头安装在前箱和高压缸之间的 1 号轴承盖上部，安装位置狭小，且此处轴封漏汽严重，用红外线测温仪测量该处温度高达 130℃，参考本特利振动探头说明书最高耐受温度 120℃，实际温度超过了允许的温度 10℃。经分析，故障原因：

（1）振动探头和延长电缆之间的接头处理不当，轴封漏汽的凝结水进入接头处导致接头处接地，窜入干扰信号造成轴振值突变，触发轴振大保护机组跳闸。

（2）1号轴承轴封漏汽严重，导致探头温度过高，使振动探头高温老化输出信号突变，造成振动保护误发停机。

（3）按照热工保护设计原则，热工保护系统应设计有防止保护误动和拒动的措施。该电厂振动保护设计为单点保护，没有防止保护误动的措施，当任一振动测点故障导致信号异常时，会造成振动保护误动。

【防范措施】

（1）为避免探头引线和延长电缆接头接触不良、进水等隐患，将轴封漏汽严重、探头温度较高的振动探头，更换为9m长一体化耐高温铠装探头，取消了中间接头，最高耐温260℃。

（2）在汽轮机轴封漏汽严重的地方，加装防护挡板，挡住轴封漏汽，同时在轴承壳体上部加装冷却用压缩空气管对该轴承降温，并加强巡检测温。

（3）对于其他不漏汽的轴承，振动探头仍采用1m探头加8m延长电缆（9m系统）的连接方式，探头与延长电缆的接头用手拧紧后，再缠上几圈生料带，外面用直径为8mm的热缩管缩紧，最后在外部套上蛇皮管防护。

（4）每个轴振探头处加装警示标志牌，防止其他人员运行中误碰。

（5）咨询电力科学研究院、其他电厂，对汽轮机振动保护逻辑进行优化，既要防止振动保护误动，又要防止振动保护拒动。

【案例245】探头插头接线断裂虚接引起汽动给水泵出口门联锁关闭

【事件过程】某电厂3号机组在660MW高负荷运行工况下，出现A汽动给水泵出口门突关，给水泵RB保护动作，给水流量大幅降低，机组负荷迅速下降至580MW。检查后发现，A汽动给水泵反转信号报警原因为反转探头信号插头断线虚接，恢复接线后，机组恢复高负荷运行，未出现异常情况。但在一个月的时间内，机组在高负荷工况下，又先后出现了因B汽动给水泵反转信号报警B汽动给水泵出口门突关和B汽动给水泵转速突变为负值二次故障，同样导致了给水泵RB保护动作和机组负荷大幅下降。

【原因分析】检查处理A汽动给水泵：3号机组高负荷下A汽动给水泵出口门突关时，检查发现A汽动给水泵反转监测探头插头接线已断裂虚接。此时，两只探头接线时通时断，测量波形图出现相位相互交错超前的情况，如图5-12所示，当出现探头B波形超前A探头波形270°时，反转监测装置根据波形相位判断为汽动给水泵反转，即发出汽动给水泵反转报警信号，联锁关闭汽动给水泵出口门。

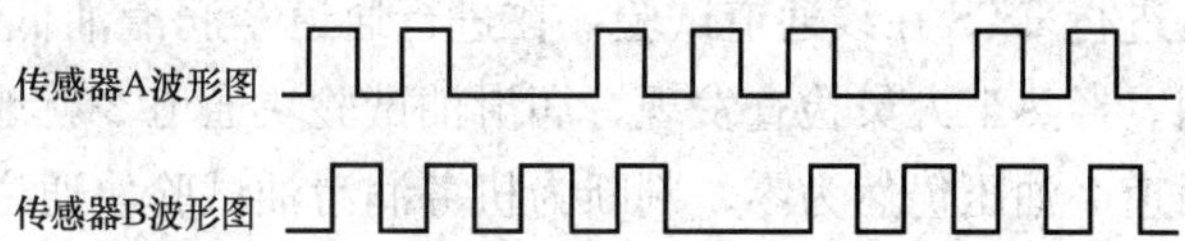

图5-12　接线断线虚接时传感器探头波形

检查处理B汽动给水泵：3号机组高负荷下发生B汽动给水泵出口门突关时，检查未发现监测回路有接线断裂虚接或松动现象，检查历史数据发现B汽动给水泵反转信号发出一个0.6s的脉冲信号，且转速突变为负值，初步分析为反转保护装置采样频率不足，在B汽动给水泵升速至高速区时出现监测失真。

【防范措施】

(1) 将A汽动给水泵反转监测探头插头内接线焊接恢复后，A汽动给水泵转速显示正常，无反转信号发出。

(2) 先将B汽动给水泵反转监测装置内的采样主板升级为高频率采样主板；再按照出现采样失真时反转信号最长仅保持3/4周期，并考虑到光耦电路的复位时间，将输入DCS内B汽动给水泵反转报警信号添加1.5s的延时滤波；最后将B汽动给水泵反转联关其出口门的逻辑修改为：①B汽动给水泵未挂闸时反转；②B汽动给水泵挂闸后给水泵汽轮机低压调节汽门开度小于10%时汽动给水泵反转。两条件中任一条件成立时，联关B汽动给水泵出口门。

经以上处理后，A、B故障现象未再发生。

【案例246】通信电缆接头接触不良导致控制器冗余失去

【事件过程】某电厂机组采用西门子TXP系统，7月29日9：20，运行通知1B给水泵汽轮机发报警：“09：15：23：312，A 10XAY12DU001F XV01 14 FAULT TURBINE CTRL SYSTEM”。热工人员到电子间检查发现A、B侧PM5上均指示“1”，无故障报警，指示正常；1B给水泵汽轮机的A侧与B侧H28（冗余建立）灯不再闪烁，表明A与B侧冗余失去；B侧H22（遥控设定值有效）灯长亮，无故障指示灯亮。

【原因分析】重新启动B侧控制器（RESET重启）后，冗余仍未建立（两侧的H28灯不亮），仍然没有任何故障指示，但原先长亮的B侧H22（遥控设定值有效）灯不亮了。此时运行人员通告A、B给水泵汽轮机转速偏差高于300r/min，给水调节出现波动，观察A、B给水泵汽轮机状态发现B给水泵汽轮机转速高于5600r/min，A给水泵汽轮机转速在5200r/min左右。检查主控室OT画面上，1B给水泵汽轮机画面中，1B给水泵汽轮机状态图符红绿闪烁且有报警。分析认为是由于1B给水泵汽轮机B侧冗余无法建立，影响了A侧控制器，同时使1B给水泵汽轮机通信故障而发生以上现象和报警。因此判断事件原因最大的可能，是模件连接器和通信电缆接头松动引起。00：45，在B侧控制器停电情况下，对所有模件连接器和通信电缆接头进行紧固，00：49，送B侧电源后恢复正常，无任何异常报警，H22灯常亮、两侧H28灯闪烁表明两侧冗余建立，遥控设定值有效，系统恢复正常。据此判断为通信电缆接头接触不良，则从侧通信模件CS22通信接头接触不良引起的可能性最大。

【防范措施】本次事件是由通信电缆接头接触不良引起。为预防此类事件发生，机组检修时，应将所有通信接头进行连接可靠性检查，紧固连接头，列入检修计划内容。

【案例247】PLC的I/O站同轴电缆连接头松动导致机组跳闸

【事件过程】12月8日15：30，某电厂6号机组（300MW）出力230MW时，运行人员进行ETS在线通道试验，在进行通道2润滑油低试验时，发现润滑油压低的信号无法复归。经热工人员检查发现，润滑油试验块通道2就地压力表显示为零，再次试验时润滑油压通道2油压仍然为零，判断为机务润滑油试验块通道2中孔板或电磁阀存在故障。运行人员通知汽轮机维修人员对润滑油试验块进行检查。17：00，机务人员准备处理润滑油试验模块，要求强制通道2的润滑油压低信号。热工人员接到通知后，到电子间ETS机柜强制润滑油压信号并通知运行人员，运行人员在ETS操作盘上进行复置，复置后热工人员到就地对AST电磁阀进行检查，电磁阀带电正常，就地ASP油压表指示约6MPa，正常。机务人员又提出需要隔离试验块，为了防止另一组润滑油压低信号触发，也要强制该组润滑油压低信号，热工人员到ETS机柜强制润滑油压低信号时，发现PLC有部分面板没盖上，于是就将面板盖上，期间听到外面异响，到集控室时汽轮机已跳闸，跳闸时间为18：42。

【原因分析】经查跳闸首出为“汽轮机跳闸”，热工人员在排查中，发现PLC的I/O站和控制模件之间同轴电缆的连接头存在松动现象。分析认为，I/O站和PLC的控制模件采用同轴电缆连接，由一根同轴线进行通信，该同轴电缆松动后接触不良，会使主控制卡收到的部分DI信号连带部分DO信号发生突变，致使4个AST的电磁阀失电，从而出现ETS保护动作而无首出记录的情况。因此本次事件确认为PLC的I/O站和PLC的控制模件的同轴电缆的连接头存在松动导致误发信跳机。

【防范措施】

(1) 由于PLC的I/O站和PLC控制站之间通信单一配置，无冗余，只要该通信电缆故障就会造成ETS保护误动。建议厂家对ETS系统PLC的I/O站通信进行改造，进行冗余配置。

(2) 机组检修时，对ETS系统的端子接线和通信电缆进行全面检查，并做好详细记录。

(3) 加强润滑油质的定期检查，在机组定修时对有关电磁阀、管路孔板进行清洗或更换，防止电磁阀老化卡涩、孔板堵塞。

此外为防止或减少类似事件的发生，建议应从两方面加强工作，提高系统运行的可靠性：

(1) 设计制造单位要充分考虑设备或系统在现场运行的可靠性，比如增加冗余，对ETS系统的通信系统进行改造，单网通信改为双网通信，保证当发生局部通信不正常时，ETS系统能正常工作。组装时的工艺应严格把关。

(2) 检修维护部门应制订连接件紧固检查表，将所有连接件紧固作为一项工作列入检修计划。机组检修时，安排专人按连接件紧固检查表，对所有连接件进行手松接紧固件，看看是否有松动现象，然后再进行紧固。

【案例248】通信电缆接头内部松动导致机组跳闸

【事件过程】6月22日某电厂2号机组负荷300MW。10：43：37，2号机组ETS突然动作，首出原因“抗燃油压低”，2号汽轮机跳闸，锅炉MFT。DCS事件记录显示ETS系统故障、高压抗燃油遮断、低真空遮断、电超速遮断、润滑油压遮断、ETS电源故障。

【原因分析】经分析查找，造成此次事件的主要原因，是ETS系统通信电缆接头制作不合格（上海汽轮机厂配套电缆），内部发生松动，致使主、辅CPU与I/O站单网通信，在通信电缆接触不良时无法实现冗余切换。

【防范措施】更换ETS系统通信电缆，系统恢复正常运行。

【案例249】控制系统接插件失效故障分析处理

【故障案例】

(1) 某电厂2台机组因通信接插件接触不良造成的2次MFT动作；某电厂因DEH电源插头接插件接触不良引起的跳机动作。通过对这3个接插件的现场模拟试验发现，一旦稍有振动，个别插针接触电阻就会发生跳变，同一接插件中插针的插拔力差别较大，解体检查发现部分插孔孔径明显偏大，插拔力减小。遂取消此接插件而直接改为焊接式连接，彻底消除了这一隐患。

（2）某电厂由于潮湿、腐蚀性气体作用，结果在接插件表面生成了一层氧化薄膜，增加了接插件的接触电阻，造成控制系统工作电源电压降至额定允许工作电压值以下，导致控制系统无法正常工作跳机。

（3）某电厂对接插件进行现场测试，发现某点插针与外壳间有短路现象。解体观察发现，插座外引出线的个别焊接线开始腐蚀，个别插针与屏蔽线间有多余金属层剥落物，短路原因系剥落的金属多余物粘连在一起。

（4）某电厂锅炉汽包水位保护系统调试过程中发现三取二保护逻辑失效。经反复检查测试发现是由接插件异常引起，测试表明部分插针间的绝缘电阻只有几十欧姆，遂对 CT-24 插头进行解体检查，结果发现，由于在焊接连接导线时因电烙铁停留时间过长，使部分固定插针的塑料绝缘体熔化变形，使原本插针间很小的间隙变得更小，有的几乎处于短路状态，出现了插针间绝缘电阻极小现象，后重新更换接插件并小心焊接后恢复正常。

（5）某电厂由于 TSI 系统使用的小型圆形插头，在使用中因振动导致插头和插座之间出现轻微分离，造成测量信号抖动丢失。

【分析处理】接插件是控制系统重要的配套元器件，从系统、分系统、机柜、印刷电路板到每个可更换的独立单元，成千上万的接插件如同人的神经系统分布于各个系统和部位，担负着控制系统的电能传输、信号控制与传递任务。任何一个接插件故障都将导致整个控制系统或某一控制设备无法正常工作或停役。因此，有效预防控制系统接插件故障对确保发电机组的安全、稳定、经济运行具有重要意义。

控制系统接插件是一种为电缆（包括通信电缆）和电缆端头提供快速接通和断开的连接器件。通常要求接触部位该导通的地方不仅必须导通，且必须接触可靠；对绝缘部位不该导通的地方必须可靠绝缘。现结合工作中碰到和参与的几起接插件故障原因分析情况，概括出 3 种接插件常见故障。

（1）接触不良。接触件是接插件的核心零件，也是其导电部分，它将来自接插件的插头（或插座）尾部所连接的电线或信号线的电压或电流信号传递到与其相配的接插件插座（或插头）对应的接触件上。故接触件须具备优良的结构、稳定可靠的接触保持力和良好的导电性能。由于接触件结构设计不合理、材料选用不当、机械加工尺寸超差、表面粗糙，热处理、胶接及表面处理等工艺不合理，储存使用环境恶劣和操作使用不当等原因，都会在接插件的接触部位和端接部位造成接触不良。

（2）绝缘不良。绝缘体的作用是使接触件保持正确的位置固定、排列，并使接触件与接触件之间、接触件与壳体之间相互绝缘，故绝缘体须具备优良的电器、机械和工艺成型性能，特别是随着高密度、小型化接插件的广泛采用，有些插针间距接近 1mm 甚至更小（达 0.5mm），这对绝缘体材料、注塑模具精确度和成型工艺等提出更高要求。如果绝缘体表面或内部存在金属多余物、表面尘埃、焊剂以及长霉、绝缘材料老化等缺陷，都会出现短路、漏电、击穿、绝缘电阻降低等绝缘不良现象。

（3）固定不良。壳体是接插件的外罩。插合的一对连接器壳体通常也为伸出的接触件提供精确的对位、对中和保护，同时还具有安装定位、锁紧固定在设备上的功能。固定不良，轻者影响可靠接触而造成瞬间断开，重者会使连接器解体。解体是指接插件在插合状态下，由于材料、设计、工艺等原因在振动、冲击等环境条件下导致插头与插座、绝缘体与壳体或插针与插孔之间的不正常分离，造成控制信号的抖动丢失或中断。对于看起来微不足道的卡圈、弹簧及紧固件等也要定期进行检查和维护，切不可因小失大。

上述 3 种类型的致命失效是控制系统接插件的隐性缺陷，必须采取有效措施加以预防。此外，壳体涂层起皮、碰伤，绝缘体毛刺，接触件加工粗糙、变形、定位锁紧配合不严、总分离力过大等现象，也是接插件的常见病、多发病，这种显性缺陷只要在使用前进行仔细检查，通常能及时发现并剔除。

【案例 250】蒸汽伴热管道敷设不当导致汽包水位显示异常超温停机

【事件过程】12 月 6 日 21：30 左右，某电厂 2 号炉汽包水位 CRT 显示与电接点水位指示偏差大，联系热工人员到现场检查，此时机组负荷 300MW，汽包水位 CRT 显示－50mm，就地水位计（未冲洗）显示与 CRT 指示接近，电接点水位－330mm。21：43：54，电接点水位低至－350mm，CRT 仍在－50mm，炉水循环泵差压低至 110kPa，RB 动作，至 21：52：18，RB 动作过程结束，机组负荷降至 180MW，之后机组负荷继续降低，主蒸汽温度迅速升高，21：56，两侧过热器出口蒸汽温度达 606/590℃，运行人员手动 MFT 停机。

【原因分析】

（1）CRT 变送器显示汽包水位值和就地水位计显示不准，导致运行人员在整个事件过程中无法正确判断水位实际值，是本次事件发生的主要原因。因气温逐渐下降，为防止取样管受冻，从 11 月 28 日起开始投入蒸汽伴热系统（压力 0.79MPa，温度 300℃左右），由于高温伴热管道敷设不当，使得测量水位比实际偏高，汽包电接点显示水位与 CRT 水位显示相差较大。加之汽包水位测量变送器取样管三通正压侧泄漏，使水位测量再次偏高，CCS 为了维持正常水位，把本来实际水位偏低的水位再次下调，形成恶性循环，导致汽包水位不断下降。

（2）从历史记录曲线来分析，当时汽包水位并不是“三取中”，而是“三取高”，即取的是汽包水位变送器 B 的值（21：30，三个汽包水位变送器差压值 A：7516.6Pa，B：5174.4Pa，C：7124.6Pa），而汽包水位变送器 B 反映的水位值却是有问题的，比其他两个汽包水位变送器反映的水位值要高 250mm 以上，这直接导致了 CCS 汽包水位的不正确调节，使实际水位比正常值偏低过多。

（3）在事件过程中，三台炉水循环泵进、出口差压都低于 60kPa（21：49）时，B、C 泵都已发“炉水循环不畅”信号（但 C 泵的进、出口差压 2 信号一直未发出），而 A 泵未及时发出该信号（停机 6min 左右该信号才发出，同样是因为伴热不当），导致机组未发 MFT。

【防范措施】

（1）运行人员监盘质量及故障判断能力不高，是本次事件发生的后续原因，应做好事故预想与应急演练，加强运行人员故障应急处置能力。

（2）对伴热蒸汽系统进行改进，以消除对水位测量的影响。

（3）对机组一些重要数据的测量表计和管道进行全面检查，防止有泄漏和其他原因导致测量不准的现象。

（4）对全厂炉水循环泵“炉水循环不畅”保护全面进行检查、校核。

（5）加强对多选测点测量值的检查，其测量值不应偏差过大，否则应查明原因予以消除。

(6) 对运行人员加强培训，提高综合分析和判断能力，提高异常情况下的故障处理能力，加强对 CRT 画面和各主要参数的监视、分析。

(7) 就地水位计阀门操作不灵活的消除，按有关规程要求定期检验就地水位计。

(8) 完善 CCS 汽包水位控制逻辑和 BMS 水位保护逻辑。

【案例 251】汽包水位取样管路结冰导致机组跳闸

【事件过程】1月5日1：36，某电厂4号机组负荷188MW运行，A、B给水泵转速突降至3000r/min，紧急调整给水泵转速无效，手动启动电动给水泵，仍无法维持汽包水位；于1：38，4号机组跳闸，首出显示“汽包水位低”。

【原因分析】经检查，发现三个平衡容器水位计测量信号，因取样管路结冰，一个跳变，两个无指示，从而引起给水自动在主站上跳到手动，而且输出给水控制指令始终跟踪零指令，因此运行人员无法干预，导致汽包水位低低 MFT 动作。检查电接点水位计指示正常，处理后于3：52，4号炉点火。5：08，机组并网。

【事件教训】

(1) 受常年运行习惯影响，电厂对设备防冻的重要性认识不足，防冻措施没有落到实处，未制订切实的防范措施，造成同类事件的重复发生。

(2) 未能及时发现图纸标注汽包水位的控制逻辑与实际逻辑不相符的问题，处理设备缺陷时没有采取实际有效的措施。

【案例 252】给煤机控制系统频繁跳闸故障分析处理

【事件过程】某电厂机组给煤机在正常运行时多次发生突然跳闸，一年中共发生19次跳闸，尤为突出的是5号炉给煤机D，一台就跳闸了8次。由于STOCK给煤机是基于196NT控制器内部逻辑组态，附加外部电路实现控制的。196NT控制器内的逻辑受美国公司的技术保密无法读取，对用户来说就是一个黑匣子。STOCK给煤机的控制电路比较复杂，硬接线多，整个控制装置由多块电路板组成，且各电路板间采用插头插座的形式连接，可靠性差。同时控制装置柜门必须在主电源开关断开时才能打开，给故障后回路检查带来了不便。

【原因分析】通过对给煤机控制逻辑的分析，初步排除其控制逻辑不正确导致设备跳闸的可能之后。我们初步判定为安装于现场的控制系统的较恶劣的工作环境，如振动、降尘、温度等，对实现控制逻辑的部件造成干扰，导致设备跳闸，受干扰的部件可以分为两类，一类是控制回路中的控制触点，另一类是信号传递的接插件。

(1) 控制触点受干扰问题。给煤机启动回路中串联了多副实现逻辑控制的辅助触点，当给煤机处在正常运行时，启动回路中这些辅助触点为闭合状态，使给煤机控制继电器带电。一旦由于某个触点信号抖动或接触不良就会使给煤机控制继电器失电，引起给煤机跳闸，且该种情况的发生就像远程自动停止一样，控制器将无任何报警。还有是给煤机控制装置的远控信号经常抖动，致使给煤机跳闸。这时查看 DCS 记录会发现给煤机的远控信号瞬间丢失，紧接着给煤机跳闸。从控制电路分析，远控信号（K3）瞬间丢失（断开）会使控制变频器的 FBDR 继电器失电导致变频器停运（给煤机直接停运）。这种情况下的给煤机跳闸对于196NT 控制器与正常停运无区别，所以没有任何报警信息。正是由于表征给煤机运行的信号继电器 K6 的状态与 K3 有关联（必须在 K3 得电时才有 K6 的信号），在 DCS 的给煤机控制逻辑中，多状态驱动模块 FC129 当远控信号丢失，同时给煤机运行信号失去，会直接发停给煤机的指令。从上面的2种情况分析，现场振动大和继电器可靠性不高等原因，控制触点瞬间抖动造成给煤机跳闸，同时现场控制回路和DCS的控制逻辑也都存在不合理的地方。

（2）接插件接触不良问题。从多次的检修过程中发现，键盘侧和196NT板的接插件接触不良是造成远控信号瞬间丢失的主要原因。为验证以上判断，我们在现场做了模拟实验，用适当的力敲打控制柜门，使其产生振动，发现经常无故跳闸的给煤机会出现远控指示灯闪烁的情况。对该接插件清理并重新安插后会有所好转，这些都为我们初步的判断提供了依据。

【防范措施】 对于上述的两大类情况，可以从控制策略和回路完善上进行，提高给煤机控制的可靠性。

（1）远控信号抖动的处理。我们试验将送至DCS的远控信号短接，经过一段时间的运行，当现场远控信号抖动时DCS不会因远控信号瞬时丢失发给煤机跳闸指令，实际给煤机也维持正常运行。但表征给煤机运行的继电器K6是通过196NT逻辑运算得到的，此时给煤机的运行信号也会瞬时消失。由于给煤机停止信号是继电器K6的动断触点，运行信号消失时停止信号即出现，DCS会因为给煤机停运信号而联动关闭给煤机的进口煤闸门。经过几分钟的运行，给煤机皮带断煤，给煤机仍会因欠煤跳闸。考虑到远控信号经常是瞬间丢失，之后又恢复正常，丢失时间大多在1s左右，所以可以考虑将给煤机停运信号延时2s再自动关给煤机进口煤闸门，避免由于远控信号抖动关进口煤闸门最终跳给煤机的情况。由于变频控制的设备状态一般是通过变频器状态反映的，所以表征给煤机运行的信号可以直接取自变频器的运行扩展继电器VFD/RUN，减少重要信号与远控信号的关联。

（2）控制回路的简化。在彻底消除远控信号抖动问题后，我们还可以将控制给煤机启停的回路进行简化，提高控制可靠性。保持控制器内的逻辑不变，将启停指令的触点相串联取代原FS信号，直接接入196NT，由K6的触点启动变频器，同时启动指令形式由脉冲改长信号，停止指令仍为脉冲。取消中间继电器FS和FBDR，减少中间环节。

（3）做好日常的定期维护工作。给煤机控制柜现场所处环境粉尘较大，长期粉尘积在电路板上会造成短路，日常维护和检修中应进行全面的清灰，保证电路板洁净。同时磨煤机启停时振动较大，会造成控制装置各电路板和接线接触不良，定期检修应紧固好接线端子和接插件，来保证各触点接触良好。

第五节　独立控制装置异常引发机组故障

【案例253】空气预热器变频器故障导致机组减出力

【事件过程】 某电厂2×330 MW机组锅炉采用哈尔滨锅炉厂生产的容克式空气预热器，其控制箱采用就地及集控DCS控制方式，变频器为美国生产的Powerflex70型低压变频器，集控DCS装置有显示、报警和联锁保护功能。该锅炉空气预热器自投产以来，因空气预热器变频器保护功能设置不合理而造成主电机变频器跳闸及机组降出力等现象屡有发生，给机组的安全运行带来了极大隐患。

【原因分析】 通过对空气预热器主电机变频器的分析，认为变频器跳闸由以下原因造成。

（1）加、减速时间设置不合理。空气预热器主电机跳闸后，经过检查变频器发出的故障代码，发现空气预热器变频器在运行中因拖动大惯性负载受到阻力而造成转速下降。在减速过程中，变频器的输出频率下降速度比较快，而负载惯性比较大，靠本身阻力减速比较慢，致使负载拖动电动机的转速比变频器输出频率的转速高，电动机处于发电状态，而变频器能量处理单元作用有限，导致变频器中间直流回路电压升高，超出保护值，出现过电压跳闸故障。空气预热器主电机重新启动时，产生很大的电流波动，导致主电机跳闸。现场对三相电压和电流进行测试，结果是平衡的，可见主电机跳闸不是由变频器引起的，而是由负载造成的。因为空气预热器刚启动时的频率上升速度较慢，而负载惯性较大，其加速变化较为缓慢，加速时间较短，变频器不能自动调整运行曲线，导致启动运转时有跳闸现象发生。

（2）直流制动选型不当。在空气预热器变频调速系统中，当电动机处于再生制动状态时，直流电路的电能无法通过整流桥回馈到电网，只能靠变频器本身的电容和制动单元来吸收多余的能量。若再生制动单元并联的制动电阻选型不当，会导致变频器内部直流母线电压升高，超过了直流母线电压最大允许设定值（810V DC），致使变频器出现过电压保护动作，甚至造成变频器损坏。

（3）电磁干扰。①谐波电源影响，空气预热器变频装置电控箱周围固定连接着电焊机，当使用电焊机时，会对附近的厂用系统产生谐波干扰，致使变频器供电电源的电流、电压波形发生畸变，引起变频器跳闸；②电缆布置不合理，设备刚投运时，空气预热器主电机变频器电源电缆和控制电缆敷设在同一电缆槽盒中，且无隔离措施，易产生共模干扰，影响变频器的运行；③接地不规范，变频器控制柜内未安装模拟地（AC）汇流排，接线时只是将各屏蔽线分散接至控制柜内的接地螺丝上，变频器的接地点与周围其他动力设备接地点共地。

（4）变频器输出线未屏蔽。投运时，变频器的输出线未采用屏蔽措施，电缆直接敷设，与电动机相连接。

【防范措施】

（1）为防止平滑电路电压过大，不使再生过压失速而使变频器跳闸。在调试中，把最大减速时间设定为 60s，启停电动机，观察有无过电流、过电压报警；然后将减速设定时间逐渐缩短，以运转中不发生报警为原则，重复操作几次，确定出最佳减速时间为 30s。将加速电流限制在变频器过电流容量以下，不使过流失速而使变频器跳闸。把最大加速时间设定为 60s，频繁启动变频器，观察有无报警；然后将加速设定时间逐渐缩短，以运转中不发生报警、跳闸为原则，重复操作几次，确定出最佳加速时间为 40s。

（2）空气预热器主电机功率为 7.5kW，控制主电机的变频器在出厂时内部装有的再生制动单元和制动电阻满足不了现场实际工况，需要根据现场实际情况在变频器外部加装合适的制动电阻，为中间直流回路提供多余能量释放的通道，但准确计算制动电阻比较困难，一般采用经验公式计算来选取 1 个近似值。选取标称电阻值 48Ω，选取标称功率 2kW。

（3）拆除空气预热器变频装置电控箱周围连接的电焊机，尽量减少外界谐波源对变频设备的影响。将变频装置的动力电缆和控制电缆分别敷设在不同的电缆槽盒内。如果不具备分别敷设条件，应采取有效的隔离措施，减少共模干扰。在变频器柜内，加装 1 块模拟地汇流铜排，将屏蔽线分别接到该铜排上，并且采用截面积大于 $2.5mm^2$ 的软铜导线与专用接地点连接。同时，变频器的接地点和供电系统地以及其他（如避雷地）要严格分开，且接地点间保持 15m 以上的距离。变频器输出线需用钢管屏蔽，减少外界设备对变频装置的影响。

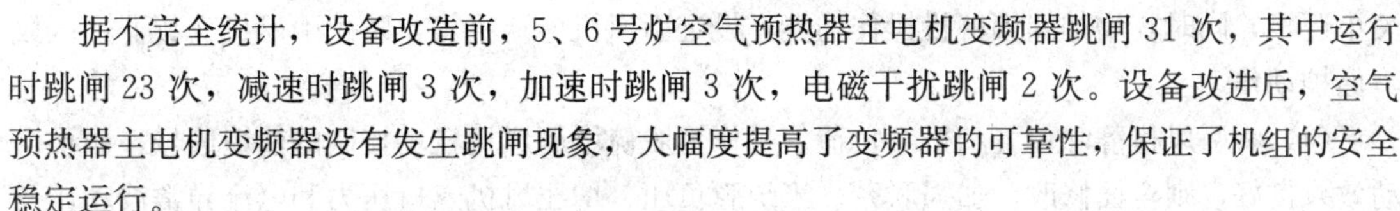

据不完全统计，设备改造前，5、6号炉空气预热器主电机变频器跳闸31次，其中运行时跳闸23次，减速时跳闸3次，加速时跳闸3次，电磁干扰跳闸2次。设备改进后，空气预热器主电机变频器没有发生跳闸现象，大幅度提高了变频器的可靠性，保证了机组的安全稳定运行。

【案例254】引风机变频器故障导致机组跳闸

【事件过程】某日11：52，某电厂机组负荷211MW，主蒸汽压力11.87MPa，主/再热蒸汽温度540/540℃，锅炉运行稳定，引风机变频自动投入，A、B引风机电流约27A。11：54，炉膛负压逐步降低至－330kPa，引风机自动降低频率调整，运行手动关小引风机静叶，12：03：03，A引风机跳闸，锅炉RB跳A磨煤机，炉膛压力持续降低至－600kPa，12：04：57，B引风机变频器跳闸，12：04：58，锅炉、MFT发出，机组停机。

【原因分析】引风机静叶挡板和变频器频率指令逐步降低，增压风机出力增大，但是，增压风机入口压力却持续增大，致使增压风机自动控制继续加大出力，造成引风机变频器轻载过压，重度故障保护动作，A、B引风机先后跳闸，增压风机入口压力热控测量不准是触发锅炉MBT动作的主要原因。

从操作员记录、报警、历史曲线和SOE记录分析可知，11：53开始，增压风机频率逐步增大，炉膛负压开始逐步增大，2台引风机频率逐步降低；11：59：40，运行逐步减小2台引风机静叶挡板指令；12：01：59，由于炉膛负压给定值与测量值偏差大，解除引风机自动控制；12：02：19，炉膛压力低报警；12：03：03，A引风机跳闸，12：03：58，增压风机频率到额定值50Hz；12：04：30，炉膛压力开始回升；12：04：36，A引风机静叶挡板关闭，12：04：57，B引风机跳闸，12：04：58：153，锅炉MFT。

11：53，增压风机入口压力为负压，增压风机频率逐步增大，此时，增压风机入口压力应减小，但是，入口压力测量显示却持续增大，导致增压风机输出不断增大，最后到最大出力，造成引风机变频器过压保护动作，脱硫增压风机自动逻辑与引风机自动未能有效同步；通过开机时冷态模拟试验，引风机出力减小，增压风机出力增大，增压风机入口压力向负压方向成比例增大，证明原热控测量系统存在问题。

引风机变频器在发出重故障之前，无有效措施闭锁变频器频率和静叶开度指令，也未有任何预警信息，最终导致引风机变频器重故障发出，引风机跳闸。

11：53，炉膛负压增大至－330kPa，至12：04：58，锅炉MBT，脱硫运行人员未能及时联系配合，解除增压风机自动或打开脱硫系统旁路门，且脱硫运行人员未能及时发现脱硫增压风机电流、入口压力的突然变化，脱硫运行联系脱节。

【防范措施】

（1）将增压风机入口压力和电流引至DCS显示，并完善DCS风烟系统画面，增加脱硫系统中的风门及增压风机等关键环节及参数，并将炉膛负压引至脱硫控制系统，当炉膛负压超过±300Pa时，解除增压风机自动，并发出光字牌报警，提醒运行人员“增压风机自动解除”。

（2）将增压风机入口压力等重要信号统计成册，并加入历史库，增加增压风机入口压力测点，实现三取中功能。

（3）电气提供变频器输入电流过小的区间（易达到过压保护动作定值），用于闭锁静叶关小逻辑，同时，增加闭锁解投操作功能，设定引风机电流报警，防止引风机变频器过压故障保护动作。

（4）将引风机静叶位置和机组负荷信号作为脱硫增压风机自动控制的前馈信号，如果自动效果良好，则全面修改，加强联系。当炉膛负压、增压风机入口压力和电流异常波动，及时解除增压风机自动，并打开脱硫旁路挡板。

【案例 255】火灾保护误动作导致燃气轮机机组跳闸

【事件过程】 8 月 18 日 16：59，某电厂 3 号机组负荷 250MW，单台燃气轮机罩壳风机运行，罩壳温度 48℃；16：59：29，3 号机组燃气轮机火灾保护动作，燃气轮机跳闸；燃气轮机跳闸后，ESV 阀关闭，汽轮机跳闸，发电机解列，同时该燃汽轮机罩壳风机跳闸，燃气轮机罩壳挡板全关，二氧化碳灭火保护动作。

【原因分析】 燃气轮机跳闸所采用的火灾保护信号来自于 Minimax 系统的三个火灾保护跳闸信号三取二。对于 Minimax 系统而言，其火灾报警的监测主要依赖于现场分布的 8 个火焰检测探头、5 个温度检测探头和 8 个可燃气体探头。在 Minimax 的逻辑中，将上述 21 个探头分为了 4 组，其中 8 个火焰检测探头中每 4 个分成了一组，分别是 GROUP1 和 GROUP2；5 个温度探头作为 GROUP3；8 个可燃气体探头作为 GROUP4。在每个 GROUP 中只要有任意一个探头报警将会触发该 GROUP 的报警，当 GROUP3 报警时，只要 GROUP1 和 GROUP2 任一报警将触发 Minimax 系统的火灾保护跳闸信号，GROUP4 的报警仅作声光报警。

3 号燃气轮机的火灾保护逻辑示意如图 5-13 所示。

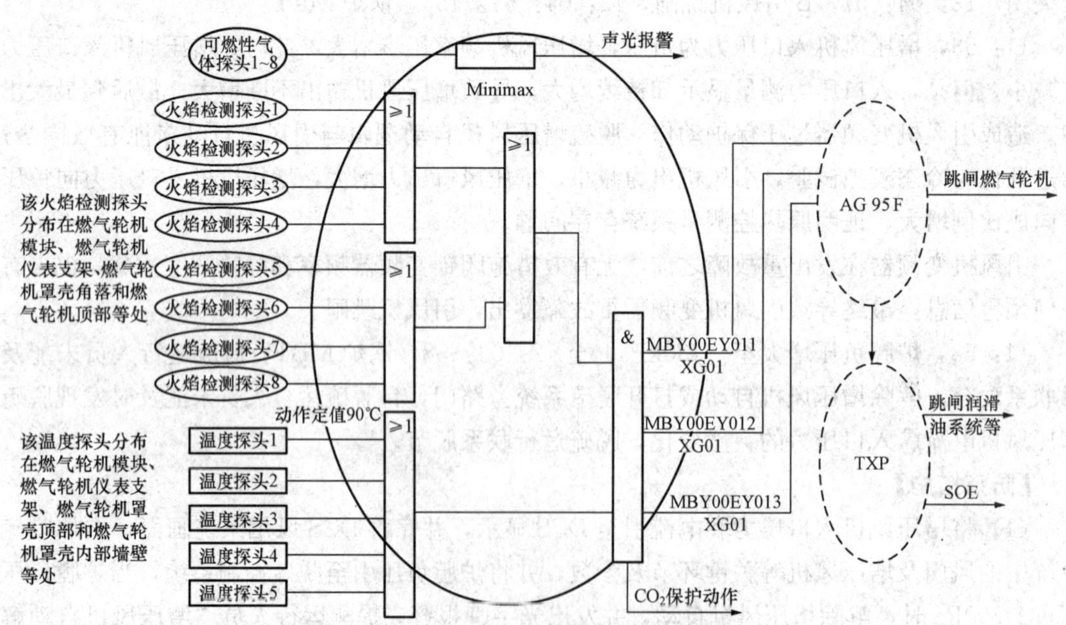

图 5-13　3 号燃气轮机的火灾保护逻辑示意

事件发生后，由于 CO_2 的释放，燃气轮机罩壳内无法进入。在 DCS 中查阅相关趋势、调阅摄像资料和就地查看的过程中发现燃气轮机罩壳温度由 48℃上升至 52℃（这是由罩壳风机的跳闸和罩壳挡板的关闭造成，属正常现象）；检查燃气轮机罩壳内无明火；燃气轮机罩壳外无泄漏、无漏油、无异常的气味和声音。待燃气轮机罩壳可以进入后，实测各感温探头表面温度，发现燃气轮机 1 号轴承正上方罩壳顶部的两只感温探头温度较高，大约为 57℃（此处靠近燃气轮机上方两个冷却密封空气的排气孔）。

事后经 Minimax 厂家确认此次火灾保护为信号误动。

【防范措施】

(1) 根据历史数据和逻辑分析，本次跳闸主要原因是温度信号和火焰检测动作。事后模拟试验证实，在夏季高温工况下，燃气轮机罩壳内温度偏高，尤其是靠近燃气轮机上方两个冷却密封空气的排气孔的 1 号轴承上方温度接近了报警限值。应联系相关厂家了解夏季工况下燃气轮机罩壳内温度分布情况和感温探头的布置依据。

(2) 在事后拆下来的感温探头铭牌上的工作环境温度为－20～55℃，夏季工况下燃气轮机罩壳内温度是否有可能超过 55℃，超过 55℃时是否会影响该探头的正常工作是需要考虑的问题（火焰检测探头也需要确认其工作环境要求范围）。

(3) 在 Minimax 逻辑中感温探头的报警与上任一火焰检测探头的报警即触发火灾保护动作，这样减少了火灾保护拒动的可能性。但是当任一火焰检测探头误动时，任一感温探头报警都会触发跳机，增加了机组误动的可能性。在本次跳闸事件中也基本可以确认火焰检测探头曾误动。因此建议按照厂家要求定期清洁探头表面，确认环境温度和检测温度对探头工作的影响，检查相关接线的屏蔽接地情况。

(4) 在历史数据的追忆过程中发现 Minimax 系统和 TXP 系统的时钟相差约 14min，这是因为 Minimax 系统未能进入 GPS 时钟系统。因此建议核查就地子系统，确认其与 GPS 系统的连接情况，如果不能进入 GPS 系统，则需要建立定期校时的制度，保证各子系统与主系统时钟的一致性。

【案例 256】燃气轮机危险气体探测系统故障导致机组跳闸

【事件过程】某电厂机组正常运行中，06：34，燃气轮机 MARK Ⅵ 报："Turb compt Haz Gas Level HIGH（透平间危险气体浓度高）"，随即报"Turb compt Haz Gas System Fault shutdown（透平间危险气体探测系统故障停机）"报警；当时负荷未有变化，于是增开 88BT-2 风机，加强通风减低危险气体浓度；但到 06：38，燃气轮机突然跳闸。当时查跳闸首出为："Turb compt Haz Gas System Fault Trip（透平间危险气体探测系统故障跳机）"。

【原因分析】检查后发现，45HT—5A、5B、5C、5D（安装位置在燃气轮机透平间顶部的 88BT 风机进风道入口）中有 2 只探头因过热而故障。根据统计，在投产后的几年里，各电厂危险气体探头损坏率均较高，且主要发生在燃气轮机透平间内，其原因一是燃气轮机透平间温度较高，高温会影响危险气体探头的测量。有的电厂曾做过试验，拿电吹风对危险气体探头进行加热，发现危险气体的数值明显上升，可见温度对危险气体探头特性的影响很大；二是在透平间内及阀组间存在天然气泄漏的问题，由于危险气体探头都是一些气敏元件，若长期处于甲烷等气体中会造成"中毒"现象，也会损坏探头。

【防范措施】为了防止在机组启停及运行过程中，发生因危险气体探头故障造成机组跳闸，应该采取以下措施：

（1）定期或利用停机机会检测、校验危险气体探头。

（2）对透平间危险气体探头的位置进行改造，尽量使温度因素降低。

（3）在许可的情况下，加装冷却装置使探头的运行环境得到明显改善。

（4）对透平间、阀组间存在的天然气泄漏进行整治。

【案例 257】燃气轮机清吹系统故障导致机组启动失败与跳闸

【事件过程 1】某电厂机组启动升速至 415r/min 时 MARK VI 进入燃气轮机清吹阀检测程序，即对 PM4 喷嘴的清吹管路进行各清吹阀检测：首先关闭 PM4 喷嘴的清吹管路泄压排放阀 20VG-4，接着依次打开 PM4 管路、喷嘴的清吹管路清吹阀 VA13-6 和 VA13-5，但当令开 VA13-5 阀时，检测到 VA13-5 阀拒开，MARK VI 系统报燃气轮机清吹故障，机组启动失败。

【原因分析】经检查，确认为 VA13-5 阀的电磁控制阀故障。由于该设备工作环境恶劣，因此必须定期或利用停机的机会检查、试验电磁控制阀，确保其正常工作。

【事件过程 2】某电厂机组启动进入燃气轮机清吹阀检测程序，因出现 VA13-6 阀超时拒开，MARK VI 系统报燃气轮机清吹故障，机组启动失败（当时机组转速 698r/min 正在燃气轮机清吹阶段），此次故障造成机组延迟启动 50min。

【原因分析】检查发现 VA13-6 阀的仪用气接头由于长时间运行，出现松动漏气，这样当 MARK VI 发出开 VA13-6 阀指令后，在相同的仪用气压力下，VA13-6 阀开启变得缓慢而超过规定的延时。

【事件过程 3】某电厂机组从 320MW 负荷开始停机，当降至 220MW 时，燃烧方式由预混准备向先导预混切换，D5 清吹阀关闭，但 VA13-2 清吹阀阀位显示 0%，阀门状态依然显示为红色，MARK VI 发“燃气清吹故障”报警，机组跳闸。

【原因分析】经检查发现，D5 清吹阀 VA13-2 的关到位的开关量信号装置的部分塑料件磨损，导致开关量信号装置不动作。更换后，故障清除。

【事件过程 4】某电厂机组启动过程中，突然“清吹系统压力高”报警，同时机组跳闸。

【原因分析】经检查发现，该机组的阀组间模块内的 D5 清吹管线排空阀位置未在全开状态，几次开启该阀，均有不到位现象，其原因是气源压力不足，造成阀门的气动执行机构动作不到位，D5 清吹管线内的压力气体不能及时排出，而造成气源压力不足的原因是电磁阀 O 形圈老化使得电磁阀有卡涩情况。

【防范措施】9FA 机组启动前需要对燃气管道进行清吹，对阀门泄漏和清吹阀等进行检测。检测清吹阀的目的是检查燃烧系统 PM4 的清吹阀是否开关正常，防止机组启动过程中残留积余的燃气在燃气轮机点火时引起爆燃，以保证燃气轮机点火后对未点火的燃烧器喷嘴进行可靠的清吹空气吹扫，防止燃烧器喷嘴高温损坏，减少燃气轮机点火后的故障停机。因此 9FA 燃气轮机在 PM4 与 D5 燃气管道上分别设置了燃气清吹阀，如图 5-14 所示，每个管路上各有两只（空气侧与燃气侧各一只），在两个清吹阀间还有一个排空阀。其中 D5 清吹燃气侧的清吹阀 VA13-2 是可调气动阀（该阀有四个位置——关位置、最小清吹位置、清吹位置和最大清吹位置），其他三只都是全开或全关的气动阀，而 D5 燃气侧清吹阀尤为重要，除了主要的清吹作用，该阀还担负着在预混燃烧（PM）方式下调节清吹空气量，对 D5 燃烧器进行冷却，同时也起到调节助燃空气量的作用。

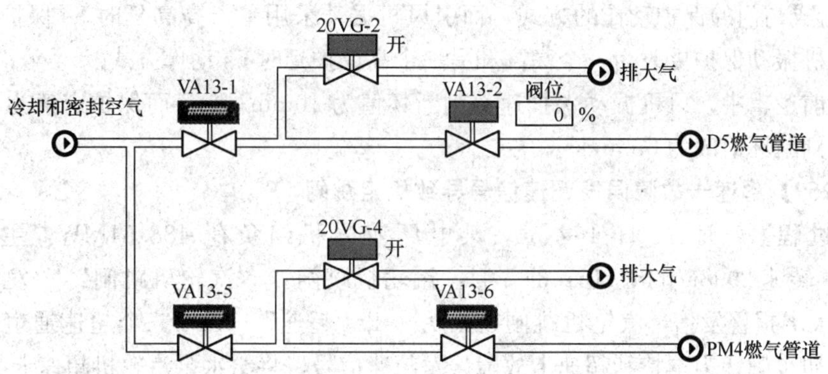

图 5-14　燃气清吹系统示意

(1) 由于清吹阀与燃料控制阀都布置在同一阀组间内，空间狭小、环境恶劣加速了清吹阀故障，易发生操作超时，导致清吹阀检测失败而跳机的现象发生。

(2) 清吹系统故障不但造成机组非停故障，还包括机组启动失败，由于正常运行中燃气轮机阀组间温度较高，设备的塑料、橡胶件极易老化损坏，因此在机组停运时应加强对这类设备进行检查，并可通过活动性试验以尽早发现这类故障，减少机组出现的非停及启动失败事件的发生。

(3) 定期或利用停机的机会检查阀组间仪用空气阀门和接头，确保严密。

(4) 定期或利用停机的机会检查、试验电磁控制阀，确保其正常工作。

【案例 258】TSI 振动信号误动风机跳闸引起机组 RB 动作

【事件过程】 3 月 7 日 10：08：19，某电厂 2 号机组负荷 501.13MW，主蒸汽温度 568.99℃，再热蒸汽温度 567.94℃，给水流量 1486.48t/h，水冷壁流量 1405.34t/h，炉膛负压−0.13kPa。10：08：24，引风机 A 跳闸，联跳送风机 A，机组 RB 动作。

【原因分析】 如图 5-15 所示，机组 A 引风机的 Y 向振动从 1.36mm/s 突升到 11.24mm/s 且稳定在 11mm/s 左右（而 X 向振动无变化），振动 HH 信号由误跳引风机引起。

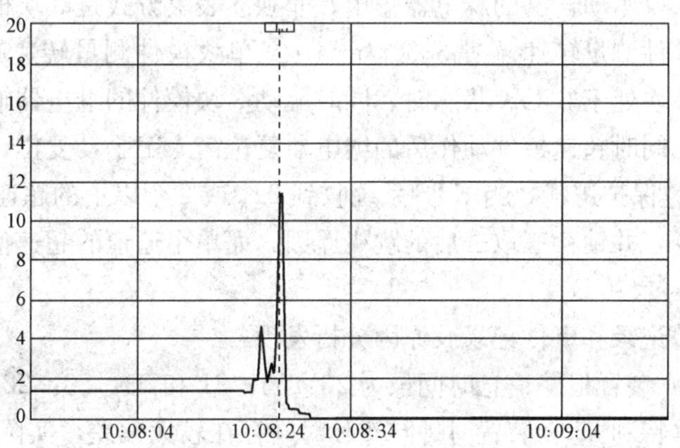

图 5-15　风机振动突变曲线

【防范措施】

(1) 目前风机振动保护中，一次风机和送风机振动保护信号，均采用一个高高和另一个高延时5s组成与门的保护动作的方式，而引风机振动采用单点高高延时5s保护动作方式。建议将引风机振动保护更改为一个高高和另一个高保护延时5s动作方式。

（2）目前逻辑中，风机振动保护速率判断坏值为10mm/s/s，而保护定值为7.1mm/s，建议将速率判断坏值改为5mm/s/s。

【案例259】超速卡故障误发超速信号导致机组跳闸

【事件过程】7月11日16：34，某电厂1号机组负荷488.51MW，主蒸汽压力21.38MPa，转速2998r/min。16：34：41，汽轮机跳闸，“汽轮机跳闸”“发电机跳闸”“MFT”等大屏报警发信，汽轮机跳闸首出为“TSI超速”，ETS三个超速通道均未报警。仪控检查后初步确认为本特利超速卡故障误发超速信号，将给水泵汽轮机超速卡与主机超速卡对换后，于20：13点火，21：33汽轮机冲转，22：21重新并网。

【原因分析】跳机后热工人员立即查看本特利超速模件面板，三块超速模件指示灯均正常，超速指示灯未亮（未锁存）。其TSI超速保护原理如图5-16所示。

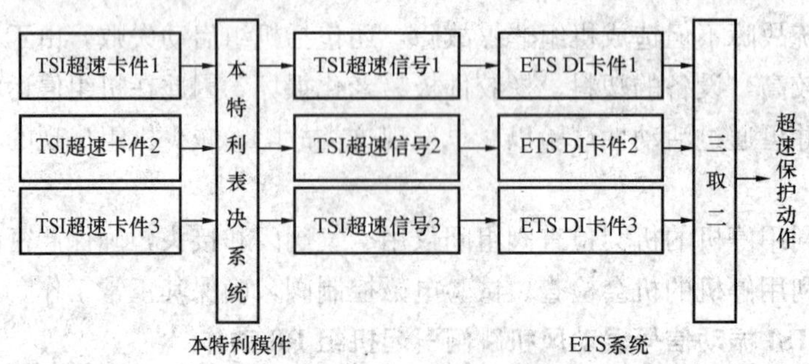

图5-16 TSI超速保护原理

图中左半部分为本特利模件，3块本特利超速模件同时测量汽轮机转速，当模件测量转速超过3300r/min时，本特利模件通过表决系统，输出开关量信号至ETS系统，本特利表决系统有“独立表决”和“非独立表决”两种方式。独立表决方式是模件相对独立，当单块模件认为已超速时，仅驱动自己的继电器输出；非独立表决方式是3块模件的继电器一起动作，当两块以上的模件测量转速超过3300r/min，或单块模件测量转速超过3300r/min，同时另2块模件中任1块处于非OK状态时，同时驱动3块模件的继电器输出。经查组态方式为非独立表决方式，同时超速模件动作后的继电器复位需人工手动复位。而图中右半部分为ETS系统内TSI超速保护逻辑，当ETS系统收到2个或2个以上的超速信号后，ETS系统送出汽轮机跳闸指令，并锁存三取二后的跳机原因，而单个通道的超速信号锁存由本特利模件实现。

调阅本特利报警记录和事件记录及原因分析发现：

（1）本特利3500装置报警信息时间虽为23：53：21和23：53：22，与跳机时间不符。但经检查比对确认本特利3500装置时钟与实际时间存在较大偏差，实际报警时间为7月11日16：34左右。槽位7、8、9即为3块超速模件所放置的位置。由报警记录可见3块超速模件的继电器在2s内发生了多次闭合和释放的不正常情况。三块模件触点1s内发生了多次2对和3对触点同时闭合的情况，如报警列1612、1613此时间段内槽位7、9模件继电器触点同时闭合；1612、1618此时间段内槽位8、9模件继电器触点同时闭合，而两个及以上的触点闭合则导致了TSI超速保护动作。从报警记录中可见3块超速模件的继电器触点最后均释放，这也可以解释DEH画面中首出为“TSI超速”，但ETS三个超速通道均未报警的现象。

（2）跳机时槽位9的超速模件发生多次瞬时“XDCR Fifty Percent Error”（传感器50%故障）“XDCR Signal Now Valid”（传感器正常）的事件。此类事件模件面板指示灯不会有任何变化。事后检查该转速的波形发现该转速波形幅值偏小，且波形不完整，波谷较平。但该模件测量转速正常，并未处于“非OK状态”，经本特利公司检测该探头的前置器不正常。

（3）从本特利报警记录中同时发现槽位8超速模件一直处于“Danger/Alarm 2”状态（超速状态），由于本特利表决方式为“非独立表决”方式，单块模件处于超速状态，不会导致继电器输出和指示灯报警，超速模件面板指示灯不会有任何变化。

综上所述并经本特利公司确认，由于槽位9超速模件的转速探头“50%故障”及槽位8超速模件一直处于“Danger/Alarm2”状态（超速状态）导致了本特利超速模件发出超速信号，三块超速模件继电器触点2s内发生了多次的瞬时闭合，以致1号机组TSI超速保护误动。经本特利公司试验，在“XDCR Fifty Percent Error”（传感器50%故障）情况下，本特利装置不会有任何报警信号输出，面板指示灯也不会有变化。

【防范措施】

（1）为防止TSI超速保护的再次误动，现暂时在TSI超速保护回路中，每个TSI超速输出通道分别串入一副发电机开关的动断触点。当发电机开关合闸时，自动闭锁TSI超速保护，当发电机开关跳闸时，TSI超速保护立即自动投入。此现安全措施中闭锁信号采用“零功率切机”信号或“发电机电流转换成的开关量”待电气专业人员最终确定。

（2）更换槽位9超速模件对应的前置器，更换后该转速波形为标准正弦波形，波形幅值明显增大，“传感器50%故障”事件消失。同时检查了1～4号机组转速及超速模件的转速波形，未发现异常。

（3）由于ETS逻辑中TSI超速本身就为“三取二”的方式，所以将三块超速模件的表决方式由“非独立方式”改为“独立方式”，即每块模件超速继电器的输出仅由本身模件决定，而与其余模件无关。防止其表决逻辑故障，导致两块或三块超速模件超速信号误发，现此措施1～4号机组均已完成。

（4）加强对本特利装置的检查，在机组升速后和机组正常运行时，定期检查本特利的报警和事件记录，尽早发现隐患，及时处理。

（5）利用停机机会将本特利装置（汽轮机、给水泵汽轮机）的报警状态进入DCS系统，并在大屏报警中显示。

（6）将超速信号的门槛电压由0.5V提高，在一定程度上屏蔽干扰信号，提高的电压数值将根据开机低转速时测量到的电压值确定。

【案例260】等离子点火系统故障分析及处理方法

【事件过程】某电厂600MW机组为哈尔滨锅炉有限责任公司与三井巴布科克（MB）公司合作设计制造的超临界本生（BenSon）直流锅炉。单炉膛平衡通风、π形布置。燃烧方式为前后墙对冲燃烧。E层燃烧器为烟台龙源公司配套用的等离子点火系统燃烧器，168h满负荷运行验收交付使用后的两年时间内，发生的问题较多，主要存在两方面：一是发生器工作不稳定，易断弧，导致阴、阳极更换频繁；二是燃烧器着火不好或个别角燃烧器壁温超温现象，以及输送弧坏现象。

【原因分析】针对此问题，对等离子发生器、燃烧器及其他辅助系统进行了有针对性的发生器拉弧实验及燃烧器投粉实验，查明了原因是：

（1）等离子发生器工作参数调整不合适。现场对5号炉发生器参数进行了合理的优化，优化前的原参数中载体风压偏高，是烧输送弧及阳极氧化断弧的主要原因，间隙偏小是断弧的原因之一，电流偏低致使电击穿能力下降，也是断弧的原因之一，从E1、E5电压偏高可看出阳极氧化污染较严重，在拉弧实验时，E1、E3、E5频繁断弧。

参数优化完成后在拉弧实验时，E1、E3、E5仍频繁断弧，将E1、E5阳极分别拆下后发现内喉口中部氧化严重，说明阳极清理不当，内喉口中部没有清理。经过对阳极清理后，拉弧E1、E5电压分别为320、300V，说明阳极氧化后导电性下降，清理后导电性变好电压下降，电弧稳定，拉弧实验16h未出现断弧。

发生器工作参数调整范围是设定间隙以实际拉出30～35mm为准，一旦确认后不再做调整，除非更换发生器或拉弧电动机需再重新确认调整。设定电流调整范围：300～340A（E5：300～320A）。载体风压调整范围：新型阳极5～11kPa，老型阳极12～13kPa（推荐值11 kPa），实际电压调整范围240～360V（推荐值300V）。

分析可知：①参数优化前载体风压力过高，是导致阳极氧化的主要原因；②燃烧器输送弧内部结焦，致使电弧受阻后产生波动断弧，这也是断弧的原因，此种断弧调整发生器无济于事，只能清焦后解决断弧问题；③阳极使用时间过长，已经近500h，其导电性下降、内部几何形状发生改变，使得工作稳定性变差；④发生器接地点不正确，感应电无法泄放反馈至整流柜干扰其工作，也使电弧不稳而断弧，实验期间曾出现柜内调速器F12报警断弧现象，此报警是接地不良产生（在刚投运时装置可通过与燃烧器固定的法兰盘连接部分接地，但时间一长，便与地接触不良，导致装置在启弧时，装置外壳产生脉动感应电，并对地放电，装置产生的脉动感应电，反作用到整流装置，造成断弧）；⑤E5电源柜大电流整流线性不好，超过320A线性变差，320A下工作正常，建议E5设定电流在300～320A调整，此区间电弧工作稳定。

（2）输送弧烧坏的主要原因是：①载体风压力过高或过低致使电弧不能喷出输送弧而烧坏；②发生器推进不到位导致电弧后移而烧坏输送弧。

（3）不着火问题的主要原因是：①煤质水分大，致使磨煤机出口风温过低；②发生器没推到位，电弧后移点不着火；③中心筒煤粉浓度调整过低不着火，分叉管调节汽门调整不当。

（4）结焦问题的主要原因是输送弧烧漏后，煤粉进入输送弧在电弧的作用下结焦。

（5）发生器不稳定，波动大的原因是：①阳极喉口导电面被污染（燃烧器返粉或载体风含油）；②载体风压力调整不合适或风压力波动大，载体风品质差（含油或水）；③整流柜设定电流设定太低；④整流柜工作电压太高或太低（阴、阳极间隙过大或过小，载体风压力过高或过低都会导致整流柜电压过高或过低）；⑤整流柜工作环境恶劣，如环境温度过高（不大于30℃），粉尘太大（影响电子元件如晶闸管、线路板等的散热，或导致交流接触器触点接触不良）；⑥整流柜硬件问题（直流调速装置硬件问题或参数设置不当）；⑦电器回路接触不良（如发生器的直流电缆接触不良）；⑧发生器接地不良或发生器推进不到位；⑨阴、阳极使用时间过长或已漏水；⑩燃烧器中心筒结焦。

【处理方法】等离子发生器的运行调整原则是燃烧好，不结焦，点火器工作稳定，阴、阳极寿命长。在保证发生器稳定的前提下，主要依据燃烧器壁温来调整三参数。具体调整应依据触摸屏上的功率曲线调整，曲线波动越小越好。在电弧稳定、燃烧稳定的情况下，尽量降低发生器功率，特别是电流，以提高设备整体使用寿命，特别是阴、阳极的寿命。

(1) 在等离子点火状态下燃烧器着火不好时的调整方法是按次序适当提高电压、载体风压、电流，使功率提高至100～130kW。

(2) 在等离子点火状态下燃烧器着火好，壁温测点超温，结焦时的调整方法是按次序尽量降低电压、载体风压、电流，使功率降低至电弧能维持的程度（每台点火器能维持的最低功率不同，最低可达低于60kW不断弧）。只有风压、水压、电压三参数的最佳搭配才能稳定在较低的功率下运行且阴、阳极的寿命最长。

(3) 提高发生器的稳定度的调整方法是提高电流、适当降低载体风压、适当降低电压、提高功率。

(4) 提高阴、阳极寿命的调整方法是尽量降低电流、功率；提高冷却水进水压力和流速，降低冷却水温度，电压控制在300V为最佳，且在运行中随等离子拉弧时间的进程进行阴、阳极间隙相应的调整，以保持最佳的电压值。

等离子燃烧器的燃烧调整方法是：

(1) 在锅炉启动过程中，必须在确保安全的条件下实现等离子点火，特别是防止发生炉膛爆破、二次燃烧等设备损坏和伤害事故。

(2) 在冷炉启动时，对直吹式磨煤机应尽量降低一次风量或风速，提高磨煤机的出口风温，同时迅速加大磨煤机功率，待火焰检测见火并燃烧稳定后，缓慢提高一次风量，降低磨煤机的功率，使磨煤机功率满足锅炉初始投入功率。在启动初期由于炉温较低，燃烧器周界风可少开或不开，一次风量不宜过大。

(3) 在炉温升高后，炉膛燃烧状况变好时应注意监控等离子燃烧器壁温，以防止等离子燃烧器超温结焦现象的发生，此时二次风应开大，一次风量不可过低；带负荷后应增加上层燃烧器的功率，以降低等离子燃烧器的功率，防止燃烧器因煤粉浓度过大而结焦。

(4) 在等离子发生器投运过程中，应密切监视等离子燃烧器的壁温，最好有专人专机监控等离子壁温，防止等离子燃烧器的烧损。在等离子发生器未退出之前不可大意。等离子燃烧器的壁温直接反映燃烧器的运行状态，过低或过高都不好，当壁温低于100℃时应想办法调整燃烧，使壁温升高，以提高燃尽率，例如，降低一次风量，提高磨煤机的出口风温，提高煤粉细度，提高发生器功率等。但壁温超过300℃时，应适当控制使其减缓温升速度，当壁温超过400℃时应停止等离子电弧运行。

(5) 在等离子投入期间应定期化验飞灰可燃物，观察烟囱烟的颜色，现场观察着火情况，并结合燃烧器壁温及其他与燃烧有关的参数，综合得出判断，作为燃烧调整的依据，及时做出调整，使燃烧处在最佳状态。

【防范措施】对存在的等离子点火系统问题在检修维护方面采取了如下9方面措施：

(1) 使用30mm^{2}的铜导线将等离子点火装置的外壳接地后，解决了因接地不良造成断弧的一个因素。

(2) 发生器参数应定期进行参数优化。经过试验优化后应严格按优化参数调整，每次投等离子前应确认参数的准确性，载体风压表应定期校验以确保其准确性。

(3) 阳极清理应使用专用工具，按正确的方法进行，确保其内部清理干净。

(4) 按使用小时数定期更换阴极和阳极。阳极一般寿命 400～800h，阴极寿命一般在 70～80h。

(5) 发生器必须确保推进到位，否则，还会烧坏输送弧。

(6) 更换输送弧时应同时调整发生器托架，使发生器与输送弧保持同轴度，否则会使发生器推不到位烧输送弧，严重的还会损坏发生器。

(7) 确认三叉管调节汽门实际开度与显示开度相符，以免误导运行人员，造成燃烧器不着火或超温现象的发生。

(8) 点火用煤应尽量使用水分小的煤，以确保磨煤机的出口风温在 60℃以上。

(9) 每次启炉前均应检查输送弧前端结焦情况，如果结焦应及时清理干净。

第六节　就地设备可靠性分析与故障预控

一、就地设备安装配置的可靠性影响分析

(一) 热工测点

电力行业标准对多数热工测点的安装位置都给出了明确的规定，但在实际工程中发现，以下问题还是容易被安装施工所忽视，影响热控系统的可靠性。

(1) 同一管段上邻近装设流量、压力、温度测点时，温度测点安装在介质流向的上游，工况变化时将导致流量、压力测量的不稳定。

(2) 汽轮机润滑油压取样点应选择在油管路末端压力较低处，但实际安装在注油器出口处的现象较为普遍。其安全隐患是，当润滑油母管末端油压低于动作压力时，保护系统不能及时动作。

(3) 测量元件在安装上容易出现以下问题：安装位置悬空，造成运行中无法进行检查和检修；测量元件与主设备相碰，存在损坏的危险；测量元件安装在保温层内，可能导致高温下的损坏或产生附加测量误差。

(4) 炉膛压力测量单侧集中布置，不能准确反映炉膛压力变化，运行过程中当发生测点上方的塌焦、测点定期吹扫、堵焦后处理等情况下，还会影响其他信号的正确测量，可能导致炉膛压力保护的拒动或误动。

(5) 温度测量元件插入被测介质的有效深度不符合行业标准的要求，插入过深将增加元件折断的可能，插入深度不够将增加测量误差。

(二) 热控取样系统

气体测量管路的最低点积水，或液体测量管路的最高点存在气泡时，则测量系统的输出信号将不能及时反映被测介质的动态变化，增加测量误差。因此，电力行业标准对测量管路的敷设有明确的规定：仪表测量管路应保持一定的坡度，且不应出现倒坡。否则，气体测量管路的最低点应安装排水阀，液体测量管路的最高点应安装排气阀。但几乎在所有的工程中

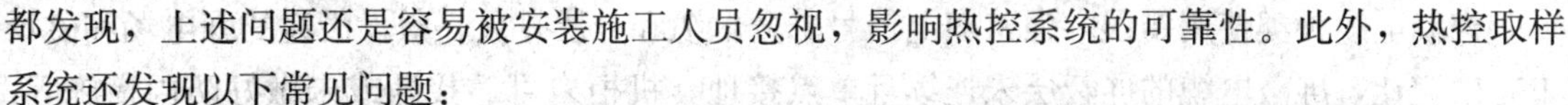

都发现，上述问题还是容易被安装施工人员忽视，影响热控系统的可靠性。此外，热控取样系统还发现以下常见问题：

（1）冗余参数共用一个测点和一次阀，运行中无法进行变送器排污等检修工作，增加了测量偏差，或增加了保护误动或拒动的可能。

（2）冗余参数测量时共用一根测量管路，增加了保护误动或拒动的概率。

（3）高温、高压测量回路取样一次阀前的管路敷设和管材不符合电力行业标准，降低了取样系统的可靠性。

（4）汽包水位差压测量系统在取样阀门和平衡容器的安装、取样管路的敷设、保温、伴热等方面可能存在问题而带来故障隐患。

（5）取样系统伴热不当导致测量参数异常，例如，测量管路未全程保温或未全程伴热，未保温或未伴热处结冰；差压测量正、负压管未分开保温，一根伴热带故障引起差压管伴热不均匀；高温、高压参数测量管路的伴热电缆，直接接触测量管路，排污时可能引起伴热电缆损伤。

（三）控制设备的安装位置

（1）执行机构的安装位置应便于热控人员的维护，控制系统故障情况下应便于运行人员进行现场操作。实际工程中，磨煤机风门调节，送、引风机动叶调节等执行机构安装位置常常悬空，缺少操作维护平台。

（2）现场机柜安装位置不应妨碍其他设备的检修，还要为可能发生的设备故障或泄漏，给检修人员的及时处理提供方便。

（3）安装在现场的试验按钮、阀门等应采取防止误碰和误动的措施。

（4）设备运动部分应留有足够的运动空间，以避免造成与其他设备相碰，或造成运动部件卡涩，或不便于检修。

（5）现场热控设备的安装应考虑到防振的要求，应远离振动环境（如风机底座），以避免造成插接头松动、接线松动、部件松动、接点抖动。工程中还常常发现，需要固定安装的设备或部件，却直接搁在地上或架子上未进行固定。

（6）热工测量显示设备，安装位置在现场条件许可下，通常应离地面高度在1.2～1.5m，且处于可靠防护范围内。实际工程中常见的问题是测量管路从上方引入仪表柜内，二次阀位置安装在变送器的上方，阀门或接头发生泄漏后，漏水将导致变送器或接线端子短路故障。

（7）防止雨水进入热控设备引起绝缘下降或信号短路，导致保护系统故障动作。工程中常见露天设备的进线孔、排气孔向上安装，给雨水进入留下了隐患。

（8）除电缆和管路敷设时要考虑防高温外，安装的设备及设备内部元件也要考虑防高温的要求，否则也会影响系统的可靠性。常见的问题有主汽门关闭行程开关使用普通塑料，信号电缆未采用耐高温电缆；就近取样的压力表、压力开关没有安装缓冲盘管，蒸汽将直接冲击测量元件。

（9）汽轮机润滑油压取样点位置高于或低于进油管位置时，高程修正容易被忽略，这将影响到保护系统动作的准确性。

（四）热控电缆与机柜接线

控制电缆种类使用错误，强、弱电信号未分电缆和分层排放，敷设沿途的强电场和磁场未有效避让，屏蔽电缆的屏蔽层未连续且单点接地，机柜未可靠接地或未做好防雨措施等，这些缺陷都会直接对控制系统的可靠性构成影响。

（1）错误使用电缆。如保护电缆误使用橡胶电缆，弱信号控制回路使用普通 KVV 型电缆，高温处未使用耐高温电缆等。

（2）强、弱电信号未分电缆敷设。如电动门开关状态信号与操作电源 220V 线共用 1 根电缆，控制、反馈信号和电源共用一根电缆。

（3）强、弱电信号未分层敷设。电气动力电缆与 DI 信号电缆布置在同一层桥架。

（4）将电源线、零线、接地公用线单向连接，中间任意一点松动就有可能导致故障，因此应采取环路连接方式。

（5）接线松动在基建工程中较为普遍，应采用手轻拉接线的简单方式进行检查。

（6）现场设备无设备编号，盒内接线端子缺少小标号牌，可能造成故障处理延误或误动。

（7）电缆不够长，续接又不符合工艺要求，留下故障隐患。

（8）DCS 连接处通信电缆或光缆弯曲半径太小，可能造成通信线路故障。

（9）冗余信号共用一根电缆，降低了系统的可靠性。

（五）接地

对收集的众多案例进行分析，结果表明有相当多的热控系统故障与接地系统的可靠性有关。控制系统的接地是为了给整个系统提供一个统一的、公共的、以大地为零的基准电压参考点。当供电或设备出现故障时，通过有效地接地系统承受过载电流，并迅速传至大地。同时为 DCS 设备提供屏蔽、消除干扰影响。因此，正确的接地是保证控制系统能够稳定、安全运行的关键之一。但由于基建安装时对接地问题重视不足，工程中时常发现的以下问题都会导致热控系统的抗干扰能力下降：

（1）连接头未进行压焊或焊接不牢造成虚焊。

（2）地线布线不合理。

（3）需要单点接地的控制系统，存在多点接地现象，可能导致系统运行异常。

（4）盘柜内部接地线不是通过导线连接地线，而是直接连接在固定端子槽板的螺丝上。

（5）接地螺栓连接点未紧固或因振动引起松动。

（6）屏蔽接地线不连续。

二、就地设备典型故障隐患梳理与控制

（一）热工测点

（1）图 5-17 是某电厂 1 号机组油路参数测量，其温度测点在压力测点前且距离很近，不符合就地测点设计与安装规范，影响参数测量准确性。

（2）图 5-18 是某燃气轮机机组值班气管道燃气流量、压力、温度参数测量安装，外方专家指导有误，安装的顺序正好相反，进行机组整套启动前热工过程监督检查时发现故障隐患，指出后重新进行安装。

（3）某电厂 5 号机组润滑油母管压力取样点安装于润滑油注油器出口处，运行中因振动润滑油母管末端的前轴承进油管裂，但润滑油压低保护未动作，经查原因是取样处靠近油

泵，压力未及时下跌到保护动作值所致。

（4）热工测量元件安装位置，对热工系统的可靠性构成影响，测量元件安装位置悬空，运行中无法检修或检查，或与主设备相碰存在损坏危险等。如某电厂1号机组主蒸汽温度测量元件与设备拉杆相碰，如图5-19所示，热工过程监督提出后更换铠装热电偶解决。图5-20高压加热器温度表嵌在保温层内，容易损坏，且不利于检修。

图5-17 温度测点在压力测点前

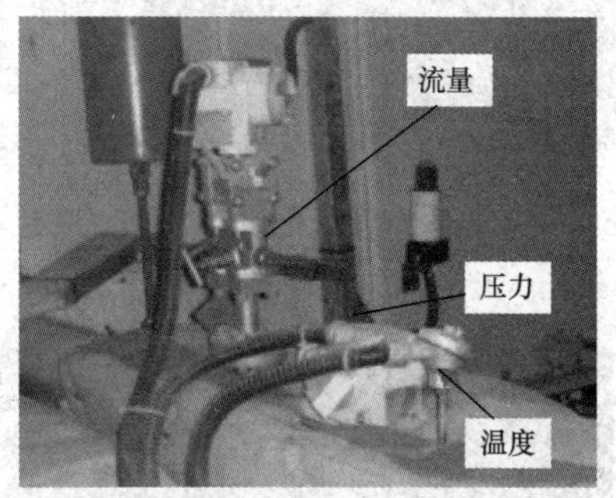

图5-18 温度、压力流量测点位置反向

（5）炉膛压力测量若单侧集中布置，将可能增加炉膛压力保护拒动和误动的概率。图5-21是某电厂600MW机组的锅炉炉膛压力取样，集中布置在锅炉左右两侧，除了不能及时反映炉膛压力变化外，运行过程中测点上方的塌焦，测点定期吹扫、堵焦后处理等情况，都会影响其他信号的正确测量。

图5-19 热电偶与设备拉杆相碰

图5-20 热电偶包进保温内

（6）卡套式改成焊接式，容易造成阀门螺杆的填充料损坏，引起阀门渗水。卡套式使用密封带，易泄漏。某电厂9号机组施工时，因卡套不配套，变送器配管采用生料带密封，机组运行不久，仪表管接口处相继出现泄漏，影响参数的正常投运。

（7）温度测量，元件插入过深将增加元件折断的可能，插入浅将增加测量误差，如某电厂3号机组热工过程监督时，发现过热器烟温出口温度测量热电偶插入深度仅30cm左右，提出更换不短于2m的要求未被采纳。但机组启动后，运行人员反映烟温不准，要求处理。

（8）冗余参数共用一个测点和一次阀，测量信号偏差的概率增加，若用于保护则误动的概率增加。如某电厂2号机组的热井水位3台变送器、主机安全油压力3只开关都共用1个一次阀，一密封水管路带两只压力开关和一个压力表，运行中无法进行变送器排污等检修

图 5-21 炉膛压力测点布置

工作。

（二）热控取样系统

(1) 液体测量管路存在汽泡将导致热控系统测量准确度下降，进而影响保护系统动作的正确性。图 5-22 为某电厂 1 号机组调速级压力测量管路敷设，带箭头直线表示管路敷设途径，水平直线上方是楼底板，无法增装排汽阀，测量管路中的汽泡将无法排出，影响测量灵敏度和精度。

(2) 气体测量管路低点可能积水，影响监视参数监视，严重时使参数监控失去。某电厂 1 号机组送风

图 5-22 某电厂调速级压力测量管路敷设

机喘振测量管路敷设示意如图 5-23 所示，过程监督中提出低点易积水，要求纠正但未被采纳。两年后的大修中，建议积污点处锯开检查，发现管里都是泥浆，也就是说该报警监视点已失去作用（设计为保护信号，运行中改为报警信号）。某电厂管路敷设没有低点，但每周排污都有积水排出，为此加长排污阀上的仪表管距离，延长了排污时间。图 5-24 是某电厂空气压缩机房内变送器安装图，测量管路最低点应加装聚水装置和排水门。

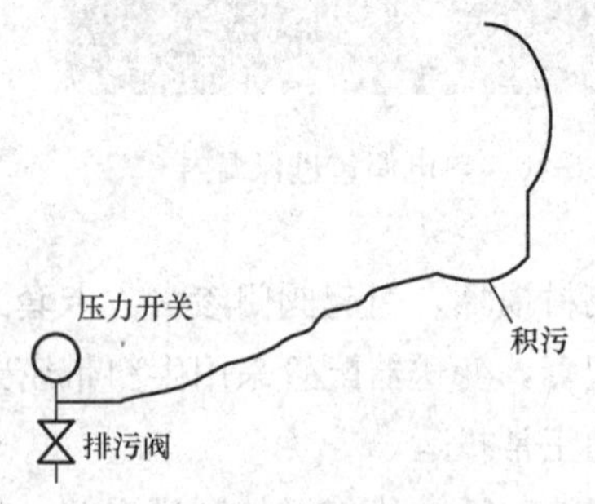

图 5-23 某风机喘振测量管路敷设示意

图5-24 空气压缩机房内变送器最低点可能积水

(3) 冗余参数测量共用一根取样管，将可能增加保护误动或拒动的概率。图 5-25 是某电厂 1 号机组炉冷却风机出口压力信号取样管路，该信号用作联锁保护，单点取样、合用取样管、无坡度、最低点可能积水但未装聚水罐和排水阀、压力开关一台故障影响另一台运行，且无法单台检修，不满足系统的可靠性要求。

图 5-25　某风机喘振测量管路敷设

（4）用作保护用的冗余信号共用测量管路，降低保护系统动作的可靠性。图 5-26 是某电厂 1 号机组保护用凝汽器真空开关和润滑油压力开关测量管路连接，其中左图 4 台凝汽器真空开关共用一根取样管，逻辑为三取二后再与上报警信号作保护。如果真空低时且报警开关故障，则该保护系统将拒动，如果任一个接头漏或真空开关将导致保护系统误动作。右图是主机润滑油压低压力开关连接图，3 台压力开关信号组成三取二判断逻辑，但是任意一个接头漏就可能导致机组跳闸事件发生。某电厂机组 1A 给水泵汽轮机跳闸，经现场检查发现 1A 给水泵汽轮机排汽压力测点一次阀后第一个焊口断开，因压力表和 3 只压力开关共用 1 个测点，最后导致低真空保护动作。另一机组主机润滑油压低保护信号、真空低保护信号共用一根母管，中间采用卡套接头，一旦接头渗漏就会引起保护误动。中间接头建议采用焊接以避免中间接头渗漏问题的出现。

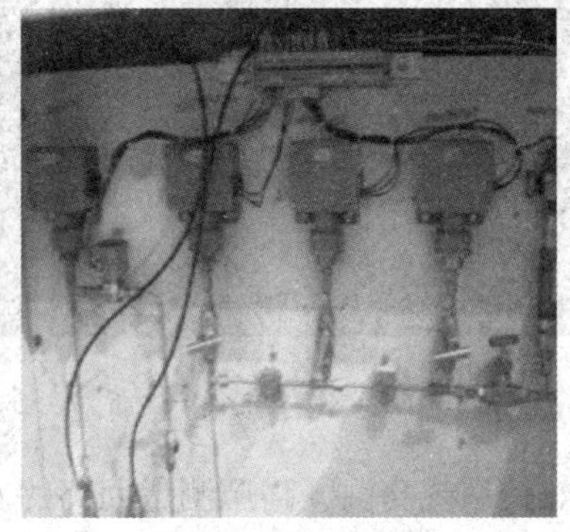

图 5-26　凝汽器真空开关（左）和润滑油压低压力开关管路连接

（5）汽包水位控制信号通常采用三选中逻辑判断，保护信号通常采用三选二判断，但是测量信号有些机组采用了图 5-27、图 5-28 的安装方式，其中图 5-27 为某电厂 3 号机组取样，两个水位测量共用一个取样装置和一次阀，虽然至变送器为两套系统，但任意一套系统泄漏都有可能导致机组跳闸。此外左图的参比水柱的管路应裸露在环境中，即从单室平衡容器以下至水侧取样孔高度的管路不得施加伴热或保温。水侧取样孔以下引到变送器的两根管路应包在同一保温层内。取样不独立且平衡容器环境温度不一致。取样阀门阀杆应水平安装并良好保温，防止取样发生汽塞或水塞情况。平衡容器输出管未水平敷设不小于 400mm，而直接向下引出，使参比水柱表管的温度梯度增加而增加了测量误差。右图取样筒和连接单室平衡容器管路都未保温。图 5-28 左图是某电厂汽包水位测量单室平衡筒取样管路连接图，右图是另一电厂汽包水位开关取样管路连接图，将可能发生汽塞或水塞的情况，影响测量的准确性和保护动作的可靠性。

图 5-27　汽包水位测量取样管路连接

图 5-28　单室平衡容器与水位开关测量取样管路连接

(6) 为了热控系统高温、高压测量回路的安全性，规程要求气体和液体测点附近安装取样一次阀且一次阀前管路距离尽可能短、材料与管道相同。图 5-29 是某电厂 1 号机组为了维护操作方便，采用 ϕ25mm 的仪表管，将一次阀远移，这个做法降低了取样的可靠性，理由是：①一次阀前仪表管若出现泄漏，只能停机处理（过程监督中，在图 5-29 右处提出问题后，约相距 30m 处便发现一次阀前一仪表管漏水）；②随着管道的热胀冷缩，一次阀前仪表管跟随前后移动而应力增加，从而使其可靠性和管路敷设的美观度都下降。

（三）控制设备的安装位置

(1) 执行机构设备的安装位置应便于热工人员的调试和维护，一旦控制系统发生故障，运行人员可及时赶赴现场进行手动操作。图 5-30 中某电厂 1 号机组风门调节执行机构（左图）和一插板门气动执行器（右图）的安装位置悬空，无法满足要求。实际上左图执行机构拍照时，调试工作还未进行，正在等待重新搭脚手架。

图 5-29　测量一次阀远移后的安装

图 5-30　执行机构设备的安装位置悬空

（2）热工测量显示设备，安装位置在现场条件许可下，通常应离地面高度在 1.2～1.5m，且处于可靠防护范围内。图 5-31 是某电厂 1 号机组柜内仪表管从上方引入，变送器安装位置低位，二次阀位置在变送器上方，这些都与规程要求不符。运行中若二次阀或边接头泄漏，将有可能漏水到变送器或柜内接线端子上而引发故障。

图 5-31　盘内仪表管引入位置不符合要求

（3）现场机柜安装位置，应不妨碍其他设备的检修并方便自身的维护。图 5-32 是某电厂 1 号机组现场柜安装位置，左图中热工仪表盘挡住了送风机检修人孔门，机务人员无法通过人孔门进行检修工作；右图为汽轮机润滑油压力仪表柜布置在主机油箱上，里面安装的是润滑油压力低报警和保护用压力开关，靠右边悬空，检修时开门困难，进入柜内更困难，一旦运行中发生压力开关故障或泄漏，势必耽误热控人员的及时处理。过程监督中，提出了在柜门处加装检修平台。

图 5-32　测量柜安装位置不便检修维护

（4）防止雨水进入热工设备，引起绝缘下降或信号短路，导致保护系统故障动作，是机组运行中热工人员重要的防护工作之一。有时看起来一个毫不起眼的缺陷，却可能造成一次机组跳闸故障，图 5-33 是某电厂 1 号机组炉顶再热器、过热器减温水气动阀的电缆进线孔、排气孔和图 5-34 引风机轴承温度热电阻的进线孔均向上，雨水会沿着进线孔缝隙进入造成信号线短路，排气孔进水将影响动作时的排气。

图 5-33　气动阀电缆进线孔与排气孔向上

图 5-34　引风机轴承热电阻进线孔向上

（5）现场设备防振动。现场设备如果安装在一个位置振动的环境下，可能会造成内部部件和接线的松动、接点抖动；中间连接如果采用插头方式，也有可能造成接触不良，从而影响控制系统的可靠性。某电厂 1 号机组风机振动信号测量采用航空插头连接，如图 5-35 所示，运行中有发生信号接触不良情况，图 5-36 中接线盒直接安装于风机安装底座上，运行中风机振动会导致盒内端子接线松动，而使保护系统产生误动。

图 5-35 振动信号测量采用航空插头连接

图 5-36 接线盒直接安装于风机底座上

(6) 高温影响。除电缆和管路敷设时要考虑防高温外，如果安装的设备未考虑防高温，也会影响系统的可靠性，图 5-37 是某电厂 1 号机组主汽门关闭行程开关，应用塑料王或胶木材料制成，不能使用普通塑料制成行程开关。另一电厂 1 号机组部分压力表、压力开关没有安装盘香管。如图 5-38 所示，吹灰器蒸汽压力开关应加装盘向管，以防止高温直接冲击压力开关敏感元件。

图 5-37 主汽门行程开关使用普通塑料制成

图 5-38 吹灰器蒸汽压力开关应加装盘向管

(7) 防止误碰。设备安装时，要充分考虑防人为误碰，某电厂 1 号机组汽轮机车头处，安装有一压缩空气阀门，如图 5-39 所示，进行汽轮机真空、油压试验时，不小心有可能误碰关闭此阀门，引起严重后果。

(8) 设备安装后，运动部分应保持足够的运动空间，防止与其他设备相碰或受保温影响卡涩运动部件。某电厂 1 号机组调节汽门位置行程连杆连接处已贴近保温，如图 5-40 所示，不便检修。

(9) 某电厂 1 号机组灰控盘内，如图 5-41 所示，电源稳压器未进行固定，存在摔下来造成电源中断隐患。右图灰控柜的设备未固定直接放在机柜底架上。

(四) 热控电缆与机柜接线

控制电缆种类使用错误，强、弱电信号未分电缆和分层排放，敷设沿途的强电场和磁场未有效避让、屏蔽电缆的屏蔽层未连续且单点接地，机柜未可靠接地或未做好防雨措施等，这些缺陷都会直接对控制系统的可靠性构成影响。

图 5-39　机头处装有压缩空气阀门

图 5-40　调节汽门位置行程连杆连接处保温

图 5-41　电源设备未固定，采集箱直接放置地上

（1）电缆种类使用错误：某电厂机组投产运行不到 1 年，汽轮机保护误动作停机，原因经查是汽轮机保护电缆使用了橡胶电缆，接触油后老化绝缘下降引起保护系统误动。某电厂 2 号机组正式投产不久，给煤皮带机在运行中经常无缘由地跳闸。检查给煤皮带机变频器、DCS 卡件等设备均正常。经分析认为可能是由于变频器工作时干扰比较大，而控制电缆仅是普通 KVV 型电缆，不能有效防止电场、磁场耦合的干扰信号所致。在机组小修时更换了控制电缆，将普通 KVV 型电缆更换为了计算机电缆（总屏加对屏），更换后再也没有发生过误跳闸。

（2）强、弱电信号未分电缆敷设：电磁干扰是影响仪表显示、自动投入和保护正确动作的重要因素。在抗电磁干扰的诸多方法中，行之有效的措施之一是严格按照强、弱电电缆分层排放的原则进行电缆安装敷设，但安装过程中这方面缺陷时有存在。在某机组的调试过程中，发现 DCS 端子柜公共端有电压被抬高现象，除去正常工作电压外仍有 80～180V 交流感应电压，致使部分设备无法正常操作，甚至正常运行的设备莫名其妙跳闸。经过分析和检查，发现电动门开关状态线因与操作电源 220V 线共用 1 根电缆，造成开关状态线带上很高的感应电压。某电厂 3 号机组给水泵系统通电开始调试过程中，发现一些阀门自动打开，经查原因也是反馈信号、控制信号和电源共用电缆引起。这些问题都经重新分别敷设电缆后解决。因此在基建过程监督中，对现场到 DCS 的电缆，发现 48V 开关量信号、24V 模拟量信号和 220V 控制信号共用一根电缆的现象，都要求整改，重新敷设。

（3）强、弱电信号未分层敷设：某电厂 5 号机组调试期间，发现某 DI 点始终为 1。后用万用表测量该 DI 点接线端子的对地电压，发现对地交流电压达到 180V。据此推断是交流电压导致该 DI 点回路内的发光二极管始终发光，造成回路内光电三极管受光饱和，其发射极输出高电平。为查明该 DI 点接线端子上交流感应电压的由来，对该 DI 点信号电缆进行检查，发现电气动力电缆与该 DI 点所在的信号电缆布置在同一层桥架，后分层重新敷设电缆后，该 DI 点接线端子上的交流感应电压消失，DI 点工作正常。

（4）机柜公用线连接：共用电源线、零线、接地线单向连接，中间一根线松动就有可能导致故障，某电厂 3 号机组投产后不久，正常运行中 ETS 突然多信号报警保护动作，经查原因是 ETS-24V 电源线的负线单线供电，线松动引起柜内失电。因此要求盒内电源线和地线应全部环路连接。

（5）接线松动：在早期基建机组中存在较严重，运行后引起热控系统保护误动作的比例较大，且查找故障难度较大。图 5-42 是某电厂 2 号机组使用 Ovation 系统改造后，热电偶信号出现接线松动故障时的曲线记录。如果该信号参与控制与保护，就容易引起设备的误动。因此在多年的热工过程监督中，都采用最简单的方式，手轻拉接线的方式进行检查。目前接线松动的情况有了很大改进，但仍有少量存在。

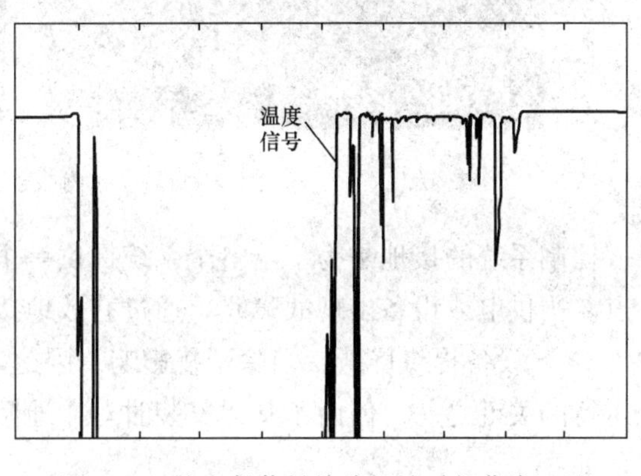

图 5-42　热电偶信号接线松动时的曲线记录

（6）现场设备均应有设备编号，盒内接线端子均应有小标号牌，以便检修时能准确到位，减少检修错误发生的概率。图 5-43 是某电厂 1 号机组金属壁温的热电偶远程 I/O 箱。箱内无屏蔽线接地连接处，热电偶屏蔽线均未连接，且所有接线盒无编号，接线盒内接线和小号牌不全、不整齐。

（7）一般情况下电缆不应有中间接头，如果需要应按工艺要求制作安装电缆中间接线端子，这是运行中多次电缆线中间连接接触不良引起后果的经验总结，但在基建监督过程中，图 5-44 是某电厂 1 号机组接线情况，且包布内线连接未进行焊锡处理。

（8）电缆或 I/O 通信光纤转弯处的 DCS 连接处弯曲弧度太大循环水泵房远程 I/O 通信光纤 DCS 连接处弯曲弧度太大，易造成通信线路故障。

（9）冗余信号共用电缆，例如，某基建机组三个转速测量信号采用一根电缆，并且使用备用芯作为屏蔽线，很容易引起误动，监督提出后进行了分电缆敷设。

（五）接地质量

图 5-43　接线盒无编号，盒内无屏蔽线接地，接线和小号牌不全、不整齐

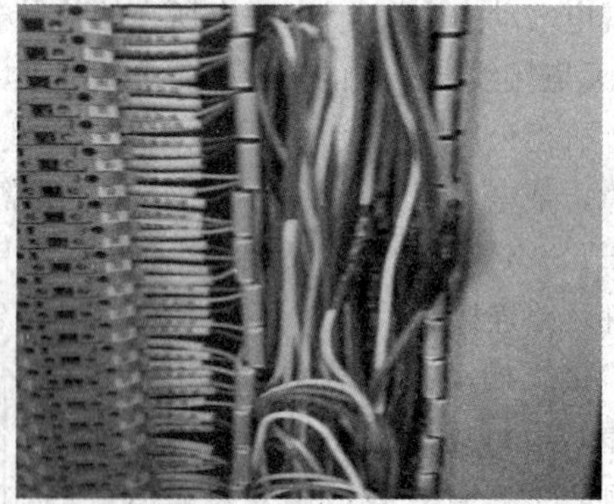

图 5-44　包布内线连接未进行焊锡处理

控制系统的接地是为了给整个系统提供一个统一的、公共的、以大地为零的基准电压参考点。当供电或设备出现故障时，通过有效地接地系统承受过载电流，并迅速传至大地。同时为 DCS 设备提供屏蔽、消除干扰影响。因此，正确的接地是保证控制系统能够稳定、安全运行的关键之一。但由于基建安装时对接地问题重视不足，过程监督中时常会发现一些问题，如：

(1) 连接头未压焊或焊接不牢造成虚焊。

(2) 地线布线不合理。

(3) 盘柜内部接地线不是通过导线连接地线，而是直接连接在固定端子槽板的螺丝上。

(4) 需要单点接地的控制系统，存在多点接地现象导致系统运行异常。

(5) 接地螺栓连接点未紧固或因振动而引起松动，如图 5-45 所示。

图 5-45　电子室机柜接地线松动

(六) 伴热系统

某电厂前置泵出口流量，一处保温未到

位，结冰导致机组跳闸，因此气温较低处的现场气动执行机构及汽、水、油、燃气轮机烟压测量管路，如果保温、伴热措施不符合要求，达不到可靠防冻目的，在冬天对热控系统的可靠性将是一个严重的威胁。以下保温都不符要求，图 5-46 左图是某电厂 1 号机组压力表处于露天，伴热带应延伸至盘向弯处。图 5-46 右图差压管应先保温一层，并只用一根伴热带保温，以防止其中一根伴热带故障引起差压管伴热不均匀。

图 5-46 伴热带布置不符合要求

第六章 运行、检修、维护不当故障案例分析与预控

机组在生产运行过程中，因为运行、检修、维护工作中操作失误或方法不当造成机组故障的概率很高，往往与运行维护人员的行为规范性和技术管理的科学有效性有关，诸如走错间隔、操错设备、应急处置不当、安全措施不到位等，需要不断吸取教训，总结经验，提高工作技能，完善管理制度，这是一个循序渐进的改进过程。

第一节　运行操作不当引发机组故障案例分析

【案例 261】运行人员走错地方停错电源导致机组 MFT

【事件过程】3 月 29 日 08：45：26，某电厂 1 号机组（300MW）负荷 240MW，A、B、C、D 磨煤机运行，CCS 方式。08：45：00，1 号炉负压降低，值班人员紧急投 AB 层油枪未着火；08：45：26，1 号炉 MFT，首出原因“一次风失去”。

【原因分析】因 2 号炉 A、B 一次风机机壳内部、冷一次风风道内部需要检查，运行人员将 2 号炉 A、B 一次风机停电，出口风门挡板调至全开状态，切断电源，并挂“有人工作，禁止操作”标示牌。8：40，2 号炉值班人员在 LCD 上将 2 号炉 A、B 一次风机出口挡板全开后，命令 2 号机组锅炉值班员去 2 号炉电子间将 2 号炉 A、B 一次风机出口挡板停电。锅炉值班员在执行任务时进入 1 号炉电子间，将正在运行的 1 号炉 A、B 一次风机入口导叶停电，当其停完电走出 1 号炉电子间后意识到走错地方停错电，随即返回把 1 号炉 A、B 一次风机导叶电源送上，1 号炉 A、B 一次风机入口导叶恢复供电后，因 DCS 模件软件设计不合理，在送电后不能保持原状态，误发信号使 A 一次风机入口导叶关至 0%，B 一次风机入口导叶关至 24%时，造成一次风压与炉膛差压低导致锅炉 MFT。

【防范措施】

（1）该事件为误操作直接所致，不仅走错位置而且拉错电源开关，为避免此类事件再次发生，应强化安全意识教育，严格执行停送电联系制度和操作监护制，停或送电之前必须认真核对设备编号与名称等。

（2）DCS 制造厂应解决所有执行机构重新恢复送电后自动关闭问题，同时热控检修部门应全面检查其他热工热控自动化系统类似的模件和执行机构，消除类似的可能导致机组跳闸的隐患。

【案例 262】给水流量与主蒸汽流量偏差大投自动导致汽包水位低低跳闸

【事件过程】3 月 4 日，某电厂 6 号机组负荷 470MW，蒸汽流量 1370t/h，机组 AGC 运行方式，制粉系统 A、B、C、D、E 运行，汽动给水泵 A、B 运行，炉水泵 A、C 运行，B 泵备用。

10：30，2台炉水泵运行差压低报警，准备启动备用炉水泵B。

10：44，操作员将汽包水位设定为+70mm，待水位稳定后分别撤出汽动给水泵A、B自动。

10：51：30，启动炉水泵B，汽包水位在瞬间下降后迅速反弹，操作员立即手动降低给水泵汽轮机A、B的转速指令，给水流量快速下降，汽包水位也随之快速下降。

10：53：03，投入汽动给水泵A、B自动，给水流量开始缓慢回升，但与蒸汽流量的偏差依然较大，汽包水位继续下降，期间操作员采取停运磨煤机A、炉水泵B等应急措施处理无果。

10：56：03，汽包水位到达低低保护值，锅炉MFT、汽轮机跳闸、发电机解列，厂用电切换正常。

【原因分析】事件直接原因是给水流量与蒸汽流量不匹配，给水流量小于蒸汽流量较多，导致汽包供水不足。启动炉水泵B后，汽包水位瞬间下降而后快速上升，操作员立即手动降低给水泵汽轮机A、B的转速指令，给水泵汽轮机A转速降至4399r/min，给水泵汽轮机B转速降至4572r/min，由于2台给水泵汽轮机转速的不平衡，导致给水泵A的出水被压，给水流量迅速下降，汽包水位快速下跌。给水流量从大于1400t/h最低降至620t/h，而期间的蒸汽流量基本在1300t/h左右。10：53：03操作员投入汽动给水泵A、B转速自动，但汽包水位控制投自动时给水流量与主蒸汽流量偏差过大，差值大约有700t/h，汽包水位虽然在零位但仍在下跌过程中。由于汽包水位的控制回路中蒸汽流量与给水流量的平衡控制依赖于给水流量和主蒸汽流量差值的变化率，因此在偏差尽可能小的时候投入水位自动控制为最佳，否则会导致自动控制回路未能监测到投自动前给水流量和主蒸汽流量差值的变化，相应的前馈就没有起作用，水位以一个新的平衡点开始调节，而汽包水位的PID调节相对于前馈而言，动作缓慢得多，所以给水泵汽轮机A和B转速指令上升比较缓慢，汽包水位继续下降，导致汽包水位低低锅炉MFT。

【防范措施】

（1）对热态启、停炉水泵等汽包水位影响较大的操作事先做危险性和可行性分析，制订切实可行的操作指导和应急处理准备。

（2）加强现场运行人员培训和应急处理能力的培养，提高故障的判断和处理能力。

（3）进一步完善给水自动调节回路中对允许从手动方式投入自动方式的限制条件，在给水流量与主蒸汽流量偏差过大时给水自动控制禁止从手动方式投入自动方式。

【案例263】联锁不完善且运行操作不当导致汽包水位高跳机烧瓦

【事件过程】4月24日4：00，某电厂3号机组带174MW负荷运行。当时，B汽动给水泵因故障正在检修，A汽动给水泵投手动运行，C电动给水泵投自动运行。4：00：06，C电动给水泵发出一个工作油温高一值报警信号（报警值为110℃）；4：00：41，电动给水泵又发出工作油温高二值的报警信号（报警值为130℃，即给水泵跳闸值），电动给水泵跳闸，锅炉水位迅速下降，RB动作，自动切除上两层火嘴，投第四层油枪，运行人员抢合电动给水泵，没有启动成功，将A汽动给水泵出力调至最大，负荷降至160MW左右。

4：01：46，锅炉水位降至−301mm左右，运行人员手动增加A汽动给水泵的转速，锅炉水位缓慢上升到−165mm。

4：04：09，电动给水泵突然启动，锅炉水位迅速上升；4：04：59 时锅炉水位至 259mm 时，运行人员手动停电动给水泵，但已来不及控制水位。

4：05：06，由于锅炉水位高（279mm），MFT 保护动作，锅炉停炉，联跳汽轮机；4：05：15 时运行人员手动启动主机交流油泵；4：05：27 时逆功率使发电机开关跳开，厂用电自动联动不成功，厂用电失去；4：05：29 时主机交流油泵跳闸；4：05：37 时运行人员手动倒厂用电成功，厂用电恢复；4：05：43 时柴油发电机联动保安ⅢA1 成功；4：05：53 时柴油发电机联动保安ⅢA2 成功。

4：06：03，运行人员再次手动试启动主机交流油泵成功；4：06：08 时手动试启动直流油泵；4：06：19 时手动停止主机直流油泵（没有将直流油泵设置到联锁位）；4：06：48 时柴油发电机联动保安ⅢB 成功；4：06：49 时主机交流油泵再次跳闸，直流油泵没有联动。

4：14：34，主机润滑油中断，转速迅速由 2038r/min 下降到 0，盘车卡死，主机大瓦烧损。

【原因分析】造成断油烧瓦事件的原因，是反冲洗措施未落实，使电动给水泵的工作冷油器堵塞，造成工作油温度高信号保护动作跳闸电动给水泵，RB 动作。之后因运行人员操作不当，导致锅炉水位高信号触发 MFT 动作而停炉停机、汽轮机断油烧瓦事件。

（1）电动给水泵跳闸后，RB 正确动作，机组负荷已按 RB 指令减少到 160MW。如果维持该负荷运行，同时处理辅机的故障，待机组主、辅机正常后再做升负荷操作，可以保持机组的稳定运行，但是运行人员没有按照 RB 的逻辑操作，而是抢合电动给水泵（因电动给水泵还处于故障状态，故没有及时启动）。由于从 6kV 开关到热工 CCS 的电动给水泵跳闸信号已中断，因此在电动给水泵跳闸后 CCS 还保持电动给水泵运行信号，后来当电动给水泵启动时，在锅炉水位低情况下 CCS 自动调整电动给水泵转速，使电动给水泵转速加到最大，锅炉水位迅速上升。运行人员未能及时调整，手动打跳电动给水泵为时已晚，造成锅炉水位高，MFT 动作而停炉停机。

（2）机组跳闸后，运行人员手动启动了主机交流油泵，但在发电机开关跳开后，厂用电因自动联动不成功失去，使交流油泵跳闸。在柴油发电机供保安段电源联动成功后，运行人员再次启动了交流油泵，并手动启动了直流油泵，11s 后又停掉直流油泵，但停止时没有将直流油泵放在自动联锁位，使热工联锁失去作用。

（3）交、直流油泵之间的油压低电气硬联锁，由于电缆未接好回路不通而失去联锁作用。

（4）热工油压低启动交直流油泵的联锁，因组态时信号点填写位置不正确失去联锁作用，使得后来交流油泵跳闸时直流油泵无法联动，造成汽轮机断油烧瓦。

【防范措施】

（1）加强事故预想与应急处置培训，明确操作流程。

（2）重新进行重要保护联锁逻辑确认工作，排查故障隐患。

（3）完善设备联锁逻辑，确认逻辑组态正确性与可用性，确保正确实现联锁保护功能。

【案例 264】低压加热器隔离操作不当导致给水流量低机组 MFT

【事件过程】9 月 27 日 9：25，某电厂 1 号机组带满出力运行，因检修处理 8B 低压加热器正常疏水调节汽门卡涩故障，运行人员在隔离过程中引起7B、8B低压加热器水位高Ⅲ值保护动作，水侧切旁路。之后5、6号低压加热器相继水位异常升高并引起水位高保护动作撤出，造成除氧器压力、水温下降，四级抽汽量增大，负荷波动，除氧器水位缓慢上升，9：40：30，除氧器水位高Ⅲ值（2410mm）保护动作，关闭四抽电动总阀及四抽至除氧器电动阀，给水泵汽轮机出力快速下降；9：42：21，给水流量低低机组MFT，主机及给水泵汽轮机A、B均跳闸，发电机逆功率保护动作正确，厂用电切换正常。经处理后机组于12：34重新并网。

【原因分析】事件的直接原因是运行人员经验不足，在8B低压加热器正常疏水调节阀隔离过程中，对差压式水位测量容器极易产生虚假水位估计不足，没有控制好8B低压加热器水位，导致8B低压加热器水位高Ⅲ值保护动作，随后，5、6号低压加热器在工况快速变化时也产生严重的虚假水位，并引起水位高Ⅲ值保护动作相继退出运行。事件的间接原因是：

（1）除氧器水位设计为3路差压式水位计，低压加热器相继切除后除氧器工况发生剧烈变化并引起差压式水位测量波动产生偏差，其中第3点除氧器水位测量装置与另外2点水位测量值在低压加热器切除后出现较大测量偏差。

（2）Ovation系统三取中模块设计有坏值剔除功能，当有1点输入值偏差与其他点测量值偏差超过预设报警值后，模块输出另2点的平均值；当3点输入值间偏差都大于预设报警值时，模块输出为3点中的最大值，该功能易造成剔除掉的坏值重新进入运算的缺陷。本次事件中，5、6号低压加热器切除后，除氧器第3点水位与第1、2点水位偏差开始增大，直至超过预设报警值（150mm），除氧器第3点水位被自动剔除。9：40左右除氧器第1、2点水位因测量值瞬间波动，偏差也超过150mm，三取中模块选择最大值，即第3点输出。此时除氧器第3点测量值为2427mm，除氧器水位高Ⅲ值保护动作，引起四抽电动总阀及四抽至除氧器电动阀关闭，给水泵汽轮机失去汽源。

（3）给水泵汽轮机正常供汽由四抽供，冷再供汽电动阀全开备用，当低压调节汽门开度超过85%时，高压调节汽门开启，冷再开始供汽。本次事件中，除氧器水位高Ⅲ值保护动作切除四抽后，四抽电动总阀与四抽至除氧器电动阀同时关闭，但四抽至除氧器电动阀先于四抽电动总阀全关，造成给水泵汽轮机供汽压短时上升，自动控制系统为维持给水流量，将低压调节汽门开度由56.8%关至45.8%。随后四抽电动总阀关闭，低压调节汽门快速开启，进而高压调节汽门开启，但此前给水泵汽轮机供汽已经严重不足，给水流量低低保护动作MFT。

【防范措施】

（1）Ovation系统三取中模块在输入值偏差大时选择最高值作为模块输出，这种设计方式过于强调保护设备，增加了保护误动的可能性。经了解其他单位DCS系统的三取中模块都没有这种异常时取最大值的功能，只有偏差大报警功能，目前暂通过增大预设报警值至一个极大值，屏蔽了三取中模块坏值剔除功能，即无论任何情况，模块输出值始终为中间值。

（2）为解决汽动给水泵供汽切换不及时的问题，考虑修改汽动给水泵供汽切换模式：汽动给水泵低压调节汽门控制转速及给水流量，高压调节汽门控制汽动给水泵进汽压力，进汽压力设定值为机组出力的函数，当汽动给水泵进汽压力发生变化时，高压调节汽门能够及时开启，保证汽动给水泵供汽稳定。该方案还需与有关专家进一步讨论完善后再实施。

（3）调整四抽电动总阀与四抽至除氧器电动阀的开关时间基本一致。

（4）针对低压加热器水位测量装置在工况快速变化时的虚假水位问题，计划对水位测量装置改型或试验摸索采取有效措施克服虚假水位问题。

（5）加强运行人员的业务技术培训，提高运行操作经验与技能；加强对西屋公司 Ovation 系统的学习，特别是深入理解 Ovation 系统特有的设计特点，防止类似原因导致 DCS 保护误动、拒动。

【案例 265】运行降负荷操作不当导致给水流量低机组 MFT

【事件过程】7 月 29 日 17：06 左右，某电厂 1 号机组处于 CCS 控制方式，汽轮机顺序阀运行，机组状态稳定。主要参数为机组负荷 458MW，机前压力 23.0MPa，给水流量 1376t/h，总煤量 191t/h，GV1 和 GV2 保持全开，GV3 部分开启。17：12：21，1 号机组在协调方式下降负荷，运行人员手动给定目标负荷为 379MW。在降负荷过程中，锅炉发生超压，机前压力达 29.0MPa 以上，给水流量随之降低。锅炉于 17：18：18 发生“给水流量低” MFT，机组跳闸。

【原因分析】运行人员在整个过程中的操作包括协调控制系统降负荷操作和机组协调控制系统解除后的手动操作两部分。从“运行人员行为记录”的报告中，主要步序如下：

（1）降负荷操作：17:12:21，机组负荷指令从 454.5MW 设置为 400MW；17：12：24，机组负荷指令变化率从 6.0MW/min 设置为 9.0MW/min；17：12：25，机组负荷指令变化率从 9.0MW/min 设置为 12.0MW/min；17：13：02，机组负荷指令变化率从 12.0MW/min 设置为 15.0MW/min；17：14：06，机组负荷指令从 400.0MW 设置为 393MW；17：14：07，机组负荷指令从 393.0MW 设置为 386MW，紧接着从 386.0MW 设置为 379MW。

（2）协调控制系统切手动后的操作：协调控制系统于 17：17：00 切为 BF 控制后，运行人员在协调控制画面上主要进行了汽轮机调节汽门开度的操作，当时 DEH 仍然处于“遥控”状态。17：17：46，汽轮机遥控指令从 34.68%增加到 39.68%；17：17：49，汽轮机遥控指令从 39.68%增加到 44.68%；17：17：52，汽轮机遥控指令从 44.68%增加到 49.68%；17：18：11，汽轮机遥控指令从 49.68%减小到 44.68%。

根据上述记录，结合现场检查分析，认为本次事件的主要原因，是机组降负荷过快，使得协调控制系统控制速度满足不了变化要求，出现机组协调控制指令与汽轮机阀门动作不一致，阀门出现过关现象，从而引起主蒸汽压力急剧上升，给水流量急剧下降导致机组 MFT。

【防范措施】

（1）在本次事件中，运行人员将变负荷率设置为 15MW/min 缺乏依据。经了解，机组正常变负荷的速率在 12MW/min 以下，设置为 15MW/min 的变化率并无实际运行经验。在没有运行经验的情况下，运行人员也缺乏事故预想。在机组出现不稳定的工况下，干预不及时、缺乏有效性，甚至出现反向操作的现象，进一步恶化了机组运行工况。

（2）为了防止协调控制系统与 DEH 系统控制作用的不匹配现象，建议减小机组变负荷率。根据机组运行情况，并结合省调测试结果，选取较为合适的变负荷率。就目前协调控制系统的调节性能和 DEH 参数设置，建议变负荷率不宜超过 12MW/min。

（3）运行人员应加强对协调控制系统的学习，掌握控制系统的调节原理，在协调控制系统异常的情况下，能采取有效的干预手段，提高应急处理故障的能力。

（4）热控专业人员应进一步核实协调控制系统逻辑中切手动的条件和“禁增”“禁减”等闭锁条件。当机组参数异常时，能及时切除协调控制系统，避免参数的进一步恶化，为运行人员故障处理赢得时间。

【案例 266】操作人员退出油压保护联锁开关导致汽轮机断油烧瓦

【事件过程】4 月 25 日 9：38：22，某电厂由于做励磁试验信号干扰引起 6 号瓦轴振大，汽轮机跳闸，继而发生断油烧瓦故障，故障经过如下：

9：38：42，转速降至 2854r/min，交流润滑油泵联锁启动正常。

9：38：52，运行人员手动停止交流润滑油泵。

9：38：55，直流润滑油泵联锁启动正常。

9：38：56，运行人员手动停止直流润滑油泵。

9：39：00，运行人员退出交流润滑油泵、直流润滑油泵联锁开关。

9：40：22，润滑油压低Ⅰ值报警发出，由于联锁开关退出，未联锁启动交流润滑油泵。

9：40：44，润滑油压低Ⅱ值报警发出，由于联锁开关退出，未联锁启动直流润滑油泵。在此期间，润滑油压最低到 0.08MPa。

9：41：41，运行人员手动启动交流润滑油泵，交流润滑油泵运行，润滑油压恢复。

此过程中，汽轮机轴瓦因断油烧损。烧瓦是汽轮发电机组的重大故障，可能造成轴瓦损坏，高、中转子弯曲，通流部分严重损坏，氢气外溢爆炸等严重后果，经济损失巨大。

【原因分析】从运行人员操作记录看出，本次事件原因，是操作人员退出油压保护联锁开关，使得交流和直流油泵失去联锁启动。

【防范措施】

（1）参照《国家电网公司发电厂重大反事故措施（试行）》第 13.4.6 规定“热工保护回路不应设置供运行人员切、投保护的任何操作手段。除非十分必要，只可在热工保护回路软件编程组态中，设置由热控专业人员操作的置位开关。……”为减少人员的误操作，保证保护联锁的可靠性，取消操作员站联锁开关的操作权限，保留显示，由热控人员在接到厂级领导指令后在工程师站内投退。

（2）就地增加“润滑油压低Ⅰ”启动交流油泵，“润滑油压低Ⅱ”启动直流油泵的硬联锁功能。

【案例 267】运行操作不当导致给水泵全停手动停炉

【事件过程】某电厂 2 号机组（300MW）配 2 台 50%容量汽动给水泵和 1 台 50%容量电动给水泵，给水泵汽轮机为东方汽轮机厂产品。4 月 10 日，2 号机组 300MW 满负荷运行，因电动给水泵检修工作需要，操作停电。运行人员为保障检修期间汽动给水泵可靠供水，操作 A 给水泵汽轮机调试用汽与四段抽汽汽源并汽运行，调试用汽由本机冷段经辅汽联箱供给。操作过程中，16：28，A 汽动给水泵因轴向位移达 0.32mm 跳闸（保护动作值为 0.35mm），运行人员减负荷至 210、200MW，短暂稳定后，逐步减至 180MW，减负荷过程中 B 汽动给水泵振动高于跳机保护动作（定值 125μm），于 16：35，B 汽动给水泵跳闸，锅炉水位持续下降，运行人员手动停炉，联跳汽轮机。

【原因分析】

(1) A汽动给水泵跳闸原因分析：运行人员操作并汽过程中，出现给水泵汽轮机低压进汽压力突降，3～4s内由0.69MPa下降至0.54MPa，蒸汽温度由296℃下降至263℃，其后3～4s内上升至0.76MPa，使得给水泵汽轮机进汽工况在短时间内发生较大变化，引起轴位移变化，达到保护动作值跳闸。

(2) B汽动给水泵跳闸原因分析：A汽动给水泵跳闸后，运行人员降负荷至210MW过程中B汽动给水泵低压调节汽门已全开，不再具有调节能力，汽动给水泵转速5073r/min(汽动给水泵运行转速高限5750r/min)，此时锅炉汽包水位基本稳定在－208mm左右（汽包水位保护定值±300mm)，并有逐步上升趋势，运行人员在此后采用关小主机调节汽门方式降负荷，在200MW做短暂停留，此时汽包水位能稳定在－200mm左右，由于主机负荷下降，给水泵汽轮机进汽压力和汽动给水泵转速均出现了下降，在继续降负荷至180MW过程中，B给水泵汽轮机低压调节汽门一直保持全开状态，但由于四段抽汽压力随负荷下降，汽动给水泵转速也下降至2564r/min，同时汽动给水泵出口压力降到14.59MPa，而此时汽包压力为15.50MPa，B汽动给水泵小流量再循环门开，B汽动给水泵突发振动大跳泵。

(3) 主机跳闸分析：A汽动给水泵跳闸后，减负荷到210MW，汽包水位稳定在－208mm，又由于B汽动给水泵跳闸，电动给水泵失备，汽包无法进水，只能打闸停炉，MFT出口后保护正确动作联停汽轮机。

【防范措施】

(1) 在A给水泵汽轮机做并汽操作时，出现给水泵汽轮机进汽参数的明显变化，说明两汽源参数不匹配，操作中调试用汽的暖管不充分，冷汽进入后使给水泵汽轮机进汽压力和温度下降，随着蒸汽的流动和蒸汽温度的上升，进汽压力又瞬间上升，使给水泵汽轮机轴向推力和轴向位移出现较大增长，导致轴向位移保护动作。

(2) 运行人员应对辅机带负荷能力做到心中有数，以便对事发当时的运行工况做出正确判断。在减负荷至210MW后，B汽动给水泵独立运行，汽包水位基本稳定，给水泵汽轮机低压调节汽门全开，在给水泵汽轮机B不具备调节功能情况下，不应进一步减负荷。如果因运行需要确有必要减负荷，可以采用锅炉滑降参数运行，这样可以降低汽包压力，保持汽动给水泵出口与汽包压差在较高水平；同时保持四抽供汽流量，对维持给水泵汽轮机运行工况有利，也能避免汽动给水泵打不出水的情况发生，保证锅炉可靠供水。

(3) 由于给水泵汽轮机低压调节汽门全开，汽动给水泵运行工况将受四段抽汽量即受主汽轮机带负荷量的影响，采用关主汽轮机调节汽门方式降负荷，四段抽汽参数下降，汽动给水泵出力必然降低，此时应特别注意汽动给水泵出口压力的变化，一旦发现给水与汽包压差下降，有不能正常供水的趋势，应停止减负荷。

(4) 电动给水泵停电做机务检修，运行人员考虑到用A给水泵汽轮机调试用汽与四段抽汽并汽运行，出现了给水泵汽轮机参数瞬间发生较大变化的情况，对此提出如下建议：因电厂一直视给水泵汽轮机调试用汽为备用汽源，疏水门保持开启状态，而调试用汽手动门处于关闭状态，操作中出现上述情况，有必要检查疏水管径是否能满足此方式的需要，对调试用汽手动门前后温度进行核查，比如增加温度测点、实测两侧温差，如果温差较大，应适当增大疏水管径；在操作过程中应采取措施监视调试用汽手动门前、后温度和压力的差异，操

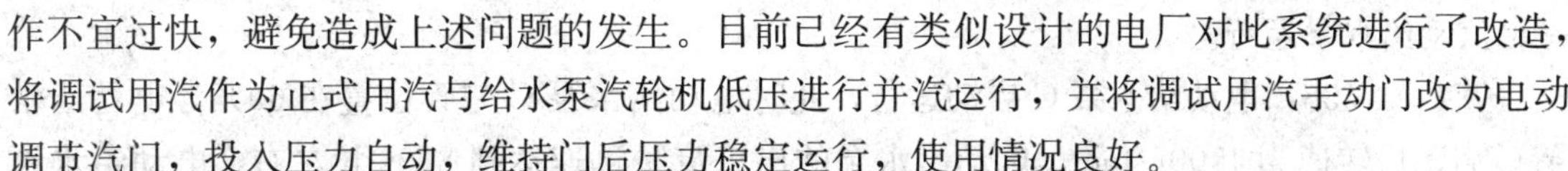

作不宜过快，避免造成上述问题的发生。目前已经有类似设计的电厂对此系统进行了改造，将调试用汽作为正式用汽与给水泵汽轮机低压进行并汽运行，并将调试用汽手动门改为电动调节汽门，投入压力自动，维持门后压力稳定运行，使用情况良好。

【案例 268】误开汽动给水泵进汽电动门导致汽包水位高锅炉 MFT

【事件过程】8 月 18 日某电厂 5 号机组负荷 45MW，5 号 B 磨煤机运行，A、B 层 1、3、4 号角油枪运行，机组启动方式为无电动给水泵启动方式，5 号 A 汽动给水泵汽源采用辅汽，辅汽压力 0.6MPa，5 号 A 汽动给水泵在“锅炉自动”运行维持汽包水位。11：08，汽包水位下降，调高 5 号 A 转速提升给水流量时 DCS CRT 上无反应，后检查 DEH 盘，“锅炉自动”与“转速自动”显示灰色，后手动切至“转速自动”，再切至“锅炉自动”。11：10，给水流量上升使汽包水位上升至 250mm，造成锅炉发生 MFT。11：48，5 号炉重新点火，12：14，5 号机组并网运行。

【原因分析】根据相关曲线分析：10：57～11：08，5 号 A 给水泵汽轮机进汽温度由 300℃下降到 165℃；11：08，5 号 A 汽动给水泵低压调节汽门前压力从 0.6MPa 在 3s 内急剧下降到 0.3MPa，5 号 A 汽动给水泵转速由 3100r/min 下降到 1800r/min，“锅炉自动”自动撤出显示灰色，运行人员调高 5 号 A 汽动给水泵不起作用，随即 5 号 A 汽动给水泵低压调节汽门开度快速自动全开，此时 5 号 A 汽动给水泵低压调节汽门前压力又从 0.3MPa 在 3s 内急剧上升到 0.6MPa 左右，此时 5 号 A 汽动给水泵低压调节汽门已处于全开位置，5 号汽动给水泵转速快速上升到 3800 r/min，汽包水位上升到 250mm，锅炉 MFT。

5 号 A 汽动给水泵低压调节汽门前压力 3s 内由 0.6MPa 急剧下降到 0.3MPa，又在 3s 内急剧回升到 0.6MPa，造成了汽包水位急剧上升。热工检查发现 11：08，四抽至 5 号 A 给水泵汽轮机进汽电动门出现故障信号，到现场就地检查电动门，四抽至 5 号 A 给水泵汽轮机进汽电动门处于关闭状态，电动门操作面板上有 28%的力矩动作显示，电动门操作开关打在“就地”位置，观察电动门门杆有开启过的痕迹，分析认为是 10：57 开始，四抽至 5 号 A 汽动给水泵电动门打开过程中，四抽至 5 号 A 汽动给水泵电动门垂直段上的管道疏水进入 5 号 A 给水泵汽轮机进汽管道，导致 5 号 A 给水泵汽轮机进汽温度由 300℃突降到 165℃，11：08，当管道疏水全部排空时四抽至 5 号 A 给水泵汽轮机进汽电动门门前管道导致 5 号 A 汽动给水泵低压调节汽门前压力由 0.6MPa 下降到 0.3MPa，又随着蒸汽填充满四抽至 5 号 A 给水泵汽轮机进汽电动门门前管道开始 5 号 A 汽动给水泵低压调节汽门前压力由 0.3MPa 又回升至 0.6MPa，此过程大概需要 3s。因此时 5 号 A 汽动给水泵低压调节汽门已处于全开位置，导致 5 号汽动给水泵转速快速上升到 3800r/min，引起汽包水位上升。因此自 10：57 开始，四抽至 5 号 A 汽动给水泵进汽电动门被开启应该是这次事故的主要原因。

【防范措施】

（1）加强运行操作监护，防止设备误操作事件再次发生。

（2）针对无电动给水泵启动，做好相关故障预想。

【案例 269】机组减负荷启动电动给水泵操作不当导致汽包水位高 MFT

【事件过程】3 月 26 日 02：04，某电厂 3 号机组负荷 340MW，两台汽动给水泵运行，汽动给水泵指令在 46%，转速在 3800r/min，给水流量为 940t/h，主蒸汽流量为 980t/h，汽包水位控制在自动，机组在协调方式下运行，运行操作人员准备启动电动给水泵 C，撤出一台汽动给水泵运行。

02：04：38，电动给水泵C启动运行，此时电动给水泵C勺管位置在60%，电动给水泵C启动后转速为4500r/min，电动给水泵的出口流量迅速达到800t/h左右，电动给水泵启动8s后锅炉给水流量也从940t/h升至最高1299t/h。随着锅炉给水流量的上升，汽动给水泵转速指令开始往下调，指令在3s内从46%变化到最低30%，02：04：46，运行操作员将电动给水泵勺管指令降至23%，锅炉给水流量开始迅速下跌，最低接近0t/h；02：04：53，汽动给水泵A、B再循环因流量低而保护全开，汽包水位最低到－61mm。此时汽包水位控制在三冲量的自动方式下，由于蒸汽流量与给水流量的极度不平衡，导致两台汽动给水泵的转速指令在10s内从30%往上升至93%，由于给水泵汽轮机调节汽门开关的滞后，期间转速指令和实际转速偏差大于1000r/min，导致两台给水泵汽轮机MEH控制切至手动，给水泵汽轮机控制自动撤出遥控方式，汽包水位自动控制被强制切为手动。此时两台汽动给水泵的转速均在4800r/min左右，给水流量在2200t/h以上。02：05：30，运行操作员手动将两台给水泵汽轮机的调节汽门往下关，02：06：08，汽包水位HH炉MFT，汽轮机跳闸，发电机跳闸。

【原因分析】从事情的经过来看，此次异常的起因是电动给水泵C启动时转速太高（4500r/min），由于电动给水泵再循环的容量只有30%，因此导致锅炉给水流量突升了360t/h，汽动给水泵转速控制指令在三冲量的作用下，迅速从47%下调到30%，使得两台汽动给水泵出口流量也迅速下降，并导致汽动给水泵A、B再循环保护全开；与此同时，操作员将电动给水泵勺管的指令降至23%。因此，电动给水泵实际已无出水，而两台汽动给水泵由于再循环的全开，也基本无出力，从而使锅炉给水流量瞬间突降到0t/h。

由于蒸汽流量与锅炉给水流量之间存在的巨大偏差，导致两台汽动给水泵的转速指令在10s内从30%上升至93%。因为汽动给水泵的转速指令上升过快，同时因为此时的机组负荷较低，给水泵汽轮机的转速响应时间势必受到影响，致使给水泵汽轮机指令和反馈动态偏差大于1000r/min，两台给水泵汽轮机MEH控制被切至手动，给水泵汽轮机控制自动撤出遥控方式，汽包水位自动控制同时被强制切为手动。由于当时两台汽动给水泵的转速均在4800r/min左右，给水流量在2200t/h以上，因此最终导致汽包水位HH而炉MFT。

【防范措施】

（1）运行人员进行电动给水泵C启动转速太高（4500r/min），过程中对水位变化趋势的判断经验不足，存在操作响应不及时的情况，应加强事故预想与培训演练。

（2）汽包水位自动控制回路中，汽动给水泵M/A站的指令输出速度过快，由于输出没有速率限制，导致在异常工况时，汽动给水泵M/A站的指令输出几乎为阶跃的变化，而汽动给水泵的实际转速响应根本达不到，最终导致指令和反馈偏差过大而将给水泵汽轮机MEH撤出自动。应在汽动给水泵M/A站的指令输出回路中加入速率限制，速率限制值的大小应考虑到异常工况（如一台给水泵跳闸）时汽动给水泵可能的最大升速率。

【案例270】人为解除润滑油事故油泵“备用”状态导致机组断油停机

【事件过程】12月13日13：57，某电厂机组并网带至368MW负荷运行。值班员监盘时发现2号汽轮机润滑油系统启动油泵、辅助油泵仍然保持运行。因此，值班员在监控画面将启动油泵停运，随即辅助油泵联启，汽轮机ETS跳闸，首出为“低润滑油压跳机”，锅炉

MFT 动作。

2 号机组跳闸后，重新点火启动。15：05，2 号机组主蒸汽参数 9MPa/510℃，再热蒸汽参数 1.2MPa/510℃；汽轮机挂闸，冲转。

15：14：40，汽轮机转速升至 3000r/min，检查机组润滑油系统、机组振动、胀差等参数均在正常值。此时，决定在 2 号汽轮机 3000r/min 并网前试验主机润滑油系统各油泵切换（主油泵、油涡轮、启动油泵、辅助油泵、事故油泵），以检验其是否运行正常。

15：16：26，值班员停止润滑油辅助油泵，事故油泵联启，润滑油压维持在 0.32MPa，随后停运启动油泵，润滑油压维持 0.2MPa。

15：19：44，重新启动润滑油辅助油泵、启动油泵，停运事故油泵，将事故油泵投入“备用”，此时润滑油压维持在 0.36MPa。

15：20：16，停止启动油泵，润滑油压为 0.23MPa，随后停运辅助油泵，事故油泵联启，其中，润滑油压最低降至 0.15MPa 后升至正常 0.21MPa。

15：25：26，启动辅助油泵，停运事故油泵。

以上两次试验，均发现主油泵入口、出口油压不正常，但不能具体判断是哪一设备故障。

15：32：04，运行值班员退出 CRT 润滑油事故油泵“备用”状态后，停运辅助油泵后，“润滑油压力低跳闸”报警，汽轮机跳闸，锅炉保持运行。

15：32：12，值班员手动紧急投运事故油泵，润滑油压恢复正常。汽轮发电机组因润滑油压降低至 0.02MPa，持续时间 8s，导致机组轴瓦温度升高，其中 7、8 号瓦出现冒烟。5 号瓦温最高上升到 116.7℃；7 号瓦温最高上升到 106.6℃；8 号瓦温最高上升到 108.6℃，其余瓦温均有不同程度上升，但很快均恢复至正常值。随后 2 号汽轮机破坏真空按紧急停机处理。

15：44：00，汽轮机机组惰走 12min 后转速到 0，无法投入连续盘车，改为手动间断盘车。

【原因分析】

（1）2 号机组主油泵供油系统在机组转速 3000r/min 的情况下停止辅助油泵和事故油泵后不能正常工作，是导致机组断油停机的直接原因。

（2）运行人员没有严格执行运行规程规定，人为解除 2 号机组润滑油事故油泵“备用”状态，停运启动油泵和交流辅助油泵，导致汽轮机润滑油短时中断，是造成事件发生的主要原因。

（3）装于运行值班操作台的辅助油泵和直流油泵电气联锁开关的标识指示模糊不清，明显存在误操作隐患。

【防范措施】

（1）全面检查 2 号机组主油泵供油系统，消除存在缺陷，防止类似情况再次发生。

（2）迁移机组直流油泵联锁切换开关，完善标识，严禁机组运行期间退出直流油泵联锁启动开关，防止不必要的误操作事件再次发生。

（3）各油泵逆止门没有起到严密的封闭作用，也会导致汽轮机润滑油短时中断。

（4）该机组采用集装油箱套管布置，油泵的吸入口布置较为集中，各吸油设备相互干扰，工作时更容易在备用油泵吸入区形成气泡，机组的交流辅助油泵、事故油泵、启动油泵及油涡轮中的泵轮，在备用较长时间后，联启动时常常出现不打油现象，建议加挡油气泡罩子。

(5) 保证排烟风机正常运行，并保证油系统在正常运行时有0.5kPa的真空，及时排除油中的雾气。

(6) 在以后的机组启动过程中，停运启动油泵、辅助油泵和事故油泵时要密切关注主油泵的油压变化，主油泵从2450～3000r/min是油系统油压上升的过程，只有油压上升变化了，才能停相关油泵，否则一定要查明原因。

【案例271】一次风率过大及炉内垮焦造成锅炉熄火

【事件过程】某电厂300MW机组1月8日9：25满负荷运行，A、C仓为稳燃煤，B仓为凯达煤，AGC方式控制，锅炉全面吹灰时，发生炉膛熄火。MFT动作首出原因“炉膛压力低”。15：51满负荷300MW运行，锅炉无任何操作；“炉膛压力异常”报警，接着MFT动作，首出原因“炉膛压力低”。

【原因分析】

(1) 对二次MFT原因进行分析，其共同特征为电负荷300MW，锅炉总燃煤量195t/h，5台磨煤机运行，一次热风母管风压9.5kPa，磨煤机出口温度80℃。两次熄火时均为5台磨煤机运行，没有发生断煤现象，排除断煤造成锅炉熄火的原因。

(2) 第一次熄火时锅炉正在进行吹灰，当第二次熄火时，锅炉无任何操作，排除吹灰造成锅炉熄火的原因。

(3) 对锅炉氧表进行校验，其氧量值比实测值高0.692%，而两次熄火时锅炉燃烧O_2控制在4.0%～4.5%，周界风开度均为0%，二次风箱差压为795Pa，二次风门开度为均等配风方式。排除燃烧O_2不足造成锅炉熄火的原因。

(4) 通过熄火煤样化验结果可知，锅炉B、D、E层燃烧器的煤质较差，发热量仅为13.38～14.84 MJ/kg，不排除煤质差造成锅炉熄火的原因。

(5) 两次熄火时炉内均有大块焦渣掉落于冷灰斗内，不排除由于大块焦渣掉落于冷灰斗产生大量水蒸气，造成炉内火焰受到冲击而熄火。1月28日，对3、4号炉膛温度进行了测量，4号炉锅炉蒸发量为758t/h，3号炉锅炉蒸发量为859t/h，4号炉膛温度水平与3号炉差不多，在正常范围内，排除由于锅炉热负荷选择过大造成炉膛结焦的原因，炉膛结焦可能与炉内空气动力场不良、火焰中心上升等原因有关。

(6) 燃烧器摆角上下层均固定在+5°，但B层小油枪固定在水平位置，燃烧器摆角检查后无下倾现象，但不排除燃烧切圆不良，而导致锅炉熄火。

(7) 控制一次热风母管风压在9.0kPa时，将磨煤机入口热风门全开，磨煤机入口冷风门全关，控制磨煤机出口风粉温度不小于80℃时，对一次风速进行测量，测量结果表明一次风速在33m/s左右，超出BMCR工况时一次风速30.7m/s的设计值。

根据上述排查结果，炉膛熄火的原因分析如下：

(1) 熄火时一次热风母管风压9.5kPa，在磨煤机入口热风门全开，磨煤机入口冷风门全关，5台磨煤机运行，总燃煤量195t/h时，一次风速大于33m/s。过高的一次风速使煤粉气流着火点远离喷口。

(2) 总燃煤量高达195t/h，超出设计燃煤量较多，加之5台磨煤机运行时，为保证输送煤粉需要，一次风率增加较多（设计值22.2%）。燃煤量及一次风率增加的直接后果是增加煤粉气流着火热。

(3) 在炉膛出口 O_2 不变的前提下，由于一次风率增加较多，导致二次风率降低，二次风率降低导致二次风速相应降低，最终造成二次风刚度降低。由于二次风刚度降低使得二次风提前混入一次风内，使得炉内燃烧切圆扩大，导致炉内产生部分结焦现象。当有大块焦渣掉落于冷灰斗时产生的大量水蒸气使得炉内火焰温度降低。

通过对熄火原因的排查及一次风速的测量，锅炉熄火主要是由一次风率过大及炉内垮焦双重作用造成。

【防范措施】

(1) 控制锅炉总燃煤量小于 180t/h，以降低一次风率，减少煤粉气流着火热。

(2) 在燃用当前煤质时，控制一次热风母管风压小于 9.0kPa，以控制一次风速小于 33m/s，降低煤粉气流着火点距离。

(3) 降低煤粉细度，R_{90} 由 16%调整为 14%，磨煤机分离器挡板由 50%调整为 40%。

(4) 在磨煤机入口冷风调节汽门、闸板门关闭时，一次热风温度与磨煤机入口混合温度相差达 30℃左右，建议对冷风调节汽门、闸板门进行检修检查，减少冷风泄漏量，控制磨煤机出口风粉混合温度不小于 80℃。

(5) 对氧量表进行定期校验，建议 250MW 负荷以上时控制锅炉燃烧 O_2 不小于 4.5%，以提高二次风刚性，防止炉内结焦。

(6) 在燃用当前煤质时，建议将磨煤机出口温度高停磨煤机定值进行修改，快速停磨煤机温度由 105℃提高到 130℃，紧急停磨煤机温度由 110℃提高到 150℃。

【案例 272】油枪投退操作不当导致锅炉 MFT

【事件过程】 8 月 6 日 12：00，某电厂 1 号机组 500MW、主蒸汽温度 540℃、主蒸汽压力 16.3MPa、汽包水位 0mm，5 台磨煤机运行，炉膛压力波动范围－180～100Pa，锅炉受热面正在吹灰，12：01：30，吹灰至折焰角右侧（IK06）时，火焰电视闪烁，压力异常波动（－243～461Pa），A1 煤火焰检测熄灭，E4 煤火焰检测不稳，5 只油枪自投（炉膛压力联锁自投油枪 A2/A5/F2；火焰检测强度联锁自投油枪 C2/B1），手动投入 2 只（B3/E6）。12：04：40，值班人员观察炉膛压力、火焰检测强度摆动幅度基本恢复正常，先后退出 6 只油枪，保留 E6 油枪。12：04：50，炉膛压力出现下降趋势。12：05：04，炉膛压力下降至－220Pa 时炉膛压力联锁自投 F2、A2、A5 油枪 3 只。12：05：21，D5、F4 煤火焰检测失去，手动投入 C2、B1 两只油枪，C1、C2、A2 煤火焰检测相继失去。12：05：26，炉膛压力下降至－1641Pa。12：05：39，回升至 2016Pa。12：05：40，锅炉 MFT 动作，首出原因“炉膛压力高”。灭火前后的原煤发热量约 15 000kJ/kg，波动较大，在 14 000～16 000kJ/kg。

【原因分析】 MFT 首出原因是“炉膛压力高”。煤质变差后，锅炉燃烧不稳，负压波动加大。在油枪联锁自投后，运行人员没有根据燃烧状况做出正确的判断，工况稳定时间不足，过早退出稳燃油枪，从而导致部分火嘴再次失去火焰，煤粉在局部范围内积聚后复燃，产生局部爆燃，造成对锅炉的大正压冲击，锅炉 MFT 动作。因此此次 MFT 的主要原因是运行人员经验不够，油枪退出过快。

【防范措施】

（1）将该电厂1、2号炉的氧量控制在2.5%～3.5%。

（2）发生堵煤、空仓等情况时应密切注视容量风的变化，下煤中断时间超过10min，应及时关小断煤磨煤机的容量风门至2%～2.5%运行。

（3）当出现给煤率大幅降低时应及时进行手动干预，防止容量风门开度过小造成燃烧不稳。

（4）当氧量急剧波动或大幅升高时应及时采取稳定燃烧的措施，必要时投油稳燃。

（5）除火焰检测等原因外，具备投入自投油条件的油枪应尽可能投入自投联锁。

（6）加强混煤掺烧管理，严格控制入炉煤的发热量和挥发分等关键指标，避免大幅度的波动。燃运上差煤时应提前通知运行人员，提早采取措施。

【案例273】锅炉吹灰过程火焰检测信号失去导致锅炉MFT动作

【事件过程】某电厂4号炉系东方锅炉厂DG1025/18.2-Ⅱ6型，锅炉为亚临界参数、四角切圆燃烧方式、自然循环汽包炉，单膛Ⅱ型布置，燃用烟煤，一次再热，平衡通风、固态排渣、全钢架、全悬吊结构。4号炉火焰检测型号为美国FORNY公司生产的P/N401111-21，火焰检测探头数量为32支。共配有124只吹灰器，其中水冷壁布置有66只短杆蒸汽吹灰器，过热器、再热器布置有44只长杆蒸汽吹灰器，省煤器布置有12只固定旋转吹灰器，2台回转式空气预热器布置2台伸缩式蒸汽吹灰器。

该电厂6月6日8：16，4号机组负荷150MW，4号机组的1、2、3号磨煤机运行，1、2号送风机，1、2号引风机，1、2号一次风机运行，引风机液力偶合器自动调节负压，锅炉吹灰，其余系统正常运行方式。8：16：11，锅炉负压波动，随后磨煤机火焰检测“无火”信号在2s内相继发出，8：16：14开始，1、2、3号磨煤机相继跳闸，锅炉MFT，机组解列。维持锅炉负压，组织锅炉人员对底部排渣机进行检查，未发现大的焦块，打开锅炉看火孔水平烟道人孔门进行检查，管屏及水平烟道未发现大量积灰。

【原因分析】联系省电力科学研究院锅炉和热工人员，到现场进行跳闸原因分析查找：

（1）检查火焰检测电源及控制回路正常，排除磨煤机因火焰检测系统故障导致信号异常的可能。

（2）通过DCS曲线分析，风烟系统运行正常，送、引、一次风机调节正常，锅炉给水系统正常，蒸汽温度、蒸汽压力等参数均正常。设备状态及各项自动调节均无异常。但在火焰检测信号消失前，锅炉已负荷运行时间长达12h，运行人员开始锅炉吹灰准备升负荷；此时锅炉负压波动，8：16：00，炉膛压力－86Pa，8：16：09，炉膛压力－98Pa，8：16：11，炉膛压力－264Pa，8：16：12，炉膛压力－282Pa。由此可以判断，吹灰引起大量塌灰炉膛压力波动。

（3）检查报警信号，火焰检测信号失去和磨煤机跳闸时间记录如下：

8：16：11，炉膛压力－280Pa，1号磨煤机控制的2号角火焰检测信号失去；8：16：14，3、4号角火焰检测信号瞬间失去，同时1号磨煤机跳闸。

8：16：11，2号磨煤机控制的2号角火焰检测信号失去；8：16：15，3、4号角火焰检测信号瞬间失去，同时2号磨煤机跳闸。

8：16：12，3号磨煤机控制的1、2号角火焰检测信号失去；8：16：16，3号角火焰检测信号瞬间失去，同时3号磨煤机跳闸。

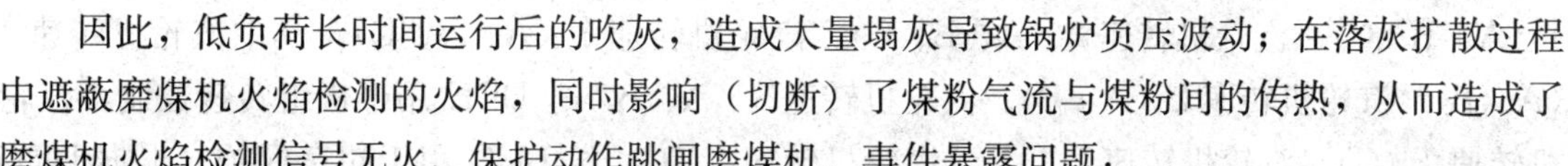

因此，低负荷长时间运行后的吹灰，造成大量塌灰导致锅炉负压波动；在落灰扩散过程中遮蔽磨煤机火焰检测的火焰，同时影响（切断）了煤粉气流与煤粉间的传热，从而造成了磨煤机火焰检测信号无火、保护动作跳闸磨煤机。事件暴露问题：

1）低负荷锅炉“稳燃”措施不完善。

2）磨煤机跳闸保护逻辑设计不完善，原磨煤机保护中，火焰检测“有火”信号失去无延时，导致火焰检测一旦受到干扰，“有火”信号失去，磨煤机立即跳闸。

【防范措施】

（1）运行完善锅炉低负荷下运行的“稳燃”措施。

（2）磨煤机保护中，火焰检测“有火”信号失去增加延时，避免火焰检测一旦受到干扰，“有火”信号失去，磨煤机立即跳闸。

第二节　检修试验操作不当引发机组故障案例分析

【案例 274】检修试验走错间隔导致相邻机组 MFT

【事件过程】某电厂 2×135MW 机组，采用国产 XDPS-400 系统。11 月 9 日 11：30，1 号机组 B 侧送风机因液力偶合器故障处于抢修状态，带 87MW 负荷运行时，A 侧送风机跳闸，MFT 动作，机组解列。

【原因分析】经检查，DCS 系统运行中接收到 2 台送风机全停信号，原因是热控人员在做 2 号机组 A 侧送风机检修试验时走错间隔，误做了 1 号机组 A 侧送风机试验，导致 1 号机组 DCS 系统收到 A 侧送风机停运信号而跳机。

【防范措施】本次故障是一次典型的人员误操作，反映了热工专业人员管理与责任心培训不到位，因此针对性的制订以下措施：

（1）加强检修管理，严格执行运行设备标示隔离。

（2）实行热工信号强制监护制。

（3）加强专业人员的责任心培训。

【案例 275】试验过程热工信号连接不当导致机组跳闸

【事件过程】某电厂 4 号机组负荷 508.45MW，机组各主参数正常，6 月 28 日 9：45：50，集控室“MFT”、汽轮机跳闸、发电机跳闸等光字报警。锅炉 MFT 首出为汽轮机跳闸；汽轮机跳闸，首出为 MTS（DEH 内部故障或机头手动跳机）动作；发电机逆功率保护动作跳发电机。经仪控处理后，4 号机组于 13：36：31 并网。

【原因分析】检查 DCS 报警记录，9：45：50，大屏报警“DEHSYSTEM”；检查 DEH 报警记录：9：18：14，转速 1 故障（A）、转速 1 故障（B）、转速 A 次要故障和 B 次要故障发出；9：45：49，转速 3 故障（A）、转速 3 故障（B）、转速 A 主要故障和 B 主要故障发出；9：45：49，EHG 主要故障；9：45：50，MTS 动作（C）信号动作、（B）信号动作、（A）信号动作；根据报警信号，结合现场查看情况，对事件原因进行分析。

汽轮机转速探头中有三个转速探头送信号给 DEH 系统，分别为汽轮机转速 1、汽轮机转速 2 和汽轮机转速 3。三个转速通过转速探头延长线到机头第一接线盒，第一接线盒信号送入机头第二接线盒，在第二接线盒每个转速信号转换成三个转速信号，分别为汽轮机转速

1（A、B、C）、汽轮机转速2（A、B、C）、汽轮机转速3（A、B、C），其中汽轮机转速1（A、B）、汽轮机转速2（A、B）、汽轮机转速3（A、B）送DEH用于机组转速控制，汽轮机转速1（C）、汽轮机转速2（C）、汽轮机转速3（C）送BUG用于超速保护；根据DEH报警记录分析，9：18：14，汽轮机转速1故障，9：45：49，汽轮机转速2故障，DEH逻辑三个转速中二个故障，认为EHG主要故障，发信号跳汽轮机；事件后，汽轮机转速1、3模件经手工复位后恢复正常。

转速信号故障原因，经查是进行汽轮机试验时要将转速信号接到试验仪器录波器中，工作人员在现场第二接线盒中的A转速信号端子连接录波器时，转速信号未显示，查原因未发现问题，又改接旁边的转速B信号，结果造成跳机。实际上工作人员连接A转速信号端子至录波器时，因录波器存在接地原因导致转速信号下降，而DEH内转速低信号自锁并设置为手动复归，而在DCS大屏中原设计无汽轮机转速次要故障信号，CRT上报警信号又未能引起运行人员的注意。当再次接转速B信号时，导致DEH逻辑三个转速中A、B二个故障，三取二逻辑保护动作跳机。

【防范措施】

（1）热工人员进行试验、检修时，如果出现异常情况，应及时查明原因处理后，才能进行后续试验。本次试验若当时对信号记录曲线进行检查，事件本可以避免。

（2）软件的不同设置也将影响到保护逻辑动作的正确性。本事件中的转速信号在DEH内三选二逻辑中，转速低信号设置了自锁且手动复归，如果运行维护不及时，将会增加保护回路误动的概率。

（3）针对本事件，对类似保护信号，电厂增加了大屏二类报警，通过一个公用通道显示异常信号。

【案例276】ETS定期试验时误碰按钮造成轴向位移保护动作停机

【事件过程】7月6日10：18，某电厂5号机组负荷293MW运行。运行人员进行每月定期的ETS通道试验。按操作票操作顺序先做“通道1”试验，“通道1”试验项目“抗燃油压低”“润滑油压低”“真空低”都正常。在做“通道1”试验项目“轴向位移GV”时（操作票第57条），轴向位移信号“试验确认”后“通道1”遮断亮，在按“输入状态”（操作票第61条）时，5号汽轮机跳闸。检查首出遮断原因是“轴向位移大”。事后进行了多次模拟试验及现场检查，在分析原因并确认ETS试验装置正常后，于当天13：58机组重新启动并网。

【原因分析】根据运行人员反映情况和历史记录，热控人员检查ETS系统信号均正常，检查机头轴位移试验接线盒正常，检查DCS侧事件记录正常。同时分析了ETS试验过程中可能存在的情况，安排了多次模拟试验。首先进行快速操作试验，汽轮机挂闸后进入轴位移GV试验模式，快速按“试验确认”键并确认“通道1遮断”灯亮、切换输入状态画面并切回、按“试验复位”键、“退出试验”键，汽轮机跳闸。

为了确认试验过程中直接按“退出试验”可能出现的情况，进行了下述试验：汽轮机挂闸后进入轴位移GV试验模式，快速按“试验确认”键、确认“通道1遮断”灯亮、直接按“退出试验”键，汽轮机跳闸。再次试验，严格按操作票要求执行，按“试验确认”键、确认“通道1遮断”灯亮、按“输入状态”键切换到输入状态画面确认“轴向位移1”键灯亮、消除大屏报警信号、画面切回“在线试验”画面、按“试验复位”键确认“通道1遮断”灯灭、按“退出试验”键退出试验，汽轮机未跳闸。多次重复本次试验，均正常。

事后组织相关人员进行故障分析。操作人和监护人都说执行到“按输入状态”（操作票61条）时机组跳闸。结合跳机时的曲线分析，应该是按“试验确认”按钮（即触发“轴向位移大”信号）2s左右后就碰到了“试验退出”按钮，可以推断运行人员在操作到第61条“按输入按钮键”时碰到了该键上方的“退出试验”按钮。这与操作票的实际流程相符合，也与运行人员的描述相符合。

因此可以认定本次跳机的原因是运行人员在操作“输入状态”（61条）按钮时误碰了“退出试验”按钮，此时轴位移保护信号尚未恢复，造成轴向位移保护动作。

【事件教训】

（1）运行人员操作票执行不严，ETS通道试验过程中操作不规范。

（2）运行人员对ETS试验的原理不清，危险源辨识没做到位。

（3）ETS试验盘厂家设计不合理，试验状态后有报警信号时仍能退出试验，缺少闭锁条件，存在保护误动风险。

（4）ETS试验盘按钮设计不合理，各触摸式功能键排列过紧，容易引起误碰。

【防范措施】

（1）严格执行操作票制度，规范ETS通道试验的操作，并加强对操作票执行过程的监督。

（2）加强运行人员的技术培训，熟悉ETS系统工作原理，掌握ETS试验操作票各操作项的含义，对操作票加强危险源辨识。

（3）联系厂家，修改ETS在线试验逻辑：进入试验后轴向位移保护信号未恢复前禁止退出试验状态，退出试验流程增加5s延时。

（4）更改试验操作盘布局，缩小触摸屏上各触摸块的面积，增加各触摸块之间的间距。

（5）对省内ETS系统的配置和试验进行梳理，总结优化联锁逻辑和试验注意事项。

【案例277】试验后逻辑未恢复导致后续试验时锅炉MFT

【事件过程】某电厂机组（300MW）在进行单台送风机跳闸RB试验过程中，锅炉MFT。

【原因分析】检查逻辑，DPU12（XDPS-400）中做了D14NDSP040下网点，当该点为1时分别跳B层给粉总电源；DPU13中也做了D14NDSP040的下网点，当该点为1时分别跳C层给粉总电源。当单台送风机RB发生后跳磨煤机，所以该点为1，却导致B、C层给粉机跳闸以致炉膛火焰丧失MFT。经分析认为，在DPU12、DPU13组态中做下网点这一组态应该是168h试运行期间甩负荷试验所用。试验结束后仅仅删除了DPU11、DPU14中A、D层的逻辑，DPU12、DPU13中B、C层的逻辑未删除，留下了这一隐患，成为导致这次MFT的主要原因。

【防范措施】

（1）删除DPU12、DPU13中B、C层下网点。

（2）加强试验流程管理，完善试验操作卡制度，严格执行监护确认制度。

第三节　维护工作失误引发机组故障案例分析

【案例 278】保护开关盖复原时错误导致试验时机组跳闸

【事件过程】某电厂 300MW 机组正常运行，进行凝结器真空保护定期试验时，当短接凝汽器真空低开关 1、2 时，ETS 系统保护动作，机组跳闸。

【原因分析】凝汽器真空低保护逻辑如图 6-1 所示，正常情况下应短接凝汽器真空低开关 1、3 动作。维护人员在进行 4 只凝汽器真空开关校验时，不注意将贴有标签 2 和 3 的盖子进行了互换，而运行人员在不知情的情况下进行定期试验时，按规定的序号进行操作，导致事件发生。

【防范措施】

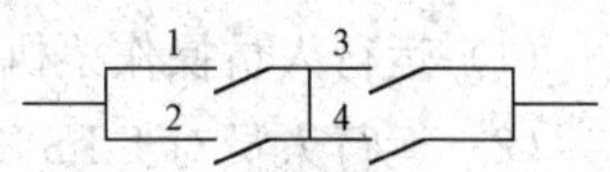

图 6-1　凝汽器真空开关示意

（1）类似的保护开关，在开关盖与座上都要贴上标签。

（2）制订保护试验监护制，强化监督验收是减少此类事件发生的一项有效措施。

【案例 279】检修机组吹扫模件时误入间隔导致相邻机组 MFT

【事件过程】11 月 9 日，某电厂 5 号机组负荷 300MW，13：14～13：16 期间 DCS 控制柜 PCU25、PCU21、PCU18 相继失去控制电源，机柜离线，柜内相关信号和设备失去监控，13：15，SCS 至 CCS 汽动给水泵 A 和 B 的运行信号消失，汽动给水泵 RB 动作，机组开始减负荷，减负荷过程中，汽动给水泵 A 和 B 的 DCS 已失去控制，汽包水位控制不住，导致汽包水位高高，13：20 机组 MFT 动作。

【原因分析】经分析，原因为热控检修人员进行 6 号机组 A 修 DCS 机柜模件吹扫工作时，误入 5 号机组电子间，将 PCU18、21、25 机柜断电进行模件吹扫，造成机侧大部分设备失去控制及监视。由于汽动给水泵失控，汽包水位控制不住，导致汽包水位高高 MFT 动作。加上正值门禁系统改造期间，电子室的门锁管理不严。类似情况有的电厂发生过，这几年热工监督人员一直在反复强调这方面的反事故措施，但距离真正落实还有很大差距。

【防范措施】

（1）加强职工安全思想意识教育和二票三制的管理，严格做到操作前的设备核对到位。

（2）安装门禁系统，做好门禁系统的改造，对门禁系统严格管理。

（3）全面检查电子室、各个控制柜、现场接线盒所有设备的标识工作。

（4）实行热工工作监护制，工作前征得运行人员同意。

【案例 280】脱硫停运期间进行 DPU 清扫时，导致双 BCnet 脱网引起机组 MFT

【事件过程】2 月 2 日 23：40，某电厂 3 号机组吸收塔 C 浆液循环泵入口附近漏点漏浆严重，申请后停运 3 号脱硫。开启 3 号脱硫旁路烟气挡板后，运行人员联系点检人员将 3 号脱硫旁路烟气挡板用手拉葫芦固定，原烟气挡板联关，净烟气挡板关闭，且均用手拉葫芦固定。

2月5日晚，4号机组停机检修，脱硫系统随之停运。

2月6日，3号机组协调方式运行，机组负荷557.7MW，主蒸汽温度565.7℃，主蒸汽压力22.97 MPa，再热蒸汽温度563℃，再热蒸汽压力3.52 MPa，A、B、C、D、E、F磨煤机运行，总煤量315t/h，A、B汽动给水泵运行。

11：09：05，3号锅炉炉膛压力从－4Pa开始快速上涨；

11：09：20，3号锅炉炉压2542Pa，锅炉光字牌发出“炉膛压力高一值”报警；

11：09：23，3号锅炉MFT动作，汽轮机跳闸发电机解列，保护首出“炉膛压力高”，值长汇报调度，按照规程进行故障处理。

【原因分析】 2月6日设备部辅控班进行“二期脱硫停运期间，DCS控制系统DPU卫生清扫”工作，工作负责人确认工作票许可时间和“二期脱硫全停、3号主机正常运行、4号主机停运、3、4号旁路挡板全部处于全开位置且已用倒链固定”。工作中首先确认FGD01柜内DPU（3号脱硫）运行正常及工控机监视画面正常后，开始断掉DPU21电源，拔下该DPU，进行清扫，清扫结束后，将其安装好，确认其处于跟踪状态，断掉DPU1电源，确认DPU21处于主控状态。清理结束后，恢复DPU1正常运行。随后将13号卡槽BCnet卡拔下清扫，完毕后拔下12号卡槽BCnet卡进行清扫。3号机组跳闸后运行人员通知3号锅炉灭火，热工人员立即停止工作，并到盘前确认旁路烟气挡板的位置，发现二期主画面实时监测数据显示粉红色，同时确认运行人员已经通过盘上快开按钮实现挡板快开操作，并认为跳机原因不是由清扫引起，继续工作。

通过曲线查看，11：09，主机MFT动作后，炉膛压力仍持续上涨至2500Pa左右，持续5min后下降，但调出脱硫曲线分析，旁路挡板并没有任何的动作，锅炉MFT动作20min后，旁路烟气B挡板反馈降为零，并且很快再次全开，整个过程中指令没有任何动作。

按照工作时间分析，在13号卡槽BCnet卡清扫完毕后拔下12号BCnet卡进行清扫时，二期主画面实时监测数据显示粉红色。判断本卡笼双BCnet脱网，造成控制旁路烟气挡板的AO指令中断，旁路烟气挡板就地执行机构执行关闭。旁路烟气挡板采用带两个执行机构的双挡板、SMC公司调节性气动执行机构，执行机构动作能量为43080.8N，当执行机构克服1t导链拉力后旁路挡板全关。

【暴露问题】

（1）热控工作票制度执行不到位，安全措施内容空洞，危险点分析工作不深入，导致作业中误发指令关闭旁路烟气挡板造成机组非停。

查该工作票，其安全措施第1、2项要求运行人员所采取措施及补充措施均为“无”；第3项工作负责人执行的安全措施为“工作期间与运行人员加强联系”，内容不具体，没有操作性；危险点分析共四条：“误动其他设备、人员精神状况、静电损坏设备、工器具伤害”，未考虑到拔出插件清扫对旁路挡板的影响；跳机后热工人员没有执行安全作业规程要求，立即停止工作，认为自己的工作和跳机不关联，仍在对插件进行清扫。

（2）设备部灰硫、热工专业技术人员安全意识差、责任意识淡薄，对旁路等三大烟气挡板气动执行机构特性不了解，对于如何确保旁路挡板打开、原烟气及净烟气挡板关闭的措施不清楚，未提出要求断开控制气源或电源的措施，灰硫专业对于手拉葫芦的型号选择无数据支持，导致3号脱硫塔检修期间对三大挡板采取的安全措施不完善，安全措施漏项是导致本次非停的诱因。

(3) 热工工作人员安全意识淡薄，技术水平欠缺，对设备隐患估计不足，未采取最安全的操作方式。在清理卡槽卡件时，虽然从BC板信号灯状态指示判断BC板工作正常，但未分析到背板的通信是否真正建立，缺乏针对DCS工作时的风险防控意识。

(4) 热工专业人员安全技术管理存在问题。对于DCS清扫、定期切换操作，各班组均有成功经验，但未形成文字说明，不能对后来人员起到指导作用。个别人员对以往发生的故障分析不够认真，未能很好地吸取教训，导致防范措施执行不到位，相同异常事件重复发生。而工作负责人对职责认识不到位，仅以为是办票，忽视了其最重要的职责是“正确、安全地组织工作”。

(5) 安全监察部对非停事件的防范措施制订和落实监督不到位。该电厂3号机组投产后，分别发生二次机组运行中旁路挡板误关造成的机组非停事件，虽然每次都制订了防范措施，但实践证明措施不可靠、实效差，安全监察部对防范措施的落实情况缺乏有效监督。

【防范措施】

(1) 修改完善脱硫与主机非同步运行时而脱硫DCS系统检修的标准工作票。

(2) 制订脱硫与主机非同步运行时旁路挡板防误关、原烟气、净烟气挡板防误开的措施：①利用脱硫系统检修机会，恢复旁路挡板、原烟气挡板、净烟气挡板的定位销，使各挡板能用定位销或定位螺栓进行固定，保持安全位置；②原烟气、净烟气挡板全关将定位销插入并挂锁锁紧，对原烟气、净烟气挡板控制气源停气、电磁阀停电，并悬挂醒目标志；③关闭旁路挡板的储气罐出口手动门，并打开旁路挡板开、关门气路之间的平衡阀，使气缸内部压力平衡，这样即使再有关门的信号，气缸两侧的压力是平衡的，挡板位置也不会变化；④在电源、气源已断开前提下，为防止挡板自重引起关闭，继续执行旁路挡板机构用定位销或倒链固定的措施。

根据以上原则性要求，结合相关机组的原烟气、净烟气、旁路挡板控制原理仍有差别，分别制订各台机组的安全措施检查卡，每次脱硫停运时严格执行。

(3) 对脱硫系统保护报警进行优化和改进核实整改以下内容：①针对“脱硫烟气旁路挡板在调节全开指令失去的情况下会出现自关”问题，利用停机机会，分别对各机组脱硫DCS系统中增加烟气旁路挡板调节指令监测逻辑，并增加“脱硫旁路挡板掉信号”报警光字牌；②针对“在主机DCS系统中有升压风机运行信号和烟气旁路挡板开信号，但无报警光字牌及报警逻辑”问题，利用停机机会在主机DCS画面上增加“脱硫烟气旁路挡板关闭”报警光字牌，同时增加逻辑：当主机运行时，出现升压风机跳闸，脱硫烟气旁路挡板未及时打开时光字牌报警，提醒主机运行人员注意；③在脱硫DCS增加炉压高于200Pa及500Pa声光报警，及时提醒运行值班人员，并增加“炉压高于500Pa延时自动快开旁路挡板”的联锁，计划停机前做试验验证具体数值。

(4) 凡是涉及DCS的工作（包括脱硫DCS），要求热工高级主管或主管亲自签发工作票，严格把关；逐步制订完善DCS每项工作专项安全技术措施、操作卡，进行技术培训。

(5) 根据热工专业人员的技术水平，对工作负责人进行分级设置，对可能造成人身伤害、设备损坏、机组非停、灭火、重要辅机跳闸等后果的作业，必须安排A级工作负责人担任负责人。

（6）排查机组气动执行机构的初始位置的设置，讨论其安全设置值，对气动装置分析清楚失气、失电、失信号装置是否安全可靠。

（7）热工专业人员组织对热工标准工作票库重新进行检查、审核、完善，重点完善安全措施及危险点分析预控措施；重新学习本电厂及其他电厂热工案例，切实吸取教训，认真对待每次异常事件；每人结合学习案例写反思，提高思想认识；召开全体人员宣讲大会，在安全技术管理方面进行指导。

（8）安全监察部采取措施，严格监督对灭火、非停等不安全事件的闭环管理。对灭火、非停等不安全事件的防范措施全部通过生产任务系统下达，责任部门整改后申请验收，安全监察部验收确认后方可关闭。

【案例281】移动瓦振延长电缆导致信号突变，汽轮机跳闸

【事件过程】某电厂600MW机组，汽轮机安全监测保护采用VM600系统。1月10日4号机组因4号瓦瓦振两点信号同时到达脱扣值，汽轮机跳闸。

【原因分析】检查现场，当时电建公司在4号瓦轴承盖上刷油漆，移动了4号瓦瓦振的延长电缆，导致信号突变，汽轮机跳闸。

VM600的瓦振探头是电容式加速度传感器。电容式加速度传感器的结构形式采用弹簧质量系统，质量受加速度作用运动而改变质量块与固定电极之间的间隙进而使电容值变化。电容式加速度计与其他类型的加速度传感器相比具有灵敏度高、零频响应、环境适应性好等特点，尤其是受温度的影响比较小，但不足之处表现在信号的输入与输出为非线性，量程有限，受电缆的电容影响，以及电容传感器本身是高阻抗信号源，因此电容传感器的输出信号往往需通过后继电路给予改善。因此在Vibro－Meter安装手册上专门有这样一段描述“电缆起到了电容的特性，要避免电缆的小直径弯曲”。对于这段话的描述可以理解为电缆的电容量是作为监测信号的一部分，电缆安装完成后机组在正常运行时不能再去改变；电缆安装时弯曲半径必须符合一定的要求。因此，在正常运行期间不允许大幅度的移动电缆，否则会引起测量值的变化。现场试验记录曲线验证这种情况，如图6-2所示。

【防范措施】为使TSI系统能正确测量、准确动作，检修人员必须熟悉系统的各种传感器的测量原理，熟练掌握传感器的安装、调试和软件的参数设置，做好相应的设备详细的设备台账，记录下校验数据。此外除了常规的校验工作，在日常维护工作中还应注意：

（1）仔细阅读厂家的安装手册，提高认知，掌握安装校验的要领，特别是其中的注意事项。

（2）传感器支架要满足测量要求，例如，材料选择上（符合刚性要求）、机加工精度、固定方式等。

（3）传感器安装时最好与前置器成套安装（在线性校验时传感器与配对前置器），用塞尺确定安装间隙，万用表测量间隙电压，对有源转速传感器还要注意安装方向，对于轴向位移在有条件的情况下一定要推轴对测量回路进行定性和定量的校验。

（4）传感器延长电缆、前置器、测量回路接线要正确、牢固，特别强调屏蔽和接地必须良好。

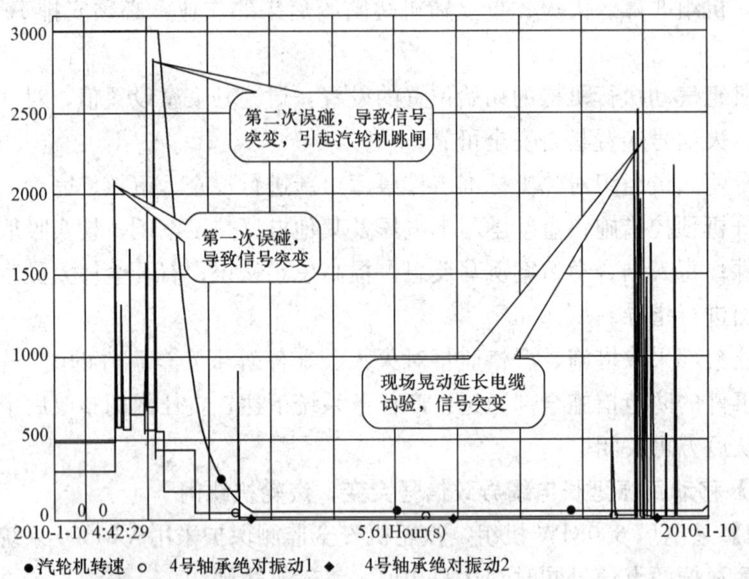

图 6-2 现场试验记录曲线

（5）在比较敏感的传感器上加防护罩（瓦振传感器），测量链路上加固定夹码进行加固，以防设备正常运行期间误碰导致信号失真，造成严重后果。

（6）充分利用测量系统软件的功能，如自检功能（对日常维护很有帮助，能及时发现故障所在）、直接跳闸倍增功能（机组过临界转速时，监测值可能会超限，但机组到达正常运行时正常，可避免不必要的跳机）、自适应监视功能（可将报警和跳闸值动态地设定为一个自适应参数的函数）等。

【案例 282】病毒防护不当导致操作员站反应迟缓

【事件过程】某电厂 4 号机组为 125MW 机组，2003 年进行 DCS 改造，DCS 系统为新华公司的 XDPS-400。8 月 28 日凌晨，运行人员发现操作员站对操作指令执行有几秒的滞后。随后热工工作人员在检查中，发现 4 号机组各操作员站、工程师站均感染了一种名为 lovgate（爱情后门）的病毒。该病毒占用计算机内存空间，造成操作员站反应迟缓。

【原因分析】经检查，4 号机组有一台操作员站作为专门的通信机，与厂 MIS 相连，厂 MIS 网从 DCS 取数。分析病毒可能是通过 MIS 的网络传播至操作员站。

【防范措施】确定原因后，在 9 月 1 日对 4 号机组所有操作员站使用杀毒软件杀毒，同时安装病毒防火墙。杀毒后，各操作员站运行速度恢复正常。同时，暂时将 DCS 与厂 MIS 网隔离。计划再加装硬件防火墙，并定期更新硬防火墙软件。

【案例 283】病毒防护不当导致工程师站和操作员站全部死机

【事件过程】3 月 11 日 10：20，某电厂 3 号机组 MMI 人机接口站，除了大屏（据了解大屏幕所连接站的软件曾经重新安装过），包括工程师站和操作员站突然全部死机，数据无法刷新，无法进行操作，仅能通过大屏进行监控。

【事件处理】电力试验研究院热工人员协同电厂热工人员进行紧急处理。主要处理过程：

（1）对操作员站关机后重新启动，前几分钟基本正常，但之后数据又无法刷新，CPU

负荷率达到100%，scvhost. exe进程占用大量资源。

(2) 用WINDOWS清理助手扫描，发现IRIWWL. DLL文件含未知木马程序风险并隔离，重启后操作员站正常，安装symantec防火墙。

(3) 至17：40，4台MMI站和历史站已恢复运行，其余也正在进行恢复。在上述站点恢复数据刷新后，进行了操作站上的操作试验，确认了操作指令可以发出，运行正常。恢复过程中还发现有1台操作员站的1块网卡损坏，有1台操作员站无法启动，因此进行了更换处理。

(4) 安装防火墙后，其他站无法读取历史站的历史数据，后将历史站的IP设置为“信任站点”后，并将防火墙安全等级设置为最低，可以读取历史数据。

(5) 更新symantec病毒库后进行扫描查毒，发现w32. downadup病毒（感染文件较多），依次对各操作站进行杀毒操作。

(6) 杀毒完成后，重启主机并恢复网络。不久后，symantec防火墙又发现新的感染文件，为此进行试验，选择1台操作站重新杀毒后重新启动，较长时间单独运行正常，后连接A/B网，不久即发现病毒。因而可以认为该w32. downadup蠕虫病毒在网络中迅速传播。

通过上述故障处理措施，紧急恢复了操作员站及工程师站、历史站的正常运行，满足了机组正常运行的要求。

【原因分析】在联系了新华公司DCS技术服务人员至现场后，热工所人员及电厂设备部、信息技术部人员一同对3号机组DCS系统故障的原因进行了分析，同时对当前故障处理的措施进行了评估，认为：

(1) 此次3号机组DCS系统发生的网络通信故障，主要是由于上位机中存在蠕虫病毒，在网络通信过程中，蠕虫病毒大量发数据包，致使C网网络通信量巨大，而使DCS系统数据通信交换堵塞。

(2) 3号机组DCS系统的上位机中，仅安装了windows操作系统的初始版，未安装任何系统补丁（serverpack），windows操作系统存在安全漏洞，一旦病毒侵入，windows操作系统未能有效进行防止，影响上位机的正常工作。大屏所连接的操作站正是由于之前更换主机时安装了带SP4补丁的新操作系统，因而在此次故障中仍正常运行。目前3号机组的上位机均安装了windows操作系统补丁（serverpack4），对于病毒的控制（输入与输出）作用较强，起到了系统安全的保障作用。同时安装了新的上位机以便其他上位机故障时备用。

(3) 进一步分析其病毒可能的来源有两路，一路是DCS系统工程师站的USB外接储存设备，由于外接储存设备可能存在病毒而感染上位机；一路是DCS系统与SIS系统通信建立初期，双方进行数据交换过程中，病毒可由SIS系统向DCS系统侵入。

(4) 目前3号机组的上位机均安装了防火墙。安装防火墙能有效隔断病毒的侵入，但DCS厂家对于安装防火墙存在歧义，认为防火墙的安装，有可能影响DCS系统数据交换，特别是在机组开、停机过程中，由于数据交换量大，防火墙对各类通信数据均要做询问，会影响机组的安全操作，DCS厂家不支持在上位机中安装防火墙。

【防范措施】

(1) 由于目前病毒未能深层的查杀，该机组中仍有可能存在病毒。为全面的防止病毒的存在，建议在停役时对3、4号机组及公用系统的上位机进行磁盘格式化，以便彻底查杀病毒，重新安装 windows 操作系统及补丁（serverpack4），提高 windows 操作系统的安全性。同时停用 DCS 系统的网络交换机，并对网络交换机进行停电处理后再恢复网络通信。

（2）由于 3、4 号机组通过公用系统的连接存在网络数据的通信，建议病毒的查杀工作最好 3、4 号机组同时进行，若难以争取到 3、4 号机组同时停役的机会，可利用单机停役的机会完成单台机组的病毒清理，并暂时隔断公用系统的连接，等两台机组均完成杀毒工作后再恢复。

（3）在对上位机进行磁盘格式化之前，应对机组的历史数据进行备份，以便于今后查阅机组的历史数据。

（4）基于 DCS 厂家的要求，需卸载已装上位机中的防火墙程序。

（5）在 DCS 系统（包括辅控系统）与 SIS 系统的数据交换通信中，加装物理隔离器，防止 DCS 系统（包括辅控系统）与 SIS 系统之间进行双向的数据传输。

（6）严格执行工程师站和 SIS 系统机房管理制度，禁止使用外来移动储存设备连接至上位机或 SIS 系统。

（7）建议安排对电厂内其他的辅控网络同样进行检查确认。

【案例 284】交换机临时网线未拆除引起网络风暴

【事件过程】某电厂大联网方式下，五台锅炉的操作员站全部出现“♯COM”现象，但服务器工作正常。各机炉上层网络交换机 A 网均连接到总交换机“SWSA”，在一次停电检修中，交换机“SW12A”失电，交换机“SW12A”所连接服务器上的数据无法向总交换机传输，为此工作人员用网线将交换机“SW12B”、“SWSB”临时连接起来，数据恢复。但当工作人员电源检修完成后，给交换机“SW12A”送电，送电后上层大联网内的所有操作员站电脑出现“♯COM”，紧急断开所送电源。

【原因分析】检查发现，在交换机“SW12A”送电后，因为临时网线并没有拆除，工作人员忽视了交换机之间的交叉线联接，实际上带有交叉线的两个交换机在概念上已经是一个交换机，从而造成“环网”现象，造成每一数据帧都在网络中重复广播，引起网络风暴，是发生这次重大故障的根本原因。

【防范措施】拆除临时网线，再给交换机“SW12A”送电，系统恢复正常。

【案例 285】主、副服务器名称设置相同导致数据发送混乱

【事件过程】某电厂 3 号机组的服务器与操作员站出现较为规律性的“♯COM”现象，“♯COM” 4min 左右后恢复正常，正常运行 2min 后再次出现“♯COM”现象，如此反复，影响了 3 号机组设备的正常操作。

【原因分析】两台工程师站 ENG1、ENG2 均为服务器，且有主、副之分，上述故障发生前，有工作人员曾经工作，通过仔细检查服务器的相关设置发现在 I/O 服务器的设置部分中，将主、副服务器的名称都选择为“ENG1”，导致 DPU 向服务器发送数据时产生混乱，引起网络中数据帧的多次重复发送，网络数据堵塞，出现网络“♯COM”现象。

【防范措施】更正设置后问题得以解决。

【案例 286】热工人员传送通信代码时出错导致机组负荷急降手动停机

【事件过程】7 月 12 日，某电厂 5 号机组监盘人员发现机组负荷从 552MW 迅速下降，主蒸汽压力突升，汽轮机调节汽门开度，由原来的 20%关闭到 10%并继续关闭，高压调节汽门继续迅速关闭至0%，机组负荷降低至5MW，运行人员被迫手动紧急停炉，汽轮机跳闸，发电机解列。

【原因分析】 DCS与汽轮机控制系统分别由两家公司产品，系统差异较大，通信问题没有很好地解决。热控人员在DCS工程师站上向负责DCS与汽轮机控制系统通信的PLC传送通信代码时，DCS将汽轮机阀位限制由正常运行中的120%修改为0.25%，造成汽轮机1、2、3号调节汽门由20%关闭至0%，机组负荷由552MW迅速降至5MW。

【防范措施】 应尽可能避免在机组运行期间开展代码传输与下载工作，如有必须开展的工作，则应严格做好防范措施，在变动部分的下游逻辑应做好强制措施，确保数据更新后下游指令始终处于合理范围，并在确认一切正常后恢复在线运行。

【案例287】组态修改后未及时进行电子存盘导致同类故障再次发生

【事件过程】 1月1日，某电厂2号机组低压厂用电源因为系统扰动，电压瞬间降低到150V，2台空气预热器主电机接触器低励释放跳闸，MFT动作造成机组停运。

【原因分析】 空气预热器主电机接触器低励释放跳闸引起停机事件以前也发生过，故障分析的防范措施要求将"空气预热器2台主电机跳闸即启动MFT动作跳炉"，改为"主电机与辅助电机同时跳闸，延时60s启动MFT动作"，热工人员按要求做了相关的组态修改，但由于组态修改后没有及时进行电子存盘，之后在2号机组小修停运时，也没有将此工作进一步完善，致使DCS在小修中停电维护后，组态中的延时功能单元丢失，诱发了同类障碍的再次发生。

【防范措施】 加强流程管理与操作培训，严格做好逻辑组态异动的审批与记录，建立落实组态修改的管理流程，明确临时修改的固化操作程序，并控要求做好软件备份工作。

【案例288】调试通信软件时配置失误引起机组通信紊乱导致跳闸烧瓦

【事件过程】 某电厂4号机组100MW运行，10月22日，控制系统制造厂工程师应电厂要求，在现场进行ASDPU实时数据通信。目的是将3号机组中的公用系统的控制，通过通信功能在4号机组中进行监视和操作。调试通信软件的工作中，因配置失误将3号机组中的大量实时数据广播到4号机组的实时网中，导致4号机组的通信紊乱，DPU的负荷率急剧升高，多个DPU先后复位，导致机组MFT，运行人员手动打闸停机后，6kV开关自投成功，但0号高压备用变压器高压侧303开关自投不成功。两台交流润滑油泵失电，由于该电厂润滑油压低联启直流油泵的联锁未做电气硬逻辑联锁，故直流油泵未自动联启，同时没有及时手动启动直流油泵，导致汽轮机4号瓦烧瓦。

【原因分析】 经现场调查，4号机组控制器的负荷率偏高，有半数控制器高于75%，因此4号机组的DCS系统在通信异常的情况下容易导致控制器复位，但该DCS相同配置在同类型机组的使用中，控制器负荷率都在"规范书"允许的范围内。经当地省电力科学研究院、电厂、DCS生产厂家三方联合调查后，认为DCS系统本身软、硬件工作是稳定可靠的。事件与安全管理不善有关，因人为失误导致控制器复位。

【防范措施】

（1）投入商业运行的控制系统，无论是DCS厂家的工程师，还是用户的维护人员，原则上不准在机组运行时对系统再进行软、硬件的改动，尤其不得进行与A、B实时网络有关的更改或调试工作。

（2）如果在机组运行时的确需要进行在线修改，DCS 厂家的工程师必须与用户单位的技术部门共同制订安全措施并得到批准后方可实施。在线实施时必须要有监护人员。

（3）系统设计必须坚持设计规范书中的安全原则，在电气保护逻辑中设置交、直流润滑油泵的跳闸直联和低油压联动的硬逻辑。其他涉及机组安全停机的联锁功能，也应考虑设计硬逻辑联锁。

（4）对使用 DCS 硬件从事工程项目的工程公司或代理商，DCS 生产厂商应加强对项目整体质量的监督，委派项目经理，及时进行组态优化的指导和机组投运前的检查。

（5）DCS 生产厂家将会同当地省电力科学研究院及电厂，在停机时对组态进行检查和优化。

【案例 289】汽包水位修正参数设置不当导致蒸汽温度下降手动停机

【事件过程】6 月 1 日 20：10，某电厂 1 号机组负荷 190MW，主蒸汽压力 12MPa，主蒸汽温度开始下降，给水流量比蒸汽流量大 130t/h 左右，联系炉检人员检查炉本体，退 A 层给粉机，投 D 层给粉机，减出力至 120MW，主蒸汽温度开始上升。DCS 画面上汽包水位显示由－20mm 降至－107mm，但就地水位计因排污门泄漏蒸汽大看不清，只能稳定在 120MW 运行。20：45，主蒸汽温度开始下降很快，主给水流量与蒸汽流量差值越来越大，达 260t/h，汽包水位在－107mm，全面检查炉本体，检查汽轮机振动，胀差正常，推力瓦温正常，21：05，负荷 120MW，主蒸汽压力 12.5MPa，主蒸汽温度 356℃，主蒸汽温度仍呈下降趋势，并且看到电接点水位计及云母水位计均显示满水位。电接点和云母水位计指示均为＋300mm，三个水位变送器的显示分别为－99.95mm、－82.83mm、－116mm。手动停机，汽轮机，电气联锁正常，厂用电切为高压备用变压器带。

【原因分析】机组打闸停机后，热工检修人员迅速赶到现场，首先检查三个差压式水位变送器内部参数、量程等均工作正常，继而检查发现在 DCS 内的汽包水位显示的修正参数设定有误，导致汽包水位显示偏差大。

【防范措施】

（1）在本次小修中，按安全评价要求对差压式汽包水位计的安装方式进行改造，改造后差压计的量程发生了改变，由原来的 860mm 变为 1170mm，修正参数应按此量程变化做相应的修正，但在修正设定时发生了错误，致使 DCS 画面上的水位指示在动态时显示差值很大。

（2）运行人员在 DCS 显示水位和就地水位计指示偏差大的情况下，不能及时正确判断，使汽包水位长期处于高位运行，使汽水分离不正常，导致蒸汽温度下降。

【案例 290】机组运行过程中进行在线代码传输导致系统运行异常

【事件过程】某电厂机组控制系统为西门子 TXP-CU 系统，运行中 CU 画面上所有 AP1 的内容全部变红，类似 CPU 死机。

【原因分析】查阅该 AP 工作记录，发现该 AP 做过安全门逻辑修改后的在线代码传输，因此事件是由在线代码传输引起的。检查 CPU 无异常，查看 ASD 仪控报警显示是“AS1DIAGRAMCONNECTIONFAULT”，为硬件故障。在做 AP1 的动态试验时，安全门 DCM 模块在 AUTO/ON 时 CB/ON 没有反应，但开关量能正常检测到。用 PGMASTER 连接运行的 AP，发现连不上，而备用的 AP 却能连上。于是停掉运行的 AP，切换正常，但

CU 画面仍是红色。手动启动原运行 AP（RESET＋RUN），AP 没有反应，仍然是 STOP 灯闪亮，OVERREST 后 AP 恢复正常。PGMASTER 能重新连上 AP，但画面仍不正常。做离线代码传输，传输完后仍未好转。在第二次做离线代码传输后，CU 画面恢复正常。

【防范措施】本次异常后，禁止在机组运行过程中在线传输，且离线传输后需隔一段时间才能做其他工作。

【案例 291】变送器二次阀门未开，引起汽包水位高，致使过热蒸汽温度低

【事件过程】某电厂 1 号机组 600MW，1 月 26 日 10：50，AGC 方式下，负荷从 480MW 升到 560MW 时，汽包水位 A、B、C 三点显示分别为 78、330、58mm；汽包水位高报警未发，两侧过热器温度最低降至 440/430℃左右。当负荷由 560MW 降到 520MW 时，两侧过热汽温再次降至 480/470℃左右。

【原因分析】检查现场云母水位计指示为 180mm，正常情况云母水位计显示的数值应该低于 CRT 显示值，因此实际水位应高于 180mm，从 DCS 工程师站检查，发现固定端 A、C 两台汽包压力变送器（编号分别为 PT01.2、PT01.5）显示近似为 0MPa，现场检查二台汽包压力变送器的二次阀关状态，完全打开该变送器二次阀后，汽包压力正常，汽包水位 A、C 显示恢复到正常。

【事件教训】本次满水事件的发生，反映出运行人员对汽包压力对水位修正影响如此之大的认识不足，没有在第一时间做出正确判断，而是片面认为本次减温水改造后蒸汽温度特性发生了不明变化，或是锅炉本体再次发生泄漏，延误了处理时间。

【案例 292】变送器非正常排污操作导致汽动给水泵跳闸机组 MFT

【事件过程】11 月 7 日 17：28，某电厂 1 号机组（1000MW）运行于 BIDRY 模式，汽动给水泵 A 在自动，电动给水泵处于热备，机组负荷为 300MW。由于给水流量低导致 MFT 动作。

【原因分析】历史数据分析得知，导致机组 MFT 的根本原因在于引发汽动给水泵跳闸的三只汽动给水泵入口流量变送器误动作。从流量曲线上看来，在 MFT 动作前的几个小时内，三只变送器工作稳定、输出一致，如图 6-3 所示。

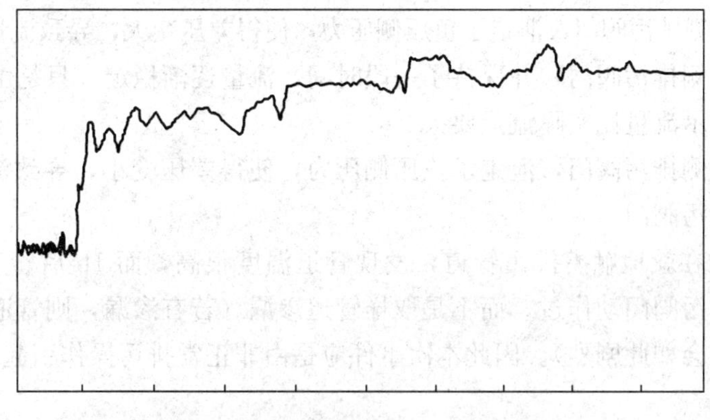

图 6-3　MFT 动作前流量变送器的变化趋势

而在 MFT 动作期间三只变送器误动作的方向和大小也是一致的，如图 6-4 所示。因此可以基本排除是由于变送器本身故障引起的误动作。

就地测量管路布置如图 6-5 所示。三只变送器是装在同一取样管路上的，只有取样管路上发生变化才能使得三只变送器统一动作。

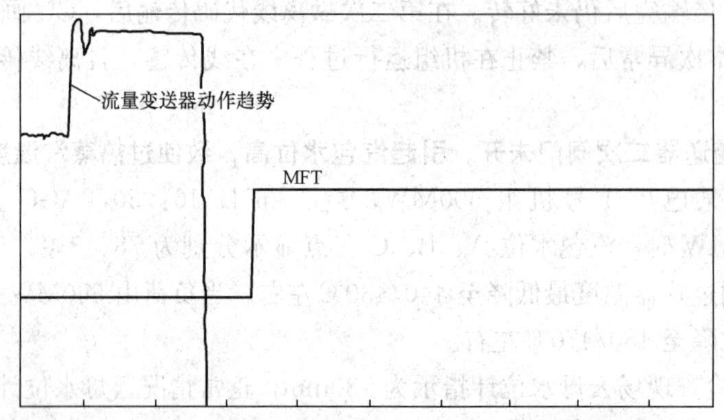

图 6-4 MFT 动作期间流量变送器的变化趋势

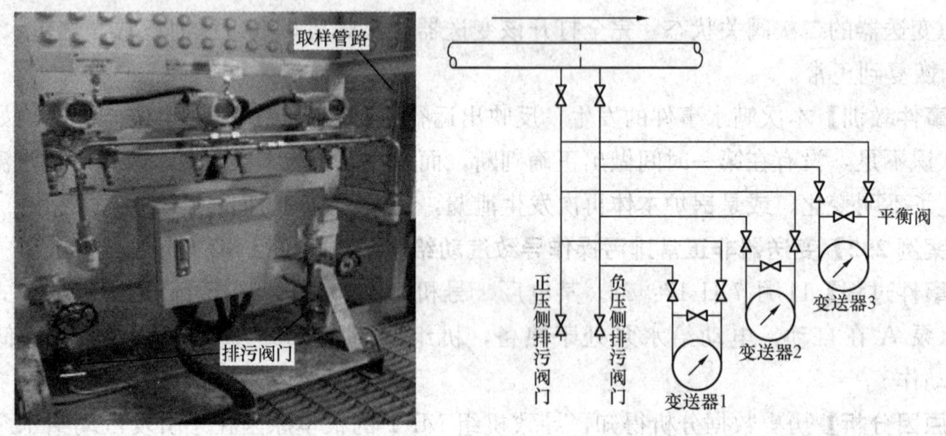

图 6-5 汽动给水泵入口流量测量装置就地管路布置及示意

从流量变化曲线可以推断整个误动作过程应该是：

（1）打开负压侧排污阀门，泄走了负压侧压力，使得差压变大，导致流量升至量程上限。

（2）关闭负压侧排污阀门，并保持了一段时间，流量逐渐稳定，只是由于排污后负压侧没有灌满，使得显示流量比实际流量要大。

（3）打开正压侧排污阀门，泄走了正压侧压力，使得差压变小，导致流量下降至 0。然后关闭了正压侧排污阀门。

事后 10min 内在就地触摸排污管道，发现管道温度很高，而 1h 后管道温度下降很多。这也可以证明是排污阀门动作过，而不是取样管道渗漏（若有渗漏，则管道温度应该一直较高，且流量变化不会如此剧烈）。因此本次事件应是由非正常排污操作引起的。

【防范措施】

（1）若汽动给水泵 A 入口流量的取样管路不是一路，而是三路分别供三只差压变送器，那么在一条管路上的误操作并不会引起汽动给水泵跳闸。因此，给水流量取样管路没有做到真正的冗余，导致了整个给水流量取样信号的可靠性下降。

（2）若运行人员能充分利用给水流量低导致 MFT 的 30s 延时，在最初的 20s 内让电动给水泵参与抢水，机组虽转为湿态运行，负荷也会有所下降，但是不至于 MFT 动作。

（3）制定并严格执行设备检修维护操作票制度，并实行操作监护制。

第四节　异常处置不当导致故障扩大案例分析

【案例 293】工程师站硬关机导致系统无法启动

【事件过程】某电厂机组控制采用日立 HIACS-5000M 控制系统。2 月 5 日，由于工程师站鼠标无法使用，考虑重启机器处理，由于现场经验不足，采用了硬关机后重启办法，但重启后，双击 Maintenance Tool 后提示“Could not readout maintenance tool information ……”。

【原因分析】不正常关机，导致 c:\windows\mntsys. ini 文件损坏。

【防范措施】

（1）热工人员在维护时，一定要按照日立 HIACS-5000M 控制系统的操作步骤进行，不做没把握的事，不留任何隐患，当修改量较大时，一定要和日立公司进行事前沟通，评估风险大小，确定相关方案，将风险降到最低，也便于我们的日常维护，确保 DCS 健康稳定运行。

（2）碰到本事件的解决方法可采用以下几种进行：

1）进行备份恢复，但必须保证该备份文件是最新的，程序是被编译过的，之后没有做过程序的改动、编译和下装。如果只是 DOC 路径是最新的，那就必须重新编译下装。

2）使用日立提供的镜像文件提取工具，从原镜像备份文件中将该文件提取出来覆盖即可。但由于该提取工具只能从日立公司通过电子邮件的形式从互联网上下载，但这样会受到病毒攻击，不要采取。

3）如果不能保证第一种，可采取如下办法：将现有系统做镜像备份到 D 盘保存，再将原镜像备份文件恢复，再将 c:\windows\mntsys. ini 文件拷贝到 D 盘下保存，再将先备份的镜像文件恢复，再将先备份的 mntsys. ini 文件覆盖到已恢复系统中，启动 maintenance tool 即可。

【案例 294】主从控制器冗余切换不成功故障处理不当导致 MFT 保护动作停机

【事件过程】4 月 21 日 3：41，某电厂 2 号机组 DCSSYS 报警。经检查系 2 号机组 3 号 PCU 柜 M3、M4 冗余控制模件组（型号 BRC100）中的主控制模件状态灯绿闪，主模件指示灯 7、8 亮，从模件状态灯绿色，但冗余指示灯 8 不亮。因为该对 BRC100 控制模件的控制对象包括机和炉协调控制系统、RB 功能、炉前燃油压力和流量控制、送风机 A 和 B 动叶控制、二次风控制和二次风小风门控制。基于问题的严重性，热工人员采取了相关安全措施。

在制订了相关处理方案并咨询 ABB 公司技术人员后，于 16：06 进行手动冗余切换，但不成功，操作员站上对应的该对 BRC 状态量显示紫颜色。对该对 BRC 模件进行离线下载，16：09 回到执行状态时，送风机动叶自关，引起炉膛压力低低 MFT。

【原因分析】根据上述故障现象分析，主控制模件状态灯绿闪，其错误信息为 NVRAM 内存检查错误；主模件指示灯 7、8 亮，表明主模件继续在执行状态运行，主模件出错时没能完成冗余切换；从模件状态灯绿色，表明从模件在执行状态，但冗余指示灯 8 不亮，表明从模件冗余切换不成功，这种情况下不能强制手动冗余切换。由于电厂热工人员就该问题的判断与处理，过于相信 DCS 厂家技术人员的水平，在未制订完善安全措施的情况下，进行了手动冗余切换，切换不成功后对该对 BRC 模件进行了离线下载，控制模件下载后再回到执行状态时有初始扫描过程，将赋予初始值使控制输出至零，从而导致控制对象状态失控。

【防范措施】上述故障需通过离线下载，对故障控制模件初始化来解决。但进行问题处理前，应制订完善的安全措施并邀请 DCS 厂家、电力试验研究院等技术人员论证，且下述条件必须满足：

（1）控制模件所有控制的设备能全部切就地手操（看运行能否满足）。

（2）对该控制模件所有有通信的点进行全部隔离（通信点全部整理），并强制与之对应的控制模件的联锁关系点。

（3）对不同 PCU 柜的硬接线点进行强制。

基于以上分析，暴露出故障分析处理过程中，技术人员考虑问题的全面性有待进一步提高。对 DCS 公司技术人员提出的问题的判断和处理方案，还应经过充分论证和确认。

【案例 295】控制器组态下载时安全措施不到位引起机组 MFT

【事件过程】1 月 17 日 3:10，某电厂 1 号机组负荷 100MW 左右，1:40，运行人员发现 1 号炉 CRT 画面上部分锅炉参数指示失真，“DCS 控制器故障”光字牌亮，运行人员通知检修部热工和设备部，热工人员到现场发现 DCS940 3A、3B 两个控制器现场都故障报警，经值长同意，对 3A、3B 两个控制器分别进行断电、断网络、重启试验，但均无法恢复，在此期间 1 号炉锅炉火焰强度信号、过热器、再热器汽包壁温、粉仓温度、一次风风速、一次风混合温度、一次风喷口温度、送引风液力偶合器温度、部分油枪油角阀位置信号；旁路烟道、减温水系统位置及控制信号等均失去监视及无法控制。设备部专工报经设备部门领导同意，按照 DCS 厂家技术人员要求，再次对 DCS940 3A、3B 控制器外部回路进行检查，均无法恢复 3A、3B 两个控制器工作。此时运行人员已经对上述信号失去监视达 1 个半小时，厂家技术人员要求解决此问题唯一途径是对 3A、3B 控制器进行组态重新下载，设备部专工再次报经设备部门领导同意，3:10，对控制器组态进行下载，发生数据传输混乱，1 号炉全炉膛灭火，MFT 故障跳闸，经控制器组态进行下载后，3A、3B 两个控制器恢复正常工作。

【原因分析】经查事故追忆，1 号炉 MFT 首出原因是全炉膛灭火，保护动作原因是 DCS940 控制器 3A，3B 两个控制器故障，热工人员为了消除故障，并经设备部领导和制造厂技术人员同意下载，但下载前未对所有该控制器涉及的硬、软信号采取相应措施，例如，将该控制模件所有控制的设备全部切就地手操（看运行能否满足），控制器所有通信的点进行隔离，并将与之对应控制模件有联锁关系点和不同 PCU 柜的硬接线点进行强制等。下载时 DCS940 控制器 3A，3B 输出的至零信号，将该控制模件所涉及控制的一次风门全部关闭，导致燃料失去，全炉膛灭火保护动作。

【防范措施】

（1）离线下载前，应将该控制模件所有控制的设备全部切至就地手操，强制控制器所有的通信点和对应控制模件有联锁关系的硬接线点。

（2）将处理方案制成标准操作卡。

（3）制订、完善设备故障时的应急处理安全措施，并经事故演习，确认措施的可靠性。

【案例 296】处理 DEH 通道故障时考虑不周导致机组跳闸

【事件过程】5 月 27 日 16:20，某电厂热工人员接到运行通知，2 号机组 DEH 系统 ASL1（挂闸 1）信号时好时坏，热工人员现场查看后发现 2 号机组 2F5 DI 端子板上“并网开关 1”“挂闸 1”两个信号状态时有时无，随即开工作票，工作票内容中注明“将 2 号机组 DEH 系统 ASL1、ASL2、ASL3、并网开关 1、并网开关 2，功能块关闭，强制输出为 1”。检修工作从 16：50 开始，热工人员检查发现 2 号机组 DEH 系统的 2F5 DI 板的“0”通道（并网开关 1），“1”通道（ASL1 挂闸）的实际开关量输入信号始终为“1”状态，但逻辑中组态点显示跳变，热工人员判断为 2F5 DI 板通道故障，随即实施通道更换工作，先更换了 ASL1（挂闸 1）信号通道，开放相应功能块，组态中显示该点正常，在进行“并网开关 1”通道更换的过程中，OPC 保护动作，过热器安全门动作，调节汽门关至“0”，复原“并网开关 1”通道，复位“OPC 模件”，调节汽门仍无法开启，运行人员立即手动停机。

【原因分析】

(1) OPC 保护动作原因（DEH 系统为新华 DEH-Ⅲ型）。检查 DCS 侧 SOE 信号记录为：17:37:50，OPC 超速保护动作。17:37:51，过热器安全门动作。17:37:53，OPC 超速保护复归。17:40:59，ETS 回路手动跳闸。检查 DEH 系统 OPC 保护回路，分逻辑回路和硬接线回路。

逻辑回路又分成软件和硬件 OPC 动作，软件动作结果是将调节汽门指令关至“0”，通过伺服阀使调节汽门关闭；硬件动作结果是触发 OPC 继电器，从而使 OPC 电磁阀动作，直接泄油压使调节汽门关闭。在逻辑回路中并网信号是二取一判据，只要有一副并网信号触点正常，即认为并网信号正常。

硬接线回路直接通过硬接线进入 OPC 模件，由 OPC 模件内部固化逻辑判断并直接触发 OPC 继电器，从而使 OPC 电磁阀动作。在硬接线回路中取的是“并网开关 1”，只要“并网开关 1”触点断开，OPC 模件内部固化逻辑就会触发继电器动作，从而完成 OPC 保护。

事发后，调看 DEH 历史曲线，在 OPC 动作时间，MGB1（并网开关 1）和 ASL1（挂闸 1）的信号均为“1”状态，OPC103（硬件 OPC 或软件 OPC 动作）为“0”状态，也就是说 DEH 系统的 OPC 逻辑组态回路并没有动作。由于 DCS 侧收到 OPC 保护动作的 SOE 信号，来自 DEH 侧 OPC 跳闸继电器输出，故分析认为是 DEH 系统 OPC 跳闸继电器动作引起 OPC 电磁阀动作，并向 DCS 系统送出 SOE 信号。

热工人员在事发时处理的是“并网开关 1”信号。缺陷处理前，虽然“并网开关 1”信号在组态上显示跳变但由于逻辑组态中“并网开关 2”仍正常，故逻辑判断仍为并网状态，热工人员处理时先进行了“并网开关 1”“并网开关 2”触点的强制，故逻辑回路在缺陷处理前后都不会触发。在更换“并网开关 1”信号通道时，热工人员拆除了通道接线，由于该通道实际一直处于“闭合”状态，拆线导致了 OPC 卡内部固化逻辑监测不到“并网开关 1”信号，从而导致 OPC 模件触发继电器回路，导致保护动作。

(2) 调节汽门无法开启的原因。由于本次 OPC 保护实际为硬接线回路触发，逻辑组态回路未动作，所以各调节汽门的指令信号没有降至“0”。OPC 电磁阀动作，油压泄掉后，调节汽门指令和反馈存在偏差导致伺服阀一直偏转动作，调节汽门缸体内油压建立不起来，故各调节汽门在热工人员迅速恢复“并网开关 1”通道后仍无法开启。

【防范措施】

(1) OPC 保护硬接线回路只有端子接线图，缺少 OPC 模件内部固有逻辑框图（新华厂家没有提供）。作业人员对 OPC 保护逻辑回路也没有完全理解消化，因此需要加强人员的培训和学习。

(2) 联系 GE 新华公司，提供有关 OPC 模件内部固化逻辑原理图或者有关设置说明。热工专业有完整的机组 OPC 保护原理框图，全面核对、修订 SCS 保护逻辑图纸。

(3) OPC 保护硬接线回路设置不合理，存在着误动可能性。组织进一步讨论，确定是否有必要在机组检修时对 OPC 保护硬接线回路进行改进，增加 GE 新华的三取二继电器板，增加一副“并网开关”信号，三个“并网开关”信号先送至三取二继电器板，然后再送至 OPC 模件，并且在逻辑组态中也做相应的修改，把目前对并网信号的二取一逻辑改为三取二逻辑。

(4) 如果再遇类似的缺陷处理，在所做安全措施上除了逻辑上有关信号点的强制，还需停 OPC 保护电磁阀电源（正常时不得电，动作时得电）。

(5) 节假日来临，工作人员思想麻痹，安全措施不完善也是本次事件的原因之一。

【案例 297】一次阀错误隔离导致给水流量低触发机组 MFT

【事件过程】某电厂 1000MW 机组，11 月 8 日，负荷 750MW，处于 BFDRY 运行方式（该方式下，汽轮机主控由功率回路控制，通过运行人员手动改变 DEH 侧目标负荷控制机组负荷。锅炉需求指令由机组实际负荷信号和主蒸汽压力校正信号组合形成，机组负荷指令跟踪实际负荷信号）。此时，燃料及风烟系统均在自动，系统由两台汽动给水泵自动给水，电动给水泵处于手动再循环热备状态。4:43:02，锅炉 MFT 保护动作，MFT 首出指示“给水流量低 517t/h，延时 30s”。

【原因分析】事件后，检查 MFT 动作过程历史记录，如图 6-6 所示。

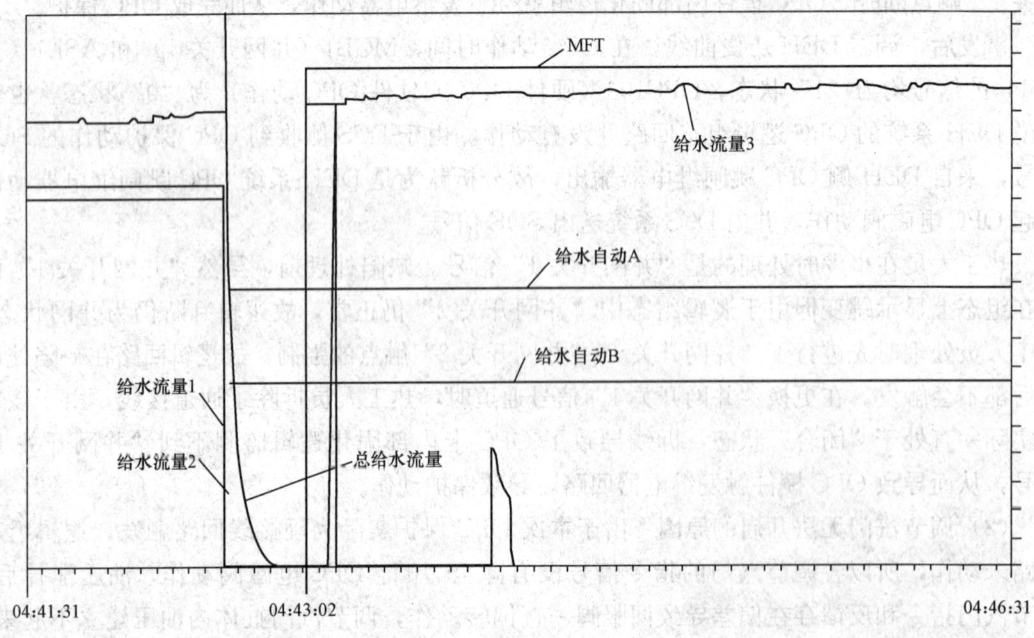

图 6-6 MFT 动作过程给水流量信号变化

检查事件记录：

04:42:28，省煤器进口给水流量 1、2、3 显示分别为 2078t/h、2083t/h、2475t/h；省煤器进口给水流量选择后为 2082t/h；汽动给水泵 A、B 均自动，指令分别为 61.2%和 61.2%。

04:42:32，省煤器进口给水流量 1、2 显示分别突降为 0t/h、0t/h，3 仍为 2475t/h；给水流量降至 2000t/h；汽动给水泵 A、B 均自动，指令分别为 62.1%和 62.1%。

04:42:33，省煤器进口给水流量 1、2 显示分别为 0t/h、0t/h，3 仍为 2475t/h；给水流量降至 1433t/h 后迅速突变至 0；汽动给水泵 A、B 切手动，指令分别维持为 62.1%和 62.1%；机组运行方式由 BFDRY 切换至 BHDRY。

04:43:02，省煤器进口流量低于 517t/h（三取二）持续 30s，MFT 动作。

从历史趋势分析，导致此次 MFT 动作的根本原因在于省煤器进口给水流量的两只变送器 1 和 2 的误动作。从曲线上分析，在此之前 4:27 左右，流量变送器 3 突降至 0t/h，事后查明是由引压管与变送器的卡口爆裂泄压所致，如图 6-7 所示。5min 以后，该流量开始上升，显示值比实际流量大，且与另两个流量值偏差越限。MFT 动作后该流量仍显示 2524t/h，说明卡口爆裂后此变送器已经损坏，示值不再具有参考性。此时参与给水控制的流量值为变送器 1 和 2 的平均值。而 04:42:32，省煤器进口流量 1 和 2 突降至 0t/h，由于变送器 1 和 2 同时误动，排除两支变送器一起发生故障或损坏的可能性。另外，考察就地测量管路的特殊性，如图 6-8 所示，变送器 1、2 测量管路从公用的引压管路引出，其引压一次阀在公用管路上，而变送器 3 的测量及取样管路独立。

图 6-7　省煤器入口给水流量变送器 3 卡口爆裂

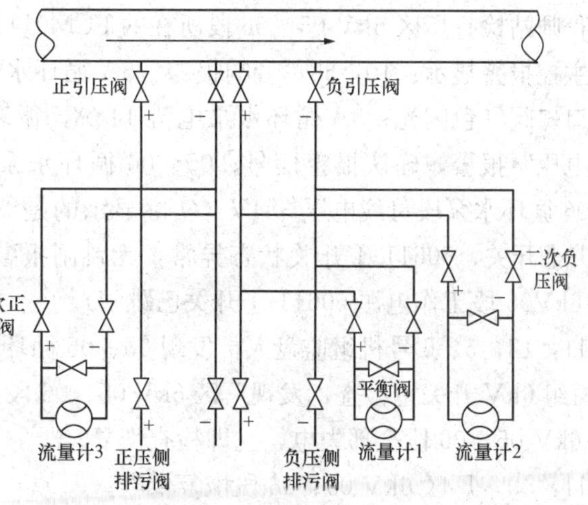

图 6-8　变送器 1、2 共用引压管

由上分析可以判断，流量 1、2 同时突降为 0t/h 的原因是取样管路上引压一次阀错误隔离。

在机组跳闸后，因给水泵滤网冲破，使两台给水前置泵在盘车时有异物卡死，停机两天，整体更换两台前置泵后才恢复启动。可见，简单的信号误动均可能因不确定的因素使事态不断扩大，造成严重的后果和损失。

【防范措施】

（1）加强应急反事故措施与规范性管理，严格操作监护确认制度。

（2）创造条件将变送器 1、2 取压管分开配置，实现信号全程冗余。

【案例 298】通信故障处理不当导致厂区 6kV 母线失电

【事件过程】某电厂 5 号机组 6kV 5A 段经 60511-Ⅰ、60511-Ⅱ开关带厂区 6kV 05 段，厂区 6kV 05 段上 5 号输煤变压器、5 号循泵变压器、5 号除灰变压器自带本段负荷；6 号机 6kV 6A 段经 60611-Ⅰ、60611-Ⅱ开关带厂区 6kV 06 段，厂区 6kV 06 段上 6 号输煤变压器、6 号循泵变压器、6 号除灰变压器自带本段负荷。12 月 27 日 1：26，三期公用域 DCS 控制系统 CP0001 下通信首次发生故障。

8：00 左右，热控人员检查 DCS 系统网络故障信息、就地 I/O 柜设备指示灯，发现 CP0001 下面的 FCM011100（电气公用系统现场通信组件）、FCM012200（循环水泵房通信组件）、FCM013300（燃油现场通信组件）、FCM014400（空气压缩机房现场通信组件）存在通信故障，尤其 FCM012200（循环水泵房现场通信组件）的故障最为严重，其中 A 网完全离线，B 网通信时断时续。

9：30，工作负责人办理编号 10370《三期公用域 DCS 控制系统通信故障检查》热控工作票，处理 FCM012200 卡件的通信故障。发电部安排汽轮机专工现场指导，运行将 5A 循环水泵 65A15 开关切就地控制，并派巡操人员到循环水泵房检查。

10：30，10370 工作票开工，首先对循环水泵房通信设备 A 网的 FCM012200 卡件进行插拔复位重新启动，检查卡件通信电缆接头，通信仍没有恢复。又对与 FCM012200 连接通信的光电转换器检查，插拔光电转换器同轴电缆接头和光纤接头，FCM012200 现场总线通信仍然未恢复。此后大约 5min，发现循环水泵房远程电子间照明突然消失，立即停止作业，回工程师站检查厂区 6kV 05、06 段所在的 FCM011100 相互冗余的通信卡件同时离线。

主控报警显示：10：55，音响报警，5A 循环水泵 DCS 画面运行状态异常；5A 循环水泵出口蝶阀红色闪光；5A 循环水泵电流 143A，循环水母管压力 47kPa；来“05 循环水泵段低电压”报警，确认报警信号；05、06 循环水泵变高、低压开关状态异常，DCS 画面 05、06 循环水泵段母线电压 384V（实际显示的是 05 循环水泵段电压值），检查 DCS 画面 60511-Ⅰ开关、60611-Ⅰ开关状态异常，无跳闸报警（事后查看历史曲线，实际于 10：55 厂区 6kV06 段工作电源 60611-Ⅰ开关已跳闸）。

11：13，5、6 号机组监盘人员发现 05、06 循环水泵段电压、电流指示为 0，派人到 5、6 号机组 6kV 开关室检查，发现厂区 6kV 05、06 段工作电源 60511-Ⅰ、60611-Ⅰ开关跳闸，厂区 6kV 05、06 段全部失电，立即检查恢复。

11：50，厂区 6kV 05、06 段恢复供电。

【原因分析】故障发生后，电气专业人员检查厂区 6kV 05、06 段工作电源 60511-Ⅰ、

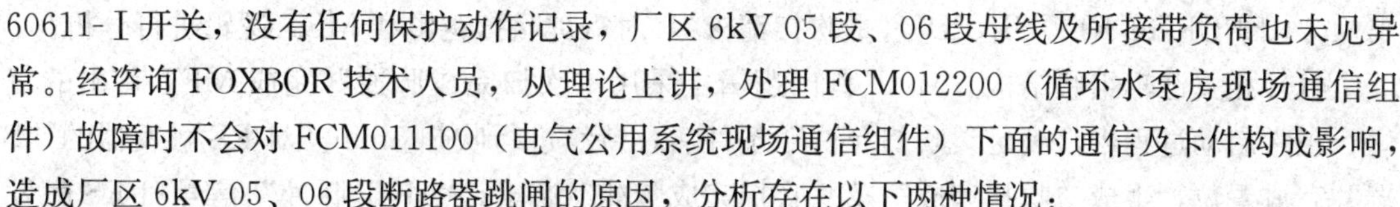

60611-Ⅰ开关，没有任何保护动作记录，厂区 6kV 05 段、06 段母线及所接带负荷也未见异常。经咨询 FOXBOR 技术人员，从理论上讲，处理 FCM012200（循环水泵房现场通信组件）故障时不会对 FCM011100（电气公用系统现场通信组件）下面的通信及卡件构成影响，造成厂区 6kV 05、06 段断路器跳闸的原因，分析存在以下两种情况：

（1）通信异常。在两块互为冗余的 CP0001 卡件同时离线后重新恢复正常的瞬间，可能存在由于不能确定的 CP 内部运算造成数字量输出卡件某个通道发生翻转，但在 DCS 系统硬件故障记录软件中，并没有查到 CP0001 同时离线的记录。

（2）现场控制组件 FBM011100 卡件本身某个通道故障造成数字量输出发生翻转，使厂区 6kV 05、06 段断路器跳闸，但当时两路现场总线的通信全部离线，DCS 系统历史库没有采集到出现异常的这两个 6kV 断路器分闸指令及反馈、合闸指令及反馈异常时的真正状态。

【防范措施】

（1）热控人员在处理公用域通信故障时，只考虑到通信异常下面卡件会保持原有状态，不会使控制方式发生变化，没有考虑到此时个别卡件发生故障异常时在上位机是无法监控到其故障异常状态的，未对所有关联设备采取有效防范措施。

（2）运行监视画面上某些点描述、报警信号存在错误，如 06 循环水泵段显示电压、电流值实际是 05 号循环水泵段的电压、电流值；06 号循环水泵段失压，而来的报警信号为“05 循环水泵段低电压”，长期以来运行和检修人员都没有发现。

（3）本次热控人员进行公用域 DCS 系统检查时，运行人员虽然提前采取了一些防止事故扩大的措施，但考虑不够周全，没有向当值人员进行风险告知，同时在监盘人员发现异常报警信号时，思想上重视不够，没能全面查看相关参数，致使厂区 6kV 06 失压 18min 未发现，使事态扩大。

（4）设备管理部针对本次厂区 6kV 05、06 段的分闸、合闸指令同为 CP0001 控制的同一块 FBM011104 卡件，更换此卡件（已经落实）。

（5）设备管理部全面核查在同一控制模件（同一 CP）上相同类别、相互备用负荷的分闸、合闸等控制指令，全面考虑合理分配，改为由不同 CP（不同模件）控制，降低同时出现故障的概率。

（6）要求今后进行热控系统作业时，发电部和设备管理部都必须制订完善的安全技术措施，在作业期间一旦发生异常，立即停止工作，并按照《DCS 系统故障应急预案》果断处理。

（7）发电部和设备管理部配合，认真梳理各机组 DCS 系统中是否还存在不正确的点名及报警信号，普查并消除。

【案例 299】报警信号处理不当引起机组跳闸

【事件过程】8 月 25 日，某电厂运行人员查巡画面，发现 2 号炉 FSSS 系统的 MFT 首出画面中“ALL FUEL OFF”（全炉膛燃料丧失）信号存在，联系仪控人员要求检查处理。8：57，2 号机组负荷 292MW 运行，仪控人员对 MFT 首出信号进行复归后，该首出报警信号消失，9：27，2 号机组跳闸。

【原因分析】机组跳闸后当地电力试验研究院热工人员立即赶赴现场与电厂相关专业人员共同进行检查，查看 DCS 操作员站事件记录和 SOE 记录，MFT 动作顺序正常，MFT 首出为“REPURGE REQUIRED”（重吹扫请求），对锅炉吹扫逻辑和 MFT 逻辑进行分析。

（1）相关逻辑组状结构。MFT 首出逻辑中采用“吹扫完成脉冲”完成 MFT 首出的复位。正常启动过程中，满足“吹扫允许”条件后，持续进行吹扫 5min，对 RS 触发器的“S 端”完成置位，生成“吹扫完成”及“吹扫完成脉冲”逻辑。“MFT 脉冲”信号对 RS 触发器的 R 端完成复位。而当以下 3 个条件同时成立，且 B、C 条件未复位持续 30min 后，即生成“重吹扫请求”信号：①“吹扫完成”；②“吹扫完成脉冲”信号，对 RS 触发器的“S 端”进行置位，“任一油角阀开”信号（包括微油油角阀）对 RS 触发器的“R 端”进行复位；③“吹扫不允许”信号对 RS 触发器的“S 端”进行置位，“吹扫完成脉冲”信号 RS 触发器的“R 端”进行复位。

（2）MFT 逻辑中断点的形成分析。

1）锅炉启动及吹扫逻辑：机组发生 MFT 后，在无 MFT 条件存在时，吹扫 5min 后复位 MFT 及 MFT 首出，如果停止吹扫后（即吹扫不允许）30min 内不点火，机组就需重新吹扫。

ON/OFF 功能块置 1 时生成“吹扫完成脉冲”信号，在机组冷态进行联锁试验时，通过 ON/OFF 功能块完成 MFT 及 MFT 首出信号的复位。在机组冷态下进行相关试验时（如汽轮机挂闸），需要强制 MFT 条件，还需通过“吹扫完成逻辑”中的 ON/OFF 功能块复位 MFT。

强制恢复时恢复到正常状态，如果存在 MFT 条件，MFT 动作、MFT 首出也报出。锅炉仍然需要正常流程点火（无 MFT 条件时、吹扫后复位 MFT 及 MFT 首出），不留逻辑断点。所以仪控人员在编制强制卡时把“吹扫完成逻辑”中的 ON/OFF 功能块对 MFT 及 MFT 首出复位作为标准项。

2）逻辑断点的形成。如果锅炉点火时未吹扫，用吹扫完成逻辑中的 ON/OFF 功能块来复位 MFT 及 MFT 首出，“吹扫完成”信号不能形成，MFT 首出应该复位。即使在运行中用吹扫完成逻辑中的 ON/OFF 功能块来复位 MFT 首出，由于“吹扫完成”信号不成立，不会启动重新吹扫逻辑。“吹扫完成”信号存在，表明机组是按标准流程进行吹扫后正常点火，未形成逻辑断点。

机组按标准流程进行吹扫来点火，发现某一 MFT 条件不稳定或容易触发，暂对 MFT 触发器该条件进行强制，过程中该 MFT 条件触发，因为该 MFT 条件既进 MFT 触发器，又进 MFT 首出逻辑，所以 MFT 未触发，而 MFT 首出触发。因为 MFT 未触发，所以吹扫完成逻辑中的 MFT 脉冲未能复归“吹扫完成”信号。“吹扫完成”信号仍然存在，而 MFT 首出画面有首出信号，形成逻辑断点。

（3）本次事件的过程分析。根据运行记录分析，5 月 6 日 2 号机组复役启动。按正常流程进行吹扫后用“微油点火”模式进行点火。由于冷态点火且“微油点火”方式下小油枪流量小、2B 磨煤机一次风加热装置投运不正常，使微油火焰检测信号较弱，“失火焰检测退油枪”频繁动作（现场观察着火），故暂时强制“失火焰检测退油枪”“微油火焰检测信号”。由于小油枪油角阀状态反馈存在问题，在逐投小油枪过程经常退出，频繁触发“全炉膛燃料丧失”MFT 条件，暂将该条件短时强制。点火初期，少量投用的油枪出现油角阀反馈故障自动退出，“全炉膛燃料丧失”条件满足，由于信号强制机组不发出 MFT 信号，但在首出画面上就留下“全炉膛燃料丧失”信号，逻辑断点产生。

运行人员检查画面时发现，“全炉膛燃料丧失”MFT首出信号存在，仪控人员按照标准强制条件中的MFT首出复归方法对MFT首出信号进行复归，因为逻辑断点存在的原因，从而触发“重吹扫请求”锅炉MFT。

造成本次事件的原因如下：

(1) 工作在启用逻辑条件强制期间以及解除恢复后，对相关DCS画面及逻辑组态核查不够全面。恢复常态后对因强制而产生逻辑断点等遗留问题，专业认识不足，使异常信号产生初期未能及时发现，造成“全炉膛燃料丧失”MFT首出报警信号长时间存在，错失处理的有利时机，留下了安全隐患。

(2) 仪控人员对现有逻辑强制后可能形成的逻辑断点认识不足，在编制强制卡时没有注明相关条件。特别在对“全炉膛燃料丧失”MFT首出信号复位前，对该报警信号可能产生的条件和原因分析不够全面，未意识到可能产生的异常情形，按常规方式进行复位，最终导致了正常运行的锅炉“重吹扫请求”条件满足，触发锅炉MFT。

(3)“重吹扫请求”信号逻辑不够严密，未能区分机组已经点火运行状态，仍然按吹扫完成后30min后未点火来处理。

【防范措施】 针对本次事件，提出以下防范措施：

(1) 加强逻辑信号的强制管理措施，对重要仪控信号的强制和复归操作严格执行监护和确认，完善仪控强制/解除的执行程序和流程。

(2) 针对以上逻辑功能组态中存在的问题和不足，进行研究和分析，提高逻辑功能的可靠性及适用性，待机组停运，修改相关逻辑。

(3) 目前机组启停及重大试验操作期间，在非正常运行方式或非常态工况下，为符合和满足特定要求，需要热工人员短时对逻辑功能做出适应性调整或改变，执行中存在的风险应引起高度重视。启用逻辑条件强制期间以及解除恢复后，相关DCS画面及逻辑功能组态要进行全面检查。

【案例300】汽包水位测量故障处置不及时导致机组跳闸

【事件过程】 2月10日，某电厂210MW机组运行负荷124MW，主蒸汽压力10.0MPa，主蒸汽温度536℃，再热蒸汽温度536℃，汽包差压水位计第一、三套显示正常，第二套因显示异常强制为0mm。18：20左右，监盘人员发现主蒸汽温度逐渐下降，遂采取措施调整燃烧，但蒸汽温度仍持续下降，18：35左右，值长令启润滑油泵，准备打闸停机；18：39，2号机组“主蒸汽温度过热度低于50℃”保护动作跳机，发电机解列，锅炉灭火。停机后运行人员检查发现第一套汽包差压水位计冻结，立即通知检修人员对该水位计测量管进行烘烤。

【原因分析】 现场检查机组配置有两只双色水位计，但甲侧上部黑暗，乙侧模糊不清；两只电接点水位计未投运（因电极经常漏汽，经公司领导批准退出运行）；三套差压式水位计中第二套强制为0mm（因指示异常在10日白班时被强制），实际上只有两套差压水位计供运行人员参考。正常运行情况下，汽包水位测量1、2、3点选择中值作为水位调节的被调量值，并在画面下方的常用参数和集控室大屏上显示。当1、2、3点水位测量值中任一点品质坏时，DCS自动做坏值剔除，在剩余两点中，取平均值作为水位被调量值。水位报警逻辑设计为三取二逻辑，由 1、2、3 点经过判断得出，水位报警设置有坏点判断功能，事故放水门的联开信号由水位高二值报警逻辑决定；水位保护设计为三取二逻辑，由 1、2、3 点经过判断得出，水位高＋230mm、低－200mm 时 MFT 发出，水位高＋270mm 时直接发跳机信号，水位保护设置有坏点判断功能。

10 日午后环境温度逐渐降低，第一套差压水位计逐渐上冻，17：12 该水位计指示最低值，但因其 DCS 判断并不是坏点（实际差压显示为量程最大值 800mm，而 DCS 品质坏判断条件为超量程或断线，故不会发品质坏信号），并未退出汽包水位保护逻辑判断和汽包水位自动调整。此时，根据自动系统逻辑设定，系统一直由强制过的第二套水位计（强制时并未退出逻辑运算）、指示最低值的第一套水位计和指示正常的第三套水位计的中值即强制过的 0mm 水位对汽包水位进行自动调整（虽然此时任意两点之间的偏差已很大，但因自动选择模块偏差设置为 1000，故不会发出报警且切为手动），集控室大屏幕和监视画面下方显示的是经逻辑判断后的三取中即第二套水位计的零数值，而实际上汽包水位是在逐渐升高。至 17：47 汽包实际水位已经上升至＋288mm，但汽包水位高、低报警和保护的逻辑均是三点三取二，而此时 1 点为－380mm，2 点为 0mm，3 点为 288mm，所以汽包水位保护未动作，也未发出水位高二值以上的报警联锁信号，汽包事故放水门在整个水位上涨过程中也未能及时的自动联开，此后主蒸汽温度开始逐渐下降。

自 18：20 左右主蒸汽温度开始逐渐下降，当时 2 号磨煤机停运，检修人员正在处理磨煤机电动机轴承异音。根据运行经验，运行人员初步判断为煤质变化，注意力主要集中在燃烧调整上，对主蒸汽温度持续下降原因判断不正确，没有认真核对汽包水位计，对汽包水位进行调整，直至主蒸汽温度降至 460℃以下时，主蒸汽温度下降较快，18：39，2 号机组“主蒸汽温度过热度低于 50℃”保护动作，汽轮机跳机，发电机解列。

2 号锅炉在用的五套水位计，两套双色水位中甲侧双色水位计长时间故障没有得到彻底处理，乙侧双色水位计不清晰也没有认真进行冲洗或处理；差压式水位计入冬以来已发生过上冻现象，经检修处理有所好转，但仍未处理完善，重大安全隐患整改落实不到位是造成此次故障的直接原因。三套差压水位计在一套已经发生上冻故障情况下没有引起值班人员的足够重视，只是简单的进行强制，自动和保护功能未做相应改变，并且水位自动选择模块偏差值设置不合理，从而给运行人员的监视造成假象，保护逻辑的管理还存在一定的漏洞；值班人员值班期间没有认真核对就地和远传水位计，是造成此次故障的重要原因。

【防范措施】此次故障暴露出了该电厂技术管理和运行管理上的许多问题，事后该电厂组织各个相关部门和专业的人员对此事件进行了反思和整改。在技术上主要进行了以下整改：

(1) 事件当天天气寒冷，凌晨该电厂电气出线已经出现过几次系统冲击，而且入冬以来 2 号机组也发生过汽包水位计上冻造成的异常事件，运行人员对恶劣天气的极端情况下相关事故预想不充分，对主蒸汽温度持续下降原因分析判断不正确。督促运行部门加强管理和反事故培训，提高运行操作水平；责成维护部门对防冻措施进行彻底检查整改。

(2) 事件中，第二套差压水位计在发生故障情况下未严格执行《电力系统二十五项反措》中“当有一点因某种原因退出运行时，应自动转为二取一的逻辑判断方式”的规定，只是对该点简单的进行了强制，该点仍参与保护逻辑和自动调整，并且水位自动选择模块偏差值设置不合理，没有起到应有的保护和故障报警功能，反映了部分热工人员对保护逻辑的原理学习不充分、理解不透彻，保护逻辑强制工作还存在一定漏洞。要进一步加强专业人员及时培训，提高工作技术水平，切实避免类似现象的再发生。

（3）报警光字牌只是由三只差压式测量水位补偿后三取二判断发出，而上述三只水位计在此次故障情况下高、低报警都是不会发出，不能及时提醒运行人员进行操作，因此针对水位逻辑修改成各只水位计分别取高、低报警信号及时进行报警。

（4）测点品质坏判断为DCS厂家现有功能设定，只进行超量程和断线判断不尽合理，需厂家做进一步的研究改进；水位自动选择模块偏差值设置为1000默认值更不应该，及时调整为任意两点之间偏差大于50即发报警，并切水位自动调整为手动调节。

【案例301】机组右侧主蒸汽门前温度测点导管脱落泄漏导致机组解列

【事件过程】2月23日14：42，某机组负荷266MW，主蒸汽压力16.2MPa，主蒸汽温度539℃，机组正在加负荷，突然汽轮机6.3m处发出一声巨响，伴随着高压蒸汽冲出的声音。运行人员立即减负荷，降低机组运行参数，并通知维修人员检查和逐级汇报相关管理人员。

就地检查发现右侧主汽门前温度测点热电偶护套管脱落，机组运行中无法处理，于16:49按调度命令机组与系统解列。2月24日06：25消缺完毕，机组与系统并列运行。

【原因分析】热电偶护套管脱落原因，是护套管焊缝内部裂纹发展导致全周基本是裂穿后，在管道内部压力作用下被蒸汽冲脱。经检查一期主蒸汽管道材料为P22合金耐热钢，热电偶护套管材料为奥氏体不锈钢，之间焊接为异种钢焊接，焊接时热电偶护套管插入管道中，采用了不锈钢焊条焊接，其焊缝金属与P22钢的线膨胀系数差别较大，在机组启停热胀冷缩过程中的应力作用下导致焊缝开裂。其次，这种结构焊接时，易存在根部未焊透，在运行过程中，未焊透的根部产生裂纹。虽然曾在机组A级检修中，对该温度护套管的角焊缝进行过着色探伤，但由于探伤工艺限制当时未发现内部裂纹等缺陷。

【暴露的问题】案例暴露出焊接工艺缺陷和设备管理不细化两方面问题，其中：

（1）奥氏体不锈钢与P22耐热钢焊接属于异种钢焊接，这种焊接易产生不锈钢焊条焊接部分与耐热钢母材结合处熔融不均而开裂。

（2）温度护套管的角焊缝着色探伤的有效性了解不深，现场个别设备管理未落实设备主人。

【防范措施】针对暴露的问题，制订了相应的两个方案。

（1）在一期机组大、小修期间，对主蒸汽及高温再热蒸汽管道上温度测点按25%的比例进行抽检；对抽检的温度测点，将表层焊肉打磨后再进行焊缝探伤，对探伤情况进行综合评估，如果焊缝开裂为个别现象，对焊缝开裂的温度测点按焊接缺陷处理，同时制订滚动抽检计划，在2个大修周期内完成全部高温、高压温度测点抽检；如果焊缝开裂具有普遍性，则扩大检测范围。

（2）在一期机组大、小修期间，对主蒸汽及高温再热蒸汽管道上温度测点无接管座的温度导管拆除，在大管道上安装接管座，温度导管焊接在管座上。接管座及温度导管均采用与大管道相同的P22材料。

（3）对设备管理重新进行梳理，做到每一个设备有对应的设备主人。

第五节　控制系统全过程管理与故障预控

为保证热工自动化设备和系统的安全、可靠运行，可靠的设备与控制逻辑是先决条件，正常的检修和维护是基础，有效的技术管理是保证。只有对热工自动化系统设备和检修运行维护进行全过程管理，对所有涉及热工自动化系统安全的外部设备及设备的环境和条件进行全方位监督，并确保控制系统各种故障下的处理措施切实可行，才能保证热工自动化系统的安全稳定运行。

一、控制系统全过程管理

（一）全过程管理问题分析

1. 过程监督

随着热控系统监控功能不断增强，范围迅速扩大，故障的离散性也增大，使得组成热控系统的控制逻辑、保护信号取样及配置方式，控制系统、测量和执行设备、电缆、电源、热控设备的外部环境以及为其工作的设计、安装、调试、运行、维护，检修人员的素质等，这中间任何一环节出现问题，都会引发热工保护系统不必要的误动或机组跳闸，影响机组的经济安全运行。因此如何进一步做好热控系统从设计、基建、安装、调试到运行、维护、检修的全过程质量监督与评估，提高热控设备和系统运行的安全可靠性和经济性至关重要。

2. 提高可靠性

由于各种原因，热控系统设计的科学性与可靠性、控制逻辑的条件合理性和系统完善性，保护信号的取信方式和配置，保护联锁信号定值和延时时间的设置，系统的安装调试和检修维护质量，热工技术监督力度和管理水平，都还存在着不尽人意处，由此引发热工保护系统可预防的误动仍时有发生。而随着电力建设的快速发展，发电成本的提高，电力生产企业面临的安全考核风险将增加、市场竞争环境将加剧。因此如何提高机组设备运行的安全性、可靠性和经济性是电厂经营管理工作的重中之重。

3. 热控设备管理

目前仍停留在传统的管理模式，所有设备的检修，不管运行状况如何，基本都采用定期检修与校验方式，其结果是大量人力做了无用功（比如，仪表调前合格率统计达98%甚至更高的仪表，仍按规定的周期全部进行检测校验，结果不仅浪费人力、物力，还有可能增加设备的异常）。一些单位设备采购时，因对设备质量好坏不了解和无设备选型参考依据，流入一些质量不好的产品，对机组的安全运行构成影响甚至威胁。因此如何通过对在线运行设备的质量进行分类，制订合理的仪表校验周期，是电厂管理工作中迫切需要解决的问题。

4. 验收

随着企业管理向集约化经营和管理结构扁平化趋势，为提高经济效益，电厂在多发电、提高机组利用小时数的同时，通常通过减少生产人员的配备以提高劳动生产率。此外发电企业密切与外包检修企业联系，专业检修队伍取替本厂检修队伍的配置将是发展趋势。在这种情况下，如何监督、评价、验收一台机组热工自动化系统运行、维护、检修的质量，热工缺少一个系统的、可付诸操作的评估标准。

综合上述电厂控制设备检修、运行、维护的环境与形势，纵观电厂设备维护工作方面的制约因素；本着电力生产“安全第一，预防为主”的方针，以及效益优先原则，有必要从提高热工自动化系统的可靠性着手，开展深入的技术研究工作。

（二）控制系统运行维护管理技术措施

提高热工自动化系统可靠性的全过程管理技术，需要从设计开始，贯穿基建、安装、调试、运行、检修、维护和管理的整个过程。

1. 完善分散控制系统故障应急处理预案

目前国内大、中型火力发电机组热力系统的监控，普遍采用分散控制系统，电气系统的部分控制也正在逐渐纳入其中。由于分散控制系统形式多样，各厂家产品质量不一，分散控制系统各种故障，如供电电源失电、全部操作员站“黑屏”或“死机”、部分操作员站故障、控制系统主从控制器或相应电源故障、通信中断、模件损坏等故障仍时有发生。有些因处理不当，造成故障扩大，甚至发生炉爆管、机大轴烧损的事故。因此防止分散控制系统失灵、避免热控保护拒动造成事故的发生也就成了机组安全经济运行的重要任务。从行业组织到地方集团公司，多年来一直都要求所属电厂制订分散控制系统故障时的应急处理预案，并对运行和检修人员进行事故演练。但到目前为止，各电厂编写内容参差不齐，有些电厂无此预案，有些电厂虽有预案但内容不能满足控制系统故障时的处理需求，对故障的处理起不到指导作用，多数情况下还是凭着运行和检修人员的经验来处理，结果发生了不该出现的局面。

近几年在总结提炼开展《分散控制系统故障应急处理预案》编写工作经验的基础上，结合 DCS 中存在的可靠性问题处理方法研究，进一步组织进行了《分散控制系统故障应急处理导则》的编写研究工作，并以此在浙江某电厂 600MW 机组上进行了反事故演习，旨在规范电厂《分散控制系统故障应急处理预案》的内容和完善方向，提高运行维护人员的故障处理能力，减少机组或设备运行异常时，因操作不当而造成故障扩大事件的发生。

2. 热控设备可靠性分类与测量仪表校验周期合理化

热控设备的可靠性区别很大，有的设备运行多年无异常，有的设备一投运问题就层出不穷，其原因除设计外，与设备选型也有很大关联。为保证经济效益的最大化，不同系统的设备应根据可靠性要求，选用可靠性级别不同的设备，而测量仪表的校验周期，按要求均得按规程进行周期校验，但由于现有的校验规程落后于仪表的发展，因此实际上现各电厂都自定了校验周期，有的仪表二年，有的仪表一个大修期，但拿不出一个制订的依据。

因此为提高在线运行仪表的质量，开展热控设备可靠性分类与测量仪表合理校验周期及方法的专题研究，通过对仪表调前合格率和设备故障损坏更换台账的统计分析，结合设备使用场合、可靠性和厂家服务质量，进行《热控设备可靠性分类研究》，其结果供电厂设备选型参考，并以此作为电厂热控测量仪表校验周期制订的依据，实现电厂仪表校验周期的规范性。并针对传统的测量仪表校验方法在人力和财力方面存在的浪费，且不一定能确保仪表在线精度的情况。进行新的仪表校验方法的探讨，比如，若现场条件许可，仪表运行质量检查采用在线状态（零点和运行点）核对方式，当状态（零点和运行点）核对达不到要求的测量系统，则进行单体仪表的常规性校准。

3. 热工自动化系统与设备质量评估

目前电力行业开展有设备安全评价、监督或设备评估等工作，但评估标准的细化程度和可操作性不够，参与评价人员对规程的理解与专业水准不同，评价的结果差别较大，且很少开展设计和基建的评估工作。因此在贯彻落实热工自动化系统检修、运行、维护规程基础上，结合安全评价标准，收集、消化、吸收国内有关电厂技术管理经验，总结、提炼国内自动化设备运行检修和管理经验、事故教训，编制系统化、规范化、实用的、可付诸操作的热工自动化系统与设备质量评估导则，用于开展行业热工自动化系统设计、基建、运行、维护、检修、监督的评估工作。

评估工作，对于新建机组，应从设计阶段的设备配置开始，重点深化基建热工的安装调试质量的评估，减少设计、选型、安装调试过程中的安全隐患和遗留问题，提高基建移交商业运行机组热控系统的可靠性，改变过去机组移交生产，也就是改造工作开始的那种局面。对于运行机组，则应从运行、维护、检修到管理，重点是对控制逻辑的条件合理性和系统完善性，保护信号的取信方式和配置，保护联锁信号定值和延时时间的设置，系统的安装调试和检修维护质量，热工技术监督力度和管理水平等方面的评估，通过对设备内部过程和微观变化的分析，掌握设备状况的变化趋势，以此判断安全程度，采取预防措施，防患于未然。

通过评估工作的开展，促进热工过程监督的科学化、规范化、精细化管理，提高机组安全经济运行的可靠性和监督工作的实效性。

4. 拓展热工监督工作内涵，提高热工监督工作有效性

热工技术监督是促进安全经济运行、文明生产和提高劳动生产率的不可缺少的手段，它的重要性体现在它所监督的热工自动化系统及设备，在保障机组安全启停、正常运行和故障处理过程中不可替代的作用，严格执行它所制定的规章制度，是热控设备可靠运行、减少故障发生的保证。随着电力行业的快速发展和热工自动化设备的日新月异，提高热工自动化系统可靠性技术研究工作，还应包括拓展热工技术监督内涵，确保所监控的参数准确和系统运行可靠，以对机组的安全经济运行真正起到实有成效的作用，当前尤其应开展以下方面的工作：

（1）实现远程监控和动态监督。随着电力行业的飞速发展，各集团公司的机组数量和容量不断增加且分布全国各地，就目前状况要做到实时有效地生产管理难度大。同样作为技术监督服务方的省级电力科学研究院（电力试验研究院）服务机组数量和服务范围的快速增加，专家型技术人员相对短缺，服务效率与客户要求的差距增大。

解决的办法是加快实施远程监视系统，通过办公电脑，主管部门可以对电厂机组的运行状况进行实时监视，对生产运营情况进行决策；省级电力科学研究院（电力试验研究院）可进行实时动态监督、远程技术支持、服务和故障事故原因分析查找，从而提高服务质量和服务效率。

（2）实现监督程序化。基于实时参数的设备管理系统软件，目前国外引入的已不新鲜，但价格昂贵且有些水土不服之疑。省电力科学研究院（电力试验研究院）开发的监督管理系统，有的缺乏实时数据支持和在线综合分析以及与其他系统的接口功能，不被电厂接受。

建立电厂设备检修、运行、维护、管理一体化的热工监督信息平台，通过与SIS系统接口，将DCS控制系统界面以标准化格式引入平台，对热工在线运行参数综合分析判断，将同参数间显示偏差、倒挂，不符合运行实际的参数点等及时自动生成报表，发出处理请求，生成缺陷处理单，并对处理响应速度和结果进行跟踪统计，使检修校验工作有的放矢。

对自动调节参数的品质进行判断，分别统计出稳态和动态时设定点偏离值（值大小和频

次）和越限值（时间和频次），进行时间段内调节汽门特性、静态和动态调节品质，阀门切换等曲线和指标的自动生成。对运行中出现的越限报警信号进行归类、智能分析（滤出不需要的报警，频繁出现的报警，速率动作报警），为提高运行人员的预控能力发挥作用。

实现热工参数考核指标，例如，自动利用率、DAS投入率、保护投入率、测量系统抽查合格率、超温统计的自动生成。此外可将维修工作流中的日常消缺、点检、计划检修工作以及维修外包等，均在平台下进行定点、定标、定期、定项、定人、定法、检查环境条件、记录、处理和报告等进行信息化。

（3）推动培训工作的健康开展。随着技术发展和新建机组增加，新、老电厂都面临人员技术素质跟不上需求的局面。加强技术培训、实现远程或网上技术教育，提高热工人员技术素质，是做好热工监督工作的基础。因此为推动培训工作健康开展，建议行业组编系列培训教材，建立岗位证书制度，指导集团公司和省级电力试验研究院培训工作的进行；通过网络定期发布技术水平测试试卷，促进各单位技术培训工作的深入；开展行业技术操作比武竞赛，调动热工专业人员自觉学习和一专多能的积极性。提高专业人员积极主动的工作责任性、科学严谨的工作态度、功底扎实的专业和管理技能。

5. 加强技术管理，减少大机组异常停机事件

设计、制造上的缺陷及产品本身的质量问题在机组试运行期间，尤其是刚投入生产运行的初期阶段难以避免，应做好故障统计和原因分析工作。建立完备的异常数据库系统，收集基础数据，找出规律，并举一反三地排查机组中的隐患，及时解决基建期间的遗留问题。同时，这些数据的积累对今后机组进入稳定运行后的检修维护、快速准确地进行故障诊断等都有重要作用。

对于安装工艺和安装质量上存在的问题，应加强基建过程的技术监督管理工作，加强与基建部门的联系，在促进安装质量提高的同时，应熟悉和掌握各专业技术上可能存在的隐患点。

应加强运行检修人员的操作和技能培训，熟悉、掌握被控对象特性，了解设备的性能指标、使用环境，研究操作方法，提高业务熟练程度，减少操作的盲目性，避免误操作。

优化控制策略，满足大机组复杂对象的控制要求。对于大机组局部大惯性、大延时的被控对象，可采用自适应控制、模糊控制等现代控制技术，使机组的运行参数稳态时控制在允许波动范围内，异常状态下也能满足机组安全运行的要求。

6. 做好季节性防异常停机措施

针对季节变化对机组运行可靠性的影响，提出做好季节性防异常停机措施。

（1）防雨：大雨季节是机组故障易发时段，在做好防汛排涝准备工作、落实汛期应急抢险预案的同时，电厂还应疏理漏洞，在多方面加强管理。

大雨季节，燃煤中含水量增加，黏结性增强，导致原煤仓堵塞，锅炉断煤，这对直吹式制粉系统锅炉运行影响很大，易发生炉膛燃烧不稳甚至熄火的现象，因此减少连续雨天时的堵煤故障是一个值得关注的问题。除安装干煤棚和合适的防堵塞疏通装置外，应加强燃煤管理，防止泥煤、带纤维杂物等易发生堵塞煤种入场。

对循环水泵房旋转滤网、二次滤网及其前后压差表、冲洗泵、排污泵、紧急排水泵及相应的二次控制回路应定时进行检查、试验，保证安全可靠、随时可用。

电气和热控方面要认真全面检查带电设备的密封防水性能，例如，就地控制柜和端子箱、现场测量设备和控制装置、仪表管线和电缆进出口等，要确保密封设备或器件的有效、可靠，防止电气设备进水、漏水和渗水。

(2) 防冻：为防止冬季气温骤冷，仪表管道受冻误发跳机信号，冬季来临前应进行如下全面检查：采用常规保温材料的仪表仪器，确认保温材料符合要求，全程保温完好，无脱落、漏保（如一次门）、雨水浸入保温材料造成无保温效果的管段。采用电伴热保温系统，确认电源电压，电源熔丝容量可靠，电热带无折断、开路或被管道内介质高温熏烫烧坏现象，并经通电试验保温效果良好；对于蒸汽伴热系统，确认伴热蒸汽管疏水器疏水正常，否则要及时查明原因，同时要防止过度加热发生汽化，导压管内出现汽液两相而引起测量误差。

(3) 防雷击：东部地区及临海沿江雷电活动频繁。对于热控二次系统，要保证现场设备（如变送器、执行机构、压力开关等）的壳体、屏蔽电缆、走线槽等接地安全可靠，接触电阻满足规定要求。对分散控制系统内不同性质的接地，如电源地、逻辑地、机柜浮空后接地等应严格按照生产厂家说明书要求连接。定期检测接地排的接地电阻，确保其接地性能稳定可靠，以减少雷电对热控系统的袭击。

7. 不放过原因不明事件

对于那些真正起因未能暴露和原因不能确认的异常停机事件，要坚持“未查明原因不放过”原则，让安全隐患真正暴露出来，进而从根本上及时、彻底地消除设备缺陷，排除安全隐患。要防止对事件原因进行猜测估计和侥幸心理，或采取回避态度。

二、热工人为故障预防与控制

人为故障预控工作是通过对人为原因引起的故障进行多角度数据统计及分类分析，寻找故障发生中关于人的直接原因，然后针对各项直接原因逐项挖掘人为因素，找出间接原因，并进一步分析人为因素产生的管理缺陷，寻找故障发生、发展的规律，逐项制订整改方案和措施。

（一）人为故障产生的主要因素

1. 业务素质教育和培训不足

从故障原因的分析结果看，人的不安全行为比设备的不安全状态在故障致因相关性方面表现得更强，反映出认知、技能因素对发生人为原因引起的故障影响最大，培训不到位也是造成误操作事件发生的最为主要的基础原因之一。

从常规统计分析中的人员原因分类统计分析结果来看，因操作人员业务水平素质不高造成一般误操作事件的数量是最多的。运行维护人员技术素质低，不认真学习，对基本的、典型的操作规程和顺序不掌握、不熟悉、不理解，以至操作票填写、审核错误，对保护设备的功能原理未吃透等都是培训不足的表现，缺乏工作责任心，麻痹大意，缺乏风险意识，不严格执行现有的规章制度，违章作业，没有做到想清楚再干，也都反映出业务素质教育与培训的不足。

2. 制度、程序、标准制订不充分

检修与运行人员的工作任务之一就是负责进行设备维护与操作，根据误操作的技术分类统计，制度不完善也是造成误操作、误试验事件的主要原因之一，加强和完善相关的管理制度，就能大大地减少误操作事件发生的几率。另外，如果能够进一步规范设备试验与操作模式，养成良好的操作习惯，也能大大地减少设备误操作事件的发生。

3. 管理失误影响

从管理原因分类统计分析结果来看，因不严格执行管理制度或管理混乱是造成误操作事件发生的最主要原因。因此加强对现有规章制度的执行力的监督，严格要求操作人员按照“两票三制”管理制度执行也是防止误操作事故发生的重要措施。

4. 生理、心理、性格因素的影响

统计数据表明造成人为故障的间接原因中，工作人员生理、心理、性格因素在故障成因的因素里也是重要的因素，工作人员的生理、心理状况，性格特征（包括身体疲劳、工作压力、注意力、情绪波动、性格特征、心理状态等因素）与人为误操作事件有相当的关联度。工作人员的生理、心理处在不良状态时，极其容易引发工作人员做出不安全行为，导致人为故障的发生。性格特征的一些负面表现，同样也很容易诱发出工作人员的不安全行为，最终导致人为故障的发生。

（二）人为误操作事件的预控

全面提高防误操作管理水平，规范检修与运行操作人员作业行为，要牢固树立“一切事故都可预防”的安全信念，完善防误管理制度、健全防误装置及手段，就能够进一步遏止人为故障的发生，尤其是恶性误操作事故的发生。

1. 加强学习和培训

组织生产一线人员集中学习有关防误操作的规章制度，使员工对有关防误操作的知识、技能达到应知、会做的要求。结合对恶性误操作事故典型案例的学习，提高人员风险意识和防误能力。对施工队伍和人员进行施工作业安全措施和作业安全管理规定学习，在施工中严格执行防误操作的规章制度。加强现场作业的监督和作业过程检查，掌握员工的技能和意识情况，以及作业过程执行作业指导书的规范程度，为培训和作业指导书的优化提供依据。强化误操作事故案例学习和现场事故案例演示，促进各基层班组切实做到举一反三，充分吸取经验教训，堵塞管理和作业过程中的漏洞。安全监察部门每年收集、整理上年度电力系统发生的事故案例，并印发事故汇编，在组织生产人员开展学习的同时，把事故案例的相关内容作为年度安全规程制度考试的重点内容之一。

制作防误操作安全教育片，影视作用比学习文件更有效果，通过对防误操作安全教育片的学习，取得更好的教育结果。加强仿真系统培训和考核，进一步提高防误调度和防误操作的能力。重视操作人员的应急能力培训，会处理在操作过程中出现的异常情况。加强操作人员的操作票的培训工作，开展安全心理学、安全行为学知识培训，提高员工的心理素质。

制订每年防误操作知识培训需求和计划。根据员工的意识和表现，以及运行设备装置的现状，不但有对新员工的培训计划，还要有针对老员工和安全监督负责人、安全监督人员、安全员的培训计划，并且每年末对培训的对象、内容和方法进行总结和评估，以利于明年计划的制订。

2. 加强安健环管理，营造安全作业环境

对照相关标准检查安健环建设情况，重点检查设备标识牌的准确性及安装位置的合理性，做到设备标示清楚、操作灵活。定期对现场集中布置的操作按钮等进行分隔标识，对标志丢失、模糊的按照图纸进行完善，对褪色标志进行补色。对屏柜、端子箱的操作按钮、指示灯等画线分区。

加强防止走错间隔或位置的安全措施。在检修施工的工作票中，应有对周围运行设备进行安全隔离的措施。对于在检修施工现场周围可操作的运行设备，应采取有效的安全隔离措施。例如，将现场就地控制箱上锁或缠警示带，运行屏柜挂“运行中”警示牌或红布、用警示带缠绕开门把手等方法。在施工屏柜内有运行设备的，应采用警示带贴、围住运行设备。

3. 加强对现有规章制度执行力的监督管理

加强对“两票三制”制度执行力的监督，结合人为故障案例，向每一位现场工作人员宣贯严格遵守“两票三制”制度的重要性，充分体会违反“两票三制”制度的危险性。运行单位在加强“防误”工作的同时，注意防止外单位施工时发生的误操作事故。加强外委工程安全技术交底，完善现场安全措施，防止施工人员误入间隔、误操设备。

加强检修管理制度的执行力，强化检修单位的现场检修工作的标准化和程序化管理，要求细化检修文件和现场作业指导书，要求现场作业指导书精确到工作过程中的各个环节。检修工作的风险分析和危险点辨识需做到详尽、全面，并要求每一项检修工作都应有其相应的经审批的检修文件和现场作业指导书。

加强防止检修过程中发生误碰、误接线或误操作事故的措施。在现场工作过程中，因工作需要改变安全措施，必须经过工作许可人同意，由工作许可人和工作负责人共同检查安全措施无误后，在工作票上记录，工作负责人、工作许可人双方签名后方可实施，由工作班人员操作时，必须在值班人员的监护下进行操作。进行检修工作前应具备与实际状况一致的图纸、上次检验的记录、检验规程、合格的仪器仪表、备品备件、工具和连接导线等。对一些重要设备，应由工作负责人编制安全试验方案，经技术负责人审批后实施。现场工作应按图纸进行，严禁凭记忆作为工作的依据。如果发现图纸与实际接线不符时，应查线核对，若有问题，应查明原因，并按正确接线修改更正，然后记录修改理由和日期。运行设备和停电设备应严格分开，防止误碰和误接线，要核对保护定值，防止误整定。

4. 重视防误操作制度与能力建设

加强防误操作的制度与技术研究，加强现场作业的危害辨识与风险评估，对现场设备操作风险进行全过程、全方位的风险评估。用规范的图形、符号、颜色表达防误操作的信息，对标志牌的配置与设置要求内容准确、标志清晰、位置明显和安装规范，并要求定期对标志进行检查与维护。

优化人机及工作环境的界面，建立运行、维护和检修操作系统，制订明确的运行值班工作标准、巡检与维护工作标准，以控制误操作风险。

加强作业的全过程控制，作业前要准备作业指导书，明确风险控制措施，准备好人员、工具和安全标识。严格遵守“两票三制”，严格执行操作监护人制度。

赋予员工安全生产风险知识和防误操作控制意识，开展安全心理学、安全行为学知识培训，开展安全技能和安全管理的考核与竞赛，加强操作人员防误操作能力培训，制订每年防误操作知识培训需求和计划。

5. 加强生产一线人员安全心理状况调查与分析

坚持以人为本，提高员工的安全意识和责任心，高度重视生产一线的人员和基层班组长的心理状况。基层领导和管理人员参加生产一线人员的工作，通过实际的工作，理解操作人员的工作环境和工作气氛，在工作中通过观测、谈话了解生产一线人员的思想和心理状况。采用座谈形式，了解员工对管理制度、操作规程和教育培训等方面的意见，通过提问也可以了解到生产一线人员的思想和心理状况。通过问卷的形式，设计好各种提问，采用书面或网络作答。该方法可以不署名，作答者可以大胆地回答各种问题，为省公司的安全监察部门和人事部门提出生产一线人员安全心理状况调查报告。

研究工作人员的情绪、性格、气质对误操作事件的影响，培养工作人员在工作上耐心细致、仔细思考、乐观、主动、积极工作等良好心理因素，帮助员工克服好强、爱发脾气、蛮干、急躁等危险心理因素，培养工作人员能够在工作任务紧、技术难度大、个人问题多的情况下有正确的态度对待，克服困难，完成任务。

管理人员要善于分析个人的情绪、性格、气质特点，在分配工作上做到量人而用，合理分配，科学安排。只有掌握了工作人员的思想动向，才能使安全生产有备无患，变消极被动为积极主动，促进安全生产再上新台阶。

从培养良好心理素质入手，运用安全心理学的研究方法，探索安全生产的心理规律，把安全管理实践与安全心理学研究有机结合起来，进一步防止人为故障的发生。

第七章 热控系统可靠性配置与故障预控

随着分散控制系统（DCS）在电力生产过程中的广泛应用和覆盖面扩展，其可靠性对机组安全经济运行和电网稳定的影响逐渐增加。由于DCS形式多样，最初配置时因投资和设计考虑不周，加上各厂家产品质量不一，DCS硬、软件故障引起机组跳闸的事件时有发生，有些还因处理不当使故障扩大，造成了设备损坏。因此，设备配置是维持热控系统可靠性的关键，完善系统配置，减少热控系统故障，提高热控系统可靠性和机组运行安全稳定性，需要从热控系统可靠性配置及预防事故技术措施入手，从机组热控系统基建及改造过程中的设计、安装、调试和生产过程中的检修、维护、运行及监督管理方面提高机组运行的可靠性。

第一节 分散控制系统设备可靠性配置

一、单元机组分散控制系统

（一）人机接口与服务器配置

分散控制系统中的操作员站、服务器、通信网络、电源均应采用可靠的冗余配置。为便于检修与维护，工程师站宜具备操作员站显示功能，否则应在工程师站中配置仅开放显示功能的操作员站。单元机组集控室内的操作员站通常不宜少于4台。当DEH系统与DCS系统采用不同硬件类型时，应单独配置操作员站。正常运行时，操作员站的闲置外部接口功能与工程师站的系统维护功能均应闭锁。

当用于保护与控制的参数严重异常时，应有明显的声光报警，并提供可进一步了解信号情况的手段。

当DCS与DEH为不同系统时，为防止DEH系统出现异常时汽轮机失去监视和控制，宜在DCS操作站画面上，实现主重要设备运行状态和影响机组安全经济运行指标参数（主重要参数）的监视和操作功能。该操作功能在机组正常运行时应予以屏蔽，当DEH操作员站发生异常时即时开放。

采用多机一控的电厂，必须保证机组之间的操作隔离和网络设备上的逻辑隔离，确保机组间不能相互访问，减少网络风暴对系统的影响。

（二）控制器配置

控制器应采用冗余配置，其对数应严格遵循机组重要保护和控制分开的独立性原则配置，不应以控制器能力提高为理由，减少控制器的配置数量，从而降低系统配置的分散度。为防止一对控制器故障而导致机组被迫停运事件的发生，重要的并列或主/备运行的辅机（辅助）设备控制，应按下列原则配置控制器：

(1) 送风机、引风机、一次风机、空气预热器、凝结水泵、真空泵、重要冷却水泵、重要油泵和非母管制的循环水泵等多台组合或主/备运行的重要辅机，以及A、B段厂用电，应分别配置在不同的控制器中，但允许送风机和引风机等按介质流程组合在一个控制器中。

(2) 泵控制系统应分泵配置在不同的控制器中。

(3) 磨煤机、给煤机、风门和油燃烧器等多台组合运行的重要设备应按工艺流程要求纵向组合，配置至少三个控制站。

为保证重要监控信号在控制器故障时不会失去监视，汽包水位［超（超）临界压力直流机组除外］、主蒸汽压力、主蒸汽温度、再热蒸汽温度、炉膛压力等重要的安全参数，应配置在不同的控制器中（配置硬接线后备监控设备的除外）。

(三) I/O信号配置

输入/输出模件（I/O模件）的冗余配置，根据不同厂商的分散控制系统的结构特点和被控对象的重要性来确定，推荐下列配置原则：

(1) 应三重冗余（或同等冗余功能）配置的模拟量输入信号：机组负荷、汽轮机转速、轴向位移、给水泵汽轮机转速、凝汽器真空、主机润滑油压力、抗燃油压、主蒸汽压力、主蒸汽温度、主蒸汽流量、调节级压力、调节级金属温度、汽包水位、汽包压力、水冷壁进口流量、主给水流量、除氧器水位、炉膛负压、增压风机入口压力、一次风压力、再热蒸汽压力、再热蒸汽温度、常压流化床床温及流化风量、中间点温度（作为保护信号时）、主保护信号。

(2) 至少应双重冗余配置的模拟量输入信号：加热器水位、热井水位、凝结水流量、主机润滑油温、发电机氢温、汽轮机调节汽门开度、分离器水箱水位、分离器出口温度、给水温度、送风机风量、磨煤机一次风量、磨煤机出口温度、磨煤机入口负压、单侧烟气含氧量、除氧器压力、中间点温度（不作为保护信号时）、二次风流量等。当本项中的信号作为保护信号时，应三重冗余（或同等冗余功能）配置。

(3) 应三重冗余配置的重要开关量输入信号：主保护动作跳闸（MFT、ETS、GTS）信号；联锁主保护动作的主要辅机动作跳闸信号等。

(4) 冗余配置的I/O信号、多台同类设备的各自控制回路的I/O信号，必须分别配置在不同的I/O模件上。

(5) 所有的I/O模件的通道间，应具有信号隔离功能。

(6) 电气负荷信号应通过硬接线直接接入DCS；用于机组和主要辅机跳闸的保护输入信号，必须直接接入对应保护控制器的输入模件。

(7) 控制系统应具备全球定位系统接入功能，各种类型的历史数据必须具有统一时标，能自动与全球定位系统时钟同步，并由全球定位系统自动授时。

与分散控制系统连接的所有相关系统（包括专用装置）的通信接口设备应稳定可靠，其通信负荷率应不高于运行检修规程的相关要求。与其他信息系统联网时，必须按照相关法规的要求，配置有效的隔离防护措施。

为满足隔离或增加容量等需要而在测量和控制系统的I/O回路中加装隔离器时，应遵循以下原则：

(1) 宜采用无源隔离器，否则隔离器电源宜与对应测量或控制仪表为同一电源。

(2) 应采取有效措施，防止积聚电荷而导致信号失真、漏电而导致执行器位置漂移、电源异常导致测量与控制失常现象发生。

(3) 隔离器安装位置，用于输入信号时应在控制系统侧，用于输出信号时宜在现场侧。

二、公用与辅助控制系统

水、气、煤、灰、油、脱硫、脱硝等（以下简称公用与辅助）热控系统的自动化水平，应按照相关规程规定，综合考虑控制方式、系统功能、运行组织、辅助车间设备可控性等因素进行设计。

采用集中控制的公用与辅助系统时，应满足以下要求：①各控制区域系统（包括专用装置）的供电电源均应分别冗余配置，并经实际试验证明可靠；②各控制区域的控制装置（包括电源装置、CPU 等）、交换机、上层主交换机及网络连接设备，均应分别冗余设置；③应充分考虑辅助系统（车间）分散、距离较远的特征，确保其网络的通信速率、通信距离满足监控功能的实时性要求；④各控制区域的网络系统应能与 SIS 系统进行通信，以实现全厂监控和管理信息网络化；⑤无人值班车间（区域）应设置闭路电视监视系统，并与主厂房闭路电视监视系统统一考虑，确保对就地设备的监视。

采用母管制的循环水系统、空冷系统的冷却水泵、仪用空气压缩机及辅助蒸汽等重要公用系统（或扩大单元系统），宜按单元或分组纳入单元机组 DCS 中，以免因公用 DCS 故障而导致全厂或两台机组同时停止运行；不宜分开的，可配置在公用 DCS 中，但不应将控制集中在一对控制器上，以免因控制系统故障而导致对应设备全部跳闸。

循环水泵房设备运行中操作少，处于无人值守或少人值守状态，且现场工作环境条件差，因此进行控制系统设计、维护时，还应满足以下要求：①充分考虑温度、湿度、防尘、防电磁干扰、防腐蚀等因素的影响，选用高可靠性的监控设备与装置，并配套完善的防护设施；②按危险分散的原则，单元机组循环水泵应配置独立的控制器进行控制，并合理分配循环水泵房 DO 通道，使一块 DO 模件仅控制一台循环水泵。

为防止空冷机组的空冷设备管束冻结，应根据空冷制造厂的要求设置相应的检测手段（如环境温度等）。当达到防冻保护启动条件时，应按空冷制造厂要求的方式启动防冻保护程序。

在两台及以上机组的控制系统均可对公用系统进行操作的情况下，必须设置优先级并增加闭锁功能，确保在任何情况下，仅一台机组的控制系统可对公用系统进行操作（设计的自动联锁功能除外）。

自带控制装置的现场设备（如循环水泵房蝶阀）实现 DCS 远方控制时，控制其启停的指令，应采用短脉冲信号。公用与辅助控制系统均应设置必要的就地操作功能，以便在控制系统故障的紧急情况下，可以通过就地手操功能维持公用系统运行。

三、硬接线设计和后备监控设备

（一）重要保护与联锁

FSS、ETS 和 GTS 的执行部分必须由独立于 DCS（或 PLC）的安全型继电器（或经多年运行证明是安全可靠的继电器）、按故障安全型的原则设计、能接受三重冗余或二路并串联（2×2）冗余的解列指令信号进行三选二或 2×2 判别的硬接线逻辑回路组成。

单元机组保护发出的锅炉、汽轮机和发电机的跳闸指令，以及联跳制粉系统、油燃烧器、一次风机、给水泵汽轮机、关闭过热器和再热器喷水截止阀、调节汽门等的重要保护信号，不应通过安全等级较低的其他控制系统处理后再转传至安全等级较高的保护系统，或仅通过通信总线传送，还应通过硬接线直接接至相应控制对象的输入端。

输入 ETS、MFT 的保护动作信号必须专用，通过硬接线直接接入。汽轮机润滑油压力低联锁信号应同时连接 DCS 输入通道和油泵的电气启动回路。从不同控制单元获取的重要设备的联锁、保护信号，应采用硬接线接入，必要时可采用硬接线与通信信号进行或逻辑判断，以提高可靠性。

（二）后备监控设备

为确保控制系统故障时机组安全停运，单元机组至少应设计独立于分散控制系统的下列配置：

（1）后备监视仪表：锅炉汽包电接点水位表、水位电视监视器（直流炉除外）和炉膛火焰电视监视器。

（2）双后备操作按钮：必须有两个独立的操作按钮接点串接，且每个按钮输出两副及以上接点，在送入 DCS 系统（或独立的保护控制器）的同时，直接连接至独立于 DCS 控制对象执行部分继电器的逻辑回路。应配置双后备操作按钮的有紧急停炉按钮（手动 MFT）、紧急停机按钮（手动 ETS）、发电机解列按钮（手动 GTS）。

（3）单后备操作按钮：接点信号在送入 DCS 系统的同时，直接作用于 DCS 控制对象的单个强电控制回路。至少应配置单后备操作按钮的有手动启座锅炉安全门按钮（机械式除外）、汽包事故放水门手动按钮、凝汽器真空破坏门按钮、交流润滑油泵启动按钮、直流润滑油泵启动按钮、停汽动给水泵按钮、启动柴油发电机。

四、电源系统

（一）分散控制系统电源

分散控制系统正常运行时，必须有可靠的两路独立的供电电源，优先考虑单路独立运行就可以满足控制系统容量要求的二路 UPS 供电，正常运行时各带一半负荷同时工作，确保电源切换对系统不产生扰动。当采用一路 UPS、一路保安电源供电时，如果保安电源电压波动较大，应增加一台稳压器以稳定电源。

分散控制系统应设立独立于 DCS 系统的电源报警装置。机柜两路进线电源及切换/转换后的各重要装置与子系统的冗余电源均应进行监视，发生任一路总电源消失、电源电压超限、两路电源偏差大、风扇故障、隔离变压器超温和冗余电源失去等异常时，控制室内电源故障声光报警信号均应正确显示。

分散控制系统电源应优先采用直接取自 USP A、USP B 段的双路电源，分别供给控制主、从站和 I/O 站电源模件的方案，避免任何一路电源失去引起设备异动的事件发生。操作员站、工程师站、实时数据服务器和通信网络设备的电源，应采用两路电源供电并通过双电源模块接入，否则操作员站和通信网络设备的电源应合理分配在两路电源上。MFT、ETS 和 GTS 等执行部分的继电器逻辑保护系统，必须有两路冗余且不会对系统产生干扰的可靠电源。为保证硬接线回路在电源切换过程中不失电，提供硬接线回路电源的电源继电器的切换时间应不大于 60ms。

当采用 N+1 电源配置时，应定期检查确认各电源装置的输出电流均衡，防止因电源装置负荷不均衡造成个别电源装置负荷加重而降低系统可靠性。冗余电源的任一路电源单独运行时，应保证有不小于30%的裕量。公用DCS系统电源，应取自不少于两台机组的DCS系统UPS电源。

分散控制系统在第一次上电前，应对两路冗余电源电压进行检查，保证电压在允许范围之内。电源为浮空的，还应检查两路电源其零线与零线、火线与火线间静电电压不应大于70V，否则在电源切换过程中易对网络交换设备、控制器等造成损坏。

（二）独立装置电源

重要的热控系统双路供电回路，应取消人工切换开关；所有的热控电源（包括机柜内检修电源）必须专用，不得用于其他用途。严禁非控制系统用电设备（如呼叫系统）或干扰大的系统或设备（如伴热电源）连接控制系统的电源装置。保护电源采用厂用直流电源时，应有发生系统接地故障时不造成保护误动的措施。

独立配置的重要控制子系统［如ETS、TSI、给水泵汽轮机紧急跳闸系统（METS）、MEH、火焰检测器、FSS、循环水泵等远程控制站及I/O站电源、循环水泵控制蝶阀等］，必须有两路互为冗余且不会对系统产生干扰的可靠电源。

所有装置和系统的内部电源切换（转换）可靠，回路环路连接，任一接线松动不会导致电源异常而影响装置和系统的正常运行。

独立于DCS的安全系统的电源切换功能，以及要求切换速度快的备用电源切换功能不应纳入DCS，而应采用硬接线逻辑回路，例如：①硬接线保护逻辑的供电回路；②安全跳闸电磁阀的供电回路；③直吹式制粉系统（给粉机或给煤机）的总电源回路。

（三）UPS及厂用电源

UPS供电主要技术指标应满足规程的要求，并具有防雷击、过电流、过电压、输入浪涌保护功能和故障切换报警显示，且各电源电压宜进入故障录波装置和相邻机组的DCS系统以供监视；UPS的二次侧不经批准不得随意接入新的负载。UPS电源装置应与DCS的电子机柜保持空间距离，自备UPS的蓄电池应定期进行充、放电试验。

应将热控系统交、直流柜和DCS电源的切换试验，电源熔断器容量和型号（应速断型）与已核准发布的清册的一致性，DI通道熔断器的完好性，电源上下级熔比的合理性，电源回路间公用线的连通性，所有接线螺栓的紧固性，动力电缆的温度和各级电源电压测量值的正确性检查和确认工作，列入新建机组安装和运行机组检修计划及验收内容，并建立专用检查、试验记录档案。

机组C级检修时应进行UPS电源切换试验，机组A级检修时应进行全部电源系统切换试验，并通过录波器记录，确认工作电源及备用电源的切换时间和直流供电维持时间满足要求。

完善不同电源中断后的恢复过程操作步骤与安全措施，部分电源中断后，在自动状态下的相关控制系统以切手动为妥，恢复过程应在密切监视下逐步进行。

第二节　分散控制系统逻辑可靠性配置

一、热工保护逻辑与信号

（一）保护逻辑条件的配置

应根据不同厂家设备制订标准。推荐配置的热工主保护至少包括：

（1）汽包锅炉主保护配置：手动紧急停炉保护、汽轮机跳锅炉保护、引风机全停保护、送风机全停保护、空气预热器全停保护、失去全部火焰保护、失去全部燃料保护、风量低Ⅱ值保护、一次风机全停保护、炉膛压力高Ⅱ值保护、炉膛压力低Ⅱ值保护、汽包水位高Ⅱ值保护、汽包水位低Ⅱ值保护、火焰检测器冷却风丧失保护、三次投油枪点火失败保护、DCS电源失去保护、FSS电源失去保护、炉膛压力高Ⅲ值保护、炉膛压力低Ⅲ值保护。

（2）直流锅炉主保护配置：手动紧急停炉保护、汽轮机跳锅炉保护、引风机全停保护、送风机全停保护、空气预热器全停保护、全部火焰失去保护、失去全部燃料保护、风量低Ⅱ值保护、一次风机全停保护、炉膛压力高Ⅱ值保护、炉膛压力低Ⅱ值保护、火焰检测器冷却风丧失保护、三次点火失败保护、DCS电源失去保护、FSS电源失去保护、给水流量低保护、给水泵全停保护、分离器出口温度高（水冷壁壁温高）保护、中间点温度保护。

（3）汽轮机主保护配置：手动停机保护、汽轮机超速保护、轴向位移大保护、汽轮机轴系振动保护、润滑油压低Ⅱ值保护、凝汽器真空低Ⅱ值保护、抗燃油压低Ⅱ值保护、锅炉跳汽轮机保护、发电机—变压器组保护、主蒸汽温度过低保护、再热蒸汽温度过低保护、发电机断水保护、DEH失电保护。

单元机组的锅炉、汽轮机和发电机之间必须装设下列大联锁跳闸保护：

（1）锅炉故障发出总燃料跳闸停炉信号后，单机容量为300MW及以上的机组应立即停止汽轮机运行。100～200MW的机组，除非满足下（2）保护，并同时设置有汽包水位高联跳汽轮机组保护和防止汽轮机进水保护，否则也应立即停止汽轮机运行。

（2）汽轮机运行中，当主蒸汽温度或再热蒸汽温度变化速率保护或低温保护动作时，应保护动作停机。

（3）汽轮机跳闸时，除非机组具有快速甩负荷（FCB）功能，或解列前汽轮机负荷小于30%～40%（视旁路容量而定）且旁路系统可快速开启投入工作，否则应立即触发MFT停炉。

（4）表征汽轮机跳闸的信号发出且发电机出现逆功率信号时，应立即解列发电机。

（5）内部故障导致发电机解列时，应立即联跳汽轮机；电网外部故障导致发电机解列时，除非机组具有FCB功能，否则应立即联跳汽轮机。

（二）保护信号的配置

根据热工保护“杜绝拒动，防止误动”的基本配置原则，所有重要的主、辅机保护信号，应满足设计规程的要求，尽可能采用三个相互独立的一次测量元件和输入通道引入，并通过三选二（或具有同等判断功能）逻辑实现，不满足要求的应进行优化。

保护信号均宜全程冗余配置，任一过程元素故障应报警但不会引起系统误动或拒动。对热工保护联锁信号应进行全面梳理，从提高动作可靠性的角度出发进行优化。

触发停机停炉的热工保护信号测量仪表应单独设置。当与其他系统合用时，其信号应首先进入优先级最高的保护联锁回路，其次是模拟量控制回路，顺序控制回路最低。控制指令应遵循保护优先原则，保护系统输出的操作指令应优先于其他任何指令。

MFT、ETS、GTS间的跳闸指令，必须至少有两路信号，通过各自的输出模件，并按二选一或三选二逻辑启动跳闸继电器。MFT、ETS的出口继电器，均宜设计成相互独立的两套系统，或采用三选二冗余逻辑。当DCS、DEH总电源消失时，应直接通过FSS和ETS

的输出继电回路，自动发出停炉和停机指令。

润滑油压力低信号，应直接接入事故润滑油泵的电气启动回路，确保事故润滑油泵在没有DCS控制的情况下能够自动启动，保证汽轮机的安全。炉膛压力保护定值应按锅炉制造厂家给出的定值进行设定。运行中需要进行调整时，须充分考虑炉膛的设计强度和辅机系统的运行要求，并征得制造厂商同意或联系制造厂商共同讨论确定。

通信网络传送的重要保护联锁系统的开关量信号，应通过加延时、与对应的硬接线保护信号组成或逻辑等方法来确保信号的可靠性，减少信号瞬时干扰造成的保护系统误动作。

（三）保护回路可靠性配置

保护回路中不应设置运行人员可投、撤保护和手动复归保护逻辑的任何操作设备。200MW及以下机组的工程师站中，已设计有投切开关的保护系统应设置有状态显示和投、撤开关操作的确认功能。

ETS硬件由PLC组成时，应冗余配置且双网通信，保证当发生局部通信不正常时，ETS系统能正常工作。当纳入DCS时，控制器处理周期应不大于20ms，并具有防止在DCS通信中断、模件故障、主机死机等异常情况下，导致ETS保护功能拒动和误动的技术措施。

保护逻辑组态时，应合理配置逻辑页面和正确的执行时序，注意相关保护逻辑间的时间配合，防止由于取样延迟和延迟时间设置不当，导致保护联锁系统因动作时序不当而失效。

为避免单个部件或设备故障而造成机组跳闸，在新机组逻辑设计或运行机组检修时，应采用容错逻辑设计方法，对运行中容易出现故障的设备、部件和元件，从控制逻辑上进行优化和完善，通过预先设置的逻辑措施来避免控制逻辑的失效：

(1) 通过增加测点的方法，将单点信号保护逻辑改为信号三选二选择逻辑。

(2) 无法实施 (1) 的，通过对单点信号间的因果关系研究，加入证实信号改为二选二逻辑。

(3) 无法实施 (1) 和 (2) 的单测点信号，通过专题论证，在信号报警后能够通过人员操作处理、保证设备安全的前提下可改为报警。

(4) 实施上述措施的同时，对进入保护联锁系统的模拟量信号，合理设置变化速率保护、延时时间和缩小量程（提高坏值信号剔除作用灵敏度）等故障诊断功能，设置保护联锁信号坏值切除与报警逻辑，减少或消除因接线松动、干扰信号或设备故障引起的信号突变而导致的控制对象异常动作。

用于保护与控制的独立装置，应有断电程序保护功能，在装置电源消失时应能保证系统程序不丢失；当系统的复位信号存在时刻出现跳闸信号时，应能优先跳闸控制对象。

抽汽逆止门应配有空气引导阀。抽汽逆止门、本体疏水阀等宜从热控仪表电源柜中取电，采用单线圈电磁阀失电动作，确保DCS系统失电引起汽轮机跳闸后，抽汽逆止门和本体疏水气动阀的压缩空气被切断，抽汽逆止门能够关闭，本体疏水气动阀能够打开，机组能够安全停机。

二、热工控制逻辑与信号

（一）开关量控制逻辑与信号

通过DCS（或远程控制器）控制且配有独立控制装置（电动门、辅机电动机、泵等）

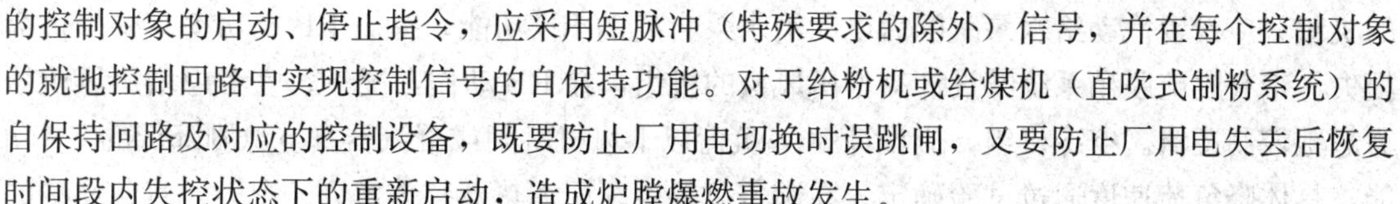

的控制对象的启动、停止指令，应采用短脉冲（特殊要求的除外）信号，并在每个控制对象的就地控制回路中实现控制信号的自保持功能。对于给粉机或给煤机（直吹式制粉系统）的自保持回路及对应的控制设备，既要防止厂用电切换时误跳闸，又要防止厂用电失去后恢复时间段内失控状态下的重新启动，造成炉膛爆燃事故发生。

受DCS控制且在停机停炉后不应马上停运的设备，如空气预热器电动机、重要辅机的油泵、火焰检测器冷却风机等，必须采用脉冲信号控制，以防止DCS失电而导致停机停炉时引起这些设备误停运，造成重要辅机或主设备的损坏。

输出控制电磁阀的指令形式，应根据下列情况确定：

(1) 汽轮机紧急跳闸电磁阀、抽汽逆止门的电磁阀、汽轮机紧急疏水电磁阀以及锅炉燃油关断电磁阀（支阀）等具有故障安全要求的电磁阀，必须采用失电时使工艺系统处于安全状态的单线圈电磁阀，控制指令必须采用持续长信号（另有规定时除外）。

(2) 没有故障安全要求的电磁阀，应尽量采用双线圈电磁阀，控制指令应采用短脉冲信号。

(3) 随工艺设备供应的电磁阀形式必须满足上述规定要求。安装调试时如果发现不符，应进行更改。

具有故障安全要求的气动阀，必须按失气安全的原则设计。随工艺设备供应的气动阀形式，也必须满足这一要求。

(二) 模拟量控制逻辑与信号

调节系统下游回路输出受到调节限幅限制或因其他原因而指令阻塞时，上游回路指令应同步受限，防止发生指令突变与积分饱和。在系统被闭锁或超弛动作时，系统受其影响的部分应随之跟踪，在联锁作用消失后，系统所有部分应平衡在当前的过程状态，并立即恢复其正常的控制作用。

参与控制的反馈信号，在DCS内应设置执行机构控制信号和阀门位置反馈信号间偏差值的延续时间超过全行程时间的故障判别功能，并及时发出明显的报警信号，同时将系统由自动切为手动。进行电调系统阀门位置反馈调整时，既要考虑阀门关闭的严密性，又要考虑防止调节器出现积分饱和的可能性。

当DCS模拟量控制系统的输出指令采用4～20mA连续信号时，气动执行机构应根据被操作对象的特点和工艺系统的安全要求选择保护功能，当失去控制信号、仪用气源或电源故障时，应保持位置不变或使被操作对象按预定的方式动作。电动执行机构和阀门电动装置失去电源或失去信号时，应能保持在失信号前或失电源前的位置不变，并具有供报警用的输出接点，确保模拟量信号质量判断报警功能设置正确、可靠。

正确设置炉膛压力防内爆超驰保护回路、风煤交叉限制回路以及直流机组的煤水交叉限制回路。直吹式制粉系统锅炉，宜设置磨煤机启停过程中的煤量动态修正功能，减少磨煤机启停过程中的蒸汽压力波动。

协调控制系统及控制子系统，在正常调节工况下的偏差切手动保护功能，以及阻碍RB动作方向指令变化的大偏差指令闭锁功能，在RB工况下应自动解除，防止被控制参数超出正常波动范围时，将相应的控制系统撤出自动模式。发生满足RB触发条件的辅机跳闸后，不论机组控制系统处于何种状态，均应能触发该RB功能所对应的磨煤机跳闸逻辑。有条件的机组，应设置汽动给水泵跳闸后电动给水泵自启的 RB 功能，提高 RB 成功率，减少负荷损失。带有脱硫脱硝系统并设计有增压风机的机组，在 RB 动作工况下，宜考虑增压风机压力超驰控制逻辑。空冷机组，应设计 30%负荷以上风机跳闸或凝汽器真空急剧降低的 RB 功能，具体降负荷速度通过试验确定。在满负荷发生高压加热器整体解列工况时，汽包锅炉的控制系统宜自动实现 RB 功能，避免机组超压。

应用高压变频器作为送/引风机、给水泵、凝结水泵等辅机自动调节执行机构时，应确保变频器的工作环境满足要求，变频器的参数整定应充分考虑系统电压波动的影响。

控制模件故障时的处理和更换，应在充分掌握控制模件特性的基础上，制订完善的安全措施。进行组态下载时，应将控制模件所控制的设备尽可能全部切至就地手动操作、隔离该控制模件的所有通信点，并强制与之对应的控制模件的联锁关系点和不同控制柜的硬接线点。

第三节　信号测量与采样可靠性配置

一、热工测量与报警信号

（一）开关量信号与仪表

用于机组和主要辅机跳闸保护的风、烟、粉系统压力测量，如果仅有开关仪表，其开关仪表取源部位应同时安装有引入 DCS 用于模拟量显示的仪表。当采用开关仪表信号直接接入继电器跳闸回路时，必须三重冗余配置且定期进行试验；不允许使用死区和磁滞区大、设定装置不可靠的开关仪表信号用于保护联锁。用于机组保护的发电机和电动机的断合状态信号，宜直接取自断路器的辅助接点。

反映阀门、挡板状态的行程开关，由于受自身质量和工作环境的影响，容易误发信号，是保护系统中可靠性较差的发信装置。有条件时，应采用其他能反映阀门状态的工艺参数代替或进行辅助判断（如通过执行机构位置反馈作为挡板的行程状态判别），最大限度地防止保护拒动或误动，并做好行程开关的防进水措施。

控制回路的信号状态查询电压等级宜采用为 24～48V。当开关量信号的查询电源消失或电压低于允许值时，应立即报警。当采用接点断开动作的信号时，还应将相应的触发保护的开关量信号闭锁，以防误动作。

开关量仪表应满足以下要求：

（1）炉膛压力保护用的正、负压力开关宜选用单刀双掷（ SPDT）式，不宜选用回差大的双刀双掷（DP-DT）式。

（2）流量开关精度不宜低于满量程的±1%，根据对应系统的要求，其响应时间应不大于 10s。

（3）温度开关宜选用温包式，温包材料选用不锈钢，填充介质以硅油或无毒油为宜，不应选用填充水银的温度开关。温度开关的设定值应满量程可调，精度不小于满量程的±1.5%。

（4）行程开关宜选用非接触的接近开关，当选用或使用设备、阀门配套带来的接触式行程开关时，应提供开、关方向各两副以上接点的防溅型行程开关。

（二）模拟量信号与仪表

所有重要的模拟量输入信号必须采用“坏值”（开路、短路、超出量程上限或低于量程下限规定值）等方法对信号进行“质量”判别。在有条件的情况下，还应采用相关参数来判别保护信号的可信性，并及时发出明显的报警。为减少因接线松动、元件故障引起的信号突变而导致系统故障的发生，参与控制、保护联锁的缓变模拟量信号，应正确设置变化速率保护功能。当变化速率超过设定值时，自动屏蔽该信号的输出，使该信号的保护不起作用，并输出声光报警提醒运行人员。当信号恢复且低于设定值时，应自动解除该信号的保护屏蔽功能，通过人员手动复归屏幕报警信号。

控制机柜内热电偶冷端补偿元件，至少应在输入模件的每层端子板上配置，不允许仅在一机柜内设置一个公用补偿器。其补偿功能应通过实际试验，确定满足通道精度要求。

对于三选中或三选平均值的模拟量信号，任一点故障时，均应有明显报警和剔除功能。

（三）报警信号与功能

热工报警信号的定值设置，应能正确反映设备运行状况，既要避免操作画面上不断出现大量无谓的报警信息，使得运行人员疲倦于对报警信号的处理，从而无法及时发现设备异常情况和通过报警去发现、分析问题，又要防止定值设置过大，不能起到预先报警作用。

DCS 的报警信号，应按运行实际要求进行合理分级，其中：

（1）一级报警信号。直接在大屏幕显示器或专用画面上显示并进行声音提醒。应列入一级报警的信号包括机组跳闸、重要控制系统的任一路电源失去或故障、气源故障、主重要参数越限、重要自动信号在联锁保护信号作用时的自动切手动，以及可能引起机组跳闸的其他故障信号。

（2）二级报警信号。通过大屏显示器或专用画面特定显示窗口显示，并提供运行人员进一步分析故障原因的诊断链接。应列入二级报警的信号包括测量值与设定值偏差大、主要参数的设备故障、控制系统输出与执行器位置的偏差大、控制系统设备故障、控制参数越限、偏差大或故障、故障减负荷、主要辅机跳闸、一般联锁保护等影响机组正常运行控制的信号。

（3）三级报警信号。在操作站显示器（ VDU）窗口显示，对机组安全经济运行影响较小，未列入一、二级报警的故障信号。

随着机组环境的运行状况的变化，机组热工报警信号须不断完善：

（1）新建机组整套启动前，调试人员应根据电厂生产准备提供的保护联锁报警清册（厂最高技术负责人审批发布），完成对机组显示参数量程和报警信号定值分组、分级、分颜色地全面整定，并开通操作员站声音报警。抽查正确率应不低于 95%，否则应全部核对。

（2）新建机组试运行结束后 30 天内，应由运行和机务人员完成对热工报警定值的重新确认，由热控人员完成对显示参数量程和报警信号定值的全面核对、整理和修改。抽查正确率不低于 98%，否则应全部核对。

（3）新建机组试生产结束后的第一次机组检修中，应由运行和机务人员提出热工报警定值修改清单，经论证批准后，由热控人员按规定的程序完成修改，删除操作员站里重复和没有必要的报警点，使定值趋向合理，确保报警信号符合运行实际需要。启动前抽查止确率应达到 100%，否则应全部核对。

(4) 运行机组应每两年修订一次热工报警及保护联锁定值，把核查、按规定程序完成校验报警、保护联锁定值作为一项标准项目列入机组大、小修项目中。对修改的定值进行抽查，正确率应达到100%，否则应全部核对。

应进行热工报警信号的综合管理和分析研究，通过对报警信号功能的不断完善，提高报警信号对可能发生事故的预告能力。

二、汽包水位测量与信号

(一) 水位取样装置与管路安装配置

汽包水位测量系统的取样装置与管路安装配置应满足以下要求：

(1) 每个水位取样装置都应具有独立的取样孔。取样孔不够时可使用多测孔技术，实现取样的独立性。用于保护和控制的各汽包水位测量回路均应全程独立配置。

(2) 汽包水位测量系统，必须采用彼此独立的两种及以上工作原理共存的配置方式。控制室内除DCS监视汽包水位外，至少还应设置独立于DCS且配备独立电源的汽包水位后备显示仪表。

(3) 用于保护和控制的汽包水位测量信号取样装置，应连接汽包非同一端头的三个取样孔（如果同一端头需两个取样口，其间距离应保持在400mm以上)。

(4) 汽、水侧取样一次阀门，必须为两个工艺截止阀串联，其门杆应处于水平位置；排污阀宜采用两个阀门串联连接。

(5) 取样阀门及取样管的通流内径应不小于25mm。当管长大于500mm或管弯曲时，其内径应不小于50mm，以减少虚假水位的产生。

(6) 就地电接点式水位计，汽侧取样管应斜上汽包取样孔侧，水侧取样管应斜下汽包取样孔侧。差压式水位计，汽侧取样管应斜下汽包取样孔侧，水侧取样管应斜上汽包取样孔侧。

(7) 汽包水位停炉保护动作值，距汽包水位计汽、水侧取样管孔位置，应保持不小于30mm的裕量。

(8) 连接变送器的正压侧取样管宜从平衡容器低于汽侧取样管的侧面引出，水平延长不小于400mm以后再向下引伸，至变送器的仪表管路水平段，应保持有1∶100向下倾斜，距离控制在10m以内为宜。

(9) 汽包水位的汽、水侧取样管和取样阀门均应有良好保温。单室平衡容器及其输出40mm参比水柱段的仪表管不应保温。双室容器的正压取样管以上部位及输出40mm参比水柱段的仪表管不应保温，以下均应保温。引到差压变送器的两根仪表管应平行敷设，如果需要采取防冻措施，应从平衡容器输出仪表管接近环境温度处开始共同保温直到变送器柜，并确保伴热设施对正、负压侧仪表管的伴热均匀，任何情况下都不会引起介质产生温差。

(二) 水位测量系统运行维护

汽包水位测量系统的运行检修维护，应满足以下要求：

(1) 汽包水位测量误差，部分来源于冷凝筒安装位置上的偏差和冷、热两态情况下位置的偏移。因此，除安装时应由具有丰富机械安装经验的人员严格把关，确保安装位置准确外，机组检修时应对冷凝筒安装位置标高分别进行冷、热两态情况下测量，若有偏差，则以热态测量数据进行替换，或安装可调的T形支架用于热态调整。

(2) 为提高汽包水位测量的准确性，机组检修时应利用汽包人孔门的开启机会，检查汽包内水痕迹或其他有效的方法，核对汽包水位测量显示的零位值偏差并进行修正。

(3) 机组停运时，通过打开平衡门，关闭二次阀门的方式检验变送器是否有零点漂移。进行水位变送器校验前，必须清理干净变送器膜盒内的积水。

(4) 在锅炉启动前完成汽包水位保护实际传动试验后，应确保差压式水位测量装置参比水柱的形成，点火前汽包水位保护必须投入运行。

(5) 为防止因管路结垢、未起压时排污而造成管路堵塞的情况发生，汽包水位变送器的排污应在停炉或起压期间、当汽包压力为1～2MPa时进行。

(6) 汽包水位控制系统应优化组态和调整，进行必要的扰动试验，确保RB工况等大负荷扰动时不会引起水位保护动作。

(7) 锅炉启动时，以电极式汽包水位计为主要监视仪表。锅炉启动过程与正常运行中，应定时记录各汽包水位计的显示值，并比较之间的示值偏差。当同测量原理水位计的偏差超过30mm时，应分析、查找原因并处理。严禁根据就地水位计显示修正变送器显示偏差。当水位计不能为运行人员提供水位的正确判断或汽包水位控制和保护功能均失去时，必须立即停炉处理。

(8) 运行中用红外测温仪测量正在运行的单室平衡容器的外壁温，如果上下壁温差不够大，可以认为取样管疏水不通畅。倾斜度不满足要求时，可在机组检修时增加取样管的倾斜度。

(9) 根据季节温度及时投用和停用电伴热装置，并将伴热带检查作为入冬前的常规安全检查项目。

(10) 在对所有影响汽包水位的外界因素进行整治处理后，若汽包水位偏差仍不能消除，则应对汽包水位补偿公式的正确性进行检查、核对。

（三）水位信号与逻辑配置

为保证水位保护系统的可靠性，应对水位保护系统逻辑进行优化配置：

(1) 水位保护信号的产生，宜采用差压式水位计保护接点信号三选二判断逻辑，或差压式水位计模拟量信号三选中判断后的保护接点和二侧电接点水位计保护接点信号组成三选二判断逻辑。为减少因压力补偿信号引起的水位测量示值偏差，应采用三选中后的汽包压力信号对各汽包水位差压信号分别进行补偿。

(2) 汽包水位测量信号若在MCS系统中，则应将水位保护信号三选二逻辑判断也组态在MCS系统中，FSSS系统中只组态汽包水位MFT动作逻辑。用于保护与控制的信号，除采用通信方式外，还应通过硬接线方式进行传输。

(3) 用于保护、控制的锅炉汽包水位信号，应在DCS中设置坏质量（速率、越限、偏差大）判断和报警，实现水位保护、控制信号判断逻辑的自动切换。当有一点退出运行时，判断逻辑应自动转为二选一的方式，并办理审批手续，限期恢复；当有两点因某种原因须退出运行时，判断逻辑应自动转为一选一的方式，控制应由自动调节转为手动调节，并执行已制订的相应安全运行措施，经总工程师批准，限期恢复，如果逾期不能恢复，应立即停止锅炉运行。

(4) 锅炉汽包水位保护的定值和延时值，随炉型和汽包内部结构不同而不同，其数值应由锅炉制造厂负责确定。为防止虚假水位引起保护的误动作，延时值在制造厂未提供或经运行证明偏差较大的情况下，可在计算试验的基础上，设置不超过 10s 的延时，并设置不加延时的保护动作二值。

（5）采用外置式平衡容器的差压式水位测量系统，应在汽包水位计算公式中对参比水柱平均温度设置不同的温度，以便对不同季节的环境温度进行修正、调整。

根据燃烧调整试验结果和采用新的测量技术测得的汽包水位数据，验证了汽包二侧水位偏差与炉内燃烧有关。热控专业人员应配合锅炉专业人员研究，探讨通过改变运行工况来减小二侧水位偏差的方法。

三、取样装置和管路

用于高温高压管道和容器上的测量元件温包、压力取样部件的材质，以与管道同种材料为宜，安装前进行金相检验。取样一次阀，应为两个工艺阀门串联连接，安装于取样点附近且便于运行检修操作的场所。排污门也宜采用两个排污门串联连接。

冗余信号从取样点到测量仪表的全程，均应互相独立分开设置。炉膛压力不允许集中取样，其 3 个正压和 3 个负压取样点应分别置于锅炉前墙、左墙及右墙，并通过独立的取样管接至不同的压力开关。取样点与人孔、看火孔和吹灰器间应有足够的距离，且各取样点应在同一标高，取样管直径应不小于 60mm，与炉墙间的夹角小于 45°为宜。为避免取样管内积灰堵塞，应采取防堵措施。

汽轮机润滑油压测点须选择在油管路末段压力较低处，禁止选择在注油器出口处，以防止末端压力低，而取样点处压力仍未达到保护动作值而造成保护拒动的事故发生。测量蒸汽或液体介质的仪表，应安装于测点下方且便于维护、环境条件满足要求的场所。测量真空或风压的仪表应安装于测点的上方，若只能安装在测点的下方，则末端应保证有足够容量的聚水空间并定期排水。管路敷设坡度应符合规程要求，不允许出现可能引起积气（测量蒸汽或液体介质时）或积水（测量气体介质时）的管路弯曲，否则应装设排气、排水装置。

含有粉尘或悬浮物介质（炉膛压力、一次风压、开式循环水压力等）的取样装置和管路，应有防堵和吹扫（洗）措施；风、烟、粉系统一次测量元件，应有防止振动和被测介质冲刷、磨损而造成损坏的措施。敷设在气温较低处的取样装置和管路，必须有防冻或防介质过稠而导致传压迟缓的措施；用于保护的气动阀门，其控制气源管的通径应不小于 10mm。易燃易爆场所的测量仪表、接线盒均应符合防爆要求。易腐蚀、堵塞的测量管路应增大取样管路和测量管路管径，以保证介质流速，防止管路堵塞。

第四节　独立系统与装置可靠性配置

一、炉膛火焰监视系统

火焰监视系统须有两路互为冗余的交流电源和冗余电源模块，任意一路电源故障时应有报警，并确保电源切换时火焰检测器不误发“无火焰”信号。火焰检测柜内各共用电源线应环路连接；火焰检测器电源与火焰检测柜内风扇电源，应独立配置或有相应的隔离措施；每一路火焰检测器的供电回路，应有单独的熔断器或相应的保护措施。在失去电源或主控模件失效（初始化或重启）时，送往 DEH、ETS、FSSS 的保护接点状态应符合运行实际要求。

火焰检测信号应全程可靠地投入保护，设置的延时时间不大于 2s；火焰检测系统应具有自检功能，当检测系统故障时，应可靠地发出故障报警信号。配置冷却风压力低测量信号触发机组 MFT 时，其信号应采用三选二冗余配置。

火焰检测器冷却风管道的末端冷却风压力应均匀，并安装有压力表，压力显示应大于 5kPa；为节能降耗和提高火焰检测器冷却风系统的可靠性，正常运行时的冷却风可通过一次风管道或密封风管道降压获得。当采用两台火焰检测器冷却风机作为冷却风源时，其冷却风机就地控制箱内的每台风机控制电源应相互独立，并定期并列运行两台火焰检测器冷却风机，以降低火焰检测器镜头的污染或结焦程度。

火焰检测器的视角宜在 10°～180°范围内可调，安装时应通过安装位置与安装角度的调整，使火焰检测器在全负荷范围内均能观测到火焰。使用光纤延长的火焰检测探头时，宜优先选用正常运行时具有微调火焰检测探头角度手段的火焰检测器。

安装火焰检测探头时，要防止由于前端软体部分弯曲而导致里面光纤得不到充分冷却，慢慢造成火焰检测器光纤透光性差，出现火焰检测器模拟量闪动大等异常现象。同时要充分考虑燃烧器的摆动，防止摆角超过一定角度时影响火焰检测器观察火焰的灵敏性；检修机组时，检查并确保前端软体部分处于拉直状态，火焰检测信号传输电缆应独立、屏蔽、耐高温，其屏蔽层和备用芯接地可靠，耐高温性能满足环境要求。

应在不同的锅炉燃烧工况下，对火焰检测器监视系统参数进行调整，使其在各种工况下均能可靠判断。当锅炉炉膛安全监控系统中具有“临界火焰”监视逻辑时，在没有取得经验前，其信号可只作为报警信号。

采用油角阀开度及给煤机运行信号作为火焰检测器参数切换条件的火焰检测器监视系统时，除了应模拟油角阀打开及给煤机运行信号对火焰检测器参数进行调整，防止燃烧器实际无火时“偷看”背景火焰误显示有火现象外，还应合理设置油角阀关闭及给煤机停运条件下的火焰检测器参数，以避免油角阀泄漏等情况下实际火焰的漏检。

二、TSI 汽轮机监视系统

（一）电源与逻辑配置

主机、给水泵汽轮机的 TSI 装置电源，应采用两路可靠的电源冗余供电并通过双路电源模件供电，实现直流侧无扰切换。当保护电源采用厂用直流电源时，应有确保寻找接地故障时不造成保护误动的措施。

TSI 宜采用容错逻辑设计方法，对运行中容易出现故障的设备、部件和元件，从控制逻辑上进行优化和完善：

（1）保护动作输出的跳机信号，宜采用动合（闭合跳机）且不少于两路输出信号，至 ETS 系统组成或逻辑运行。

（2）600MW 及以下机组，宜采用轴承的相对振动作为振动保护的信号源并优化保护逻辑。为防止优化后保护逻辑的拒动，应减小报警信号定值（建议由原设计的 125μm 改为 100μm 甚至更小，综合平时振动的运行值和机组启动过临界时的值考虑）。同时，当任一轴承振动达到报警或动作值时，都应有明显的声光信号，以便振动值瞬间变化过快或有单点振动达到跳闸值时，提醒运行人员加强监视，必要时及时手动停机。

（3）在 DCS 显示的振动信号，宜设置偏差报警信号（建议研究偏差信号接入保护回路的可能性)。

(4) 汽轮机和300MW及以上机组给水泵汽轮机的轴向位移保护，原为单点信号或为二选二逻辑的，在条件允许的前提下，宜通过增加探头改为三选二（或具备同等判断功能）逻辑输出。

(5) 汽轮机高、中、低压胀差为单点信号保护的，为防止干扰信号误动，可设置10～20s延时（较长的延时时间可在ETS或DCS中设置）。为加强信号坏点剔除保护功能，建议胀差信号量程不高于跳机值的110%。如果设计有两点胀差信号，其保护信号宜采用与门逻辑。

(6) 汽轮机缸胀应有报警信号，如果设计有单点信号保护，则建议取消。

(7) TSI的输入信号通道，应设置断线自动退出保护逻辑判断的功能。

(8) 为防止干扰而在TSI信号输入端增加隔离器时，应对隔离器电源接入方式的可靠性和引起信号衰减或失真的程度进行验证。

(二) 信号采样回路配置

TSI系统连接线路的规范性与信号回路的可靠性，是保证TSI系统可靠运行的基础，一般可从以下方面进行检查完善：

(1) 新安装或检修更换传感器时，应选择不带中间接头且全程带金属铠装保护的传感器电缆（即传感器和延伸电缆一体化），否则须有可靠措施（如采用热缩管绝缘），确保传感器尾线与延长电缆的同轴电缆连接头绝缘，延伸电缆的固定与走向合理，无损伤隐患；汽轮机引出处确保密封，至接线盒的沿途信号电缆，应远离强电磁干扰源和高温区，并有可靠的全程金属防护措施。

(2) 轴向位移、差胀传感器的安装、检修、调试应在机务的配合下进行，并在安装、检修、调试记录中签字。

(3) 安装前置放大器的金属盒应选择在较小振动并便于检修的位置，盒体底座垫10mm左右的橡皮后固定牢固（避免传感器延长线与前置器连接处，由于振动引起松动，造成测量值跳变)，盒体要可靠接地。

(4) 前置放大器应安装于金属箱中（本特利前置放大器务必浮空），箱体须妥善接地。检查接口和接线应紧固；输出信号电缆宜采用（0.5～1.0mm^2）普通三芯屏蔽电缆（环境温度超过50℃时，应选用耐高温阻燃屏蔽电缆），且其屏蔽层在汽轮机现场侧应绝缘浮空；若采用四芯屏蔽电缆，备用芯应在机柜端接地。电缆屏蔽层应直接延伸到机架的接线端子旁，尽量靠近框架处破开屏蔽层，并将屏蔽线直接接在机架的COM或Shield端上。

(5) 通常，COM与机架电源地在出厂时，缺省设置为导通，整个TSI系统是通过电源地接地，因此与其他系统连接时，应把TSI系统和被连接的系统作为一个整体系统来考虑，并保证屏蔽层为一点接地。例如，通过记录仪输出信号（4～20mA）与第三方系统连接时，须确认COM端在第三方系统中的情况，如果COM浮空（做了隔离处理），则可保持各自的独立接地；如果COM端在第三方系统中未浮空，则TSI侧的COM端需要浮空，TSI供电的电源地仍然保留以保证安全，但此时电源地只作安全地，不再兼作仪表地。

(6) 缸胀与串轴的报警和跳闸输出，选择了总线输出方式时，应进行断开检查确认。

(7) 机组启动过程中，当汽轮机过临界转速时，其振动有可能比正常运行时大得多，为

了避免出现人为投切保护，应充分利用装置的定值倍增功能或自适应功能。

(8) 超速保护信号，应采用三路全程独立的转速信号进行三选二逻辑判断（在 TSI 框架内或 DEH 内）。

（三）安装配置与运行维护

应从以下方面完善 TSI 系统的安装检修和运行维护管理：

(1) TSI 探头第一次安装前和校验周期到期后的检修安装前，应提交有资质的检定机构出具的正式校验合格报告。

(2) TSI 系统的涡流探头、延长电缆和前置器，须成套校验并随机组大修进行，但瓦振探头的校验周期不宜超过两年。

(3) 运行时对振动等信号应定期检查历史曲线，若有信号跳跃现象，应引起高度重视，及时检查传感器的各相应接头是否松动或接触不良，电缆绝缘层是否有破损或接地，屏蔽层接地是否符合要求等，并进行处理。

(4) 联锁试验时，对每个轴振保护进行一一确认（对既有硬逻辑又有软逻辑的保护系统，联锁试验单上要特别注明，并分别进行试验）。

(5) 汽轮机、风机启动或运行中，一旦出现 TSI 信号异变，应立即通知热控人员，检查原因并保存异常现象曲线，注明相关参数后归档。

(6) 如果存在模件故障，在重新下载组态前，应确认系统可以自动更新组态，否则应人工确认组态参数的版本正确。

(7) 定期测量各 TSI 测点的间隙电压，结合当前状态与以前的记录进行比对分析；机组停机期间紧固各个 TSI 测点的安装套筒，偏离标准间隙电压较大的测点在条件允许的情况下，应进行重新安装。

第五节　就地设备可靠性配置与防护

一、气源系统可靠性配置

仪用空气压缩机必须冗余配置，气源母管及控制用气支管材质应满足防腐、防锈要求；所有用气支管和测量仪表均应有隔离阀门，气源储气罐和管路低凹处应装有自动疏水器。

仪用压缩空气系统的运行、压力、故障等信号，应引入对应单元控制系统（或辅助车间控制系统）进行监控和声光报警。为防止输出继电器、通道或中间控制回路失常而导致仪用空气压缩机系统运行异常，DCS 控制空气压缩机的启停指令应为短脉冲信号，空气压缩机就地控制装置应具有自保持功能。

气源管路途经温度梯度大的场所（高温到低温或室内到室外）时，其低温侧管路应有良好保温。布置于环境温度有可能低于 0℃的设备，所处位置的气动控制装置应加设保温间和伴热，以免结露、结冰，引起设备拒动或误动。仪用气源母管以及送到设备使用点的压力，应自动保持在 450～800kPa 范围内，满足气动仪表及执行机构工作的压力要求。气源质量应符合 GB/T 4830—1984 的有关规定和指标。

定期清理或更换过滤器滤网，保持装置通风良好；定期维护并检查，确认气源仪控设备和管路无泄漏、自动疏水功能和防冻措施可靠，气动设备前的减压过滤装置工作正常。定期试验，确认报警和保护功能正常；当空气压缩机全部停用时，储气罐容量能保证仪控设备正常工作时间不少于10min。

仪控气源不得挪作他用，当用杂用气源作为后备时，应采取相应的安全措施。仪控气源质量在每年入冬前应进行测试。仪控气源管路、阀门的标志齐全，内容准确。

二、电缆与接线可靠性配置

（一）DCS信号电缆配置

所有进入DCS的信号电缆，除必须采用具有权威部门质量检定合格的阻燃屏蔽电缆外，还应符合下列原则：

（1）机组的后备硬手操停炉和停机线路电缆，应采用阻燃（A级）电缆。

（2）长期运行在高温区域（超过60℃）的电缆（汽轮机调节汽门、主汽阀关闭信号、火焰检测器等）和补偿导线（机侧主蒸汽温度、汽缸或过热器壁温等），应使用耐高温特种电缆或耐高温补偿电缆。

（3）保护系统和油系统禁用普通橡皮电缆；进入轴承箱内的导线应采用耐油、耐热绝缘软线。

（4）严禁热控系统的电源和测量信号合用电缆，冗余设备的电源、控制和测量信号电缆均须全程分电缆敷设。

（5）长距离通信电缆应采用光缆。

（二）电缆安装与敷设

热控系统DCS电子室设计无电缆夹层时，其电缆桥架应设计供检修维护用人行通道。控制和信号电缆的安装敷设，除须符合规程要求外，还应满足下列要求：

（1）合理布置动力电缆和测量信号电缆的走向，允许直角交叉方式，但应避免平行走线，如果无法避免，除非采取了屏蔽措施，否则两者间距应大于1m。

（2）竖直段电缆必须固定在横档上，且间隔不大于2m。

（3）对电缆敷设沿途可能发生因机务设备介质泄漏而损伤电缆的场所，或与热控的汽、水、油测量管路间，应有隔离等安全防护措施。

（4）通信电缆应采用独立的电缆槽盒或增加金属隔离层。

（5）一次元件引线应有防止振动摩擦、过热损坏绝缘，或导致断线、接线松脱开路的措施。

（6）通常电缆不应有中间接头，若必需则应按工艺要求对电缆中间接头进行冷压或焊接连接，经质量验收合格后再进行封闭；补偿导线敷设时，中间不允许有接头。

（7）重要信号的电缆屏蔽层，应尽可能接近接线端子处破开。破割电缆外皮时，应防止损伤芯线绝缘层。

（三）电缆连接与接线

电缆的连接与接线应满足下列配置要求：

（1）除非控制系统制造商有特殊要求，否则控制与测量信号电缆屏蔽层应保持良好的单端接地，屏蔽层接至信号源的公共端，避免形成屏蔽层环路，增加抗干扰能力。

（2）控制与测量信号电缆的屏蔽层不应作为信号接地线，以防止电缆屏蔽层产生磁场感应电流而形成干扰。

(3) 现场接线箱、盒过渡连接时，电缆的屏蔽线应通过端子可靠连接，保证电气连续性。

(4) 每个接线端子接线不得超过2根。

(5) 所有电缆的备用芯应无裸露现象。机柜内重要控制、保护电缆的备用芯应可靠接地。

(四) 质量验收与建档

应列入基建机组电缆安装质量验收和运行机组A级检修电缆检修质量验收并建档的内容至少包括：

(1) 热控电源、重要保护系统电缆的绝缘测量。

(2) 通信双绞线的长度、连接接法、回波等性能测试。

(3) 接线的安全性（多股线连接处无毛刺、电缆皮割开处的电线外皮无损伤）检查。

(4) 机组检修过程中，手轻拉电缆接线，检查通信电缆接头，确认热控系统（尤其是重要保护、控制回路）的接线和通信电缆接头紧固。

(5) 电源回路及连接点的发热情况。

(6) 检查光缆的弯曲半径，符合规定要求。

(7) 测试系统的共模、差模干扰电压值，对实际测得的最大共模干扰电压值大于输入模件抗共模干扰电压能力60%的回路，进行检查和处理。

三、热控设备环境及防护

(一) 防雷抗干扰技术措施

1. 防雷接地技术措施

易受雷电干扰的系统，应请电气专业人员配合选择合理的位置安装防浪涌保护器，或确认已安装防浪涌保护器的位置合理。电子室内信号浪涌保护器的接地端，宜采用截面积不小于1.5mm^{2}的多股绝缘铜导线，单点连接至电子室局部等电位接地端子板上；电子室内的安全保护接地、信号工作接地、屏蔽接地、防静电接地和浪涌保护器接地等，均连接到局部等电位接地端子板上。

金属导体，电缆屏蔽层及金属线槽（架）等，由露天场地（循环水泵房等）进入电缆隔层的金属电缆桥架（线槽）及电缆屏蔽层等，应满足上节要求或采用等电位连接。其保护信号的屏蔽电缆，应在屏蔽层两端及雷电防护区交界处做等电位连接并接地。当采用非屏蔽电缆时，应敷设在金属管道内并埋地引入，金属管应具有电气导通性，并应在雷电防护区交界处做等电位连接并接地，其埋地长度应符合规定要求。光缆的所有金属接头、金属挡潮层、金属加强芯等，应在入户处直接接地。

易受雷击的地区，室外变送器应有耐瞬变电压保护功能或加装防雷击措施（如加装压敏感电阻等），并确保电缆护套软管与护套铁管连接可靠。每年雷雨季节来临之前，应认真全面检查外围控制系统接地，确保外围控制系统的接地与厂内主接地网相连并满足有关技术要求，防止雷电干扰影响机组控制系统稳定运行。

2. 机柜接地技术措施

DCS单独设置接地网时，专用接地网应满足一定的规格要求，周围不允许有大型电力设备及其接地极；DCS不设置专用接地网而利用全厂公用接地网时，DCS的总接地极所处的一定范围内（该范围距离由DCS厂家提供）不得有高电压、强电流设备的安全接地和保护接地点。杜绝DCS与动力设备之间的共通接地。DCS系统的总接地铜排到DCS专用接地网之间的连接，需采用导线截面积满足厂家要求的多芯铜质电缆。

对于接入同一接地网的热控设备，可以采用电缆连接，但需要保证接地网的接地电阻满足要求，实现等电位连接；对于分开等电位连接（未接入同一接地网）的本地DCS机柜和远程DCS机柜之间的连接，应使用无金属的纤维光缆或其他非导电介质。

DCS机柜接地应严格遵守有关规程、规范和制造厂的技术要求。与建筑物钢筋不允许直接连通的DCS机柜，应保持与安装金属底座的绝缘，所有机柜的外壳、电源地、屏蔽地和逻辑地应分别接到机柜的各接地线上，再通过导线截面积满足制造厂规定要求的多芯铜质电缆，以星形连接方式汇接至接地柜的铜排上，整个接地回路不得出现多点接地，接地连接处紧固，接地电阻严格满足DCS厂家要求。与楼层钢筋可直接连通的DCS机柜，其安装底座应与楼层钢筋焊接良好，DCS机柜除了与安装底座用螺栓紧固外，还应通过导线连接至接地点，两端采用压接方式连接紧固。

具有“一点接地”要求的控制系统，应保证整个控制系统的接地系统最终只有一点连接地网，并满足接地电阻的要求；机组A级检修时，应在解开总接地母线连接的情况下，进行DCS接地、屏蔽电缆的屏蔽层接地、电源中性线接地、机柜外壳安全接地4种接地系统对地的绝缘电阻测试，以及接地电极接地电阻值测试。各项数值应满足有关规程、规范的技术要求。热控系统中的数字地（各种数字电路的零电位）应集中接到一点数字地，以减小对模拟信号的干扰；同样，各模拟电路的模拟地（变送器、传感器、放大器、A/D和D/A转化器等模拟电路的零电位）也应集中连接到一点模拟地，然后模拟地和数字地再汇集至接地铜牌上。

机柜内部的接地应采用导线直接连接至机柜接地排；远程控制柜或I/O柜应就近独立接入电气接地网；现场测量控制系统设备接地按规定要求连接，烟囱附近的热控设备接地不得连接烟囱接地系统。I/O信号的屏蔽线要求单端接地。信号端不接地的回路，其屏蔽线应直接接在机柜接地线上；信号端接地的回路，其屏蔽线应在信号端接地。

3. 现场防干扰技术措施

可能会因干扰而导致保护联锁系统误动的外置探头，均应安装有屏蔽防护罩。机组运行中，易受干扰的测量元件、仪表、传感器处应贴有警示牌，严禁磁性物体接近测量元件，在离测量元件5m处严禁使用步话机通话。控制系统电子室、工程师站内不宜使用手机。

应做好由于电焊机作业可能造成的谐波污染干扰热控系统的防范措施。对可能引入谐波污染源的检修段母线电源、照明段母线电源等加装谐波处理装置，以防止其他设备使用检修段电源时产生的谐波污染干扰热控系统工作。机组运行中，参与保护联锁的现场设备和机柜，在试验确定的距离内，不宜进行电焊作业，不宜使用手提机械转动、切割工具进行作业。如果必须进行作业，需制订并做好相关的安全防护措施。

（二）设备环境与防护措施

1. 热控设备环境

运行在高温区域的行程开关（如主汽门、调节汽门等）必须由耐高温材料制成，禁止使用塑料行程开关。现场设备应有可靠的防水、防尘、防振、防高温、防火、防腐蚀措施。

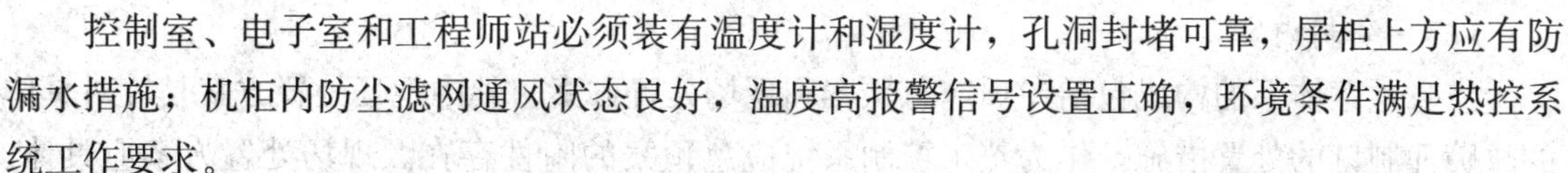

控制室、电子室和工程师站必须装有温度计和湿度计，孔洞封堵可靠，屏柜上方应有防漏水措施；机柜内防尘滤网通风状态良好，温度高报警信号设置正确，环境条件满足热控系统工作要求。

清扫模件时，要确保防静电措施可靠，吹扫气体宜采用氮气，或有过滤措施，干燥度和压力满足要求，吹扫后模件及插槽内应确保清洁。

备品备件保管环境，应符合温度、湿度和防静电要求。

2. 人为误动防护措施

现场及控制台、屏上的紧急停机停炉操作按钮，均应有防误操作安全罩。现场柜盒及电子室控制柜门上，均应有名称及醒目的安全等级标识。热控系统现场设备标识牌，应通过颜色标识其重要等级。所有进入热控保护系统的就地一次检测元件以及可能造成机组跳闸的就地元部件，其标识牌都应有明显的高级别的颜色标志，以防止人为原因造成热工保护误动。

机柜内电源端子排和重要保护端子排应有明显标识。机柜内应张贴重要保护端子接线简图以及电源开关用途标志铭牌。线路中转的各接线盒、柜应标明编号，盒或柜内应附有接线图，并保持及时更新。

工程师站、DCS电子间等场所，应制订完善的管理制度，有条件的应装设电子门禁，记录出入人员及时间。

第六节　控制系统故障预防与技术管理

一、控制系统故障应急处理预案

DCS发生故障是难免的，为了减小DCS故障维护所带来的风险，通过DCS故障应急处理预案的制订与实施，对DCS故障处理的原则、程序、方法进行规范，从维护方法与操作管理的角度提高DCS的容错能力与系统可靠性。

（一）制订原则

为了建立高效的热控设备故障应急处理机制，以确保机组运行过程中发生控制系统故障时能够迅速、可靠地组织故障处理，最大限度地降低故障造成的影响，火力发电厂必须根据本电厂配置的具体情况，制订切实可操作的热控系统应急处理预案，并定期进行反事故演习。

控制系统故障应急处理预案，应贯彻“安全第一，预防为主，综合治理”的方针，坚持以热控设备的危险预测和预防为基础，保障人身、设备、电网安全为目标，建立控制系统故障时的应急处理机制和长效管理机制。

编制控制系统故障应急处理预案时，应辨识可能发生的重大事故风险，分析该风险可能对系统产生的影响，对应急处理风险的能力进行评估。一般根据故障可能造成的后果，将危险源分为两级，处理不及时会引起机组跳闸的为Ⅰ级；暂时不会引起机组跳闸，但处理不当会使得事故扩大并引发机组跳闸的为Ⅱ级，并将控制系统重大危险源进行分级列表。

根据控制系统重大危险源分级列表，编制一一对应的现场应急处置方案，并经演习验证正确且具有可操作性。

（二）编制内容

应急预案体系的构成包括专项应急预案和现场处置方案。其中现场处置方案是针对具体的故障而制订的处置措施，作为热工控制系统应急预案的附件存在。现场处置方案应具体、简单、可操作性强。相关人员应知应会，熟练掌握，并通过应急演练，做到迅速反应、正确处置。

应急预案的主要内容包括：

（1）总则：编制目的、编制依据、适用范围、预案体系、工作原则。

（2）热工控制系统：系统概述、备品备件（迅捷抢修的物质保障）、外部资源。

（3）重大危险分析：辨识可能发生的重大事故风险，并对风险可能产生的影响进行分析，并评估单位对该风险的应急能力是热工控制系统应急的基础工作。根据故障可能造成的后果，将危险源分为两级，其中处理不及时会引起机组跳闸的为Ⅰ级；暂时不会引起机组跳闸，但处理不当会使得事故扩大并引发机组跳闸的为Ⅱ级。

（4）组织机构及职责：应急组织体系、应急职能部门职责、现场应急机构及职责。

（5）应急与响应：接警、应急分级、应急启动。

（6）现场应急处置方案：现场处置方案目录、现场处置方案格式。现场应急处置方案根据热工控制系统重大危险源的辨识，针对特定危险源所产生的事故编制特定的现场应急处置方案，因此要求现场处置预案必须具有很强的可操作性，并明确到一处危险一个现场处置方案，其格式应统一为“故障现象、故障原因、故障可能造成的后果、处理措施”四部分。

（7）故障应急处理结束后工作：后期处置、培训与演习、应急预案的管理。

（三）实施要求

对于运行中DCS故障的紧急处理，首先，强调凡配备有DCS设备的电厂，应根据本单位DCS系统实际使用状况，制订DCS故障的处理措施，并编入到机组的运行规程。其次，由于机组类型、DCS配置和机组运行方式等不同，其采取的措施也不相同，但其核心思想是保证机组运行的安全。

对DCS故障处理把握性不大，或故障已严重威胁机组安全运行的情况下，决不能以侥幸的心理维持运行，应立即停机、停炉处理。全部操作员站故障和通信总线故障（所有上位机“黑屏”、“死机”或数据不更新）、部分操作员站故障、控制器或相应电源故障等三种情况下的故障对策。

由于DCS是由多种硬件、软件及网络构成的系统，其故障点分布和故障分析都比较复杂。因此，应加强对DCS的运行监视、检查和技术管理。

建立健全DCS系统软件和应用软件的管理制度（特别是要加强系统升级、组态修改等重要工作中的软件管理），要充分注意主控制器与冗余控制器控制组态软件的一致性、应用软件和数据的备份、系统防病毒等问题。

热控专业人员在DCS系统的维护管理方面应注意同运行人员沟通情况，特别是在机组运行中对工程师站的操作，也应执行类似于工作票的制度，严防非运行人员（或未经运行人员允许）对机组的安全运行有干预行为。专业人员和运行人员应对DCS运行的异常状态（包括操作员站显示画面微小的颜色、音响及提示的变化等）反应敏捷，并能及时做出正确的判断和采取相应的对策。

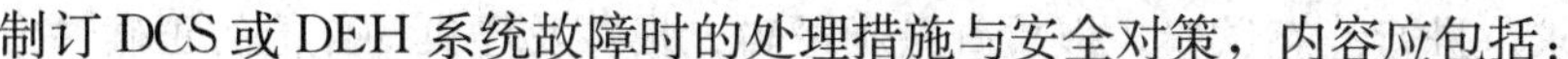

制订DCS或DEH系统故障时的处理措施与安全对策，内容应包括：

（1）全电厂或机组厂用电消失时的事故处理与恢复。

（2）全电厂直流电源消失时的事故处理与恢复。

（3）全部操作员站显示器"黑屏"或"死机"。分DCS停机、停炉指令已发出和未发出（如电源消失、控制器脱网异常）两种事件的处理与恢复。

（4）部分操作员站显示器出现"黑屏"或"死机"故障的处理与恢复。

（5）主要控制系统一对冗余控制器（或电源装置）发生故障时的事件处理与恢复。

（6）一对冗余的DEH控制器（或电源装置）发生故障，停机指令发出及未发出两种事件的处理与恢复。

（7）一条网络或网络设备（包括数据总线）发生故障时的事件处理与恢复。

（8）发生通信故障时，对于配有主、备时钟站的系统处理与恢复。

（9）MFT、ETS和GTS跳闸继电器回路失电而机组没有跳闸时的事件处理与恢复。

（10）多机一控时，发生上层网络全部故障事件时的处理与恢复。

二、定期试验与管理

（一）定期检测与试验

测量仪表的校验周期，应按照国家和行业标准规定，结合仪表实际调前合格率（未经任何调整前的仪表校验误差满足规定的精度要求）、仪表质量、重要性分类级别及实际可行性进行制订并实施。根据仪表调前记录评定等级并经批准，测量仪表的校验周期可适当缩短或延长。同一制造厂的同一类且同一量程仪表，在其原校验周期内的调前合格率统计低于80%时，应在原确定的校验周期上缩短半个周期；在其原校验周期内的调前合格率统计达到95%时，可在原校验周期上延长半个周期。在其原校验周期内的调前优表率（仪表调整前校验误差小于2/3允许误差）统计达到90%时，可在原校验周期上延长一个周期。

在不影响机组安全运行的前提下，仪表检查和校验可在运行中逐个进行。在运行中不能进行的，则随机组检修同时进行。若现场条件许可，仪表运行质量检查可采用状态（零点和运行点）核对方式；状态核对达不到要求的测量系统，则进行单体仪表的常规性校验。

新（改、扩）建机组启动前，或运行机组A级检修后，均应根据检修规程要求，进行控制系统基本性能与应用功能的全面检查、试验和调整，以确保各项指标达到规程要求。整个检查、试验和调整时间，大修后机组整套启动前至少应保证72h，小修后机组整套前应保证36h。为确保控制系统的可靠运行，该检查、试验和调整的总时间应列入机组检修计划，并予以充分保证。

为规范热工保护联锁系统试验过程，减少试验操作的随意性，确保试验项目或条件不遗漏，应编制规范的保护联锁试验操作卡（操作卡上对既有软逻辑又有硬逻辑的保护系统应有明确标志）；检修、改造或改动后的控制系统，均应在机组启动前，严格按照修改审核后的试验操作卡逐条进行试验。

热工保护联锁试验中尽量采用物理方法进行实际传动；如果条件不具备，可在测量设备校验准确的前提下，在现场信号源点处模拟试验条件下进行试验，但禁止在控制柜内通过开路或短路输入端子的方法进行试验。

汽轮机超速、轴向位移、振动、低油压、低真空等保护系统，每次机组检修后的启动前，应执行规程要求，进行静态试验，以检查跳闸逻辑、报警及停机动作值的正确性。所有保护信号用传感器的检验应在规定的有效检验周期内完成。配置双通道输出的 ETS，应确保双通道间闭锁功能可靠（确保 A、B 通道试验时不会同时动作），运行中应定期进行 ETS 在线试验，并建立试验档案。为防止机组超速隐患，必须通过规范试验，确认电调系统的响应时间在允许范围内，伺服阀断电时处于失电关闭状态，OPC 关闭速度、释放定值、延时时间及功能均符合要求，功率负荷不平衡保护功能可靠，并通过归档保存试验曲线和记录，消除漏试验、不试验现象。

进行全炉膛灭火动态试验时，对机组有一定的潜在危害性，因此，除新上机组或控制系统有较大修改的机组应进行外，一般宜以静态试验方法确认；必须进行的 FSSS 系统动态试验，宜放在机组启、停过程中进行；试验前要充分考虑并做好安全防范措施，试验方案经批准后方可进行。

热工自动调节系统品质，应通过记录曲线的定期分析及时进行修正，并按规程要求，定期进行扰动试验和调整。分析报告、定期扰动试验曲线和报告应归档保存。为保证电网稳定运行和机组的安全经济性，各地电力试验研究院（所）应根据电网要求，制订相应的控制方案，配合电厂完善控制逻辑，做好试验和参数优化工作，确保一次调频、AGC 功能投入正常运行。为避免机组运行出现异常工况和煤质变化时，控制系统调节响应不及时而影响机组的安全经济运行，应进一步加强自动调节系统品质优化，完善 RB 功能在各种辅机跳闸工况下的试验和调整，提高自动调节系统抗辅机跳闸等剧烈扰动的能力。

（二）热工技术管理

为促进热控过程工作的科学化、规范化、精细化管理，提高机组安全经济运行的可靠性，热控系统与设备应从设计、基建和生产准备阶段开始，按可靠性要求进行分类、配置、编制清册和台账，调试阶段完善，机组运行过程中实施管理。

为提前发现和处理电力建设与生产过程中的热控系统安全隐患与质量问题，减少遗留缺陷，提高热控系统运行可靠性，热控系统应在做好全过程管理的基础上，开展电力建设与生产运行过程的设备可靠性评估工作。各级组织应执行 DL/T 1056—2007 的规定，提高技术监督管理力度，使技术监督贯穿于初步审查、设备选型、设计、安装、调试、运行、维护的全过程，确保监控参数准确、策略合理、控制有效和系统运行可靠。

分散控制系统应建立各控制站、计算站、数据管理站、数据通信总线的负荷率定期在线测试和数据存档制度。热控图纸应纳入计算机管理，图纸修改应按规定的流程及时在计算机内进行，以保证计算机内图纸符合实际；试验时使用的图纸，应为计算机内确认后的最新版本。定期对控制系统模件故障进行统计分析，评定模件可靠性变化趋势，并按照重要程度适时更换周期。

各台机组操作员站的软件版本必须分开存放，每台机组的软件版本必须保持一致，版本备份应分两级存放。定期复位操作员站、工程师站和历史数据站，以消除计算机长期运行的累积错误。严禁在控制系统中使用非本系统的软件，未经测试确认的各种软件禁止下载到控制系统中使用，必须建立有针对性的控制系统防止病毒措施，可移出机房的非专用笔记本电脑等电子设备禁止作为控制系统维护工具使用。DCS 软、硬件升级不当会给 DCS 和机组运行带来安全隐患。DCS 制造厂、电厂对 DCS 技术升级应慎重考虑，并充分做好相应的技术措施，确保 DCS 升级后的机组安全运行。

发生热工保护装置（包括一次检测设备）故障需退出运行时，必须开具工作票，经总工程师批准后迅速处理。主重要保护装置在机组运行中严禁随意退出，当因故障被迫退出运行时，必须制订可靠的安全措施，并在 8h 内恢复。其他保护装置被迫退出运行时，必须在 24h 内恢复，否则宜进行停机、停炉处理。控制系统的逻辑组态及参数修改、软件的更新、升级，保护联锁信号的临时强制与解除，均应履行审批授权及责任人制度，严格执行规定的程序，实行监护制，做好记录备案。

认真统计、分析每一次热工保护动作发生的原因，举一反三，消除多发性和重复性故障。对重要设备元件，严格按规程要求进行周期性测试，完善设备故障、测试数据库、运行维护和损坏更换登记等台账。通过与规程规定值、出厂测试数据值、历次测试数据值、同类设备的测试数据值比较，从中了解设备的变化趋势，做出正确的综合分析、判断，为设备的改造、调整、维护提供科学依据。

建立控制系统运行日常巡检制度，以便及时发现控制系统异常状况。运行中定期检查与自动、保护相关的测量信号历史曲线，若有信号波动现象，应引起高度重视，及时检查系统中设备各相应连接点是否松动或接触不良，电缆绝缘层是否有破损或接地，屏蔽层接地是否符合要求等，并进行处理。任何时候，一旦出现信号异变，热控人员应及时检查原因并保存异常现象曲线，注明相关参数后归档。

随着技术的发展和新建机组的不断增加，新、老电厂实际工作中都面临着人员技术素质、检修维护经验跟不上电力生产发展和技术进步的局面。各级组织应重视技术培训工作的深入；开展技术操作比武竞赛，调动热控专业人员自觉学习和一专多能的积极性，以此提高热控专业人员积极主动的工作责任心、科学严谨的工作态度、功底扎实的专业和管理技能。

第七节　控制系统基本配置可靠性评估

要改善在役机组 DCS 的可靠性，开展 DCS 可靠性评估是防范故障最有效的预控措施之一，及时准确的评估为提高控制系统可靠性提供了依据。

DCS 可靠性评估方法分为分析评估与试验评估两种，分析评估是通过对已经发生的故障进行原因分析，对存在的缺陷或隐患进行风险分析，对改善 DCS 可靠性的技术改进措施进行评估，试验评估则是通过性能测试对 DCS 的可靠性进行评估。

一、DCS 配置的基本要求

1. 安全可靠性

安全可靠是 DCS 配置的第一要求，控制系统配置应满足“优先级”“分层分散”“故障影响最小”、模件“冗余”、热控保护系统“独立性”五大原则。

控制系统应具有可靠的在线诊断处置能力（例如，报警、隔离、更换、修复、逻辑修改、复置、服役等），并经试验证实在发生主控制器、网络、I/O 模件、信号等部分失效时，以及端子线头松动、熔丝熔断、部分失电或其他局部故障工况时，不会影响或有限影响控制系统的可用性，并确保不丧失保护功能。

所配设备根据技术的发展，经技术经济论证，选择的是高性能设备。

2. 可操作性

具有快速直接访问信息能力和全面多任务操作；具有先进的窗口技术，通过丰富、灵活的画面，方便用户直观的操作。

3. 可维护性

检修维护方便，具有面向对象，可视化定义的开发工具，能通过图形界面提供多种在线维护功能，方便检修人员进行监视和维护。DEH系统应设置有调整、试验用的仿真系统或仿真模件或仿真器，以及在线检查和试验用的取样点接口，并可通过专用仿真器，实现DEH控制系统连接现场实际的油动机，LVDT和其他辅助的控制设备的混合仿真试验。在实现相同功能和可靠性的前提条件下，应做到系统结构简单、实用、维护工作量小。

数据收集能力应可以收集所有数据库中的点，便于事件和经济分析。采用开放式网络结构及通用性强的操作系统，使其可扩展性强。

二、DCS基本配置可靠性的分析评估法

DCS的可靠性，是确保机组安全运行的基础，因此它的可靠性应在机组的可靠性之上。然而由于DCS配置上的不完善，单点保护、互为备用设备共用模件、冗余输入信号未分模件配置、电源连接上的缺陷等，降低了DCS的可靠性。通过对国内热工自动化设备基建、运行检修、管理中存在的问题和事故教训进行深入的分析，在贯彻落实热工自动化系统检修运行维护规程和电力行业相关标准，总结多年从事监督工作的实践知识，消化、吸收国内外有关电厂技术管理经验基础上，结合安全评价标准，提出了DCS配置可靠性的分析评估方法。

（一）电源系统配置的可靠性评估

作为DCS的动力支撑——电源，由于配置和设备质量原因，引起机组跳闸的故障，在浙江省电厂故障统计中一度占据高位。经电力试验研究院与电厂热工人员多年来的合作工作，通过对控制电源系统可靠性开展的评估分析、查找、改进和一些预防措施的落实，使电源系统的可靠性得到提升，因热工电源系统故障原因引起的运行机组跳闸事件已很少发生。

在总结现场电源事件原因分析处理经验基础上，就预防、处理及安全保证措施，从系统电源冗余配置、控制装置及设备电源配置、供电质量指标、电源使用管理四个方面进行了专题研究，提出以下针对性评估内容：

（1）电源系统的冗余配置应满足以下要求：①机组DCS、DEH、TSI、火焰检测、FSS、ETS、MEH、BPC、脱硫、辅控等各主要控制系统与独立装置必须有可靠的两路独立供电电源，且至少有一路必须是UPS电源，并确保电源切换对系统不产生扰动；②公用DCS系统电源应取自两台机组的DCS系统UPS电源，并可无扰切换；③给煤机控制柜、吹灰程控柜等独立配置的系统与装置，应配置两路自动切换且不会对系统产生干扰的可靠电源；④控制系统机柜内部应配置冗余供电模件，双路系统电源通过双路电源模件进行供电，对I/O模件、处理器模件、通信模件等提供冗余电源，冗余供电模件应实现无扰切换；⑤操作员站、工程师站、实时数据服务器和通信网络设备的电源都应配置两路供电，自动实现无扰切换。

（2）热工自动化系统电源应满足配置余量和切换时间等品质要求。

（3）电源系统的安全性配置应满足以下要求：①热工自动化系统电源应满足分散性、专

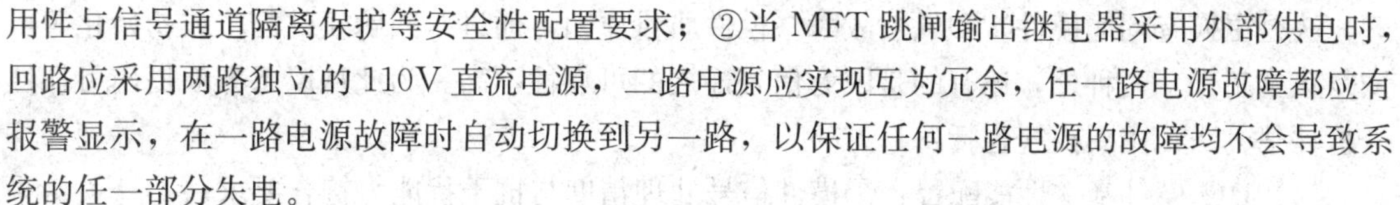

用性与信号通道隔离保护等安全性配置要求；②当 MFT 跳闸输出继电器采用外部供电时，回路应采用两路独立的 110V 直流电源，二路电源应实现互为冗余，任一路电源故障都应有报警显示，在一路电源故障时自动切换到另一路，以保证任何一路电源的故障均不会导致系统的任一部分失电。

（二）DCS 接地可靠性评估

通过专题分析研究，从接地网可靠性、接地连接、防雷接地、屏蔽接地四个方面，提出接地可靠性评估内容与方法。

（1）控制系统接地网配置应满足以下要求：①DCS 系统的总接地铜排到 DCS 专用接地网（或厂级接地网）之间的连接需采用多芯铜制电缆，其导线截面积应满足厂家要求，且两端采用焊接的方式连接；②DCS 系统的接地网若接入厂级接地网，需在一定范围内（该范围定值由 DCS 厂家提供）不得有高电压、强电流设备的安全接地和保护接地点。

（2）机柜接地应满足以下要求：①各控制系统控制机柜中应设有独立的安全屏蔽地、信号参考地和相应接地铜排；②机柜内接地线必须用符合要求的绝缘铜芯线直接与公共地连接，接地系统的连接与接地电阻，应符合规程与制造厂要求；③DCS 机柜与安装金属底座的连接应符合技术规程与制造厂的要求；④热工系统中的机柜、金属接线盒、汇线槽、导线穿管、铠装电缆的铠装层、用电仪表和设备外壳、配电盘等都需要采用保护接地。

（3）控制系统防雷应满足设备安全防护要求。

（4）控制系统的信号接地应符合单点接地要求。

（三）控制器配置可靠性评估

对控制器的配置从以下几个方面提出评估标准：①可靠性配置评估：将控制器发生的各类故障分成四类，根据每一类故障发生的次数和处理结果进行等级评定；②冗余与分散配置评估：提出各主要控制系统的控制器配置要求；③控制器性能可靠性：从对离线下载和在线下载功能，控制器处理周期，系统存贮余量和负荷率，冗余控制器切换时间，控制器故障诊断报警功能可靠几个方面提出了评估标准。主要内容包括：

（1）控制器冗余与分散配置：①机组 DCS、DEH、脱硫以及外围辅控等各主要控制系统的控制器必须采用可靠的冗余配置；②冗余切换性能正常，冗余控制器的切换时间和数据更新周期应保证系统不因控制器切换而发生控制扰动或延迟，控制信号不中断，CRT 数据无异常显示；③遵循机组重要保护和控制分开配置的独立性原则，炉、机跳闸保护系统 FSSS 的 MFT 公用逻辑控制器与 DEH 的 ETS 控制器应单独冗余配置；④系统控制器配置数量应满足系统配置的分散度要求，300MW 及以上单元机组 DCS 系统控制器数量应不少于 15 对；⑤FSSS 与 ETS 等主保护系统宜采用故障安全型控制器；⑥DEH 系统超速保护（OPT）和超速限制（OPC）宜采用专用保护模件，无专用保护模件的系统宜采用独立的控制器。

（2）控制器性能配置：①离线下载和在线下载功能正常，在线下载不发生控制器死机或控制信号丢失、中断或跳变；②控制器模件处理周期、系统存储余量和负荷率符合技术规范与控制要求。

（四）I/O 设备与通道配置可靠性评估

I/O 模件异常引起的机组跳炉、跳机故障，经统计分析除硬性故障（模件质量原因，处理方法是更换有问题模件）和软性故障（模件质量原因，通过对问题模件复位或初始化等可恢复正常工作）两种外，还有的是因为信号连接的可靠性不高。为此从以下方面提出可靠性分析评估方法，主要内容包括：

（1）I/O 模件基本性能配置：①模件信号处理精度与抗干扰能力符合要求；②开关量采集的实时性符合要求；③应提供对热电偶、热电阻及 4～20mA 信号的开路和短路、开关量信号熔丝熔断以及输入信号超量程、坏质量的自检功能，这一功能应在每次扫描过程中完成；④当控制器 I/O 通道板及其电源故障时，应使 I/O 处于对系统安全的状态，不出现误动；⑤机柜内的 I/O 模件应允许带电插拔而不影响其他模件正常工作；⑥I/O 模件对现场接点的供电电压应在 48～120V 范围内。

（2）I/O 信号配置：①机组 DCS、DEH、脱硫以及外围辅控等各主要控制系统的重要 I/O 信号，应冗余配置；②用于机组和主要辅机跳闸的输入信号，必须直接通过相应保护控制器的输入模件接入，不同系统间的重要联锁与控制信号应采用硬接线连接，并考虑冗余配置；③自动控制系统的控制指令不可通过通信网络进行传输；④为保证重要监控信号在控制器故障时不会失去监视，应在不同控制器中配置大量程的 DAS 监视点，或配置硬接线后备监控设备，例如，炉膛压力、汽包水位等；⑤远程 I/O 信号应仅用于数据采集功能。

（3）I/O 通道配置：①I/O 通道应满足分散性与完整性配置原则；②I/O 通道应满足相互隔离、故障保持、接地保护及备用余量等安全配置要求。

（4）MFT 输出通道配置：①FSSS 系统应独立配置可靠冗余的 MFT 跳闸出口继电器和少量用于触点扩展的中间继电器，用于 MFT 动作后重要设备的硬件联锁；②MFT 跳闸输出继电器电气回路的配置应冗余、可靠，动作方式符合要求；③MFT 跳闸出口继电器的输出触点应分别送至发生 MFT 时需自动联锁执行的操作回路。

（5）CCS 汽轮机调节汽门指令通道配置应满足可靠性与控制性能的要求。

（五）控制网络配置

控制网络配置从以下三个方面进行评估：①控制网络可靠性，将网络发生的各类故障分成五类，根据每一类故障发生的次数和处理结果进行等级评定；②网络冗余与容错配置，容错设计、故障诊断与报警功能、公用 DCS 系统网络功能；③网络性能配置。主要内容包括：

（1）网络冗余与容错配置：①机组 DCS、DEH、脱硫以及外围辅控等各主要控制系统的数据通信网络必须采用可靠的冗余配置，网络交换设备冗余切换性能正常，网络通信与数据传输不中断或停顿，CRT 数据无异常显示；②控制单元、操作员站应有独立的冗余通信处理模件，冗余切换功能正常；③控制网络必须采用容错设计，网络设备或通信介质局部故障或中断时应不影响系统正常通信；④连接到数据通信系统上的任一系统或设备发生故障，不应导致通信系统瘫痪或影响其他联网系统和设备的工作；⑤网络系统应具备诊断与报警功能，通信模件、交换机故障或局部网络中断应及时发出报警信息；⑥公用 DCS 系统网络应可分别与各单元机组的 DCS 网络通信，在单元机组 DCS 的任意一台操作员站上均可对接入公用 DCS 网络的系统进行监视。

（2）网络性能配置应满足技术规范要求。

（六）人机接口配置

人机接口配置从以下几个方面进行评估：工程师站配置、操作员站配置、历史数据站配

置、报警、记录打印系统配置等。主要内容包括：

（1）工程师站：①单元机组工程师室应配置独立的工程师站，当DEH与DCS系统采用不同硬件类型时应单独配置工程师站；②工程师站宜具备操作员站监视功能，否则宜在工程师室中配置仅开放监视功能的操作员站；③画面、逻辑、报表、趋势组态和下载功能及在线下载功能正常，应具备在线监视控制组态实时数据的功能；④具备工程师站离线组态与控制器在线组态的比较同步功能。

（2）操作员站：①300MW及以上单元机组集控室内操作员站应不少于4台，当DEH与DCS系统采用不同硬件类型时应单独配置操作员站；②操作员站运行操作功能正常，DCS系统故障诊断画面显示与实际相符；③各控制系统的数据服务器必须采用可靠的冗余配置，冗余服务器必须采用全数据库配置，不可分区配置，单台服务器故障应不影响系统正常运行操作；④操作员站、服务站的中央处理单元在恶劣工况下的负荷率符合技术规范要求；⑤操作画面实时性、操作员站容错性能及屏幕拷贝功能正常。

（3）历史数据站：①机组历史数据库宜采用冗余配置；②历史数据存储和检索功能正常，趋势曲线画面组态功能、调用时间符合设计；③工艺系统控制和监视点采样周期满足运行维护要求。

（4）报表组态与打印功能。

（5）SOE系统：①SOE系统应配置独立的记录打印设备；②SOE记录打印功能正常，事件记录顺序正确，时间准确；③事件顺序记录分辨率应满足技术规范要求；④SOE信号数量、范围和事故追忆时间应满足机组故障分析与规程要求。

（6）报警系统：①报警系统符合分级配置要求；②操作员登陆、操作的记录与打印功能正常；③信号中断或越限报警、通信故障报警、控制器或I/O通道故障报警的记录打印功能正常，人为断开运行中的变送器，故障报警显示应符合要求；④重要信号应配置光字牌或大屏报警，当用于保护与控制的参数严重异常时，应有明显的声光报警，并提供可进一步了解信号情况的手段。

（7）后备监控设备：①为确保机组紧急安全停机，应按要求设置独立于DCS的后备操作手段；②单元机组控制室应配置清晰的炉膛火焰监视电视与后备汽包水位监视设备。

（8）GPS系统：①装置的时钟输出信号精度应至少为1μs，GPS与DCS之间应每秒进行一次时钟同步；②GPS时钟装置应配置后备电池，能至少维持GPS接收器模件中时钟和存储器（RAM）正常工作一个月；③当GPS时钟装置的实时时钟无法跟踪GPS时，装置应提供继电器触点输出进行报警；④DCS系统宜具备二路GPS时钟接入功能，操作员站、工程师站、SOE及控制器应能自动与GPS时钟同步，并设置系统的备用时钟，当GPS时钟发生故障时，能自动切换到备用时钟作为系统的主时钟。

（七）系统接口配置

系统接口配置从以下几个方面进行评估：GPS系统配置、DCS侧接口配置、SIS系统的接口配置、后备操作监视单元配置等。主要内容包括：

（1）基本要求：①控制系统与其连接的所有相关系统（包括专用装置）的通信负荷率应控制在40%或20%（以太网）以下，保证在高负荷运行时不出现“瓶颈”现象；②接口设备均应冗余配置，工作稳定可靠。

（2）DCS侧的要求：①DCS应提供一个“数字主时钟”，使挂在数据通信总线上的各个站的时钟同步，“数字主时钟”应与GPS的时钟信号同步，也可在工程师站通过键盘设定；②系统应满足网络安全防护规定的要求，DCS系统不应直接与MIS系统进行接口；③DCS应具备防止各类计算机病毒的侵害和DCS内各存储器的数据丢失的能力，DCS内应设置防火墙，对DCS网络与所有外部系统之间的通信接口（网关、端口）进行实时在线监视，有效防范外部系统的非法入侵和信息窃取。

（3）SIS系统的接口：①SIS接口站应独立设置，所配置的路由器应具有防火墙功能；②SIS系统与DCS系统的接口配置应采用单向传输数据的方式，系统应采取物理隔离措施；③SIS系统接口的模拟量与数字量数据传输速率应满足设计要求；④SIS系统的接入应不会降低DCS的性能，例如，分辨率、操作响应速度、总线的负荷率等。

（八）基本软件功能配置评估

基本软件功能从以下四个方面进行评估：基本软件功能配置、机组联锁保护软件配置、机组自动控制软件配置、机组公用DCS系统控制软件配置。主要内容包括：

（1）基本软件功能配置：①机组的控制画面组态设计应符合技术规范与运行要求；②当DCS与DEH为不同系统时，为防止DEH操作员站出现异常时，汽轮机失去监视和控制，宜在DCS画面上实现DEH的主重要监视和操作功能；③模拟量信号采样预处理功能配置符合控制与运行要求；④模拟量参数及中间过程量网络通信信号的采样、显示周期和“不灵敏区”设置，或“例外报告”参数设置满足机组运行需要；⑤控制参数超限报警与控制设备故障诊断功能设置正确；⑥控制回路应按照保护、联锁控制优先的原则设计；⑦信号冗余的软件功能配置满足参数控制与运行监视要求；⑧控制回路应具备各种方式下的双向无扰切换功能；⑨重要设备跳闸的首出原因记录与显示功能设置正确。

（2）机组联锁保护软件配置：①保护回路中不应设置供运行人员切、投保护的任何操作设备，机、炉主保护系统应采用失电跳闸逻辑；②联锁保护控制软件应符合安全性配置要求；③机组MFT动作后应自动从软件回路和专用跳闸继电器的硬件回路分别联锁相关重要设备，联锁逻辑的设置应符合机组安全运行要求；④为防止一对控制器故障导致机组被迫停运故障的发生，重要的多台冗余或组合的辅机（辅助设备）系统应按分散性原则对设备启停、联锁控制软件进行配置。

（3）机组自动控制软件配置：①模拟量控制系统的测量信号应设置正确的软件补偿功能；②单元机组应正确配置故障快速减负荷RUNBACK功能；③单元机组AGC自动发电控制功能应满足运行与电网调度要求；④单元机组一次调频性能、功能与组态配置应满足运行与电网调度要求；⑤为减少一对控制器故障引起模拟量控制系统失灵造成的影响，单元机组模拟量控制系统应按分散性原则配置控制软件；⑥单元机组的自动调节系统应配置重要的保护闭锁功能以保障机组运行安全；⑦单元机组的自动调节系统应根据不同的运行工况配置必要的变参数控制；⑧单元机组的自动调节系统应配置正确的全局联锁与自动控制功能。

（4）机组公用DCS系统控制软件配置：①机组公用DCS系统的控制软件应符合公用系统设备的分散配置原则；②机组公用DCS系统的控制软件应满足安全性配置要求，设置机组间操作闭锁等控制功能。

三、DCS 基本配置可靠性的试验评估法

随着运行时间的延伸，DCS 受电子器件寿命的影响，其性能和故障率都会发生变化。为确保 DCS 的长期稳定运行，经过大修、软件升级或做了较大改动的运行机组的控制系统，在其各组成设备调试、检修完毕并符合质量要求的前提下，进行 DCS 的性能与功能的完整试验，通过试验法评估确定其可靠性。

试验评估法，旨在通过试验确认 DCS 基本性能与应用功能满足可靠性要求，确认各子系统初始参数设置正确。通过收集、总结、深入研究从事热工自动化系统调试、检修、运行、维护、管理的工程技术人员在理论、电力生产实践中积累的大量经验，消化吸收各 DCS 厂家的测试方法，结合现场试验及过程、结果分析，提出 DCS 运行可靠性的试验评估法。

（一）DCS 基本性能试验

DCS 基本性能试验从以下方面进行试验评估：设备冗余性能试验、系统容错性能试验、系统实时性测试、系统响应时间测试、系统存贮余量和负荷率测试、通道输出自保持功能检测、抗干扰能力测试等。主要内容包括：

（1）设备冗余性能试验：①各操作员站和功能服务站冗余切换试验；②控制器及功能模件冗余切换试验；③通信网络冗余切换试验；④系统或机柜供电冗余切换试验；⑤控制回路冗余切换试验。

（2）系统容错性能试验：①键盘容错试验；②历史数据库容错试验；③系统和外围设备的重置容错试验；④模件热拔插容错试验。

（3）系统实时性测试：①CRT 画面调用响应时间测试；②CRT 显示刷新时间测试；③开关量采集实时性测试；④控制器模件处理周期测试。

（4）系统响应时间测试：①开关量操作响应时间测试；②模拟量操作响应时间测试。

（5）系统存储余量和负荷率测试：① 控制站内存和历史数据存储站外存容量及使用量测试；②计算机控制系统的负荷率测试。

（6）通道输出自保持功能检测：①开关量输出自保持功能测试；②模拟量输出自保持性能测试。

（7）抗干扰能力测试：现场引入干扰电压的测试和抗射频干扰能力的测试。

（二）DCS 基本应用功能试验

DCS 基本应用功能试验从以下方面进行试验评估：系统组态和在线下载功能试验、操作员站人机接口功能试验、报表打印功能试验、历史数据存储和检索功能试验、通信接口连接试验。主要内容包括：

（1）系统组态和在线下载功能试验：① 检查工程师站权限设置；②检查确认软件组态功能应正常；③通过工程师站组态工具回读控制器组态，并修改下载功能正常。

（2）操作员站人机接口功能试验：①检查操作员站权限设置正确；②检查各流程画面、参数监视画面等应无异常；③趋势曲线画面组态与调用功能应正常；④画面动态点的设置（量程、报警点、上下限值等）正确，刷新时间应符合要求；⑤检查各报警画面、报警窗口和报警确认功能应正常；⑥检查历史数据检索画面显示、打印功能应正常。

（3）报表打印功能试验：①检查报表管理功能画面显示正常；②检查硬拷贝内容和画面

显示应一致；③检查事件追忆报表应打印正常、时间正确。

（4）历史数据存储和检索功能试验：①检查历史数据报表、曲线的数据和时间应正确；②检查已转储至磁带或光盘（长期）的历史数据报表和曲线调取功能正常、数据正确。

（5）通信接口连接试验：①利用网络软件工具或专用的通信检测软件工具，确认通信物理连接应正确有效；②利用应用软件或模拟方法检查测试数据收发正常，实时性应达到设计要求。

（三）数据采集系统基本功能测试

数据采集系统基本功能测试从以下方面进行试验评估：趋势曲线画面组态功能测试、输入参数二次计算功能的测试、输入参数修正功能的测试、超限报警和故障诊断功能的测试、SOE记录和事故追忆系统测试、实时数据统计功能测试、报警分级处理设置检查、安全性检查及其他检查。主要内容包括：

（1）输入参数二次计算功能的测试：①信号校准功能测试；②开方、差值、平均值、选大值、选小值、选中值功能测试；③累计值计算功能测试。

（2）输入参数修正功能的测试：①热电偶冷端温度修正功能测试；②温度测量信号修正功能测试；③压力修正功能测试。

（3）超限报警和故障诊断功能的测试：①模拟量输入报警设定点动作差检查；②开关量输入报警功能测试；③输入过量程诊断功能检查；④输入信号短路诊断保护功能校准；⑤热电偶输入信号断路诊断功能检查；⑥热电阻输入信号短路或断路诊断功能检查；⑦参数变化速率诊断保护功能检查；⑧输入信号断路诊断功能检查；⑨输入信号冗余功能检查；⑩输出模件的输出信号短路和断路诊断保护功能检查。

（4）SOE记录和事故追忆系统测试：①连续模拟数个进入SOE的开关量信号动作，SOE应能按正确次序报警显示并打印；②检查事故追忆功能，其表征机组主设备特征的变量记录应完整。

（5）实时数据统计功能测试：①模拟量系统投入率实时统计功能测试；②自动系统利用率实时统计功能测试；③蒸汽温度超温次数和时间的实时统计功能测试。

（6）报警分级处理设置检查：①报警级别设置及色标；②报警分级音响；③报警分组设置。

（7）安全性检查：①重要控制信号及回路分模件、分电源配置检查；②重要控制系统控制器负荷率检查。

通过DCS基本配置的可靠性评估将热工系统可靠性提高的预控工作提前到设计阶段，通过对系统内部过程和微观变化的分析，掌握设备状况的变化趋势，以此判断安全程度，采取预防措施，防患于未然，将有利于减少热工系统存在的隐患，提高机组运行的安全稳定性。一个系统的、规范的评估，将促进热工过程监督的科学化、规范化、精细化管理，提高机组安全经济运行的可靠性和监督工作的实效性。

第八章 基于数据驱动的故障诊断技术

自动控制系统与设备是大型火力发电机组不可缺少的重要组成部分，控制系统的性能和可靠性等已成为保证火力发电机组可靠性和经济性的重要因素。随着火力发电厂控制系统日益大型化和复杂化，系统中具有众多的控制回路和需要调节、监控的参数，故障点也随之增加。要实现发电企业连续安全生产以及利润最大化，一方面要考虑设备状态以及众多控制回路的控制效率是否满足安全性、经济性和高效性；另一方面要考虑如何将机组启停次数、机组维修时间降低到最小，甚至实现故障的自动处理。目前的检修方法和传统的联锁保护系统难以满足机组自动化越来越高的要求。火力发电厂控制系统设备的故障诊断技术，是实现控制系统状态维修的重要手段与前提。

火力发电厂自动控制系统的特点是具有可调整性和可修复性，及时合理的调整控制参数以及维修控制系统是使机组安全稳定运行不可缺少的重要工作。传统检修模式是人工巡回点检或运行人员发现故障，再通知热工人员进行维修，控制系统的参数调节也多采用人工经验调节。由于控制系统回路众多，控制设备遍布电厂各个角落，仅靠人力很难实现早期、及时、全面地检查和发现故障，同样也很难保证人工设定的控制系统运行在一个经济、有效的状态下。据统计，对系统工作能力的检查和缺陷的寻找要花费大量的时间，有时占到系统总修复时间的90%。显然，在传统的检修模式下，效率是非常低下的，维修所需要的时间和费用是很大的。因此，更为有效地方法是根据控制系统本身可以测量得到的信号，应用理论分析的方法和计算机快速、集中处理能力相结合，建立基于软件计算的实时系统性能评价与故障诊断系统，实现控制系统的性能评价和故障在线监测与状态维修。

目前故障诊断技术在电厂机、炉主辅设备上应用比较多，特别是在振动诊断方面比较成熟，在化工领域、核工业和航空航天领域中已有一些应用。但是在电厂控制系统方面的故障诊断应用相对较少，主要是基于火力发电厂监控信息系统的应用，从监控信息系统获取所需的信号进行分析和处理，实现控制系统状态的在线评价与监测。一旦发生故障，能分离出故障的部位、判别故障的种类、估计故障的大小与时间，进行评价与决策，并给出维修的指导建议。

电厂热控系统的故障诊断技术主要包括了自动调节系统的调节品质监测，控制系统传感器的故障诊断，控制系统执行器的故障诊断，以及控制系统自身的设备诊断与故障报警等多个方面的故障信息自动识别与诊断方法。本章将围绕热控系统自动调节品质、传感器、执行器的故障诊断机理与实现方法展开介绍。

第一节 火力发电厂控制系统调节品质在线监测技术

热控系统的自动调节性能对机组运行的安全性和经济性都有着直接的影响，尤其是对负荷变动较为频繁的机组，需要实时的在线了解控制系统的性能，判断控制系统是否处于最优的状态下，并针对控制系统的性能的好坏给出原因分析，继而相应的调整控制器的参数以达到期望的控制性能。

一、控制系统调节品质的性能评价指标

随着工业过程控制系统的规模越来越大，控制策略的复杂性也随之大幅提高，导致过程工业系统的控制回路越来越多，相应地，对系统的维护工作量也越来越大。现场自动化系统维护人员迫切需要能够对控制系统的调节效果有确切的了解，以针对系统运行的不同情况采取相应的应对措施来改善系统的调节效果。并且，在更深入的层面上，自动化系统调试、维护技术人员可能需要了解控制系统的当前调节效果与相应的最优控制效果之间的差距，以了解控制系统性能可以提高的潜在空间。总之，无论从现场系统维护方面，还是进一步改善系统控制性能方面，均对控制系统的性能评价提出了要求，即要求能够给出一个明确的量化指标来标示系统控制效果的好坏程度。

在大多数情形下，为了分析研究的方便，人们最经常采用的典型输入信号是单位阶跃函数，并在零初始条件下进行分析。也就是说，在输入信号加上之前，系统的输出量及其对时间的各阶导数均等于零。或者说，系统的所有状态变量的值等于零。线性控制系统在零初始条件下和单位阶跃信号下的响应曲线称为阶跃响应曲线。在此基础上，定义了各种传统的性能指标，例如，超调量、过渡过程时间、振荡次数、延迟时间、上升时间、峰值时间、平方误差积分指标等。

客观的讲，上述性能指标比较精确地反映了控制系统的动态性能，可以从很多方面刻画给定控制系统的性能。但是，上述性能指标也存在一些限制条件，影响到它们的实际应用。首先，这些性能指标都是建立在单位阶跃输入的前提下，反映控制系统对于单位阶跃信号的调节性能。而在实际情形下，我们无法要求实际控制系统的扰动信号为阶跃信号，在通常情况下，实际扰动信号可能是许多不同类型的信号的混合体。显然，对于这样的扰动信号，使用上面提到的性能指标进行评价是不合理的。其次，获取上述这些性能指标需要知道被控对象的准确的、实时的模型参数，这种要求在实际工程中也是很苛刻而难以达到的。以上两条限制决定了上述传统性能指标不太适合作为对控制系统性能进行在线评价的尺度。

目前工业过程控制中比较合理的是采用 Harris 提出的系统回路输出最小方差控制作为系统调节品质评价的基准指标（简称“最小方差评价指标”）。这主要基于以下原因：首先，针对具体的控制回路而言，在控制对象传递特性和工作环境干扰因素无法改变的条件下，其所对应的输出值最小方差是该条件下的最优控制。其次，在不需要确切知道给定对象的传递特性的情况下（仅仅需要了解对象的纯滞后时间），我们可以在不影响系统回路正常运行的情况下，获得并记录系统回路输出的日常数据。然后，通过对这些历史数据进行时间序列分析和建模，最终计算出回路输出的最小方差值，以此作为进行性能评价的基准。与此同时，我们可以方便的根据过程控制系统回路的实际输出值，计算得到实际输出值的方差，将最小方差值和实际方差值相比，所得的比值就能够很好地衡量控制系统的控制性能的优劣程度。由于最小方差控制系统是在相同条件下的最优控制，因此，这个比值不仅客观地给出了系统的控制性能的指标，而且明确指出了控制系统性能改善的潜在空间。

另据一项比较权威的统计，在现实工业过程控制系统中，有 90%的控制回路采用传统

的 PID 控制器作为调节装置。我们知道，在控制对象具有较大的滞后时间的情况下，只有对控制对象的滞后环节进行相应补偿（比如 Smith 补偿控制），才有可能实现回路输出最小控制。显然，简单的 PID 调节器不具有实现最优控制的可能性，基于此种现实情况，我们有必要对前面提出的基于输出最小方差控制的衡量指标做出修正，得到在采用 PID 控制器的条件下的性能指标，这个指标将更客观的反映采用 PID 算法的控制系统调节品质的优劣并指出可以改善的潜在空间。

二、最小方差评价指标的求取

我们假定为控制对象设计一个控制器，该控制器可以使系统的输出方差达到最小，这种控制器就是所谓的最小方差控制器。我们使用这种最小方差控制器的性能作为进行性能评价的基准，可以对控制系统进行性能评价工作。具体的说，如果一个控制对象具有时间滞后 d 个采样周期，那么，在系统的输出方差中有一部分是与控制系统的调节器无关的，称为系统反馈不变量，而且它可以通过对系统的日常输出数据进行相应处理获得。可以说明，这个反馈不变量就是系统处于最小方差控制时的输出方差值。

为了分离出系统输出方差中的反馈不变量，我们需要把系统的输出展开成如下形式的移动平均过程：

$$y_t = \underbrace{f_0 a_t + f_1 a_{t-1} + \cdots + f_{d-1} a_{t-(d-1)}}_{e_t} + f_d a_{t-d} + f_{d+1} a_{t-(d+1)} + \cdots \tag{8-1}$$

式中 a_t——白噪声序列；

e_t——与反馈无关的最小方差控制的输出。

这个最小输出方差可以通过对系统闭环的日常输出进行时间序列分析得到，然后，可以被视作控制系统在理论意义上可能达到的最小方差，用作性能评估的基准。

我们分析如下图 8-1 所示的闭环控制系统。

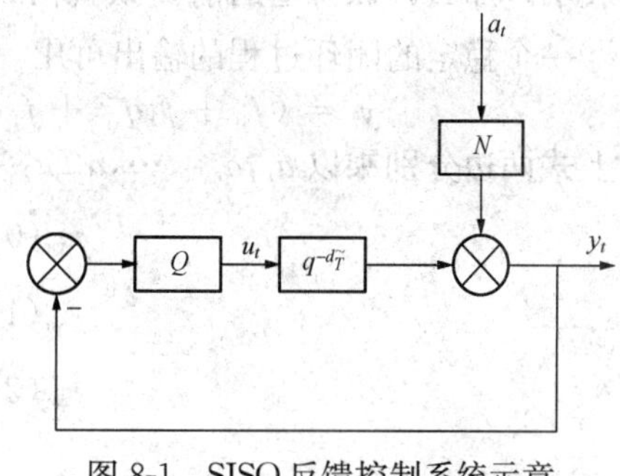

图 8-1 SISO 反馈控制系统示意

根据方框图可得

$$y_t = \frac{N}{1 + q^{-d}\tilde{T}Q} a_t \tag{8-2}$$

式中 d——滞后时间；

$\tilde{T}$——去掉滞后环节的对象传递函数；

N——干扰传递函数；

a_t——零均值白噪声；

Q——调节器的传递函数。

对扰动传递函数使用 Diophantine 方程展开如下：

$$N = \underbrace{f_0 + f_1 q^{-1} + \cdots + f_{d-1} q^{-d+1}}_{F} + R q^{-d} \tag{8-3}$$

这里 $f_i(i = 0,1,2,\cdots,d-1)$ 是固定系数，R 是剩余的有理、正则传递函数，式（8-2）可改写为

$$y_t = \frac{F + q^{-d} R}{1 + q^{-d}\tilde{T}Q} a_t$$

$$=\left(F+\frac{R-F\tilde{T}Q}{1+q^{-d}\tilde{T}Q}q^{-d}\right)a_t \tag{8-4}$$
$$=Fa_t+La_{t-d}$$

此处 $L=\dfrac{R-F\tilde{T}Q}{1+q^{-d}\tilde{T}Q}$ 是一个正则传递函数。又由于

$Fa_t=f_0a_t+f_1a_{t-1}+\cdots+f_{d-1}a_{t-d+1}$，$a_t$ 是白噪声，所以式（8-4）右边两项相互独立。所以，

$$\mathrm{Var}(y_t)=\mathrm{Var}(Fa_t)+\mathrm{Var}(La_{t-d}) \tag{8-5}$$

因此

$$\mathrm{Var}(y_t)\geqslant\mathrm{Var}(Fa_t) \tag{8-6}$$

只有当 $L=0$ 时，等式才成立，即

$$R-F\tilde{T}Q=0 \tag{8-7}$$

由此，可得出最小方差控制规律：

$$Q=\frac{R}{\tilde{T}F} \tag{8-8}$$

由于 F 与控制器的传递函数 Q 不相关，因此 Fa_t 项，即最小方差控制条件下的过程输出，是一个反馈控制不变量。于是，如果一个稳态过程的输出 y_t 可以用一个无限项滑动平均模型表示，那么，该模型的前 d 项就构成了对最小方差项 Fa_t 的估计。

一个稳定的闭环过程的输出可用一个无限阶滑动平均模型（MA）来模拟，即

$$y_t=(f_0+f_1q^{-1}+f_2q^{-2}+\cdots+f_{d-1}q^{-(d-1)}+f_dq^{-d}+\cdots)a_t \tag{8-9}$$

将上式两边分别乘以 $a_t,a_{t-1},\cdots,a_{t-d+1}$ 并取数学期望，可得

$$\begin{aligned}r_{ya}(0)&=E[y_ta_t]=f_0\sigma_a^2\\r_{ya}(1)&=E[y_ta_{t-1}]=f_1\sigma_a^2\\r_{ya}(2)&=E[y_ta_{t-2}]=f_2\sigma_a^2\\&\cdots\\r_{ya}(d-1)&=E[y_ta_{t-d+1}]=f_{d-1}\sigma_a^2\end{aligned} \tag{8-10}$$

于是，输出方差中的不变部分，即最小方差项为

$$\begin{aligned}\sigma_{mv}^2&=(f_0^2+f_1^2+f_2^2+\cdots+f_{d-1}^2)\sigma_a^2\\&=\left[\left(\frac{r_{ya}(0)}{\sigma_a^2}\right)^2+\left(\frac{r_{ya}(1)}{\sigma_a^2}\right)^2+\left(\frac{r_{ya}(2)}{\sigma_a^2}\right)^2+\cdots+\left(\frac{r_{ya}(d-1)}{\sigma_a^2}\right)^2\right]\sigma_a^2\\&=\frac{[r_{ya}^2(0)+r_{ya}^2(1)+r_{ya}^2(2)+\cdots r_{ya}^2(d-1)]}{\sigma_a^2}\end{aligned} \tag{8-11}$$

定义最小方差性能评价指标为

$$\eta(d)=\frac{\sigma_{mv}^2}{\sigma_y^2} \tag{8-12}$$

显然有

$$0 \leqslant \eta(d) \leqslant 1 \tag{8-13}$$

将式（8-11）代入式（8-12）得

$$\begin{aligned}\eta(d) &= \frac{[r_{ya}^2(0)+r_{ya}^2(1)+r_{ya}^2(2)+\cdots r_{ya}^2(\mathrm{d}-1)]}{\sigma_y^2\sigma_a^2} \\ &= \rho_{ya}^2(0)+\rho_{ya}^2(1)+\rho_{ya}^2(2)+\cdots\rho_{ya}^2(d-1) \\ &\triangleq ZZ^{\mathrm{T}}\end{aligned} \tag{8-14}$$

其中，Z 是向量 y_t 和 a_t 的相关系数的 0 到 $(d-1)$ 项，即

$$Z \triangleq [\rho_{ya}(0), \rho_{ya}(1), \cdots, \rho_{ya}(d-1)] \tag{8-15}$$

与此相应的，使用采样所得的样本数据可用如下公式计算控制性能指标：

$$\hat{\eta}(d) = \hat{\rho}_{ya}^2(0)+\hat{\rho}_{ya}^2(1)+\cdots+\hat{\rho}_{ya}^2(d-1) = \hat{Z}\hat{Z}^{\mathrm{T}} \tag{8-16}$$

其中

$$\hat{\rho}_{ya}(k) = \frac{\frac{1}{M}\sum_{t=1}^{M} y_t a_{t-k}}{\sqrt{\frac{1}{M}\sum_{t=1}^{M} y_t^2 \sum_{t=1}^{M} a_t^2}} \tag{8-17}$$

这里尽管 a_t 还是未知的，但它可以用残差序列 $\hat{a}_t$ 代替。$\hat{a}_t$ 是对过程输出变量 y_t 进行时间序列分析时获得的残差序列。

三、控制系统调节品质评价的指导意义

对一个控制系统进行性能评价，可使运行和维护人员准确地了解系统的运行状况。以此决定是否需要对系统的调节参数进行重新整定，同时还可以明确指出系统调节性能进一步优化的潜在空间。选用最小方差评价指标可以实现上述目标。因为最小方差评价指标定义为实际控制系统的输出方差与最小方差控制系统的输出方差的比值，我们可以得知系统现在的调节品质与最优情况相差多大，提高系统的调节品质还有多少“潜在”的可能性。如果现有的调节器的调节品质与最小方差调节器已经相当接近，那么，对调节器的参数进行重新整定或对重新设计调节器就变得既没有必要也没意义。另一方面，如果控制器的性能指标很差，那么对控制对象的各种参数进行重新辨识或者对调节器进行重新设计、整定将显得比较必要，因为很差的控制性能可能缘于不稳定或弱阻尼的零点，也可能是由于各种操作限制等因素。具体的讲，如果一个系统的性能指标远小于 1（即系统的输出方差远大于相应的最小方差控制系统的输出方差），这表明系统的性能还有比较大的优化空间。另一方面，如果一个系统的性能指标已经很接近 1，这就表明此系统可能进一步优化的空间很小了。另外，控制系统性能评价技术还可以给出系统性能指标随系统调节参数的变化趋势，从而给维护人员整定系统参数提供指导意见和帮助。

四、控制系统调节品质的在线监测

通过对控制系统调节品质的在线监测，诊断控制系统是否处于最优整定状态，并给出调节器优化建议指导。以下是某燃煤机组给水控制系统、一级减温控制系统和二级减温控制系统的调节品质在线监测结果。

（一）给水控制系统

选取合适的诊断间隔，运行调节品质在线监测模块，启动给水系统监测功能，对自动运行的给水系统进行品质在线评估，将评估结果记录如图 8-2 所示。

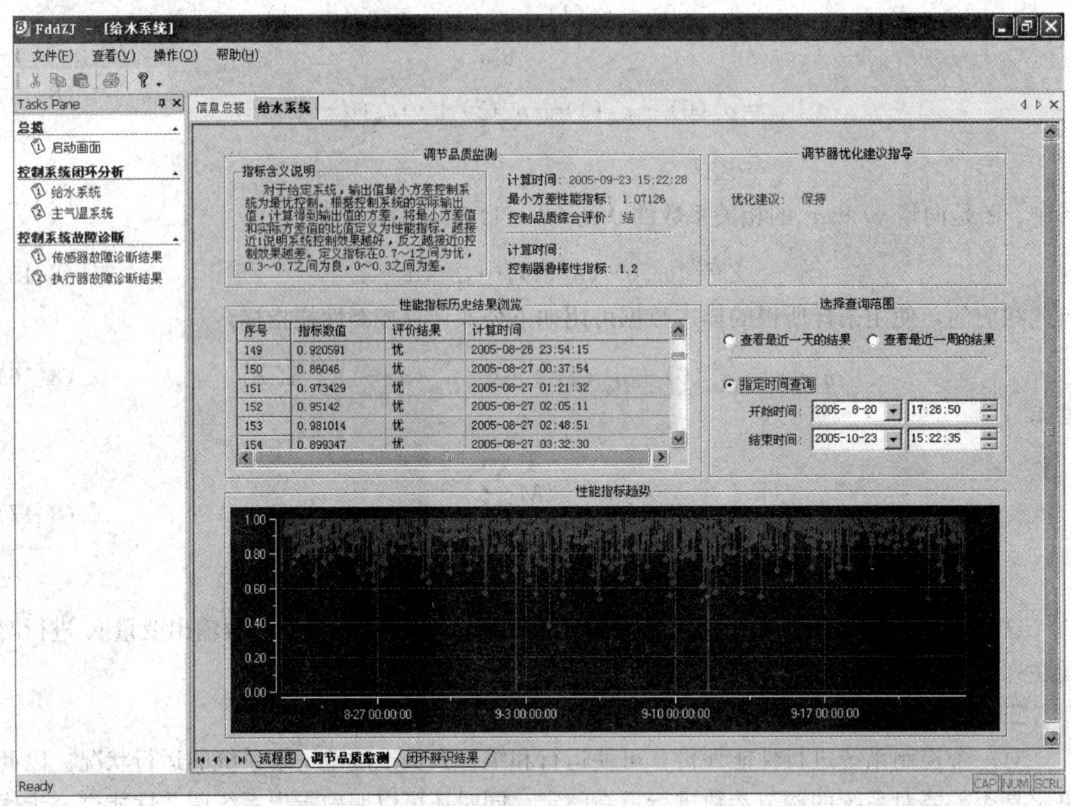

图 8-2 调节品质在线监测结果

将记录数据进行概率统计，剔除离散点，所得的性能监测数据非常接近于 1，表明该系统调节品质接近理论值，调节性能优秀。

（二）一级减温控制系统

选取合适的诊断间隔，运行调节品质在线监测模块，启动主蒸汽温度控制系统的一级减温控制系统监测功能，对自动运行的一级减温控制系统进行品质在线评估，评估结果记录如图 8-3 所示。

将记录数据进行概率统计，剔除离散点，所得的性能监测数据在 0.6～0.8，表明该系统调节品质处于优与良之间，在某些工况下系统的调节品质还有一定的优化余地。

（三）二级减温控制系统

选取合适的诊断间隔，运行调节品质在线监测模块，启动主蒸汽温度控制系统的二级减温控制系统监测功能，对自动运行的二级减温控制系统进行品质在线评估，评估结果记录如图 8-4 所示。

将记录数据进行概率统计，剔除离散点，所得的性能监测数据在 0.4～0.6，表明该系统调节品质处于良，能满足正常运行的要求，但还有较大的优化余地。

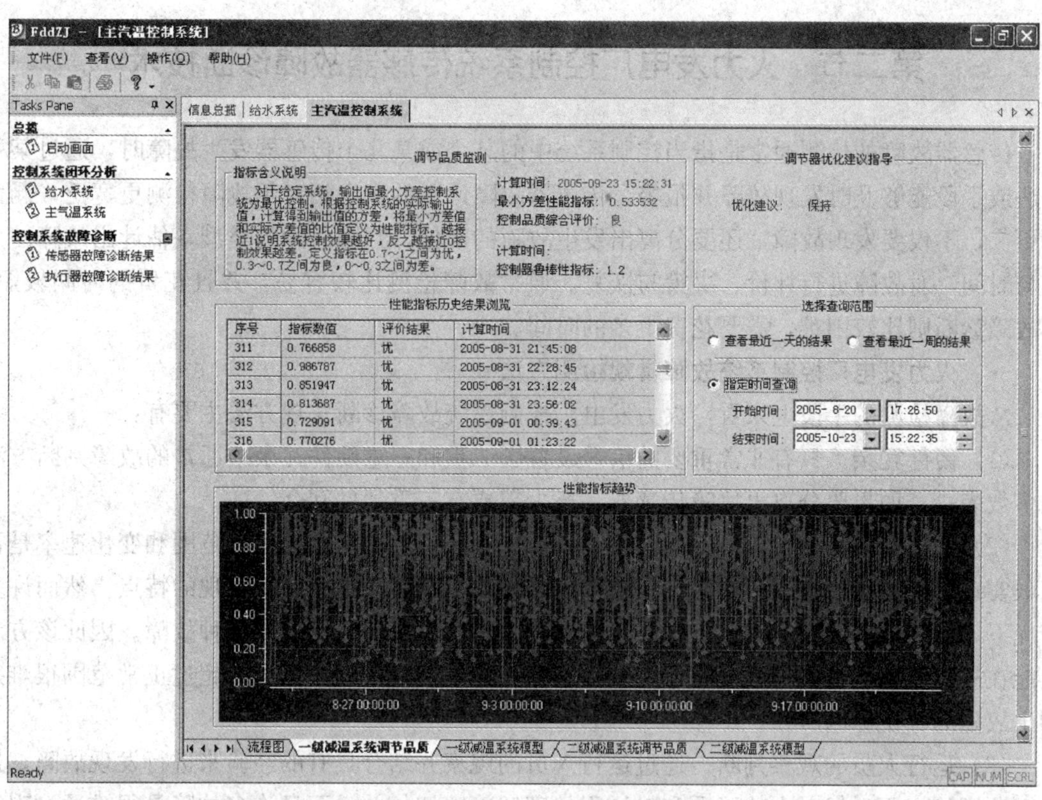

图 8-3 调节品质在线监测结果

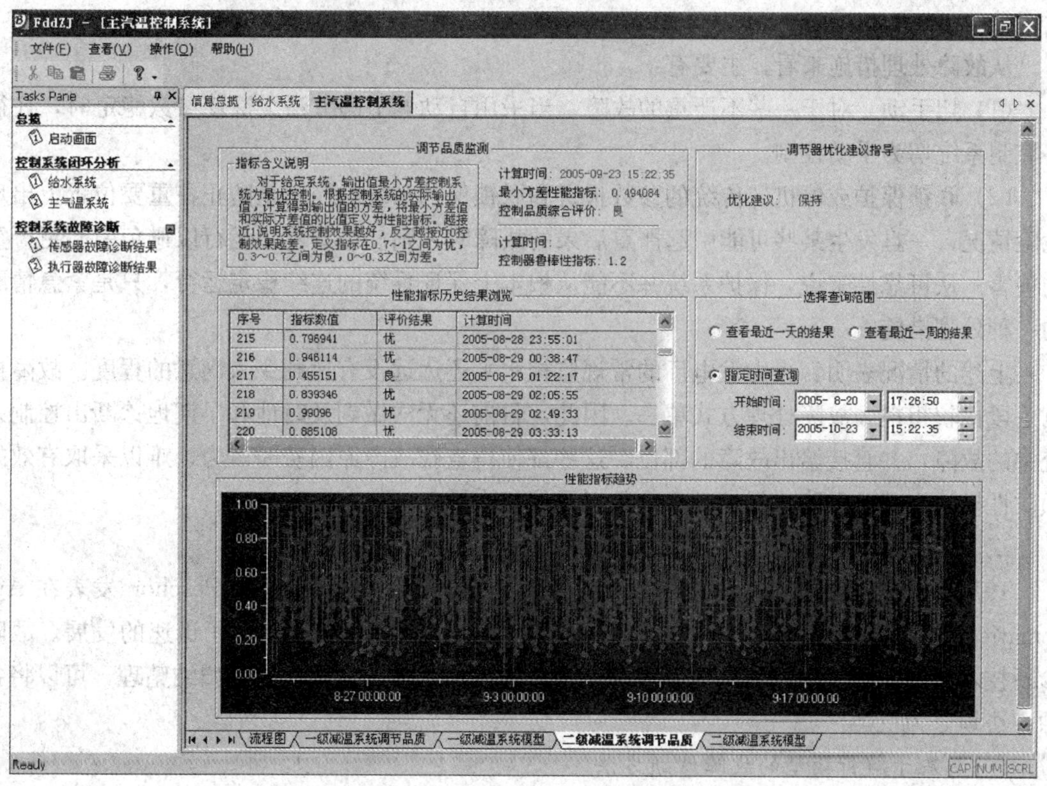

图 8-4 调节品质在线监测结果

第二节 火力发电厂控制系统传感器故障诊断技术

传感器故障的检测通常是指当控制系统中的某个或某几个传感器发生故障时，通过某种方法或手段能够及时发现故障并报警。传感器故障诊断的概念相对于故障检测更宽泛，涵盖面更广，不仅要发现故障，还要分离出发生故障的部位，判别故障的类型，估计出故障的大小与时间，对故障进行评价、决策与恢复。通常故障检测比较容易，并且花费的时间较短，而故障诊断则比较困难，需要花费更多的时间。

一、火力发电厂控制系统故障常规检测方法

从故障检测的手段上来看，火力发电厂控制系统故障诊断常规方法主要有：

（1）硬件冗余。只有非常重要的信号设置了二重和三重硬件冗余，通常的故障判断方法为多数表决。如果要分离出故障传感器，至少需要有三重硬件冗余。

（2）信号门限检测。信号的门限检测是通过判断传感器信号的变化范围和变化速率是否超限实现故障的检测方法。它是工程中常用的方法，具有简单和易于实现的特点。然而许多情况下，传感器的读数虽然在正常的范围内，但是其本身已经发生了某种故障。因此该方法只能在故障发展到很大的程度时才能被检测到，另外，仅依赖于信号的超过正常范围很难判别出故障的真正原因所在。

（3）运行人员的观察判断。通过运行人员的观察并结合具有的经验来进行发现故障，这种方法固然有用，但对人的素质和对过程的理解等密切相关，而且许多故障是很难通过观察发现的。

从故障处理措施来看，主要有：

（1）切手动。对于一些不严重的故障，当采用自动调节的方法无法使参数稳定时，往往将控制系统切为手动控制。

（2）联锁保护或停机。传统的参数报警和联锁保护系统的作用是防止在重要位置上出现危险情况，一旦发生某些可能引起严重后果的故障时，则使设备停止运行以避免引起更严重的损害。从可靠性来说，保护系统并不能从根本上保证系统的连续稳定运行，只是紧急情况的一种处理措施。

上述的情况表明，火力发电厂的常规监控水平还远远没有达到令人满意的程度。故障检测手段比较粗糙，故障处理方式单一。因此，目前还无法做到及时地和早期地诊断出控制系统中的故障，并直接给出故障的部位。这些都使得查找故障原因费时费力，难以采取有效的预防性措施来减小和防止保护动作次数以及停机次数。

二、控制系统传感器故障在线诊断技术

1971年，美国麻省理工学院的Beard发表的博士论文及Mehra和Peschon发表在Automatica上的论文标志着故障诊断技术的诞生，从此故障诊断技术得到了迅速的发展。故障诊断技术经过几十年的发展，内涵逐渐丰富，涌现出众多的方法。经过归纳整理，可以将各种方法划分为三类：

（一）基于解析模型的故障诊断方法

基于解析模型的故障诊断方法是最早发展起来的一类诊断方法。其核心内容为基于观测

器/滤波器的状态估计方法、基于参数辨识的方法以及奇偶方程的方法。它们所遵守的假设条件是系统中的故障导致系统参数有变化，例如，故障使输出变量、状态变量、模型参数、物理参数等其中之一或多个有变化。在实际工程应用中设计故障诊断系统时，通常需要按下述三步进行：

(1) 残差产生。残差是指由被观测数据构成的函数与这些函数的期望值之差。残差经常被作为反映系统故障的信息，但为了隔离不同类型的故障，需要设计出具有适当结构或适当方向的残差矢量。

(2) 残差估计（故障分类）。对故障发生的时间或故障的位置进行推理、决策。

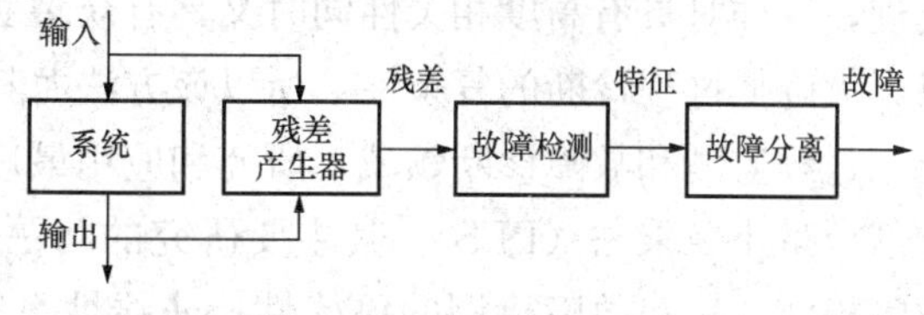

图 8-5　基于模型的故障诊断方法的基本步骤

(3) 故障分析。即确定故障的类型、大小和原因。残差产生和残差估计构成了故障诊断系统设计的核心，如图 8-5 所示。

（二）基于人工智能的故障诊断方法

当前的控制系统和生产过程变得越来越复杂，不少情况下要获得系统的精确数学模型是非常困难的。由此发展出一系列的基于非解析模型的诊断方法，基于人工智能的方法就是其中的一类方法，并且在近二十年中得到了快速的发展。基于人工智能的方法多种多样，常见的几种方法归纳如下：

(1) 专家系统。专家系统是人工智能领域最为活跃的一个分支之一，它已广泛的应用到许多工程领域的故障诊断中。故障诊断专家系统的基本实现过程是通过人机接口将过程的有关数据送入动态数据库，推理机根据知识库中的知识和动态库中的实时数据进行推理，得出是否有故障发生，发生什么故障，并进行评价和决策。专家系统在医疗诊断系统中应用成熟广泛，目前研究和应用已经扩展到设备维护和诊断、工业、农业、商业等各行各业中。目前的研究动向是从浅知识专家系统的研究过渡到深知识专家系统的研究和应用。

(2) 神经网络。随着神经网络技术的发展，越来越多的基于神经网络的故障诊断方法涌现出来，大量的论文将神经网络应用于故障诊断。基于神经网络的故障诊断方法可以分为两大类，一类是将神经网络作为输出估计器产生残差，用神经网络观测器代替传统的观测器；另一类是将神经网络用于分类和模式识别。由于神经网络具有自学习和拟合非线性函数的能力，使得它在非线性系统的故障诊断方面有着很强的优势。

(3) 模糊逻辑。基于模糊信息处理的方法应用到故障诊断中的优点体现在模糊逻辑在概念上易于理解，在表达上接近人的自然思维，从而使人的故障诊断知识能很容易地通过模糊逻辑的方式表达和应用；具有 T-S 形式的模糊模型具有对任意非线性的逼近能力，为非线性问题的解决提供了一条将定量和定性的信息联系在一起的方式。需要指出的是单独使用模糊方法进行故障诊断还不多见，一般是将其与其他各种方法结合起来一起使用。

（三）基于数据驱动的故障诊断方法

基于数据驱动的故障诊断方法在流程工业中得到了足够的重视和广泛的应用，这是因为像流程工业过程这样的大系统建立其数学模型是很困难的，但另一方面它会在运行过程产生大量的数据，通过对实时以及历史数据进行分析处理可以有效的对过程进行故障诊断。几类有代表性的数据驱动方法有：

(1) 信号处理方法。由于故障源与过程信号之间在幅值、相位，以及频谱等方面存在着各种各样的联系，因此利用信号处理方法提取这些内在的关系，就可以实现对过程监测和故障诊断。常用的方法有信号分析法、相关分析法和小波分析法等。

(2) 多元统计方法。利用过程数据，使用多元统计分析理论对工业生产过程进行统计建模，利用该模型对过程进行监测和故障诊断。多元统计方法可以对具有相关性的变量做降维处理，这样对具有高度相关性同时又具有众多变量的生产过程而言，使用多元统计的方法可以大大降低过程诊断的复杂性，所以该方法尤其适用于变量众多的复杂系统的故障诊断。目前在过程监测和故障诊断领域，研究和应用最广泛的多元统计方法是主元分析方法（PCA）和部分最小二乘法（PLS）。其主要研究的问题包括过程故障检测行为分析；多工况过程的故障检测方法；故障检测的鲁棒性；非线性系统的故障检测问题，以及故障分离方面的研究。另外由于在实现故障分离和定位方面有着更好的效果，基于费舍尔判别分析（FDA）和规范变量分析（CVA）的研究也逐渐多了起来。

三、火力发电厂控制系统传感器故障的在线诊断

基于模型的故障诊断方法依赖于对过程深层次的认识，具有诊断机理明确，诊断结构实现简单，可以诊断多种故障形式的优点。当对象或过程的模型已知或容易得到时，基于模型的方法应该是首选的方法。但是由于火力发电厂工业过程的复杂性，使得对象的解析数学模型往往难以得到，这就限制了该方法的应用。

相比较而言，不基于模型的人工智能等方法显得更加实用。但是基于智能的方法在很大程度上依赖于人对过程故障知识的掌握程度，只有在仔细分析故障的特征与故障之间的关系的条件下，才能有效诊断故障。然而在实际应用过程中，构造基于知识的故障诊断系统是相当费力的，特别是知识的获取等环节存在着许多困难。另外，对于神经网络的种种方法，由于存在着软、硬件上的先天缺陷，使得其在实际中难以推广应用。

随着火力发电厂控制系统计算机技术的进步和海量数据库的应用，合理有效地利用控制系统中的信息数据，为实现火力发电厂控制系统的故障诊断提高了一个基础，而基于数据驱动的方法正是通过对来自生产过程的实时/历史数据的分析来进行故障诊断的。一方面，它不依赖于数学模型，易于在工程上实现；另一方面，它的理论基础比较成熟，而且实现起来比较容易。因此在故障诊断的实际应用中展示出了良好的实用性。下面主要介绍一下基于信号分析的几种传感器故障诊断的实现方法。

（一）火力发电厂控制系统中的主要传感器及故障种类

大型火力发电机组测点多，分布广，几乎包容机组及各工艺过程的全部主元参数和主要设备状态，例如，温度、压力、流量、电压、电流、转速等。这里所说的传感器包括一次测量元件和二次变送元件两部分。表8-1给出了火力发电厂一些常用的测量传感器的情况。虽然传感器内部的故障形式千差万别，但最终体现的结果是其读数和实际测量量的偏差超出允许的范围。不考虑传感器的动态特性，其测量过程如图 8-6 所示。不同的故障形式可以由故障向量 $f_s(t)$ 来表达，表 8-2 列出了传感器的常见故障形式。其中，f1～f3 属于很严重的故障；在 f4～f7 故障下，传感器

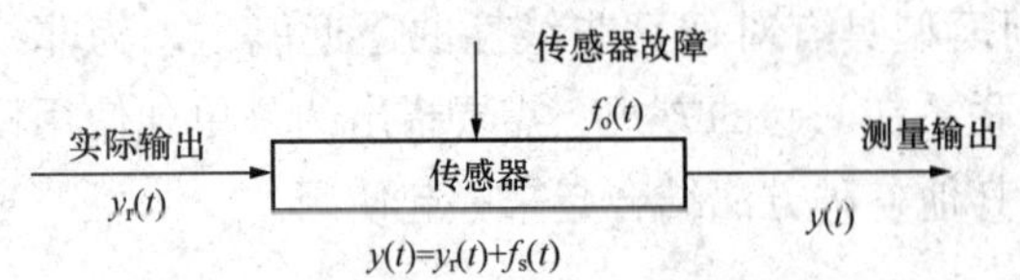

图 8-6　考虑故障的传感器输出模型

的读数往往不会超出其上下限。

表 8-1　　火力发电厂常用测量传感器

测量项目	测量所用的传感器	应用场合举例
温度测量	热电偶、热电阻等	给水温度、蒸汽温度、金属壁温等
压力测量	液柱、差压、弹性式压力计	给水压力、汽包压力、主蒸汽压力、风道压力等
流量测量	容积式、速度式、差压式流量计等	蒸汽、水、油等的流量
液位测量	差压式水位计等	汽包水位、除氧器水位等
成分测量	氧化锆氧量计、锅炉飞灰含碳量分析器等	气体（烟气、氢气等）和液体（盐水、炉水、蒸汽等）成分分析
位移测量	电感式、涡流式位移传感器	汽轮机轴向位移、胀差等

表 8-2　　传感器的常见故障形式

序号	故障形式	描　　述
f1	断线故障	传感器处于断开状态
f2	超限故障	输出超出允许的范围
f3	超速故障	输出的变化速度突变
f4	恒偏差故障	输出与实际信号存在恒定偏差
f5	恒增益故障	传感器输出增益减小或增大
f6	卡死故障	不随被测量变化，保持某个值
f7	漂移故障	输出逐渐偏离实际信号

表 8-2 中部分传感器故障的示意图如图 8-7～图 8-10 所示。

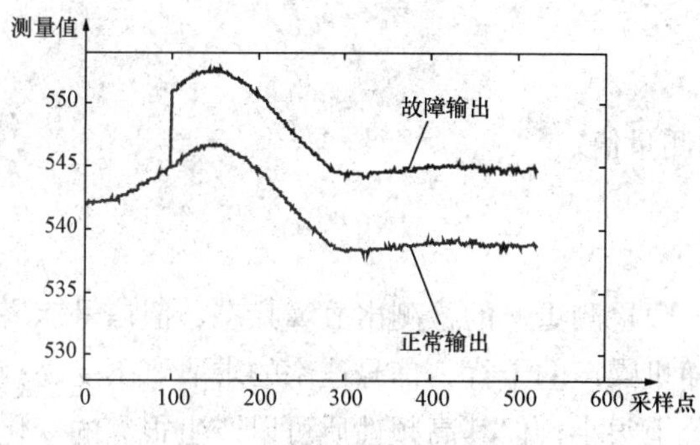

图 8-7　传感器的恒偏差故障

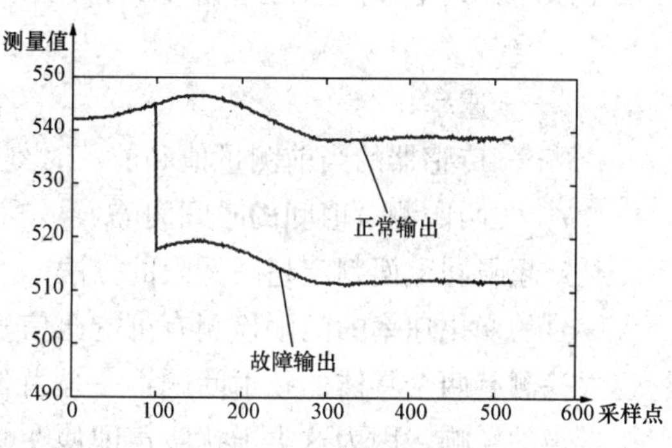

图 8-8　传感器的恒增益故障

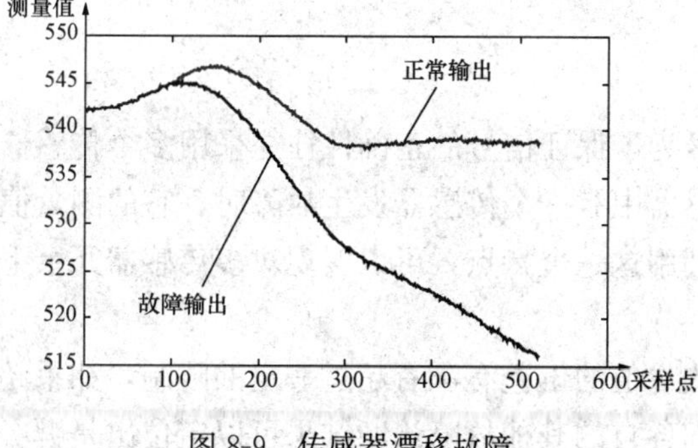

图 8-9　传感器漂移故障

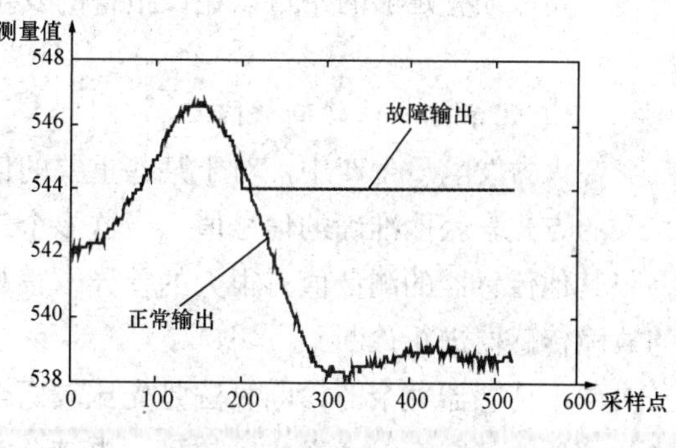

图 8-10　传感器卡死故障

（二）门限检测法诊断故障

当动态系统正常运行时通常处于稳定状态，由于随机的干扰影响，各种输出信号的测量值在其平均值附近有微小的波动，但平均值保持不变。当系统的运行过程受到大的扰动时，各种输出信号就会大范围地偏离正常时的平均值。这种扰动因素可能是控制系统动作引起的过渡过程，也可能是系统环境干扰的作用或运行的故障的影响。系统运行故障和外界干扰的剧烈影响都是系统工作的故障状态。因此在控制系统不会引起大的过渡过程的条件下，可用测量信号偏离正常平均值的误差程度来检测系统的故障状态。

1. 传感器超高/低限故障

平稳正常运行的火力发电厂生产系统中，每个传感器所测量的信号都应该有它各自正常状态下的高、低限，如果传感器测量出的数值超过了这一限值，则说明传感器发生了超限故障。超过高限的诊断算法可以用下式表示：

$$\begin{aligned}&\text{if} \quad x > x_{\text{limit}} \\ &\text{then} \quad \text{error}\end{aligned} \tag{8-18}$$

同理超过低限就是值小于低限值。x 为传感器所测量得到的值，x_{limit} 为被测量的真值的极限值。

2. 传感器速率超限故障

指传感器输出的值的变化速度发生了突变，超出了一定的变化限制。一般传感器测量的值在变化时变化速率应该在一个限值下，如果传感器的输出值的跳变速度太大，则证明传感器发生故障。其中，传感器速率可以用下式得出：

$$v = (x_1 - x_2)/t \tag{8-19}$$

式中 v——速率；

x_1、x_2——传感器的当前测量值和前一时刻的测量值；

t——两次测量值间的时间间隔。

判定超限同上面判定超高低限的方法。

信号的变化速率的门限检测有可能比信号门限检测更早的检测出故障状态，但信号速率的门限检测有两个具体的技术问题：一是由于随机噪声的干扰，信号速率的求取要不受高频干扰噪声的影响，因为这类干扰噪声即使在幅值上很小，但其高频性质可以产生很大的变化速率干扰；二是信号速率检测不能有效地检验缓变故障。另外，门限检测的上、下限和阈值的确定要保证有足够的裕量以免误报警的发生，但又不使裕量过大以免在报警前故障已造成危害。

（三）冗余分析法诊断故障

在火力发电厂生产中，对于某些重要的信号为了保证信号的正确性往往采用多个传感器冗余的方式来获取准确的信号值，当这多个传感器中有一个传感器发生故障时，它的测量值将跟其他传感器的测量值有很大的差异，正是利用这一个特点，可以实现对多传感器冗余下的故障传感器进行诊断。

两个传感器冗余的诊断算法是先比较两个测量值的偏差有没有超过一定的限制，如果超过了则证明其中有一个发生了故障，再结合它们各自的其他故障诊断结果可以定位出是哪个传感器产生故障，如果没有其他故障诊断结果利用，就给出此对冗余的偏差大报警。三冗余及三个以上冗余的传感器冗余故障诊断算法通过比较每两个传感器间测量值的偏差，如果偏差超过了一定的限值，可以认为此两个传感器中某个传感器发生了故障，再与另一个传感器的测量值相比较，偏差大者可认为就是发生故障的那个传感器。

具体来讲有两种方法：

1. 平均值-偏差检测方法

对于有 n 冗余备份的测量信号，设 $z_i(t)(i=1,2,\cdots,n)$ 为 n 个并行传感器的测量输出，它们的测量平均值为

$$\bar{z}=\frac{1}{n}\sum_{i=1}^{n}z_i(t) \tag{8-20}$$

将各个传感器测量结果相对于平均值的偏差计算为

$$\Delta z_i(t)=z_i(t)-\bar{z} \tag{8-21}$$

用各传感器的测量结果同平均值偏差的大小来进行正常与否的表决，当某一传感器的偏差值大于一个给定的阈值时，则认为该传感器出现了故障。即

若 $|\Delta z_i(t)|\geqslant\varepsilon$，则传感器 i 故障；

若 $|\Delta z_i(t)|<\varepsilon$，则传感器 i 正常。

这种方法只能适应少数传感器出现故障的情况。

2. 偏差积检测方法

这种方法利用 n 冗余传感器的测量相对偏差来进行表决。将互为冗余备份的两个传感器测量结果的相对偏差定义为

$$e_{i,j}(t)=|z_i(t)-z_j(t)|,i\neq j,i=1,2,\cdots,n;j=1,2,\cdots,n \tag{8-22}$$

在理想的情况下，当传感器正常时，各测量输出均相等，因而正常时 $e_{i,j}(t)=0$。

并且假定同时出现故障的传感器不会给出相同的测量结果，则将偏差积定义为

$$\eta_i(t)=\prod_{j=1,j\neq i}^{n}e_{i,j}(t),i=1,2,\cdots,n \tag{8-23}$$

偏差积 $\eta_i(t)$ 中包括了测量传感器 i 与各冗余备份的相对偏差，但不包括与传感器 i 无关的任意两个传感器的相互偏差。因此：

当互为冗余备份的几个传感器均工作正常时，$\eta_i(t)=0$。

若传感器 i 出现故障，而互为冗余备份的几个传感器均工作正常，则有：

$$\eta_i(t)\neq 0,\ \eta_j(t)=0,\ j=1,2,\cdots,n,\ j\neq i \tag{8-24}$$

（四）相关分析法诊断故障

1. 通过与传感器测量信号相关的信号来进行诊断

它的诊断原理很简单，即在控制系统中一个传感器测量信号不是独立的，由于闭环的作用，总有一些与之相关的信号。当该传感器发生故障后，与之相关的信号也会发生异常变化。当选择的相关信号的可靠性比该传感器可靠性高的时候，课题通过对相关信号的分析来诊断该传感器是否发生故障。下面举一个简单的例子来说明。

对于喷水减温系统中的减温水流量传感器而言，它测量的信号是减温水流量。与之相关的主要信号有喷水减温阀的开度、截止阀的开关以及主蒸汽压力与减温水压力的差压。一个

简单的规则是当截止阀关闭时，流量信号应该为 0。由于截止阀的可靠性要远远高于流量传感器的可靠性，所以若此时流量传感器测量出仍然有流量值的话，则可以诊断出该传感器可能发生了故障。

2. 建立相关表并用环境数据查表分析法进行故障诊断

上面的例子说明的是一种比较简单的情况，如果信号之间的相关关系比较复杂的话，就不能通过一条规则来判断故障的有无。这时可以通过统计分析传感器在正常工作状态下的历史值及相关信号的历史值，按照工况点的不同建立一个待诊断传感器信号与相关信号之间的对应表格。在进行实时诊断时，将当前待诊断传感器信号和相关信号通过查表找到表中与之相对应工况下的记录，通过对比两组值的关系，来判断故障的发生。如果两组值的对应关系是一致的，说明传感器正常，反之诊断发生故障。

第三节　火力发电厂控制系统执行器故障诊断技术

执行器作为控制系统的执行终端部件，经常工作在高温、高压和具有腐蚀性等恶劣工作环境中，是比较容易出故障的部件。执行器的故障往往对控制性能产生直接的影响，甚至造成过程的振荡，最终导致产品不合格等严重后果。因此提高执行器本身的可靠性，及时发现其运行过程中存在的故障，是保障控制过程稳定经济运行的前提。

一、控制系统执行器故障诊断方法

目前已有不少针对执行器的故障检测与诊断方法，如果基于奇偶方程和状态估计的方法，它们都需要考虑被控过程数学模型，然而在工业生产过程中，过程模型往往难以获得或很不准确，这使得这类方法在实用上遇到了巨大的障碍。

另外一些方法采用神经网络和模糊逻辑进行执行器的故障诊断。将神经网络用于执行机构的故障诊断的基本思路是利用神经网络高度的非线性映射能力，训练神经网络来预测执行机构正常的输出。网络的输入是实际的控制信号，网络的输出是对执行机构输出值的预测值。通过对神经网络的预测输出和执行器的实际输出的比较来判断执行机构是否存在故障。另外，神经网络还可以与观测器技术相结合。采用神经网络方法关键的一个问题是其有效性对样本的依赖性很强，训练数据需精心选择。另外用软件实现时，很难体现出其并行处理的优势，存在快速性和实时性的问题，而硬件实现方式存在成本高、技术不完善等问题。

前文已经提到，随着火力发电厂控制系统计算机技术的进步和海量数据库的应用，使得使用生产过程中的实时/历史数据成为可能。充分运用部件本身所能提供的数据和信息来进行故障诊断也是一条可取的途径。为此基于部件信号趋势分析的执行器故障诊断方法逐步成为一种切实有效的故障诊断方法。

二、火力发电厂控制系统中的主要执行器及故障种类

执行器是控制系统的终端控制元件，由执行机构和调节机构组成。执行机构响应调节器来的信号或人工控制信号，并将信号转换为位移，以驱动调节机构。火力发电厂常用的执行机构有电动、气动和液动等类型；调节机构一般为阀门（调节汽门、截止阀、闸阀、蝶阀等）和风门挡板。表 8-3 给出了火力发电厂常用的执行器的情况。不同的故障形式体现在故障向量 $f_a(t)$ 上，表 8-4 列出了执行器的常见故障形式。部分故障的表现形式如图 8-11～图 8-15 所示。

表 8-3　　火力发电厂常用执行器

执行器	执行机构	调节	应用举例
电动执行器	电动执行机构	调节汽门	锅炉 1、2 级过热减温执行器及再热减温执行器
		调节挡板	送、引风动叶调节
		开关挡板	引风机入口挡板
		截止阀	主给水电动门、凝结水出口门
气动执行器	气动执行机构	调节汽门	电、汽动给水泵的最小流量调节、高压加热器疏水调节
		调节挡板	磨煤机冷热风调节挡板
		开关挡板	二次风挡板、尾部烟道挡板
		截止阀	减温水闭锁阀、高压缸疏水
液动执行器			高压调节汽门，中压调节汽门
电磁阀			空气预热器盘车电磁阀

表 8-4　　执行器的常见故障形式

序号	故障形式	描　述
f1	卡死故障（失效）	执行器输出阀位不随指令变化
f2	死区故障	死区超过正常允许范围
f3	偏差故障	输出阀位和阀位指令偏差过大
f4	增益故障	执行器输入、输出增益变化
f5	黏滞-滑动故障	执行器动作的卡涩现象
f6	回差故障	上、下行程差值超出正常情况

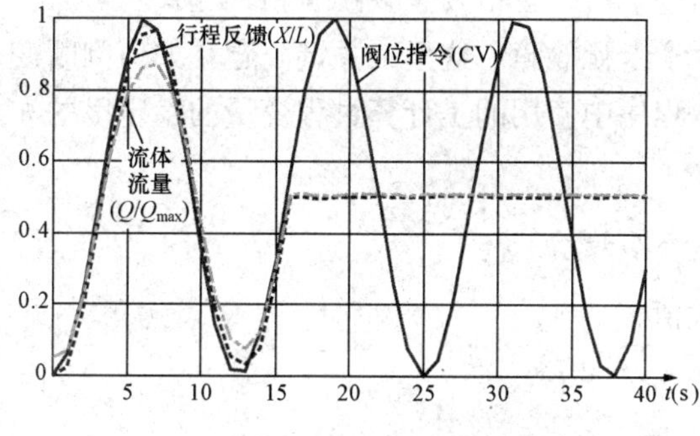

图 8-11　执行器卡死故障

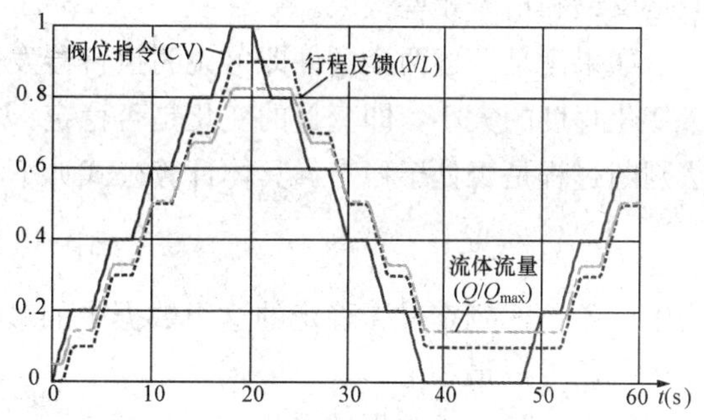

图 8-12　死区过大情况

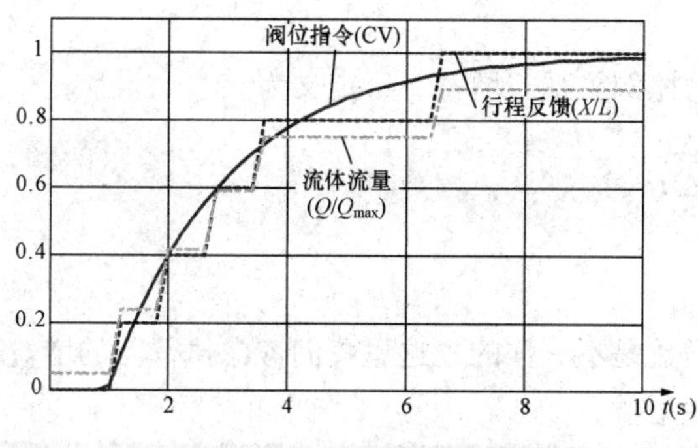

图 8-13　黏滞-滑动故障

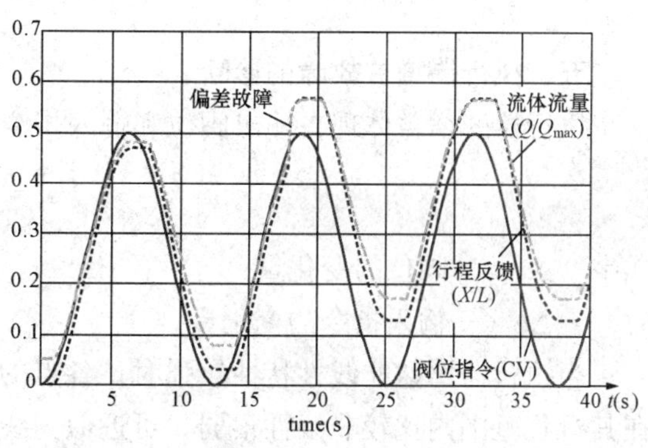

图 8-14　恒偏差故障

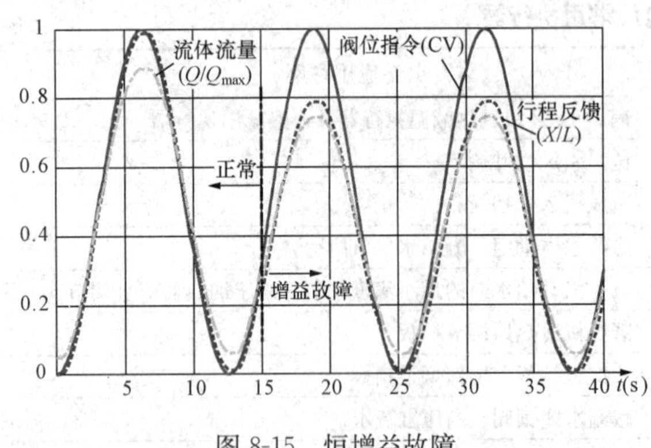

图 8-15　恒增益故障

三、基于部件信息的执行器故障诊断

首先提炼出三个信号供诊断所用，分别是：①阀位指令；②位置反馈；③流体流量。上述三个信号实际上反映了执行器的动作过程，阀位指令对应于执行器输入，位置反馈对应于执行器反馈输出，流量信号对应于执行器的控制输出。并由此定义如下的执行器广义信号模型，如图 8-16 所示。

基于上述广义信号模型的诊断思想是，执行器的故障必然会造成上述三个信号本身以及它们之间变化关系发生异常变化，通过检测这种变化则可进行故障检测。

四、执行器卡死故障的诊断

当执行器出现卡死故障时，将表现为如下两种情况：

情况 1：一段时间内，指令的变化程度较大，而反馈不随指令变化。

情况 2：当指令不变化时，反馈也不变化，但是反馈和指令相差很大。

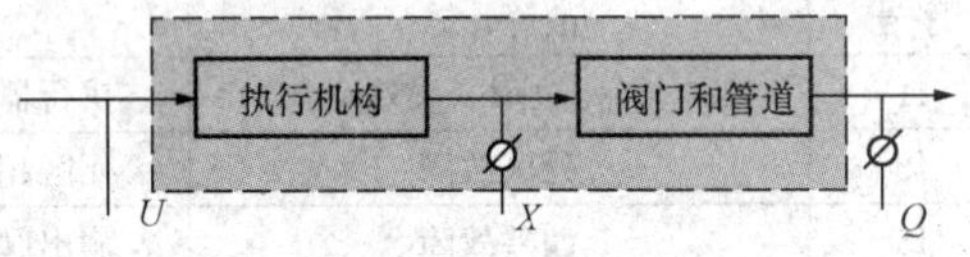

图 8-16　执行器广义信号模型

U—执行器的输入信号，即控制器输出信号；X—执行器的反馈信号，如阀位位置等；Q—执行器的控制结果输出，如被调介质流量或转速等

如果满足上述两个条件即可说明执行器发生了卡死故障。这里的关键问题是如何判断变量变化程度的大小，即变量的变化是否稳定。本程序中使用的是计算过程变量的稳定度的方法判断过程是否处于稳态。具体计算公式如下：

$$SF = 100(Z_1 - Z_2)/Z_m \tag{8-25}$$

式中　Z_1——判定是否稳定的这组数据中的最大值；

Z_2——最小值；

Z_m——这组数据的平均值。

通过对比判断指令和反馈的稳定度，可以判定执行器是否卡死。故障仿真如图 8-17 所示。

五、执行器增益故障的诊断

执行器的增益体现在输出阀位和输入指令的比例关系。增益 a 可定义为

$$a = \frac{\Delta x}{\Delta u} \tag{8-26}$$

式中　Δx——阀位的变化量；

Δu——输入指令的变化量。

当执行器增益非线性特性较强时，各点的增益是不一样的。这里我们考虑执行器的增益在其行程范围内比较非线性很弱，可近似为线性增益。

估计执行器增益的实现方法如下：统计一段时间内，阀位与指令变化速度均值的比值，作为执行器增益的估计值。

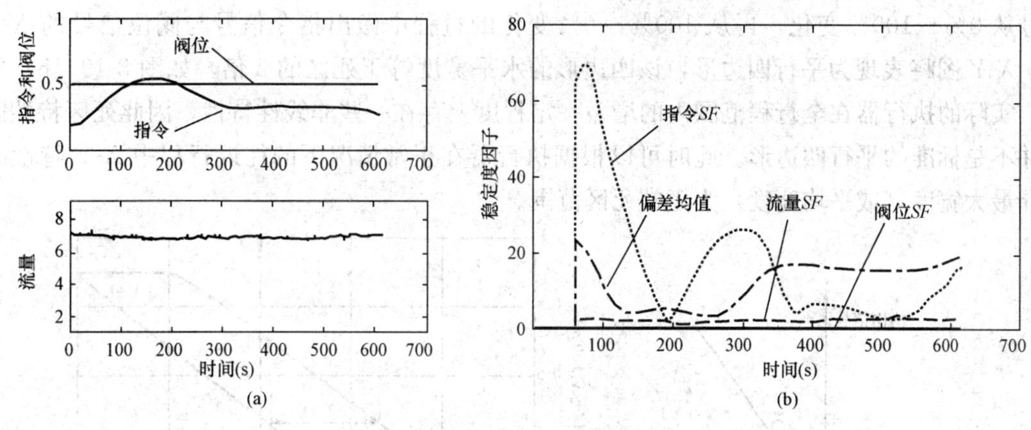

图 8-17　故障仿真

（a）卡死过程中执行器信号；（b）卡死故障的检测过程

诊断方法应用举例：

如图 8-18（a）给出执行器指令和反馈变化，执行器的增益在 100s 时由 1 变为 0.7，利用固定长滑动窗（长度为 60s），图 8-18（b）给出了增益的估计值，可看到在 1min 后增益的估计稳定在 0.7 附近波动。

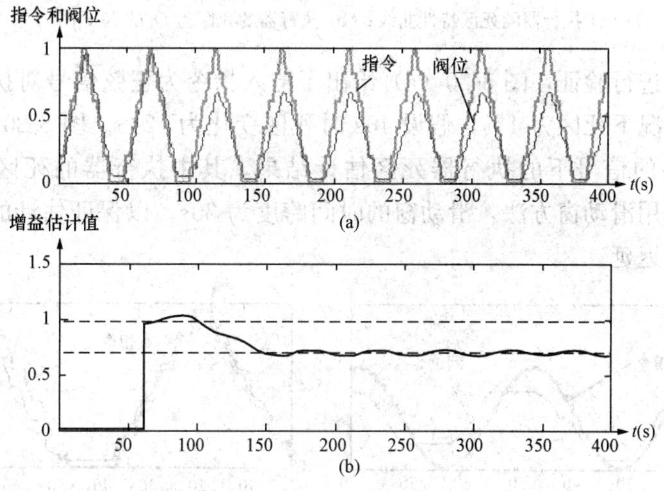

图 8-18　增益故障检测过程

（a）执行器指令和反馈变化曲线；（b）增益的估计值变化曲线

六、执行器死区故障的诊断

死区定义为不引起执行器输出变化的输入信号变化大小。一般情况下执行器有一个较小的死区，这有利于抑制噪声和干扰，避免执行器频繁动作。控制信号 U 和阀位反馈信号 X 的差值只有大于死区才会使得阀杆动作；然而当死区过大时，不仅会造成阀位不能很好地跟踪指令的变化，还会严重影响控制回路的控制效果，甚至造成过程的振荡。

从趋势分析的角度来讲，当输入信号不是台阶形式的，很难从阀位信号和指令信号来判断死区到底有多大。但是通过指令信号和阀位反馈的 X-Y 图却可以很直观地体现出来。图 8-19（a）死区为 D_Z 的输入与输出的特性曲线。如果执行器的增益为线性特性时，输入指令信号从0%～100%变化，再从100%～0%变化的过程中做出指令信号与阀位信号的 X-Y 图，X-Y 图将表现为平行四边形，该四边形的水平宽度等于死区的2倍，如图8-19（b）所示。实际的执行器在全行程范围内的增益一定程度上存在一些非线性特性，因此死区特性区域并不是标准的平行四边形。此时可以根据执行器在正常情况下的往返行程中 X-Y 特性图选择最大宽度（或平均宽度）为正常死区范围。

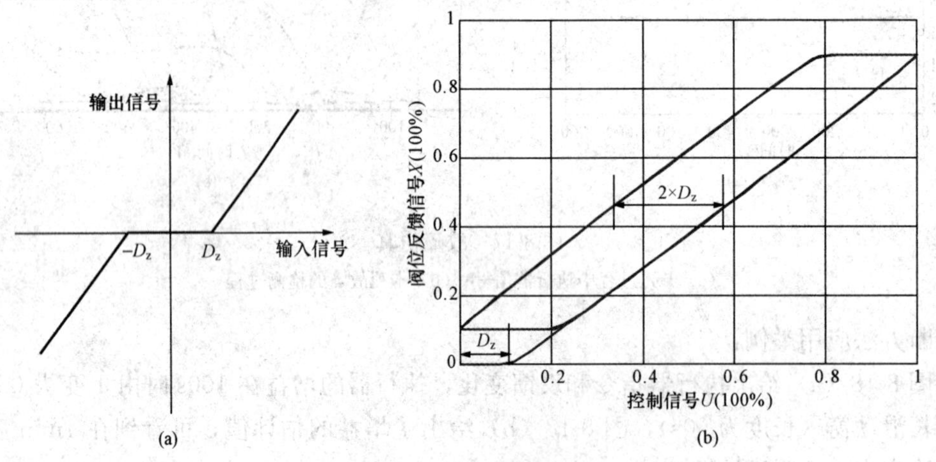

图8-19 执行器的死区

（a）执行器的死区特性曲线；（b）执行器的死区为 D_Z 的 X-Y 图

利用仿真数据进行验证，图8-20（a）给出了输入指令为正弦信号对执行器死区的估计结果，其中正常情况下死区为4%，假设40s时死区变化为12%。图8-20（b）为输入指令为台阶上升和下降的信号下的执行器死区估计结果，其中执行器的死区在40s时变化为12%。计算过程采用滑动窗方法，滑动窗的时间跨度为30s，以保证估计的客观性，但这样会造成一定的检测迟延。

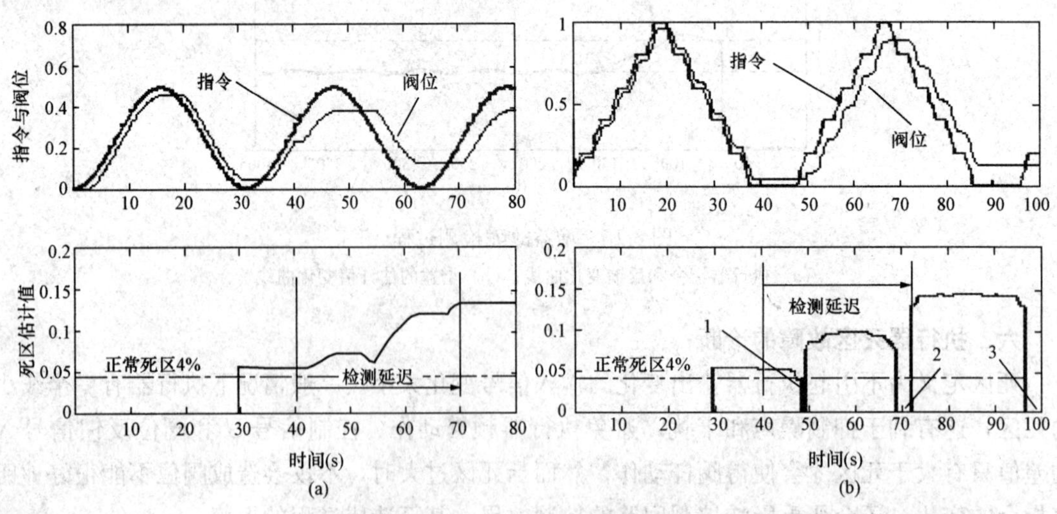

图8-20 执行器死区的在线估计

（a）执行器死区的在线估计1；（b）执行器死区的在线估计2

当采用固定的滑动窗长度来计算时，有可能在某些时刻滑动窗中的数据不满足上升和下降的情况（如上图 b 中三处估计值为 0 的地方），实际处理的过程中可用最近一次的数值来代替不能满足计算的数据段的结果。

第四节　基于 PCA 的故障诊断方法

主元分析（PCA）是多元统计分析方法中将多个相关的变量转化为少数几个相互独立的变量的一个有效的分析方法，其实质是对原坐标系进行平移和旋转操作，使得新坐标系的原点与样本点集的重心重合，新坐标系选取的第一轴与数据变异的最大方向对应，新坐标系的第二轴与第一轴正交，且对应于数据变异的第二大方向……依此类推。这些新轴分别被称为第一主轴、第二主轴……若舍弃少量信息后，高维空间就被降至为低维空间。

在实施多变量统计分析时，需要建立一个反映过程正常运行的主元模型。将反映过程正常运行的历史数据收集起来，对这些数据进行主元分析，建立主元模型。由于主元分析的结果受数据尺度的影响，在进行主元分析时需要先将数据进行标准化。取生产过程在正常运行条件下的一段数据集合 $X \in R^{N\times m}$，其中 N 是样本个数，m 是变量个数。先将 X 作如下标准化：

$$\overline{X} = [X - (11\cdots1)^{\mathrm{T}}M]\mathrm{diag}\left(\frac{1}{\sigma_1}, \frac{1}{\sigma_2}, \cdots, \frac{1}{\sigma_m}\right) \tag{8-27}$$

$$M = (m_1 m_2 \cdots m_m)$$

$$s = [\sigma_1 \sigma_2 \cdots \sigma_m]$$

式中　M——变量 X 的均值；

　　s——变量 X 的标准差。

对$\overline{X}_s$进行主元分析可以得到

$$\overline{X} = TP^{\mathrm{T}} = \sum_{i=1}^{m} t_i p_i^{\mathrm{T}} \tag{8-28}$$

式中　t_i——得分向量，$t_i \in R^N$；

　　p_i——负荷向量，$p_i \in R^m$。

如果忽略次要因素，只保留前 k 个主元，而把被忽略的部分看成残差，则有：

$$\overline{X} = \sum_{i=1}^{k} t_i p_i^{\mathrm{T}} + \sum_{i=k+1}^{m} t_i p_i^{\mathrm{T}} = TP + E \tag{8-29}$$

式中　T，P——主元得分合载荷矩阵，$T \in R^{N\times k}$，$P \in R^{m\times k}$；

　　E——PCA 残差矩阵，$E \in R^{N\times m}$；

　　k——选取的主元个数，可采用交叉检验法或累积方差贡献率法来决定，$k \leqslant m$。

载荷矩阵 P 及主元、残差得分可以对 $\overline{X}$ 的协方差矩阵 $\Sigma = \overline{X}^{\mathrm{T}}\overline{X}/(N-1)$ 进行特征值或者奇异值分解求得。

利用少数主元可以重新构造过程数据，即$\overline{X}_s$ 的估计值：

$$\hat{X} = \sum_{i=1}^{k} t_i p_i^{\mathrm{T}} = \overline{X}PP^{\mathrm{T}} \tag{8-30}$$

观测数据与重构数据的差构成了残差矩阵，

$$E = \overline{X} - \hat{X} = \overline{X} - \overline{X}PP^{\mathrm{T}} = X(I - PP^{\mathrm{T}}) \tag{8-31}$$

$\hat{X}$ 是与 k 个最大的特征值对应的负载相对应的负载向量所张成的观测空间，它描述了过程中所产生的大部分变化，称之为主元空间。E 是 $m-k$ 个最小特征值对应的负载向量所张成的观测空间，它描述了过程中的随机变化，称之为残差空间，可分别构造 Hotelling T^2 统计量和 SPE（Q）统计量对过程进行监测。令 $x \in R^m$ 表示一个 m 维待测量向量，按式(8-31)标准化后，T^2 统计量定义如下：

$$T^2 = t^{\mathrm{T}} \Lambda_k^{-1} t = \bar{x}^{\mathrm{T}} P \Lambda_k^{-1} P^{\mathrm{T}} \bar{x} \leqslant T_\alpha^2 \tag{8-32}$$

式中 Λ_k——由 Λ 前 k 个特征值构成的对角阵，即 $\Lambda_k = \mathrm{diag}\{\lambda_1, \lambda_2, \cdots, \lambda_k\}$；

t——主元得分向量；

T_α^2——显著水平为 α 的 T^2 统计量的控制限。

T_α^2 可由式（8-33）求得

$$T_\alpha^2 = \frac{k(N-1)}{N-k} F_{k,N-k;\alpha} \tag{8-33}$$

Q 统计量定义如下：

$$SPE = \| (I - PP^{\mathrm{T}}) \bar{x} \|^2 \leqslant \delta_\alpha^2 \tag{8-34}$$

置信水平 100（$1-\alpha$）%的 Q 统计量控制限可由式（8-35）求得

$$\delta_\alpha^2 = g \chi_{h,\alpha}^2 \tag{8-35}$$

其中，$g = \sum_{j=l+1}^{m} \lambda_j^2 \Big/ \sum_{j=l+1}^{m} \lambda_j, h = (\sum_{j=l+1}^{m} \lambda_j)^2 \Big/ \sum_{j=l+1}^{m} \lambda_j^2$。

上述所得称为主元模型，包含从正常稳态工况下的训练样本集合所得到的均值、方差、协方差、载荷矩阵和主元个数等一系列统计信息，是一种“经验模型”。T^2 统计量描述了前 k 个隐变量的综合波动程度，Q 统计量描述了生产数据与统计模型（经营操作点）的偏离程度，对应控制限给出了所允许的范围。当 T^2 或 Q 统计量超出其控制限时，可以判定过程出现了异常。当从统计图上只能看出发生异常的时刻，而不能找出出现异常的变量。基于 PCA 实现故障诊断的一个有效工具是贡献图。定义如下：

第 j 个过程变量在第 i 时刻的对 Q 统计值的贡献为

$$Q_{ij} = e_{ij}^2 = (X_{ij} - \hat{X}_{ij})^2 \tag{8-36}$$

第 j 个过程变量在第 i 时刻的对第 k 个主元的贡献为 $X_{ij} P_{kj}$。 (8-37)

将每个过程变量对 T^2 和 Q 统计量的贡献计算出来并绘制成直方图得到贡献图。利用贡献图可以分析每个过程变量对统计量的贡献大小，并确定引起过程变化的过程变量。

以 900MW 负荷工况为例，在机组稳定运行时采集 11 个变量（减温水不计在内）过程数据，采样时间为 10s，共采集 1200 个数据作为 A 侧蒸汽温度训练数据，建立 PCA 模

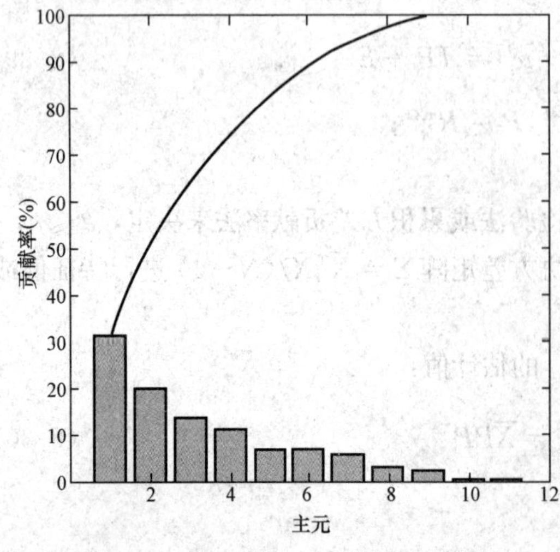

图 8-21　主元贡献率及其累加贡献率

型。图 8-21 为主元贡献率及其累加贡献率。从图中可以看出原来影响蒸汽温度的 11 个变量，压缩为 6 个主元，其可以解释所有数据 90％左右的变化过程。T^2 和 Q 统计量超限时刻与 A 侧末级过热器蒸汽温度出现大的波动相对应，如图 8-22 所示。从残差贡献图 8-23 可以看出，引起蒸汽温度波动的主要原因是 1 号变量，即负荷，对应的负荷曲线如图 8-24 所示，结果表明诊断正确。

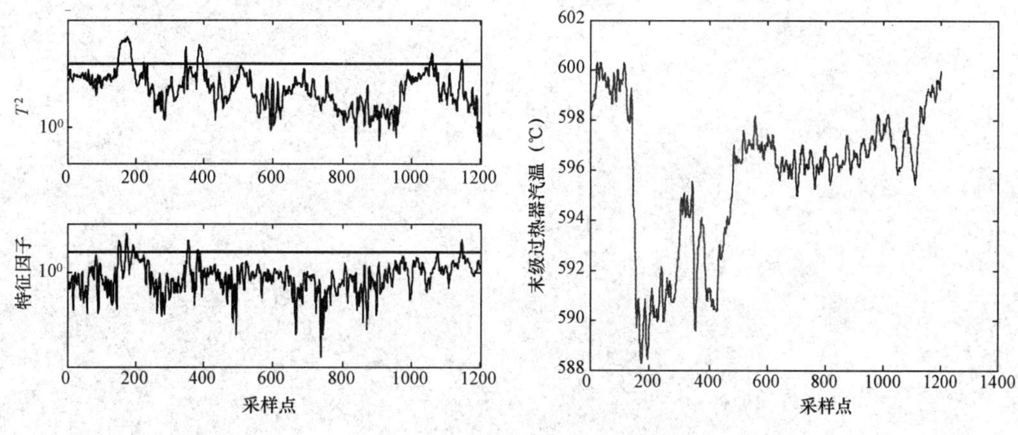

图 8-22　统计量和 A 侧末级过热器蒸汽温度变化曲线

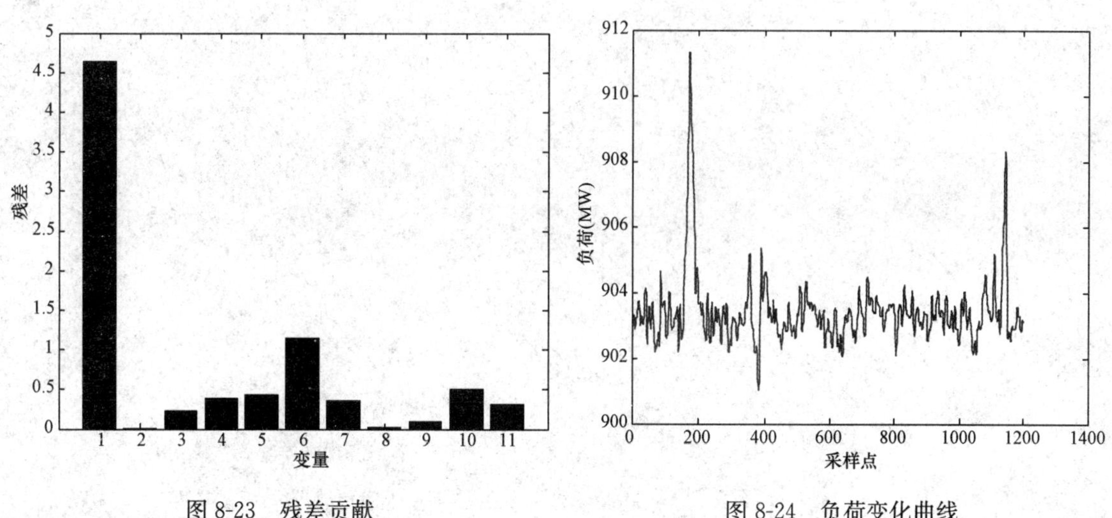

图 8-23　残差贡献

图 8-24　负荷变化曲线